北京标准化年鉴

ALMANAC OF BEIJING STANDARDIZATION

2020

北京市市场监督管理局
首都标准化委员会办公室 ◎组编

中国标准出版社

北 京

图书在版编目(CIP)数据

北京标准化年鉴. 2020/北京市市场监督管理局,首都标准化委员会办公室组编. —北京:中国标准出版社,2020. 4
ISBN 978-7-5066-9538-1

Ⅰ. ①北… Ⅱ. ①北…②首… Ⅲ. ①标准化—北京—2020—年鉴 Ⅳ. ①G307. 72-54

中国版本图书馆 CIP 数据核字(2020)第 297053 号

中国标准出版社出版发行
北京市朝阳区和平里西街甲 2 号(100029)
北京市西城区三里河北街 16 号(100045)
网址 www. spc. net. cn
总编室:(010)68533533 发行中心:(010)51780238
读者服务部:(010)68523946
中国标准出版社秦皇岛印刷厂印刷
各地新华书店经销
*
开本 787×1092 1/16 印张 38. 25 字数 892 千字
2020 年 4 月第一版 2020 年 4 月第一次印刷
*
定价 220.00 元

《北京标准化年鉴》编纂委员会

《北京标准化年鉴》编辑部

主　　编　冀　岩

副 主 编　姚　娉

组稿人员　（按姓氏笔画排序）

于咏琪　于建平　马俊平　马海东　王小伟　王小强　王光辉
王　华　王　玮　王建军　王柏彰　王娇娇　王海虹　王　瑛
王龄枞　王颖娟　王新华　王　增　孔维佳　邓丹丹　石　峰
叶茂盛　田　川　付雨竺　白同宇　邢天国　朱　江　朱俊艳
任　旭　刘　冉　刘永霞　刘　兵　刘　凯　刘　学　刘　虹
闫爱东　闫　涛　闫　琪　许　诺　孙　干　孙思琦　李小凤
李文峰　李永华　李如箭　李晓波　李凌松　杨亚平　肖　颖
吴志禄　吴家仁　何陆翼　况海涛　张　炀　张少阳　张　钊
张秀英　张英杰　张海婷　张　霖　陈一唱　陈冬鑫　陈　阳
陈连武　陈莉莉　邵迎东　卓　娜　孟凡蕊　孟维举　孟德兴
赵　磊　郝　蕊　胡桂萍　胡　涓　钟锌章　钟　楠　侯佳磊
娄和利　祝京川　钱洁凡　高建华　高　勇　高喜超　席华金
唐金洪　曹　伟　梁璇静　彭　祎　韩　迪　韩鸿飞　曾利新
谢艳芳　谢翔燕　蔡京蓉　阚睿斌　翟　承　樊雪竹　魏知今

2019 年 7 月 17 日，首都标准化委员会第七次全体会议召开，北京市副市长、首都标准化委员会主任王红出席会议并讲话

2019 年 7 月 24 日，国家市场监督管理总局副局长、国家标准化管理委员会主任田世宏调研中关村企业和社会团体开展国际标准化活动情况，北京市政府副秘书长、国家市场监督管理总局有关司局和北京市市场监督管理局、中关村科技园区管理委员会领导参加调研

2019 年 10 月 14 日，北京市市场监督管理局组织召开 2019 年“世界标准日”纪念会议

2019 年 10 月 10 日，北京市市场监督管理局发布《标准国际化助力高质量发展》主题宣传片，在第 50 届世界标准日期间通过新华社、中国质量新闻网、“学习强国”平台等主流媒体广泛传播

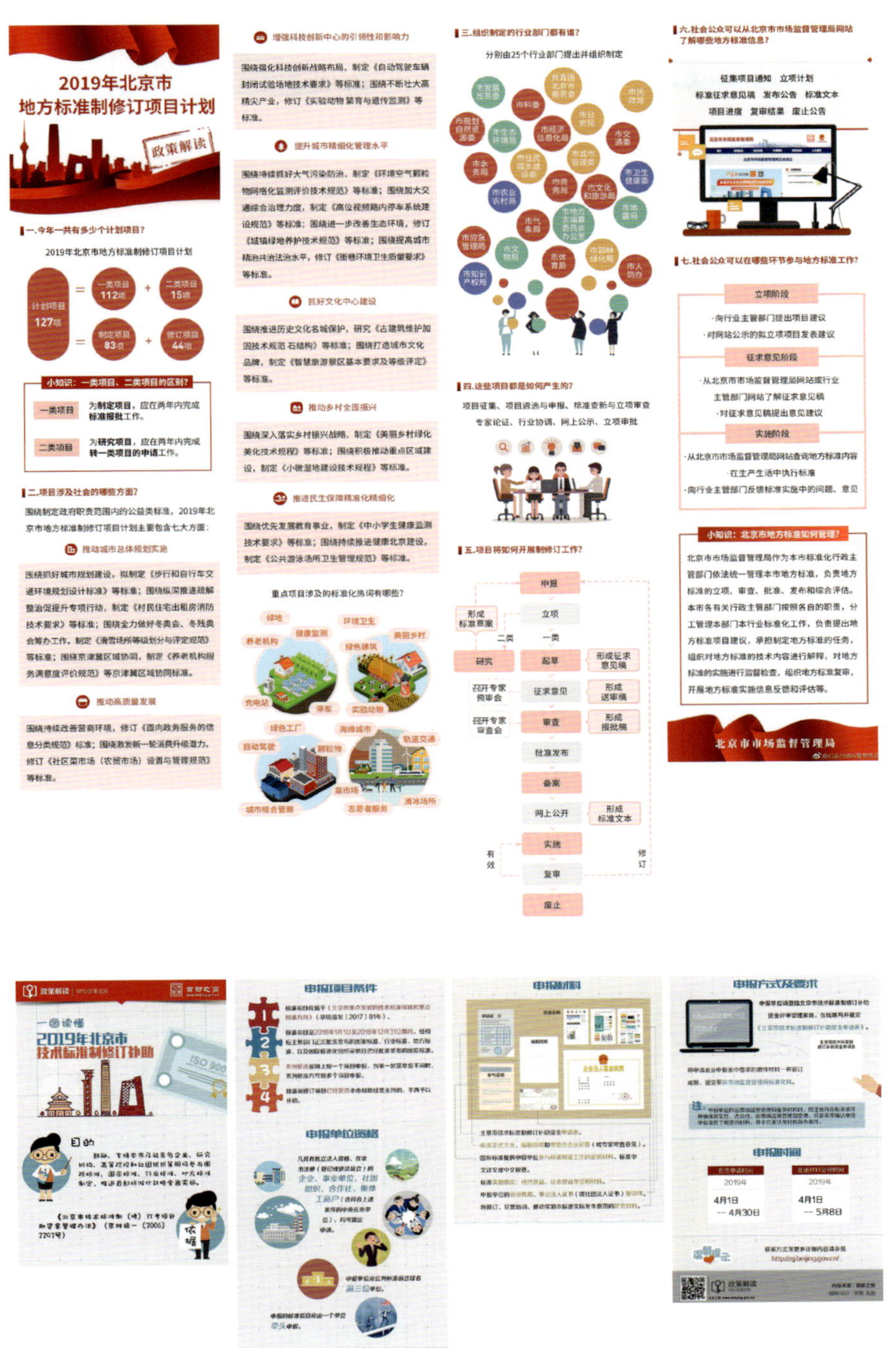

2019 年北京市地方标准制修订项目计划、技术标准制修订补助“一图读懂”，一经发布受到广泛关注

“用标准化打造精致农业”系列宣传片经北京市场监管官方抖音号广泛宣传，视频播放量超百万次

目　录

特　　载

北京市委财经委员会召开第五次会议听取推动首都高质量发展标准体系建设情况汇报

（2019 年 12 月 19 日）

2019 年 12 月 19 日上午，北京市委财经委员会召开第五次会议。北京市委书记、市委财经委员会主任蔡奇主持会议，北京市委副书记、市长、市委财经委员会副主任陈吉宁出席。

会议听取了关于推动首都高质量发展标准体系建设情况的汇报，指出要充分体现首都特色，打造“北京标准”，以此引领提升城市规划建设管理水平，助力首都高质量发展。积极培育市场标准，注重发挥行业协会、企业的作用，激发市场活力。加强与国际规则对接，瞄准国际先进水平，积极参与国际标准制定，促进中国主导的技术标准走向国际。

北京市领导王宁、殷勇、卢彦、王红参加会议。

中共北京市委　北京市人民政府关于加强城市精细化管理工作的意见

（2019 年 1 月 9 日）

为深入贯彻习近平总书记对北京重要讲话精神，认真落实《北京城市总体规划（2016 年—2035 年）》，加快推动形成有效的超大城市治理体系，全面提高城市精细化管理水平，现提出如下意见。

一、总体思路

（一）指导思想。以习近平新时代中国特色社会主义思想为指导，全面贯彻党的十九大精神，深入学习贯彻习近平总书记对北京重要讲话精神，立足首都城市战略定位，推动首都发展、减量发展、创新发展、高质量发展、以人民为中心的发展，坚持首善标准、改革创新、依法治市，完善城市精细化管理体系，下绣花功夫提高城市精细化管理能力，着力解决城市管理突出问题，不断提升城市环境质量、人民生活质量和城市竞争力，不断提升市民对城市管理的满意度，为推动城市更新和转型发展、建设国际一流的和谐宜居之都提供坚强保障。

（二）工作思路。顺应城市管理新形势、改革发展新要求、人民群众新期待，坚持以人民为中心的发展思想，坚持人民城市为人民、人民城市人民管，把提升市民满意度作为城市管理工作的出发点和落脚点。落实精治共治法治要求，坚持问题导向，坚持系统治理、依法治理、源头治理、综合施策，推动城市管理法治化、标准化、智能化、专业化、社会化，着力加强城市日常运行管理，着力加强体制机制保障，推动城市管理向城市治理转变，构建权责明晰、服务为先、管理优化、执法规范、安全有序的城市精细化管理体系，使之与首都城市功能定位相适应、与经济社会发展相协调。

（三）工作目标。到 2020 年，城市精细化管理体系框架基本形成，城市精治共治法治水平得到明显提升，城市管理领域突出问题得到缓解，市民对城市管理的满意度进一步提高。到 2022 年，城市精细化管理体系初步形成，城市精治共治法治保持在较高水平，城市管理领域突出问题得到有效解决，市民对城市管理的满意度明显提高。

二、加强法治建设，推动城市管理法治化

（四）完善法规规章。推进重点领域法规规章的立改废释，形成覆盖城市规划建设管理全过程的法规规章制度。加强城市管理和综合执法方面的立法工作，加强立法调研，提高新

立法规规章的针对性。完善城市精细化管理的相关制度，推动城乡规划、地下空间建设、生活垃圾管理、环境卫生、广告牌匾标识、架空线管理等方面法规规章的修订，解决执法依据不足问题。健全依法决策机制，城市重大行政决策依法履行公众参与、专家论证、风险评估、合法性审查等程序。

（五）严格规范执法。充分运用法律法规、制度、标准来管理城市，切实提高专业执法与综合执法水平。加大对违法建设、占道经营、架空线复挂、露天烧烤等痼疾顽症的日常执法力度，落实重大行政执法决定法制审核、行政执法公示、行政执法全过程记录制度和行政处罚裁量基准制度，规范执法行为。加强科技执法，提高执法效率。落实行政执法与刑事司法衔接机制。强化城市管理行政执法部门与法院非诉执行的工作衔接。针对对公共利益危害较大的违法行为，探索建立民事公益诉讼制度。

（六）加强基层综合执法。强化街道办事处（乡镇政府）对综合执法队伍的统一调度，推进基层综合执法常态化。发挥基层综合执法平台作用，完善基层执法协同机制，深入推进“街乡吹哨、部门报到”工作，配齐配强基层执法人员，解决抓落实的“最后一公里”问题。严格落实“街乡吹哨、部门报到”专项清单，围绕综合执法、重点工作、应急处置等领域，明确街道办事处（乡镇政府）、部门相关工作职责，规范工作流程。

（七）营造良好法治环境。树立执法为民理念，强化执法制度建设，提高执法人员综合素质，确保严格规范公正文明执法。深入开展城市管理法治宣传教育活动，引导市民群众自觉遵守相关法律法规，提升社会法治素养。认真落实“谁执法谁普法”责任制，健全“以案释法”制度，积极开展体验式法治实践教育活动。依法公开执法主体、执法程序、处罚标准、违法事实、执法依据、处罚内容等事项，自觉接受社会监督。

三、注重标准先行，推动城市管理标准化

（八）完善精细化管理标准规范。对标国际一流，梳理完善相关标准规范，推动建立精细化管理标准规范体系。重点完善城市街巷、道路交通、河道管理、园林绿化、市容环卫、城管执法等领域的标准规范，制定管理清单、责任清单和网格清单，逐步实现城市管理领域标准规范全覆盖，使精细化管理有章可循。按照“城乡一体化”思路推行分级分类管理，明确管理标准，推动建立城市管理分级分类体系。加强标准规范的更新和维护，注重行业之间标准规范的有机衔接。

（九）抓好标准规范的实施。做好城市精细化管理综合标准、区域标准和行业标准的统筹。强化城市管理薄弱地区和薄弱领域的城市管理相关标准规范的执行力度。修订完善城市维护管理相关规定，编制城市维护作业和管理定额并建立动态调整机制。严格按照标准要求，分解量化，明确责任，层层落实，强化监督，确保执行有力。

四、深化科技应用，推动城市管理智能化

（十）加强城市管理大数据平台建设。落实北京大数据行动计划，加强物联网、云计算、大数据、人工智能等技术在城市管理中的应用，提升城市管理智能化水平。整合城市保障、城市运行、公共安全等相关平台和业务系统数据，加强城市管理大数据平台建设；开展城市

管理领域数据汇集梳理工作，制定政府数据开放共享管理办法，逐步形成城市管理领域大数据共建共享机制。完善数据信息采集手段，强化交通运行、环境监测、基础设施维护等城市运行数据资源的滚动采集、实时录入、动态分析。整理汇集网格化城市管理平台案件、12345市民服务热线数据和首都环境考核评价数据，运用大数据技术进行数据提取和管理密度的关联性分析，找出市民关注的热点难点问题，为城市管理提供数据支持。创新大数据利用模式，引导社会力量积极参与大数据建设和应用。

（十一）健全网格化城市管理体系。明确网格化城市管理各相关部门职责清单，加快建成覆盖城乡、功能齐全、三级联动的网格化服务管理工作体系。按照“统一标准、统一流程、统一平台、统一数据、统一管理”原则，统筹规划、集约建设市、区、街道（乡镇）三级网格化城市管理云平台。完善网格化管理发现问题处置机制，针对突出和易发问题，建立健全市、区主管部门牵头，相关管理部门和执法部门配合的高效处置机制。加强市、区城市管理相关单位和公共服务企业与网格化城市管理体系的协调和对接，提高问题处置效率。建立城市管理基础数据普查更新机制，适度扩展网格化管理事项，加快组建与城市管理相适应的城管监督员队伍。探索将管理范围拓展至农村公共管理区域，逐步实现网格全覆盖。

（十二）加强科技示范应用。在城市规划建设运行管理领域率先实现“一库一图一网”，推动大数据在电力、户外广告牌匾标识、建筑垃圾、燃气、供热等领域的智能应用。采用卫星监测和遥感技术，开展大型垃圾渣土堆放点、重要交通沿线环境状况、违章占压石油天然气长输管线等的监测和治理工作。采用二维码技术和移动互联网技术，依托城市道路公共服务设施信息化管理平台，实现城市道路公共服务设施科学规划、动态管理与开放共享。在北京城市副中心试点建设一批智慧城市示范项目，建设集电子政务、远程会议、绿色办公、安全感知、城市管理于一体的智慧政务区。

五、强化科学管理，推动城市管理专业化

（十三）加强专业化队伍建设。加强在岗人员教育培训，建立城市管理队伍培训体系和专业等级制度，积极开展全员培训、领导干部任职培训和专业技能培训。加大人才引进力度，通过公开招录、选调（聘）等方式，充实一批具有国际视野的城市管理专业人才。健全人才培养机制，鼓励市属高等学校设置城市管理专业或开设城市管理课程，培养懂城市、会管理的专业人才。

（十四）提升专业化服务水平。坚持以专业化为基础，界定服务范围，优化服务流程，广泛采用新技术、新装备、新模式，全面提升专业化服务管理水平。加强市容景观专业设计，做好城市家具、户外广告、牌匾标识设计，统筹设施布局。强化城市园林绿化专业化建设，提高城市绿化生态修复水平，加强城市绿色空间、城市公园、市级绿道体系、群众休闲绿地、背街小巷等区域绿化规划设计、建设和管护水平。城市道路清扫保洁实行分级管理，逐步提高“冲扫洗收”组合工艺作业覆盖率，提升道路机械化作业能力。公共厕所实行分类管理，推进“公厕革命”，实施公厕升级改造，提高女性厕位比例，推动经营性单位的厕所向社会开放并纳入管理体系。以“干湿分开”为重点，扩大生活垃圾分类制度覆盖范围；引入市场化专业化力量，完善再生资源回收利用体系，规范城市拾荒行为；加强垃圾分类全链条管理，加快生活垃圾处理设施建设，实施分类垃圾价差调控、区域垃圾减量激励、异地处理环境补偿等政策；

加强建筑垃圾综合治理，强化源头管控，推动资源化处置设施建设，规范运输管理，提升治理能力和水平。深化市场化改革，推进专业化监管信息平台建设，推动水、电、气、热等专业服务单位提升服务水平。

（十五）强化专业化指导。发挥首都高等学校、科研院所人才优势，优化调整首都城市环境建设管理专家队伍，建设城市管理专家智库。在街区更新提升、美丽乡村建设中落实责任规划师、设计师制度和专家团审核制度，提高设计水平。注重提高施工质量，培养一批街区治理的能工巧匠。发挥新技术领域专家和团队作用，积极推动创新手段应用。

六、引导多元共治，推动城市管理社会化

（十六）夯实社区治理基础。建立以基层党建为引领，居（村）委会为主导，业主委员会、物业公司、驻社区单位、群众团体、社会组织、志愿者等共同参与的社区治理架构，办好居民身边的事、家门口的事。进一步细分治理单元，城市社区形成“居委会—小区—楼门”治理网络，农村地区形成“村委会—村民小组”治理网络。加快推进社区治理体系建设，制定完善社区职责清单，严格落实社区工作事务准入制度，强化社区自治功能。推广“参与型”社区协商模式，加强社区党组织、居委会对业主委员会和物业服务企业的指导与监督；借鉴老旧小区综合整治“菜单式”管理模式，推动建立自下而上的社区治理议题、项目形成机制。大力推广“互联网＋社区”服务，推动全市政务服务“一张网”延伸到社区，扶持养老、助残、物业、家政、零售等领域社区服务机构发展，为居民提供便捷服务。

（十七）发挥社会各方作用。畅通公众参与城市治理的渠道，围绕城市治理突出问题和重大事项，开展社会公众共商共议活动；健全城市管理公众评价机制，完善公众意见采纳情况反馈机制，不断凝聚社会共识。推广“回天有我”“周末大扫除”等活动经验，激发市民自觉参与社区治理潜力和活力。积极主动邀请人大代表、政协委员等参与城市管理监督，虚心听取他们的意见建议。落实街巷长巡查、发现、报告职责，发挥小巷管家作用，健全长效管理机制。建立完善铁路沿线“双段长”制度，充分发挥铁路部门和属地合力，实现铁路沿线的有效管理。扎实推进“门前三包”责任制，鼓励社会单位积极参与城市治理。鼓励企业参与城市建设和管理，积极履行社会责任。依法支持和规范发展城乡社区服务类、公益慈善类、行业协会商会类和科技类社会组织，搭建社会组织参与城市治理平台。充分利用市民劝导队等形式，广泛动员社会力量积极参与志愿服务活动。

（十八）加强社会诚信建设。加快推进政府和社会信用信息整合归集共享，建设全市统一的公共信用信息服务平台，为城市治理奠定坚实基础。探索推行“个人诚信分”工程，推动信用信息在市场准入、公共服务、求职创业等领域的广泛应用。强化诚信行为激励，在教育、就业、创业、社会保障等领域，为守信者提供重点支持和优先便利；加大失信行为惩戒，鼓励引导企事业单位、社会组织对失信主体采取差别化服务。

七、加强城市日常运行管理，提高综合保障能力

（十九）确保能源体系安全。构建多源、多向、多点能源供应体系，加大能源供应通道建设力度，抓好年度能源保障工作，确保电力、燃气、成品油、煤炭等供给充足、总量平衡。研究

出台能源安全管理相关规定，升级改造能源系统运行综合监测平台，完善运行数据采集、发布等制度，构建覆盖全市各类能源的运行监测和应急响应体系。强化电网运行安全，消除各类安全隐患，提高电网安全运行和精细化服务水平。提高燃气市场安全准入标准，强化安全供、用气主体责任，推广燃气安全防护技术，提升供气系统和用户户内用气安全水平。完善热电气供需源头精准对接机制，加强热电气联调联供。倡导绿色低碳用能方式，持续开展重点领域节能降耗，进一步提高能源利用效率。

（二十）加强交通综合整治。推进以轨道交通为主的公共交通体系建设，优化公交线网布局，改善自行车和步道系统，提高绿色出行比例。完善中心城区路网结构，逐一排查整治交通堵点，畅通道路微循环，规范交通秩序，提升重点区域交通运行效率。全面治理停车乱、停车难问题，推进路侧停车电子收费，鼓励单位内部停车资源向社会开放，推动胡同停车居民自治。加强共享单车、分时租赁、网约车等运营监管，引导行业规范有序发展。持续抓好北京南站、北京西站等主要场站交通接续保障和综合整治工作。

（二十一）加强地下管线综合管理。建立健全地下管线综合管理体制，落实地下管线行业主管部门职责。推进地下管线消隐与道路施工同步实施，形成“管路互随、绿色消隐”的隐患治理体系，避免“马路拉链”现象。发挥挖掘工程地下管线安全防护信息沟通平台作用，破除信息壁垒，实现工程建设单位与管线权属单位的有效对接，有效防范施工破坏地下管线事故。建立完善地下综合管廊规划、投资、建设、管理、运营体制机制，推进地下综合管廊建设。

（二十二）加强供水排水和防洪排涝管理。加强水源地保护，统筹推进南水北调市内配套工程、自备井置换、老旧小区供水管网改造等工程，形成外调水和本地水、地表水和地下水联合调度的多水源供水格局。加快推进污水处理及再生水利用设施建设，推动实现城镇污水全收集、全处理，不断提高农村地区污水处理设施覆盖率，扩大再生水应用领域。做好骨干河道、重点中小河道治理工作，加强城市排水河道、雨水调蓄区、雨水管网及泵站等工程建设，开展城市积水点、易涝区治理，推进海绵城市建设，提高城市防洪排涝能力。

（二十三）加强应急管理保障。建立健全应急值守、信息报送、物资储备、快速反应、现场协调等工作机制，提高应急综合处置能力。强化监测预警和风险管理体系建设，借助大数据和智能技术，提升城市运行风险监测和控制能力。健全完善城市管理综合应急预案及重点行业专项应急预案，明确各类突发事件防范措施和处置程序，强化部门信息共享与高效协作。加强安全生产行业管理，全面开展安全生产检查、隐患排查整改、安全形势分析、设施风险管理工作。推进燃气、供热、电力及环卫企业安全生产标准化建设，制定户外广告、城市照明等安全生产等级评定技术规范。加强专业应急保障队伍建设，强化培训和演练，高效应对各类突发事件。健全应急管理社会动员机制，推进全民应急宣传教育，提高全社会防灾避难意识和自救能力。

八、加强体制机制保障，提高统筹协调能力

（二十四）加强组织领导。完善党委领导、政府负责、社会协同、公众参与、法治保障的城市管理体制。各级党委、政府要加强对城市管理精细化工作的统一领导，将其纳入重要议事日程，抓紧抓实抓好。充分发挥首都城市环境建设管理委员会统筹指导、组织协调、督促落实作用，健全工作联络制度，加强与中央单位、驻京部队的沟通协调。市城市管理委作为城

市管理主管部门，负责具体抓好业务指导、指挥调度、专项整治和检查评价等工作。各区政府要切实履行主体责任，结合各自实际，细化和落实本区实施方案。各街道办事处（乡镇政府）要整合资源，加强统筹协调，理顺条块关系，把城市管理精细化工作要求落到实处。

（二十五）深化改革创新。科学划分城市管理主管部门与相关行政主管部门的工作职责，研究制定城市管理责任清单，解决部门职责交叉问题。深入推进城市管理和综合执法体制改革，优化市、区、街镇（乡镇）城市管理机构设置。牢牢把握职责定位，完善街道党工委和办事处职责清单，明确和细化区政府职能部门在城市基层治理中的责任。进一步明确相关程序和要求，落实街道（乡镇）对相关重大事项提出意见建议权、对辖区需多部门协调解决的综合性事项统筹协调和督办权、对政府职能部门派出机构工作情况考核评价权。深化工程建设项目审批制度改革试点，推进“多规合一”流程再造。深化市政公用领域国有企业市场化改革，坚持社会效益优先，提高服务质量和水平。引入市场机制，进一步开放市政公用领域市场准入，鼓励通过政府和社会资本合作等方式，提高市政基础设施、市政公用事业、公共服务等领域的运营、维护、管理水平；开展环境污染第三方治理；在环卫保洁、绿化养护、河道管护等领域推行政府购买服务。整合协管员队伍，建立市级总体统筹、区级部门招录培训、街道（乡镇）统筹管理使用的协管员队伍管理机制。

（二十六）加大资金保障力度。加强城市精细化管理资金预算编制、成本控制和统筹使用，在完善精细化管理标准规范的基础上适时调整相关经费标准，确定日常管理经费投入标准，有效保障实施城市精细化管理的建设、管理、维护、更新等经费。加大对薄弱地区财政转移支付力度，促进实现城市精细化管理全覆盖。研究建立与城市经济社会发展水平相适应的城市精细化管理动态资金保障机制，强化资金绩效管理，提高资金使用效率和效益。

（二十七）加大宣传教育力度。加强首都公共文明建设，统筹推进全国文明城区、文明村镇、文明单位、文明家庭、文明校园创建。从娃娃抓起，从基础教育抓起，提升市民的首都意识、守法意识、家园意识、环保意识、礼让意识和公共秩序意识，让文明成为习惯、让习惯更加文明。突出宣传重点，围绕当前城市管理改革重点工作和群众反映的热点问题，主动释疑解惑，做好正面引导。充分发挥先进典型的示范引领作用，及时总结推广在城市管理工作中发现的好经验、好做法，营造推动城市精细化管理的浓厚社会氛围。

（二十八）完善绩效考核评价机制。将城市精细化管理工作纳入绩效评价体系，建立健全定量考核与定性评价相结合、分区域考核与分行业考核相结合的城市管理考核评价机制，按年度对相关部门、各区政府履职情况和管理绩效进行考评。加强首都环境建设检查考核，按照“月检查、月曝光、月排名”的要求，完善考评标准，优化考评手段。建立健全社会公众满意度评价及第三方考评机制。严格落实问责制度，对工作不力的地区或部门主要领导进行约谈，提出整改意见并跟踪督办。

首都标准化委员会关于调整成员单位和组成人员的通知

（首标委发〔2019〕1 号）

各成员单位：

根据北京市委办公厅有关文件精神及首都标准化工作需要，经北京市人民政府批准，对首都标准化委员会成员单位和组成人员进行调整。

调整后的首都标准化委员会办公室设在北京市市场监督管理局，首都标准化委员会的成员单位和组成人员名单如下：

召集人（首都标准化委员会主任）：

王　红　　北京市人民政府副市长

副召集人（首都标准化委员会副主任）：

王　军　　北京市人民政府副秘书长

崔　钢　　国家市场监督管理总局标准创新管理司司长

冀　岩　　北京市市场监督管理局局长

成　员：

孙　伟　　国家发展和改革委员会高技术产业司副司长

郭志伟　　科学技术部基础研究司副司长

范书建　　工业和信息化部科技司副司长

陈宁姗　　国家卫生健康委员会法规司副司长

李　静　　天津市市场监督管理委员会总药检师

王普增　　河北省市场监督管理局副局长

赵　磊　　中共北京市委宣传部副部长

王英建　　北京市能源与经济运行调节工作领导小组办公室专职副主任

李　奕　　北京市教育委员会副主任

刘　晖　　北京市科学技术委员会副巡视员

王学军　　北京市经济和信息化局副局长

潘绪宏　　北京市公安局副局长

牛国政　　北京市民政局副巡视员

郭　卫　　北京市司法局副局长

张宏宇　　北京市财政局副巡视员

孙美玲　　北京市人力资源和社会保障局副局长

周楠森　北京市规划和自然资源委员会副主任
王瑞贤　北京市生态环境局副局长
冯可梁　北京市住房和城乡建设委员会副主任
贾明雁　北京市城市管理委员会巡视员
孟　桥　北京市交通委员会副主任
段　伟　北京市水务局总工程师
寇文杰　北京市农业农村局副巡视员
王洪存　北京市商务局副巡视员
关　宇　北京市文化和旅游局副局长
邓旭亮　北京市卫生健康委员会副主任
唐明明　北京市应急管理局副局长
姚　娉　北京市市场监督管理局副局长
高志勇　北京市政府外事办公室副主任
刘　强　北京市政务服务管理局副局长
向德春　北京市文物局副局长
陈　杰　北京市体育局副局长
吴万标　北京市统计局副局长
王小平　北京市园林绿化局副巡视员
张德华　北京市人民防空办公室副巡视员
许　伟　北京市知识产权局副局长
翁啟文　中关村科技园区管理委员会副主任
吴仕仲　北京市地震局副局长
王迎春　北京市气象局副局长

首都标准化委员会
2019 年 5 月 15 日

首都标准化委员会关于印发《2019 年北京市标准化工作要点》的通知

（首标委发〔2019〕2 号）

各成员单位：

《2019 年北京市标准化工作要点》经首都标准化委员会第七次全体会议审议通过，现予印发，请结合实际贯彻落实。

首都标准化委员会

2019 年 8 月 2 日

2019 年北京市标准化工作要点

坚持以习近平新时代中国特色社会主义思想为指导，深入贯彻党的十九大和十九届二中、三中全会精神，深入贯彻习近平总书记对北京重要讲话精神，落实《中华人民共和国标准化法》和《贯彻实施〈深化标准化工作改革方案〉重点任务分工（2019—2020 年）》，执行市委市政府决策部署，立足“四个中心”首都城市战略定位，以机构改革为契机，深化标准化工作改革，坚持首善标准，深入推进推动首都高质量发展的标准体系建设，全面提高标准化工作水平，优化营商环境，激发市场主体标准化活力，为建设国际一流的和谐宜居之都提供强有力的支撑。

一、聚焦首都发展，以标准化支撑城市总体规划深入落实

发挥好标准在城市管理中的基础性、战略性、引领性作用。立足首都城市战略定位，围绕城市发展深刻转型，紧贴北京经济社会发展全局性、长远性、关键性问题，制定具有地域特色、资源禀赋优势，满足经济社会发展需要的地方标准，以高标准引领提升质量发展。围绕疏解非首都功能这一“牛鼻子”，从推动超大型城市治理体系和治理能力现代化的高度，按照公平、公正、公开、透明的原则，在积极探索和广泛征求意见基础上，建立体现新时代高质量

发展要求的行业发展标准、城市规划标准、技术服务标准、市场监管标准，增强标准的权威性、严肃性和可操作性，充分展示可复制可推广的"北京标准"。

1. 加强标准化顶层设计，以机构改革为契机，全面梳理完善各行业领域标准体系，逐步完善"绿色城市、森林城市、海绵城市、智慧城市、人文城市、宜居城市"规划建设管理标准，逐步形成符合首都城市战略定位、满足经济社会发展需求、推动首都高质量发展的标准体系。

2. 坚决打好污染防治攻坚战，围绕促进主要污染物排放总量大幅减少，生态环境质量总体改善，空气质量持续向好等方面，发挥技术标准支撑作用，按照与国际标准接轨、严于国家标准的原则，以大气、水和土壤污染防治为重点，完善与生态红线、环境质量底线相衔接的生态环境标准体系，制定《加油站油气排放控制和限值》《电子工业大气污染物排放标准》等标准，研究第七阶段车用油品标准。

3. 坚定有序推进疏解整治促提升专项行动，加强城市修补和生态修复，注重街区生态重塑，提升公共服务水平，提升人居环境质量。发布《电动自行车停放场所防火设计标准》，修订《数字化城市管理信息系统部件和事件处置》等标准。

4. 围绕城市建设新需求，制定完善勘察、设计、施工、监理、竣工验收等标准规范，加强工程规划建设全过程质量安全监管，发布《城市综合客运交通枢纽设计规范》《建筑物通信基站基础设施设计规范》，制定《海绵城市建设效果监测与评估规范》《雨水控制与利用工程施工及验收规范》等标准。

5. 推动绿色建筑发展量质齐升，对标新时代高质量绿色建筑品质，发挥首都绿色建筑引领作用，修订《绿色建筑设计标准》《绿色建筑工程验收规范》《绿色建筑评价标准》等标准。

6. 加强城市精细化管理，对标国际一流，重点完善城市街巷、河道管理、市容环卫等领域的标准规范，逐步实现城市管理领域标准规范全覆盖，使精细化管理有章可循。重点修订《街巷环境卫生质量要求》，制定《城市雨水管渠流量监测规程》等标准。

7. 优化交通系统环境，倡导绿色出行，制定《步行和自行车交通环境规划设计标准》《城市轨道交通车站安检设计标准》《快速轨道交通工程施工质量验收规范》《综合客运枢纽运营评价规范》等标准。

8. 制定完善地下综合管廊和入廊管线勘察、设计、施工、监理、竣工验收等标准规范，发布《城市综合管廊工程施工及质量验收规范》，制定《城市综合管廊监控与报警设备安装工程施工规范》《城市综合管廊工程监控量测技术规程》《城市综合管廊智慧运营管理系统技术规范》等标准。

9. 建设天蓝水清、森林环绕的生态宜居城市，制定《小微湿地建设技术规程》《城镇绿地养护技术规范》《美丽乡村绿化美化技术规程》等标准。

10. 全力维护首都安全稳定。推进"百项安全生产地标"工程收官落地，切实提高企业安全生产水平。确保基础网络与重要信息系统安全，制定《信息安全事件调查处置规范》等标准。

11. 应对社会老龄化挑战，缓解居家养老服务难题，加强老年人照顾服务，制定涉及助医服务、助餐服务、康复服务等内容的《居家养老服务规范》系列标准。

12. 促进医疗健康数据共建共享，推动临床医疗数据标准化和院际间数据开放互通，制定《医学检验危急值获取与应用技术规范》《重症医学数据集》《精神卫生数据元规范》《医疗行为关键控制点编码规范》等标准。

13. 打破城乡界限，加快城乡基本公共服务一体化进程，按照区域覆盖、制度统筹、标准统一的要求，建设本市基本公共服务标准体系。

14. 围绕新型城镇化发展和美丽乡村建设要求，切实改善农村居住环境和公共服务设施建设，制定《美丽乡村绿化美化技术规程》《农村公路技术状况评定规范》《农村家庭用户天然气管道工程技术规范》等标准。

15. 优化营商环境，推进行政许可标准化和政务信息标准化，制定《面向政务服务的信息分类规范》等标准。加强统一社会信用代码在多证合一、统计普查、行政许可、信用体系建设等重点领域的应用，实施身份验证、信息对比等工作，为跨部门信息共享及资源整合奠定基础，有效提高政府精细化管理水平。

16. 加强首都文物保护工作，促进优秀传统文化传承与发展，支撑历史文保区修缮整治，制定《文物建筑抗震鉴定技术规范》等标准。

17. 完善京津冀区域标准化协同发展机制和顶层设计。充分发挥首都标准化委员会统领作用，总结推广区域标准化发展"3+X"合作模式，形成部门协作、高效运转的区域标准化工作机制，探索在旅游、工程建设等领域制定一批区域协同地方标准。加强已发布区域协同地方标准在三地实施效果的分析评价工作。

18. 落实北京城市副中心控制性详细规划，以高标准进行城市副中心城市设计、建筑设计、景观设计，突出世界眼光、国际标准、中国特色、高点定位，形成推动副中心高质量发展的标准体系。

19. 高水平做好北京冬奥会冬残奥会筹办工作。扎实有序推进场馆和基础设施建设，统筹做好赛会服务保障。制定《滑雪场所等级划分与评定规范》《体育场所安全运营管理规范 滑冰场所》《大型活动志愿者服务规范》等标准。

20. 围绕雄安新区建设等中央和市委市政府确定的重大项目建设，立足"四个服务"，主动对接标准化工作需求，做好服务工作。

二、聚焦创新驱动，以标准化释放创新发展新动能

坚持创新、协调、绿色、开放、共享的新发展理念，将创新作为引领发展的第一动力，聚焦国家和首都发展需求，充分发挥首都科技、人才和标准化技术资源优势，着力攻克关键核心技术标准，推动发展质量变革，助推加快新旧动能持续转换。

21. 强化科技创新战略布局。围绕加快科技创新成果转化、构建高精尖经济结构确定的重点领域，鼓励企业围绕关键核心技术研发和产品推广加强技术标准创新，积极创制国际国内领先标准。支持创制一批产业发展急需的关键共性标准，为培育 2－3 个具有技术主导权的产业集群提供支撑。支持有关企业、研究机构开展人工智能、量子计算、脑机结合、新型材料等有重大战略意义的前沿颠覆性技术的关键标准研制，研究建设战略性新兴领域标准体系，助力抢占全球科技创新竞争制高点。

22. 推进"三城一区"建设发展，以技术标准夯实新一代信息技术、新能源智能汽车、生物技术和大健康、机器人和智能制造等产业集群技术优势，推动产业链再造和价值链提升，引领产业向中高端迈进。

23. 抓好国家技术标准创新基地建设。推动先进制造工艺和关键零部件基地建设取得实

质性和关键性进展。着眼未来中关村高新技术发展趋势,研究未来三年的中关村标准化行动计划和中关村标准化示范试点企业培育方案,对中关村标准化试点示范企业进行动态管理。发挥中关村高新技术企业的技术优势,探索国家技术标准创新基地建设的新机制、新模式,加速高新技术企业的科技创新成果转化为技术标准,加强产业标准创制,提高产业核心竞争力和国际话语权。

24. 提升"中关村标准"品牌影响力,研究"中关村标准"品牌培育机制和路径,支持中关村标准化组织与国际标准化组织的交流与合作。

25. 树立有全国影响力的标准化典范,聚焦高新技术、高端装备制造业、服务业、都市型现代农业等领域,发挥区位优势,加强对标准化试点示范单位分类指导,建设国家高新技术产业标准化试点、国家高端装备制造业标准化试点、第九批国家级农业标准化示范区、第四批国家级社会管理和公共服务综合标准化试点、第二批农村综合改革美丽乡村标准化试点,打造一批标准化领军企业,树立一批有示范效应和推广价值的标准化标杆。

26. 围绕制造业转型升级,促进产业结构调整、落后产能淘汰、能源结构调整,对标国际、布局高端,严把准入标准,加快"腾笼换鸟"。落实《北京市推进节能低碳和循环经济标准化工作实施方案(2015—2022 年)》,制定 2019—2021 年节能和循环经济标准制修订清单。加快能耗、水耗标准更新升级,提升资源能源利用效率,制定《数据中心能源消耗限额》《工业取水定额　饮料》《空气压缩机节能监测》等标准。

27. 围绕促进服务业发展,促进生产性服务业、生活性服务业实施标准化管理,带动服务水平提升,制定《企业物流装备标准化评价规范》《食品冷链宅配服务规范》《洗染企业等级划分与评定》等标准。

28. 推动乡村全面振兴,在促进都市型精品农业发展、乡村旅游持续发展等方面精准发力,以农业标准化、乡村旅游标准化促进本市农户增收、生活改善,制定《乡村民宿服务基本要求及评定》《畜牧养殖业生态农业园区评价规范》等标准。

29. 落实知识产权强国战略,推进知识产权综合管理改革,修订《企业知识产权管理规范》等标准。

30. 深入推进百城千业万企对标达标提升专项行动和企业标准"领跑者"行动,形成政策合力,鼓励企业瞄准国际标准和国际先进标准不断提高产品和服务标准,推动企业标准核心指标水平持续提升,产品和服务质量水平整体跃升。

三、聚焦深化改革,以标准化促进发挥市场配置资源的决定性作用和更好发挥政府作用

步入深化标准化工作改革第三阶段,充分激发市场主体开展标准化工作的活力,切实提升标准有效供给快速响应和满足新技术、新业态、新模式发展需求,更好发挥政府作用,推动建立政府与市场共同发挥作用的标准供给结构。

31. 完善首都标准化统筹协调机制,根据机构改革情况组织开展首都标准化委员会调整工作,汇聚各方力量,提高标准化工作的整体性、系统性和协调性。

32. 促进标准化工作法制化管理,推动地方标准化立法进程,建立完善多元共治的标准化管理体制。

33. 优化完善地方标准管理体制,进一步增强地方标准同国家标准、行业标准的协调性,

强化地方标准复审,探索地方标准外文版制定机制。

34. 强化标准实施。畅通法规政策制定、产业政策调整与标准化工作的联动机制,实现法规政策靠标准落地,标准凭法规政策保障实施的闭环管理。通过监督抽查、执法检查、认证认可、检验检测、信用监管、情况普查等措施手段加强标准实施。健全地方标准实施信息反馈和评估机制,完善标准实施效果评估共性指标,推动在重点领域开展第三方地方标准实施效果评估工作。

35. 发挥团体标准对促进科技创新、整合市场资源、引导产业发展、引领质量提升的支撑作用,推动第二批国家级团体标准试点工作取得实效,培育一批有知名度和影响力的团体标准制定机构。

36. 充分释放企业创新活力。持续推动实施团体标准、企业标准自我声明公开和监督制度,激励市场主体提升标准质量和水平,引领产品和服务质量提升。采用"双随机、一公开"方式,开展团体标准、企业标准的事中事后监管,加大对团体标准、企业标准违反强制性标准的查处力度。

37. 发挥首都技术资源优势,进一步规范标准化技术委员会管理与考核,在公共卫生、养老服务等社会关注度高的领域组建新的市级专业标准化技术委员会。

38. 加强军民标准化资源共建共享,完善军民标准信息资源交换共享机制。

39. 以全球视野谋划和推动标准化工作,对标国际,发挥北京国际交往中心功能,提升国际标准化水平。积极落实"一带一路"战略,加强标准化国际交流与合作,为企业参加国际标准化组织活动搭建平台,积极融入全球标准创制。通过标准引领,推动核心技术标准在国际实施应用,形成以标准"走出去"带动产业"走出去"的新局面。加强国际标准化人才培养,开展国际标准化培训。

40. 利用政府网站、微信、微博等多种媒体形式,向社会公众普及标准化知识,抓好大众标准化意识的普及教育,提高标准化宣传的广泛性和时效性。做好世界标准日主题宣传,举办群众喜闻乐见又生动活泼的标准化宣传活动。

首都标准化委员会
2019年北京市实施首都标准化战略工作总结

北京市坚持以习近平新时代中国特色社会主义思想为指导，深入贯彻党的十九大和十九届二中、三中、四中全会精神，深入贯彻习近平总书记对北京重要讲话精神，在市委市政府的领导和市场监管总局的指导下，结合“不忘初心、牢记使命”主题教育，深刻领会党中央、国务院以及市委、市政府对标准化工作的决策部署，全面落实全国标准化工作会议精神和《贯彻实施<深化标准化工作改革方案>重点任务分工(2019—2020)》，立足“四个中心”首都城市战略定位，以机构改革为契机，深化标准化工作改革，坚持首善标准，深入推进推动首都高质量发展的标准体系建设，全面提高标准化工作水平，优化营商环境，激发市场主体标准化活力，助力国际一流的和谐宜居之都建设。

一、聚焦高质量发展，以标准体系建设支撑城市总体规划深入落实

(一)顶层设计，建设推动首都高质量发展的标准体系

落实全国“标准体系建设年”的部署，充分发挥标准化对首都经济社会发展的基础性、战略性、引领性作用，将“研究建立推动首都高质量发展的标准体系”纳入市委财经委2019年重大问题调查研究项目。以首都标准化委员会为平台，在全市加以推动，启动课题研究，进行顶层设计，组织全市各行业领域开展标准体系建设，编制形成《推动首都高质量发展的标准体系建设实施方案》，经市委财经委第五次会议审议通过。

(二)重点推进，以首善标准提升城市规划建设运行管理水平

聚焦推动首都高质量发展，围绕疏解非首都功能这一“牛鼻子”，从推动超大型城市治理体系和治理能力现代化的高度，提升城市精细化管理水平，推动乡村全面振兴，推进民生保障精准化精细化，遴选确定2019年北京市地方标准制修订项目计划，截至12月底，制定发布180项地方标准，现行有效地方标准共计1712项。

一是优化城市空间布局和规划建设。加强对城市空间立体性、平面协调性、风貌整体性、文脉延续性等方面的规划和管控，修订发布《历史文化街区工程管线综合规划规范》。加强不可移动文物保护，传承历史文脉，发布《文物建筑防火设计规范》，预防减少文物建筑火灾危害；发布《文物建筑抗震鉴定技术规范》，规范鉴定行为，保障文物建筑结构安全。制定完善勘察、设计、施工、监理、竣工验收等标准规范，《建筑抗震加固技术规程》等3项标准在全国勘察设计奖评选活动中获“标准科技创新奖”。为推动科技创新与建筑产业融合发展，发布《智慧工地技术规程》，进一步提高施工现场信息化管理水平，逐步实现绿色建造和生态建造。落实新总规“新建建筑100%落实强制性节能标准”的要求，发布实施《建筑日照计算

参数标准》《超低能耗居住建筑设计标准》等标准，推动了我市绿色建筑及相关产业发展。

二是坚决打好污染防治攻坚战。围绕促进主要污染物排放总量大幅减少、生态环境质量总体改善、空气质量持续向好的目标，发布《施工工地扬尘视频监控和数据传输技术规范》《加油站油气排放控制和限值》《电子工业大气污染物排放标准》《农村生活污水处理设施水污染物排放标准》《地铁噪声与振动控制规范》《建设用地土壤污染状况调查与风险评估》等地方标准。市生态环境局、市市场监管局、市公安交通管理局联合印发通告，自 2019 年 7 月 1 日起，本市提前实施国六机动车排放标准。推广使用低硫煤及制品，修订《低硫煤及制品环保技术要求》，减少燃煤对环境的污染，改善空气质量状况。围绕实现全国“统一标准、统一监测、统一防治措施”的目标，复审废止《汽油车双怠速污染物排放限值及测量方法》等 4 项机动车排放检测地方标准，统一组织实施国家标准。全市 PM2.5、PM10、二氧化硫、二氧化氮四项主要污染物浓度均同比下降，实现历史同期最低。

三是优化城市交通环境。为提升城市公共交通服务水平、改善运营环境，缓解交通枢纽周边交通拥堵状况，发布《城市综合客运交通枢纽设计规范》。配合超大城市停车治理，制定《路侧停车动态监测和电子收费管理系统技术要求》系列标准，确保按时有序推进本市电子收费系统设备建设安装工作。提高收费公路通行效率，发布《收费公路联网收费系统》系列标准，促进收费公路联网收费业务的标准化，提高联网收费系统的运营管理水平和服务质量。发布《轨道交通视频监控系统技术规范》《轨道交通乘客信息系统技术规范》，解决城市轨道交通视频监视、乘客信息系统中设备标准不统一、兼容性差、维修维护难度大等问题，保证城市轨道交通安全高效运行。

四是加强城市精细化管理。实施本市首部中英对照版地方标准《绿色雪上运动场馆评价标准》，为冬奥会和冬残奥会雪上运动场馆可持续建设和绿色评价提供技术支撑。加快推进外语标识地方标准修订，发布《公共场所中文标识英文译写规范 第 5 部分：医疗卫生》，力争在 2022 年北京冬奥会和冬残奥会举办之前，形成覆盖全面、规则清晰、具有时代特色和示范引领作用的外语标识地方标准体系。发布《采暖住宅室内空气温度测量方法》，为长期困扰广大用户、供热单位对室内温度检测方法认识不一致产生的供暖纠纷提供仲裁依据。发布《非居民用燃气计量系统设计施工验收规范》，提高非居民用户计量仪表正确使用和管理水平，保证天然气结算的公平、准确。发布《供暖系统运行能源消耗限额》《供暖系统能耗指标体系》，促进供热节能技术发展，提高供热行业节能管理水平。

五是优化市政基础建设。制定《城市综合管廊智慧运营管理系统技术规范》《城市综合管廊设施设备编码规范》等，有利于综合管廊监管部门统一管理和安全防范，有利于管线单位入廊业务开展和运营监控管理，以及保障工程建设质量。编制《城市基础设施工程人民防空防护设计标准》，为轨道交通、城市地下综合体、城市综合客运交通枢纽等重要城市基础设施的平战结合问题提出技术解决路径。

六是建设天蓝水清、森林环绕的生态宜居城市。建设环境友好、社会和谐、功能齐全、绿色高效的生态再生水厂，制定《生态再生水厂评价指标体系》。推进果园节水工程建设管理的标准化和规范化，制定《果园节水灌溉工程技术规范》。促进森林质量精准提升，提高森林文化自然科普教育服务水平，发布《近自然森林经营技术规程》《园林绿化科普标识设置规范》《露地花卉布置技术规程》等地方标准，为北京世界园艺博览会布展和重大节庆活动氛围营造提供技术支撑。

七是全力维护首都安全稳定。深入推进“百项安全生产地标”工程取得阶段性成果，批准发布27个领域《安全生产等级评定技术规范》系列标准，其中京津冀区域协同地方标准4项。截至12月底，累计发布《安全生产等级评定技术规范》系列标准88项，有效推动企业落实安全生产主体责任、建立安全生产长效机制、创新安全生产监管机制。全国率先发布实施《电动自行车停放场所防火设计标准》，为电动自行车安全充电带来便利，保障群众出行，同时完善了居民区的基础设施功能，减少居民区消防安全隐患，该标准也纳入本市安委会文件，强化实施使用。发布实施《雷电防护装置日常维护规程》，加强日常维护巡检，有效减少了雷电引发的安全隐患。修订发布了《废旧爆炸物品安全处置规范》，进一步提升了本市废旧爆炸物品安全处置效果，对全国规范安全处置废旧爆炸物品起到了示范和推动作用。

八是应对社会老龄化挑战。立足北京市“9064”养老服务发展目标，加强养老服务标准体系建设，加快推进基层养老服务标准化，缓解居家养老服务难题，发布涉及助餐服务、助医服务、康复服务等3项《居家养老服务规范》系列标准，明确服务要求，细化服务流程，提升居家养老服务水平。本市以首善标准推动首都养老事业高质量发展，在2019年全国养老院服务质量建设专项行动动员部署会议上作经验交流发言。

九是助力医疗及健康产业稳步发展。为“病有所医”提供安全保障，发布《医疗行为关键控制点编码规范》《口腔综合治疗台水路消毒技术规范》《静脉用药集中调配规范》《新生儿转运技术规范》，严把医疗卫生关键环节，不断提升操作技能，有效提升医疗护理高效处置能力。发布《中小学生体育与健康课运动负荷监测与评价》，为有效设置本市中小学体育教学运动负荷，遏制学生体质健康状况下降趋势提供了技术依据。为落实《北京市足球改革发展总体方案》，规范足球运动场地的设计、建造与维护，满足群众性体育运动和大型赛事需求，发布《天然草坪足球场场地设计与建造技术规范》《人造草坪运动场地使用和维护保养技术规范》等5项标准。

十是助力新型城镇化发展。切实改善农村居住环境和公共服务设施建设，发布《农村公路技术状况评定规范》，促进农村公路技术状况检测和评价工作的规范化、标准化，提升农村公路养护管理工作的科学化水平。

十一是优化营商环境。全面推进北京市政务服务标准体系建设，组织开展了“政务服务标准化”课题研究工作。细化政务服务内容，修订《固定资产投资项目节能报告编制技术规范》，为企业办理固定资产投资项目节能审查提供更为便捷、系统的支撑，促进政务服务效率提升。加快电子政务标准体系建设，发布《信息化项目软件开发费用测算规范》《软件产品备案测试基本技术规范》等8项电子政务相关地方标准，在支撑电子政务体系建设、提高基础设施集约化水平、促进政务信息共享中发挥了重要作用。

（三）领域突破，区域协同标准有效促进京津冀协同发展

强化首标委平台作用，不断完善“3+X”区域协同标准合作机制，京津冀三地六部门联合签署《京津冀区域协同工程建设标准框架合作协议》，建立京津冀区域协同工程建设地方标准协同机制。持续发布京津冀区域协同地方标准，在工程建设和旅游领域取得新突破，2019年发布8项京津冀区域协同地方标准，累计达50项。发布《京津冀旅游直通车服务规范》，提升京津冀旅游服务水平，推动京津冀旅游市场一体化建设；发布《城市综合管廊工程施工及质量验收规范》，协调统一京津冀三地城市综合管廊规划、建设和运营管理工作，有效提高城市综合承载能力，确保城市“生命线”安全稳定运行。三地人力资源部门组织召开“京津冀

区域协同地方标准和精准扶贫座谈会”，在建立区域协同地方标准工作机制、推进方案、工作评估等方面达成共识。

二、聚焦创新驱动，以标准化释放创新发展新动能

（一）发挥标准引领作用，支持高精尖经济结构构建

一是以“三城一区”为主平台，出台标准化支持政策。海淀区人民政府印发《关于支持中关村科学城标准创新发展的措施（试行）》，从支持各类创新主体或多主体联合开展标准制定、支持在重点前沿产业领域开展标准制定、大力培育发展团体标准、建设海淀区科技成果转化技术标准服务平台、推进“海淀区国家高新技术产业标准化试点”、开展“百城千业万企对标达标提升专项行动”、全面实施“标准化+”行动、支持企业承担国际标准化组织重要工作和职务、支持企业承办和参与国际标准化会议、加快集聚国际标准化服务资源等十个方面对标准化工作给予资金支持，对获得批准发布的国际标准、国家标准和行业标准的制定单位，给予最高300万元资助。积极推进海淀区国家高新技术产业标准化试点，海淀区政府发布《关于加快中关村科学城人工智能创新引领发展的十五条措施》和《关于支持中关村科学城智能网联汽车产业创新引领发展的十五条措施》，出资600万元用于支持与标准化相关工作，明确鼓励高质量标准创制，支持创新主体参与或引领标准制订，进一步激发企业参与热情，形成了高新技术产业标准化工作氛围。

二是以中关村国家自主创新示范区为主阵地，逐步打造中关村标准品牌。市场监管总局田世宏副局长专程调研中关村企业和社会团体开展国际标准化活动情况，支持研究建立中关村团体标准快速转化为国家标准和国际标准的机制。成立了“中关村标准”战略委员会，原ISO主席和3位中国工程院院士受聘成为战略委员会委员，战略委员会将促进中关村标准实现国际化、市场化、产业化、高质量发展，带动和支撑产业实现国际化，着力打造国际化的中关村标准品牌。据不完全统计，中关村高新技术企业和产业联盟、社会团体累计创制国际标准和国外先进标准434项，比2018年底新增54项。2019年中关村企业和产业联盟参加或承办国际标准化会议超过112次。逐渐形成了5G技术、新一代信息技术、智慧生活、智能交通优势领域，标准创制能力显著增强。

三是深入推进“百城千业万企对标达标提升专项行动”和企业标准“领跑者”行动。召开“百城千业万企对标达标提升专项行动”工作专题推进会和企业培训宣讲会，立足区域特点，稳步推进对标达标工作，指导相关企业在全国平台上达标对标，有效提供技术支撑，鼓励企业自行编制对标技术方案。已形成对标结果自我声明247项、对标方案65项（其中21项征求意见稿），主要集中在家用类似用途电器、精密仪器制造、电力网保护装置等领域。落实企业标准“领跑者”制度，结合本市经济社会发展实际，本市八部门联合出台工作方案，明确工作原则、工作目标和保障措施，制定4个方面13项具体任务。各部门根据职责分工联合推动企业标准“领跑者”制度实施，积极动员在京标准化服务业试点单位等机构承担第三方评价工作，目前已有34家在京机构承担，占全国的36.5%。在公布的全国银行营业网点服务领域企业标准“领跑者”47家单位的名单中本市上榜企业8家。在非首都功能疏解、北京产业结构调整、制造业大幅外迁、本市基本没有对应领域生产企业的不利情况下，企业标准“领跑者”工作仍取得重要实效，有6家企业8类产品上榜。

（二）促进产业结构调整，淘汰落后产能

一是持续提高能效水平。落实《北京市推进节能低碳和循环经济标准化工作实施方案（2015—2022 年）》，严把准入标准，发布《大型公共建筑制冷能耗限额》《数据中心能源效率限额》等能耗限额标准，科学合理规范建筑、数据中心领域用能水平。细化用能设备运行监测，发布《空气压缩机节能监测》《地源热泵系统节能监测》《冷库系统节能监测》《数据中心能效监测与评价技术导则》《污水源热泵供热系统节能监测》《空气源热泵节能监测》等节能监测标准，实现对更多设备的节能运行监督约束。发布《能效领跑者评价导则》，引导用能单位从提高节能管理水平、实施节能措施、利用节能设备等方面提升整体能效水平。

二是全面修编北京市新能源和可再生能源标准体系。建立和完善了太阳能、地热能、生物质能、风能、氢能、水能等六个新能源领域的标准体系，确定了未来三年本市重点制定的新能源地方标准项目。

三是促进服务业持续健康发展。落实北京市服务业扩大开放综合试点 2019 年—2021 年三年行动计划新要求，促进生产性服务业、生活性服务业实施标准化管理，带动服务水平提升，推进首都服务业快速健康发展。发布《企业物流装备标准化评价规范》《食品冷链宅配服务规范》，带动服务水平提升。

（三）积极推进国家级标准化试点示范项目建设，树立有全国影响力的标准化典范

2019 年 15 个各类国家级标准化试点示范项目通过考核验收，另有 49 个项目在建，15 个新申报项目待批复。其中，为落实《关于建立健全基本公共服务标准体系的指导意见》，充分发挥标准化工作在促进基本公共服务均等化、普惠化、便捷化中的作用，申报通武廊医疗卫生协调联动基本公共服务标准化试点。

一是促进制造业转型升级。2 家国家级高端装备标准化试点通过验收。国家技术标准创新基地（先进制造工艺及关键零部件）取得关键性进展，筹建工作实现时间过半任务过半，编制了《国家技术标准创新基地（先进制造工艺及关键零部件）管理办法》，搭建了科技成果转化为技术标准服务平台，开展了科技成果转化为技术标准试点工作。与多个创新基地、协会、检验机构和研究院所签订战略合作协议，建立了协同共建模式，设立了增材制造 NQI 创新研究院。推动新立项国际标准 3 项，发布实施国际标准 3 项，推动国家标准、行业标准和团体标准项目立项 53 项，另有 85 项标准发布实施，完成 12 项标准的验证与测试，形成 2 个标准综合体，提出了增材制造标准“领跑者”评价指标体系。工作涉及全国各地企事业单位上千家，共有 40 余家北京企事业单位直接参与了标准的研制。中关村科技园区丰台园轨道交通国家高端装备制造业标准化试点开展核心共性技术标准研究，打造轨道交通“最强大脑”，企业主导制定近 200 项国家、行业、地方和团体标准，并打破轨道交通智能控制互相兼容、互相“交流”的国际壁垒，实现了国际“领跑”。顺义科技创新产业功能区汽车国家高端装备制造业标准化试点积极开展大型骨干企业和“专精特”企业配套联动机制研究，搭建了全过程标准链接平台，形成了“四位一体”的联动机制，带动北汽自主品牌汽车制造产业链的整体发展，企业直接参与 ADAS、自动驾驶相关 9 项国家标准制定。

二是助力服务业扩大开放。打造 1 个服务业标准化示范典范，1 家第四批社会管理公共服务综合标准化试点和 5 家服务业标准化试点项目通过验收，支撑产业发展成效显著。国家会议中心会展领域标准化示范在 2019 年“世界标准日”纪念活动中通过经验交流和情景展示的方式，还原了首个国家级服务业标准化示范单位成功服务接待第二届“一带一路”国际合作高峰

论坛等重大活动中的礼仪服务、宴会接待、工程运行调试等服务保障环节，充分展示了首善一流的会展标准化服务，市场监管总局标准创新管理司崔钢司长到会并对相关工作给予充分肯定。方庄社区“互联网＋健康服务”标准化试点以健康服务信息平台为支撑，有效节约人力成本和医保费用，逐年提高慢病管理控制率，高血压和糖尿病控制率已达到国际先进水平，被本市、深圳等地的500余家社区卫生服务机构广泛借鉴，提升了居民健康水平和服务获得感。万安公墓殡葬服务标准化试点破解土地资源紧缺、安葬形式较传统、服务内涵较单一、安全环境趋于复杂的发展难题，强化品牌建设，顾客满意度达99.6%，引领殡葬服务行业的发展。中旅会奖旅游服务标准化试点不断优化国际会展服务，提升跨界营销综合能力，顾客满意度提高到96%。菜市口百货商贸服务标准化试点坚持以顾客需求为导向，打造自主品牌，2018年度和2019年度顾客满意度持续保持在95%以上，销售额同比增长26.9%，社会影响力和品牌影响力不断提升。房山基金小镇基金机构服务标准化试点聚集风险防控，遴选入驻基金及相关机构1227家，资产管理规模1.8万亿元，为持续优化金融领域营商环境，推动金融服务高质量发展。温泉度假服务标准化试点围绕药泉、泡浴、健康疗养等特色服务，不断提升精细化管理和服务水平，带动了温泉度假产业发展，增强了消费者的获得感和幸福感。

三是助推农业产业升级和美丽乡村建设。5个国家级农业标准化示范区和1项农村综合改革标准化试点通过考核评估，助力打造一二三产融合发展、规范乡村绿色发展、健全乡村治理体系的首都特色乡村振兴模式。新建农业标准化基地72家，市级评优104家。5个国家级第九批农业标准化示范区产业特点鲜明，涉及一二三产融合、科技成果转化和信息化标准化等领域。建设过程中各示范区围绕农业标准化目标，分析产前、产中、产后全过程的标准化需求，建立标准体系，收集制定相关标准，加强标准宣贯，推动标准整体实施。经过三年的建设，累计带动农户4.6万余户，形成了以标准化为手段、以信息化为支撑的首都农业标准化产业特色，在促进都市型现代农业、推动绿色经济发展、提高农民收入以及保障农产品安全等方面起到了积极作用。农村综合改革标准化试点项目以美丽乡村建设为重点，将标准化理念融入农村基础设施建设、农村生活环境治理以及产业化经营等方面，通过标准体系建设和有效实施，改善了大峪沟村基础设施和生态环境，提高了特色产业“房山磨盘柿”的知名度，提升了当地民俗接待旅游的规模和数量，取得了“强了农业、富了农民、美了农村”的良好效果。

四是探索创新标准化服务模式。各标准化服务业试点百花齐放，各具特色，培育和发展引导各行业领域标准化健康发展。信息电子设备互联标准化服务试点从标准化、产业化、国际化方面入手，全面推进产业链和科技企业的发展，持续打造信息电子设备互联生态圈的核心竞争力；企业标准大数据标准化服务新模式试点以全面实施企业产品和服务标准自我公开和监督制度为基础，搭建企业标准“领跑者”联盟信息平台，对“企业标准信息公共服务平台”中主流消费品企标中的数据进行清洗、分析、挖掘，为消费者提供消费品性能的大数据信息，提高消费品标准信息的透明度，引导消费者更多选择标准领跑者产品。

（四）积极参与国际标准化活动，做好标准联通共建“一带一路”行动工作

一是在京单位积极创制国际标准，保持全国领先优势。在京单位承担国际标准化技术机构ISO/IEC秘书处单位共50个，占全国总数的54%。中央在京和本市单位累计主导创制ISO和IEC国际标准278项（占全国的48%）。

二是制定实施“一带一路”相关政策措施。将“加快技术标准走出国门”纳入《“一带一路”科技创新北京行动计划（2019—2021年）》，支持企业、产业联盟等积极参与国际标准和

国家标准的制定，搭建标准化服务平台，加快标准化人才战略布局，举办标准化知识培训和标准研讨会，促进标准走出去。

三、以标准化促进发挥市场配置资源的决定性作用和更好发挥政府作用，深化标准化工作改革取得新成果

（一）以机构改革为契机，发展壮大首都标准化委员会

按照机构改革部署要求，经市政府批准，调整首都标准化委员会组成，新增国家卫生健康委员会和北京市政务服务管理局两家成员单位，调整后的成员单位涵盖5家国家部委单位、33个市级委办局以及天津市、河北省市场监管部门。新调整后的首标委将持续发挥统筹协调作用，重点抓好首都标准体系建设等重要工作，协调解决京津冀协同地方标准制定中存在的难点问题，持续推动首都各项标准化任务落实。

（二）推动建立政府与市场共同发挥作用的标准供给结构

一是促进标准化工作法制化管理。推动建立完善多元共治的标准化管理体制，加速地方标准化立法进程，《北京市标准化办法》被纳入全市立法计划，开展研究工作。积极参加《地方标准管理办法》《团体标准、企业标准随机抽查工作指引》《标准化服务业试点考核验收办法》等国家规章、文件起草与研讨，为全国贡献北京智慧。

二是优化完善地方标准闭环管理。持续开展地方标准复审工作，组织25个行业主管部门对382项地方标准进行复审。加强地方标准的实施工作，进一步完善地方标准实施信息反馈和评估机制，组织25个行业主管部门对212项实施满一年的地方标准进行评估。各行业主管部门重视并加大对2019年新发布标准的政策文件支撑和宣贯培训工作，据不完全统计，全市召开地方标准宣贯会350余场，培训3.5万余人次；出台相关配套文件16件；依据地方标准进行监督检查1万余次。将第三方评价方式纳入评估指标，推动在重点领域开展第三方地方标准实施效果评估工作。其中，市发展改革委对60家用能单位开展了《高等学校能耗消耗限额》等能耗限额标准落实情况专项监察。市规划自然资源委加强标准日常监管与评估，要求各分局、房屋建筑类施工图审查机构、轨道交通施工图审查机构按要求上报评估问卷，及时录入、统计分析问卷数据，更好的掌握标准执行情况、实施效果及存在的问题，2019年收集房屋建筑类反馈问卷1092份，收集轨道交通反馈问卷407份。市卫生健康委组织《学校及托幼机构饮水设备使用维护规范》地方标准实施，对本市中小学校、高校、托幼机构的饮水设备开展监督检查6203次，促进了学校规范管理饮水设备的使用维护，饮水设备水质状况得到了有效改善。市文化和旅游局加强规范文化和旅游市场秩序，通过全市旅行社、等级景区、星级饭店工作会议及双随机检查培训等，传达部署质量提升和标准化工作有关要求。市应急局重点加强"百项地标"标准评估和实施监督，实地走访企业共138家次，充分听取企业在实际运用标准中的意见建议，全年在911家企业开展贯标试点示范项目，依据地方标准进行监督检查360余次，促进各类地方标准得到有效落实。

三是促进团体标准化、企业标准化工作健康有序发展。行业主管部门加强对本领域团体标准的管理建设。市经信局鼓励具备相应能力的协会、联盟等社会组织协调相关市场主体共同制定满足市场和创新需要的标准，支持专利融入团体标准，推动技术进步，推荐7家社团的34项团体标准申报2019年百项团体标准应用示范项目。市应急局、市科委指导协调本

领域社会团体做好团体标准制定工作，北京技术市场协会制定并发布团体标准《技术转移服务人员职业规范》，进一步规范提升技术转移服务人员的职业能力。实施智能网联汽车产业创新发展行动方案，制定全国首个自动驾驶车辆模拟仿真测试平台团体标准。

持续推动实施团体标准、企业标准自我声明公开和监督制度，激励市场主体提升标准质量和水平，引领产品和服务质量提升。全市有188家市级社团在全国团体标准信息平台完成了注册，制定发布了680项团体标准；5200家企业在企业标准信息公共服务平台上自我声明公开了企业执行的有效标准26299项。采用“双随机、一公开”方式，将团体标准、企业标准检查纳入事中事后监管，加大对团体标准、企业标准违反强制性标准的查处力度。市级层面，委托第三方机构共抽查30项团体标准和270项标准，经核查发现有6项团体标准和12项企业标准不符合法律要求，下发至相应区局进行责令改正处理。

四是进一步规范标准化技术委员会管理与考核。新成立公共卫生、养老服务、社会信用等市级标准化技术委员会，完成交通标准化技术委员会换届和体育、气象标准化技术委员会调整工作，专家智库对行业标准化工作的技术支撑作用持续增强。组织完成标准化技术委员会年度考核工作，城市管理、安全生产、农业、人力资源服务4家标准化技术委员会考核为优秀。

五是保障标准化工作经费需求。全市各级政府和相关单位将标准化资金纳入预算，保障标准化工作顺利开展。据统计，2019年市财政对市级相关部门标准制定及标准化相关培训经费投入10280万元。持续贯彻实施北京市自主创新技术标准补助资金政策，将补助资金投向更加聚焦于落实新版北京城市总体规划、服务首都城市功能定位、构建有国际影响力的全国科技创新中心、促进京津冀区域协同发展的具有创新性、影响力的标准，对92家单位158项制修订标准（含7项国际标准）给予支持。聚焦首都减量发展特征，对2019年节能和循环经济相关标准制修订工作进行专项部署，并配套安排600万元财政资金。2019年，市科委科技计划专项支持项目累计产生各类标准549项，并给予项目有效支持资金。各区政府也积极给予标准化政策支持保障，据不完全统计，2019年度区级标准化财政支持达3558.3万元。

（三）发挥首都技术资源优势，营造标准化社会氛围

一是加强军民标准化资源共建共享。与中共北京市委军民融合发展委员会持续深化标准信息共享机制，共享现行有效地方标准目录、正在制定地方标准项目计划、标准化专家信息，以及国内即将实施重要标准选录等标准化工作信息。在国家级征兵体检服务标准化试点建设中，指导试点单位以标准化为技术支撑推动标准军民融合，服务于国防建设大局。

二是不断加强标准化宣传力度。采用“一图读懂”的形式对地标立项计划、标准补助政策等进行宣传。编制完成《北京标准化年鉴（2019）》，创新发布形式，首次以电子书通过微博、微信等新媒体进行宣传，并在中国知网免费向读者提供阅读，为各行各业了解北京标准化工作提供有益参考。以2019年世界标准日为重要时点，制作“标准国际化助力高质量发展”主题宣传片，通过新华社、中国质量新闻网等主流媒体以及“学习强国”、微博、微信等多途径向社会宣传展现北京制定国际标准、参与国际标准化活动的重要成果。通过抖音平台以短视频形式对我市承担的5个第九批国家农业标准化示范区项目建设成果进行推广宣传，传播标准化理念、推广标准化经验，视频播放量超百万次，引起社会普遍关注。以国家局开展的全国科技周宣传活动为契机，组织国家有关单位和兄弟省市标准化工作者走进国家蛋种鸡养殖标准化示范区开展现场教学和交流推广活动，中国政府网、中国质量报、千龙网等主流媒体进行广泛报道。

2019年度地方标准实施情况报告

——2017年发布地方标准实施情况

为贯彻落实《中华人民共和国标准化法》关于“建立标准实施信息反馈和评估机制”的要求，推动地方标准实施，2019年市市场监督管理局按照年度北京市标准化工作要点的部署，组织对实施满一年的地方标准进行评价，共涉及25个行业主管部门212项2017年发布的现行有效地方标准，标准涉及领域分布见图1，涉及行业部门统计见附件。

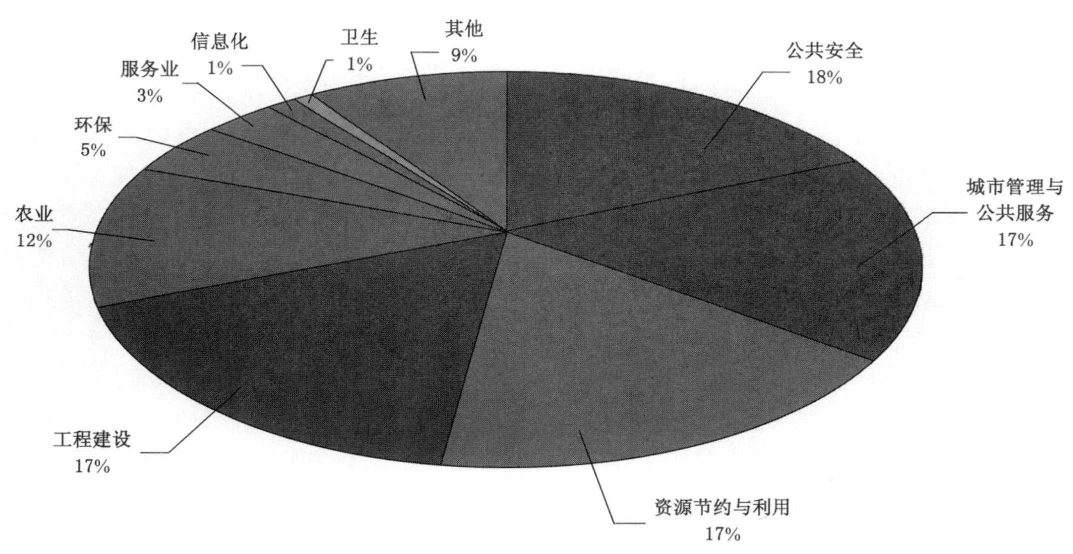

图1　标准涉及领域分布图

总体来看，各行业主管部门采取了不同方式推动各领域地方标准的实施。据不完全统计，共计召开地方标准宣贯会500余场，培训4.4万余人次；出台相关配套文件74件；依据地方标准进行监督检查2.5万余次；产生经济效益20余亿元，在不同领域取得了较好的经济效益或社会效益，充分发挥了标准化对提高城市治理能力和治理体系现代化水平的支撑作用。地方标准主要有以下实施效果和特点：

一、落实城市总体规划，助力城市高质量建设

促进城市“生命线”集约化敷设。市规划自然资源委召开宣贯培训会组织实施《城市综合管廊工程设计规范》，标准运用于城市副中心行政办公区、新航城、世园会、通州文化旅游

区等综合管廊建设项目，提升市政基础设施管理机制和水平。

提升城市工程建设水平。市住房城乡建设委组织开展试点示范实施《钢筋套筒灌浆连接技术规程》，该标准首先提出低温施工专用灌浆料概念和相关指标，使低温灌浆料得以运用于大量装配式建筑冬季施工，为施工单位节约了设备租赁费用、增加了施工时间，缩短了工程建设周期，创造经济效益 1 亿元。《酚醛泡沫板外墙外保温施工技术规程》运用于北京二中通州分校教学楼薄抹灰外墙外保温系统等工程，降低了原标准的导热系数，提高了保温效率和节能效率，节约标准煤大约 5 万吨，大约减少 CO_2 排放量 5 万吨。

助力“海绵城市”建设。市园林绿化局组织实施《集雨型绿地工程设计规范》，标准运用于北京城市副中心、新机场中轴线绿地建设，在推进绿地雨水管理能力、发挥绿地生态效益、促进自然水文循环改善等方面起到了显著效果，不仅为建设方、设计方、施工方、管理方在绿地建设管理工作中提供技术支持，而且为园林项目与上位规划、其他相关专业之间的协调提供了理论与实践指导。

二、发挥标准化作用，提升城市精细化管理水平

优化城市基础设施。市城市管理委召开标准宣贯会组织实施《供热管网改造技术规程》。标准实施后，提升了整体管网输送效率。据统计，2017—2018 年北京市实施供热管网改造工程项目共涉及 959 个小区，面积 6843 万平方米，改造管线总长 3989 千米，节省燃气约 5865.43 万标准立方米，节省电能约 1026.45 万千瓦时，节省水约 16.42 万吨。市交通委组织实施《轨道交通联网收费系统技术要求》第 7—9 部分，引领北京地铁自动售检票系统票务服务功能升级，为手机订票、刷手机二维码乘车、电子定期票等新服务提供支撑，提高了乘客对北京地铁票务服务满意度。

助力生命科学研究。市科委组织实施《实验动物 遗传质量控制》等系列标准，通过召开宣贯培训会 4 次，培训 1000 人次，开展监督检查 50 余次，加强标准的实施，改变以往无标准化实验动物可用的局面，保护了科研工作者的健康，提高了动物实验结果准确性，对推动我市生命科学研究和生物医药产业的发展具有重要意义。

保护历史文物资源。市文物局组织实施《文物建筑安全监测规范》，确定标准示范项目，在故宫博物院、天安门城楼、金水桥等文物建筑实施安全监测项目。通过安全监测对文物建筑进行“体检”，获取可靠数据，了解文物建筑现状，为文物保护决策的出台提供科学依据。市园林绿化局组织实施《古树名木雷电防护技术规范》，对大兴团河行宫 96 株古树，以及昌平区十三陵特区办事处辖区各陵 500 余株古树起到了保护作用，促进了全市古树名木精细化和精准化管理水平，降低遭雷击风险。

提升城市应急管理水平。市公安局召开标准宣贯会组织实施《小型消防站建设规范》，已建成小型消防站 73 个，配备执勤车辆 124 辆，备防人员 1145 人，保证出警到场时间在 5 分钟以内，极大地缩短了应急响应时间，保证火灾损失降到最低。

加强农产品质量安全管理。市农业农村局组织实施《农产品质量安全快速检测实验室基本要求》，召开标准宣贯会 6 次，培训 200 余人次。2018 年检测种植产品速测样本数 96709 个，畜禽产品速测样本 344048 个，水产品样本数 4244 个。通过快速检测提高了农产品的质量安全，促使农产品优质优价，农民增产增收。

设置企业生产“安全红线”。市应急管理局组织实施29项《安全生产等级评定技术规范》系列标准及安全生产地方标准，涉及加油站、石油库、危险化学品经营企业、饮料制造企业、纸制品制造企业、机械制造企业、烟草制品企业、日化产品制造企业等领域，配套出台《关于做好安全生产等级评定技术规范（地方标准）实施工作的通知》等4项政府文件，召开宣贯培训会20次，培训2350人次，开展监督检查3600余次。标准实施后，为企业量身定做“安全红线”，提升企业安全生产监管水平。

三、保护生态环境，走绿色发展之路

助力抓好大气污染防治。市生态环境局组织实施《大气污染物综合排放标准》《有机化学品制造业大气污染物排放标准》等多项标准，助力打好污染防治攻坚战，实现相关行业污染源颗粒物、氮氧化物、挥发性有机物等大气污染物排放大幅降低。实施京津冀区域协同地方标准《建筑类涂料与胶粘剂挥发性有机化合物含量限值标准》，三地分别对本辖区内生产和流通领域的建筑类涂料与胶粘剂进行检查，对建筑涂料与胶粘剂的生产、销售、使用进行管控。我市开展监督性抽查累计600余批次，2018年建筑涂装VOCs排放量较2017年约减少1200吨。

改善城市生态环境。市水务局组织实施《村庄生活污水收集与处理技术规程》，建设农村生活污水处理设施215座，节约新水1646万吨，创造经济效益3293万元，有效改善了农村地区水环境，农村居民获得感和满意度显著提升。《湿地生态质量评估规范》在汉石桥市级湿地自然保护区、翠湖国家城市湿地公园等部分重要湿地运用实施，为我市湿地生态管理提供了技术支撑，提高湿地涵养水资源能力，改善我市湿地生态质量。

促进城市减量发展。市发展改革委组织实施《清洁生产方案产生与效益计算技术要求》，采用第三方机构评价开展标准实施效果评估，共有64家单位按照标准要求开展了清洁生产审核工作，年节电2466万千瓦时，氮氧化物和挥发性有机物年减排245吨和377吨。助力能效水平提升。市发展改革委组织实施《民用建筑能耗指标》，运用于190个固定资产投资项目的节能审查工作，在强化新建项目能源消费源头管理、提升能效水平方面发挥了重要作用。组织实施《用能单位能源计量器具现场评价导则》，运用于137家重点用能单位的能源计量器具现场监测工作，有效促进重点用能单位优化节能管理，规范能源消费利用。

四、以人民为中心，增强群众获得感

深入落实乡村振兴战略。市文化和旅游局组织实施《旅游特色小镇设施与服务规范》，在古北水镇、雁栖镇等11家单位开展试点示范，大大提高经济效益和游客满意度。2018年古北水镇总收入约10亿元，游客满意度达到98%。市知识产权局组织实施《地理标志产品 北寨红杏》，种植户按标准进行种植后，生产效率提高27%，创造经济效益1500万元。同时运用防伪溯源增信系统进行产销管理，提升了客户对北寨红杏的认可度和满意率。

积极应对老龄化挑战。市民政局组织实施《养老机构服务质量规范》，召开标准宣贯会3次，培训1500余人次，采用自评与第三方机构评价相结合的方式开展实施效果评估。2018年全市共完成102家养老机构星级评定评审工作，达到各级服务质量星级评定要求的机构为

97 家，有效提升本市养老机构服务质量，提高入住老年人满意率，支撑我市“9064”养老服务发展目标。

服务“健康北京”建设。市卫生健康委组织实施《健康体检服务规范》，先后组织召开宣贯培训会 6 次，培训 1000 人次，通过“准入—监管—退出”闭环管理机制，提高健康体检行业的服务质量水平，为建设和谐宜居之都提供“健康”动力。

提升人力资源服务水平。市人力社保局组织实施《街道（乡镇）、社区（村）人力资源和社会保障平台服务规范》，开展宣贯培训会 5 次，培训 1115 人次，实现了基层平台“服务内容明确化、服务事项清单化、服务流程规范化、服务方式统一化”目标，为全市范围内同一事项、同等条件下，企业群众享受无差别服务提供支撑。

五、扎实推进场馆建设，助力冬奥会筹办

市体育局组织实施《体育场所安全运营管理规范 滑雪场所》，出台《关于做好 2017 - 2018 雪季冰雪运动经营单位安全生产管理工作的通知》等 2 项配套文件，委托第三方开展相关监督检查和日常执法检查 20 余次。标准实施后，升级改造了老旧设备设施，强化了滑雪场所管理责任意识，为消费者提供安全保障，为北京冬奥会筹办做好准备。市住房城乡建设委组织开展试点示范 5 家实施《非固化橡胶沥青防水涂料施工技术规程》，应用于冬奥会滑雪场、北京地铁 15、16 号线工程等工程，总体使用面积达 1200 万平方米。标准实施后，节约燃料、化工原料 3000 吨，减少有害溶剂、烟尘 1000 吨，防水质量显著提升。

六、工作建议

一是建议加强第三方实施效果评估，提升实施情况报告质量。当前采用第三方方式开展地方标准实施评估尚不普遍，本年度共有 53 项标准采取第三方方式或由行业部门与第三方评估相结合的方式进行，约占总量的 25%。部分标准实施情况报告缺少实施效果量化数据和监督检查情况，标准实施效果展现不充分。

二是建议不断完善相关配套政策强化标准实施。本年度有 67 项标准有相对应的法律法规和配套文件作为标准实施的政策依据，确保了标准的有效实施，约占总量的 32%。多数标准尚未有效与法规、规章、政策衔接配套，尚未实现法规政策靠标准支撑，标准凭法规政策保障实施的闭环管理体系，标准实施力度不足。

三是建议加强从标准实施效果评价到标准修订的闭环管理。本年度有个别标准发现实施存在问题，提出拟修订标准，但尚未正式申报地方标准修订立项，建议尽快启动标准修订程序，保证标准有效性。

下一步，本市将进一步落实深化标准化工作改革要求，推进本市标准化立法工作，完善地方标准实施效果评估机制，强化各部门对标准实施的监督作用，进一步鼓励第三方机构开展标准实施效果评估工作。

附件：标准涉及行业部门统计表

附件

标准涉及行业部门统计表

行业主管部门	地方标准/项	行业主管部门	地方标准/项
北京市应急管理局	29	北京市文化和旅游局	4
北京市发展和改革委员会	22	北京市卫生健康委员会	4
北京市住房和城乡建设委员会	21	北京市经济和信息化局	3
北京市科学技术委员会	20	北京市市场监督管理局	3
北京市园林绿化局	19	共青团北京市委员会	1
北京市城市管理委员会	15	北京市教育委员会	1
北京市规划和自然资源委员会	13	北京市人力资源和社会保障局	1
北京市水务局	13	北京市文物局	1
北京市交通委员会	12	北京市体育局	1
北京市生态环境局	10	北京市人民防空办公室	1
北京市农业农村局	9	北京市知识产权局	1
北京市民政局	3	北京市气象局	1
北京市公安局	4	累计	212

大事记

1 月 8 日，中关村管委会和市市场监管局联合召开 2019 年中关村标准化推动会。会议总结 2018 年中关村标准化工作，部署 2019 年工作安排。

1 月 18 日，第三届国际标准化交流会在北京未来科学城举办。交流会由全国城市可持续发展标准化技术委员会（SAC/TC 567）、“互联网 + 节能”产业联盟和北京未来科学城管理委员会共同主办。

1 月 25 日，首都标准化委员会（以下简称：首标委）召开第十二次联络员会议，首标委各成员单位联络员参加会议。

2 月 22 日，市市场监管局公布《2019 年北京市地方标准制修订项目计划》，项目计划主要包含推动城市总体规划实施、推动高质量发展、增强科技创新中心的引领性和影响力、提升城市精细化管理水平、抓好文化中心建设、推动乡村全面振兴、推进民生保障精准化精细化等七大方面 127 项。

3 月 6 日，北京市交通标准化技术委员会召开换届大会暨第二届委员会第一次会议。

3 月 14 日，北京市公共卫生标准化技术委员会成立大会召开，标委会委员、各相关单位标准化工作人员等 100 余名同志参加会议。

3 月 27 日，北京市发布 45 项地方标准。其中，首次制定标准 34 项、修订标准 11 项；按照涉及领域分，城市管理与公共服务标准 17 项、服务业标准 7 项、公共安全标准 6 项、工程建设标准 9 项、资源节约与利用 3 项、农业标准 2 项、环保标准 1 项。

4 月 28 日，市市场监管局举办推动首都高质量发展标准体系建设暨 2019 年度北京市地方标准制修订培训。来自全市相关委办局、标准化技术委员会、2019 年地方标准制修订项目编制单位的 300 余人参加培训。

5 月 17 日，北京市养老服务标准化技术委员会召开成立会议，标委会全体委员参加会议。

6 月 7 日，市市场监管局组织召开国际电工委员会国际标准应用座谈会。会议围绕 IEC 国际标准在北京的应用实践进行座谈，来自市场监管总局标准创新管理司、第 83 届 IEC 大会筹委会秘书处、市市场监管局标准化处、市标研院以及国家技术标准创新基地（中关村）的 13 家企事业单位的近 30 人参加座谈。

6 月 18 日，北京市发布 34 项地方标准。其中，首次制定标准 23 项、修订标准 11 项；按照涉及领域分，城市管理与公共服务标准 7 项、资源节约与利用 7 项、农业标准 7 项、环保标准 3 项、公共安全标准 3 项、卫生标准 3 项、信息化标准 3 项、工程建设标准 1 项。

6 月 25 日，京津冀区域协同工程建设地方标准建设动员会暨首部施工类京津冀区域协同地方标准发布会召开。来自京津冀三地有关部门、各大企业、高校、科研单位等百余家单位代表参加会议。

7 月 17 日，首标委召开第七次全体会议，北京市副市长、首标委主任王红出席会议并讲话。市市场监管局局长、首标委副主任冀岩报告2018年首都标准化战略实施情况,并对2019年工作要点安排进行说明。国家卫生健康委、科技部、工业和信息化部相关司局,天津市市场监管委、河北省市场监管局和北京市相关委办局的首标委成员出席会议。

7月24日,市场监管总局副局长田世宏在北京中关村进行“不忘初心、牢记使命”主题教育调研,走访北京千方科技股份有限公司,并就开展国际标准化工作情况与10家中关村企业、社会团体进行座谈。北京市政府副秘书长王军,市场监管总局标准技术管理司司长于欣丽、标准创新管理司司长崔钢,市市场监管局局长冀岩等参加调研。市场监管总局相关部门、市市场监管局、中关村管委会以及市标研院参加调研座谈会。

8月5—6日,市市场监管局组织考核评估组对北京丰台方庄社区互联网+健康服务标准化试点进行考核评估并通过。

8月21日,市市场监管局公布2019年北京市地方标准制修订增补项目计划,13个项目列入计划,其中一类项目(制定项目)11个,二类项目(研究项目)2个。

9月5日,首标委召开第十三次联络员全体(扩大)会议,首标委33家成员单位联络员以及市委网信办、市国资委、市广播电视局、市地方金融监管局、市残联、冬奥组委等单位相关部门负责人参加会议。

9月26日,市市场监管局公布2019年技术标准制修订补助项目,对92家单位158个标准项目给予1200万元补助。

9月26日,北京市发布39项地方标准。其中,首次制定标准32项、修订标准7项;按照涉及领域分,公共安全标准18项、工程建设标准6项、资源节约与利用标准6项、农业标准4项、城市管理与公共服务标准3项、环保标准1项、信息化标准1项。

10月14日,市市场监管局、首标委办公室在国家会议中心召开2019年世界标准日纪念会议,市场监管总局标准创新管理司司长崔钢,市市场监管局局长、首标委副主任冀岩出席会议并讲话。来自首标委各成员单位、各区市场监管局、市标研院、北京标准化协会、各市级标准化技术委员会、2019年北京市技术标准补助资金获得单位、国家级标准化试点示范项目承担单位的200余人参加会议。

10月16日,市市场监管局举办第五期市场监管大讲堂,邀请市场监管总局标准技术管理司司长于欣丽以《标准化推动高质量发展》为题,为北京市市场监管系统干部职工进行授课。市市场监管局机关各处室、直属事业单位处级领导,以及市药监局、各区局、分局、市价监局、工商、质监、食药稽查总队、市商务执法监察大队相关领导和工作人员收看该次大讲堂。

11月6日,市市场监管局组织考核组对北京市房山区张坊镇人民政府承担的全国第二批农村综合改革标准化试点项目进行考核并通过。

11月12日,北京市社会信用标准化技术委员会召开成立会议,标委会全体委员参加会议。

11月19—20日,市市场监管局组织考核评估组对北京金隅凤山温泉度假村有限公司承担的温泉度假服务标准化试点进行考核评估并通过。

11月26—27日,市市场监管局组织考核评估组对北京市万安公墓承担的殡葬服务标准化试点进行考核评估并通过。

11月28—29日,市市场监管局组织考核评估组对中旅国际会议展览有限公司承担的会奖旅游服务标准化试点进行考核评估并通过。

12月3—4日,市市场监管局组织考核评估组对北京基金小镇管理委员会承担的基金机构服务标准化试点进行考核评估并通过。

12 月 9 日,市市场监管局局长冀岩调研国家会议中心标准化工作,现场观摩餐饮加工、留样检验等过程并就餐饮服务及保障标准化工作进行座谈。市、区市场监管局以及市标研院参加调研。朝阳区市场监管局报告朝阳区标准化及餐饮监管工作情况。

12 月 12—13 日,市市场监管局组织考核评估组对北京菜市口百货股份有限公司承担的商贸服务标准化试点进行考核评估并通过。

12 月 19 日,北京市委财经委员会召开第五次会议,市委书记、市委财经委员会主任蔡奇主持会议,市委副书记、市长、市委财经委员会副主任陈吉宁出席。会议听取关于推动首都高质量发展标准体系建设情况汇报。

12 月 25 日,北京市发布 57 项地方标准。其中,首次制定标准 46 项、修订标准 11 项;按照涉及领域分,城市管理与公共服务标准 27 项、工程建设标准 9 项、资源节约与利用 6 项、公共安全标准 5 项、卫生标准 4 项、服务业标准 3 项、农业标准 3 项。

综　述

【2019 年中关村标准化推动会】　2019 年 1 月 8 日，中关村管委会和市市场监管局联合召开“2019 年中关村标准化推动会”。会议总结 2018 年中关村标准化工作，部署 2019 年工作安排。中关村标准化协会发布第三批 11 项“中关村标准”名单。工业和信息化部、市场监管总局及《中国经济时报》有关同志介绍标准联通一带一路建设、制造业高质量发展以及全球技术创新趋势与对策等政策与前沿趋势。各区质监局、各分园管委会和中关村标准化示范试点企业和联盟代表近 300 人出席会议。

（钟锌章）

【第三届国际标准化交流会】　2019 年 1 月 18 日，第三届国际标准化交流会在北京未来科学城举办。交流会由全国城市可持续发展标准化技术委员会（SAC/TC 567）、“互联网 + 节能”产业联盟和北京未来科学城管理委员会共同主办，来自国际标准化组织城市可持续发展技术委员会（ISO/TC 268）、中国标准化研究院、国家节能中心等相关部门和企业代表近 140 人参会。交流会上，与会相关政企负责人、专家学者聚焦低碳节能领域，围绕“城市可持续与高质量发展”，从宏观政策解读、国内外经验交流、建筑节能与绿色建筑领域团体标准管理创新与实践、“互联网 + 节能”技术展示及标准化能力建设等多个角度展开研讨，推广城市可持续发展理念。会议现场展示未来科学城能源管理平台的建设与试运行情况。

（张少阳）

【首都标准化委员会第十二次联络员会议】

2019 年 1 月 25 日，首都标准化委员会（以下简称：首标委）召开第十二次联络员会议，首标委各成员单位联络员参加会议。会议通报 2019 年全国标准化工作会议精神，并对下一步标准化工作提出要求。首标委办公室汇报北京市实施首都标准化战略工作情况以及 2019 年北京市标准化工作思路，并就贯彻落实全国标准化工作会议精神，抓好北京市重点行业、重点领域标准体系建设工作提出具体安排。

（钟锌章）

【市场监管总局标准创新管理司调研国家技术标准创新基地（中关村）建设】　2019 年 3 月 5 日，市场监管总局标准创新管理司调研国家技术标准创新基地（中关村）建设。调研组听取基地建设情况，探讨国家技术标准创新基地批复后的建设和管理、培养国际标准化人才等问题；强调中关村基地作为全国第一家批准建设的国家技术标准创新基地，应立足市场化、产业化、国际化原则，围绕首都科技创新中心建设和优化营商环境建设，将中关村基地打造成为标准创新金字招牌，建议结合下一步建设重点，从“产业、标准、人才、机制、意识”五方面开展好各项工作。

（钟锌章）

【北京市交通标准化技术委员会换届大会暨第二届委员会第一次会议】　2019 年 3 月 6 日，北京市交通标准化技术委员会召开换届大会暨第二届委员会第一次会议。市市场监管局、市交通委相关同志及标委会全体委员参会。会议总结第一届标委会的总体工作情况，部署第二届标委会工作计划。

（张少阳）

【北京市公共卫生标准化技术委员会成立】 2019年3月14日，北京市公共卫生标准化技术委员会成立大会召开，标委会委员、各相关单位标准工作人员等100余名同志参加会议。第一届北京市公共卫生标准化技术委员会任期5年，秘书处承担单位为北京市疾病预防控制中心。标委会将在公共卫生领域开展标准化工作，分析本专业领域标准化的需求，协助行业主管部门开展标准制修订及标准的宣贯、培训等工作。

（曾利新）

【北京市第三批农村综合改革标准化试点项目启动暨农业农村标准化工作会】 2019年3月21日，市市场监管局组织召开北京市第三批农村综合改革标准化试点项目启动暨农业农村标准化工作会，来自相关委办局、相关区市场监管局及试点示范项目承担单位的近30名代表参会。北京市有2项第三批农村综合改革标准化试点项目，分别是密云十里堡镇和延庆千家店镇，建设期3年，建设领域为美丽乡村建设。会议还进行农业农村标准化相关培训，宣讲农村综合改革标准化试点建设基本方法，解读《全国农村综合改革标准化试点示范项目管理办法》，分析项目建设和标准体系搭建的关键环节。

（孟凡蕊）

【北京市新一批国家级服务业标准化试点工作会暨培训会】 2019年4月2日，市市场监管局组织召开北京市新一批国家级服务业标准化试点工作会暨培训会。来自市区两级市场监督管理、卫生健康、民政、文化和旅游等相关部门，试点项目承担单位及市标研院等单位的30余人参加会议。北京市5个项目作为国家级服务业标准化试点项目，涉及征兵体检、孤残儿童养育、出境旅游、养老等领域，计划执行时间为2年，预计2020年底完成建设。会上，北京软交所软件交易服务标准化试点单位交流标准化试点工作经验。市市场监管局标准化处布置标准化试点工作要求。会议就标准化基础知识、标准体系构建方法、试点建设过程及要点等内容进行培训。

（曾利新）

【2019年北京市技术标准制修订补助政策宣讲会】 2019年4月16日，市市场监管局组织召开2019年北京市技术标准制修订补助政策宣讲会，来自全市相关企事业单位、区市场监管局、市标研院的近200人参加会议。会上，市市场监管局标准化处相关负责人介绍北京市开展2019年技术标准制修订补助工作的目的，讲解申报项目条件、申报单位资格、标准补助额度、申报材料、申报方式及要求、申报时间、联系方式七方面内容，并进行政策解读和答疑。会计师事务所对申请单位提供财务资料的合规性、相关性、完整性进行讲解；市标研院对近年来补助系统在申报过程中出现的常见问题进行解答。

（张少阳）

【全国农业农村标准化培训班学员赴国家级农业标准化示范区参观教学】 2019年5月15日，2019年第1期全国农业农村标准化培训班在北京开班。培训期间，来自水利部、农业农村部、国家气象中心、全国供销合作总社和北京、天津、山西等16个省、市、自治区的160名从事农业农村标准化相关工作的学员参观由北京市华都峪口禽业有限责任公司承担的国家蛋种鸡养殖标准化示范区。学员们走进示范区数据处理中心和蛋种鸡孵化室，观摩农业信息化标准化建设情况，现场感受标准化的数字饲喂、精准环控以及智能运输。

（孟凡蕊）

【北京市养老服务标准化技术委员会成立】 2019年5月17日，北京市养老服务标准化技术委员会召开成立会议，标委会全体委员参加会议。

第一届北京市养老服务标准化技术委员会任期5年，秘书处承担单位为北京养老行业协会，委员由来自国家和北京市行业主管部门、科研机构、社会团体、养老机构、居家养老服务企业的代表以及医疗护理、养老设施建设、标准化等领域的27名专家组成。养老服务标委会将分析养老服务领域标准化的需求，协助行业主管部门开展标准体系建设、标准制修订及标准宣贯培训等工作。

（李永华）

【市市场监管局在2019年全国养老院服务质量建设专项行动动员部署会议上做交流发言】 2019年5月23日，民政部、卫生健康委、应急管理部、市场监管总局等四部门联合召开视频会议，部署2019年全国养老院服务质量建设专项行动工作。民政部副部长高晓兵做动员讲话，卫生健康委、应急管理部、市场监管总局有关同志分别介绍本系统工作开展情况并对下一步工作作出部署。会上，北京市市场监管局作为全国市场监管部门唯一代表，以“以首善标准推动首都养老事业高质量发展”为题，就北京市开展养老院服务质量建设专项行动，做经验交流发言。

（李永华）

【国家级征兵体检服务标准化试点启动】 2019年5月31日，北京市征兵办公室、市卫生健康委、市市场监管局、市征兵体检指导中心共同举办征兵体检服务标准化试点启动仪式暨征兵体检工作动员部署和业务培训会。国家级征兵体检服务标准化试点由北京市体检中心承担。试点建设将不断完善北京市征兵体检机制，形成一套创新性、操作性、服务性强的征兵体检服务标准体系。

（曾利新）

【国际电工委员会国际标准应用座谈会】 2019年6月7日，市市场监管局组织召开国际电工委员会国际标准应用座谈会。会议围绕IEC国际标准在北京的应用实践进行座谈，来自市场监管总局标准创新管理司、第83届IEC大会筹委会秘书处、市市场监管局、市标研院以及国家技术标准创新基地（中关村）的13家企事业单位的近30人参加座谈。会上，各参会单位分别介绍参与IEC国际标准化工作的情况，并围绕IEC国际标准给企事业单位的发展带来的成效进行交流。

（孟凡蕊）

【首部京津冀区域协同工程建设地方标准发布】 2019年6月25日，京津冀区域协同工程建设地方标准建设动员会暨首部施工类京津冀区域协同地方标准发布会召开。来自京津冀三地有关部门、各大企业、高校、科研单位等百余家单位的代表参加会议。会上，市住房城乡建设委、市规划自然资源委、市市场监管局、天津市住房城乡建设委、河北省住房城乡建设厅等五部门共同签署京津冀区域协同工程建设标准框架合作协议，计划未来三年制定涵盖海绵城市、绿色建筑、超低能耗建筑、建筑工业化、城市综合管廊和施工安全等6个领域19部区域协同标准。会上，发布首部京津冀区域协同工程建设地方标准《城市综合管廊工程施工及质量验收规范》。

（何陆翼）

【首标委第七次全体会议】 2019年7月17日，首标委召开第七次全体会议，北京市副市长、首标委主任王红出席会议并讲话。市市场监管局局长、首标委副主任冀岩报告2018年首都标准化战略实施情况，并对2019年工作要点安排进行说明。卫生健康委、科技部、工业和信息化部相关司局，天津市市场监管委、河北省市场监管局和北京市相关委办局的首标委成员出席会议。各成员一致认为，在中央部委的支持和京津冀三地的共同努力下，2018年北京全面深化标准化改革，围绕服务京津冀协同发展战略实施、助力北京城市总体规划实施、建设有全球影响力的全国科技创新中心、提高保障和改善民生水平等重点工作，全面实施首都标准化战略，各项工作取得实效。2019 年，北京市标准化工作将立足“四个中心”首都城市战略定位，以机构改革为契机，进一步深化标准化工作改革，坚持首善标准，推进首都高质量发展标准体系建设。聚焦首都发展，以标准化支撑城市总体规划深入落实；聚焦创新驱动，以标准化释放创新发展新动能；聚焦深化改革，以标准化促进发挥市场配置资源的决定性作用和更好发挥政府作用，为首都高质量发展和建设国际一流的和谐宜居之都提供强有力支撑。

会议审议通过《2019 年北京市标准化工作要点》，并通报对首标委成员单位和组成人员调整情况，增加国家卫生健康委员会、市政务服务管理局作为首标委成员单位。

（何陆翼）

【市场监管总局领导调研中关村企业和社会团体开展国际标准化工作情况】 2019 年 7 月 24 日，市场监管总局副局长田世宏在北京中关村进行“不忘初心、牢记使命”主题教育调研，走访北京千方科技股份有限公司，并就开展国际标准化工作情况与 10 家中关村企业、社会团体进行座谈。北京市政府副秘书长王军，市场监管总局标准技术管理司司长于欣丽、标准创新管理司司长崔钢，市市场监管局局长冀岩参加调研。市场监管总局相关部门、市市场监管局、中关村管委会以及市标研院参加调研座谈会。田世宏表示市场监管总局将支持加强国际标准化活动信息共建共享，支持研究建立中关村标准快速转化为国家标准和国际标准的机制。田世宏提出要继续做好国家技术标准创新基地建设，加强国际标准化人才培养；要做大做强标准化服务业，打造服务全国、面向国际的标准化技术组织。中关村管委会负责人汇报中关村管委会推动企业、产业联盟、社会团体创制国际标准、国家标准、团体标准以及参与国际标准化的工作情况。10 家企业和社会团体先后介绍企业参与国际标准化活动情况，并就在开展国际标准化活动方面希望获得的政策措施提出意见建议。

（钟锌章）

【2019 年标准化业务培训】 2019 年 8 月 1—2 日，市市场监管局在市市场监管局干校组织召开 2019 年标准化业务培训班。来自市市场监管局标准化处，各区市场监管局、原质监燕山分局，市标研院等单位的 70 余人参加培训。培训会上，市市场监管局标准化处、市标研院相关同志分别解读《标准化法》、介绍全市标准化工作基本情况，说明深化标准化改革工作过程中对团体标准、企业标准自我声明公开和监管的新要求，讲解开展标准化试点示范工作内容，并对标准化相关业务知识等进行培训。业务座谈环节，各区标准化工作人员分别就标准化改革及机构融合发展问题等进行交流、沟通。

（李凌松）

【北京丰台方庄社区互联网 + 健康服务国家级社会管理和公共服务综合标准化试点项目通过考核评估】 2019 年 8 月 5—6 日，市市场监管局组织考核评估组对北京丰台方庄社区互联网 + 健康服务标准化试点进行考核评估。北京丰台方庄社区互联网 + 健康服务标准化试点是第四批国家级社会管理和公共服务综合标准化试点项目，由北京市丰台区方庄社区卫生服务中心承担。经过两年建设，试点单位以社区居民需求为导向，以健康服务信息平台为支撑，构建“互联网 + 健康服务”标准体系，实现“时时有控制，处处有规范，岗岗有标准，事事有流程”。“互联网 + 健康服务”模式被北京、深圳等地的 500 余家社区卫生服务机构借鉴。考核评估组认为：试点单位项目需求分析到位，标准体系结构合理，标准实施到位，试点成效凸显，一致同意通过评估验收。

（曾利新）

【北京市第九批国家级农业标准化示范区项目验收】 2019 年 8—10 月，市市场监管局受国家标准委委托，按照《国家农业标准化示范区管理办法（试行）》和《国家农业标准化示范项目绩效考核办法（试行）》要求，组织专家分别对北京市 5 个第九批国家级农业标准化示范区项目进行考核，5 个示范区项目均通过验收。市园林绿化局，有关区政府农业、园林绿化、市场监管部门，示范区承担单位、参加单位主管领导参加考核工作。

（孟凡蕊）

【首标委召开第十三次联络员全体（扩大）会议】 2019 年 9 月 5 日，首标委召开第十三次联络员全体（扩大）会议。首标委 33 家成员单位联络员以及市委网信办、市国资委、市广播电视局、市地方金融监管局、市残联、冬奥组委等单位相关部门负责人参加会议。会议听取中国人民大学国家发展与战略研究院承担的“推动首都高质量发展的标准体系”课题研究的阶段成果汇报。市市场监管局标准化处负责人对开展“推动首都标准高质量发展的标准体系”研究形成的实施方案相关情况进行说明。参会单位对课题研究阶段成果内容进行讨论交流。

（钟锌章）

【“WTO 技术性贸易措施”知识讲座】 2019 年 9 月 25 日，市市场监管局标准化处、市标研院、国家技术标准创新基地（中关村）共同举办“WTO 技术性贸易措施”知识讲座。讲座邀请市场监管总局国际合作司技术性贸易措施处负责同志讲授“WTO 技术性贸易措施”相关知识。专家为企业代表介绍技术性贸易措施体系和工作现状，讲解中国应对国外技术性贸易措施的典型案例，并希望企业和有关行业协会参与技术性贸易措施的评议工作。北京汽车股份有限公司标准化负责人介绍企业标准化工作情况，西门子（中国）有限公司法规、标准化和质量部负责人介绍综合标准化管理与国际标准化合作等方面工作情况。近百名来自企业、行业协会、标准化技术委员会的各行业标准化从业人员参加讲座。

（钟锌章）

【北京市 2019 年技术标准制修订补助项目公布】 2019 年 9 月 26 日，市市场监管局公布 2019 年技术标准制修订补助项目，对 92 家单位 158 个标准项目给予 1200 万元补助。其中，国际标准 7 项、国家标准 88 项、行业标准 48 项、地方标准 15 项。2019 年补助结果有四方面特点：高新技术领域标准获得补助资金连续第六年实现占比第一，本年度高新技术领域标准获得补助资金占比 37.1%；资源节约与环境保护领域标准获得补助资金连续五年成为仅次于高新技术领域的第二大领域，本年度资源节约与环境保护领域标准获得补助资金占比 16.9%；服务业领域标准获得补助比例增幅明显，服务业领域标准获得补助资金比例从 2014 年的 2.2% 增加到 2019 年的 6.7%；企业参与标准创制热情高涨，本年度 55.5% 的补助资金由企业获得。

（张少阳）

【2019 年“世界标准日”纪念会议】 2019 年 10 月 14 日，市市场监管局、首标委办公室在国家会议中心召开 2019 年“世界标准日”纪念会议，市场监管总局标准创新管理司司长崔钢，市市场监管局局长、首标委副主任冀岩出席会议并讲话。来自首标委各成员单位、各区市场监管局、市标研院、北京标准化协会、各市级标准化技术委员会、2019 年北京市技术标准补助资金获得单位、国家级标准化试点示范项目承担单位的 200 余人参加会议。会议宣读国际电工委员会（IEC）、国际标准化组织（ISO）、国际电信联盟（ITU）三大国际标准化组织世界标准日祝

词。播放“标准国际化助力高质量发展”公益宣传短片。音视频产业联盟围绕世界标准日主题介绍音视频国际标准制定和应用情况，北京标准化协会介绍中国企业如何参与国际标准化工作情况，国家会议中心分享国家级会展服务标准化示范项目经验并进行标准化会展服务综合情景展示。

（何陆翼）

【第五期市场监管大讲堂】 2019年10月16日，市市场监管局举办第五期市场监管大讲堂，邀请市场监管总局标准技术管理司司长于欣丽以《标准化推动高质量发展》为题，为北京市市场监管系统干部职工进行授课。市市场监管局机关各处室、直属事业单位处级领导，以及市药监局、各区局、分局、市价监局、工商、质监、食药稽查总队、市商务执法监察大队相关领导和工作人员收看该次大讲堂。于欣丽从标准化历史沿革、标准化基本概念、标准化作用和标准化改革等四个方面解析标准化对经济社会发展的意义和支撑高质量发展的作用。

（钟锌章）

【北京市房山区张坊镇美丽乡村全国第二批农村综合改革标准化试点通过考核】 2019年11月6日，市市场监管局组织考核组对北京市房山区张坊镇人民政府承担的全国第二批农村综合改革标准化试点项目进行考核。来自国家技术机构、辽宁省、北京市等地相关行业和标准化方面6名专家组成的考核组，听取试点工作情况汇报，察看现场，查阅相关资料，并对试点项目建设情况进行打分。考核组一致认为，试点单位较好完成任务申报书各项计划任务，符合《全国农村综合改革标准化试点示范项目管理办法》要求，一致同意通过考核。

（孟凡蕊）

【2019年度北京市专业标准化技术委员会工作会】 2019年11月7日，市市场监管局组织召开2019年度北京市专业标准化技术委员会工作会。市标研院、21家市级专业标准化技术委员会参加会议。会上，市标研院通报2018年度标准化技术委员会考核评估情况。市市场监管局标准化处介绍《北京市专业标准化技术委员会管理办法》及2019年考核工作安排。城市管理、安全生产、农业、人力资源服务等4家考核优秀的标委会做经验交流。

（何陆翼）

【北京市社会信用标准化技术委员会成立】

2019年11月12日，北京市社会信用标准化技术委员会召开成立会议，标委会全体委员参加会议。第一届北京市社会信用标准化技术委员会任期5年，秘书处承担单位为中关村企业信用促进会，委员由来自国家和北京市社会信用相关行业主管部门、科研机构、大专院校以及金融机构、信用服务机构、社会组织的33名专家组成。社会信用标委会将分析社会信用领域标准化的需求，协助行业主管部门开展标准体系建设、标准制修订、标准宣贯培训及实施效果评估等工作。

（何陆翼）

【“百城千业万企对标达标提升专项行动”培训班】 2019年11月14日，市市场监管局举办“百城千业万企对标达标提升专项行动”培训班。各区市场监管局及燕山分局标准化科室负责人、企业代表近210余人参加培训。培训班解读“百城千业万企对标达标提升专项行动”政策，从认识行动的重要性，明确各项工作任务，完善各项保障措施提出要求。讲解百城千业万企对标达标提升专项行动内容、工作流程、工作进展及信息平台操作使用方法。

（李凌松）

【北京市金隅凤山温泉度假服务国家级服务业标准化试点项目通过考核评估】 2019年11月19—20日，市市场监管局组织考核评估组对北京金隅凤山温泉度假村有限公司承担的温泉度假服务标准化试点进行考核评估。昌平区市场监管局、昌平区文化和旅游局参加考核评估会。评估会上，来自旅游及标准化方面的5名专家组成的考核评估组听取试点工作情况汇报，查阅有关资料，察看现场，并按照有关程序对试点项目进行打分。考核评估组一致认为试点单位完成各项计划任务，同意试点单位通过考核评估。

（曾利新）

【北京市万安公墓殡葬服务国家级服务业标准化试点项目通过考核评估】 2019年11月26—27日，市市场监管局组织考核评估组对北京市万安公墓承担的殡葬服务标准化试点进行考核评估。北京市社会福利事务管理中心、北京八宝山礼仪公司参加考核评估会。来自民政及标准化方面的5名专家组成的考核评估组听取试点工作情况汇报，查阅资料，察看现场，并对试点项目进行打分。考核评估组认为，北京市万安公墓承担的国家级“北京市万安公墓殡葬服务标准化试点”项目，主题突出，标准体系适宜、覆盖全面，层次分明、满足需求，标准适用性强，成效明显，模式可复制，很好完成任务书确定的目标，一致同意通过考核评估。

（曾利新）

【中旅会奖旅游服务国家级服务业标准化试点项目通过考核评估】 2019年11月28—29日，市市场监管局组织考核评估组对中旅国际会议展览有限公司承担的会奖旅游服务标准化试点进行考核评估。市文化和旅游局参加考核评估会。考核评估组认为试点单位很好完成任务书规定的各项计划任务，达到《服务业标准化试点实施细则》的要求，一致同意通过考核评估。

（曾利新）

【北京市基金小镇基金机构服务国家级服务业标准化试点项目通过考核评估】 2019年12月3—4日，市市场监管局组织考核评估组对北京基金小镇管理委员会承担的基金机构服务标准化试点进行考核评估，房山区市场监管局、房山区金融工作办公室、北京基金小镇控股有限公司参加考核评估会。考核评估组对试点单位服务标准化情况做全面考评，认为试点单位较好完成任务书规定的各项任务，符合《服务业标准化试点实施细则》的要求，一致同意通过评估验收。

（曾利新）

【市市场监管局领导调研国家会议中心餐饮服务及保障标准化工作】 2019年12月9日，市市场监管局局长冀岩调研国家会议中心标准化工作，现场观摩餐饮加工、留样检验等过程并就餐饮服务及保障标准化工作进行座谈。市、区市场监管局以及市标研院参加调研。朝阳区市场监管局报告朝阳区标准化及餐饮监管工作情况。国家会议中心介绍企业参与服务业标准化示范试点工作情况及取得的成效，并现场展示从食材进货验收、中西餐加工制作、食品留样检验、技能业务培训等标准化工作过程。

（李凌松）

【北京菜市口百货商贸服务国家级服务业标准化试点项目通过考核评估】 2019年12月12—13日，市市场监管局组织考核评估组对北京菜市口百货股份有限公司承担的商贸服务标准化试点进行考核评估。市商务局，西城区市场监管局、商务局参加考核评估会。考核评估组听取试点单位工作情况汇报，查阅相关资料，察看服务现场，并进行现场质询。考核评估组认为，试点单位较好完成任务书规定的各项任务，符合《服务业标准化试点实施细则》的要求，一致同意通过评估验收。

（曾利新）

【北京市委财经委员会第五次会议】 2019年12月19日，北京市委财经委员会召开第五次会议，市委书记、市委财经委员会主任蔡奇主持会议，市委副书记、市长、市委财经委员会副主任陈吉宁出席。会议听取关于推动首都高质量发展标准体系建设情况汇报。会议指出，要充分体现首都特色，打造“北京标准”，以此引领提升城市规划建设管理水平，助力首都高质量发展。积极培育市场标准，注重发挥行业协会、企业的作用，激发市场活力。加强与国际规则对接，瞄准国际先进水平，积极参与国际标准制定，促进中国主导的技术标准走向国际。

（常雪梅　王珂园）

标准统计

地方标准统计

截至2019年12月31日，现行有效地方标准1712项。按涉及领域划分，包括资源节约与利用206项、环保76项、城市运行管理与公共服务325项、公共安全204项、农业386项、服务业130项、信息化64项、卫生27项、工程建设257项、工业7项、其他30项(见图1)。按照标准性质分:强制性标准131项，推荐性标准1581项(见图2)。

2019年发布地方标准180项。按涉及领域划分，包括资源节约与利用23项、环保6项、城市运行管理与公共服务53项、公共安全36项、农业16项、服务业10项、信息化4项、卫生7项、工程建设25项(见图3)。按照标准性质划分，包括强制性标准6项、推荐性标准174项(见图4)。

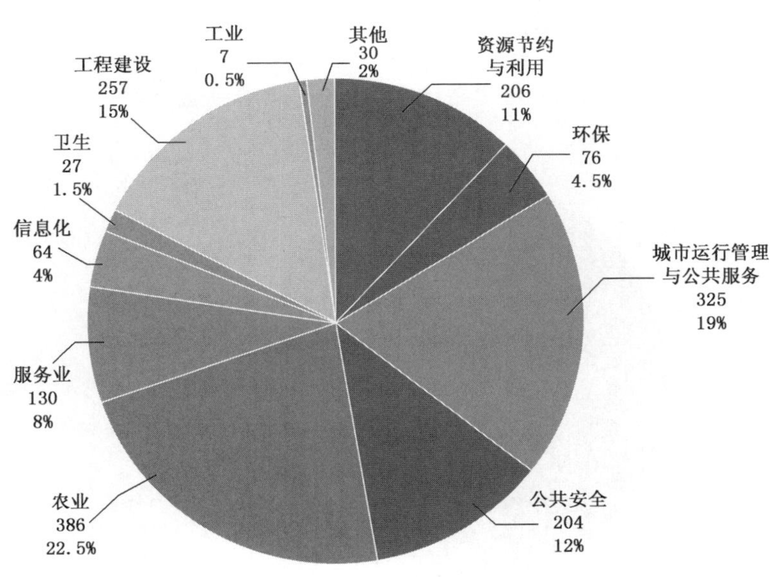

图1　现行有效地方标准统计(按领域分类)

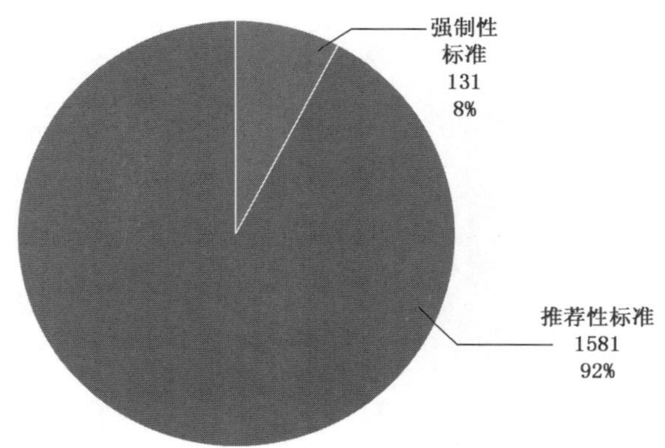

图 2　现行有效地方标准统计（按标准性质分类）

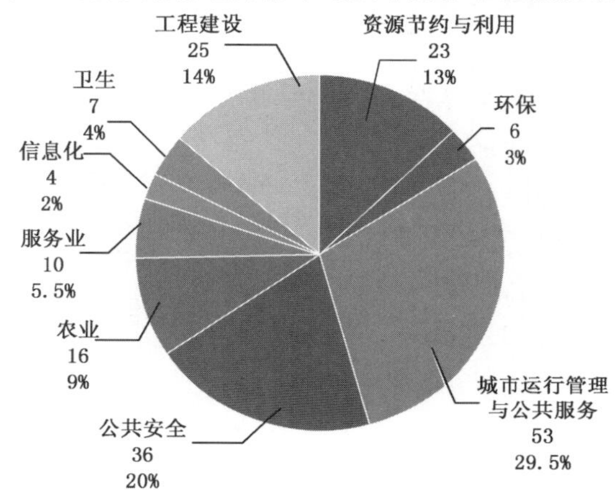

图 3　2019 年发布地方标准统计（按领域分类）

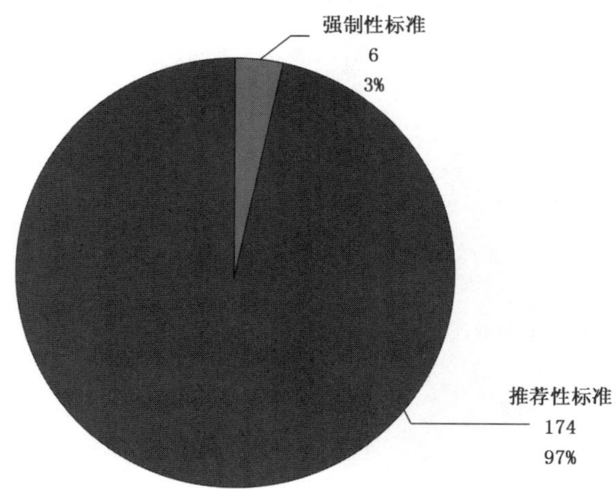

图 4　2019 年发布地方标准统计（按标准性质分类）

表 1　涉及领域统计表

领域	2019 年发布		现行有效	
	数量/项	比例	数量/项	比例
资源节约与利用	23	13%	206	11%
环保	6	3%	76	4.5%
城市运行管理与公共服务	53	29.5%	325	19%
公共安全	36	20%	204	12%
农业	16	9%	386	22.5%
服务业	10	5.5%	130	8%
信息化	4	2%	64	4%
卫生	7	4%	27	1.5%
工程建设	25	14%	257	15%
工业	0	0	7	0.5%
其他	0	0	30	2%
合计	180	100%	1712	100%

表 2　标准性质统计表

性质	2019 年发布		现行有效	
	数量/项	比例	数量/项	比例
强制性地方标准	6	3%	131	8%
推荐性地方标准	174	97%	1581	92%
合计	180	100%	1712	100%

【《2019 年北京市地方标准制修订项目计划》公布】　2019 年 2 月 22 日，市市场监管局公布《2019 年北京市地方标准制修订项目计划》。围绕制定政府职责范围内的公益类标准，项目计划主要包含推动城市总体规划实施、推动高质量发展、增强科技创新中心的引领性和影响力、提升城市精细化管理水平、抓好文化中心建设、推动乡村全面振兴、推进民生保障精准化精细化等七大方面 127 项，涉及颗粒物监测、滑雪场所、自动驾驶、充电站、学生健康监测、养老机构、美丽乡村等重点项目。

（陈冬鑫）

【45 项地方标准发布】　2019 年 3 月 27 日，北京市发布 45 项地方标准。其中，市市场监管局发布 36 项地方标准，与市规划自然资源委联合发布 4 项地方标准，与市住房城乡建设委联合发布 5 项地方标准。其中，首次制定标准 34 项、修订标准 11 项；按照涉及领域分，城市管理与公共服务标准 17 项、服务业标准 7 项、公共安全标准 6 项、工程建设标准 9 项、资源节约与利用 3 项、农业标准 2 项、环保标准 1 项。京津冀区域协同地方标准拓展至工程建设施工验收和旅游领域，发布《城市综合管廊工程施工及质量验收规范》《京津冀旅游直通车服务规范》。发布助餐服务、助医服务、康复服务 3 项标准。发布 3 项节能环保标准。发布 5 项《安

全生产等级评定技术规范》系列标准。发布 3 项电梯安全管理标准。

（陈冬鑫）

【推动首都高质量发展标准体系建设暨 2019 年度北京市地方标准制修订培训】 2019 年 4 月 28 日，市市场监管局举办推动首都高质量发展标准体系建设暨 2019 年度北京市地方标准制修订培训。来自全市相关委办局、标准化技术委员会、2019 年地方标准制修订项目编制单位的 300 余人参加培训。培训会上，相关部门负责同志和专家分别讲解推动首都高质量发展标准体系建设的工作要求、交通领域标准体系建设的工作经验以及标准体系知识和构建方法。针对地方标准制修订，相关部门负责同志解读新版《北京市地方标准管理办法》以及地方标准编写和审查中的常见技术问题。

（陈冬鑫）

【34 项地方标准发布】 2019 年 6 月 18 日，北京市发布 34 项地方标准。其中，首次制定标准 23 项、修订标准 11 项；按照涉及领域分，城市管理与公共服务标准 7 项、资源节约与利用 7 项、农业标准 7 项、环保标准 3 项、公共安全标准 3 项、卫生标准 3 项、信息化标准 3 项、工程建设标准 1 项。坚决打好污染防治攻坚战，发布《电子工业大气污染物排放标准》《加油站油气排放控制和限值》《低硫煤及制品环保技术要求》。提升节能水平，发布《数据中心能效监测与评价技术导则》等 7 项节能环保标准。截至 2019 年 7 月，北京市节能低碳和循环经济标准专项累计完成 52 项，这些标准为应对气候变化、推进绿色低碳发展、加快转变经济发展方式、实现可持续发展提供技术支撑。

（陈冬鑫）

【2019 年北京市地方标准制修订增补项目计划公布】 2019 年 8 月 21 日，市市场监管局公布 2019 年北京市地方标准制修订增补项目计划，13 个项目列入计划，其中一类项目（制定项目）11 个，二类项目（研究项目）2 个。该次增补立项重点聚焦四个方面：在打好污染防治攻坚战方面，增补《车用柴油环保技术要求》《车用汽油环保技术要求》《施工工地扬尘视频监控和数据传输技术规范》等项目，着力支撑打赢蓝天保卫战，改善本市空气质量；在促进产业发展和质量提升方面，增补《地理标志产品　昌平草莓》项目，促进乡村相关产业优化，带动当地经济发展；在支撑冬奥会筹办方面，增补《公共场所双语标识英文译法　第 5 部分：医疗卫生》项目，推进国际交往中心建设，服务冬奥会等大型国际活动筹办；在支撑能源计量工作方面，增补《城镇天然气能量计量技术要求》，落实国家天然气从按体积计量调整为按能量计量工作，保证天然气贸易结算公平公正。

（陈冬鑫）

【39 项地方标准发布】 2019 年 9 月 26 日，北京市发布 39 项地方标准。其中，首次制定标准 32 项、修订标准 7 项；按照涉及领域分，公共安全标准 18 项、工程建设标准 6 项、资源节约与利用标准 6 项、农业标准 4 项、城市管理与公共服务标准 3 项、环保标准 1 项、信息化标准 1 项。落实北京城市总体规划，发布《城市综合客运交通枢纽设计规范》。坚决打好污染防治攻坚战，发布《建设用地土壤污染状况调查与风险评估技术导则》。助力促进城市南部地区加快发展，发布《工业开发区循环化技术规范》。提升节能水平，发布《超低能耗居住建筑设计标准》等节能环保标准。提升安全生产管理水平，发布 13 项《安全生产等级评定技术规范》系列标准。加强电梯安全管理，发布《电梯应急呼叫及应急照明系统技术要求》。

（陈冬鑫）

【57项地方标准发布】 2019年12月25日，北京市发布57项地方标准。其中，首次制定标准46项、修订标准11项；按照涉及领域分，城市管理与公共服务标准27项、工程建设标准9项、资源节约与利用6项、公共安全标准5项、卫生标准4项、服务业标准3项、农业标准3项。坚决打好污染防治攻坚战，发布《施工工地扬尘视频监控和数据传输技术规范》。提升城市规划建设水平，发布《有轨电车工程设计规范》《智慧工地技术规程》。支撑北京市海绵城市建设，发布《海绵城市建设效果监测与评估规范》。《海绵城市建设效果监测与评估规范》。提升节能水平，发布《生活垃圾收集运输节能规范》等4项节能标准。提升安全生产管理水平，发布2项《安全生产等级评定技术规范》系列标准。加强特种设备安全管理，发布《在用氨制冷压力管道X射线数字成像检测技术要求》。

（陈冬鑫）

团体标准统计

2019年中央在京及北京社会团体在全国团体标准信息平台自我声明公开团体标准情况

	北京		中央在京		合计	
	团体数量（家）	标准数量（项）	团体数量（家）	标准数量（项）	团体数量（家）	标准数量（项）
2019年度	71	314	219	1728	290	2042
累计	95	679	298	3643	393	4322

企业标准统计

2019年企业在企业标准信息公共服务平台执行标准情况

	企业数量（家）	执行标准数量（项）		
		总计	执行国家标准、行业标准、地方标准、团体标准	执行企业标准
2019年度	2201	7686	186	7500
累计	5180	26101	1699	24402

【组织开展2019年团体标准、企业标准“双随机、一公开”监督检查】 2019年6—11月，为贯彻落实深化标准化工作改革方案总要求，按照《市场监管总局关于全面推进“双随机、一公开”监管工作的通知》工作部署，市市场监管局探索创新，组织全市开展团体和企业标准“双随机、一公开”监督检查工作，出台《北京市市场监督管理局关于印发全面推进“双随机、一公开”监管实施方案的通知》（京市监发〔2019〕61号）、《北京市市场监督管理局关于进一步加强团体标准、企业标准自我声明公开和监督制度实施工作的通知》（京市监发〔2019〕86号）等文件，市区两级对46家社团的54项团体标准和812家企业自我声明公开的1121项标准开展双随机监督抽查，抽查比例超过5%。其中，标准存在违法问题的5项，占抽检项目的9.26%，主要问题为标准编号和名称不符合规定；企业标准存在违法问题64项，占抽检项目5.7%，主要问题为标准编号和名称不符合规定、未公开产品功能指标和性能指标。对监督检查发现的违法问题，均由各区市场监督管理局依法依规进行抽查结果公示和责令改正处理，企业在责令整改期内整改完毕，“双随机、一公开”抽查任务完成率100%。

规划建设

标准化工作综述

（北京市规划和自然资源委员会）

2019年，北京市规划和自然资源委员会学习贯彻党的十九大、十九届四中全会精神和习近平总书记对北京重要讲话精神，坚持以习近平新时代中国特色社会主义思想为指导，以落实党中央、国务院对北京城市总体规划批复中“注重运用法规、制度、标准管理城市”的要求为目标，以实施新版《标准化法》为契机，以推动改革创新为主线，紧扣首都城市战略定位，全面落实“不忘初心 牢记使命”主题教育活动中市领导对市规划和自然资源委标准化工作提出的更高要求，不断提高政治站位，不断加强标准化工作顶层设计，不断提升标准精细化管理水平，进一步完善北京市规划和自然资源标准化工作联席会议制度，加快制定、实施与建设国际一流和谐宜居之都目标相适应的高质量标准，加快完善推动首都规划建设高质量发展的规划和自然资源地方标准体系。

一、加强标准顶层设计，开展标准基础性研究

规划和自然资源标准化工作研究人民群众对美好生活的新需求，创新标准化工作方法，完善工作程序，开展相关基础性研究，解决发展中存在的不平衡不充分问题。一是加强标准顶层设计，启动《北京市规划和自然资源及建设工程勘测设计标准体系》的研究工作；二是加强标准制定过程中的专题研究，在《城市基础设施工程人民防空防护设计标准》《居住建筑节能设计标准（80%）》《北京市住宅外立面色彩设计导则》的编制过程中，围绕提升人防工程建设水平、提升城市品质、改善人居环境、推进城市绿色发展以及健康北京建设等，进行专题研究，提高标准的有效性和精准性；三是对标落实北京城市总体规划的主要目标任务，组织开展“十三五”标准化工作规划实施情况评估工作，客观评价规划实施取得的进展成效，总结提炼推进规划实施的经验做法，剖析实施中出现的问题及原因，提出规划在最后一个阶段实施的对策建议，并作为下一步开展“十四五”时期规划和自然资源标准化工作规划制定工作的依据。

二、突出问题和需求导向，狠抓标准编制发布工作

按照《中共中央国务院对北京城市总体规划（2016年—2035年）的批复》和新版城市总体规划的要求，以需求为导向，高质量有序推进30余项规划和自然资源相关标准的制修订工作，不断提高标准的可操作性和适用性。

一是进一步推动绿色环保、低碳生态和建筑节能工作，完成《居住建筑节能设计标准》修订审查工作，在75%节能基础上提高到节能80%以上，在全国率先实现五步节能计划；发布《超低能耗居住建筑技术标准》，为北京市建设30万平方米超低能耗建筑示范项目提供技术指导;完成《钢结构绿色住宅技术规程》审查工作,为推广产业化住宅建设提供技术支持;完成《有轨电车工程设计规范》审查工作,助力北京市绿色交通规划设计;完成《绿色建筑设计标准》征求意见稿,发布《绿色生态示范区规划设计评价标准》。

二是围绕提升城市基础设施规划,推进城市精细化管理,完成《城市综合客运交通枢纽设计规范》发布工作,为实现北京市交通枢纽人性化设计提供技术支撑;完成《建筑物通信基站基础设施设计规范》实施工作;完成《海绵城市规划编制与评估标准》《建成区海绵城市建设设计标准》审查工作,为推动北京市海绵城市规划建设提供技术支撑;完成《城市道路平面交叉口展宽和切角技术规程》征求意见稿,为安全、快速、高效、有序的交通组织提供空间条件;完成《干线公路附属设施用地标准》公示工作,为今后各条干线公路配套设施的技术指标核定及用地选址提供依据;发布《历史文化街区工程管线综合规划规范》(修订),为进一步改善北京市老城地区市政基础设施提供技术依据;完成《城市轨道交通车站安检设计标准》的报批稿,贯彻落实市委、市政府"进一步加强轨道交通运营安全工作"的指示精神,确保轨道交通运营安全可靠,推进轨道交通车站安检设计工作。

三是围绕保障民生、提升城市宜居品质,继续做好《住宅设计规范》编制工作,完成《建筑日照计算参数标准》发布工作。在养老无障碍方面,发布《既有住宅适老化改造设计指南》。在提升消防安全方面,发布《电动自行车停放场所防火设计标准》,规范和引导电动自行车停放、充电场所的设计、管理工作,保障人民群众生命和财产安全。

四是围绕提高城市防灾减灾能力,提升城市韧性,组织编制《矿山地质环境治理恢复工程技术规程》《市政基础设施岩土工程勘察规范》《地质灾害治理工程实施技术规程》《地质灾害监测技术规范》《北京市轨道交通地下结构抗震设计指南》《文物建筑防火设计规范》等标准。其中,《矿山地质环境治理恢复工程技术规程》完成审查工作;《市政基础设施岩土工程勘察规范》完成送审稿;《地质灾害监测技术规范》完成报批稿,《场地形成工程勘察设计技术规范》已对外发布;《地质灾害治理工程实施技术规程》完成审查、发布和实施;《北京市轨道交通地下结构抗震设计指南》完成发布和实施;《文物建筑防火设计规范》已完成报批稿;发布和实施《电动自行车停放场所防火设计标准》。

五是围绕北京市总体规划编制和新型城镇化发展要求,加强新型农村社区民居、基础设施和公共服务设施等建设,改善农村居住环境,提升农村公共服务水平,配合市住房城乡建设委编制和发布《北京市农村危房加固维修技术指南(试行)》和《北京市传统村落修缮技术导则》,并配合参与农村危房改造和抗震加固调研工作。

三、加强"体检评估",强化标准执行和监管

一是标准日常监管与评估。持续强化标准实施监管及动态评估,为城市总体规划中"城市体检评估"相关要求的落地做好技术保障。继续开展《居住建筑节能设计标准》《公共建筑节能设计标准》《雨水控制与利用工程设计规范》等十余项地方标准执行情况日常评估工作,要求全市房屋建筑类施工图审查机构、轨道交通施工图审查机构按月上报评估问卷,及时录入、统计问卷数据,2019 年收集房屋建筑类反馈问卷 1092 份,收集轨道交通反馈问卷 407 份。

二是开展标准复审工作。针对达到复审年限要求的《下凹桥区雨水调蓄排放设计规范》等 12 项城乡规划地方标准开展复审工作,确定继续使用、废止、修订的复审建议。

三是开展施工图执行标准的专项抽审工作。针对轨道交通、道路空间以及工程建设等专项开展施工图设计文件抽审工作，掌握设计单位和施工图审查机构执行重要国家标准、地方标准的情况。专项抽审涉及《城市轨道交通工程设计规范》《城市道路空间规划设计规范》《居住建筑节能设计标准》等11项地方标准以及《无障碍设计规范》等3项国家标准的执行情况。

四、创新方式和方法，加强标准的宣传引导和公众参与

2019年4月，组织市规划和自然资源委标准项目管理人赴市市场监管局组织的标准体系建设培训暨2019年度北京市地方标准制修培训会，进一步学习《北京市地方标准管理办法》。在标准制定过程中，市规划和自然资源委严格按照《北京市地方标准管理办法》进行流程管理，在开展标准编制工作的同时，注重标准的宣传工作，借助新闻媒体、电视、微博、微信公众号等方式，先后在多家主流媒体开展《北京历史文化街区风貌保护与更新设计导则》等标准宣传，营造标准宣传的新格局。2019年10月，市规划和自然资源委组织召开规划和自然资源标准化工作联席会，34家标准化联席会议成员单位听取2019年度标准化工作情况，讨论2020年标准、标准设计的征集立项工作，并对北京市规划和自然资源领域标准化工作提出建议和意见。

全年，市规划和自然资源委以重点标准的发布为契机，结合社会热点问题，针对《交通枢纽学校医院上落客区规划设计指导性图集》《电动自行车停放场所防火设计标准》等标准和图集组织12次大型宣贯活动，为全市相关管理部门、百余家设计、施工和施工图审查机构的两千余名技术人员提供培训，收到良好宣贯效果，有效提高北京市整体设计质量和管理水平，推动创建绿色、和谐、安全、舒适的人居环境。

标准化工作成果

（北京市规划和自然资源委员会）

【城乡规划地方标准复审】 为确保北京市城乡规划地方标准的先进性、有效性和适用性，加强对已发布实施地方标准的监督管理，年内由市规划和自然资源委组织召开市城乡规划地方标准复审工作会议，对实施时间满五年的城乡规划地方标准及实施时间满三年的节能地方标准12项开展复审工作，包括《下凹桥区雨水调蓄排放设计规范》（DB11/T 1068—2014）、《简易自动喷水灭火系统设计规程》（DB11/ 1022—2013）、《防火玻璃框架系统设计、施工及验收规范》（DB11/ 1027—2013）、《自然排烟系统设计、施工及验收规范》（DB11/ 1025—2013）、《吸气式感烟火灾探测报警系统设计、施工及验收规范》（DB11/ 1026—2013）、《疏散用门安全控制与报警逃生门锁系统设计、施工及验收规程》（DB11/ 1023—2013）、《消防安全疏散标志设置标准》（DB11/ 1024—2013）、《公共建筑节能设计标准》（DB11/ 687—2015）、《装配式剪力墙结构设计规程》（DB11/ 1003—2013）、《土地信息数据元　第1部分：总则》（DB11/T 1020.1—2013）、《土地信息数据元　第2部分：土地利用数据元》（DB11/T 1020.2—2013）、《土地信息数据元　第3部分：土地权属数据元》（DB11/T 1020.3—2013）。

（张　霖　孟维举）

【城乡规划标准宣贯】 2019年，市规划和自然资源委以重点标准的发布为契机，结合社会热点问题，针对《交通枢纽学校医院上落客区规划设计指导性图集》《基础测绘技术规程》《电动自行车停放场所防火设计标准》《北京历史文化街区风貌保护与更新设计导则》《北京市"两图合一"规划编制技术指南》《北京市轨道交通地下结构抗震设计指南》《建筑物通信基站基础设施设计规范》《建筑日照计算参数标准》《场地形成工程勘察设计技术规程》《城市道路空间规划设计规范》和《绿色雪上运动场馆评价标准》(英汉版)组织12次宣贯活动,为全市相关管理部门、百余家设计、施工和施工图审查机构的两千余名技术人员提供培训,有效提高北京市整体设计质量和管理水平,推动创建绿色、和谐、安全、舒适的人居环境。

(张　霖　孟维举)

【城乡规划标准日常评估】 为全面了解标准执行中存在的重点难点问题,提升标准的实施效果,保障社会各项建设工程安全进行,市规划自然资源委针对居建节能、雨水控制与利用、轨道交通、无障碍等多项标准,面向设计人员、施工图审查人员和相关行业管理人员开展标准评估工作,通过跟踪项目执行地方标准和标准设计的情况,掌握设计人员在标准执行方面存在的问题,促进标准在全行业执行力度的提升。

(张　霖　孟维举)

【轨道交通施工图设计文件专项抽审】 为提升城市轨道交通设计水平,落实"促进交通与城市协调发展,提高交通支撑、保障与服务能力"的相关要求,年内,市规划和自然资源委开展轨道交通施工图设计文件专项抽审工作,抽选北京市轨道交通车辆段、车站等6个项目开展轨道交通设计施工图专项审查,对地方标准《城市轨道交通工程设计规范》《城市轨道交通土建工程设计安全风险评估规范》和《城市轨道交通无障碍设施设计规程》中的重要条款执行情况进行检查。经过检查,抽审项目施工图设计文件均执行《城市轨道交通工程设计规范》《城市轨道交通土建工程设计安全风险评估规范》和《城市轨道交通无障碍设施设计规程》的相关规定,标准具有先进性、协调性和可操作性,轨道交通施工图设计质量得到保障。

(张　霖　孟维举)

【《城市道路空间规划设计规范》执行情况专项评估】 为提升城市道路空间规划设计水平,创造宜人的城市空间环境,年内,市规划和自然资源委开展《城市道路空间规划设计规范》专项评估工作,抽选北京市20条道路工程(主要为主、次干路)开展道路设计施工图专项审查,对《城市道路空间规划设计规范》中的重要条款进行标准的专项评估,并对审查中发现的问题结合标准进行宣贯。经过评估检查,《城市道路空间规划设计规范》统筹和规范城市道路空间各项规划设计,推动"以人为本""安全、便捷、高效、绿色、经济的综合交通体系"建设,在路权划分以及道路空间布局上给出有力约束和要求,具有先进性、协调性和可操作性。

(张　霖　孟维举)

【2019年重点标准执行情况专项抽审】 为有效保障标准在城市建设管理中的重要作用,不断提高城市精细化管理水平,提升标准执行水平和施工图设计质量,市规划和自然资源委开展2019年施工图专项抽审工作,抽选北京市27项居住建筑项目、8项公共建筑项目,针对建筑节能、雨水控制与利用、无障碍、消防、人防、抗震和装配式等专业的设计标准开展施工图设计专项审查。来自全市多家设计单位、施工图审查机构的50名专家以及标准主编人参与审查。

(张　霖　孟维举)

【《电动自行车停放场所防火设计标准》发布】 2019年3月26日,市规划和自然资源委和市市场监管局联合发布《电动自行车停放场所防火设计标准》,该标准自2019年10月1日起实施。该标准从关心人民群众生活环境和城市安全出发,提出电动自行车停放场所种类、耐火等级及防火设计的相关要求,并对充电区域布置、充电设施作出规定,保证电动自行车的停放和充电安全。

该标准的发布实施，填补北京市电动自行车停放场所防火设计标准方面的缺失，对电动自行车停放、充电场所的设计、管理起到规范和引导作用，保障人民群众生命和财产安全。

（张 霖 孟维举）

【《建筑日照计算参数标准》发布】 2019 年 3 月 26 日，市规划和自然资源委和市市场监管局联合发布《建筑日照计算参数标准》，该标准自 2019 年 10 月 1 日起实施。该标准在落实国家标准的基础上，根据北京市具体情况，基于已有相关日照计算参数深化、细化的研究工作，综合考虑人民群众的卫生健康和集约用地原则，规范北京市行政区域内有日照标准要求的建筑和场地的建筑日照计算的数据条件、计算参数、计算过程和成果表达，增强规划管理的可操作性，提高北京城市规划和土地利用的科学性。

（陈一唱）

【《场地形成工程勘察设计技术规程》发布】 2019 年 3 月 26 日，市规划和自然资源委和市市场监管局联合发布《场地形成工程勘察设计技术规程》，该规程自 2019 年 10 月 1 日起实施。该规程适用于北京市城市建设用地的场地形成工程的勘察、设计等，遵循因地制宜、就地取材、绿色环保和节约资源的原则，落实国家高质量发展与提高城市精细化管理水平的要求，做到技术先进、经济合理、安全适用、确保质量、环保节能，发挥场地形成工程的综合效益，实现场地形成工程勘察设计成果的规范化、标准化，突出场地形成在确保后续工程实施、安全运营等方面的重要基础性作用。

（陈一唱）

【《建设工程第三方监测技术规程》发布】 2019 年 3 月 26 日，市规划和自然资源委和市市场监管局联合发布《建设工程第三方监测技术规程》。该规程为保证建设工程施工过程的安全，对工程结构、岩土体、工程周边环境第三方监测的监测方法、技术要求、监测频率、监测项目控制值、报警、成果及信息反馈等提出技术要求，做到技术先进、经济合理、安全适用、成果可靠。该规程的发布实施，将为相关法律法规及管理制度提供技术支撑、规范监测作业行为、完善监测行业标准体系，对北京市的第三方监测管理工作有现实的指导意义。

（白同宇）

【《建设工程规划核验测量成果检查验收技术规程》发布】 2019 年 6 月 17 日，市规划和自然资源委和市市场监管局联合发布《建设工程规划核验测量成果检查验收技术规程》。该规程对建设工程规划核验测量成果检查验收工作的内容、流程与方法提出具体要求，对北京市建设工程规划核验测量成果的质量管理和质量检验工作具有指导意义，达到国内领先水平。该规程的发布实施，将优化北京市营商环境，完善规划验收制度建设。

（白同宇）

【《历史文化街区工程管线综合规划规范》发布】 2019 年 9 月 23 日，市规划和自然资源委和市市场监管局联合发布《历史文化街区工程管线综合规划规范》。该规范为进一步提升北京历史文化名城基础设施的规划设计水平，改善人民群众的生活水平和质量，在 2009 版基础上进行修订，增加、更新部分术语，提出隐蔽化设计，提高管道和设备的标准等级和耐久性，加强管线保护，应用低影响开发、缆线管廊等方面的规定，对国内历史文化街区管线综合规划工作具有引领作用。该规范的发布实施，将对历史文化街区基础设施建设和环境改造提出更高要求，推进新技术、新工艺、新材料在历史文化街区工程管线综合规划建设中的应用，对于推动北京市历史文化街区更新和改造具有指导意义。

（白同宇）

【《城市综合客运交通枢纽设计规范》发布】

2019年9月23日，市规划和自然资源委和市市场监管局联合发布《城市综合客运交通枢纽设计规范》，该规范自2020年4月1日起实施。该规范体现“以人为本、安全便捷、经济合理、绿色环保、技术先进”的设计理念，坚持公共交通优先，着力提升城市公共交通服务水平，推进区域交通一体化，提供更加人性化的公共交通接驳换乘条件。从技术上规范和指导北京市新建、改建和扩建的城市综合客运交通枢纽的设计，使交通枢纽在具体规划、设计及建设时有规可依、有章可循，推动北京市城市客运交通发展。

（陈一唱）

【《超低能耗居住建筑设计标准》发布】

2019年9月23日，市规划和自然资源委和市市场监管局联合发布《超低能耗居住建筑设计标准》。该标准为改善北京市生态环境，对北京市住宅类超低能耗居住建筑节能设计的性能化设计、室内环境参数、技术指标及专项设计提出具体技术要求，高于国家超低能耗建筑标准。该标准的发布实施，可为北京市超低能耗居住建筑设计工作的规范化、标准化提供技术依据，将有效指导北京市超低能耗居住建筑设计工作的开展，达到国内领先水平。

（白同宇）

【首次印发中英文版工程建设地方标准】

2019年6月25日，市规划和自然资源委会同天津住建委、河北住建委联合组织编制并与市市场监管局联合发布的《绿色雪上运动场馆评价标准》（中英文版）正式印发，为北京市首次印发中英文对照的工程建设地方标准。作为首部绿色雪上运动场馆评价标准，符合绿色发展理念，为北京2022年冬奥会和冬残奥会雪上运动场馆可持续建设和绿色评价工作提供技术支撑。该标准的印发，为国际奥组委考察北京和河北2022年冬奥会雪上运动场馆绿色建设工作提供依据。

（孟维举　陈一唱）

标准化工作综述
（北京市住房和城乡建设委员会）

2019年，北京市住房和城乡建设委员会以习近平总书记视察北京重要讲话精神为指导思想，落实国务院深化“放管服”改革决策部署，以加快建设国际一流的和谐宜居之都为工作目标，以《标准化法》《工程建设地方标准化工作管理规定》《北京市地方标准管理办法》和《北京市工程建设和房屋管理地方标准化工作管理办法》为工作原则，贯彻国务院《深化标准化工作改革方案》，继续围绕北京市工程建设及房屋管理领域重点工作及首都标准化战略纲要重点任务开展工程建设标准化工作。

一、京津冀区域协同工程建设标准合作实现重大突破

（一）发布全国首部施工类区域协同工程建设标准《城市综合管廊工程施工及质量验收规范》

落实京津冀协同发展战略，推动京津冀工程建设标准合作，与天津市城乡建设委员会和河北省住房和城乡建设厅共同制定和发布《城市综合管廊工程施工及质量验收规范》，成为首部施工类京津冀协同工程建设标准。该标准制定和审查过程打破传统模式，积极探索和尝试，为京津冀三地工程建设标准化工作持续、深入合作打下良好基础。该标准于2019年6月25日在北京举行发布会，北京市规划和自然资源委、北京市市场监督管理局、天津住建委、河北建设厅等相关单位和人员约400余人出席会议。《人民日报》、人民网、澎湃新闻、北京电视台、《北京青年报》、《新京报》等媒体报道此次会议。

京津冀区域协同标准合作，考虑到京津冀现有的管理体制、管理机制的不同，三地住建管理部门共同创新出“区域协同合作”的新途径，由“三地住建部门共同参与组织、三地企业共同参与编制、三地专家共同参与审查”，采用“统一标准文本（正文）、统一标准备案编号（住建部）、统一标准实施日期”的协同模式。在行政管理层面实行“三地分别进行报批、三地分别进行发布、三地分别组织实施”。京津冀区域协同标准合作的模式是贯彻落实京津冀协同发展战略的重要举措。

新的协同合作模式在工程建设标准领域实现“观念协同、管理协同、技术尺度协同”，其为落实京津冀协同发展国家战略、区域协调发展战略，起到推动作用。

（二）签署“京津冀区域协同工程建设标准框架合作协议”

在首部《城市综合管廊工程施工及质量验收规范》成功合作的基础上，三地扩大工程建设标准合作的意愿增强。三地住建部门为及时总结京津冀标准化工作合作经验，进一步扩大工程建设标准的合作领域和范围，形成制度化协同合作机制，尽快建立京津冀区域协同工程建设标准体系框架。京津冀三地共同制定并签署“京津冀区域协同工程建设标准框架合作协议”，推进京津冀工程建设标准协同发展。该协议由北京市住房城乡建设委、北京市规划和自然资源委、北京市市场监管局、天津住建委、河北建设厅三地五方共同签署。

协议中明确提出要建立京津冀三地工程建设标准共同组织编制、统一标准文本、分别报批发布的工作模式；建立京津冀协同工程建设标准长效合作机制，明确牵头部门职责，定期轮流组织召开合作会议，加强日常沟通交流，完善标准复审、修订、废止工作机制。

（三）发布《京津冀区域协同工程建设标准体系（2019— 2021）合作项目清单》

依据框架合作协议，三地行业管理部门对继续推进京津冀区域协同工程建设标准工作已达成共识，共同起草《京津冀区域协同工程建设标准体系（2019—2021）合作项目清单》，经三地确认并发布。该《合作项目清单》包括城市综合管廊、超低能耗建筑及绿色建筑、海绵城市、建筑工业化、施工安全五个板块，19 项标准。三地力争到 2021 年编制完成 19 部区域协同工程建设标准，共同推动京津冀工程建设标准协同发展迈向新高度。

二、工程建设地方标准管理概况

截至 2019 年 9 月底，市住房城乡建设委现行有效的工程建设和房屋管理地方标准有 167 项，其中 DBJ 标准 17 项，DB11 标准 150 项。在编地方标准 84 项。

三、地方标准完成情况

2019 年，市住房城乡建设委发布 8 项地方标准。重点完成以下标准。

（一）发布首部京津冀区域协同工程建设标准《城市综合管廊工程施工及质量验收规范》

首部京津冀区域协同工程建设标准《城市综合管廊工程施工及质量验收规范》发布。该规范是全国首部区域性工程建设标准，将助力京津冀三地加强地下综合管廊规划、建设和运营管理，解决城市道路“开膛破肚”难题，避免“马路拉链”和“空中蜘蛛网”现象继续泛滥，促进集约利用土地和地下空间资源，提高城市综合承载能力。

高水平的工程建设标准是实现高质量发展的基础，“城市综合管廊建设标准体系”的构建，是在总结北京城市副中心综合管廊建设等工程实践经验基础上的重要成果，可满足雄安新区建设、冬奥工程、滨海新区建设等三地新建综合管廊工程建设需要。据统计，截至 2018 年底，北京市综合管廊新开及续建任务 150 千米，天津市综合管廊项目开工建设总计 20 千米，河北省开工建设地下综合管廊 180 千米，预计到 2020 年，京津冀三地结合城市道路、轨道交通和城市新区建设，建成地下综合管廊 400 ~ 500 千米。快速建设中的京津冀三地综合管廊迫切需要一部在实践中指导综合管廊建设过程中加强质量控制、施工要求、验收规范的标准。

不同于国家标准《城市综合管廊工程技术规范》（GB 50838—2015）仅对综合管廊的施工及验收做符合性的一般叙述，该规范全面系统描述综合管廊工程全过程施工要求，包含管廊工程从地基基础到混凝土主体结构，从明挖法、浅埋暗挖法到 TBM 法等多种管廊施工方法以及防水工程施工到机电设备安装、监控报警智慧系统施工的各主要分部分项工程的施工要求和质量验收标准，具有良好操作性。

该规范提出城市综合管廊工程分部分项划分及工程代号，按照功能和工程使用，将综合管廊工程划分为土建工程及机电安装工程、监控报警及智慧管理系统两个子单位工程，同时按照施工工法将管廊主体结构分部工程划分为现浇混凝土结构、明挖装配式结构、盖挖法、浅埋暗挖法、盾构法、预制顶推法、矿山法、TBM 法等多个子分部，解决不同方法施工质量验收标准的问题，将监控报警及智慧管理系统单独组成一个子单位工程，解决由于系统安装统一调试的验收标准问题。

（二）修订《预拌混凝土质量管理规程》

作为建筑结构中使用量大宗的建筑材料，预拌混凝土的绿色生产和质量控制对节能减排、绿色施工意义重大。通过优选原材料、再生骨料使用、合理地配合比设计、绿色生产、剩退灰处理等环节的有效控制，可有效促进资源节约与环境保护，实施绿色施工。北京市正常生产的预拌混凝土企业及站点有 115 家左右，混凝土质量控制水平参差不齐，非常有必要针对现有混凝土原材料的情况，对原标准进行梳理完善。基于以上几点，以质量控制为出发点，对《预拌混凝土质量管理规程》进行全面修订。

（三）制定《建设工程造价数据存储标准》

随着造价管理改革及信息化的不断推进，贯彻“放管服”的改革思路，逐步弱化市场准入限制，加强事中、事后监管，更好地为市场主体服务，对造价数据的信息化及深度开发利用提出迫切要求，只有运用大数据的思维和方法，深度挖掘数据价值，科学计算造价指数指标，才能为政府宏观决策提供依据，为市场监管提供支撑，为企业发展提供服务。因此，制定《建设工程造价数据存储标准》是最为紧迫、最为基础性的工作。

《建设工程造价数据存储标准》的发布实施，一方面，可以打破建筑市场各方主体之间的数据壁垒，使工程造价信息的交换共享成为可能；另一方面，可以实施高效而有针对性的工程基础数据分析处理，为有效开展工程造价信息监测、建立实时动态的指数指标体系提供保障。该项举措，将使政府公信力和服务水平得到大幅提升。

标准化工作成果

（北京市住房和城乡建设委员会）

【新增工程建设地方标准】 2019 年，新发布工程建设地方标准 15 项。分别是《预拌混凝土质量管理规程》（DB11/T 385—2019）、《民用建筑太阳能热水系统应用技术规程》（DB11/T 461—2019）、《钢管混凝土顶升法施工技术规程》（DB11/T 1628—2019）、《投标施工组织设计编制规程》（DB11/T 1629—2019）、《城市综合管廊工程施工及质量验收规范》（DB11/T 1630—2019）、《墙体内保温施工技术规程　胶粉聚苯颗粒保温浆料做法和增强粉刷石膏聚苯板做法》(DB11/T 537—2019)、《建设工程造价数据存储标准》(DB11/T 1667—2019)、《轻钢现浇轻质内隔墙技术规程》(DB11/T 1668—2019)、《城市轨道交通工程质量验收标准 第1部分:土建工程》(DB11/T 311.1—2019)、《保温装饰板外墙外保温施工技术规程》(DB11/T 697—2019)、《轻集料混凝土填充砌块技术规程》(DB11/T 742—2019)、《施工工地扬尘视频监控和数据传输技术规范》(DB11/T 1708—2019)、《装配式建筑设备与电气工程施工质量及验收规程》(DB11/T 1709—2019)、《智慧工地技术规程》(DB11/T 1710—2019)、《建设工程造价技术经济指标采集标准》(DB11/T 1711—2019)。

(徐东林　石　峰　刘　学)

【工程建设地方标准宣贯】 2019年,宣贯工程建设地方标准10项。分别是《预拌盾构注浆料应用技术规程》《节水器具应用技术标准》《民用建筑太阳能热水系统应用技术规程》《预拌混凝土质量管理规程》《建设工程造价数据存储标准》《民用建筑信息模型深化设计建模细度标准》《绿色施工管理规程》《建筑工程组合铝合金模板施工技术规范》《无障碍设施施工验收及维护规范》《钢管混凝土顶升法施工技术规程》。

(徐东林　石　峰　刘　学)

【工程建设地方标准复审】 2019年,复审工程建设地方标准20项。分别是《市政基础设施工程质量检验与验收标准》《排水管(渠)工程施工质量检验标准》《城市桥梁工程施工质量检验标准》《城市道路工程施工质量检验标准》《建筑结构长城杯工程质量评审标准》《建筑长城杯工程质量评审标准》《居住建筑装修装饰工程质量验收规范》《泡沫水泥保温板外墙外保温工程施工技术规程》《公共建筑装饰工程质量验收标准》《地面辐射供暖工程防水施工和验收规程》《建设工程施工现场生活区设置和管理规范》《人工砂应用技术规程》《住宅二次供水设施设备运行维护技术规程》《既有居住建筑节能改造技术规程》《预拌砂浆应用技术规程》《居住建筑节能工程施工质量验收规程》《玻璃纤维增强筋支护技术规程》《预拌砂浆清洁生产技术规程》《户式空气源热泵系统应用技术规程》《外墙外保温防火隔离带技术规程》。

(徐东林　石　峰　刘　学)

标准化工作综述
(北京市人民防空办公室)

2019年,北京市人民防空办公室围绕落实北京城市总体规划,将实施标准化战略纲要工作纳入人防总体工作一体谋划,统一部署。组织梳理相关国家标准、行业标准,出台相关的北京市地方标准,对标住房城乡建设部标准体系,组织开展框架研究,探索建立北京市人民防空建设标准体系。年内,组织开展人防标准化编制项目4项。

标准化工作成果
(北京市人民防空办公室)

【《城市基础设施工程人民防空防护设计标准》编制情况】 联合市规划和自然资源委共同编制北京市地方标准《城市基础设施工程人民防空防护设计标准》。重点研究城市基础设施的平战结合问题,加强轨道交通工程、城市地下综合体、城市综合客运交通枢纽等重点内容的专题研究,提出有首都特色、技术领先的设防标准及设计要求。该标准已召开专家审查会,完成报批稿,并已收到住房城乡建设部批准备案函。

(岳　旸)

【《平战结合人民防空工程设计规范》编制情况】 联合市规划和自然资源委共同修编北京市地方标准《平战结合人民防空工程设计规范》。在对容易引起歧义的条文进行修改完善的同时,增加配套设施建设标准,如疏散掩蔽标识标志标准、防空警报和高点监控设计标准、人防工程兼顾应急避难场所设计标准、人防工程智能管理设计标准、平时设计功能等。本次修编重点在于将人防工程建设作为地下空间综合利用的重要组成部分进行规划设计,实现人防工程建设与经济建设协调发展目标,在保证现有人防工程战时、平时正常使用的前提下,为未来新技术的引进预留空间,实现军民兼用。召开专家征求意见会,完成征求意见稿,并完成定向征求意见有关工作,待联合市规划和自然资源委共同完成公示工作后,报市市场监管局审查。

(岳　旸)

【2 项标准编制】 《安全生产等级评定技术规范　第 89 部分:人防工程和普通地下室》针对商市场、餐饮场所、公共娱乐场所、体育场所、社区活动场所、办公场所、汽车库、非机动车库、仓储场所和员工宿舍等不同用途类型的人防工程和地下室的安全管理,高标准、高起点的明确具体要求。报批稿已由市市场监管局审批通过。《人民防空工程维护规程》结合北京市人防工程平时维护管理的实际情况,对人防工程维护管理的实施方法进行具体规定,包括需要维护保养设备设施名称、维护保养方法步骤、维护保养周期等,适用于北京市范围内各类防空专业队工程、人员掩蔽工程和物资库工程的维护管理。该标准已完成报批稿。

(李　斌)

【标准监管情况】 2019 年,市人防办依据《人民防空工程施工及验收标准》《人民防空工程防护设备安装验收技术规程》和《人民防空工程战时通风系统验收技术规程》等国家和地方标准对新建人防工程开展施工质量监督检查 711 次。依据《人民防空工程防护设备产品质量检验与施工验收标准》等行业标准,组织产品质量抽检 285 件次。

(魏　喆)

【人防标准化宣传】 2019 年,市人防办以包括《北京市人民防空条例》《平战结合人民防空工程设计规范》在内的人防政策法规与防灾技能为主要内容,先后与北京电视台联合录制《向前一步》地下空间专题节目,与部分高校共同组织地下人防工程综合实践培训,并结合全民国防教育日暨防空警报试鸣等重要时间节点的现场活动和人防“平安生活”讲师团“五进”工作,深入社区、企业、机关等处宣讲。全年宣讲 250 余场次,受益人数约 7 万余人次。

(刘　凯)

标准化工作综述
(北京市建筑材料标准化技术委员会)

2019 年,北京市建筑材料标准化技术委员会在市标准化行政主管部门、各行业主管部门的指导下,执行并组织、协调各成员单位开展标准的研究、制修订、宣贯、实施及评价等工作。

修订标准体系,制定国家标准 6 项(发布 1 项)、行业标准 12 项(发布 3 项)、地方标准 6 项(发布 4 项)、团体标准 18 项(发布 3 项)、规范 7 项。

召开建材标委会年度会议,17 位标委会委员参加会议,审议新标准体系及 2 个在编项目。召开标准审议有关会议 10 余次,参会约 170 人次。

参加标准主管部门、协会等组织的标准培训、纪念日、工作布置等活动 7 个 11 人次。

完成标准主管部门对本标委会的考核

评估。

学习市市场监管局制定的《北京市专业标准化技术委员会管理办法》并贯彻执行。

标准化工作成果
（北京市建筑材料标准化技术委员会）

【智能门锁企业标准“领跑者”宣贯会】 2019年10月14日，在中国标准化研究院和企业标准“领跑者”联盟的指导下，北京市建筑材料标准化技术标委会（以下简称：标委会）在北京举办智能门锁企业标准“领跑者”宣贯会，来自相关专业标委会、协会及企业的百余位代表参加会议。会议的召开提高生产企业对标准“领跑者”的认知度，推动标准化工作。

（王柏彰）

【《民用建筑节能门窗工程技术规范》编制启动】 2019年10月23日，京津冀区域标准《民用建筑节能门窗工程技术规范》编制单位代表和专家齐聚于北京建材标委会牵头单位——北京建材总院，进一步研讨该项目的进展并探讨京津冀区域更多标准的协同编制工作前景。参会人员表示：落实“京津冀区域标准”编制工作，必须实现三地标准的区域协同；保质保量完成标准的制定是对实现“京津冀一体化”作出的具体贡献。

（王柏彰）

【北京市建材标准化技术委员会工作会议】 2019年12月13日，北京市建材标准化技术委员会工作会议召开，17位标委会委员和10余位相关人员参加会议。会议审议修订的新《北京市建筑材料标准体系》及拟申报地方标准的2个项目前期工作情况。与会委员对上述内容提出意见和建议。市经济信息化局交流部分标委会运行管理工作的情况，并对标委会提出更新的要求。市建委介绍近期地标可在京津冀三地开展的工作前景。

（王柏彰）

【建材用负荷变形温度/维卡软化温度测定仪校准规范审查会】 2019年12月25日，建材用负荷变形温度/维卡软化温度测定仪校准规范审查会在北京召开。15位计量专家认为该规范的送审资料齐全、数据详实可靠、计量特性参数选择科学合理、校准方法制定的可操作性强，一致同意该规范通过审查。

（王柏彰）

【《石膏基自流平砂浆》行业标准审查会】2019 年 12 月 27 日，由北京建材标委会牵头单位——北京建材总院起草的《石膏基自流平砂浆》行业标准审查会在北京召开。来自全国科研设计院所、质检机构、生产单位、用户的近 40 名代表参加会议。该标准是参考国内外相关标准后修订的。与会专家认为修订后的标准内容更加科学、系统、全面，可操作性强，是生产和使用石膏基自流平砂浆产品的质量控制依据。标准已达到国内先进水平，审查委员会一致通过该标准的审查。

（王柏彰）

城市管理

标准化工作综述

（北京市城市管理委员会）

2019 年，北京市城市管理委员会结合首都城市环境建设管理和城市运行精细化管理需求，对照《2019 年北京市标准化工作要点》和《北京市城市管理与服务标准化建设行动计划（2017—2020 年）》，继续推进环卫、固废、供热、燃气、电力等重点领域相关标准的研究制定和实施力度。推进供热、电力等基础设施运行、安全生产管理等技术标准和规范的制修订工作，更新城市管理领域标准体系，研究部分行业的标准子体系，加快城市管理与服务标准化建设。

一、贯彻《标准化法》情况

市城市管理委组织标准起草单位和有关行业单位学习领悟《标准化法》。根据《标准化法》《北京市地方标准管理办法》《北京市专业标准化技术委员会管理办法》等有关规定，结合市城市管理委标准化工作实际，对 2015 年版《北京市市政市容管理委员会标准化工作管理办法》进行修订，修订后的《北京市城市管理委员会标准化工作管理办法》于 2019 年 10 月 1 日起实施。

二、组织制定地方标准情况

2019 年，市城市管理委在编北京市地方标准制修订项目 21 项，年内发布 6 项。在编标准中，环卫标准 9 项，供热标准 4 项，电力标准 3 项，管廊标准 2 项，燃气标准 1 项，数字化城市管理标准 2 项。市城市管理委在安全、节能等标准化工作重点领域的制修订项目情况如下：

（一）列入北京市“百项安全生产规范”的地方标准计划项目 5 项，截至 11 月底，全部完成送审工作。其中《安全生产等级评定技术规范》的“第 44 部分：供热企业”“第 45 部分：城市照明设施施工维护单位”“第 46 部分：户外广告设施设置运行维护单位”等 3 项于 2018 年编制完成并发布实施。2019 年在编的“第 62 部分：供电企业部分”和“第 63 部分：发电企业部分”等 2 项完成相关报批工作，等待市市场监管局发布。5 项标准的发布和实施，将在供热、照明、户外广告、电力行业的安全生产中发挥指导作用，为规范作业行为、保障人员安全提供标准依据。

（二）属于节能低碳类标准的 4 项，主要涉及供热系统节能、垃圾收运节能两个领域。《供暖系统运行能源消耗限额》和《供暖系统能耗指标体系》等 2 项标准于 2019 年 9 月发布，2020 年 1 月 1 日开始实施。2 项标准的发布实施填补北京市在区域供热能耗限额方面的空白，对“十三五”期间北京市推进供热企业能耗限额管理，建立合理、操作性及适应性强的能耗指标体系具有重要意义。《餐厨垃圾收集运输节能规范》和《生活垃圾收集运输节能规范》等 2 项标准于 2019 年 11 月 13 日通过市市场监管局组织的审查会。2 项标准的发布和实施将对餐厨垃圾和生活垃圾收运相关的节能要求进行规范,为餐厨垃圾和生活垃圾在垃圾收集运输环节进行节能减排提供依据。

(三)《城市综合管廊设施设备编码规范》和《城市综合管廊智慧运营管理系统技术规范》等 2 项标准在 2019 年 11 月 25 日通过市市场监管局组织的审查会。《城市综合管廊设施设备编码规范》的发布和实施,将为综合管廊海量设施设备的编码工作提供统一标准依据,以实现北京市综合管廊国有资产保值增值,通过集约化的设施设备管理进一步节省综合管廊运营成本,提高运营管理水平,使政府管理部门对综合管廊的管理有据可依;《城市综合管廊智慧运营管理系统技术规范》的发布和实施,将为综合管廊监管部门统一管理和安全防范、建设运营单位工程建设开展和运营管理规范、管线单位入廊业务开展和运营监控管理提供依据,有利于政府节约投资建设成本,保障工程建设质量。

三、建立健全行业标准体系工作情况

在此前城市管理领域标准化总体系的框架基础上,组织梳理、动态更新标准体系表,重点开展环境卫生标准体系的修订、电力行业标准子体系的研究和建设工作。

环卫标准体系修订更新后的北京市环境卫生标准体系表中收录标准 267 项,包括国家标准 69 项,行业标准项 147,团体标准 11 项和北京市地方标准 40 项。本次修订中,首次将北京市环境卫生标准体系分为三个层次,及基础、垃圾、粪便及公厕、市容环境四个门类。并将垃圾门类、粪便门类按照废弃物处理的生命周期进行划分子门类,基础门类、市容环境门类按照要素进行划分子门类。

电力行业标准子体系建设工作形成的电力行业标准体系表中收录标准 9076 项,其中国家标准 3339 项,行业标准 3102 项,团体标准 109 项,北京市地方标准 121 项,国家电网企业标准 1340 项,国际标准、区域标准、外国标准合计 1065 项。体系由基础标准和专业标准两部分构成,专业标准中包含:规划设计,工程建设,设备、材料,调度与交易运行检测,试验与计量,售电市场与营销,新能源,信息技术、通信,安全与环保,技术监督标准等 11 个子类别。

四、组织相关单位主导或参与制定国际标准、国家标准、行业标准情况

参与制修订国家标准 9 项,行业标准 1 项。其中国家标准有《城镇燃气输配工程施工及验收标准》《生活垃圾分类标准》《供热工程项目规范》《市容环卫工程项目规范》《生活垃圾处理处置工程项目规范》《住宅项目规范》《特殊设施项目规范》《建筑与市政工程抗震通用规范》《城乡燃气工程项目规范》,行业标准为《城市道路除雪作业技术规程》。

参与市规划和自然资源委、市住房城乡建设委等其他委办局牵头组织的北京市地方标准相关工作,涉及 9 项标准,反馈意见 74 条。

五、对国家标准、行业标准和地方标准实施情况进行监督检查或评价情况

按市市场监管局要求,开展 15 项地方标准实施的评估工作;开展 5 项市城市管理委归口管理的北京市地方标准复审工作,其中 3 项复审结果建议继续有效,2 项建议修订。

六、组织开展标准宣贯培训情况

2019 年组织 10 项地方标准的贯宣培训班,培训 1400 余人次。其中包括已发布标准《非居民用燃气计量系统设计施工验收规范》《采暖住宅室内空气温度测量方法》《农村公厕、户厕建设基本要求》等,涉及燃气、供热、管廊照明、环卫多个行业领域。

七、标准化工作经费投入情况

2019 年市城市管理委投入标准化工作经费 70.71 万元,包括标准制修订项目补助经费45.5万元,标委会运行经费19.51万元,标准贯宣培训费用5.7万元。

标准化工作成果

(北京市城市管理委员会)

【《非居民用燃气计量系统设计施工验收规范》发布实施】 2019年3月27日,《非居民用燃气计量系统设计施工验收规范》(DB11/T 1613—2019)发布,自2019年7月1日起实施。该标准规定商业、工业企业、采暖制冷、发电和汽车等非居民用户燃气贸易计量系统设计、施工、调试、验收的技术要求,适用于非居民用户燃气贸易计量系统的新建、改建、扩建工程。

(张 烨)

【《低硫煤及制品环保技术要求》发布实施】 2019年6月18日,《低硫煤及制品环保技术要求》(DB11/T 097—2019)发布,自2019年10月1日起实施。该标准规定北京市地方用煤的环保技术要求、试验方法、抽检规则、民用煤包装和标识、储存、装卸与运输,适用于北京市境内的煤炭及制品。

(张 烨)

【《农村家庭用户天然气管道工程技术规范》发布实施】 2019年6月18日,《农村家庭用户天然气管道工程技术规范》(DB11/T 1632—2019)发布,自2019年10月1日起式实施。该标准规定为农村家庭用户供气的天然气管道工程的基本要求、户外埋地燃气管道和调压装置、户外架空燃气管道和燃气表、户内燃气管道和燃具设计、施工与安装、管道试验、工程竣工验收的技术要求,适用于设计压力不大于0.4MPa(表压)的农村家庭用户天然气管道工程的设计、施工和验收。

(张 烨)

【《供暖系统能耗指标体系》《供暖系统运行能源消耗限额》发布】 2019年9月23日,《供暖系统能耗指标体系》(DB11/T 1653—2019)和《供暖系统运行能源消耗限额(DB11/T 1150—2019)》发布,于2020年1月1日起实施。

《供暖系统能耗指标体系》标准规定供暖系统能耗指标体系的基本要求、供热量指标、燃料消耗量指标、耗电量指标、耗水量指标和综合能耗指标。适用于以锅炉房、热力站为热源的热水集中供暖系统,其他形式热源供暖系统能耗指标的确定可参照执行。《供暖系统运行能源消耗限额》标准规定供暖系统运行能源消耗限额的一般规定及限额的取值。2项标准宜配套使用,其发布和实施将有助于供热采暖系统对评价指标参数的获取时间和方法进行细化与统一,加强对锅炉房能源消耗量的管理,从而为节约发展、清洁发展、供热又好又快发展提供标准化支撑。

(孙思琦)

【《安全生产等级评定技术规范 第45部分:城市照明设施施工维护单位》标准培训班】 2019年1月22日,市城市管理委举办《安全生产等级评定技术规范 第45部分:城市照明设施施工维护单位》(DB11/T 1322.45—2018)北京市地方标准培训班。

该标准于2018年9月29日发布,自2019年1月1日起实施。标准规定城市照明(道路照明和景观照明)设施施工维护单位安全生产等级评定内容和评定细则,适用于单位安全生产等级的划分与评定。标准起草单位的专家分别从评定细则、试评报告、隐患排查项、执法检查项、持续工作等方面介绍该标准。各区城市管理委、北京市城市照明管理中心、北京凯振照明设计安装工程有限公司、北京歌华新世纪环境艺术工程有限责任公司等单位的80余人参加培训。

(张 烨)

【《城市综合管廊运行维护规范》标准培训班】 2019年1月24日，市城市管理委举办《城市综合管廊运行维护规范》(DB11/T 1576—2018)北京市地方标准培训班。

该标准于2018年9月29日发布，自2019年1月1日起实施。标准明确城市综合管廊本体、入廊管线、附属设施和智慧管理系统的运行维护，以及应急管理和资料管理的相关要求，适用于已投入运行的城市综合管廊的运行维护。各区城市管理委，北京市燃气集团有限责任公司、北京市燃气集团研究院、北京市自来水集团等单位的110余名相关人员参加培训。

(张　烨)

【《环卫车辆功能要求　第4部分：餐厨废弃油脂运输车辆》标准培训班】 2019年4月19日，市城市管理委举办《环卫车辆功能要求　第4部分：餐厨废弃油脂运输车辆》(DB11/T 1390.4—2018)北京市地方标准培训班。

该标准于2018年12月17日发布，自2019年4月1日起实施。标准规定餐厨废弃油脂运输车辆的技术要求和试验方法，适用于餐厨废弃油脂运输车辆的使用和管理。各区城市管理委，北京市环境卫生工程集团有限公司、北京便宜坊集团、北京永乐废弃物处理中心等单位的50余名相关人员参加培训。

(张　烨)

【《非居民用燃气计量系统设计施工验收规范》标准培训班】 2019年8月28日，市城市管理委举办《非居民用燃气计量系统设计施工验收规范》(DB11/T 1613—2019)北京市地方标准培训班。各区城市管理委，北京夏都大地燃气公司、北京市燃气集团研究院、北京华油联合燃气开发有限公司等单位的90余名相关人员参加培训。

(张　烨)

【《农村家庭用户天然气管道工程技术规范》标准培训班】 2019年8月30日，市城市管理委举办《农村家庭用户天然气管道工程技术规范》(DB11/T 1632—2019)北京市地方标准培训班。

标准起草单位专家介绍标准的户外埋地燃气管道和调压装置设计、户外架空燃气管道和燃气表设计、户外埋地燃气工程施工与安装、户外架空燃气管道和户内燃气工程施工与安装等主要内容。各区城市管理委，北京夏都大地燃气公司、顺义燃气公司、北京新奥京谷燃气有限公司等单位的80余名相关人员参加培训。

(孙思琦)

【《低硫煤及制品环保技术要求》标准培训班】 2019年9月10日，市城市管理委举办《低硫煤及制品环保技术要求》(DB11/T 097—2019)北京市地方标准培训班。

标准起草单位着重介绍新标准的范围、技术要求、抽检规则、判定规则、包装、标识等主要内容。各区城市管理委，北京金隅琉水环保科技有限公司、北京密云云煤工贸有限公司、华能北京热电有限公司等单位的58名相关人员参加培训。

(孙思琦)

【3项标准培训班】 2019年10月16日，市城市管理委举办《采暖住宅室内空气温度测量方法》(DB11/T 745—2019)、《供暖系统能耗指标体系》(DB11/T 1653—2019)和《供暖系统运行能源消耗限额》(DB11/T 1150—2019)北京市地方标准培训班。各区城市管理委有关工作负责人员，各区管辖范围内400家骨干供热单位负责人等690人参加培训。

(孙思琦)

【《安全生产等级评定规范　第46部分：户外广告设施设置和运行维护单位》标准培训班】 2019年12月13日，市城市管理委举办《安全生产等级评定规范　第46部分：户外广告设施设置和运行维护单位》(DB11/T 1322.46—2018)北京市地方标准培训班。

该标准于2018年12月17日发布，自2019年4月1日起实施。标准规定户外广告设施设置和运行维护单位安全生产等级评定内容和评定细则，适用于单位的安全生产等级划分与评定。各区城市管理委、开发区城市管理局、天津华正公司等有关单位的40余名相关人员参加培训。

(孙思琦)

【《农村公厕、户厕建设基本要求》标准培训班】　2019年10月31日，市城市管理委会同市农业农村局、市卫生健康委举办《农村公厕、户厕建设基本要求》(DB11/ 597—2018)地方标准宣贯培训班。

该标准于2018年12月17日发布，自2019年4月1日起实施。标准规定农村公厕建设的设置、选址、建筑设计、卫生器具、电气设备、给排水设计、通风设计、标志、安装与验收要求和农村户厕的建设要求，适用于农村地区公厕和户厕的新建及改扩建。

该次培训重点讲解《农村公厕、户厕建设基本要求》内容及改造案例，市城市管理委要求各涉农区要按照《公共厕所运行管理规范》建立健全长效管护机制，完成公厕达标改造任务，落实美丽乡村建设划转事项资金相关政策，严格控制农村公厕成本。各区城市管理委、市农业农村局、环管中心等有关单位的60余人参加培训。

(孙思琦)

标准化工作综述
(北京市交通委员会)

2019年，北京市交通标准化工作贯彻落实《标准化法》，推进首都标准化战略纲要实施。对标国内外先进城市、先进标准，结合自身实际发展现状与功能定位，构建国际化、智慧化、现代化的综合交通体系。围绕“四个全面”战略布局和“创新、协调、绿色、开放、共享”的发展理念，把握首都城市战略定位和建设国际一流和谐宜居之都的目标，实施京津冀协同发展战略，以有序疏解非首都功能、治理“大城市病”为重点任务，以完善可持续交通发展模式为主线，以改革创新和交通标准体系建设为保障，全面构建安全可靠、便捷高效、经济适用、绿色环保的现代化综合交通运输体系。

是年，市交通委坚持“顶层设计，标准先行”的原则，完善交通标准化体系，为京津冀交通一体化，交通绿色发展，保障城市出行，打造“八横、六纵、三环、十放射”的“棋盘+环+放射”网络结构和骨干线网，实现低碳智慧平安交通，建立精治、共治、法治模式的综合交通格局，提供交通标准支撑。

一、持续深化推进京津冀标准化工作

北京市、天津市和河北省三地交通运输部门、市场监管部门联合编制京津冀交通区域性标准3项。其中，《公路养护施工作业安全防护设施设置规范》《停车场电子不停车收费系统应用技术要求》等2项京津冀交通区域性标准已编制完成并已发布；《5米以下小型营运船舶检验技术规范》已完成终审并报批，将于2020年初批准发布。

二、完成17项标准及11项标准化技术文件编制工作

编制完成《农村公路技术状况评定规范》《纯电动出租小客车运行技术要求》等17项标准并发布；编制完成《轨道交通AFC基础网络技术要求》《高速公路交通安全设施养护导则》等11项标准化技术文件并发布。

三、组织完成质量工作考核及重点产品抽查

按照《北京市推进运输结构调整三年行

动计划(2018—2020年)》和《北京市推进运输结构调整2019年具体工作措施及分工方案》要求,推进开展运输结构调整质量工作,2019年运输结构调整工作铁路到发量占全市货物到发量目标须提高至8%(2018年为6%),铁路发送量目标为726万吨。截至2019年前三季度,城市货物运输铁路到发占比达7.7%,完成铁路发送量347.5万吨。

按照交通运输部统一部署,组织启动北京市交通运输产品质量行业监督抽查工作,为打造两个“品质工程”,推进“平安百年品质工程”建设,严把质量关,确保大兴机场高速公路等亮点工程的安全顺利开通。

四、完善城市轨道交通标准体系

编制完成《城市轨道交通乘客信息系统技术规范》《城市轨道交通视频监视系统技术规范》等城市轨道交通标准,编制《轨道交通AFC基础网络技术要求》等交通标准化技术文件,完善城市轨道交通标准体系,为逐步推广城市轨道交通自动驾驶系统,实现城市轨道交通车辆全自动运行提供技术支撑。使北京市综合交通运输服务水平进一步提升,北京在轨道交通建设发展领域处于国际领先。

标准化工作成果

(北京市交通委员会)

【编制完成5项交通行业标准】 2019年,编制完成《交通运输视频图像文字信息标注规范 第1部分:总则》《交通运输视频图像文字信息标注规范 第2部分:高速公路》《交通运输视频图像文字信息标注规范 第3部分:城市轨道交通》《交通运输视频图像文字信息标注规范 第4部分:公共汽电车》《交通运输视频图像文字信息标注规范 第5部分:长途客运》等5项交通行业标准并发布。

(吴 野 高 勇 刘 浩)

【编制完成3项京津冀区域性标准】 2019年,按照交通运输部《关于印发〈京津冀交通一体化发展的标准化任务落实方案〉的通知》要求,北京市、天津市和河北省三地交通运输部门、市场监管部门联合编制京津冀区域性交通标准3项。其中,《公路养护施工作业安全防护设施设置规范》《停车场电子不停车收费系统应用技术要求》等2项京津冀交通区域性标准已编制完成并已发布;《5米以下小型营运船舶检验技术规范》已编制完成并通过终审,将于2020年初批准发布。

(吴 野 高 勇)

【编制完成15项交通地方标准】 2019年,编制《农村公路技术状况评定规范》(DB11/T 1614—2019)、《纯电动出租小客车运行技术要求》(DB11/T 1633—2019)、《沥青路面厂拌冷再生技术规范》(DB11/T 1634—2019)、《出租汽车营运服务规范》(DB11/T 488—2019)、《城市轨道交通广告设施设置规范》(DB11/T 1678—2019)、《收费公路路产巡查处置技术规范》(DB11/T 1679—2019)、《城市轨道交通视频监视系统技术规范》(DB11/T 1681—2019)、《城市轨道交通视频监视系统测试规范》(DB11/T 1682—2019)、《收费公路联网收费系统 第5部分:清分结算规则》(DB11/T 1165.5—2019)、《收费公路联网收费系统 第6部分:数据通信接口》(DB11/T 1165.6—2019)、《收费公路联网收费系统 第7部分:数据库设计》(DB11/T 1165.7—2019)、《收费公路联网收费系统 第8部分:信息安全》(DB11/T 1165.8—2019)、《收费公路联网收费系统 第9部分:应用软件技术要求》(DB11/T 1165.9—2019)、《城市轨道交通乘客信息系统技术规范》(DB11/T 1683—2019)、《城市轨道交通乘客信息系统测试规范》(DB11/T 1684—2019)等 15 项交通地方标准,并正式发布。

(吴 野 高 勇 俞宏熙)

【编制 3 项团体标准】 组织编制《北京市道路运输车辆智能视频监控报警系统技术要求》《北京市道路运输车辆智能视频监控报警装置功能及安装技术要求》《北京市道路运输车辆智能视频监控报警系统通信协议》等 3 项团体标准。3 项团体标准已完成审查,将于 2020 年发布。

(吴 野 高 勇)

【编制完成 11 项交通标准化技术文件】 2019 年,编制完成《轨道交通 AFC 基础网络技术要求》(BJJT/ 0038—2019)、《高速公路交通安全设施养护导则》(BJJT/ 0039—2019)、《北京市道路交通标志指路系统设置指南》(BJJT/ 0040—2019)、《轨道交通直流牵引供电系统保护装置技术规范》(BJJT/ 0041—2019)、《城市轨道交通疏散平台技术规范》(BJJT/ 0042—2019)、《轨道交通架空刚性接触网技术规范》(BJJT/ 0043—2019)、《营运性纯电动轻型货车技术指南》(BJJT/ 0044—2019)、《废旧沥青混合料厂拌再生回收处理规范》(BJJT/ 0045—2019)、《城市道路大修工程井周处理质量控制规范》(BJJT/ 0046—2019)、《花岗岩路缘石施工质量验收规范》(BJJT/ 0047—2019)、《“长城灰”色度量值、测量与宽容度评价方法》(BJJT/ 0048—2020)等 11 项交通标准化技术文件。

(吴 野 高 勇)

【标准复审】 2019 年,按照《北京市市场监督管理局关于开展 2019 年北京市地方标准复审工作的通知》要求,对 5 项交通地方标准进行复审。其中,《城市道路混凝土路面砖》(DB11/T 152—2003)建议废止,《交通信息广播频道数据格式 第 1 部分:事件和信息编码》(DB11/T 416.1—2007)建议修订,《交通信息广播频道数据格式 第 2 部分:基于 ALERT-C 的定位参考》(DB11/T 416.2—2007)、《在用汽车喷烤漆房安全使用综合评价规则》(DB11/T 1038—2013)和《电子不停车收费系统电子标签应用技术规范》(DB11/T 1039—2013)等 3 项地方标准建议继续有效。

(吴 野 高 勇)

标准化工作综述

(北京市水务局)

2019 年,北京市水务局贯彻落实首都标准化战略纲要,按照《2019 年北京市标准化工作要点》,立足水务改革发展实际,发挥标准引领作用,深化标准化工作改革,开展水务领域标准化体系研究,持续推进水务领域标准化各项工作。

一、健全标准体系,开展水务地方标准制修订工作

结合北京市水务重点工作和实际需求,推进水务地方标准制修订工作,不断完善水务标准体系。一是通过项目征集、专家审查论证,2019 年新立项水务标准 6 项。二是完成《农村机井用水表安装维护规程》等 16 项标准的复审工作,其中 3 项标准继续有效,6 项标准需要修订,7 项标准废止。三是推进水务地方标准制修订进度,完成《果园微灌工程技术规范》《生态再生水厂评价指标体系》《工业取水定额:啤酒》《工业取水定额:饮料》《海绵城市建设效果监测与评估规范》等 5 项标准的制修订工作,并通过审查,已发布;完成《城镇再生水厂臭气治理技术导则》《地下工程建设期间排水设施监测技术规程》《水生生物调查技术规范》《水生态健康评价技术规范》等 4 项标准的送审工作;完成《水利工程施工质量评定 第 3 部分:引水管线》的征求意见工作。四是完成

2020年水务地方标准立项征集,经过行业初审,向市市场监管局推荐申请2020年市地方标准制修订项目10项。

二、推动节水型社会建设,启动百项节水标准提升工程

为贯彻习近平总书记“节水优先”治水方针,落实《国家节水行动方案》和《北京市人民政府关于全面推进节水型社会建设的意见》,促进北京市节水工作规范化管理,健全节水地方标准体系,提升用水效率,进一步推动节水型社会建设,由市水务局、市市场监管局、市财政局与相关行业主管部门共同启动百项节水标准的制修订工作,计划到2022年底,建立完备的节水标准体系,形成效率领先的用水体系,构建社会化监督的节水管理评价体系。该项工作将通过信息化手段,结合大数据平台,收集分析各行业用水数据,对实施情况、节水效益和技术指标进行综合评估,完善节水标准实施效果的反馈机制和监督体系,适时更新标准,不断推进节水标准的制修订工作。

三、保障标准实施效果,组织标准实施监督检查

一是将《生产建设项目水土流失防治标准》(GB/T 50434—2018)中生产建设项目表土利用率、土石方利用率、雨水利用率、施工降水利用率、硬化地面控制率、林草覆盖率等水土流失防治目标纳入生产建设项目水土保持执法检查内容。全市检查项目2492个次,对存在未按标准要求落实水土保持工作等涉嫌违法行为的137个建设项目进行立案查处,2019年度罚款240余万元。

二是结合取水定额标准实施,开展节水执法检查,实行超定额用水加价的措施。以综合取水定额为依据核算各社会单位的用水计划,提高用水计划编制的科学性。避免计划指标制定过程中的随意性,对规范用水计划管理提供支撑。

四、强化标准落实,做好标准宣贯培训工作

《生态清洁小流域初步设计编制规范》(DB11/T 1595—2018)于2019年4月1日实施。该标准规定山区生态清洁小流域初步设计报告文本、投资概算、设计图件的编制要求,成为规范生态清洁小流域初步设计编制的一把“尺子”。为做好标准宣贯工作,组织标准培训班,并在2019年全市新的67条生态清洁小流域建设初步设计编制工作中全面得到应用,初步设计质量明显得到提高。针对用水定额标准及主要用水产品节水技术标准开展多次培训工作,推进定额标准在生产管理中的实施应用,对北京市节水型生活用水器具技术推广起到规范和指导作用。

标准化工作成果

(北京市水务局)

【城镇排水管道结构等级评定标准的实施效果】 《城镇排水管道结构等级评定》(DB11/T 1492—2017)实施以来,北京排水集团以标准为依据,完成3000余千米排水管道结构等级评定,约占中心城区管道总量30%。结合等级评定结果对存在重度结构缺陷的100千米管道设施进行及时修复。主动开展300余起抢修,有效防止路面塌陷事故,提高安全运行保障度。排水热线诉求事件处置满意率从2017年的95.7%提升至99.1%。

(谢艳芳)

【水利工程施工质量评定等标准的实施效果】 截至2019年底,北京市在建水利工程122项,近年来发布的《水利工程施工质量评定　第1部分:河道整治》《水利工程施工质量评定　第2部分:水闸》《水利工程施工资料管理规程》等地方标准在全市在建水利工程推广使用效果良好，对规范全行业工程质量评定工作发挥积极作用，成为规范建设程序、完善质量管理的有力手段。

（谢艳芳）

【取水定额标准的实施效果】 取水定额标准的实施调动社会单位节约用水的积极性和主动性。截至 2019 年底，已对全市所有实行计划管理的实施行业强制性标准覆盖范围内的用水单位，以用水定额核定用水计划指标并进行考核。对超定额用水的单位实行定期发布预警通知，督促用水单位采取措施，控制用水量。北京市第三产业的节水意识和节水水平分别有不同程度的提高，在节水“硬件”方面，随着节水型器具的推广，基本完成节水型器具改造工作，安装陶瓷芯水嘴、延时自闭式（感应式水嘴）、节水型便器等，取得很好节水成效。

（谢艳芳）

标准化工作综述

（北京市文物局）

2019 年，北京市文物局坚持以习近平新时代中国特色社会主义思想为指导，贯彻落实市委、市政府关于文物保护及标准化工作的决策部署，把握首都城市战略定位，推动首都标准化战略实施。结合《北京市文物保护标准化发展规划（2014—2020）》，对照首都标准化委员会《2019 年北京市标准化工作要点》等文件的工作要求，着力推进高质量发展的文物保护标准体系建设，落实标准要求，为文物保护工作提供技术支撑，促进文物保护工作的科学可持续发展，较好完成标准化工作。

一、推动高质量发展的文物保护标准体系建设

标准体系建设是 2019 年标准化工作的重点内容，市文物局高度重视。为加强标准化顶层设计，科学合理构建文物保护标准体系，推动文物保护标准化工作，市文物局经过研究，编制起草《北京市文物保护标准体系建设指南》（以下简称：《指南》）。《指南》明确文物保护标准体系构建的目标、原则、依据、方法、框架及重点方向。《指南》编制过程中，对现行文物保护相关标准进行梳理（共计 446 项），制作标准统计表和标准明细表，结合当前文物保护工作对标准的需求，确定今后一段时期内标准体系建设的方向和重点。《指南》的编制，使得文物保护领域的地方标准体系建设更具指导性、计划性、针对性，标准制修订工作按需开展，更加合理有序。

二、加强标准制修订，完善文物保护地方标准体系

聚焦文物保护工作热点、难点问题，加强标准研究制修订工作，不断补充完善文物保护标准体系。全年开展 10 项地方标准编制工作，其中 6 项一类项目、4 项二类项目。内容涉及抗震鉴定、文物艺术品数据元、可移动文物清洁保护、文物建筑三维信息采集、资料管理等。

（一）重点加强不可移动文物保护标准制定

不可移动文物保护标准是文物保护标准体系的重要构成部分。为加强不可移动文物保护的科学性，推进文物保护工程标准化进程，市文物局陆续立项制定 5 项不可移动文物领域地方标准，分别为：《文物建筑抗震鉴定技术规范》《文物保护工程资料管理规程》《文物建筑三维信息采集技术规程》《古建筑维护加固技术规范 石结构》和《古建筑砖石结构现场勘查技术规范》。截至年底，《文物建筑抗震鉴定技术规范》已批准发布，进入宣贯准备阶段；《文物保护工程资料管理规程》已通过预审，正在进行修改整理；《文物建筑三维信息采集技术规程》已完成意见征

求工作，正在汇总处理修改意见；二类项目《古建筑维护加固技术规范 石结构》《古建筑砖石结构现场勘查技术规范》的研究分析工作按计划推进，《古建筑维护加固技术规范 石结构》已具备转一类项目条件。

（二）完善《文物艺术品数据元规范》系列标准

在《文物艺术品元数据规范》的框架下，根据文物艺术品的分类，陆续申请立项编制《文物艺术品数据元规范 第2部分：书画》及《文物艺术品数据元规范 第3部分：陶瓷》（研究项目），与之形成文物艺术品数据元标准系列，为推进文物艺术品市场管理的信息化进程提供技术支撑。《文物艺术品数据元规范 第2部分：书画》已批准发布实施；《文物艺术品数据元规范 第3部分：陶瓷》已具备转一类制定项目条件。

（三）推进丝织文物清洁保护技术规范的制定

为规范丝织文物的清洁保护工作，保障丝织文物清洁保护的科学性、安全性，立项一类制定项目2项，编制《丝织文物清洗操作系列规范 第1部分：物理清洗》和《丝织文物清洗操作系列规范 第2部分：化学清洗》。2项标准已通过审查，进入标准修改报批阶段。

三、组织开展标准试点示范工作

推动《古建筑类博物馆合理用能指南》及《博物馆服务规范》标准要求的落地落实，开展2项标准单位试点工作。

《古建筑类博物馆合理用能指南》实施过程中，确定孔庙和国子监博物馆为古建筑类博物馆合理用能指南试点单位。试点单位对照标准要求，采取措施，建章建制，强化能源指标控制，不断优化用能方案，规范用能方式，提高古建筑类博物馆电、气、热等各类能源的利用效率，降低能源消耗，在古建筑类博物馆节能降耗循环经济建设方面作出有益尝试，不断总结摸索合理用能经验，取得较好示范效果。

《博物馆服务规范》实施过程中，确定北京汽车博物馆作为博物馆服务规范试点单位。试点单位落实标准要求，规范博物馆各项服务行为，量化考核指标，全面提升博物馆服务能力和水平。试点期间，接待数十批博物馆同行调研考察，传播《博物馆服务规范》的管理理念和工作经验，在引领博物馆发展、促进服务水平提高上，起到示范带动作用。

四、标准化宣传培训工作

根据《北京市地方标准管理办法》的规定，作为标准组织实施单位，为保障标准贯彻执行，市文物局针对2019年实施的3项地方标准先后印发3份文件，开展3次标准宣贯培训，组织专家对标准内容进行解读，使文保单位、博物馆及社会从业单位认识到标准实施的重要意义，较全面地了解规范的内容要求，取得良好培训效果。3次宣贯会培训200余人。

探索现行标准常态化培训渠道。2019年9月，举办文物保护地方标准培训班，培训甄选《文物建筑修缮工程操作规程 第2部分：木作》《文物建筑勘察设计文件编制规范》《文物建筑修缮工程施工控制规范》及《文物建筑修缮工程验收规范》等4项地方标准，聘请业内专家学者对标准条文及实施过程遇到的问题进行分析解读。全市各区文物部门、文物保护单位管理使用单位及设计、施工、监理等社会从业单位的主要负责人及技术骨干130余人参加培训。

随着标准宣传培训工作的开展，各单位标准化意识逐渐提升，使用标准的自觉性不断提高，文物保护标准体系系列标准在文物工作中得到较好应用，引领发展、技术支撑的作用越来越强。

五、组织已实施标准的复审和实施效果评估

根据《北京市地方标准管理办法》规定

及市市场监管局要求,组织已实施标准的复审和实施效果评估工作,完成 2 项标准复审及 1 项标准的实施效果评估。

2019 年 3 月,开展对《文物建筑修缮工程操作规程　第 2 部分:木作》(DB11/T 889.2—2013)和《文物建筑修缮工程操作规程　第 4 部分:彩画作》(DB11/T 889.4—2013)的复审工作。标准的实施,加强修缮工程施工工艺过程管理,保证施工质量,促进传统工艺传承与发扬,有利于文物修缮工程操作工艺的规范化、科学化,具有很高社会效益。复审意见为继续有效。

2019 年 5—7 月,开展《文物建筑安全监测规范》(DB11/T 1473—2017)实施情况评估工作。填报《北京市地方标准实施情况报告》《北京市地方标准实施情况统计表》。标准的实施,为文物保护行政决策的出台提供科学依据,有效提高保护方案制定、保护措施实施的合理性、科学性,对于指导文物建筑的维护、维修,保障文物建筑结构的正常使用性和安全可靠性,满足文物保护的急切需要起到重要作用,实现较好经济效益和社会效益,取得较好实施效果。

六、标准化工作资金投入

2019 年,组织开展 10 项地方标准的制定研究工作。据不完全统计,市文物局及标准起草单位投入经费 47.35 万元左右,用于立项标准项目的调查研究、起草编制、审核、宣贯工作,有效保障各项标准化工作的顺利开展。

七、地方标准制修订项目的征集、报送工作

根据市市场监管局征集 2020 年地方标准制修订工作的部署,市文物局 2019 年 9 月,面向局属单位及社会相关单位制发《关于征集 2020 年地方标准制修订项目的通知》,并在市文物局网站进行信息公开。征集、报送一类项目 4 个,二类项目 3 个。

标准化工作成果

(北京市文物局)

【启动地方标准制修订工作】　2019 年 3 月 5 日,根据市市场监管局《关于印发〈2019 年北京市地方标准制修订项目计划〉的通知》精神,市文物局面向立项地方标准的申报单位制发《关于做好 2019 年北京市地方标准制定项目起草工作的通知》,敦促各单位组建标准起草组,制定标准编制工作计划,开展标准起草工作,全面启动年度地方标准制修订工作。

(孟德兴)

【《文物艺术品数据元规范》地方标准审查会】　2019 年 3 月 13 日,市文物局协助市市场监管局组织召开《文物艺术品数据元规范　第 2 部分:书画》审查会,来自北京博物馆学会、首都博物馆、北京市文物公司、中国标准化研究院、人力资源和社会保障部、北京市信息资源管理中心、北京安控科技公司的 7 位专家参加会议,与会专家听取《文物艺术品数据元规范　第 2 部分:书画》的编制情况汇报,并对标准送审稿进行逐条审查。专家组一致同意送审稿通过审查。

(孟德兴)

【《文物保护工程资料管理规程》征求意见】　2019 年 4 月,市文物局制发《北京市文物局关于征求北京市地方标准〈文物保护工程资料管理规程〉意见的函》,开展《文物保护工程资料管理规程》征求意见工作。向国家文物局、全国文物保护标准化技术委员会、市公园管理中心及相关单位发送“征求意见稿”45 份,并在市市场监管局、市文物局官网进行为期一个月的意见征求工作。征求意见期间收到 22 个单位的回函,6 家单位提出意见,搜集到意见 71 条。

(孟德兴)

【2 项《文物建筑修缮工程操作规程》复审】 2019 年 4—6 月，市文物局开展《文物建筑修缮工程操作规程　第 2 部分：木作》（DB11/T 889.2—2013）和《文物建筑修缮工程操作规程　第 4 部分：彩画作》（DB11/T 889.4—2013）复审工作。2 项标准的实施为文物建筑设计、监理、施工企业及质量监督部门提供统一的技术依据，加强施工工艺过程管理，减少施工质量问题，有助于传统技艺的继承和弘扬。复审结果建议为继续有效。

（孟德兴）

【《古建筑结构安全性鉴定技术规范》宣贯会】 2019 年 4 月 12 日，市文物局在孔庙和国子监博物馆组织召开北京市地方标准《古建筑结构安全性鉴定技术规范　第 2 部分：石质构件》（DB11/T 1190.2—2018）宣贯会议。市文物局相关部门负责人、标准起草单位代表及各区文化和旅游局、重点文物保护单位、社会从业单位相关人员 50 余人参加会议。会议传达《北京市文物局关于做好〈古建筑结构安全性鉴定技术规范　第 2 部分：石质构件〉实施工作的通知》，标准起草单位介绍标准的立项、编制过程，对标准文本进行解读，并以国子监辟雍池桥桥板安全鉴定为例，对标准内容的应用及鉴定报告的编制进行说明；就标准涉及的石质构件无损检测方法、设备使用进行讲解。会议强调，各单位要高度重视石质文物的结构性安全，落实监督检查、监测等各项日常基础保护工作，实现结构性安全隐患的早发现，早预防，早解决。要研究学习标准内容，发挥标准的引领示范作用，进一步规范古建筑结构安全性鉴定业务。

（孟德兴）

【2 项《丝织文物清洗操作系列规范》地方标准预审会】 2019 年 5 月 20 日，市文物局组织召开《丝织文物清洗操作系列规范　第 1 部分：物理清洗》《丝织文物清洗操作系列规范　第 2 部分：化学清洗》地方标准预审会。来自国家博物馆、故宫博物馆、中国人民大学、中科院建筑设计院、中国社会科学院考古所等单位的 7 位专家参加会议。与会专家听取《丝织文物清洗操作系列规范》的编制情况汇报，并对标准送审稿进行预审。专家组建议标准名称改为《丝织文物清洁操作系列规范》，一致同意送审稿通过预审。

（孟德兴）

【《文物建筑勘察设计文件编制规范》宣贯会】 2019 年 5 月 21 日，市文物局在孔庙和国子监博物馆组织召开北京市地方标准《文物建筑勘察设计文件编制规范》（DB11/T 1597—2018）宣贯会议。市文物局相关业务部门、各区文化和旅游局、重点文物保护单位及勘察设计、监理、施工等社会从业单位的 100 余名相关人员参加会议。会议传达《北京市文物局关于做好〈文物建筑勘察设计文件编制规范〉实施工作的通知》，标准编制单位专家代表介绍标准起草经过并对标准的条文进行解读。会议指出，《文物建筑勘察设计文件编制规范》是文物保护地方标准体系不可移动文物领域的一项重要标准，是高质量实施文物保护工程的前提，各单位要重视并有效开展标准宣传实施工作，确保相关人员正确理解、掌握标准内容，提高设计文件编制的规范性、全面性、准确性，不断提高工作效率，提升工作质量，助力文物保护的科学管理。

（孟德兴）

【《文物艺术品数据元规范》发布】 2019 年 6 月 17 日，地方标准《文物艺术品数据元规范　第 2 部分：书画》发布，该标准 2019 年 10 月 1 日起实施。该标准与《文物艺术品元数据规范》是系列标准，是在《文物艺术品元数据规范》框架下对书画类文物艺术品数据元的细化，规定术语、定义和数据元描述，明确各数据元描述规则及值域，对文物艺术品市场管理及文物商店购销文物、拍卖企业拍卖文物记录信息系统的建设有技术支撑作用。

（孟德兴）

【文物保护地方标准培训班】 2019 年 9 月 19 日，市文物局在首都师范大学举办文物保护地方标准培训班。培训甄选《文物建筑修缮工程操作规程 第 2 部分：木作》《文物建筑勘察设计文件编制规范》《文物建筑修缮工程施工控制规范》及《文物建筑修缮工程验收规范》等 4 项地方标准，聘请业内专家学者对标准条文及实施过程遇到的问题进行分析解读。各区文化和旅游局、文物保护单位管理使用单位及设计、施工、监理等社会从业单位的主要负责人及技术骨干 130 余人参加培训，进一步了解国家相关政策要求及标准规范内容。

（孟德兴）

【《文物建筑抗震鉴定规范》审查会】 2019 年 10 月 15 日，市文物局协助市市场监管局组织召开《文物建筑抗震鉴定规范》审查会，来自北京园林古建公司、中国文物保护技术协会、中国文物信息咨询中心、北京市文物建筑保护设计所、中国建筑科学研究院有限公司、北京市房屋安全鉴定总站、中国标准化研究院等单位的 7 位专家参加会议。与会专家听取《文物建筑抗震鉴定技术规范》的编制情况汇报，并对标准送审稿进行逐条审查，一致同意送审稿通过审查。

（孟德兴）

【《文物保护工程资料管理规程》地方标准预审会】 2019 年 10 月 29 日，市文物局组织召开《文物保护工程资料管理规程》地方标准预审会。来自北京房地集团有限公司、中国建筑设计咨询有限公司、北京扶桑建筑装饰有限公司、原市质监局、中国艺术研究院等单位的 5 位专家参加会议。与会专家听取该标准（送审稿）的编制情况和意见处理情况汇报，并对标准送审稿进行逐条审查，一致同意送审稿通过预审。

（孟德兴）

【《文物建筑三维信息采集技术规程》征求意见】 2019 年 10 月，市文物局制发《北京市文物局关于征求北京市地方标准〈文物建筑三维信息采集技术规程〉意见的函》，开展《文物保护工程资料管理规程》征求意见工作。向国家文物局、全国文物保护标准化技术委员会、市住建委、市公园管理中心及相关单位发送“征求意见稿”30 份，并在市市场监管局、市文物局官网进行为期一个月的意见征求工作。征求意见期间，收到 24 家单位回函，21 家单位提出意见，搜集意见 132 条。

（孟德兴）

【2 项《丝织文物清洗操作系列规范》审查会】 2019 年 12 月 24 日，市文物局协助市市场监管局组织召开《丝织文物清洗操作系列规范 第 1 部分：物理清洗》《丝织文物清洗操作系列规范 第 2 部分：化学清洗》审查会，来自文博和标准化领域的 7 位专家参加会议，与会专家听取该标准（送审稿）的编制情况和意见处理情况汇报，并对标准送审稿进行逐条审查。专家组建议 2 项标准名称分别修改为《丝织文物清洁规范 第 1 部分：物理清洁》《丝织文物清洁规范 第 2 部分：化学清洁》，一致同意送审稿通过审查。

（孟德兴）

【《文物建筑抗震鉴定技术规范》发布】 2019 年 12 月 25 日，地方标准《文物建筑抗震鉴定技术规范》（DB11/T 1689—2019）发布，该标准 2020 年 4 月 1 日起实施。该标准规定文物建筑抗震鉴定的基本要求、鉴定程序及其内容、现状勘查、场地、地基与基础（台基）鉴定、木结构建筑鉴定、砖木结构建筑鉴定、砖石结构鉴定、综合判定与抗震鉴定报告等内容，将为文物建筑抗震安全鉴定提供技术支撑。

（孟德兴）

【《文物艺术品数据元规范》宣贯会】 2019年12月31日，市文物局在北京古玩城组织召开北京市地方标准《文物艺术品数据元规范　第2部分：书画》（DB11/T 1219.2—2019）宣贯会议。市文物局相关业务部门、文物商店相关企业代表40余人参加会议。会议传达《北京市文物局关于做好〈文物艺术品数据元规范　第2部分：书画》〉实施工作的通知》，标准编制单位专家代表介绍标准起草经过并对标准的条文进行解读。会议指出，《文物艺术品数据元规范　第2部分：书画》是文物艺术品领域一项重要应用标准，对文物艺术品市场管理及文物商店购销文物、拍卖企业拍卖文物记录信息系统的建设有技术支撑作用，具有指导意义，要求各单位重视并有效开展标准宣传实施工作，不断提高应用标准的自觉性，提高文物记录质量。

（孟德兴）

科技创新

标准化工作综述

（中关村科技园区管理委员会）

2019 年，中关村示范区围绕推进全国科技创新中心建设总体部署，不断创新工作模式，优化服务环境，全面深化和拓展服务领域，标准化工作取得新进展。

一是实施新版"1 +4"资金支持政策，优化标准创新生态环境。通过修订《中关村国家自主创新示范区提升创新能力　优化创新环境支持资金管理办法》及实施细则，进一步扩大对国际标准化工作的支持范围。全年支持 326 家企业或社会组织 1171 个标准化项目，支持单位和项目数量分别较 2018 年提升 102% 和 109%，大幅提升示范区企业或社会组织参与标准化工作的积极性。

二是成立"中关村标准"战略委员会，加快"中关村标准"品牌培育。指导组建"中关村标准"战略委员会，聘请国内外知名标准化及产业专家作为成员，以期为"中关村标准"运营策略、推广模式、技术发展趋势等关键重大发展方向提出建议。指导中关村标准化协会健全完善工作制度和工作体系，制定发布《中关村标准制定管理办法》（试行）和《中关村标准涉及专利处置规则》，开展标准先进性比对评审，确保"中关村标准"的高端、高质与规范化。截至年底，"中关村标准"累计发布 43 项，涵盖物联网、智能终端、新材料等领域。

三是推进中关村标准国际化工作，加快相关政策落实。开展中关村企业国际标准化工作调研，了解示范区企业和社会组织参与国际标准化活动遇到的主要问题，进一步加强与市场监管总局的沟通，争取研究制定支持中关村企业和社会团体参与国际标准化活动的相关政策，推动中关村示范区企业和社会组织参与国际标准化活动。

四是加强试点示范动态管理，开展创新经验和模式总结。开展中关村标准化试点示范单位标准化工作总结，2019 年试点示范单位创制技术标准 255 项，其中包括国际标准 54 项，承担国际标准化组织技术委员会秘书处 4 个、分技术委员会秘书处 4 个，担任国际技术委员会主席职务 4 项，担任工作组召集人（含联合召集人）职务 24 项。围绕标准创制、专利标准化、标准产业化、标准市场化、标准国际化等方面总结试点示范单位创新经验，基于技术、产业和市场三个维度总结试点示范单位推进总结，为进一步开展标准化试点示范培育工作及政策创新奠定基础。

五是加强政策调研，了解企业及社会组织的标准化现状与需求。协助市场监管总局开展国际标准化、团体标准化等政策调研，掌握示范区企业及社会组织国际标准、团体标准发展现状。开展中关村企业及产业联盟标准化需求问卷调研，了解示范区企业及社会组织的标准化实际需求，把握企业标准化工作痛点难点，为进一步推进中关村标准化服务业、提升中关村示范区企业和产业联盟标准化水平奠定基础。

六是开展标准化宣传与培训，提升示范区标准化意识及水平。联合市市场监管局共同召开2019年中关村标准化推动会，编制发布《中关村标准白皮书（2019）》。围绕中关村技术标准支持资金政策、国际化标准发展趋势、标准化试点示范组织与实施开展主题培训，组织开展中关村国际化大讲堂国际标准创制专题班，培训人员500余人次。

通过以上六个方面举措，中关村示范区企业及社会组织技术标准创制数量持续提升，关键技术领域标准创制取得突破，支撑新兴产业高质量发展，国际标准化影响力进一步提升。

第一，技术标准创制数量持续提升。截至年底，中关村示范区企业和社会组织创制标准超过1万项。中国际标准（含国外先进标准）400余项，国家标准近6000项。

第二，关键技术领域标准创制取得突破。京东方牵头创制的国际标准《数字化艺术品显示系统的应用场景、框架和元数据技术》，填补国际数字艺术显示领域的空白。阿里巴巴（北京）软件服务有限公司、小米科技有限责任公司创制的3项《信息技术　信息设备互连》国家标准，有助于解决不同厂商终端设备的互联互通问题，降低互联成本。

第三，支撑新兴产业高质量发展。博奥晶典创制的国家标准《基于微阵列芯片的遗传性耳聋基因检测方法》进一步规范临床机构或检测机构开展遗传性耳聋相关基因位点的检测，并推动该检测方法在北京、成都、郑州等近20个城市推广应用，促进遗传性耳聋基因检测领域的发展。WAPI产业联盟发布的团体标准《信息安全技术 终端实体证书管理》成功应用在北京大兴国际机场无线网络建设项目中，实现新机场航站楼业务区域全覆盖。

第四，国际标准化影响力进一步提升。TD产业联盟牵头创制的《5G终端协议一致性测试TTCN测试集规范》被GCF（国际终端认证组织）采用，用于5G终端入网认证和5G测试仪表认证，推动中国终端/芯片和测试仪表的研发速度处于全球领先地位。天地互连牵头发起组建6ORS（IPv6 Open Root Server），联合美国、日本、印度、俄罗斯、欧盟等16个国家和地区的机构开启IPv6根服务器全球运营。

标准化工作成果
（中关村科技园区管理委员会）

【中国专家当选3GPP TSG CT副主席】 2019年3月18—19日，3GPP TSG CT#83会议在深圳召开。该次会议进行TSG CT主席、副主席的换届改选工作，来自大唐移动通信设备有限公司的中国专家当选3GPP TSG CT副主席。

（任　旭）

【团体标准调研座谈会】 2019年3月22日，市场监管总局标准创新管理司赴中关村管委会调研，与相关产业联盟及单位进行座谈，了解中关村团体标准发展情况。会上，与会产业联盟及相关单位针对团体标准化工作进展情况、存在的问题和下一步工作计划进行介绍，提出对团体标准化工作发展的意见和建议。市场监管总局标准创新管理司就团体标准现阶段社会认知程度不高的问题，提出后续将通过世界标准日等活动加大团体标准的宣传力度，提升团体标准的社会影响力。

（李亚健）

【《中关村检验检测认证白皮书（2018）》印发】 2019年3月29日，由中关村管委会组织、律城信核（北京）信用管理有限公司主编的《中关村检验检测认证白皮书(2018)》印发。白皮书梳理中关村示范区检验检测认证工作的推进情况,从数据统计分析角度对中关村示范区检验检测认证服务业发展情况进行分析,进一步总结中关村示范区检验检测认证工作成效,为中关村检测认证产业发展、政策出台等提供数据支撑。

(李　爽)

【第四十届 ISO/IEC JTC 1/SC 6 全会】 2019 年 4 月 22—26 日,中关村无线网络安全产业联盟(WAPI 产业联盟)承办第四十届国际标准化组织(ISO)和国际电工委员会(IEC)第一联合技术委员会(JTC 1)第六分技术委员会(SC 6)全会。该次会议由中国国家标准化管理委员会主办,WAPI 产业联盟和 ISO/IEC JTC 1/SC 6 国内技术对口单位共同承办。来自奥地利、加拿大、法国、德国、日本、韩国、俄罗斯、西班牙、美国、中国(含中国香港)等 10 余个国家和地区,以及国际电信联盟标准部门(ITU－T)、美国电子电气工程师协会(IEEE)、NFC 论坛(NFC Forum)等联络组织的百余位代表参加本次会议。

(任　旭)

【中关村国际标准化工作调研座谈会】 2019 年 7 月 3 日,中关村管委会、市场监管总局标准创新管理司在广联达科技股份有限公司联合举办中关村国际标准化工作调研座谈会,9 家中关村示范区的企业和社会组织代表参加会议。市场监管总局标准创新管理司司长崔钢出席会议。会上,示范区企业和社会组织代表分别介绍本单位国际标准化工作情况,提出参与国际标准化工作中存在信息渠道不畅、人才短缺等问题。面对企业提出的问题,市场监管总局标准创新管理司与中关村管委会协商,要发挥各自优势,共同加强中关村示范区标准国际化工作。

(李亚健)

【8 家中关村社会团体入选团体标准培优计划】 2019 年 7 月 10 日,中国标准化协会在北京召开团体标准培优计划启动会,中关村标准化协会、中关村视听产业技术创新联盟(AVS 产业联盟)、闪联信息产业协会、中关村半导体照明工程研发及产业联盟、中关村材料试验技术联盟、中关村智联软件服务业质量创新联盟、北京电信技术发展产业协会、中关村车载信息服务产业应用联盟等 8 家中关村社会团体以及其他 20 家社会团体入选团体标准培优计划。该计划旨在推动一批有基础、有潜力的社会团体成为在国内外有一定知名度和影响力的团体标准制定机构,制定发布一批高水平、高质量、高效益的团体标准,发挥标杆示范作用,带动中国团体标准工作水平的整体提升,更好满足经济社会高质量发展的要求。

(任　旭)

【2019 年中关村国际化大讲堂·国际标准创制专题研讨班】 2019 年 8 月 26—30 日,2019 年中关村国际化大讲堂·国际标准创制专题研讨班在中关村软件园国际会议中心举办。该次研讨班由中关村管委会主办,中关村标准化协会承办,特别邀请 ISO 前主席张晓刚以及标准与专利领域、通信、电力、机械等领域 10 余位国际标准化专家进行授课。研讨班采取理论与实践相结合的授课方式,设置国际标准与知识产权、国际标准的使用方法、国际标准的标准必要专利等热点话题,并以案例形式分享组织行业和相关

技术领域参与国际标准化活动的经验、企业国际标准化实践及国际化标准服务优秀案例。市场监管总局标准创新管理司、中关村管委会相关领导同志出席开班仪式并讲话，来自中关村示范区企业、社会组织以及相关单位的近百人参加培训。

（任　旭）

【全球首颗基于 AVS3 标准的 8K 解码芯片诞生】 2019 年 9 月 13 日，在荷兰阿姆斯特丹举办的全球最大广播电视行业展会 IBC2019 上，中关村视听产业技术创新联盟（AVS 产业联盟）联合海思半导体、当虹科技、广东省超高清视频创新中心和鹏城实验室发布首个基于 AVS3 标准的 8K 端到端解决方案，并同时推出全球首颗基于 AVS3 标准的支持 8K 分辨率、120P 的超高清芯片 Hi3796CV300。AVS3 是 AVS 产业联盟制定的第三代音视频编解码技术标准，将为新兴的 5G 媒体应用、虚拟现实媒体等提供技术规范，引领未来 5 年到 10 年 8K 超高清和 VR 视频产业的发展。

（任　旭）

【“中关村标准”战略委员会成立】 2019 年 9 月 19 日，“中关村标准”战略委员会成立暨工作研讨会召开，“中关村标准”战略委员会正式成立，中国工程院院士邬贺铨、干勇、赵宪庚，原国务院参事张纲，ISO 前主席张晓刚等 5 位专家受聘成为首批委员。该委员会旨在更高层面谋划指导“中关村标准”战略规划布局，为“中关村标准”运营策略、推广模式、技术发展趋势等关键重大发展方向提出建议。委员会的成立将有助于指导中关村标准化工作更好地落实国家标准化战略，实现“中关村标准”国际化、市场化、产业化、高质量发展，打造国际化的“中关村标准”品牌，为中关村建设成为具有全球影响力的科技创新中心提供支撑。中国工程院院士邬贺铨、干勇，ISO 前主席张晓刚，市场监管总局、市市场监管局、中关村管委会相关领导同志以及中关村标准化协会理事代表参加成立会，并围绕战略委员会目标定位、重点任务研究、新兴领域标准化战略路线等问题开展交流研讨。

（任　旭）

【中国专家获“ISO/TC 256 杰出贡献奖”】 2019 年 10 月 9—11 日，ISO/TC 256“颜料、染料和体质颜料”国际标准委员会第 10 次全会在德国柏林举行。会上，中关村华清石墨烯产业技术创新联盟秘书长戴石锋获“ISO/TC 256 杰出贡献奖”，这是继 2017 年中国专家王跃林获得第一届奖项后，第二位获此殊荣的中国专家。

（任　旭）

【《中关村检验检测认证白皮书（2019）》发布】 2019 年 10 月 29 日，由中关村管委会组织、律城信核（北京）信用管理有限公司主编的《中关村检验检测认证白皮书（2019）》发布。白皮书展示 2018 年中关村示范区检测认证行业产业规模实现新突破、创新能力稳步提升、各检测领域实力不断增强的发展概况。梳理中关村示范区检验检测认证工作的推进情况，并分别从机构结构属性、高新机构情况、园区分布、战略性新兴领域情况等多维度对示范区检验检测认证服务业发展情况进行具体分析，进一步总结中关村示范区检验检测认证工作成效，为中关村检测认证产业发展、政策出台等提供数据支撑。

（李　爽）

【《中关村标准化白皮书（2019）》发布】 2019 年 12 月 9 日，由中关村管委会组织、中国航空综合技术研究所主编的《中关村标准化白皮书(2019)》发布。白皮书系统梳理和总结中关村示范区标准化工作的推进情况，针对中关村示范区标准创制数据进行分析，为更加全面地掌握中关村、各园区及产业领域的标准创制情况以及对未来中关村标准化布局和发展提供参考和借鉴。

(李亚健)

【中关村 3 项团标入选工业和信息化部团标应用示范项目】 2019 年 12 月 18 日，工业和信息化部发布《工业和信息化部关于公布 2019 年团体标准应用示范项目名单的通告》。由 WAPI 产业联盟(中关村无线网络安全产业联盟)、中关村材料试验技术联盟和中关村智能终端操作系统产业联盟分别组织制定发布的团体标准 T/WAPIA 028.3—2016《信息技术　安全技术　实体鉴别　第 3 部分：采用数字签名技术的机制》、T/CSTM 00053—2018《钢铁　碲含量的测定　氢化物发生-原子吸收光谱法》和 T/ZOSA 001—2018《智能终端 Web 应用编程接口(API)规范》入选 2019 年团体标准应用示范项目。

(任　旭)

【中国自主研发的第二代数字电视标准成为国际标准】 2019 年 12 月 20 日，由中关村企业北京数字电视国家工程实验室有限公司联合清华大学自主研发的第二代数字电视标准 DTMB-A 成为国际电信联盟(ITU)最新公布的“全球第二代数字电视传输标准”(标准号 ITU-R BT. 1877-2)，与欧洲 DVB-T2、美国 ATSC 3.0 并驾齐驱，位列国际三大第二代数字电视标准。这是继中国 DTMB 成为全球第一代四大国际标准后，中国再次打破欧、美、日垄断，使中国自主创新标准在国际科技角逐中脱颖而出，占据行业关键制高点。

(任　旭)

【14 项“中关村标准”发布】 2019 年 12 月 31 日，中关村标准化协会发布《碳化硅单晶》《网络预约出租汽车车载卫星导航定位终端》等 14 项“中关村标准”。其中，新一代信息技术领域 5 项，节能环保领域 2 项，新材料领域 3 项，高端装备制造领域 3 项，生物医药领域 1 项。

(任　旭)

【中国专家担任 2020 IEEE-SA 标委会董事】 2019 年 12 月，国际标准组织 IEEE(电子电气工程师协会)正式任命中国下一代互联网国家工程中心主任、天地互连公司董事长刘东担任 IEEE－SA 标准委员会董事(简称 IEEE-SASB，全称 IEEE-SA Standards Board Member)，兼 IEEE-SA 新标准委员会委员(简称 IEEE-SA NesCom，全称 IEEE-SA Standards Board New Standards Committees)，任期自 2020 年 1 月 1 日开始。刘东将参与 IEEE 标准协会运营和核心发展工作，负责全球范围内新标准的推荐、协调及发布等工作。

(任　旭)

标准化工作成果

(北京市标准化研究院)

【市标院与华为座谈城市智慧设施发展】 2019 年 1 月 7 日，北京市标准化研究院(以下简称：市标院)邀请华为技术有限公司到院座谈。座谈会上，市标院介绍北京市标准化工作重点及情况、中关村国家技术标准创新基地建设情况，以及市标院承担的全国城市公共设施服务标准化技术委员会工作推进情况；华为技术有限公司站在 5G 技术即将大规模应用的角度，介绍智慧设施领域的发展规划和标准化需求，重点介绍能够承载 5G 基站的多功能杆的标准设想。来自华为中国战略 Marketing 部、深圳产业联盟发展部、上海研究所无线标准部和北京 liteOS 事业部的负责人参与座谈。

（马立群）

【中国标准化协会调研市标院】 2019 年 2 月15 日，中国标准化协会就 2019 年标准化工作推进情况到北京市标准化研究院进行调研。市市场监管局介绍北京市标准化工作重点及国家技术标准创新基地（中关村）工作情况；中国标准化协会介绍其组织结构、所开展的业务和 2019 年工作计划。双方围绕 2019 年工作进行交流。

（常丽艳）

【北京市专业标准化技术委员会 2018 年度工作考核】 2019 年 3 月 5—7 日，北京市标准化研究院根据市市场监管局《关于开展北京市专业标准化技术委员会年度考核评估工作的通知》要求，组织全市 18 个标准化技术委员会参加的 2018 年度工作考核会。2018 年度考核由标委会自评、行业主管部门评价、专家考核三部分组成，考核结果建议为优秀、合格、不合格三档，由行业主管部门评价意见、考核专家组评分、否决项情况、是否按时提交考核材料综合得出。其中，行业主管部门评价意见为优秀的，才有资格参与优秀的评选；具有否决项情况和没有按时提交考核材料情况之一的，评定结果为不合格；专家考核得分 90 分以上的，可以建议为优秀。考核结果为北京市城市管理标准化技术委员会、北京市安全生产标准化技术委员会、北京市农业标准化技术委员会、北京市人力资源服务标准化技术委员会等 4 个标委会为 2018 年度优秀标委会。

（谢翔燕）

【国际标准化组织合作交流】 2019 年 3 月 28 日，北京市标准化研究院、国家技术标准创新基地（中关村）邀请美国保险商实验室 UL 标准开发组织、全国增材制造标准化技术委员会（SAC/TC 562）到市标院，针对成立中美 3D 打印工作组相关事宜进行讨论。

会上，SAC/TC 562 介绍其业务方向，并对增材制造 3D 打印领域存在的问题进行概述。美国保险商实验室 UL 标准开发组织表示目前缺少 3D 打印领域相关标准，涉及安全、环保方面的 3D 打印标准更亟须解决，UL 希望有更多的中国专家参与 UL 标准的制定，推动 UL 标准在世界的影响力。市标院、国家技术标准创新基地（中关村）表示成立中美 3D 打印工作组是推进增材制造领域标准发展的重要工作，中美标准化组织的合作是推动“一带一路”建设的重要力量。与会人员针对成立中美 3D 打印工作组的组织架构、运作模式、工作方向等进行讨论。

（宋庆婷）

【调研宠物用品标准化】 2019 年 4 月 10—12 日，应全国伴侣动物（宠物）标准化技术委员会邀请，北京市标准化研究院派遣专家赴温州平阳县调研宠物用品检测和宠物用品标准化建设。据统计2018年中国宠物数量为1.68亿只，养宠家庭占比达17%，宠物用品种类日趋丰富，宠物用品企业不断加强研发，产品质量得到大幅提高，温州平阳县的宠物用品产业在全国的知名度最高，中国最大的几个宠物用品生产企业如佩蒂、源飞、锦恒等都集聚平阳，产品畅销欧美等发达国家。

（谢翔燕）

【全国城市公共设施服务标准化技术委员会换届大会暨二届一次会议】 2019年4月11日，全国城市公共设施服务标准化技术委员会成立大会暨二届一次会议在重庆召开。会议由全国城市公共设施服务标准化技术委员会秘书处承担单位北京市标准化研究院主办，重庆市质量和标准化研究院协办。市场监管总局标准技术管理司、北京市市场监督管理局、重庆市市场监督管理局、重庆市质量和标准化研究院等有关部门领导出席会议并讲话。城标委委员及城市公共设施服务相关研究院所、企业参加会议。

（马立群）

【UL到访市标院】 2019年4月19日，全球著名标准开发和认证检测机构UL（美国保险商试验所Underwriter Laboratories Inc.）到北京市标准化研究院，就相关标准化合作项目进行会谈，并达成初步合作意向。

市标院介绍标准化工作，以及国家技术标准创新基地（中关村）平台的资源建设、标准化成果和标准开发重点领域，重点介绍3D打印领域的标准化工作情况并提出合作项目建议。

UL表示，UL希望加强与北京市标准化主管部门和技术机构的交流，打造标准化国际合作平台，在北京市重点发展的科技创新领域寻求合作，为更多的中美标准化专家创造交流机会。

市市场监管局表示，欢迎此次UL来访，并且希望市标院和UL建立良好务实的合作关系，结合各方优势，围绕首都城市战略定位，尤其是将北京建成世界科技创新中心的要求，根据在城市安全、健康和环境保护等方面的标准化需求，共同开展各类相关安全标准的制定，推动国际先进标准的应用，致力于建设一个更加安全的城市，同时期待与UL在标准制定等领域探索更多合作机会。

（田　川）

【第五批国家级社会管理与公共服务综合标准化试点中期评估】 2019年5月9—15日，市标院配合市市场监管局组织专家对4家第四批社会管理和公共服务综合标准化试点项目——北京市地坛体育场馆公共服务标准化试点、北京市航空医疗救护公共服务标准化试点、北京市东城区网格化数据信息公共服务标准化试点、北京市昌平区科技产业投资基金支持小微企业创业创新科技金融服务标准化试点进行中期评估，会议邀请行业和标准化专家分别对四项试点项目工作进展情况进行阶段性评估。专家组通过听取工作汇报、查阅相关资料、查看现场和质询等方式进行检查和评估，提出工作建议并形成中期评估报告。试点单位表示要根据任务书的计划进度、工作目标和工作内容落实督导意见。

（马睿彤　王　瑛）

【青岛市标准化研究院一行到访市标院】 2019 年 5 月 14 日，青岛市标准化研究院一行到访北京市标准化研究院，就国家技术标准创新基地建设情况进行座谈交流。市市场监管局标准化处、市标院领导等出席会见。

会上，市标院介绍国家技术标准创新基地（中关村）运行管理模式、平台资源建设、标准化成果等内容。青岛市标准化研究院介绍对国家技术标准创新基地筹建、标准化专家库及标准化人才培养等工作情况。并表示中关村基地作为中国首家获批筹建并且进入建设期的国家技术标准创新基地，具有丰富的建设经验供国家技术标准创新基地学习借鉴，希望双方加强合作交流，促进北京青岛两地国家技术标准创新基地协同发展。

（宋庆婷）

【国家标准《城市公共设施服务　智能路灯基础信息》工作组研讨会】 2019 年 5 月 14 日，由全国城市公共设施服务标准化技术委员会归口管理的国家标准《城市公共设施服务　智能路灯基础信息》工作组研讨会在北京召开。会议对标准草案的结构和内容进行讨论，明确修改方案，并对下一步编写工作进行安排。来自全国智能建筑及居住区数字化标准化技术委员会领导、城标委委员代表及各参编单位代表参加该次会议。

（李　瞳）

【北京市技术标准制修订补助项目形式审查会】 2019 年 5 月 16—17 日，北京市标准化研究院组织人员召开 2019 年北京市技术标准制修订补助项目形式审查会。本年度有 228 项标准申请资金补助，涉及高新技术标准、资源节约与环境保护标准、现代都市型农业标准、现代制造业标准、服务业标准、城市管理与规划建设标准、安全生产和公共安全标准、消费品升级和质量提升标准等 8 个领域，申报总金额达 3863 万元。本年度形式审查工作内容有 3 项：是否符合《北京市重点发展的技术标准领域和重点标准方向》；是否为失信企事业单位；审报材料质量。经过形式审查，本环节通过项目数量 202 项，通过率 88.6%。通过项目进入财务审核和项目核查环节。

（谢翔燕）

【东华大学环境艺术设计研究院到访全国城市公共设施服务标准化技术委员会】 2019 年 5 月 28 日，东华大学环境艺术设计研究院到访全国城市公共设施服务标准化技术委员会秘书处。会议双方就城市家具领域标准化合作项目进行探讨，并形成合作意向。

（马立群）

【3D 打印领域发展研讨会】 2019 年 5 月 30 日，北京市标准化研究院组织召开 3D 打印领域发展研讨会。

会上，市标院相关负责同志介绍国家技术标准创新基地（中关村）的情况和组织召开研讨会的背景，指出随着 3D 打印在各领域的应用不断深化，对标准、检测和认证的需求逐渐增加，希望通过对企业的调研能够了解真实情况、掌握相关需求，运用调研结果，提出精准可行的解决措施和方法，为促进提升 3D 打印领域质量发展总体水平和质量安全保障水平打下扎实基础、提供有效支撑和创造良好条件。

各单位从国内外 3D 打印领域发展现状与趋势、3D 打印在传统行业和新业态的应用、3D 打印技术在研发、生产以及销售过程中所遇到的标准、检测、认证等有关问题和需求等方面开展交流讨论。

北京市 3D 打印设备、材料、检测机构和相关国际组织代表参会。

（常丽艳）

【北京市技术标准制修订补助项目专业评审会】 2019 年 7 月 4—5 日，北京市标准化研究院组织召开 2019 年北京市技术标准制修订补助项目专业评审会，市市场监管局标准化处相关领导到会讲话。

本年度评审工作自 2019 年 4 月 1 日开始受理，有 228 项标准申报本次补助资金，涉及高新技术标准、资源节约与环境保护标准、现代都市型农业标准、现代制造业标准、服务业标准、城市管理与规划建设标准、安全生产和公共安全标准、消费品升级和质量提升标准等 8 个重点领域和方向的相关标准。经过对 228 项标准的申报材料是否符合《北京市重点发展的技术标准领域和重点标准方向》，是否涉及失信单位，是否曾获得北京市政府经费资助核查，是否属于本市调整退出或淘汰产业，以及申请单位近两年内是否因标准和质量问题被执法部门查处，或正在接受调查情况等核查，最终 176 项标准进入本次专业评审会。专业评审组由国家和北京市的有关高等院校、科研院所、检测认证机构、专业技术委员会、学/协会、龙头企业等单位的 34 位专家和学者组成，按照评审程序和要求，对每个项目进行评审、打分和小组评议，给出每个项目专业评审得分、评审意见和建议补助金额，评审结果有 158 项标准项目进入终审环节。评审组一致认为：本年度参评标准的总体水平较高，绝大部分标准是在科学研究的基础上，结合生产和管理经验制定的，科学性和可操作性较好，很多参评标准对北京的影响很大，有利于提高本市相关产业的技术竞争优势，给北京市带来显著的经济效益或社会效益，部分标准对疏解非首都功能、京津冀区域协同发展和治理大城市病有着积极作用。

（谢翔燕）

【国家标准《城市综合管廊运营服务规范》专家预审会】 2019 年 7 月 10 日，由全国城市公共设施服务标准化技术委员会归口的国家标准《城市综合管廊运营服务规范》送审稿专家预审会在北京召开。来自机械科学研究总院中机生产力促进中心、中国标准化研究院、中国建筑设计研究院有限公司、中科院建筑设计研究院有限公司、建科公共设施运营管理有限公司、北京正河山标准化咨询事务所、珠海大横琴城市综合管廊运营管理有限公司、武汉市政工程设计研究院有限责任公司、上海市政工程设计研究总院(集团)有限公司等单位的9名专家组成的专家组,对标准进行审查。专家组在听取编制组的介绍后,对编制资料的规范性、标准技术内容和标准文本规范性等进行审查并提出意见,最后一致同意该项标准通过审查。

(马立群)

【华北联盟调研氢能产业标准化发展现状】 2019年7月9日,华北区域标准战略联盟(以下简称:联盟)秘书处承担单位北京市标准化研究院组织天津、河北、山西等联盟成员单位赴广东佛山调研绿色氢能产业标准化建设情况。联盟各成员单位与佛山市南海区人民政府、佛山市市场监督管理局、佛山市质量和标准化研究院、佛山绿色发展创新研究院进行座谈,就绿色氢能产业标准化工作开展情况以及如何运用标准化手段服务地方经济社会发展等内容进行交流,随后,联盟各成员代表实地参观考察佛山南海氢能展馆和加氢站。通过调研,联盟成员单位进一步了解佛山绿色氢能标准产业化情况,以及运用标准化手段助力创新发展、带动产业升级等情况。

(王海虹　肖艳娟)

【2018年度国家级服务业标准化试点督导工作】 2019年8月20日,按照市市场监管局的工作要求,北京市标准化研究院组织专家开展2018年度国家级服务业标准化试点项目标准体系构建阶段督导工作,来自不同行业领域和标准化专家分别对"北京市体检中心征兵体检服务标准化试点""众信旅游集团股份有限公司出境旅游服务业标准化试点""北京市儿童福利院孤残儿童养育服务标准化试点""北京双井恭和养老服务标准化试点""北京牛街民族敬老院养老服务标准化试点"进行指导。会上,专家组通过听取工作汇报、查阅相关资料、现场质询等方式进行检查,提出工作建议并形成督导报告。试点单位表示要根据任务书的计划进度、工作目标和工作内容落实督导意见。

(马睿彤　王　瑛)

【国家级服务业标准化试点标准编写培训会】 2019年9月3日,北京市标准化研究院按照试点工作要求,组织北京市2018年度国家级服务业标准化试点标准编写培训会。专家就标准化知识、标准的结构和标准的编写进行讲解,试点单位、保证单位和业务指导单位相关负责同志参加培训。

(马睿彤　王　瑛)

【国家标准《室外照明干扰光限制规范》外文版专家审查会】 2019年9月24日,全国城市公共设施服务标准化技术委员会在北京召开国家标准《室外照明干扰光限制规范》外文版专家审查会。专家组听取编制组的介绍后,对国家标准外文版的规范性、翻译的准确性,以及外文版内容和国家标准对应性等进行审查并提出意见,一致同意该标准外文版通过审查。

(马立群)

【《企业产品标准编写指南　第1部分:标准的结构和通用内容的编写》通过审查】 2019年9月27日,市市场监管局组织召开北京市地方标准《企业产品标准编写指南

第 1 部分：标准的结构和通用内容的编写》审查会，来自原北京市质量技术监督局、原东城区质量技术监督局、中国电子技术标准化研究院、北京公共交通控股（集团）有限公司、京东物流集团、北京城市排水集团有限责任公司、同方威视技术股份有限公司等单位的专家组成地方标准审查专家组，对《企业产品标准编写指南　第 1 部分：标准的结构和通用内容的编写》进行审查。

专家组听取关于《企业产品标准编写指南　第 1 部分：标准的结构和通用内容的编写》标准修订工作的基本情况的汇报，并对标准内容进行审查，认为该标准符合法律法规的规定，与相关国家标准、行业标准、地方标准相协调；该标准的修订更加贴近企业实际情况、更加符合企业的实际需求，有助于提高北京市工业企业的产品质量以及标准化工作水平，为标准化主管部门开展企业标准化管理工作提供技术上的支撑。专家组一致同意该标准通过审查。

（聂开鹏）

【全国城市公共设施服务标准化技术委员会成立设施智能感知工作组】　2019 年 4 月，全国城市公共设施服务标准化技术委员会正式成立城标委设施智能感知工作组，工作组由重庆市质量和标准化研究院牵头，负责城市公共设施智能感知领域国家标准的立项、研制和实施应用等工作。

（马立群）

【全国城市公共设施服务标准化技术委员会成立应用推广中心】　2019 年 4 月，全国城市公共设施服务标准化技术委员会正式成立应用推广中心，由中关村乐家智慧居住区产业技术联盟承担，负责城市公共设施标准立项后的活动组织、标准宣贯、标准应用试点、应用实验室规划建设等工作。

（马立群）

【全国城市公共设施服务标准化技术委员会开展城市家具标准研制与应用试点工作】
全国城市公共设施服务标准化技术委员会与上海柒合城市家具发展有限公司、东华大学环境艺术设计研究院合作在全国范围内开展城市家具国家标准研制与应用试点建设工作，郑州市二七区已开展其试点建设工作。

（马立群）

【国家标准《城市公共设施　电动汽车充换电设施运营管理服务规范》发布实施】　由北京市标准化研究院主导编制的国家标准《城市公共设施　电动汽车充换电设施运营管理服务规范》（GB/T 37293—2019）于 2019 年 3 月 25 日发布，2019 年 10 月 1 日起正式实施。该项标准规范不同类型充换电设施运营服务要求，填补国内充换电设施运营管理服务领域标准的空白，对提高充换电设施的运营管理水平保障服务品质具有重要意义。

（马立群）

【国家标准《城市公共设施　电动汽车充换电设施安全技术防范系统要求》发布实施】
由北京市标准化研究院主导编制的国家标准《城市公共设施　电动汽车充换电设施安全技术防范系统要求》（GB/T 37295—2019）于 2019 年 3 月 25 日发布，2019 年 10 月 1 日起正式实施。该标准明确不同类型充换电设施在建设、运营过程中的安全技术防范系统设置及防护要求，为充换电基础设施的安防系统设置提供依据，为充换电基础设施的安全运营、保护人身与财产安全提供保障。

（马立群）

【质检公益项目“城市地理信息公共服务与市政设施管理重要标准研究”通过验收】
2019 年 5 月 8 日，北京市标准化研究院承担的质检公益项目“城市地理信息公共服务与市政设施管理重要标准研究”通过市场监管总局科技和财务司组织的专家验收，并在

2019 年 11 月完成成果登记。

（马立群）

【调研消费品标准化试点工作】 2019 年 5—6 月，市市场监管局和国家技术标准创新基地（中关村）一行分别到北京中轻联认证中心、中纺标检验认证股份有限公司就第一批国家级消费品标准化试点工作情况进行调研，西城区、朝阳区市场监督管理局标准化科相关负责人参与座谈，试点负责人就试点单位基本情况及试点工作开展情况向调研组做汇报。市市场监管局相关负责人对试点标准化工作进展表示肯定，希望试点单位结合自身优势，站位首都，将标准化工作与认证工作有机结合，聚焦消费者与市场，提升自身服务质量，助推企业“领跑者”计划，引领和带动京津冀地区的行业发展；注重平台搭建，加强对标对表，强化国际标准化工作，推动中国标准“走出去”。中关村基地负责人表示希望试点单位加强对消费者与市场在玩具和纺织品领域的认证宣传，强化团体标准化和标准比对工作，带动玩具、纺织品生产企业意识、产品质量、销量多方面的提升。

（李佳乐）

【城标委秘书处调研北京清控人居光电研究院有限公司】 2019 年 6 月 11 日，全国城市公共设施服务标准化技术委员会秘书处走访调研委员单位北京清控人居光电研究院有限公司。

城标委秘书处调研参观北京清控人居的光电照明实验室，并对中国景观照明发展现状、问题、急需标准等情况进行研讨。双方共同梳理城市景观照明领域标准化工作开展方向。为引领行业发展、打好城市景观照明标准化工作基础，双方一致认为首先应建成国际标准—国家标准—行业标准—团体标准—企业标准相互协调配套的标准体系。城标委秘书处提出在国家标准的层面，可先从城市景观照明术语、造价、总则、应用场景、服务选型等方面提出立项建议。

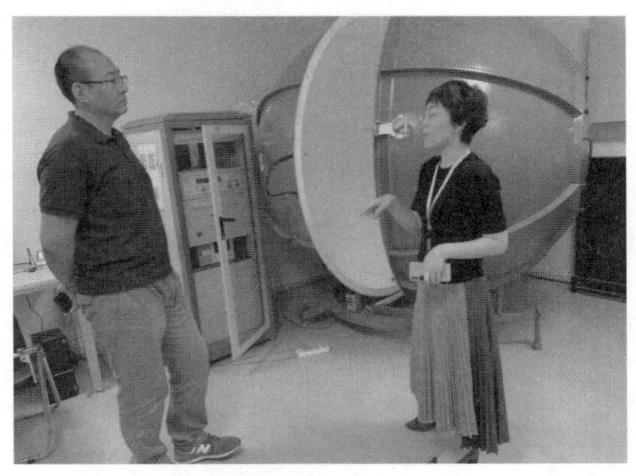

（马立群）

【2019 年“企业标准化师 CLUB”系列活动顺利收官】 2019 年 9—11 月，北京市标准化研究院和国家技术标准创新基地（中关村）首次推出“企业标准化师 CLUB”平台，并分别以“标准化助力首都高质量发展”“标准让城市更美好”和“互联网时代的企业标准化”为主题成功举办三期活动，根据活动主体先后邀请市场监管总局国际合作司技术性贸易措施处、北京汽车股份有限公司、西门子（中国）有限公司法规、标准化和质量部、住房和城乡建设部 IC 卡应用服务中心、交控科技股份有限公司设计中心、华为无线标准专利部专家作为企业导师开展相关行业标准化经验交流与分享。

来自中关村企业、产业联盟的近 300 名标准化工作人员参加“企业标准化师 CLUB”系列活动。

（蒋芃彦）

【组织“标准在身边”宣传活动】 2019 年 10 月 14 日，北京市标准化研究院组织标准化领域的专家在青年湖公园组织“标准在身边”主题宣传活动。

活动以宣传展板为载体，以活泼生动、简明易懂的形式向社区居民宣传讲解智慧生活、助老养老、家政服务、居住区绿化、垃圾分类、社区生活、公共交通，以及商品条码识别等标准化科普知识，营造全社会知标准、守标准、用标准的浓厚氛围，让标准化为人民过上更美好的生活，发挥更好更实的作用。活动期间现场市民高度关注养老服务、垃圾分类、商品条码等标准化知识，市标院工作人员进行讲解。

（谢翔燕）

【2019年农业农村和新型城镇化领域试点示范项目总结会】 2019年12月19—20日，市场监管总局标准技术管理司委托北京市标准化研究院在京组织召开2019年农业农村和新型城镇化领域试点示范项目总结会。来自各部委、省市市场监督管理系统以及各省市试点示范项目单位代表100余人参加会议。

会议总结第九批国家农业标准化示范区项目、国家新型城镇化标准化试点扩围项目和第二批全国农村综合改革标准化试点工作成果，提炼、推广农业农村和新型城镇化领域标准化试点示范工作的先进经验。先后有10家第九批国家农业标准化示范区项目、10家第二批全国农村综合改革标准化试点项目和8家国家新型城镇化标准化试点项目做典型汇报发言。参会代表分组进行交流座谈，对试点示范项目的建设和发展提出意见和建议。会议组织参观北京的国家番茄智能化栽培标准化示范区和密云区十里堡镇标准化试点。

（周巧霖）

【2020年地方标准立项初审工作】 2019年12月16日，市标院启动2020年地方标准立项初审工作。本次申报2020年地方标准立项的项目287项，涉及29个申报主管单位，其中245项申报一类制定项目，42项申报二类研究项目；有7项项目拟申报强制性地方标准立项，其余280项拟申报推荐性地方标准立项。市标院将按照《标准化法》《北京市地方标准管理办法》和《2020年地方标准立项工作指南》的有关要求进行立项初审。

（谢翔燕）

【首都标准网建设情况】 首都标准网数据库标准题录数据总量636850条，其中国家标准题录数据60548条，其他国家级别标准题录数据2790条，行业标准题录数据131266条，地方标准题录数据24642条，国外标准题录数据417604条。电子文本数量482436个，其中国家标准电子文本54701个，其他国家级别标准电子文本2358个，行业标准电子文本103925个，地方标准电子文本8394个，国外标准电子文本313058个。首都标准网为服务京津冀一体化协同发展、助力产业升级、疏解非首都功能持续发挥技术支撑作用。

（王海虹　肖艳娟）

【农业农村及新型城镇化领域标准化试点示范项目评审会】 2019年12月16—17日，市场监管总局标准技术管理司委托北京市标准化研究院在北京组织召开农业农村及新型城镇化领域标准化试点示范项目评审会。

来自原国家标准委、国家棉花加工工程技术中心、全国饲料工业标准化技术委员会、中国检验检疫科学研究院、中国社会科学院农村发展研究所等单位的15名专家组成三个评审组，对32个省局和6个部委推荐的174项农业农村及新型城镇化领域标准化试点示范项目进行评审。其中评审国家农业标准化示范区项目153项，全国农村综合改革标准化试点项目12项，新型城镇化标准化试点项目9项。评审组专家听取项目申报单位的现场汇报,经讨论与质询,按照《农业农村及新型城镇化领域标准化试点示范项目评分表》对申报项目进行评分,形成会议纪要和《农业农村及新型城镇化领域标准化试点示范项目评分汇总表》。

评审组专家一致认为,参加该次评审的各试点示范申报单位申报项目总体上符合《关于开展农业农村及新型城镇化领域标准化试点示范申报工作的通知》的要求。试点示范工作有利于贯彻实施乡村振兴战略和新型城镇化战略,推进农业农村高质量发展。

(樊子风)

标准化工作综述
(北京市科学技术委员会)

一、贯彻落实相关法规政策,推进各领域标准创制

为贯彻落实《标准化法》,推进首都标准化战略纲要实施,支持北京市各类创新主体以关键技术研发为切入点形成一批先进标准。据科技计划专项验收情况统计,截至2019年11月底,北京市科学技术委员会科技计划专项支持项目累计产生各类标准549项,项目支持资金总额超4.9亿元。其中,涉及国际标准9项,国家标准116项,行业标准85项,地方标准42项,企业标准297项。从领域分布看,现代农业领域居首位共计169项,其他依次是生物医药92项,节能环保64项,医疗卫生55项,社会发展29项,新材料28项,电子信息26项,先进制造19项;其他领域67项。

二、促进产业技术创新联盟建设,强化团体标准制定

市科委自2012年起设立专项支持北京市产业技术创新战略联盟发展,引导推动产业联盟开展标准化相关工作。据2019年申报专项的72家联盟数据统计,有31家联盟在2018年制定、发布领域相关技术标准,占比约43.1%。制定、发布各类标准121项,其中团体标准112项,行业标准2项,地方标准1项,国家标准3项,国际标准3项。

如:第三代半导体产业技术创新联盟围绕科技创新、标准研制与产业发展协同机制,探索以科研研发提升技术标准水平、以技术标准促进科技成果转化应用新模式,发挥联盟优势,促进创新成果转化为现实生产力,推进第三代半导体的技术进步和产业化,提高中国第三代半导体产业的整体竞争力。在2018年联盟发布包括T/CASA 001—2008《碳化硅肖特基势垒二极管通用技术规范》、T/CASA 003—2018《p-IGBT器件用4H-SiC外延晶片》、T/CASA 004.1《4H碳化硅衬底及外延层缺陷术语》、T/CASA 004.2《4H－SiC衬底及外延层缺陷图谱》等4项团体标准。

三、开展实验动物标准制定实施,促进产业规范发展

一是组织制定地方标准,为行政许可提供支撑。2019年有《实验动物　繁育与遗传监测》《实验动物　病理学诊断规范》《实验动物　寄生虫检测与评价》《实验动物　环境条件》《实验动物　配合饲料养分与卫生要求》《实验动物　微生物检测与评价》等6项标准获得立项,涵盖广泛的实验动物品种范围,已进入征求意见阶段。二是实验动物标委会委员参与国家标准、团体标准制定工作。2019年标委会部分委员参与GB 14922《实验动物　微生物和寄生虫等级及监测》等4项强制性国家标准,以及《实验动物　安乐死指南》等6项推荐性国家标准的制定;参与中国实验动物学会23项团体标准的制定。三是开展标准培训和法规宣贯工作。每年安排10万元经费用于培训宣贯工作;通过举办专题培训班,宣贯新发布实

施的实验动物相关标准、标准制修订的新要求和标准制定进展等，累计培训 1000 余人次；实验动物从业人员岗前培训考核中专门设有实验动物标准化内容，累计培训 2 万人。

四、搭建技术转移服务标准体系，规范机构服务模式

一是经多年探索逐步建立团体标准、行业标准、地方标准的服务规范体系。先后在市科委支持下立项完成《技术转移服务规范》行业标准、《技术转移服务规范》(DB11/T 816—2011)地方标准，参与起草《技术转移服务规范》(GB/T 34670—2017)国家标准，并发布实施；2019 年启动《技术转移服务人员职业规范》团体标准制定工作，7 月 17 日经全国标准化信息平台正式发布《技术转移服务人员职业规范》(T/CBTMA 0001—2019)团体标准，7 月 22 日正式实施。二是宣贯技术转移服务相关标准规范。以"三城一区"为主平台，利用各类培训解读会渠道，面向技术转移服务机构进行宣传、推广《技术转移服务规范》国家标准，让机构的服务质量目标化，服务方法规范化、服务过程程序化，实现技术市场秩序规范、服务质量提升、机构核心竞争力增强；通过组织宣讲与征集试点机构相结合方式，面向京津冀三地宣传《技术转移服务人员职业规范》团体标准，让从业人员有职业标准可遵循，规范从业人员在知识、技能、能力等方面的服务能力，规范相关机构对人员的管理，满足技术交易日益增长的服务机构的需要。

标准化工作成果

（北京市科学技术委员会）

【6 个实验动物地方标准获得立项】 2019 年 2 月，《实验动物　繁育与遗传监测》《实验动物　病理学诊断规范》《实验动物　寄生虫检测与评价》《实验动物　环境条件》《实验动物　配合饲料养分与卫生要求》《实验动物　微生物检测与评价》等 6 个实验动物地方标准作为一类项目获得立项。

（王　璐）

【团体标准《技术转移服务人员职业规范》正式实施】 2019 年 7 月，团体标准《技术转移服务人员职业规范》(T/CBTMA 0001—2019)经全国标准化信息平台正式发布，7 月 22 日正式实施。

（施辉阳　王娇娇）

标准化工作综述

（北京市经济和信息化局）

2019 年，北京市经济和信息化局在市委、市政府的领导下，在首都标准化委员会的指导和支持下，贯彻习近平总书记系列重要讲话精神，坚持新发展理念，围绕首都城市战略功能定位和构建"高精尖"产业结构的要求，着力发挥标准引领技术创新、推动产业升级的作用，加强标准化工作统筹，为进入新时代的首都工业和信息化领域标准化工作奠定基础。

一、2019 年标准立项的推动工作

2019 年立项的《自动驾驶车辆封闭试验场地技术要求》《绿色工厂评价指南　汽车整车制造业》《软件和信息化项目运行评价规范》《面向政务服务的信息分类规范》等 4 项地方标准完成征求意见。

《信息化项目软件开发费用测算规范》《软件产品备案测试基本技术规范》《数据中心能源效率限额》《动力型锂离子蓄电池制造业绿色工厂评价要求》等 4 项地方标准完成报批。

二、2020年标准申报立项工作情况

为贯彻《国务院深化标准化工作改革方案》的要求，全面推进《首都标准化战略纲要》的实施，落实《北京市“十三五”时期标准和计量发展规划》，根据《2019年北京市地方标准制修订项目》计划，市经济信息化局开展2020年工业和信息化领域北京市地方标准制修订项目的申报立项工作，收到多家单位、20项地方标准的立项申请材料，包括18项一类项目、2项二类项目，13项制定项目、7项修订项目，涉及工业、服务业、信息化、工程建设、环保、卫生、城市管理与公共服务、资源利用8个领域，包括：《高级轿车及高级运动型乘用车单位产品能源消耗限额》《普通轿车及普通运动型乘用车单位产品能源消耗限额》《中、重型载货汽车单位产品能源消耗限额》《区块链服务平台技术导则》《北京市绿色数据中心评价规范》《北京市绿色数据中心通则》《公共信用信息目录　第1部分：自然人》《公共信用信息目录　第2部分：法人和其他组织》《旅行社信用评价规范》《临床照护医疗机构诚信评价规范》《消费品租赁市场消费者信用评价指标》《重点人群公共信用档案建设规范》《创新型企业信用评价规范》《信用管理咨询服务规范》《信用承诺分类》《园区信用管理规范》《数据分级规范》《数据分级安全保护规范》《大数据目录体系》《法人基础数据元规范》。

三、标准体系建设情况

为配合《北京市大数据行动计划》的实施，响应“汇、管、用、评”各阶段任务，制定《北京大数据标准体系》，主要结合北京市大数据标准需求，制定大数据标准体系框架并提出北京市大数据标准化工作建议。该体系指导和规范大数据标准制定工作，为大数据平台建设，数据汇聚、数据管理、数据应用、评估评价等工作的开展提供支撑和保障。

四、培育壮大团体标准情况

根据《工业和信息化部办公厅关于开展2019年百项团体标准应用示范项目申报工作的通知》的要求，市经济信息化局组织团体标准应用示范项目征集工作，收到7家单位的34项团体标准申报百项团体标准应用示范项目，其中有8项标准被纳入2019年团体标准应用示范项目。

五、推进京津冀地方标准情况

根据《京津冀区域共同制定地方标准有关事项的会议纪要》《京津冀社会信用体系共建合作协议》《京津冀守信联合激励试点建设方案（2019—2023年）》，市经济信息化局委托北京市社会信用标准化技术委员会于2019年7月25日在2019年京津冀社会信用体系协同推进大会提出工作倡议，后将起草完成的《京津冀区域协同社会信用标准框架合作协议》征求天津市发展和改革委员会、河北省政务服务管理办公室（与北京市经济和信息化局合称“社会信用牵头部门”），2019年11月征求京津冀三地标准化行政主管部门意见，由京津冀三地社会信用牵头部门、标准化行政主管部门共同签署框架合作协议。

六、标准化宣传培训情况

4月26日，市经济信息化局组织召开“2019年信息技术服务标准（ITSS）北京市宣贯培训会”，工业和信息化部信软司、ITSS分会、市经济信息化局、各委办局、企业等单位220余人参加会议。市经济信息化局信息化与软件服务业处介绍北京市ITSS整体推动情况，并提出下一步工作思路：一是树立一批ITSS贯标获证试点示范企业，加大支持服务力度；二是把已有的联盟、协会团结起来，共同推进ITSS创新发展，培养一批创新引领人才；三是推动企业上云，促进人工智能、工业互联网、物联网、车联网与现代服务业、优势制造业融合发展。

七、标准化试点工作开展情况

开展高端装备制造业标准化试点工作。持续推进中关村管委会丰台园“轨道交通装备国家高端装备制造业标准化试点”和北京顺义科技创新产业功能区管理委员会“北汽自主品牌国家高端装备制造业标准化试点项目”，两个项目已成功验收。

八、成立北京市社会信用标准化技术委员会

11 月 12 日，召开北京市社会信用标准化技术委员会成立大会。标委会的成立将加快推进北京市社会信用标准化建设工作，全面提升北京市社会信用体系建设水平。2019 年，北京市社会信用体系建设进入一个以制度建设为核心、以机制化推进为重点的新阶段。在政府层面，9 月改组社会信用体系建设联席会议；在社会层面，7 月发布 35 家北京信用联合咨询决策机构名单；在立法、政策制度方面，组建专家委员会；在标准层面，汇集全国的研究和服务力量成立北京市社会信用标委会。北京市社会信用体系建设将进一步加强社会信用立法、政策、标准工作。召开第一届标委会第一次全体委员会议，审议通过标委会章程、秘书处工作细则、工作计划。

标准化工作成果

（北京市经济和信息化局）

【《北京市大数据标准体系》委办局座谈会】 2019 年 11 月 21 日，市经济信息化局组织召开《北京市大数据标准体系》委办局座谈会，市市场监管局、市发展改革委、市教委、市住房城乡建设委、市卫生健康委、市交通委、市人力社保局、市医保局、市应急局以及市经济信息化局大数据标准与安全处、科技标准处相关负责同志参加会议。会上，市经济信息化局简要介绍北京市大数据标准体系建设的总体背景和主要思路，市市场监管局介绍全市大数据标准体系建设工作的总体要求，中国电子技术标准化研究院介绍《北京市大数据标准体系研究报告》的编制思路和主要内容，与会单位就北京市大数据标准体系进行研讨。会议明确，大数据标准体系前期研究工作较为细致和扎实，后续应在以下几个方面着力完善：一是在理清基础性标准的同时，进一步丰富相关行业、领域大数据应用标准，将疏解整治促提升、雪亮工程等大数据重大应用标准纳入标准体系，以标准化促进大数据应用和产业发展；二是加快推动数据脱敏、数据汇聚、领导驾驶舱等重点标准建设，为大数据行动计划重点工作和难点问题提供标准保障；三是对标国家即将出台的个人信息保护法等法律法规，同步加强北京市大数据立法工作，着力解决数据权属、授权使用机制、共享开放边界等问题，与标准工作形成合力，共同为大数据工作提供保障。市经济信息化局根据会议意见修改完善《北京市大数据标准体系》，后续拟会同市市场监管局联合发布。

（张　刚）

【2019 年信息技术服务标准（ITSS）宣贯培训会】 2019 年 4 月 26 日，“2019 年信息技术服务标准（ITSS）北京市宣贯培训会”召开，工业和信息化部信软司、ITSS 分会、市经济信息化局、各委办局、企业等单位 220 余名代表参加会议。

工业和信息化部信软司表示，ITSS 经过十年不断地积累和沉淀，形成政府引导、企业主体的标准化管理工作机制和工作模式，为行业发展提供有力支撑。下一步将持续完善标准体系，加大标准应用推广，推动成立 ITSS 研究院，支持 ITSS 开展国际标准化合作。市经济信息化局介绍北京市 ITSS 整体推动情况，并提出下一步工作思路：一是树立一批 ITSS 贯标获证试点示范企业，加大支持服务力度；二是把已有联盟、协会团结起来，共同推进 ITSS 创新发展，培养一批创新引领人才；三是推动企业上云，促进人工智能、工业互联网、物联网、车联网与现代服务业、优势制造业融合发展。

（张 刚）

标准化工作综述
（北京市知识产权局）

2019年，北京市知识产权局在调查研究的基础上，统筹谋划、协调组织，总结工作经验，探索完善标准化工作机制，调动社会各界参与，推动知识产权标准化工作继续有效开展。

一是完成《北京市知识产权标准体系建设可行性研究》。研究表明：北京市知识产权标准体系建设是非常有必要的，且北京市知识产权标准体系建设具有可行性。应按照合法合规、目标明确、全面系统和市场化导向的要求制定北京市知识产权标准体系，并提出北京市知识产权标准体系图和标准明细表，报告建议以管理标准、服务标准、运用标准和保护标准四大类为核心，以标准子体系和标准小类为进一步扩展建立起符合北京市城市发展定位和知识产权标准需求的、具有北京市特色的知识产权标准体系，从而为北京市知识产权标准体系建设打好基础。

二是从企业知识产权管理目标、管理制度等方面入手，在知识产权取得、维护、运用及知识产权人才培养、知识产权管理体系建设等方面着力，完成一批涉及企事业知识产权服务、管理规范等项目。包括：《高精尖产业专利导航高级指南》《高价值专利（组合）培育和评价标准研究》《企事业单位知识产权管理标准化研究》《商标代理服务规范制定》等。

三是针对地理标志产品“北寨红杏”地方标准实施已满一年，从经济效益、社会效益对标准进行分析总结并上报市市场监管局。北寨红杏产区地处燕山山脉东端浅山区的一条狭长的山谷里，为深山区，海拔135m～151m。根据杏树生长结果习性、立地条件、栽植密度等，通过整形改善通风透光条件、协调生长与结果营养分配，维持盛果期年限。北寨村所有红杏种植户280家均为标准实施对象，按种植标准进行种植后，不仅提高生产效率还实现增收，创造直接或间接经济效益1500万元，在降低污染的同时节约肥料成本，提升安全管理水平。全年利用互联网举办“防伪溯源系统使用”培训及产品宣传等3次。标准实施以来，产品种植管理中的问题明显减少，种植户的生产积极性得到提高。

四是完成《企业知识产权管理规范》的起草工作，上报市市场监管局进入征询意见阶段。标准由北京知识产权保护协会起草，拟通过建立一套科学有效的企业知识产权管理规范，并向企业推广，引导企业自觉、娴熟地运用知识产权管理规范，将知识产权转化为经济优势；辅助企业具备科学、规范管理知识产权的能力；形成以企业为主体、以人才为支撑、规范有效的企业知识产权管理新体系。在上述基础上，逐步建立起与中国市场经济条件相适应、与科技发展水平相协调的企业知识产权工作新机制。

标准化工作成果
（北京市知识产权局）

【知识产权标准体系建设可行性研究】 2019年，市知识产权局开展北京市知识产权标准体系建设可行性研究。研究表明，北京市知识产权标准体系建设是必要且可行的。研究绘制北京市知识产权标准体系图和标准明细表，建议北京市知识产权标准体系应按照合法合规、目标明确、全面系统和市场化导向的要求制定，以管理标准、服务标准、运用标准和保护标准四大类为核心，从标准子体系和标准小类进一步扩展成符合北京市城市发展定位和知识产权标准需求的、具有北京市特色的知识产权标准体系。

（韩鸿飞　李　军）

【完成一批涉及企事业单位知识产权服务、管理规范等项目】　2019 年，市知识产权局从企业知识产权管理目标、管理制度等方面入手，在知识产权创造、运用、保护，以及知识产权人才培养、知识产权管理体系建设等方面着力，完成一批涉及企事业单位知识产权服务、管理规范等项目，包括《高精尖产业专利导航高级指南》《高价值专利（组合）培育和评价标准研究》《企事业单位知识产权管理标准化研究》《商标代理服务规范制定》等。

（韩鸿飞　李　军）

【北京市地方标准《地理标志产品　北寨红杏》实施满一年】　2019 年，北京市地方标准《地理标志产品　北寨红杏》实施满一年，市知识产权局从经济效益、社会效益等方面对标准进行总结分析，分析结论已报送市市场监管局。北寨红杏产区地处燕山山脉东端浅山区的一条狭长的山谷里，为深山区，海拔 135m ~ 151m。根据杏树生长结果习性、立地条件、栽植密度等，通过整形改善通风透光条件、协调生长与结果营养分配，维持盛果期年限。北寨村所有红杏种植户 280 家均为标准实施对象，按种植标准进行种植后，不仅提高生产效率还实现增收，创造直接或间接经济效益 1500 万元，在降低污染的同时节约肥料成本，提升安全管理水平。全年利用互联网举办“防伪溯源系统使用”培训及产品宣传等 3 次。标准实施以来，产品种植管理中的问题明显减少，种植户的生产积极性得到提高。

（韩鸿飞　李　军）

【《企业知识产权管理规范》起草工作】
2019 年，市知识产权局、北京知识产权保护协会启动《企业知识产权管理规范》起草工作，目的是建立一套科学有效的企业知识产权管理规范，促进企业知识产权运用，提升企业知识产权管理能力，形成以企业为主体、以人才为支撑，科学、规范、高效的企业知识产权管理体系，逐步建立与中国市场经济条件相适应、与科技发展水平相协调的企业知识产权工作新机制。该规范已报市市场监管局，进入征询意见阶段。

（韩鸿飞　李　军）

标准化工作成果
（北京市汽车标准化技术委员会）

【北汽自主品牌国家高端装备制造业标准化试点项目通过验收】　2019 年 4 月 17 日，北京汽车股份有限公司承担的“北汽自主品牌国家高端装备制造业标准化试点项目”通过市市场监管局的预考核评估。11 月 29 日，“北汽自主品牌高端装备制造业标准化试点项目”通过国家标准委评审组的验收。

（刘　怡）

【智能网联汽车团体标准通过立项】　2019 年 12 月 6 日，北京汽车行业协会组织业内专家，对北京汽车研究总院有限公司、北汽福田汽车股份有限公司提出的《汽车信息安全测试方法》等10项智能网联汽车团体标准进行立项评估。《汽车信息安全测试方法》等6项北京汽车行业团体标准通过立项。

（刘　怡）

【电动汽车团体标准通过立项】　2019年9月26日，北京汽车行业协会组织专家，对北京新能源汽车技术创新中心有限公司提出的《车载充电机高寒环境性能要求及试验方法》等11项电动汽车标准进行评审。《电动汽车采暖性能评价要求及评价方法》等4项新能源汽车团体标准通过立项，成为首批立项的北京汽车行业协会团体标准。

（刘　怡）

【组织汽车行业大型标准培训活动】　2019年11月6日，在北汽集团研发基地，由北京汽车集团有限公司、北京汽车行业协会、北京市汽车标准化技术委员会和中国汽车技术研究中心有限公司标准化研究所共同举办"汽车标准化进企业——北汽集团站暨北汽集团2019年标准化专题活动"。活动主题是汽车产业节能、环保的政策法规及标准化工作的发展趋势。活动邀请北京市标准化研究院专家做主题为"标准制定程序与要求"的培训。北京汽车行业的主机、专用车和零部件企业从事标准化工作的专业人员，120余人参加培训活动。

（刘　怡）

标准化工作综述

（北京市信息化标准化技术委员会）

一、支撑行业主管和标准化主管部门开展标准评审与研讨工作

配合市经济信息化局、市市场监管局组织信息化相关行业领域专家，推动《软件和信息化项目运行评价规范》《面向政务服务的信息分类规范》标准征求意见。参加《信息化项目软件开发费用测算规范》《软件产品备案测试基本技术规范》《数据中心能源效率限额》等标准的研讨、论证会，加强制修订标准的严谨性及专业性。推荐专家参与市经济信息化局标准评审工作。

二、支撑信息化标准化管理及日常工作

支撑市经济信息化局、市市场监管局，完成2019年度标准制修订补助申请、标准制修订计划申报等归口管理工作；参与信息化领域相关标准的征求意见、送审工作，提出技术意见；推荐专家支撑市市场监管局标准补助的初审、终审工作；跟踪国际标准、国家标准发展动态，组织搜集标准化情报信息；完成其他各类技术归口、经费及行政管理等日常工作；完成信标委工作年鉴编制工作，以及其他领导交办的各类工作。

三、参与有关标准化各项活动

参与2019年信息技术服务标准（ITSS）

北京市宣贯培训会、2019 年度纪念世界标准日大会、“软件与系统工程”领域国家标准启动会、北京市专业标准化技术委员会工作会、《北京标准化年鉴》编纂工作启动会暨培训会、《北京市大数据标准体系》委办局座谈会、全国信息技术标准化技术委员会软件与系统工程分技术委员会换届大会暨第一次全会等活动。

四、跟踪国家标准体制改革，探索联盟标准化工作

按照国家标准委对标准体制改革的思路，鼓励联盟参与到信标委的工作中，吸收长风联盟等多家联盟参与到信标委的日常工作中，发挥联盟在标准化工作中的作用；组织相关单位开展联盟标准化工作的研究，参与编写联盟标准化工作指南；探索联盟标准向地方标准的转化路径。

五、协助行业主管部门，形成《北京大数据标准体系》研究报告

为配合《北京市大数据行动计划》的实施，响应“汇、管、用、评”各阶段任务，协助行业主管部门制定《北京大数据标准体系》，主要结合北京市大数据标准需求制定大数据标准体系框架并提出北京市大数据标准化工作建议。该体系指导和规范大数据标准制定工作，为大数据平台建设，数据汇聚、数据管理、数据应用、评估评价等工作的开展提供支撑和保障。

标准化工作综述

（北京市实验动物标准化技术委员会）

一、推进北京市实验动物地方标准的制修订工作

（一）组织开展 2018 年立项的 2 项标准的征求意见和送审工作

在完成行业协会、技术机构、企业等相关方公开征求意见的基础上，北京市实验动物标准化技术委员会（以下简称：标委会）秘书处通过市科委发函市农业农村局、市卫生健康委、市生态环境局等 3 家委办局对《实验动物伦理审查技术规范》《动物实验管理技术规范》等 2 项标准公开征求意见。其中市农业农村局对《动物实验管理技术规范》提出 6 条修改意见，编制组经研究全部采纳。市卫生健康委和市生态环境局未提修改意见。12 月 10 日，市市场监管局组织召开 2 项标准的专家审查会。专家组一致同意 2 项标准通过审查，建议标准编制组根据专家意见进行修改后，尽快报批。

（二）组织开展 2019 年立项的 6 项标准的征求意见工作

在市市场监管局发布的 2019 年北京市地方标准制修订项目计划中，《实验动物　繁育与遗传监测》《实验动物　病理学诊断规范》《实验动物　寄生虫检测与评价》《实验动物　环境条件》《实验动物　配合饲料养分与卫生要求》《实验动物　微生物检测与评价》6 项标准获得立项。按照计划，该次立项的标准要把已发布实施的实验用小型猪、实验用鱼类、实验用猪、牛、羊、狨猴、长爪沙鼠的地方标准，在制定过程中的猫、雪貂的地方标准，将新研究的鸡、鸭、鹅、鸽的地方标准合并到一起，涵盖的实验动物品种共计 13 种动物。截至年底，已完成相关委办局、标委会专家、行业协会的征求意见工作，开始在市市场监管局和市科委网站面向社会公开征求意见。

二、完成 2019 年度地方标准实施情况报告

2019 年，标委会对实验用猪、牛、羊的 18 项标准以及《实验动物生产与实验安全管理技术规范》《实验动物运输规范》等 2 项标准的实施情况进行自评，建议标准继续实施，不需要修订和废止。年内，市科委发放实验用猪生产许可证 2 个，实验用猪使用许可证 14 个;发放实验用牛使用许可证 3 个;发放实验用羊使用许可证 7 个。根据市政府执法工作的要求,依据实验动物相关的法律法规和标准,市科委执法人员本年度对实验动物质量、实验动物设施运行情况等开展监督检查,全年根据地方标准进行监督检查 405 次。

三、完成标委会换届的筹备工作

标委会于 2014 年 11 月 14 日经市市场监管局(原市质量技术监督局)批准成立,主要负责北京市实验动物领域的标准制修订工作,5 年任期届满。根据《北京市专业标准化技术委员会管理办法》的规定,标委会秘书处制定具体换届方案,完成委员征集工作,标准体系表的专家论证工作,完成 5 年工作历程的总结并制定未来 5 年的工作计划,制定标委会章程。2019 年 12 月初,换届方案通过市科委发函提交市市场监管局审核。

四、标委会委员参与国家标准、团体标准研究制定和审查工作

标委会部分委员参与强制性国家标准《实验动物　微生物和寄生虫等级及监测》(GB 14922)、《实验动物　哺乳动物遗传质量控制》(GB 14923)、《实验动物 配合饲料通用要求》(GB 14924)、《实验动物 环境及设施》(GB 14925)以及推荐性国家标准《实验动物　安乐死指南》《实验动物　术语》《实验动物　动物实验生物安全通用要求》《实验动物小鼠、大鼠品系命名规范》《实验动物　健康监测总则》《实验动物　福利通则》等的制修订工作。

标委会部分委员参与行业标准《实验动物安乐死评审指南》《实验动物运输通用规范》的编制。

标委会部分委员参与中国实验动物学会《实验动物　免疫缺陷动物微生物与寄生虫监测》《实验动物　哨兵动物的使用和监测》《基因修饰动物基因型鉴定》《实验动物淋巴细胞脉络丛脑膜炎病毒(LCMV)PCR 检测方法》等 26 项团体标准的制定工作。

五、标委会组织开展标准宣贯、培训、交流及标准化咨询、服务等情况,以及参与有关标准化活动情况

(一)标委会委员参加论坛、年会等情况

6 月,有关委员在标委会秘书处主办的(第九届)北京实验动物科学国际论坛上做《国内外实验动物标准比较》专题报告,参会人数 300 余人。7 月,有关委员在京津冀实验动物科技年会上做《国外实验动物福利伦理审查与我国新国标解读》专题报告,参会人数 200 余人。8 月,主任委员在第十七届中国北方实验动物科技年会上做《我国实验动物标准构成分析、实施效果评价与展望》专题报告,参会人数 400 余人。12 月,标委会秘书处参与主办 2019 年北京实验动物学术年会暨地方标准培训班,在会上重点解读实验动物地方标准中的遗传、饲料、微生物等标准,参会人数 110 人左右。标委会秘书处受中国合格评定国家认可委员会(CNAS)委托,2019 年先后在北京、上海组织举办实验动物机构能力认可制度培训班,解读《实验动物机构质量和能力的通用要求》(GB/T 27416),参会人数 200 余人。实验动物从业人员岗前培训考核中专门设有实验动物标准化内容,本年度累计培训约 6000 人。标委会撰写的新闻通稿《北京市实验动物地方标准合并研讨会顺利召开》在《标准化动态信息》2019 年第 8 期上发表。2019 年世界标准日期间,在实验动物信息网和实验动物标委会微信群上推广“标准国际化助力高质量发展(2019 年宣传片)”和“标准化让生活更美好”宣传片,并张贴世界标准日宣传海报。

(二)组织开展标准制修订培训等工作情况

3 月,如期完成 2018 年度北京市专业标准化技术委员考核评估,标委会考核合格。

4月，组织标准主起草人参加市市场监管局举办的标准体系建设培训暨2019年度北京市地方标准制修订培训班。10月，派相关委员参加市市场监管局在国家会议中心召开的2019年世界标准日纪念会议。11月，标委会秘书长和副秘书长参加市市场监管局组织召开的2019年北京市专业标准化技术委员会工作会。12月，标委会参加首都标准化委员会办公室召开的《北京标准化年鉴(2020)》编纂工作启动会暨培训会。

六、标委会内部管理情况，秘书处承担单位支持情况

2019年，标委会秘书处执行秘书处的工作细则，为委员提供服务的同时，重点落实委员会议考勤和印章使用管理制度，并在秘书处档案室按照档案管理要求存放标委会工作中整理出的档案。

2019年度召开标委会全体委员会议3次，会议议题分别是实验用禽类地方标准征求意见，实验动物地方标准合并，合并后的实验动物地方标准征求意见；对委员进行标准化培训，学习《北京市地方标准管理办法》《北京市专业标准化技术委员会管理办法》等文件。

秘书处承担单位在办公条件、人员、经费等方面全力支持标委会的工作，把标委会秘书处的工作纳入到全市实验动物管理的工作计划中，统筹安排，力保成效。在标准化培训、标准化会议等方面，全年累计支出20余万元。

标准化工作成果
（北京市实验动物标准化技术委员会）

【6项实验动物地方标准获得立项】 2019年2月，《实验动物　繁育与遗传监测》《实验动物　病理学诊断规范》《实验动物　寄生虫检测与评价》《实验动物　环境条件》《实验动物　配合饲料养分与卫生要求》《实验动物　微生物检测与评价》6项实验动物地方标准作为一类项目获得立项。

（刘文菊）

节能环保

标准化工作综述

（北京市发展和改革委员会）

一、关于节能和循环经济标准化工作

一是制定年度节能和循环经济标准制修订工作安排。为加快推进北京市节能和循环经济标准体系建设，强化标准约束规范作用，结合北京市节能和循环经济标准工作进展，会同市市场监管局印发《关于印发2019年度节能和循环经济标准制修订工作安排的通知》，启动25项地方标准和5项团体标准编制工作。

二是发布15项节能和循环经济标准。贯彻落实《关于印发〈北京市推进节能低碳和循环经济标准化工作实施方案（2015—2022年）〉的通知》安排，组织中国建筑科学研究院有限公司、北京工商大学等单位完成《超低能耗居住建筑设计标准》《工业开发区循环化技术规范》等15项节能和循环经济标准发布。

三是进行6项节能和循环经济标准宣贯。按照《北京市地方标准管理办法》要求，组织《大型公共建筑制冷能耗限额》等6项标准进行宣贯，为相关行业节能工作规范开展提供支撑。

四是开展节能标准实施情况监察。根据《关于开展2019年能源消耗限额标准落实情况专项监察的通知》安排，对60家用能单位开展《高等学校能源消耗限额》等能耗限额标准执行情况的节能监察。

二、关于新能源和可再生能源标准化工作

一是全面修编新能源标准体系。全面修编《北京市新能源和可再生能源标准体系表》，建立和完善太阳能、地热能、生物质能、风能、氢能、水能等6个新能源领域的标准体系，形成标准体系编制说明、标准体系框架图、标准体系统计表、标准体系明细表等，确定未来三年本市重点制定的新能源地方标准项目。

二是出台热泵应用标准化相关政策。会同市规划和自然资源委等8个单位联合印发《关于进一步加快热泵系统应用推动清洁供暖的实施意见》，实施意见提出研究标准、建立标准、使用标准，进一步提升北京市热泵应用水平。

三是开展太阳能光伏标准实施情况在线检查。为保证光伏项目在线监测稳定运行，成立光伏监测运维组，定期开展线上检查，对离线和运行不稳定项目开展现场检查，并要求企业按照《太阳能光伏系统数据采集及传输系统技术条件》《太阳能光伏在线监测系统接入规范》进行问题查找和整改，全年现场检查51次。

标准化工作综述

（北京市生态环境局）

2019年，北京市生态环境局以习近平生

态文明思想为指引，贯彻党的十九大精神，学习习近平总书记对北京重要讲话，落实市委、市政府各项工作部署及《2019 年北京市标准化工作要点》《北京市城市管理与服务标准化建设行动计划（2017—2020 年）》等文件要求，聚焦“污染防治攻坚战”，以改善首都生态环境质量为目标，推进全市生态环境标准体系建设。

一、持续推进生态环境领域标准制修订进程

2019 年，北京市发布 5 项地方生态环境标准。《农村生活污水处理设施水污染物排放标准》（DB11/ 1612—2019）的发布，切实落实《关于全面加强生态环境保护　坚决打好北京市污染防治攻坚战的意见》有关“制定农村污水处理排放标准”的任务要求，聚焦北京市农村生活污水处理特点，根据排污去向、排放规模分级控污，体现国家乡村振兴战略、农村人居环境整治行动等在省级层面的落实。

《地铁噪声与振动控制规范》（DB11/T 838—2019）在 DB11/T 838—2011 基础上完善噪声和振动预测评价方法、控制措施的选择与设计，提高预测精度和可操作性，顺应北京地铁及城市发展的新变化新要求。

《加油站油气排放控制和限值》（DB11/ 208—2019）聚焦加油站储存汽油、卸油和加油过程中产生的挥发性有机物（VOCs），根据环境管理新要求及国内外油气回收控制技术对已有标准进行修订，该标准提出的加油站油气回收在线监控系统预报警要求和油气处理装置排放限值均严于国家标准，在国内处于领先水平。

《电子工业大气污染物排放标准》（DB11/ 1631—2019）针对电子工业有组织排放、无组织排放、企业边界污染物监控三方面提出要求，力争引导电子工业企业采取有效措施控制大气污染物有组织和无组织排放，促进电子工业的技术进步和可持续发展，对改善城市大气环境质量具有重要意义。

《建设用地土壤污染状况调查与风险评估技术导则》（DB11/T 656—2019）替代《场地环境评价导则》（DB11/T 656—2009），在吸纳国内外基于暴露单元统计暴露点浓度、基于污染物人体可给性开展深层次精细化风险评估等最新研究成果基础上，提出与国家和北京土壤污染防治法律法规和管理思路相适应的标准要求，为北京市建设用地土壤环境管理工作的开展提供更好的指导。

截至 2019 年底，北京市有现行有效生态环境保护标准 70 项（强制性标准 42 项）。其中，大气环境保护标准 40 项，水环境保护标准 4 项，土壤环境保护标准 8 项，其他标准 18 项。总体上，现行生态环境标准囊括大气、水、土壤、固体废物、环境噪声与振动、放射性和电磁辐射等环境要素，涵盖排放标准、产品环保标准、监测方法及技术规范等多种类型。

除已发布标准外，市生态环境局聚焦生态环境领域突出问题，持续推进标准体系研究工作。截至年底，在研标准项目 13 项，《地铁正线周边建设敏感建筑物项目环境振动控制规范》等标准已送审，《实验室挥发性有机物污染防治技术规范》等标准已完成专家预审，《液氨贮存使用单位环境风险防控技术规范》等标准已完成公开意见征求，其余标准研究工作按计划稳步推进。

二、持续完善水、气、土三大领域标准体系

（一）40 项大气环境保护标准助力北京大气污染防治

现行 40 项大气环境保护标准包括：固定源排放标准 20 项和技术规范 3 项；移动源排放标准 13 项；产品标准 4 项。

固定源排放标准涵盖炼油与石油化学工业、印刷业、家具制造业、有机化学品制造业、电子工业、锅炉等工业源排放标准，以及汽车维修业、加油站、餐饮业等服务行业排放标准。根据工艺与排放特征所制定的行业排放标准，相较于综合排放标准，更具针对性，更符合行业的污染防治需求。在实际管理中，大气污染物综合排放标准兜底、各行业标准重点突破相结合的标准管理体系，基本可将北京市所有固定源排放全部纳入管控。

移动源排放标准主要针对重型汽车、轻型汽车、非道路机械等移动排放源设定排放限值及测量方法，同时兼顾与生态环境部发布标准共同作用发挥效能，达到地方标准与国家标准互为补充、互相促进的效果。

产品环保标准的发布为北京市大气污染防治源头管控提供依据。2017 年实施的第六阶段车用汽油和柴油标准，主要控制指标与国际上最严格的车用燃油标准相当。2017 年发布的京津冀首个区域环保标准《建筑类涂料与胶粘剂挥发性有机物含量限值标准》，是《北京市大气污染防治条例》发布实施后的一次创新，实现从源头减少京津冀地区建筑类涂料和胶粘剂使用所产生的 VOCs 排放。

（二）4 项水生态环境保护标准严控水污染物排放

近年来，市生态环境局坚持以改善全市水环境质量为核心，先后发布 4 项水生态环境保护标准，对水污染物排放提出严格要求。

实现污染物排放限值与地表水环境质量指标的接轨。2012 年发布的《城镇污水处理厂水污染物排放标准》（DB11/ 890—2012）提出排入地表水Ⅱ～Ⅲ类、Ⅳ～Ⅴ类水体的基本控制项目排放限值及选择控制项目排放限值约 50 项。2013 年修订的《水污染物综合排放标准》（DB11/ 307—2013）对排入地表水Ⅱ～Ⅲ类、Ⅳ～Ⅴ类水体的污染物分别制定近百项排放限值。

突出农村污水排放在水环境保护中的作用。2019 年发布的《农村生活污水处理设施水污染物排放标准》替代综合排放标准中的相关限值，充分考虑北京市农村生活污水排放特点，坚持“用生态的方法解决生态的问题”理念，提出农村生活污水处理宜优先选用人工湿地、生态塘等生态处理工艺，并鼓励回用，同时对不同规模农村污水处理设施分别提出排放限值，体现对农村生活污水“因地制宜、鼓励回用、生态处理、宽严相济”的原则。

（三）8 项土壤风险调查和修复标准引领全国

自 2011 年起，北京市相继发布 8 项土壤环境保护标准，涉及土壤环境风险评价、污染场地修复等多方面内容，为污染场地修复工作提供规范和指导。

2018 年，《土壤污染防治法》发布后，土壤污染防治思路有新调整。2019 年，北京市随即修订建设用地土壤污染状况调查与风险评估技术导则，成为国内首个结合新土壤污染防治法要求进行编制的技术标准，是国内首个采用国际先进评估方法的技术标准。该标准指导北京市建设用地土壤环境管理工作的开展，在全国范围起到示范作用。

三、持续强化标准宣贯保障实施效果

市生态环境局高度重视标准宣贯工作，对 2019 年度发布的地方生态环境标准均召开宣贯会，宣贯范围覆盖市区两级生态环境行政主管部门、相关行政执法部门、社会化监测机构及企业相关人员。

宣贯内容包括标准编制单位对标准编制过程、思路、内容等方面的解读，业务主管部门对标准在实际工作中的运用方式、要求、注意事项等内容的说明，以及对与会人员疑问的解答回应。标准宣贯取得良好效果。

标准化工作成果

（北京市生态环境局）

【新发布地方生态环境标准宣贯会】 2019 年 7 月 11 日，市生态环境局举办 2019 年上半年新发布《地铁噪声与振动控制规范》（DB11/T 838—2019）、《加油站油气排放控制和限值》（DB11/ 208—2019）、《电子工业大气污染物排放标准》（DB11/ 1631—2019）等 3 项地方标准宣贯会。会议面向市区两级生态环境部门和有关企业，由标准编制技术人员介绍标准的内容和具体要求，业务主管部门部署标准执行相应管理要求，以保障标准执行。各有关部门、各区生态环境局、开发区管委会环评和执法部门、加油站及检测单位 180 余人参加会议。

（高喜超　梁璇静）

【《挥发性有机物无组织排放控制标准》宣贯会】　2019 年 9 月 17 日，市生态环境局组织召开《挥发性有机物无组织排放控制标准》（GB 37822—2019）宣贯会。邀请编制组就标准适用范围、典型无组织排放源控制、无组织废气收集处理系统要求、排放监控要求等方面进行解读。就强化北京市挥发性有机物无组织排放管控、落实"一厂一策"治理工作、执法检查等方面，对各区提出工作要求。

（高喜超　梁璇静）

【北京市生态环境地方标准新闻发布会】　2019 年 12 月 3 日，市生态环境局组织召开"北京市 2019 年生态环境地方标准工作新闻发布会"，就已发布《农村生活污水处理设施水污染物排放标准》《地铁噪声与振动控制规范》《加油站油气排放控制和限值》《电子工业大气污染物排放标准》和《建设用地土壤污染状况调查与风险评估技术导则》等 5 项地方生态环境标准，回答媒体记者提问。

（高喜超　梁璇静）

标准化工作成果
（北京市园林绿化局）

【国内首个森林疗养基地建设地方标准实施】　由市园林绿化局组织编制的国内首部《森林疗养基地建设技术导则》（DB11/T 1567—2018）地方标准，于 2018 年 9 月 29 日发布。自实施以来，市园林绿化局在相关培训会、国际研讨会上进行 6 次标准宣传推介，发放标准宣传折页 570 份，解读森林疗养基地的场地选择、场地规划、设施建设、服务与运营维护等相关内容，使标准应用相关单位对标准内容有充分理解和掌握。市园林绿化局依据该标准，组织申请 1 项国家林业科学技术推广项目，加大森林疗养基地建设技术在北京地区的示范与推广。截至 2019 年底，八达岭国家森林公园、松山自然保护区、以及密云史长峪和怀柔西台子两处农村集体林区按照标准开展森林疗养基地建设示范。

（王建军）

【新标准为杨柳飞絮治理提供繁育技术支撑】　由市园林绿化局组织编制的北京市地方标准《毛白杨繁育技术规程》（DB11/T 1601—2018）于 2019 年 4 月 1 日起正式实施。该标准适用于北京地区毛白杨生产繁育技术推广应用。主要内容包括北京地区毛白杨利用组织培养、扦插、嫁接等方法开展繁殖，定植与管护，大苗培育，苗木出圃，苗木建议及档案管理的具体技术要求。该标准整体科学实用，便于理解，具有很强的指导性和可操作性。该标准是北京地区毛白杨标准化繁育体系的重要组成部分，标准的制定为北京地区毛白杨繁育和推广应用的标准化和规范化提供依据。为毛白杨生产和应用相关单位提供详细的毛白杨繁殖方法和大苗培育方法。标准编制完成后，编制单位借助北京林业大学、北京市林业苗木种子管理总站等平台，组织苗圃及施工、设计单位的专业技术人员进行多次现场观摩与讨论，通过北京电视台、北京广播电台、北京日报等媒体进行宣传报道，取得良好社会效果。

（王建军）

【《生物防治产品应用技术规程　白蜡吉丁肿腿蜂》制定和实施】　由市园林绿化局组织编制的《生物防治产品应用技术规程　白蜡吉丁肿腿蜂》（DB11/ T 1602—2018）地方标准，于 2019 年 4 月 1 日起正式实施。该标准规定白蜡窄吉丁的虫情调查以及白蜡吉丁肿腿蜂释放方法、防治效果调查和林间定殖情况调查等内容。适用于北京地区白蜡吉丁肿腿蜂的释放应用。

（王建军）

【《近自然森林经营技术规程》地方标准的修订和实施】　由市园林绿化局组织修订的《近自然森林经营技术规程》（DB11/T 842—2019）地方标准，于 2019 年 7 月 1 日开始实施。该标准规定森林演替阶段、主要经营措施和近自然森林经营操作程序等技术要求，具有更强的针对性和可操作性，适用于北京山区生态公益林经营。

（王建军）

标准化工作综述

（北京市新能源和可再生能源标准化技术委员会）

2019 年，北京市新能源和可再生能源标准化技术委员会（以下简称：标委会）学习贯彻落实十九大报告精神，按照《2019 年北京市标准化工作要点》《北京市城市管理与服务标准化建设行动计划（2017—2020 年）》等文件要求，在市发展改革委和市市场监管局的指导下，持续推进新能源和可再生能源领域标准化工作，在新能源标准发展规划研究、标准体系更新、地方标准制定、宣传培训等方面取得成效，助力北京市新能源行业高质量发展。

一、参加北京市标准化活动

1 月 10 日，参加市市场监管局组织的地方标准立项协调会。1 月 25 日，参加首都标准化委员会组织的首都标准化委员会第十二次联络员全体会议。3 月 6 日，参加北京市标准化研究院组织的 2018 年度北京市专业标准化技术委员会考核评估会。4 月 28 日，参加市市场监管局举办的标准体系建设培训暨 2019 年度北京市地方标准制修订培训会。10 月 14 日，参加市市场监管局召开的 2019 年世界标准日纪念会议。11 月 7 日，参加市市场监管局组织的 2019 年北京市专业标准化技术委员会工作会。11 月 14 日，参加北京市标准化研究院组织的京津冀资源循环利用工作组研讨会。12 月 5 日，参加首都标准化委员会组织的《北京标准化年鉴（2020）》编纂工作启动会暨培训会。

二、开展标准宣贯培训工作

4 月 24 日，召开“2019 年北京市地方标准政策与标准编写培训会”，邀请北京市标准化研究院专家授课，对《标准化法》《北京市地方标准管理办法》及地方标准的结构和编写要求等进行解读与培训，新能源地方标准承担单位30余人参加该次培训。

11月15日，召开“光伏发电系统接入市级监测平台技术培训”，邀请中国电力科学研究院专家对《太阳能光伏在线监测系统接入规范》《太阳能光伏系统数据采集及传输系统技术条件》进行解读，建筑设计院、新能源公司等单位参加该次培训。

三、开展标准发展规划研究

2019年3—12月，按照《关于开展推动首都高质量发展标准体系建设工作的通知》要求，开展《北京市新能源和可再生能源标准发展规划(2020—2025)》研究，提出新能源地方标准的研究方向和重点领域。

四、完善新能源标准体系

2019年12月，完成《北京市新能源和可再生能源地方标准体系表(第一批)》(2013版)更新，重新制定标准体系的结构图，更新后的新能源标准体系表分为6个新能源领域，包括1650项标准，跟第一版相比增加961项标准。其中，太阳能标准321项，增加150项；地热能标准106项，增加40项；生物质能标准213项，增加90项；风能标准397项，增加68项；新增水能标准567项；新增氢能标准46项。

五、开展地方标准立项和制定工作

组织开展2019年度地方标准的项目申报和研究制定工作。2月22日，《地源热泵系统运行技术规范》《热泵系统安全管理技术规范》2个项目列入《2019年北京市地方标准制修订项目计划》。8月23日，《地源热泵系统评价技术规范》《分布式光伏发电工程技术规范》《建筑新能源应用设计规范》3个项目列入《2019年北京市地方标准制修订增补项目计划》。5项地方标准征求意见稿报市市场监管局，已完成网上公开征求意见，进入预审阶段。

六、组织标准会议

一是召开地方标准研讨会，市发展改革委、节能环保中心、中国建研院、市地勘局等单位专家参加，提出7项新能源行业急需制定的地方标准。二是召开《建筑新能源应用设计规范》地方标准立项协调会，市发展改革委、市规划和自然资源委、市住房城乡建设委等行业主管部门参加，协调结果形成会议纪要报市市场监管局。三是组织立项地方标准的专家评审会，邀请行业专家对标准内容进行把关，全年专家评审会达18次。

标准化工作成果
（北京市新能源和可再生能源标准化技术委员会）

【地方标准研讨会】 2019年4月2日，市发展改革委召开地方标准研讨会，北京节能环保中心、北京市经济信息中心、市地勘院、中国建研院等单位参加，会议研究提出7项新能源行业急需制定的地方标准。

（孙　干）

【地方标准培训会】 2019年4月24日，北京节能环保中心组织召开“2019年北京市地方标准政策与标准编写培训会”，邀请北京市标准化研究院专家对《标准化法》《北京市地方标准管理办法》及地方标准的结构和编写要求等进行解读与培训，参与2019年地方标准项目申报的单位参加培训。

（韩东梅）

【地方标准协调会】 2019年7月23日，市发展改革委召开地方标准立项协调会，市住房城乡建设委、市规划和自然资源委、北京节能环保中心、中国建研院等单位参加，会议决定《建筑新能源应用设计规范》由市发展改革委牵头立项。

（杜林芳）

【地方标准评审会】 2019年，北京节能环保中心组织《地源热泵系统运行技术规范》《热泵系统安全管理技术规范》《地源热泵系统评价技术规范》《分布式光伏发电工程技术规范》《建筑新能源应用设计规范》等5项地方标准的申报立项，严抓标准质量，带领项目承担单位调研相关企业，听取企业意见，实地查看新能源项目运行情况，并邀请行业专家对5项标准进行18次评审。

（孙　干）

公共安全

标准化工作综述

（北京市公安局）

2019年，北京市公安局按照首都标准化委员会的总体部署和首都标准化战略纲要的任务要求，围绕北京市中心工作，立足业务需求，坚持“服务实战、支撑实战、牵动实战”的工作原则，通过强化标准制修订、推动标准宣贯、落实标准实施等工作措施，在利用标准化推动公安业务工作可持续开展方面取得成效。

一、紧扣工作需要，强化统筹组织，牵动标准化管理工作

为加强标准化管理，切实发挥标准化支撑服务实战作用，一是以制定《北京市公安局标准化工作管理办法（试行）》为工作抓手，落实《标准化法》和公安部、首标委的各相关工作要求，按照“既是管理规定又是工作手册”的目标，经过四轮征求意见和修改完善，以市公安局文件印发执行，在办法中明确管理目标、职责任务和工作要求，有效推进市公安局标准化管理工作。二是初步完成“北京市社会公共安全标准体系框架”的搭建，在制定过程中依托公安改革成果，深入调研，梳理出治安、交通、公安行政等9个二级目录和73个三级目录，初步收集汇总各级别标准3266项，为指导全局标准制定应用奠定基础。

二、聚焦业务实际，突出重点攻坚，做好标准制修订工作

在重点标准制修订方面，一是修订完成《废旧爆炸物品安全处置规范》，进一步规范北京市废旧爆炸物品的处置要求，提升处置安全效果，维护首都安全稳定，并对全国规范安全处置废旧爆炸物品起到示范和推动作用。二是制定完成《建筑消防设施维修保养规程》，促进建筑消防设施的维修和保养工作有序开展，使建筑消防设施持续保持完好有效，并能在火灾发生时发挥应有作用。三是推进《信息安全技术　网络安全事件应急处置规范》地方标准的制定工作，完善信息安全事件应急处置依据，对于加强信息系统安全管理、指导各单位开展网络安全事件处置、全面提升首都网络与网络安全事件处置能力等方面的工作具有积极意义。四是参与公共安全行业标准的制定，市公安局参与制定的《法庭科学尸体检验摄像规范》公共安全行业标准已发布，该标准对刑侦法医物证鉴定的工作程序进行规范，标准的实施将为打击犯罪、固定证据提供科学、可靠的依据和手段，提高侦查破案水平。

三、关注技术前沿，保证标准效力，推动标准复审工作

根据市市场监管局关于开展2019年北京市地方标准复审工作的统一部署，组织对4项地方准进行复审，以标准实施以来产生的社会效果、存在的实际问题、相关法律法规和国家标准、行业标准变化等方面为重点,了解标准推动落实情况,并征求标准各相关方以及行业内专家的意见,形成市公安局地方标准的复审结果建议,其中需修订的地方标准2项,需废止的地方标准2项。

四、结合日常管理,牵动部署,推动标准实施落地

按照市市场监管局的统一部署,对于市公安局负责的《易制爆危险化学品存放场所安全防范要求》等4项地方标准的实施情况进行监督检查。为推动标准实施,各单位召开宣贯会5场,培训人员136人,开展标准专项检查监督活动23次,对推动标准的实施发挥效果。其中《小型消防站建设规范》自正式实施以来,各区人民政府及属地消防部门落实标准要求,建成小型消防站73个,配备执勤车辆124辆,备防人员1145人,缩短当地消防救援工作的应急响应时间,缓解消防中队接警压力,火灾损失明显下降。

标准化工作成果

（北京市公安局）

【配合完成2019年度北京市地方标准复审】 2019年3月,市公安局按照《标准化法》和《标准化法释义》要求,推动标准复审工作,结合最新技术发展和管理经验,组织完成4项北京市地方标准的复审工作,其中废止2项,需要修订2项。

（李晓波）

【《建筑消防设施维修保养规程》发布】 2019年3月17日,《建筑消防设施维修保养规程》(DB11/T 1620—2019)发布。该标准规定建筑消防设施的维修和保养方法,对于规范北京市消防重点单位消防设施的维修保养方法、提升建筑消防设施维修保养技术服务机构的质量水平、确保建筑消防设施完好有效具有实际指导意义。

（李晓波）

【《废旧爆炸物品销毁处置安全管理规程》发布】 2019年9月26日,《废旧爆炸物品销毁处置安全管理规程》(DB11/T 827—2019)发布。该标准规定收缴爆炸物品处置单位、人员、场地及制定方案的一般要求,明确处置收缴爆炸物品的基本原则,细化收缴爆炸物品挖掘、鉴别、包装、装卸、运输、销毁具体操作流程和技术要求,进一步指导专业公司日常处置收缴爆炸物品工作。

（李晓波）

【《信息安全技术　网络安全事件应急处置规范》发布】 2019年9月26日,《信息安全技术 网络安全事件应急处置规范》(DB11/T 1654—2019)发布。该标准规定网络安全事件的网络安全事件分类与分级、调查处置、日常监测和应急工作准备。标准发挥信息安全等级保护标准具有的法律、技术、经济等方面的综合管理能力,构建全方位立体化的信息安全制度保障体系,对保障全市信息安全具有深远意义。

（李晓波）

【公共安全行业标准制定工作】 2019年10月15日,由市公安局起草制定的《法庭科学尸体检验摄像技术规范》《法庭科学纸张检验染色剂法》《法庭科学纸张检验外观纸病分类规范》等3项公共安全行业标准正式发布。上述标准对刑侦法医物证鉴定的工作程序进行规范,标准的实施将为打击犯罪、固定证据提供科学、可靠的依据和手段,提高侦查破案水平。

（李晓波）

【《北京市公安局标准化管理办法(试行)》印发实施】 2019年10月1日,《北京市公安局标准化管理办法(试行)》印发执行。该办法按照《标准化法》和公安部、首标委的各相关工作要求,按照"既是管理规定又是工作手册"的目标,经过四轮征求意见和修改完善,在办法中明确管理目标、职责任务和工作要求，有效推进市公安局标准化管理工作。

（李晓波）

【《小型消防站建设规范》实施效果显著】《小型消防站建设规范》实施以来，全市建成小型消防站 73 个，配备执勤车辆 124 辆，备防人员 1145 人，极大缩短当地消防救援工作的应急响应时间，缓解消防中队接警压力，火灾损失明显下降。

（李晓波）

标准化工作综述

（北京市应急管理局）

2019 年，北京市应急管理局按照首都标准化委员会相关部署，贯彻落实《首都标准化战略纲要》要求，立足应急管理机构改革实际，推进安全生产地方标准制修订、地方标准宣贯、地方标准实施情况评估、标准化评审等工作。在不断夯实安全生产基本盘、基本面的基础上，以解决应急管理领域存在的实际问题为导向，开展应急管理领域标准体系研究，全面梳理规范应急管理工作发展所需要的标准制修订项目，为应急管理各项工作的有序展开打下基础并提供技术支撑。

一、总体情况

（一）持之以恒，"百项地标"重点工程收官

在首都标准化委员会的支持和指导下，《北京市"十三五"时期标准化和计量发展规划》中的重点工程——"百项安全生产标准工程"收官。该工程由市应急管理局牵头，涉及 15 个行业部门，有 42 个单位参与编制。在内容选取上，强调结合实际、突出创新，每一项地方标准瞄准安全生产重点领域的技术空白以及安全生产工作需求，考虑首都安全生产监管重点领域、政策文件的新要求、疏解非首都核心功能的现实需要等要素，创新性内容达到 20% 以上。原计划的 89 项地方标准全部完成起草工作，并正式发布 86 项，剩余 3 项进入报批阶段。地方标准的发布实施构建起覆盖北京市重点行业、领域的安全生产技术标准体系，为促进北京市安全生产隐患排查治理工作，提供分行业的、可操作性强的安全管理规范。

（二）融合发展，应急管理标准体系建设成效显著

立足应急管理机构改革实践，市应急管理局启动局内融合课题"应急管理标准体系建设"研究。以应急管理法律法规为统领，以国家标准、行业标准为骨架，地方标准为补充，统筹规划、分类整合相关标准。重新搭建 6 大类一级体系、44 项二级体系，业务涵盖全面、逻辑关系合理的应急管理、安全生产、防灾减灾救灾标准体系框架。收集整理各类标准 2600 余项，对照标准体系框架明确各层级，整理填充相关国家标准、行业标准、地方标准、团体标准，并按照轻重缓急，分批、分阶段提出北京市应急管理领域空白标准和需修订标准项目计划。通过体系框架有效解决标准相互交叉、相互重叠以及标准缺失等问题，初步构建符合首都城市发展战略定位的应急管理领域标准体系。

（三）协同推进，标准宣贯多管齐下落地见效

结合应急管理工作实际，分层次、分专业研究制定灵活高效的各类地方标准宣贯方案。组织开展新发布地方标准集中宣贯、"百项地标"专题宣贯，对 14 个市级行业部门、各区应急管理局，20 家市属国企、33 家安全生产服务机构的近 90 余人进行集中培训，使之成为新发布地方标准和"百项地标"贯标培训的师资人员。建立包括起草人员、有关专家在内的 47 人专家队伍，随时为有关单位的标准宣贯和实施提供技术咨询服务。在全市应急管理系统和相关企业开展

贯穿全年的危险化学品领域标准系列宣贯活动，全市统一部署，突出培训目的，扩大培训范围，组织标准宣贯会 7 场，宣贯人数近 1800 人。全年在 911 家企业开展贯标试点示范项目，依据地方标准进行监督检查 360 余次，促进各类地方标准得到有效落实。

（四）强化落实，标准评估区分层级精准普查

全年预算 47.5 万元专项资金用于地方标准实施情况评估，对 2017 年发布的 29 项地方标准开展调查评估。从经济效益、社会效益等方面逐项对标准实施效果进行系统总结，对标准宣贯培训、标准实施配套政策文件制定、标准相关试点示范推进以及标准实施经费投入等情况进行逐一统计分析。为提高标准实施评估的准确性、广泛性，地方标准实施情况效果评估，实地走访企业 138 家次，其中二级安全生产标准化达标企业 22 家，三级安全生产标准化达标企业 116 家，听取企业在实际运用标准中的意见建议，为标准的修订做好基础性调研工作。

二、主要成效及经验做法

（一）构建机制，聚力融合形成工作合力

通过近年来地方标准管理的实践和摸索，市应急管理局逐步建立“主管部门统筹、行业部门负责、科研机构支撑、企业积极参与”的地方标准建设工作机制，并在地方标准制修订过程中成效显著。调动交通、建设、旅游、文化等政府部门和大型国有企业、技术服务机构、科研院所、行业协会力量，通过发挥各方作用，集聚政、企、研等各方力量，形成统一开放、各利益相关方参与的标准制修订工作机制。虽然工作任务由各部门、各单位分别承担，但是通过加强统筹，保证整体工作质量和进度平衡、一致。

（二）统筹规划，标委会转型发展再创新绩

针对应急管理机构改革的实际需要，市应急管理局对安标委工作进行系统总结和规划，进一步明确全年重点工作，主动将安标委业务范围扩展到应急管理、安全生产和防灾减灾救灾，与机构改革后的职能任务相匹配。2019 年，在安标委的统筹规划下，按计划组织开展危险化学品、城市运行等领域地方标准的制修订工作。完成 1 项地方标准立项申报、3 项地方准标送审、10 项地方标准报批、2 项团体标准备案，计划 2020 年立项的 8 项地方标准已完成审查。在 2019 年度全市专业标准化技术委员会考核中名列前茅，并在全市专业标准化技术委员会年度工作会议上做重点发言，与全市同行交流经验、共同进步。2019 年底，安标委根据《北京市地方标准管理办法》要求及机构改革实际，启动换届及更名工作。

（三）保障充分，确保资金支持联络畅通

在推进地方标准建设工作中，市应急管理局注重加强汇报、沟通，争取财政支持和市标准化工作主管部门的业务支持，为顺利推进工作提供保障。经过争取和沟通，2019 年安排各项资金近 543 万元，有效推动工作开展。

标准化工作成果

（北京市应急管理局）

【报批 10 项安全生产地方标准】 截至 2019 年 12 月 31 日，市应急管理局向市市场监管局报批《危险化学品企业装置设施拆除安全管理规范》等 10 项地方标准，均获批发布。

（王新华）

【应急管理领域地方标准制修订立项】 2019 年，市应急管理局向社会公开征集 2020 年地方标准制修订项目，市安标委组织

召开立项审查会,对申报项目审查后向市市场监管局申报8项地方标准。

(王新华)

【地方标准京津冀三地协同】 2019年4月1日,京津冀第二批4项协同标准正式实施。三地协同地方标准涉及加油站、石油库、危险化学品经营、饮料制造、纸制品制造、机械制造、烟草制品、日化产品、酒类制造、电子通信制造、烟花爆竹储存、瓶装气体经营等12个行业领域,京津冀三地在这12个行业领域的安全生产等级评定工作将实现评定程序一致、标准内容一致、等级划分一致。

(王新华)

【提交29项地方标准实施情况报告】 2019年,市应急管理局根据市市场监管局《关于提交2019年度地方标准实施情况报告的通知》要求,对已发布的地方标准进行全面梳理,形成29项归口管理的地方标准实施情况报告。

(王新华)

标准化工作综述

(北京市气象局)

2019年,北京市气象局按照《2019北京市标准化工作要点》和《北京市城市管理与服务标准化建设行动计划(2017—2020)》相关要求,通过持续深入抓标准化工作,促进气象事业服务首都社会和经济建设水平提升。

一、完成《北京市气象灾害防御标准体系》的框架建设

建立一个灾害防御的基础框架,包括基础通用、预防治理、灾害监测、预报预警、应急管理、灾害评估指导等在内的一级结构和若干二级结构的完整体系框架,该体系框架的建设为市气象局气象标准体系的建设奠定技术基础,有助于提高北京市气象灾害防御要求的统一性,提高工作的规范性,提高方法的科学性,提高标准制修订的系统性和有序性,发挥标准对气象灾害防御工作的支撑作用,进而保障城市运行和人民生命财产安全。

二、推进已立项标准制修订工作

2019年,市气象局组织召开标准化工作推进会,市气象局各直属单位领导参会,会上就标准的申报、编制、人才培养及业务应用等方面提出要求,标委会针对所有已批复立项的地方标准项目,制定项目督办计划,按照时间节点及时督促提醒。完成《民用建筑供暖通风与空气调节用气象参数》《雷电防护装置日常维护规程》等2项地方标准的报批工作并发布实施。2019年立项的《气象灾害风险调查技术规范 通则》《气象灾害风险调查技术规范 第2部分:城市大风》《气象灾害风险调查技术规范 第3部分:冰雹》《气象灾害风险调查技术规范 第4部分:低温冷冻灾害》等4项二类项目均完成研究工作并形成标准草稿,准备提交市市场监管局并转一类项目。

三、行业标准制修订工作有序开展

完成行业标准《地铁雷电防护装置检测技术规范》(QX/T 498—2019)报批并于2019年9月18日发布。完成行业标准《雷电防护装置检测作业安全规范》送审稿并上报中国气象局。指导彩云天气科技有限公司申报行业标准项目《公众气象观测规范 天气现象》,助力企业编制行业标准。

四、组织开展气象标准化培训及宣贯

组织党组理论中心组学习扩大会,邀请市场监管总局标准技术管理司司长于欣丽做标准化改革与发展报告,围绕新修订的《标准化法》的变化及新增“团体标准”进行重点解读,用标准化理念推动气象事业高质量发展。组织标准的培训工作,邀请中国气象局的专家从标准编写流程步骤、撰写方

法、注意事项等方面进行讲解，市气象局直属单位、机关及各区局近40人参加培训。通过培训，进一步普及标准化基础知识，加强标准化人才队伍建设，提高技术人员的标准化水平。

全年组织开展《公共场所雷电风险等级划分》《雷电防护装置检测安全作业规范》《建筑物电子系统防雷装置检测技术规范》《雷电防护装置日常维护规程》和《气象灾害风险调查技术规范　第1部分：城市内涝》宣贯培训会，为标准实施打好基础。

标准化工作成果
（北京市气象局）

【北京市气象灾害防御标准体系框架建设】 2019年4月，市气象局与中国标准化研究院建立合作机制，研究建立气象灾害防御的标准体系基础框架，包括基础通用、预防治理、灾害监测、预报预警、应急管理、灾害评估指导等6个主要内容等在内、分为一级结构和若干二级结构的完整体系框架，分别于2019年9月24日和2019年11月15日通过中期审核与年终审核，完成成果验收。

（朱　江　李如箭）

【2项气象地方标准通过审查】 2019年2月27日，市市场监管局召开《民用建筑供暖通风与空气调节用气象参数》地方标准审查会；4月19日，市市场监管局召开《防雷装置日常维护规程》地方标准审查会，经与会专家研究后一致同意《民用建筑供暖通风与空气调节用气象参数》《防雷装置日常维护规程》通过审查。

（朱　江　李如箭）

【组织开展气象标准化培训】 2019年3月15日，市气象局组织开展气象行业标准化技术研究培训，邀请中国气象局相关专家从标准编写思路、流程、撰写方法、注意事项等方面进行讲解，市气象局机关处室、直属事业单位及各区气象局近40人参加培训。

（朱　江　李如箭）

【2项气象地方标准发布】 市气象局组织完成《民用建筑供暖通风与空气调节用气象参数》《雷电防护装置日常维护规程》2项地方标准的报批，并于2019年6月18日发布实施。

（朱　江　李如箭）

【组织开展地方标准宣贯活动】 2019年5月，市气象局组织开展《公共场所雷电风险等级划分》（DB11/T 1587—2018）、《雷电防护装置检测安全作业规范》（DB11/T 1586—2018）和《建筑物电子系统防雷装置检测技术规范》（DB11/T 634—2018）等3项地方标准的宣贯培训会，北京市取得防雷装置检测资质的34家单位100余人参会。9月，组织《雷电防护装置日常维护规程》（DB11/T 1636—2019）地方标准宣贯会，东、西城区易燃易爆、文化旅游以及投入使用后加装雷电防护装置等80余家防雷安全重点单位的责任人及相关人员近100人参加宣贯会。12月，组织《气象灾害风险调查技术规范　第1部分：城市内涝》宣贯培训会，北京市各区气象局、北京市城市气象研究院、北京市专业气象台、石景山区应急局、石景山区防汛办等23家单位参加培训。

（朱　江　袁丽丽　李如箭）

【完成气象地方标准征集工作】 面向全市气象系统开展地方标准项目征集工作，收到16项与气象相关的地方标准立项申请，经专家评审，推选11项报送市市场监管局。

（朱　江　李如箭）

【投入专项资金支持气象标准研究】 为鼓励标准项目申报，提升标准编制质量，促进气象标准化整体水平的提升，市气象局安排专项经费20万元，用于标准项目的研究工作。

（朱　江　李如箭）

标准化工作综述

（北京市地震局）

2019 年，北京市地震局学习习近平新时代中国特色社会主义思想，落实党的十九大和十九届二中、三中、四中全会精神。执行新修订的《标准化法》，坚持行业发展、标准先行的理念，以标准化促进首都防震减灾事业发展，推进标准化各项工作。

一、地方标准制修订情况

2019 年 2 月，市地震局申请的地方标准《地震安全韧性城市建设导则》获准立项。5 月，与标准主要起草单位北京工业大学召开项目启动会，明确各项任务及完成时限。截至年底，完成征求意见稿，下一步将通过专家咨询会等形式修订完善征求意见稿。

二、地方标准执行情况

《建筑结构强震动观测技术规范》自 2019 年 4 月 1 日发布实施以来，市地震局开展宣贯工作，印制宣传材料，组织专题讲座。在该标准的指导下，选择 16 个重要建筑结构开展推进建筑结构健康监测工作，并基于已建成的健康监测系统开展区域地震灾害快速评估工作，为震后快速评估和应急辅助决策提供技术支持。

标准化工作综述

（北京市化工标准化技术委员会）

一、参加市市场监管局组织的标准化纪念日活动

2019 年 10 月 14 日，组织北京市化工标准化技术委员人员参加市市场监管局举办的世界标准化纪念日活动。通过参加该次活动，进一步认识到标准化工作的重要性，亲身感受到加强标准化工作成就和典型经验，进一步增强标准化工作者的荣誉感和使命感，提高标准化意识，更加坚定做好标准化工作的决心。

二、完成《危险化学品企业装置设施拆除安全管理规范》的制定

为配合北京市化工企业退出本市后，化工生产装置设施得以安全规范拆除、防止事故发生，北京化学工业协会和北京市化工标准化技术委员会编写的《危险化学品企业装置设施拆除安全管理规范》（DB11/T 1655—2019）地方标准已按要求完成征求意见和终审，于 2019 年 9 月 26 日 发布，2020 年 4 月 1 日实施。

三、参与北京市地方标准的制修订

北京市化工标准化技术委员会配合北京市公安局治安管理总队在多次针对剧毒、易制爆危险化学品信息化管理调研及组织专家研讨的基础上，于 2019 年 10 月 17 日完成《剧毒、易制爆危险化学品电子追踪标识管理规范》申报书填写及标准初稿草案工作，并向市市场监管局正式申报，列入 2020 年地方标准制定计划，在 2020 年完成审稿、发布。

标准化工作综述

（北京市特种设备专业标准化技术委员会）

一、组织专业技术人员开展 5 项地方标准的制修订工作

（一）修订地方标准《电梯日常维护保养规则》（DB11/T 418—2019）、《电梯安装、改造、重大修理和维护保养自检规则》（DB11/T 420—2019）。

（二）参与修订地方标《重型自动扶梯和重型自动人行道技术要求》（DB11/T 705—2019）。

（三）制定地方标准《电梯应急呼叫及

应急照明系统技术要求》(DB11/T 1656—2019)。

(四)参与制定地方标准《在用氨制冷装置压力管道X射线数字成像检测技术要求》,已开完审查会。

二、参与国家标准的制修订工作

参与国家标准《特种设备物联网系统数据交换技术规范》的编制工作。

三、组织专业技术人员开展12项团体标准的制定工作

(一)组织专业技术人员开展团体标准《瓶式压力容器组定期检验规则》的制定工作。

(二)参与《现场制造压力容器监督检验规范》(T/CASEI 21001—2019)制定工作。

(三)参与《起重机械安全管理监控系统检验方法》(T/CASEI 63001—2019)制定工作。

(四)参与《超设计使用年限压力容器检验规范》的制定工作,已编完,处于审批阶段。

(五)参与《特种设备检验机构检验能力评价准则》的制定工作,已编完,处于审批阶段。

(六)参与《锅炉范围内管道定期检验规则》《锅炉主要承重部件定期检验规则》《在用电梯安全评估准则　曳引电梯》《在用电梯安全评估准则　自动扶梯》《电梯应急救援指南》《电梯曳引钢带检验方法》《起重机结构强度应力测试方法》的编制工作。

四、组织专业技术人员进行2项地方标准的复审工作

2019年7月,组织专业技术人员对《工业锅炉系统能效监测与评定》(DB11/T 180—2010)和《电梯节能监测》(DB11/T 1161—2015)等2项地方标准进行复审工作,复审结论为继续有效。

五、组织标准宣贯、培训等工作

(一)2019年8月9日,组织宣贯《特种设备生产和充装单位许可规则》(TSG 07—2019)。

(二)2019年10月29日,组织宣贯《特种设备无损检测人员考核规则》(TSG Z8001—2019)。

(三)2019年11月7日,组织宣贯《特种设备作业人员考核规则》(TSG Z6001—2019)。

六、开展标准化交流、咨询服务等工作

组织相关人员为京港地铁进行技术服务,对特种设备管理体系及管理制度进行完善,建立预警机制,完善特种设备日常巡检工作。

七、标准化体系建设情况

对《北京市特种设备专业标准化体系》进行更新完善,重点对电梯和气瓶两个分体系的国内外标准化情况、北京地区标准化情况、各行业间协调情况以及近远期规划等内容进行研究。

标准化工作成果
(北京市特种设备专业标准化技术委员会)

【亚洲文明对话大会特种设备保障相关工作】 2019年5月15日,亚洲文明对话大会在北京召开。在大会期间,北京市特种设备检测中心作为工作小组指挥部所在单位,严格落实保障区域内“一馆一档”要求,对多个保障地点分别建立设备档案和应急预案,协助市市场监管局完成该次会议特种设备服务保障工作任务。

(闫　琪)

【特种设备安全使用管理及应急处置培训】 2019年6月21日,北京市特种设备检测中心派出专家参加特种设备安全进企业活动。专家在会上讲授特种设备法律法规、使用管理以及应对突发事件等方面的知识。

北京大兴国际机场运营管理中心技术工程部负责人，特种设备安全管理人员以及相关工程技术人员参加该次活动。

（闫　琪）

【《在用氨制冷压力管道 X 射线数字成像检测技术要求》标准审查会】 2019 年 11 月 5 日，北京市特种设备检测中心举行《在用氨制冷压力管道 X 射线数字成像检测技术要求》地方标准审查会。来自中特检检测科技（北京）有限公司、北京航空航天大学、中国电子技术标准化研究院、矩阵科技有限公司等 7 家单位的专家组成评审组对标准进行全文审查。该标准的制定填补带包覆层含液管道 X 射线数字成像检测技术标准缺失的空白，解决管道剩余壁厚测量和未焊透深度测量等技术难题，与 ISO 相关标准接轨，与国家现行法律法规以及相关标准协调一致，专家组一致同意《在用氨制冷压力管道 X 射线数字成像检测技术要求》通过审查。

（闫　琪）

【修订 2 项特种设备地方标准】 北京市特种设备检测中心负责修订的 2 项地方标准于 2019 年发布。《电梯日常维护保养规则》（DB11/T 418—2019）依据现行各项标准和规范，修订并增加使用管理部分的内容，修订电梯日常维护保养规则部分内容，修订附录 A 和附录 B 的规范性文件内容，填补液压电梯和杂物电梯的维护保养规范性文件的空白。《电梯安装、改造、重大修理和维护保养自检规则》（DB11/T 420—2019）规范北京市电梯安装、改造、重大修理工程和电梯维护保养工程的自检，提高电梯施工单位的自检质量，同时为特种设备检验检测机构进行监督检验和定期检验提供技术依据。

（闫　琪）

【制定 1 项特种设备地方标准】 北京市特种设备检测中心负责制定的《电梯应急呼叫及应急照明系统技术要求》（DB11/T 1656—2019）规定电梯应急呼叫及应急照明系统的技术要求，填补应急通信、应急照明标准的空白，明确应急通信和应急照明各项指标，适用于各类乘客电梯和载货电梯的应急呼叫及应急照明系统，是对相关规定的补充和进一步细化。

（闫　琪）

社会治理

标准化工作综述

（北京市文化和旅游局）

2019年，北京市文化和旅游标准化工作按照市委、市政府的指示精神，落实首都标准化委员会要求，为北京文化和旅游行业发展及提升文化和旅游服务质量提供技术指导。

一、落实“十三五”文化和旅游标准化发展规划，为文化和旅游行业发展提供技术支撑

按照《2019年北京市标准化工作要点》《首都标准化委员会关于印发〈北京市城市管理与服务标准化建设行动计划（2017—2020年）〉的通知》《北京市旅游业标准化发展规划（2016—2020）》等文件要求，着眼业态发展，突出北京文化和旅游特色，加强信息网络、大数据等高新技术应用，关注文化旅游安全，推动京津冀协同发展，着眼2019年文化旅游标准化工作主要任务、工作重点和保障措施，为文化和旅游行业发展提供技术支撑。为保障国庆70周年、“一带一路”第二届高峰论坛、首届亚洲文明对话大会等重大活动奠定标准化工作基础。

二、加强文化和旅游标准制修订，助推文化和旅游服务质量提升

一是完成2019年度文化和旅游标准制修订立项工作。按照市市场监管局通知精神和《北京市地方标准管理办法》的要求，在征求相关业务处室和有关单位意见的基础上，研究制定2019年度文化和旅游标准制修订计划并完成立项工作。2019年市文化和旅游局立项北京市地方标准制修订项目3项：《智慧旅游景区基本要求及等级评定》《旅行社地接服务规范》《工业旅游区服务基本要求》，分别由行管处和资源开发处负责。

二是继续推进2018年立项的标准制修订工作。根据标准制修订完成时限，继续组织协调相关处室做好2018年立项的北京市地方标准的制修订工作，2018年市文化和旅游局立项北京市地方标准4项，分别为《大型活动接待服务规范　第1部分：通则》《胡同游服务规范》《城区民宿基本要求》《乡村民宿基本要求》，其中《胡同游服务规范》标准已送审，《大型活动接待服务规范　第1部分：通则》进入预审阶段，《城区民宿基本要求》《乡村民宿基本要求》等2项标准进入征求意见阶段。

三是加强国家标准、行业标准、京津冀标准等重要标准的制修订工作。市文化和旅游局组织编制的行业标准《可持续无下水道旅游厕所基本要求》已通过文化和旅游部审查，批准发布。行业标准《中小学生出境研学旅游服务标准》已经多次研讨会和征求意见，完成初步审查工作，拟按要求上报文化和旅游部。《京津冀旅游直通车服务规范》作为京津冀首个文化和旅游地方标准于2019年4月1日正式批准发布。

四是做好文化和旅游标准体系课题研究工作。按照市市场监管局《关于开展推动首都高质量发展标准体系建设工作的通知》要求，在重点行业、重点领域开展推动首都高质量发展的标准体系建设工作。市文化和旅游局整合现有文化和旅游国家、行业、地方标准，构建文化和旅游标准体系框架，以增强下一步体系研究的计划性、针对性和有效性。

三、加强标准化管理，提升文化和旅游行业管理水平

一是做好标准的宣贯和组织实施。在市文化和旅游局官网上转发文化和旅游部科教司《关于实施强制性国家标准〈舞台机械　刚性防火隔离幕〉的通知》，督促相关单位结合实际，做好该强制性国家标准的宣贯、实施、监督工作，保障剧场运营安全。在2019 年京津冀文化和旅游协同发展工作会上，京津冀三地文旅相关部门对落实《京津冀旅游直通车服务规范》进行研究探讨；依托京津冀露营旅游产业提升与交流推广活动、第二届京津冀房车露营大会，第四届京津冀文旅新玩法等活动，对《京津冀旅游直通车服务规范》进行宣传推广。2019 年，市文化和旅游局有 4 项标准《住宿企业服务质量要求与评价》《乡村旅游特色业态标准及评定　第 10 部分：葡萄酒庄》《旅游特色小镇设施与服务规范》《中医药文化旅游基地设施与服务要求》已实施超过一年，按照要求，组织协调相关处室进行统计，测算标准实施效果，及时反馈实施情况报告。

二是做好标准的预审和复审。北京市地方标准《胡同游服务规范》已送审，《大型活动接待服务规范　第 1 部分：通则》正在准备预审材料，计划召开预审会。按照《北京市地方标准管理办法》要求，市文化和旅游局 2019 年有 6 项标准达到复审年限，分别为《旅游星级饭店服务质量要求》《旅游景区服务质量》《旅游咨询服务中心设置与服务规范》《“一日游”服务质量要求》《文化场馆能源消耗限额》《宾馆、饭店合理用能指南》，出具复审结果建议，其中《旅游星级饭店服务质量要求》《文化场馆能源消耗限额》继续有效，其余 4 项标准计划修订。

三是做好标准的日常管理。2019 年，市文化和旅游局先后进行文化和旅游部关于国家标准、行业标准立项项目的征集以及《文化和旅游标准化工作管理办法》意见的征集，市市场监管局关于北京市地方标准外文版项目，市首标委关于对《推动首都高质量发展的标准体系建设实施方案》，市发展改革委关于节能和循环标准制修订意见的征集，均按照要求组织协调相关处室和单位反馈意见，按期完成任务。完成文化和旅游部关于文化和旅游地方标准化工作情况的调研，对全面掌握标准化工作现状，了解地方标准制修订、宣贯、实施和监督工作情况起到推动作用。

四是加强规范文化和旅游市场秩序。通过全市旅行社、等级景区、星级饭店工作会议及双随机检查培训等培训会议，传达部署质量提升和标准化工作有关要求。下发旅游质量提升工作方案，组织各区持续开展旅游质量提升工作。初步建立旅行社、等级景区、星级酒店的信用档案，及时在信用平台发布良好信息、警示信息、违法信息、信用档案、信用京津冀等十大板块内容。优化信用档案的展示，增加“异常经营”标注、“旅游提示”信息置顶的功能。截至 2019 年 10 月 15 日，市旅游行业信用信息网对接各项信用数据 1.76 亿余条，累计对外公示信用信息 41683 条，分别为：旅行社名录 3032 条、等级景区名录 240 条、星级酒店名录 435 条、导游员名录 32626 条，双公示 3330 条，信用动态 206 条，双随机检查结果 1544 条，联合奖惩 170 条，良好信息 11 条，警示信息 89 条。

五是组织检查评定。开展酒店评定工

作，完成12家冬奥会签约饭店的星评工作；对全市131家四星级及以下饭店进行复核，并结合复核工作设计《调查问卷》，就行业关注的重点问题开展调研；组织评定60家绿色饭店。其中"金树叶级"单位39家，"银树叶级"单位21家。为推进该项工作，对有评定意向的单位进行业务辅导和培训。组织开展景区等级评定工作，组织开展全市等级景区评定及复核工作，新评等级景区4家，取消等级景区11家。按照"应纳尽纳"原则，组织实施双随机检查，力争做到"全覆盖"，更新市文化和旅游局"双随机"检查事项清单，检查标准与流程进一步优化。截至2019年10月22日，全年生成有效检查单357项。

四、推动旅游标准化试点建设，发挥示范及标杆单位引领作用

一是做好2017年国家级服务业标准化试点项目验收工作。2017年，市文化和旅游局申报的国家级服务业标准化试点项目包括中旅会奖旅游服务标准化试点和金隅凤山温泉度假服务标准化试点。2019年上半年，市文化和旅游局专门对两个试点的标准化试点建设情况进行调研，重点了解试点的标准制定、标准体系建设、成果应用等工作，对存在的困难问题进行解答指导。11月底，国家标准委对两个标准化试点项目进行终期验收，两个试点项目均按照要求完成试点建设任务，顺利通过验收。

二是做好2018年度国家级服务业标准化试点项目启动工作。根据国家标准委《关于下达2018年度国家级服务业标准化试点项目的通知》和市市场监管局相关文件要求，市文化和旅游局推荐的众信旅游集团出境旅游服务业标准化试点被确定为2018年度国家级服务业标准化试点项目，执行时间自2018年12月至2020年12月。为做好试点工作，市文化和旅游局专门委托标准化专业技术机构为企业进行技术指导，提高企业员工对国家级服务业标准化基础知识的了解与认识，细化工作任务，明确标准化试点的建设方向。

标准化工作成果

（北京市文化和旅游局）

【文化和旅游标准体系研究】 2019年，在全市统一部署下，市文化和旅游局整合现有文化和旅游国家、行业、地方标准，开展文化和旅游标准体系研究工作，通过研究覆盖全面、科学合理、适应发展的文化和旅游标准体系，加强标准化顶层设计，增强下一步标准制修订工作的计划性、针对性和有效性。

（翟　承）

【京津冀标准宣贯】 在2019年京津冀文化和旅游协同发展工作会上，京津冀三地文旅相关部门对落实《京津冀旅游直通车服务规范》进行研究探讨；依托京津冀露营旅游产业提升与交流推广活动、第二届京津冀房车露营大会、第四届京津冀文旅新玩法等活动，对《京津冀旅游直通车服务规范》进行宣传推广。

（翟　承）

【文化和旅游标准复审】 2019年，市文化和旅游局有6项标准达到复审年限，分别为《旅游星级饭店服务质量要求》《旅游景区服务质量》《旅游咨询服务中心设置与服务规范》《"一日游"服务质量要求》《文化场馆能源消耗限额》《宾馆、饭店合理用能指南》。按照单位推荐、形式审查、专家审核等程序，出具复审结果建议。

（翟　承）

【旅游行业信用平台建设】 2019年，市文化和旅游局继续加强旅游行业信用平台建设。初步建立旅行社、等级景区、星级酒店的信用档案，及时在信用平台发布良好信息、警示信息、违法信息、信用档案、信用京津冀等十大板块内容。优化信用档案的展示,增加“异常经营”标注、“旅游提示”信息置顶的功能。截至 2019 年 10 月 15 日,市旅游行业信用信息网对接各项信用数据 1.76亿余条,累计对外公示信用信息 41683 条,分别为:旅行社名录 3032 条、等级景区名录 240 条、星级饭店名录 435 条、导游员名录 32626 条,双公示 3330 条,信用动态 206 条,双随机检查结果 1544 条,联合奖惩 170 条,良好信息 11 条,警示信息 89 条。

(翟　承)

【星级饭店复核】 2019 年 10 月 23 日,市文化和旅游局组织召开 2019 年星级饭店复核工作会议。星评复核工作小组按照标准流程,遵守工作纪律,以暗访与实地检查相结合的方式,围绕星级饭店的必备项、设备设施、运营质量开展全面检查。星级饭店星评小组组长对复核酒店的总体概况、酒店的经营和管理亮点、问题和整改建议、复核总体得分情况等进行总结。市文化和旅游局提出,星级饭店复核工作要党建引领,对标对表开展复核检查工作,并要以星级饭店复核工作为契机推动文旅融合在旅游住宿行业内发展,以星评复核工作为渠道,将先进的经营管理理念、管理方法在行业内推广,提高饭店行业整体服务水平。

(翟　承)

【2019 年北京市等级旅游景区监管工作会议】 2019 年 9 月 17 日,市文化和旅游局召开 2019 年北京市等级景区监管工作会议。市文化和旅游局、市旅游行业协会、市民族宗教委员会、市市场监管局、市各区文化和旅游局、北京市 245 家等级旅游景区负责人、专家代表以及第三方专业服务保障机构 300 余人参加会议。会议对开展 2019 年北京市等级旅游景区专项检查、评定及复核工作进行部署和安排,对开展本市等级旅游景区管理系统信息填报工作进行培训。市文化和旅游局要求各景区做好国庆相关保障工作,加快景区门票预约平台建设,为疏解核心区旅游密度奠定基础,重视动态监管退出机制,打造首都高品质旅游景区体系。

(翟　承)

【2017 年国家级服务业标准化试点项目验收】 市文化和旅游局申报的 2017 年国家级服务业标准化试点项目包括中旅会奖旅游服务标准化试点和金隅凤山温泉度假服务标准化试点项目。金隅凤山温泉度假服务标准化试点项目于 11 月 19 日至 20 日进行验收,中旅会奖旅游服务标准化试点于 11 月 28 日至 29 日进行验收。两个试点项目均按照要求完成试点的标准制定、标准体系建设、成果应用等工作,顺利通过验收。

(翟　承)

标准化工作综述
(北京市教育委员会)

一、组织制定地方标准及推进京津冀地方标准情况

启动《高等学校能源消耗限额》地方标准修订工作,于 2019 年 5 月 30 日组织召开专家开题会,来自北京市计量检测科学研究院、北京市标准化研究院、中国政法大学、首都医科大学等单位的专家对标准草案进行评审。2019 年 11 月启动标准修订调研工作。

二、对国家标准、行业标准和地方标准实施情况进行监督检查或绩效评价情况等

根据市市场监管局要求,于 2019 年 9 月对《高等学校碳排放管理规范》地方标准实施情况进行报告。根据测算,2017 年北京市教育系统能耗合计 61 万吨标准煤,2018 年为 58 万吨标准煤,能耗减少 3 万吨标准煤,按节电考虑,相当于节约电力 244100.90 兆瓦时,节约电费 12205.04 万元。

标准化工作成果

（北京市教育委员会）

【《高等学校能源消耗限额》修订研讨会】 2019年5月30日，市教委组织召开《高等学校能源消耗限额》地方标准修订专家探讨会，来自北京市计量检测科学研究院、北京市标准化研究院、中国政法大学、首都医科大学等单位的专家参加会议。市教委后勤处相关负责同志介绍标准修订背景和必要性，与会专家听取标准起草组的汇报，并对标准草案进行评审。该次研讨会对标准修订工作具有指导意义，达到预期效果。

（张　炀）

标准化工作综述

（北京市卫生健康委员会）

2019年，北京市卫生健康委员会在国家卫生健康委员会和首都标准化委员会的指导下，围绕《首都标准化战略纲要》目标，凝聚首都医疗卫生行业各方力量，全力推进北京卫生健康标准化建设，在落实首都标准化战略纲要重点任务、标准管理、标准实施、标准体系建设等方面取得进展。

一、推动首都高质量发展的标准体系建设情况

2019年1月17日，市市场监管局批复同意市卫生健康委成立北京市公共卫生标准化技术委员会，秘书处设在市疾病预防控制中心。首届标委会设1名主任委员、8名副主任委员、28名委员，涉及疾病控制与预防、卫生监督、健康体检、卫生信息、血液、急救、基层卫生等多个专业领域，吸纳北京大学公共卫生学院、首都医科大学公共卫生学院等高校医疗卫生研究机构。

标委会成立后，将工作重点放在制订今后5年的全市卫生健康标准化体系框架上。一是征集各成员单位、委机关各处室3到5年内拟立项的标准，开展标准化业务培训，借鉴相关经验，探索建立卫生健康标准体系。二是以标准体系涉及的标准化专业为基础，对相关的国家标准、行业标准、地方标准进行梳理，建立卫生标准数据库。三是结合北京市地方卫生健康标准现状，统筹考虑各专业实际需要，制定地方卫生健康标准发展规划，指导标准制修订工作科学、规范、有序开展。市卫生健康委已就卫生健康标准体系框架两次在系统内征求意见，最终版形成后将正式上报首都标准化委员会。

二、开展标准化政策研究情况

落实市市场监管局《关于开展推动首都高质量发展标准体系建设工作的通知》及《标准体系构建原则和要求》（GB/T 13016—2018）有关要求，市卫生健康委和公共卫生标委会开展卫生健康标准需求和规划建议调研，收集市卫生健康委相关处室、标委会成员单位和市疾控中心等标准需求建议36项，汇总整理相关资料数据，初步形成《建立健全公共卫生标准体系　提升首都公共卫生服务质量》报告及公共卫生、卫生健康监督、妇幼卫生、老年健康、体检和血液标准体系结构图的构建。在此基础上，结合市场监管局和市标准化研究院专家建议，参照机构改革后的三定方案和工作职责，进一步完善研究报告和体系结构图。

三、组织制定地方标准及推进京津冀地方标准情况

按照首都标准化委员会的要求，市卫生健康委推进实施《首都标准化战略纲要》，在公共卫生、医疗卫生和卫生信息等领域开展标准化建设，通过构建市民健康标准体系，推行医疗服务标准化、社区卫生服务标准化、应急标准化和卫生信息标准化等各项工作，有效落实首都标准化战略纲要的重点任

务。截至2019年底，市卫生健康委归口管理现行有效地方卫生标准28项，制定中的有18项，标准终审通过率100%。

2019年，市卫生健康委完成6项地方卫生健康标准的制定工作（3项已发布实施），另有1项京津冀三地地方卫生健康标准《医学检验危急值获取与应用技术规范》已完成终审，于近期报批。作为市卫生健康委推动京津冀医疗卫生协同发展的重要工作内容，该标准的制定实施，有助于填补医疗行为关键控制点方面的标准空白，对提高三地医疗质量、保障三地医疗安全具有重要意义，经2019年初市卫生健康委正式向市市场监管局申请后，得到天津市、河北省有关部门响应，并通过三地共同组织召开的《医学检验危急值获取与应用技术规范》地方标准审查会。该标准将于近期由三地卫健委分别报送各自市场监管局，并将于获得批准后三个月在京津冀三地同步实施。

四、组织相关单位主导或参与制定国际标准、国家标准、行业标准情况

在国家卫生健康委和市市场监管局的支持、指导下，北京市卫生健康系统积极参加国家标准、行业标准、团体标准的制定工作。2019年，北京针灸协会参加2项国家标准针灸操作技术的修订工作。市防痨协会参与制定相关防痨国家标准10项。截至2019年11月30日，市疾控中心作为第一起草单位研制国家标准23项，行业标准5项，地方标准12项，团体标准1项；作为项目第一承担单位标准在研项目17项。

五、对国家标准、行业标准和地方标准实施情况进行监督检查或评价情况

落实推进标准实施相关要求。就2017年制定实施的《公共卫生信息系统指标代码体系与数据结构》《健康体检服务规范》《学校及托幼机构饮水设备使用维护规范》《公共卫生应急样本采集技术规范》评价结果显示，4项地方标准投入实施经费110余万元，组织41场次宣贯活动，培训人数达6千余人次，针对其中2项标准开展6205次监督检查，有力推动各项地方标准的实施。

首创地方卫生标准三级宣贯制度。一级行政宣贯由市卫生健康委牵头，对市中医局、市医管中心、市老龄协会、各区卫健委、各三级医院、各直属单位的负责同志和标准专管员进行宣贯；二级技术宣贯由业务主管处室组织标准起草单位，借助行业协会等对标准使用单位负责同志进行技术宣贯；三级实操宣贯，是由标准使用单位对本单位具体工作人员进行实操宣贯。2019年市卫生健康委着重对新发布实施的《核医学从业人员的辐射防护规范》《新生儿转运技术规范》《医疗行为关键控制点编码规范》等3项地方卫生健康标准进行一级宣贯，并要求标准起草单位和标准使用单位尽快进行二三级宣贯，做好标准实施保障。

六、组织开展标准化试点示范工作情况

2019年，方庄社区卫生服务中心申报的“互联网+社区健康管理”国家试点标准项目通过国家验收，所创立的“智慧家庭医生优化协同模式”在全市进行推广。市体检中心申报的征兵体检服务规范被列为第五批国家试点标准项目，红十字中心申报航空医疗救护服务规范被列为2022年北京冬奥会标准项目，同时也是国家试点标准项目；为适应北京作为国际交往中心的需要，市卫生健康委已申报《健康体检服务规范》为全市首批外文标准项目。

七、组织开展《标准化法》宣贯及标准化宣传培训情况

一是举办卫生健康标准工作培训会暨新发布实施地方卫生健康标准宣贯会，回顾2019年以来全市卫生健康系统落实首都标准化战略纲要重点任务进展，就统筹加强在新兴健康服务业、医疗服务规范化、医养结合、中医药服务等重点卫生健康领域的标准研究和制定提出明确要求。国家卫生健康委员会法规司，市市场监管局、市标准化研究院、北京标准化协会等有关领导、专家出席，并着重就2020年北京市地方标准制修订项目申报工作要求和《北京市地方标准管理办法》进行解读，针对标准基础知识、标准体系、亟须制定的地方卫生标准、如何提高申报立项成功率、标准编写技术等内容进行专项培训。市卫生健康委相关处室及事业单位、各三级医院的负责同志和标准专管员200余人参加会议。

二是举办世界标准日系列宣传活动，在公共场所张贴标准宣传海报，发放标准宣传手册，制作播放《防鼠防蝇设施技术要求》《灭蚊操作指南》等世界标准日主题视频标准宣传片。参加市市场监管局及北京标准化协会举办的世界标准日纪念大会。

三是参加市场监管总局和市市场监管局组织的标准体系培训，加强标准理论和知识学习，学习先进标准体系构建经验，提升标准体系构建的能力和水平。

八、标准化经费投入情况

根据2019年财政预算批复情况，市卫生健康委投入专项资金近38万元用于支持地方标准工作，同时鼓励起草单位匹配资金支持标准制修订。为确保地方标准项目送审质量，市卫生健康委严格按照行业预审要求，邀请行业知名专家、标准专家和机关主管业务处室，共同对标准草案合法性、协调性、科学性、可操作性等方面进行审查，确保经费使用符合相关规定要求。

标准化工作成果

（北京市卫生健康委员会）

【卫生健康标准宣贯培训】 2019年，市卫生健康委和市公共卫生标委会举办卫生健康标准工作培训会暨新发布实施地方卫生健康标准宣贯会。会议就统筹加强在新兴健康服务业、医疗服务规范化、医养结合、中医药服务等重点卫生健康领域的标准研究和制定提出明确要求，对新发布实施的《核医学从业人员的辐射防护规范》《新生儿转运技术规范》《医疗行为关键控制点编码规范》等3项地方卫生健康标准进行宣贯，针对标准基础知识、标准体系、标准编写技术等内容进行重点培训。

（况海涛　高建华）

【地方和京津冀协同卫生健康标准制定】 2019年，市卫生健康委投入专项资金近38万元用于支持地方标准工作，同时鼓励起草单位匹配资金支持标准制修订。截至年底，市卫生健康委归口管理现行有效的地方卫生健康标准28项，制定中18项，标准终审通过率100%。年内，由市卫生健康委牵头制定的《医学检验危急值获取与应用技术规范》京津冀三地地方卫生健康标准，通过三地共同组织召开的地方标准审查会，将于近期由三地卫健委分别报送各自省市市场监管局，并于获得批准后三地同步实施。该标准的制定实施，有助于规范危急值获取与应用过程，对提高三地医疗质量、保障三地医疗安全具有重要意义。

（况海涛　高建华）

【地方卫生健康标准实施评价】 针对《公共卫生信息系统指标代码体系与数据结构》《健康体检服务规范》《学校及托幼机构饮水设备使用维护规范》《公共卫生应急样本采集技术规范》开展实施评价，投入实施经费110余万元，组织41场次宣贯活动，培训人数达6千余人次，开展6205次监督检查，推动各项地方标准的实施。

（况海涛　高建华）

【开展卫生健康标准化试点示范】 2019年，方庄社区卫生服务中心“互联网+社区健康管理”国家试点标准项目通过国家验收，所创立的“智慧家庭医生优化协同模式”在全市进行推广应用。市体检中心“征兵体检服务规范”被列为第五批国家试点标准项目,红十字血液中心“航空医疗救护服务规范”被列为2022年北京冬奥会标准项目和国家试点标准项目;市卫生健康委申报《健康体检服务规范》为全市首批外文标准项目。

(况海涛　高建华)

标准化工作综述
(北京市体育局)

一、修订北京市体育标准体系

2019年3月,北京市体育局按照《北京市市场监督管理局关于开展推动首都高质量发展标准体系建设工作的通知》要求,启动北京市体育标准体系修订工作。通过前期调查研究,结合全市体育行业发展需求,对北京市现有体育标准体系进行分析,依据《体育标准体系建设指南(2018—2020年)》有关要求,起草《北京市体育标准体系(初稿)》。经征求市体育局相关单位和行业专家意见建议,进一步修改完善后,形成《北京市体育标准体系(修订)》,下一步拟提交市市场监管局。

二、标准立项、制修订、发布和征集

(一) 标准立项

2019年立项4项体育领域地方标准,分别为《体育场馆能源消耗限额》《滑雪场所等级划分与评定规范》《体育场所安全运营管理规范　滑冰场所》《中小学生体育课运动负荷数据元规范》。

(二) 标准制修订

完成《中小学生体育与健康课运动负荷监测与评价》《天然—人造混合草坪足球场场地设计与建造技术规范》等6项2018年立项地方标准征求意见、预审、审查等各项工作。2019年立项的《滑雪场所等级划分与评定规范》《体育场所安全运营管理规范　滑冰场所》等2项地方标准已完成征求意见,并召开专家论证预审会,《体育场所安全运营管理规范　滑冰场所》已报市市场监管局审查。全市体育领域协会团体制定团体标准4项,分别为《公益跑步教练》《北京市电子竞技运动协会运动员评级标准》《北京市电子竞技运动协会裁判员评级标准》《北京市电子竞技运动协会教练员评级标准》。

(三) 标准发布

2019年发布7项体育领域地方标准,分别为《体育场所安全运营管理规范　游泳场所》《人造草坪运动场地使用和维护保养技术规范》《天然草坪足球场场地设计与建造技术规范》《天然—人造混合草坪足球场场地设计与建造技术规范》《人造草坪足球场场地设计与建造技术规范》《天然草坪足球场场地养护与管理技术规范》《中小学生体育与健康课运动负荷监测与评价》。

(四) 标准征集申报

启动征集体育领域2019年国家标准立项项目和2020年地方标准制修订项目,《充气膜体育设施技术标准》《全民健身示范街道标准》等6个地方标准完成立项申报。

三、地方标准实施、复审和宣贯

对2017年发布且实施已满1年的《体育场所安全运营管理规范　滑雪场所》地方标准进行总结、分析与评估,形成北京市地方标准实施情况报告。对《体育场馆等级划分及评定　第1部分:排球馆》等13个地方标准进行复审,复审结果为继续有效。对《安全生产等级评定技术规范　第52部分:游泳场所》等4项2018年发布地方标准进行宣传培训,召开宣贯培训会2次,市、区体育部门及经营单位从业人员100余人参加会议。

标准化工作成果
（北京市体育局）

【北京市体育标准体系修订】 2019年3月，市体育局启动北京市体育标准体系修订工作。通过前期调查研究，结合全市体育行业发展需求，对北京市现有体育标准体系进行分析，依据《体育标准体系建设指南（2018—2020年）》，经征求意见建议，形成《北京市体育标准体系》。

（王　增）

【体育地方标准立项与制修订】 2019年，《体育场馆能源消耗限额》《滑雪场所等级划分与评定规范》《体育场所安全运营管理规范　滑冰场所》《中小学生体育课运动负荷数据元规范》等4项地方标准完成立项。其中，《滑雪场所等级划分与评定规范》《体育场所安全运营管理规范　滑冰场所》等2项地方标准完成征求意见，并召开专家论证预审会，《体育场所安全运营管理规范　滑冰场所》已报市市场监管局审查。

（王　增）

【游泳场馆安全生产标准化二级企业达标创建】 自2019年5月起，市体育局依据地方标准《安全生产等级评定技术规范　第52部分：游泳场所》，对游泳场馆开展安全生产标准化二级企业达标创建工作。广安游泳馆、东安体育中心游泳馆、首都航天机械有限公司游泳馆等3家单位通过评审，创建成为安全生产标准化二级达标企业。

（祝伟民）

【7项体育地方标准发布】 2019年，7项体育领域地方标准发布，分别为《体育场所安全运营管理规范　游泳场所》《人造草坪运动场地使用和维护保养技术规范》《天然草坪足球场场地设计与建造技术规范》《天然—人造混合草坪足球场场地设计与建造技术规范》《人造草坪足球场场地设计与建造技术规范》《天然草坪足球场场地养护与管理技术规范》《中小学生体育与健康课运动负荷监测与评价》。

（王　增）

【《体育场所安全运营管理规范　游泳场所》执行情况督导】 2019年7月1日，《体育场所安全运营管理规范　游泳场所》实施。8月，市、区两级体育部门对全市游泳场所开展为期1个月的专项检查，对《体育场所安全运营管理规范　游泳场所》执行情况进行督导，推动标准在全市游泳场所贯彻执行。

（祝伟民）

【体育地方标准专家论证预审会】 2019年7月4日、5日，分别召开《天然—人造混合草坪足球场场地设计与建造技术规范》等5项草坪场地类地方标准专家论证预审会召开。国家体育总局体育科学研究所、国家体育用品质量监督检验中心、北京标准化协会、北京市园林科学研究院、北京师范大学、北京工业职业技术学院、北京泛华新兴体育产业股份有限公司、北京绿地新源体育发展有限公司、北京华安联合认证检测中心等单位的专家参加会议。与会专家对5项地方标准送审稿进行逐条审查并提出修改建议，专家组一致同意上述标准通过预审。

（蔡东林）

【体育地方标准前期研究】 2019年，市体育局开展空气支承膜结构体育场所技术地方标准、北京市公共体育设施基本标准前期研究工作，编制形成《充气膜体育设施技术标准（草案）》和《公共体育设施分类与配置指南（草案）》。

（孙晓娜）

【2020年体育地方标准申报】 启动征集2020年体育领域地方标准制修订项目，《充气膜体育设施技术标准》《公共体育设施分类与配置指南》《全民健身示范街道标

准》《体育特色乡镇标准》《智慧体育场馆信息化系统技术规范》《儿童运动课程与儿童运动教练员培训认证标准》完成立项申报。

（王 增）

【体育团体标准制定】 2019 年，全市体育领域协会团体制定团体标准 4 项，分别为《公益跑步教练》《北京市电子竞技运动协会运动员评级标准》《北京市电子竞技运动协会裁判员评级标准》《北京市电子竞技运动协会教练员评级标准》。

（王 增）

标准化工作综述

（北京市民政局）

一、加强保障制度建设

（一）印发通知，完善工作机制

为进一步提升社会建设和民政业务服务管理标准化水平，更好发挥标准化工作基础性、战略性和引领性作用，下发《关于进一步加强社会建设和民政领域标准化工作的通知》。通知将标准体系建设、标准制修订和标准宣贯应用等工作列为近期工作重点，明确各领域的职责，要求各处室按照职责分工，长远规划领域内的标准体系建设，推进本行业标准化工作，助推社会建设和民政标准化事业持续健康发展。

（二）成立标委会，提高专业领域技术

成立北京市养老服务标准化技术委员会，主要职责是结合法律法规、实施政策，开展研究、提出符合行业需求的养老服务标准项目，为推动和促进养老产业发展起到技术支撑作用。

（三）出台文件，完善标准配套政策

为落实养老标准在机构和驿站星级评定中的应用，出台系列保障制度。印发《关于做好养老服务机构服务质量星级评定工作的通知》，明确市区两级星评委员会，应依据国家和北京市养老相关标准开展星级评定；制定《北京市养老机构服务质量星级评定实施办法（试行）》《北京市养老机构服务质量星级评定评分细则（2019 年试行）》《北京市社区养老服务驿站服务质量星级评定实施办法》等 8 项制度，明确星级评定工作的程序和步骤。

二、构建标准体系

（一）探索社会建设和民政领域标准体系框架

为构建一个完整、全面、业务领域全覆盖的北京市社会建设和民政标准体系，联合标准化研究所，全面开展业务工作梳理，形成《北京市社会建设和民政标准体系框架构建（初稿）》，将社会建设和民政领域标准体系分为社会福利管理与服务、社会救助管理与服务、基层社会治理、社会组织管理与服务、社会事务管理与服务五大领域，内含养老服务标准体系、儿童福利和保护标准体系、社区建设与服务标准体系等 13 个子体系，初步构建层次分明、结构合理的标准系统框架。

（二）建立养老服务标准体系

为加快制定《北京市养老服务业标准化建设规划》，全面规划全市养老工作，联合北京市标准化研究院开展养老服务业标准体系研究，形成《北京市养老服务业标准体系》并召开专家论证会。

（三）开展儿童福利标准体系研究

为维护儿童群体合法权益、确保儿童群体的健康成长，开展儿童福利标准体系研究，形成《北京市儿童福利标准体系构建（初稿）》。

（四）规划领域内的标准建设

对于编制标准体系尚不成熟的领域，要求抓紧制定《标准编制三年规划》，研究确定拟编制标准的名称和完成时限，作为未来三年标准立项的依据。

三、加快制定各类标准

（一）参与国家和行业标准制定

为发挥首都标准化示范引领作用，鼓励北京市地方标准上升或转化为行业标准、国家标准。在国家准标转换方面，将《北京市居家养老服务规范　第1部分：通则》《北京市居家养老服务规范　第2部分：助餐服务》等7项地方标准，合并为《居家养老上门服务规范》，推荐上升为国家标准，已完成国准标准的立项申报工作。在行业标准建设方面，行业标准《养老机构服务标准体系建设指南》《养老机构老年人健康档案技术规范》和《养老机构社会工作服务规范》已完成报批稿上报；行业标准《精神卫生社会福利机构社会工作服务规范》，已完成征求意见；儿童福利院主导的行业标准《儿童福利机构标准化工作指南　标准体系》已形成初稿。

（二）推进地方标准制定

1. 推进北京地方标准制修订工作

完成《居家养老服务规范　第2部分：助餐服务》等3项地方标准的发布，并组织实施；完成地方标准《居家养老服务规范　第10部分：信息采集与档案管理》《居家养老服务规范　第8部分：呼叫服务》的审查工作，等待标准发布；完成《居家养老服务基础规范　第11部分：服务满意度测评》《居家养老服务规范　第9部分：精神慰藉服务》《老年人能力综合评估规范标准》《养老机构心理咨询服务规范》等4项标准的送审，等待审查会的召开。

2. 推动京津冀三地标准的立项和制定

按照京津冀协同发展的要求，首次联合天津市民政局和河北省民政厅共同研制三地民政标准，其中《骨灰节地生态安葬规范》已完成三地联合预审，正在送审中；《养老机构服务满意度评价规范》已在京津冀三地立项，并完成征求意见稿。

3. 做好标准立项工作

2020年度申报11个地方标准制修订项目，其中制定一类项目5个，修订一类项目2个，制定二类项目4个，涉及养老服务和社区建设与服务领域。

4. 定期组织标准复审工作

以建设社会建设和民政标准体系为契机，对现行领域内地方标准开展全面复审，废止《网格化社会服务管理信息系统技术规范》《社区管理与服务信息分类代码》等6项不再适用的标准；申报修订《养老机构老年人健康评估规范》和《社会福利机构安全管理规范》等2项标准。

5. 多领域开展标准预研

开展空白领域标准预研工作，继续开展《福利彩票销售网点分级评价规范》《殡仪馆档案管理规范》等2项二类标准的预研；开展《北京市社会工作和志愿服务标准体系》的探索研究。

（三）规划研究企业标准、团体标准

鼓励本体系的行业社会组织、企事业单位，结合实际制定类别更加清晰、特色更加鲜明、规定更加严格的企业标准和团体标准。一是推进福利中心系统企业标准体系建设工作，其中一福、二福、革命公墓三家单位通过市标协标准体系复审；二是做好企业标准体系建设，二儿福和总公司所属德福缘物业公司，完成标准体系框架搭建第二阶段工作；三是探索团体标准建设，调研全新领域社会心理服务站点项目，规划建立相关团体标准。

四、持续推进试点示范工作

持续开展试点示范建设，强化效果评估。一是北京市万安公墓作为国家级服务业标准化试点，以98.5的高分通过试点考核评估，为下一步申报示范单位奠定基础；二是儿福和双井恭和苑作为国家级服务业标准化试点项目，完成项目体系构建阶段督导工作，为接受中期评估做好各项准备工

作;三是北京市八宝山殡仪馆申报第六批社会管理和公共服务综合标准化试点单位。

五、推进标准宣传贯彻

(一)加强学习和培训

2019 年,社会建设及民政领域举办标准化培训 163 场,培训 6000 余人次。为提高标准编写的质量,组织 40 余名标准编写人员参加北京标准化协会举办的高质量标准化培训班;为使养老相关标准顺利实施,开办养老机构院长培训班,将最新公布实施的国家标准、行业标准、地方标准的落地执行方法进行系统辅导,使参训人员获得标准体系建设和运营管理经验,该培训仍在进行中,已累计培训人员 800 余人;为宣贯《北京市居家养老服务规范》,组织各类培训宣传 8 次;双井恭和苑成为国家级服务业试点后,先后举办 72 场养老相关标准培训,涉及 3000 余人次。

组织各建标单位、复审和试点单位互相观摩学习。为挖掘标准化建设资源,各单位互相借鉴,通过交流达到共同提高的目的。

(二)举行技能大赛

一是各区民政局组织本区养老机构服务人员参加职业技能大赛。职业技能大赛以养老机构各类标准为基础,包括服务质量建设、星级评定、运营管理和标准宣贯,涵盖养老政策、标准规范、运营管理、护理技能等知识内容,以达标促提质,以竞赛促贯标。二是参加举办京津冀护理员技能大赛,并参加全国护理员技能大赛,鼓励养老机构服务人员学标准、用标准,促进养老服务标准落实,进一步提升专业技能。

(三)检查落实情况

根据《养老机构服务质量基本规范》的执行情况进行评估、检查和指导,主要内容包括机构现场专项检查,风险评价与质量评价,安全隐患重点排查及服务质量评价与指导等。

对《北京市居家养老服务规范》地方标准的实施进行监督检查 32 次,形成《北京市居家养老服务规范　第 1 部分:通则》等 7 项标准实施情况说明,包含服务质量评估、问题整改结果等。

对《养老机构服务质量规范》《北京市行政区划代码》和《社区管理与服务规范》地方标准进行实施评价,包含专项工作检查、安全隐患排查,并撰写实施情况报告。

(四)开展星级评定

截至 2019 年 11 月底,已完成 20 余家养老机构、50 余家养老服务驿站的服务质量星级评定工作,在星级评定过程中,同步进行标准化工作的宣贯,提高养老服务机构及驿站对标准化工作重要性的认识。

(五)对外输出经验

第一社会福利院作为标准化示范单位,多次在全国养老机构服务与管理质量提升培训班上进行标准化管理经验介绍,接待智利总统夫人、澳门街坊总会、河南省新乡市民政局等国内外来宾,交流介绍标准化工作经验。

标准化工作成果

(北京市民政局)

【民政部北京市领导走访慰问一、五福】 2019 年 1 月 23 日,民政部副部长高晓兵、北京市副市长张家明一行到北京市第一、五社会福利院走访慰问。社会福利和慈善事业促进司司长俞建良、社会事务司司长王金华,市委社会工委书记、市民政局局长李万钧等陪同走访。高晓兵一行与老人亲切交流,询问老人身体情况和居住感受。高晓兵表示一福作为全国服务业标准化示范单位,各项工作开展得扎实有效,取得良好社会效应,具有较强示范作用和标杆意义,鼓励一、五福继续开拓创新,实现养老事业新跨越。

(钱洁凡)

【北京市养老服务标准化技术委员会成立】 2019年2月22日,经市市场监管局批准,北京市养老服务标准化技术委员会正式成立,秘书处承担单位为北京养老行业协会。

（钱洁凡）

【发布3项居家养老服务地方标准】 2019年3月27日,由市民政局组织制定的《居家养老服务规范　第2部分:助餐服务》(DB/T 1958.2—2019)、《居家养老服务规范　第3部分:助医服务》(DB/T 1958.3—2019)和《居家养老服务规范　第7部分:康复服务》(DB/T 1958.7—2019)等3项北京市地方标准正式发布,于2019年7月1日开始实施。

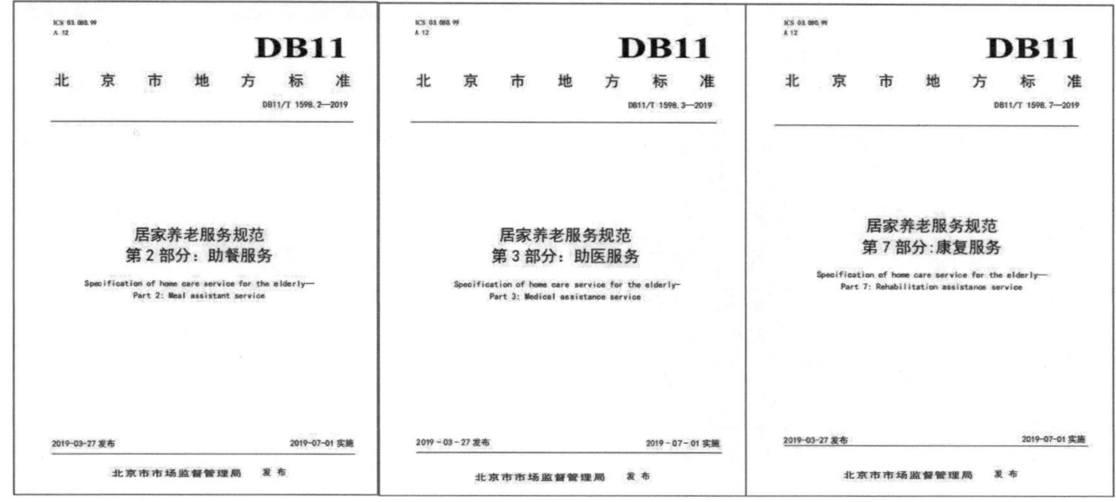
ICS 03.080.99
A 12
DB11
北京市地方标准
DB11/T 1598.2—2019
居家养老服务规范
第2部分:助餐服务
Specification of home care service for the elderly—
Part 2: Meal assistant service
2019-03-27发布　2019-07-01实施
北京市市场监督管理局　发布

ICS 03.080.99
A 12
DB11
北京市地方标准
DB11/T 1598.3—2019
居家养老服务规范
第3部分:助医服务
Specification of home care service for the elderly—
Part 3: Medical assistance service
2019-03-27发布　2019-07-01实施
北京市市场监督管理局　发布

ICS 03.080.99
A 12
DB11
北京市地方标准
DB11/T 1598.7—2019
居家养老服务规范
第7部分:康复服务
Specification of home care service for the elderly—
Part 7: Rehabilitation assistance service
2019-03-27发布　2019-07-01实施
北京市市场监督管理局　发布

（钱洁凡）

【智利总统夫人参访一、五福】 2019年4月25日,智利总统夫人塞西莉亚·莫雷尔·皮涅拉一行到北京市第一、五社会福利院参观访问。参观过程中,来宾与老人进行亲切交流,对一、五福规范化的管理和标准化的服务给予高度评价,对职工的奉献精神和专业素养表示钦佩。

（钱洁凡）

【香港东华三院到一、五福参观访问】 2019年5月8日,香港东华三院到北京市第一、五社会福利院参观访问。来宾一行先后参观荣誉展示厅、老人活动区和居住区,并与老人进行交流。来宾对一、五福多年来坚持走"标准化+养老"之路,将标准化建设与养老服务相结合,实现资源利用最大化的前瞻性眼光和开拓性精神给予高度评价。

（钱洁凡）

【海口市民政局考察团到二福参观交流】 2019年6月11日,海口市社会福利院到北京市第二社会福利院考察学习残疾人服务机构标准化服务管理工作,考察团就运营衔接、规范管理、标准建设以及后勤保障等方面与院领导班子进行座谈交流,并深入服务现场实地考察。

（钱洁凡）

【印发通知并完善工作机制】 2019年6月13日,为进一步提升社会建设和民政业务服务管理标准化水平,更好发挥标准化工作基础性、战略性和引领性作用,北京市委社会工委、市民政局印发《关于进一步加强社会建设和民政领域标准化工作的通知》。通知将标准体系建设、标准制修订和标准宣贯应用等工作列为近期工作重点,明确各领域的职责,要求按照职责分工,长远规划领域内的标准体系建设,推进本行业标准化工作,助推社会建设和民政标准化事业持续健康发展。

（钱洁凡）

【北京市养老机构标准化工作宣贯】 2019年7月11—12日，北京养老行业协会组织开展北京市养老机构服务质量星级评定培训班，各区民政局、区养老行业协会及在册养老机构管理人员300人参加培训。培训班分别就养老机构标准体系搭建、星级评定评分细则评审要点进行授课，向参训人员进行标准化工作宣导。

（钱洁凡）

【北京市居家养老服务规范宣贯培训会】 2019年7月25日，由市民政局主办的2019年北京市地方标准《居家养老服务规范》（第1～7部分）全市贯标培训会在北京市老年活动中心举行。市民政局养老工作处、市养老服务事务中心、市老龄产业协会相关领导出席会议，全市16个区民政局主管养老工作的副局长、养老工作部门负责人和负责贯标工作的骨干人员60余人参加培训。会议就抓好7项标准的贯彻落实提出明确要求，各区民政局要响应开展《居家养老服务规范》的宣贯工作，对辖区内的养老服务机构组织统一培训学习，确保相关标准在全市养老服务机构中得到应用和推广，提升全市居家养老服务规范化水平。相关标准化专家、标准主要撰写人员分别就各项标准的主要内容和关键环节进行授课。

（钱洁凡）

【申报2019年国家标准立项】 2019年7月29日，市民政局向国家标准委提交《居家养老上门服务规范》国家标准立项申报材料，拟将居家养老地方标准上升为《居家养老上门服务规范》国家标准。

GB

中华人民共和国国家标准

GB/T XXXXX—XXXX

居家养老上门服务规范

Home-based Old-age Home Service Standard

点击此处添加与国际标准一致性程度的标识

（工作组讨论稿）

XXXX-XX-XX发布　　XXXX-XX-XX实施

中华人民共和国国家质量监督检验检疫总局
中国国家标准化管理委员会　发布

（钱洁凡）

【组织编制5项居家养老服务标准】 2019年8月28日，市民政局组织对5项居家养老服务标准编制项目进行竞争性磋商，北京市老龄产业协会中标，开展实施《养老服务驿站服务质量星级划分与评定》《居家养老志愿者服务管理规范》《居家养老服务规范　第××部分：家庭养老床位服务》《社区和居家互助养老服务管理规范》《居家养老服务规范　第××部分：巡视服务》等5项标准草案起草工作，于2019年12月向市市场监管局提交5项标准申请2020年北京市地方标准立项的材料。

（钱洁凡）

【三福获得北京市安全生产标准化(三级)企业称号】 2019年8月,北京市第三社会福利院通过北京市昌平区应急管理局进行的北京市安全生产标准化(三级)企业各项工作验收,并获得北京市安全生产标准化(三级)企业称号。

(钱洁凡)

【2项居家养老服务规范通过地方标准审查】 2019年10月17日、18日,《居家养老服务规范　第9部分:精神慰藉服务》和《居家养老服务规范　第11部分:满意度测评》等2项地方标准审查会在市民政局召开,并通过专家会审查。

(钱洁凡)

【京津冀三地标准预审会召开】 2019年10月25日,根据2019年北京市、天津市和河北省地方标准制修订项目计划,市民政局组织召开京津冀标准《骨灰节地生态安葬规范》预审会。

(钱洁凡)

【北京市革命公墓通过标准复审验收】 2019年10月31日,北京市革命公墓以96.5分通过北京标协组织的标准复审验收。

(钱洁凡)

【北京市第二社会福利院通过标准复审验收】 2019年11月5日,北京市第二社会福利院以97.5分通过北京标协组织的标准复审验收。

(钱洁凡)

【联合国人权理事会专家参观一、五福】 2019年11月25日,联合国人权理事会到北京市第一、五社会福利院参观。来宾一行在荣誉展室听取一、五福基本情况和标准化工作介绍,实地考察老人居住区及休闲活动娱乐区,与一位89岁高龄的老人进行交流,对一、五福标准化、规范化的管理给予高度评价。

(钱洁凡)

【申报2020年度地方标准制修订项目】 2019年11月27日,市民政局向市市场监管局申报11项2020年度地方标准制修订项目,其中制定一类项目5项,修订一类项目2项,制定二类项目4项。

(钱洁凡)

【组织修订2项养老机构服务标准】 2019年11月底,市民政局组织北京养老行业协会,开展修订《社会福利机构安全管理规范》(DB11/T 535—2016)、《养老机构老年人生活照料操作规范》(DB11/T 1217—2015)等2项标准的立项申报工作,并向市市场监管局提交申请2020年北京市地方标准修订的材料。

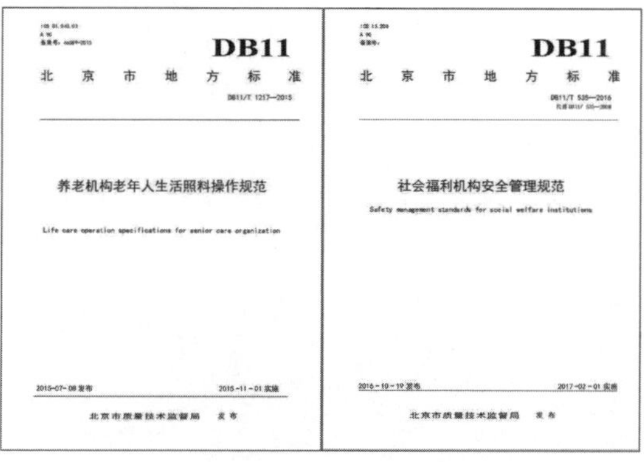

DB11
北 京 市 地 方 标 准
DB11/T 1217—2015
养老机构老年人生活照料操作规范
Life care operation specifications for senior care organization
2015-07-08 发布　　2015-11-01 实施
北京市质量技术监督局　发布

DB11
北 京 市 地 方 标 准
DB11/T 535—2016
社会福利机构安全管理规范
Safety management standards for social welfare institutions
2016-10-19 发布　　2017-02-01 实施
北京市质量技术监督局　发布

(钱洁凡)

【《养老机构心理咨询服务规范》通过地方标准审查会】 2019年12月6日,《养老机构心理咨询服务规范》审查会在北京市民政教育管理学院召开,市市场监管局、市卫生健康委、市民政局、市养老服务标准化技术委员主要负责同志、评审专家及养老机构负责人参加会议,该规范通过专家会审查。

（钱洁凡）

【北京市养老机构服务质量标准实施检查】 2019年9—12月，在市民政局的监督指导下，由北京养老行业协会组建北京市养老机构服务质量星级评定委员会，负责北京市养老机构服务质量星级评定工作。评定工作主要依据北京市地方标准《养老机构服务质量星级划分与评定》（DB11/T 219）、《养老机构服务质量规范》（DB11/T 148）、《北京市养老机构服务质量星级评定评分细则》等养老机构服务质量相关的国家、行业、地方标准开展。对养老机构是否满足国家、行业、北京市地方标准及《北京市养老机构服务质量星级评定评分细则》的要求；机构在环境、设施设备、运营能力及服务管理和质量上是否满足自身要求和服务对象的实际需求；机构标准化工作开展与落实情况等进行星级划分与评定。

（钱洁凡）

【地方标准宣贯培训】 2019年12月3—17日，市民政局委托第三方机构通过集中培训方式，分5批次组织对全市养老机构院长、主管院长或标准化部门负责人进行养老服务标准集中宣贯培训，累计培训700余人次。

（钱洁凡）

【居家养老服务地方标准发布】 2019年12月25日，由市民政局组织制定的北京市地方标准《居家养老服务规范　第9部分：精神慰藉服务》正式发布。

（钱洁凡）

标准化工作综述

（北京市人力资源和社会保障局）

2019年，北京市人力资源和社会保障局学习习近平新时代中国特色社会主义思想和党的十九届四中全会精神，推进首都高质量发展标准体系建设，发挥标准引领作用，强化标准贯彻落实，促进人力社保各项事业发展。

一、突出首都特色，推进高质量标准体系建设

按照首都高质量发展标准体系建设工作要求，市人力社保局以贯彻执行国家标准、行业标准为基础，以制定北京市地方标准为重点，结合人力社保领域发展特点，在2014年标准体系基础上全面修编《北京市人力资源和社会保障标准体系》。制定标准体系修编工作方案，召开部署会，明确总体任务、职责分工及进度安排，在汇总整理各分领域标准体系基础上，形成新版标准体系，广泛征求意见，并通过专家论证，形成标准体系送审稿报送市市场监管局。新修编的标准体系是在全面梳理人力社保业务基础上，结合机构改革职能调整、优化营商环境和深化“放管服”改革、强化信息系统安全等要求，修改调整标准体系整体框架，补充完善已发布、在研究的标准项目。标准体系突出首都特色，人力资源服务管理标准子体系以北京市地方标准为基础进行构建，加强标准体系的适用性。

二、加强区域协同，促进人力资源协同标准贯彻实施

开展调研，组织召开人力资源服务京津冀区域协同地方标准贯标工作座谈会；加强宣贯培训，为朝阳、海淀、东城、西城区近百家人力资源服务机构讲解三地协同标准内容及等级评定系统操作流程；开展等级评定，为30家人力资源服务机构进行现场咨询和现场评查；审议通过北京惠隆睿和劳务派遣有限公司、易建安盛（北京）教育科技有限公司、诚通人力资源有限公司等7家服务机构的等级申请。赴冀参加京津冀区域协同地方标准座谈会，在建立区域协同地方标准工作机制、推进方案、工作评估等方面达成共识，签署会议纪要；受邀赴津冀为171家人力资源服务机构301人贯标辅导授课，为河北省28家人力资源服务机构31人进行机构等级评定现场评查培训。

三、强化实施效果，开展就业服务标准贯标工作

启动公共就业服务评价标准贯标工作。为做好2019年1月1日实施的《公共职业介绍和公共职业指导服务评价规范》地方标准的贯彻落实，市职介中心在对各区公共就业服务情况调研分析的基础上，起草服务评价试点工作方案，确定试评价周期、方式、工作实施步骤等内容；组织专家撰写操作手册，进一步梳理评价标准中涉及的158个因子的拟评价方式、赋值范围等核心内容，制定《评价规范实操手册》。

总结基层平台人力社保标准实施效果。为做好《街道（乡镇）、社区（村）人力资源和社会保障平台服务规范》地方标准的贯彻实施，与市政务服务管理局联合印发《关于加强全市政务服务基层平台人力社保标准化建设的指导意见》，提出明确工作内容、统一服务事项、加强信息公开等九方面要求；指导各区对有条件、有意愿的街道（乡镇）社保所分批、分阶段开展贯标工作；投入培训经费48万余元，举办全市社保所所长和工作人员地方标准宣贯培训班，累计培训550人次。

四、加大贯标力度，推进社会保险国家标准的落实

一是加强社保经办机构标准化建设，大部分区实现标准化的窗口服务，做到工作人员服装统一、文明用语统一、文明举止统一，每个工作人员均设置统一的评价器等，全市16家区级、1家市级经办机构按照社会保险国家标准进行场地设施建设。二是继续标准化向基层延伸示范工作，选择石景山区苹果园街道社保所进行标准化示范建设。截至年底，市社保中心已在八个区按国家标准各建设一个社保所示范点，以此带动辖区内其他社保所开展标准化建设工作。三是开展标准化交流活动，以相互学习、相互借鉴、增强标准化工作意识、更好推动社保标准化工作为目的，组织各区社保经办机构开展标准化交流活动。

五、适应业务需求，研究信息系统地方标准修订工作

市人力社保局牵头制定的《社会保障信息系统指标体系代码与数据结构》地方标准（DB11/T 124—2007）于2007年12月实施。近年来，随着社保信息系统业务功能逐步优化，原有指标体系已发生很大变化，需要结合新需求新变化，研究修订符合当前业务发展实际的指标体系。为此，市人力社保局填报《社会保障信息系统指标体系代码与数据结构》地方标准项目申报书，已申报市市场监管局。

六、注重沟通联动，参与国家标准、行业标准制定

加强与人力资源社会保障部的沟通联系，得到人力资源社会保障部领导的指导和帮助。7月，人力资源社会保障部规划财务司到北京市调研人力社保规划财务和公共服务标准化、信息化工作，实地走访市人才服务中心档案大厅、西城区局办事大厅和广外街道政务服务中心，并进行交流座谈。对国家《人力资源社会保障领域标准化建设实施方案（征求意见稿）》进行研究并反馈意见。参与《公共就业和人才服务窗口服务人员行为规范》行业标准制定，组织召开专家论证会，完成标准草案及编制说明；指导东城区、密云区社保经办机构参与《社会保险网上经办服务指南》《社会保险经办工作人员基本行为规范》国家标准制定工作。

标准化工作成果

（北京市人力资源和社会保障局）

【标准体系建设工作部署会】 2019 年 5 月 21 日，市人力社保局召开推动北京市人力资源和社会保障标准体系建设工作部署会。会议邀请市市场监管局标准化处负责人围绕全市推动高质量发展标准体系建设宏观背景、目标及要求等进行讲解，就推动人力社保标准体系建设工作进行部署。会议指出，要充分认识推动首都高质量发展标准体系建设重要意义，科学谋划人力社保标准体系，使体系建设具有前瞻性、引领性、实效性；要精心组织，强化责任意识，深入开展调查研究，严控时间节点，确保标准体系修编工作高质量完成；要各负其责，抓好落实，结合优化营商环境和深化“放管服”改革，提升公共服务的水平和效能。

（刘　虹）

【人社部调研公共服务标准化】 2019 年 7 月24 日，人力资源社会保障部规划财务司司长王克良带队到北京市调研人力社保规划财务和公共服务标准化、信息化工作。市人力社保局相关领导参加调研。调研组实地走访市人才服务中心档案大厅、西城区局办事大厅和广外街道政务服务中心，并进行交流座谈。王克良指出，本次调研结合“不忘初心、牢记使命”主题教育要求，围绕规划财务和公共服务标准化、信息化工作收集很多有建设性的意见建议，下一步将梳理研究，总结首都经验做法，为抓好稳就业、社保降费、职业技能提升等专项行动做好支撑。市人力社社保局领导表示，将继续结合首都工作实际，按照首善标准，围绕“优化营商环境”“接诉即办”等重点工作，探索引入“互联网 + ”和“大数据”思维方法，发现问题、解决问题，推动人力社保规划财务和公共服务标准化、信息化工作高质量发展。

（刘　虹）

【人力社保标准体系论证会】 2019 年 9 月 9 日，市人力社保局召开《北京市人力资源和社会保障标准体系》专家论证会，来自人力资源社会保障部、市场监管总局、中国标准化研究院、北京市标准化研究院、北京人力资源服务行业协会等单位的专家参加会议。与会专家听取标准体系编制情况汇报，对专家论证稿进行论证，同意标准体系通过论证。修编的标准体系是在全面梳理人力社保业务基础上，结合机构改革职能调整、优化营商环境和深化“放管服”改革、强化信息系统安全等要求，修改调整整体框架，补充完善已发布、在研究的标准项目。同时，突出首都特色，人力资源服务管理标准子体系以北京市地方标准为基础进行构建，加强标准体系的适用性。

（刘　虹）

【贯彻落实人力资源服务区域协同标准】 2019 年，市人力社保局赴冀参加京津冀区域协同地方标准座谈会，就三地在区域协同地方标准研究机制、推进方案、工作评估等方面达成共识，签署会议纪要。开展宣贯培训，为朝阳、海淀、东城、西城区近百家人力资源服务机构讲解标准内容及等级评定系统操作流程；举办京津冀人力资源服务业骨干人才培训班，讲解京津冀人力资源服务业融合发展、贯彻人力资源服务京津冀区域协同地方标准等内容，53 人参加培训；受邀赴津冀为 171 家人力资源服务机构 301 人贯标辅导授课，对河北省 28 家人力资源服务机构 31 人进行机构等级评定现场评查培训。

（刘　虹）

【人力资源服务机构等级评定】 2019 年，市人力社保局召开人力资源服务机构等级评定委员会工作会议，审议通过北京惠隆睿和劳务派遣有限公司、易建安盛（北京）教育科技有限公司、诚通人力资源有限公司等 7 家服务机构的等级申请，为 30 家人力资源服务机构进行现场咨询和现场评查。截至年底，全市有 52 家人力资源服务机构通过等级评定，其中 5A 级机构 7 家、4A 级机构 18 家、3A 级机构 16 家、2A 级机构 9 家、A 级机构 2 家。

（刘　虹）

【社会保险标准化】 2019 年，市人力社保局加强社保经办机构标准化建设，全市 16 家区级、1 家市级经办机构按照社会保险国家标准进行场地设施建设。继续标准化向基层延伸示范工作，选择石景山区苹果园街道社保所进行标准化示范建设。截至年底，市社保中心已在八个区按国家标准各建设一个社保所示范点，以此带动辖区内其他社保所开展标准化建设工作。

（刘　虹）

【基层平台服务标准宣贯培训】 2019 年，市人力社保局为做好《街道（乡镇）、社区（村）人力资源和社会保障平台服务规范》地方标准的贯彻实施，与市政务服务管理局联合印发《关于加强全市政务服务基层平台人力社保标准化建设的指导意见》，提出明确工作内容、统一服务事项、加强信息公开等九方面要求；指导各区对有条件、有意愿的街道（乡镇）社保所分批、分阶段开展贯标工作；投入培训经费 48 万余元，举办全市社保所所长和工作人员地方标准宣贯培训班，培训 550 人次。

（刘　虹）

标准化工作综述

（北京市政务服务管理局）

2019 年，北京市政务服务管理局按照《2019 年北京市标准化工作要点》和《北京市城市管理与服务标准化建设行动计划（2017—2020 年）》相关要求，立足“四个中心”首都城市战略定位，以机构改革为契机，推进北京市政务服务标准体系建设，不断提高政务服务标准化工作水平。

一、成为首都标准化委员会成员单位

2019 年 5 月 15 日，经市政府批准，市政务服务局成为首都标准化委员会成员单位，对北京市政务服务标准化工作具有重要意义。

二、建立健全行业标准体系和规划

按照市市场监管局《关于开展推动首都

高质量发展标准体系建设工作的通知》要求，市政务服务局发挥行业主管部门作用，组织开展政务服务标准化研究项目，结合政务服务标准化规划研究成果，建立和完善北京市政务服务标准体系，编制《北京市政务服务标准体系研究报告》和《北京市政务服务标准发展规划》，初步建立适应北京市政务服务发展需要的标准体系，研究提出推进标准化工作的体制机制，为推动北京政务服务高质量发展提供标准引领和技术支撑。

三、组织开展标准化宣传培训工作

为提高标准化参与意识，组织工作人员开展2次标准化宣传培训工作，并邀请标准化领域专家对标准化法规和常识进行讲解。基于北京市政务服务发展实际情况，编写《政务服务标准化知识问与答》，通过问答形式使标准化工作人员全面掌握标准化基本知识、建设意义、任务目标，为下一步各类标准的申报及编写打下基础。

四、推进地方标准立项申报工作

基于北京市政务服务标准体系和行业需求，按照《北京市地方标准管理办法》，选取政务服务中心服务与管理规范、政务服务事项规范和12345市民热线“接诉即办”管理规范立项申报北京市地方标准。

标准化工作成果
（北京市政务服务管理局）

【成为首都标准化委员会成员单位】 2019年5月15日，经市政府批准，市政务服务局成为首都标准化委员会成员单位，对北京市政务服务标准化工作具有重要意义。

（赵　磊）

【北京市政务服务标准化研究项目】 2019年9—12月，市政务服务局作为政务服务行业主管部门，组织开展政务服务标准化研究项目，结合政务服务标准化规划研究成果，建立和完善北京市政务服务标准体系，完成编制《北京市政务服务标准体系研究报告》和《北京市政务服务标准发展规划》。通过研究，初步建立适应北京市政务服务发展需要的标准体系，研究提出推进标准化工作的体制机制，为推动北京政务服务高质量发展提供标准引领和技术支撑。

（赵　磊）

【推进地方标准立项申报工作】 2019年，基于北京市政务服务标准体系和行业需求，选取政务服务中心服务与管理规范、政务服务事项规范和12345市民热线“接诉即办”管理规范立项申报北京市地方标准。

（赵　磊）

标准化工作综述
（北京市商务局）

2019年，北京市商务局坚持以习近平新时代中国特色社会主义思想为指导，贯彻落实党的十九大和十九届二中、三中、四中全会精神，贯彻习近平总书记对北京系列重要讲话精神，把握首都城市战略定位，按照《首都标准化战略纲要》《2019年北京市标准化工作要点》《北京市城市管理与服务标准化建设行动计划（2017—2020年）》等文件要求，持续推进商务领域标准化的各项工作，取得一定成效。

一、制定并发布3项北京市地方标准

根据《2015年北京市地方标准制修订项目计划》《2017年北京市地方标准制修订项目计划》等文件，市商务局组织有关起草单位按照《北京市地方标准管理办法》的要求，开展《洗染企业等级划分与评定》《企业物流装备标准化评价规范》与《食品冷链宅配服务规范》的制定工作，经过征求意见、预审以及修改完善等多重环节，并经市市场监管局组织召开标准审查会，《食品冷链宅配服务规范》（DB11/T 1621—2019）和《企业物流装备标准化评价规范》（DB11/T 1622—2019）等2项标准于2019年发布，并于2019年7月1日起实施；《洗染企业等级划分与评定》（DB11/T 1700—2019）于2019年发布，并将于2020年4月1日起实施。

二、制定并宣贯商业零售业服务质量规范

为进一步规范和加强北京市商业零售企业服务管理，提升商业零售企业服务质量，市商务局对标国际，学习借鉴世界先进城市服务质量标准，于2019年年中制定并发布《北京市商业零售企业服务质量管理规范》和《北京市商业零售企业服务质量评价办法（试行）》等2项规范。

为切实抓好商业零售企业服务质量管理规范宣贯工作，市商务局会同市商联会制定工作方案，推进宣贯工作。期间，先后组织2000余名来自不同品牌企业、专业协会中高层管理者和企业小教员进行培训，向100家商业企业下发教学光盘，编印下发10000本《优质服务企业、服务标兵先进事迹》宣传册。通过学习考核，10000名商业企业的员工取得行业标准培训证书。组织开展"优质服务企业、服务标兵"宣讲活动，先后进入50家餐饮、超市连锁、零售百货、美容美发、家电等单位，受众人数达40000人次。

三、完成国家级服务业标准化试点项目

市商务局与市市场监管局共同推荐的"北京菜市口百货股份有限公司商贸服务标准化试点"项目于2017年底经国家标准委批准实施，经过近两年的标准体系建设，试点单位北京菜市口百货股份有限公司对现行有效的国家标准、行业标准等进行完善和梳理，并在此基础上建立一套属于企业的新标准体系。按照标准化试点项目要求，该试点单位先后参加由市市场监管局组织召开的试点项目中期评估、国家级服务业标准化试点预验收等阶段性考核，并于2019年12月13日以98.5分的高分（满分100分）通过国家委托组织的终期考核评估。

四、委托行业协会开展标准规范制定

2019年，市商务局先后委托北京农产品流通协会、北京市餐饮行业协会等行业协会开展规范和团体标准的制定工作。其中，《北京市社区蔬菜直通车车辆技术规范》对蔬菜直通车车辆类型、车辆技术指标、车辆箱体改装等方面提出相应的技术要求，为加强本市社区蔬菜直通车规范经营，进一步便利市民买菜需求等奠定技术基础。委托北京市餐饮行业协会开展北京市餐饮、外卖绿色包装团体标准的制定工作。

五、其他

2019年，市商务局按照首都标准化委员会办公室的要求，先后两次就《推动首都高质量发展的标准体系建设实施方案（征求意见稿）》中"现代服务业"与"高品质人居生活"等相关内容提出修改建议并按照要求反馈，为首都高质量发展标准体系建设提供意见和建议。按照市市场监管局《关于开展推动首都高质量发展标准体系建设工作的通知》要求，梳理完成生活性服务业标准体系。该体系包括餐饮、家政服务、美容美发、蔬菜零售、洗染、便利店（超市）、家电维修等多个方面，包含国家标准28项、行业标准16项、地方标准23项、团体标准2项。

标准化工作成果

（北京市商务局）

【制定并发布3项北京市地方标准】 根据《2015年北京市地方标准制修订项目计划》

《2017年北京市地方标准制修订项目计划》等文件，市商务局组织有关起草单位按照《北京市地方标准管理办法》的要求，开展《洗染企业等级划分与评定》《企业物流装备标准化评价规范》与《食品冷链宅配服务规范》的制定工作。《食品冷链宅配服务规范》(DB11/T 1621—2019)和《企业物流装备标准化评价规范》(DB11/T 1622—2019)等2项标准于2019年发布，并于2019年7月1日起实施；《洗染企业等级划分与评定》(DB11/T 1700—2019)于2019年发布，并于2020年4月1日起实施。

(市商务局)

【制定并宣贯商业零售业服务质量规范】 2019年，市商务局制定并发布《北京市商业零售企业服务质量管理规范》和《北京市商业零售企业服务质量评价办法(试行)》等2项规范，并会同市商联会推进宣贯工作。先后组织2000余名来自不同品牌企业、专业协会中高层管理者和企业小教员进行培训，向100家商业企业下发教学光盘，编印下发10000本《优质服务企业、服务标兵先进事迹》宣传册。通过学习考核，10000名商业企业的员工取得行业标准培训证书。组织开展"优质服务企业、服务标兵"宣讲活动，先后进入50家餐饮、超市连锁、零售百货、美容美发、家电等单位，受众人数达40000人次。

(市商务局)

标准化工作综述

(北京市政府外事办公室)

2019年，北京市政府外事办公室贯彻落实习近平新时代中国特色社会主义思想，落实党的十九大和十九届二中、三中、四中全会精神，实施《标准化法》，以市领导对首都外事工作作出的重要书面批示和口头指示为指导精神，围绕推进国际交往中心建设、服务保障重大国事国际活动、进一步优化营商环境的目标，围绕公共场所双语标识英文译法系列地方标准修订和重点区域外语标识核查等重点工作，对照《2019年北京市标准化工作要点》和《北京市城市管理与服务标准化建设行动计划(2017—2020年)》，组织实施首都标准化战略纲要，以标准化为抓手促进首都经济社会发展的情况。

一、优化领导体制机制

结合市机构改革方案，调整优化市规范公共场所英语标识工作领导小组，强化领导小组职能作用，增补市应急管理局、市政务服务局和市人防办作为成员单位，更新各成员单位联络员，调整后的成员单位覆盖各公共服务领域行业主管部门和16区等48家单位。

二、推进法制建设

一是完成立项论证。年初，市司法局召

开《北京市公共场所外语标识管理规定》(以下简称:《规定》)立项论证会,并于5月正式回复立项意见。二是完成《规定》文本及说明起草和论证。完成《规定》文本及说明起草,与市司法局、各行业主管单位和相关单位进行反复论证修改。三是征求各方意见。分别就《规定》文本和说明征求教育部、行业主管单位、16区、标识行业协会等47家单位意见,并在首都之窗网站向社会公开征求意见30天。四是正式报送至市司法局。吸纳各方意见,会同市司法局进行11次修改,形成《规定》送审稿(草案)报送市司法局,由市司法局提交市政府常务会审议。

三、推动系列地方标准修订相关工作

一是完成地方标准修订调研。委托指导社会机构开展地方标准修订调研工作,经过资料搜集、国家标准与地方标准比较分析、考察兄弟省市地方标准制修订经验做法以及与部分行业主管部门座谈研讨等环节,系统梳理总结地方标准实施总体情况和存在的问题,提出下步修订思路和方向,并据此起草地方标准修订调研报告。二是推动卫生领域地方标准修订工作。考虑卫生领域地方标准修订工作基础扎实,组织力量对卫生领域地方标准先行开展修订。经中外专家论证,6月底正式向市市场监管局提出地方标准修订立项申报,并纳入2019年地方标准修订工作。2019年底,该项地方标准已完成编制说明并将召开专家审查会。三是加快推进其他领域地方标准修订。结合调研成果,加快推进交通、文化旅游、体育、商业金融、组织机构等领域地方标准修订工作。已征求相关单位意见,起草完成以上领域修订立项申请和修订草案。

四、坚持重点纠错和源头防控

一是开展重点区域核查纠错。全年组织专家和志愿者赴世园会、北京大兴国际机场、香山革命纪念馆、顺义区首都机场周边重点区域、天坛医院(新址)、天坛公园、北京中医医院、北京坊、慕田峪长城、颐和园、红桥市场等地进行外语标识核查,发现不规范外语标识423条,已向相关单位反馈参考译法供整改。督促国家会议中心周边地区及天安门地区分别更换错误标牌2934块和226块。二是严把新增外语标识源头。围绕服务保障第二届“一带一路”国际合作高峰论坛、世园会、亚洲文明对话大会、国庆70周年阅兵、北京国际设计周、2019世界剧院北京论坛等在京举办的重要国事国际活动,以及北京市组织机构变更、大兴机场线开通等实际情况,组织专家审校新增标识约2200条近20000字,从源头上有效减少错误外语标识。结合全年审定新增外语标识和核查纠错情况,编制外语标识参考译法白皮书。

五、开展培训讲座

一是组织全市外语标识管理专题培训班。邀请国家语委负责同志、中外知名专家、学者,为全市各行业主管单位和各区约130名工作人员进行培训,邀请工作突出单位开展经验交流,加强业务指导。二是开展“牵手冬奥—市民讲外语公益讲座”。围绕窗口行业实用英语、外事礼仪、冬奥英语等主题,在全市政务服务、医疗卫生、金融业、酒店服务、商业零售等领域开展公益讲座,全年组织讲座15场,培训人员800人次,有效带动各窗口行业开展员工培训,提升外语服务能力。

标准化工作成果

(北京市政府外事办公室)

【重点区域外语标识检查】 2019年,市政府外办组织专家和志愿者赴世园会、北京大兴国际机场、香山革命纪念馆、顺义区首都机场周边重点区域、天坛医院(新址)、天坛公园、北京中医医院、北京坊、慕田峪长城、颐和园、红桥市场等地进行外语标识核查，发现不规范外语标识423条，并向相关单位反馈参考译法供整改。督促国家会议中心周边地区及天安门地区分别更换错误标牌2934块和226块。

（黄　芳　周国豪）

【北京市公共服务领域外语标识规范工作培训班】 2019年5月16—17日，市政府外办举办全市外语标识管理专题培训班。邀请国家语委负责同志、中外知名专家、学者，为全市各行业主管单位和各区约130名工作人员进行培训，工作突出单位在会上开展经验交流。

（黄　芳　周国豪）

【北京市公共场所双语标识英文译法地方标准（医疗卫生领域）修订工作】 2019年，市政府外办组织力量对公共场所双语标识英文译法地方标准（医疗卫生领域）先行开展修订。经中外专家论证，于6月底正式向市市场监管局提出地方标准立项申报，并纳入2019年地方标准修订工作。年底前，该项地方标准完成专家审查会并正式报批。

（黄　芳　周国豪）

【北京市公共场所双语标识英文译法地方标准修订调研】 2019年，市政府外办组织专门力量，采取座谈研讨、走访交流、学习考察、统计分析等形式，就《北京市公共场所双语标识英文译法》地方标准实施应用情况进行调查研究，摸清地方标准实施的基本情况，分析存在问题，并对地方标准修订的原则、路径和举措提出具体工作建议，形成调研报告。

（黄　芳　周国豪）

【2019年度《公共场所双语标识英文译法通则》复审】 2019年7月，市政府外办作为行业主管部门，结合地方标准修订工作专项调研成果，组织专门力量，完成《公共场所双语标识英文译法通则》及其系列分则复审，复审结果为“修订”。

（黄　芳　周国豪）

标准化工作综述

（北京市统计局）

2019年，北京市统计局贯彻落实国家统计局标准化工作要求，实施首都标准化战略纲要工作要点，执行各项标准，加强规范管理，开展标准研究，健全完善统计标准体系，发挥标准化对统计工作的基础支撑作用。

一、贯彻执行国家统计标准

市统计局贯彻执行国家各项统计分类标准，对国家统计局发布的《国民经济行业分类》（GB/T 4754—2017）国家标准第1号修改单，以及《生活性服务业统计分类（2019）》《生产性服务业统计分类（2019）》《健康产业统计分类（2019）》《体育产业统计分类（2019）》《知识产权（专利）密集型产业统计分类（2019）》等统计标准及时转发，要求全市各级统计机构和各有关单位在统计活动中遵照执行。结合国家统计局发布的《研究与试验发展（R&D）投入统计规范（试行）》，市统计局组织全市相关专业人员培训，解读R&D活动界定、主要指标和基本统计原则，对工作流程与质量控制进行规范。

二、推进地方统计标准建设

2019年，市统计局推进地方统计标准建设，开展相关研究工作。一是按照市委、市政府加快构建高精尖经济结构的要求，与市经济信息化局、市科委共同研究制定《北京市高精尖产业统计分类目录（试行）》，为准确掌握相关领域发展趋势、科学制定政策提供支撑。二是结合北京新兴产业发展情况和新经济统计核算需要，修订完善新经济活动类别，完善新经济增加值核算方法。三是结合常规统计布置工作，在全国率先建立统计年定报微站，方便统计机构和基层单位查阅及应用统计标准。四是构建北京统计标准体系，为各部门开展相关统计调查、实现部门间数据衔接和共享提供统一规范。

三、开展常规区划和城乡划分代码维护

统计用区划代码和城乡划分代码维护是开展统计调查的重要基础性工作。按照国家统计局统一部署和要求，市统计局组织开展2019年度统计用区划代码和城乡划分代码维护工作。在民政、规划等部门支持配合与各级统计人员的共同努力下，经方案设计、视频培训、区划资料收集、城乡属性判断、数据上报等各环节工作，完成统计用区划和城乡划分代码维护工作。为确保2019年城乡划分工作质量，按照国家统计局《城乡划分质量控制办法》工作规范要求，在各区自查的基础上，市统计局选取大兴区礼贤镇、榆垡镇、通州区潞源街道、通运街道和东城区体育馆路街开展事后质量检查。统计用区划和城乡划分结果通过国家统计局审核验收，截至2019年10月31日，全市有县级区划16个（全部为市辖区），乡级区划339个，村级区划7169个。与上年同期相比，乡级区划净增3个；村级区划净增15个，名称变更702个，城乡属性变更179个。

四、配合国家完成标准相关工作

2019年，市统计局参与国家产业分类标准修订工作。一是协助国家统计局完成对GB/T 4754—2017《国民经济行业分类》国家标准第1号修改单的核对工作。二是配合国家统计局根据新旧国民经济行业的对应关系，对部分产业分类标准进行结构调整和行业编码转换，并对部分内容进行修订，形成新的产业分类标准。三是及时向国家统计局反馈关于养老产业统计标准和民营经济统计范围的意见建议。四是参与国家城乡划分操作系统的升级改造，协助国家开展地域库建设、系统开发和测试论证等相关工作，参与编写《统计用区划和城乡划分工作手册》。

标准化工作成果

（北京市统计局）

【开通微站方便查阅统计标准】 2019年统计年定报工作启动之际，市统计局创新工作方式，利用“北京统计”微信公众号搭建“年定报微站”专栏，下设“统计标准”栏目，集成“三次产业划分规定”“统计上大中小型企业划分办法”等几十种统计标准，方便统计用户查阅。进入“年定报微站”的方法十分便捷，可关注“北京统计”微信公众号，点击进入“服务”栏目，或者用手机扫描统计报表制度或统计联网直报平台报表上的二维码，即可进入“年定报微站”查阅、学习相关统计标准。北京“年定报微站”是全国首个服务统计工作的掌上微站，实现全市统计人员和调查对象随时、随地、随身查询年定报所用统计标准，在2019年年定报培训和报表填报期间得到广泛应用。

（胡桂萍）

【制定高精尖产业统计分类目录】 高精尖产业是高端引领、创新驱动、绿色低碳发展模式的重要载体，是北京市重点引导和支持的产业方向。为贯彻落实市委市政府关于加快科技创新构建高精尖经济结构有关精神，市统计局与市经济信息化局、市科委联合开展高精尖产业统计分类标准研究。在《国民经济行业分类目录》（GB/T 4754—2017）框架下，聚焦十大高精尖产业新兴领域，经充分讨论、会商、标准制定与数据测算，确定所属10个高精尖产业行业范围和统计分类标准，形成《北京市高精尖产业统计分类目录（试行）》。涉及的10个高精尖产业类别和行业小类个数分别为：新一代信息技术（36个）、集成电路（19个）、医药健康（15个）、智能装备（83个）、节能环保（30个）、新能源智能汽车（15个）、新材料（35个）、人工智能(19 个)、软件和信息服务(33 个)和科技服务(82 个)。该统计分类目录的制定,为科学反映北京市"高精尖"经济结构,推进"高精尖"经济结构构建,满足相关部门开展监测工作需要,为政府有关部门准确掌握相关领域发展趋势、科学制定政策提供支撑。

(胡桂萍)

【编制统计标准体系】 按照市市场监管局《关于开展推动首都高质量发展标准体系建设工作的通知》要求,市统计局组织开展相关工作,经梳理,初步建立北京市统计标准体系。该标准体系分为区划和城乡划分、行业和产业分类、单位基本信息分类、居民和个人基本信息分类等四个类目,涵盖在用的 52 项统计标准,其中 29 项国家统计局标准、7 项市统计局标准、16 项其他部门标准。北京市统计标准体系的建立,为各部门开展统计调查、实现部门间数据衔接和共享提供统一规范,是构建首都高质量发展统计体系的重要组成部分。

(胡桂萍)

【完成区划和城乡划分代码维护】 按照国家统计局统一部署和要求,市统计局组织开展 2019 年度统计用区划代码和城乡划分代码维护工作。在民政、规划等部门支持配合与各级统计人员的共同努力下,经方案设计、视频培训、区划资料收集、城乡属性判断、数据上报、质量抽查等各环节工作,完成统计用区划和城乡划分代码维护工作,结果通过国家统计局审核验收。截至 2019 年 10 月 31 日,北京市有县级区划 16 个(全部为市辖区),乡级区划 339 个(其中街道 212 个;镇 105 个;乡 15 个;类似乡级单位 7 个),村级区划 7169 个(其中居委会 3236 个;村委会 3908 个;类似居委会 20 个;虚拟村级单位 5 个)。与上年同期相比,乡级区划净增 3 个;村级区划净增 15 个,名称变更 702 个,城乡属性变更 179 个。

(胡桂萍)

标准化工作成果

(北京市公共卫生标准化技术委员会)

【市公共卫生标委会召开工作研讨总结会】

2019 年 4 月和 8 月,市公共卫生标委会两次召开工作研讨会,与会人员结合《关于开展推动首都高质量发展标准体系建设工作的通知》和《2019 年北京市标准化工作要点》等文件要求,针对市公共卫生标委会制度建设、体系构建、工作规划、前期研究、申报立项、制修订工作、实施应用和宣贯培训等工作进行研讨。按照标委会章程和工作研讨会会议决议,建立完善标委会会议制度和联系人制度。12 月 6 日,2019 年市公共卫生标准化技术委员会召开第一届第一次年会,秘书处就标委会成立以来所开展的工作进行全面总结和汇报,并将 2020 年工作计划(讨论稿)提交大会讨论,与会委员和代表肯定标委会近一年来的工作,并提出有针对性的具体化建议和方向。

(高建华)

【卫生健康标准需求和规划建议调研】

2019 年 8—12 月,市卫生健康委和市公共卫生标委会开展卫生健康标准需求和规划建议调研,收集市卫生健康委相关处室、标委会成员单位和市疾控中心等标准需求建议 36 项,汇总整理相关资料,结合专家建议,参照机构三定方案和工作职责,初步形成《建立健全公共卫生标准体系　提升首都公共卫生服务质量》报告及全市卫生健康标准体系结构图。

(况海涛　高建华)

【主导和参与卫生健康相关标准制定】

2019 年,北京针灸协会参加 2 项国家标准针灸操作技术的修订工作;市防痨协会参与制定相关防痨国家标准 10 项。截至 2019 年 11 月 30 日,市疾控中心作为第一起草单位发布国家标准23项、行业标准5项、地方标准12项、团体标准1项;作为项目第一承担单位标准在研项目17项。

（高建华）

【卫生健康标准宣贯培训】 2019年,市公共卫生标委会举办世界标准日系列宣传活动。在公共场所张贴标准宣传海报,发放标准宣传手册,制作播放《防鼠防蝇设施技术要求》《灭蚊操作指南》等世界标准日主题视频标准宣传片;参加市市场监管局及北京标准化协会举办的世界标准日纪念大会,并获得2019年第13届标准化论文一等奖。

（高建华）

农业农村

标准化工作综述

（北京市农业农村局）

2019年，北京市农业农村局制定并印发《北京市农业标准化工作实施方案》，推进农业农村标准化战略落实，推进全程标准化理念，提升全市农业标准化基地覆盖率，强化农业标准与农业标准化工作能力和建设水平，助力农业产业升级转型。

一、初步构建北京市农业农村标准体系

由北京市农业农村局农产品质量安全处牵头，组织农业农村局农村相关部门针对农村标准体系框架召开讨论会，由北京市农业标准化技术委员会秘书处做相关汇报，在原北京市农业地方标准体系基础上不断完善，初步形成农业农村标准体系框架。北京市农业农村标准体系框架涵盖农业标准与农村标准两大类，其中农业标准下设9个子分类、45个分支，农村标准下设12个子分类。

二、开展农业地方标准制修订工作

结合北京市农业发展和结构调整需求，推进农业地方标准制修订工作，不断完善以农产品质量安全为重点的农业标准体系。一是通过项目征集、专家审查论证，2019年新立项农业地方标准3项，其中《杀虫灯使用技术规范》为修订项目，《水产养殖常用自由往来态制剂使用技术规范》《畜禽养殖粪还田利用技术规范》等2项为制定项目。二是完成2019年以前立项的《测土配方施肥节能减碳效果评价规范》等16项地方标准的制修订、专家审核、报批和发布。三是完成2013年发布及复审的《优质小豆生产技术综合标准》等130项地方标准的复审工作；根据市市场监管局的要求，针对52项绿色、无公害及有机标准进行集中复审，并提出废止及修订建议。四是完成2017年发布的9项农业地方标准的实施情况检查和评估工作。五是完成2020年地方标准立项征集，征集农业地方标准立项申请57份，通过向标委会专家征集意见以及行业初审会议，向市市场监管局推荐37项地方标准。六是组织北京安全科学与工程学会、北京市劳动保护科学研究所、北京市安全生产技术服务中心、北京城市系统工程研究中心等多家单位联合制定DB11/T 1322《安全生产等级评定技术规范》67～70、72～74部分系列标准。

三、推进农业标准化基地建设

继续按照“区级建设、市级评定、动态管理、优级奖励”的整体建设原则，推进农业标准化生产基地建设。一是继续突出区级建设作用，组织各区在调查摸底2019年建设形成的有一定规模的基地以及即将开始建设的基地的基础上，强化区级指导和服务，开展农业标准化基地建设工作，2019年新增备案基地72家。二是进一步强化农业标准化基地动态管理，组织各区对备案标准化基地生产及贯标情况进行核查，对已建成标准

化基地进行评分和等级划分，对其中不再生产或达不到标准的基地进行降级或取消处理；组织市级专家组对申请推荐为市级优级的基地进行现场评定。截至年底，北京市现有备案标准化基地1208家，优级基地506家，良好级基地209家。

四、建立“全程农产品质量安全标准化示范基地”

2019年北京市建设49家“全程农产品质量安全标准化示范基地”。其中市级建设4家，分别是北京天意生态农业发展有限公司、北京诺亚农业发展有限公司、北京农效禽业有限公司、北京天亿金宝养鱼专业合作社。形成全程生产标准体系框架4个，按照查缺补漏的原则，形成基地生产软硬件技术支撑体系4套，涵盖蔬菜、蛋鸡、草鲤鱼3个品类，产前、产中、产后43个关键环节105个关键要素，初步编制企业标准83项。区级利用支农资金转移支付资金建成5家。

五、持续加强农业标准化宣贯和日常督导

（一）完善“农标酷”，及时更新农业地方标准

针对北京市地方标准查找（查新）难、费用高等问题，持续对研究开发的“农标酷”公众号进行更新完善，更新修改农业标准信息132条，收录现行有效的255项农业地方标准，并按照北京市农业地方标准体系进行分类。涵盖蔬菜、粮经、畜牧、水产、农机、能源生态、检验检测及其他等8大类51个生产环节。

（二）开展生产主体农产品质量安全自控能力提升培训

以农业生产主体“应知、应会、应做”为目标，2019年由市级分行业、分区县组织各类农业生产主体开展18期农产品质量安全技术培训，培训各类农业生产主体达1700余人次。印发各类宣传展板、相关农产品质量安全技术规程、生产档案及农业标准化宣传手册等25000余份。

（三）加强基层标准化工作人员培训，提升标准化服务能力

对各区主管农业标准化工作人员和全程农产品质量安全标准化示范基地负责人进行为期2天的标准化知识培训，提升其对标准工作的规范化和技术指导能力，强化标准工作。

（四）开展标准化基地日常督导检查

为提高标准化基地建设水平的持续性，2019年完成对全市140家优级标准化的督导检查工作，提出整改意见80余条，不断完善北京市农业标准化基地建设水平。

标准化工作成果
（北京市农业农村局）

【农业地方标准制定修订】 2019年，市农业农村局通过项目征集、专家审查论证、与市市场监管局协调会商，新立项农业地方标准3项，其中《杀虫灯使用技术规范》为修订项目，《水产养殖常用自由往来态制剂使用技术规范》《畜禽养殖粪还田利用技术规范》为制定项目；完成2013年发布及复审的《优质小豆生产技术综合标准》等130项地方标准的复审工作；根据市市场监管局的要求针对52项绿色、无公害及有机标准进行集中复审，并提出废止及修订建议。完成2017年发布的9项农业地方标准的实施情况检查和评估工作；完成2019年以前立项的《测土配方施肥节能减碳效果评价规范》等16项地方标准的制修订、专家审核、报批和发布；完成2019年地方标准立项征集，征集农业地方标准立项申请57份，经过行业初审，向市市场监管局推荐37项地方标准。

（阚睿斌　李小凤）

【标准化基地建设及评优】 按照“区级建

设、市级评定、动态管理、优级奖励”的建设原则，推进农业标准化生产基地建设。2019年全市新增72家农业标准化基地备案，因拆迁、占地、停产、转租、不达标等因素取消农业标准化基地备案321家。截至年底，北京市有效备案的农业标准化基地有1208家，按照行业划分，种植业基地684家，畜禽养殖基地252家，水产养殖基地272家；按照等级划分，优级基地506家，良好级基地209家，达标级基地219家，无等级基地274家。

（阚睿斌　李小凤）

【“全程农产品质量安全标准化示范基地”建设】　2019年，北京市建设49家“全程农产品质量安全标准化示范基地”。其中市级建设4家，分别是北京天意生态农业发展有限公司、北京诺亚农业发展有限公司、北京农效禽业有限公司、北京天亿金宝养鱼专业合作社。形成全程生产标准体系框架4个，按照查缺补漏的原则，形成基地生产软硬件技术支撑体系4套，涵盖蔬菜、蛋鸡、草鲤鱼3个品类，产前、产中、产后43个关键环节105个关键要素，初步编制企业标准83项。区级利用支农资金转移支付资金建成5家。

（阚睿斌　李小凤）

【持续更新“农标酷”公众号】　2019年北京市优质农产品产销服务站针对制作的微信公众号“农标酷”标准信息不断完善，更新132条相关信息。截至年底，收录现行有效的农业归口的北京市农业地方标准255项。细分为蔬菜、粮经、畜牧、水产、农机、能源生态、检验检测及其他等8大类51个生产环节，有效解决北京市农业地方标准查新查找难、现有地方标准应用转化率低等实际问题。

（阚睿斌　李小凤）

【农业标准化知识培训】　2019年10月，市农业农村局对13个区及40家全程农产品质量安全标准化示范基地的80余名农业标准化工作人员开展技术培训。北京市标准化研究院、市农优站、市推广站、市植保站相关专家和一线技术骨干向与会人员普及农业标准与农业标准化知识，解读农产品生产主体责任，推广农业标准化生产措施以及农产品标准化栽培和病虫害防控技术。

（阚睿斌　李小凤）

【日常督导检查】　2019年，市农业农村首次将日常督导检查提升到农业标准化日常管理中，全年督导检查标准化基地140家，提出整改意见80余条，为评优复查打好基础。11月4日至11月13日，组织覆盖种植、畜牧、水产三大行业的18名专家，对北京市新建的66家农业标准化基地集中评优及56家优级标准化基地抽查复评，采用“推优基地100%到场，复评基地按比例抽查”的评定方式，强化并提高现场评定效率。

（阚睿斌　李小凤）

【初步构建北京市农业农村标准体系】
2019年，在原北京市农业地方标准体系基础上不断完善，初步形成北京市农业农村标准体系框架，该体系框架涵盖农业标准与农村标准两大类，其中农业标准下设9个子分类、45个分支，农村标准下设12个子分类。

（阚睿斌　李小凤）

【制定安全生产等级评定技术规范系列地方标准】　组织北京安全科学与工程学会、北京市劳动保护科学研究所、北京市安全生产技术服务中心、北京城市系统工程研究中心等多部门单位联合制定DB11/T 1322《安全生产等级评定技术规范》67～70、72～74部分系列标准，其中地方标准《安全生产等级评定技术规范　第67部分：农机专业合作社》《安全生产等级评定技术规范　第68部分：设施蔬菜生产企业及专业合作社》《安全生产等级评定技术规范　第69部分：畜禽养殖场》《安全生产等级评定技术规范　第70部分：水产养殖企业》《安全生产等级评定技术规范　第72部分：饲料生产企业》《安全生产等级评定技术规范　第73部分：

畜禽定点屠宰企业》于2019年9月26日发布,2020年1月1日实施,《安全生产等级评定技术规范　第74部分:兽药生产企业》进入报批阶段。

(阚睿斌　李小凤)

标准化工作综述

(北京市园林绿化局)

2019年,首都园林绿化标准化工作,按照市园林绿化局党组的部署安排和市市场监管局的要求,以《首都标准化战略纲要》《北京市"十三五"时期园林绿化发展规划》等文件为指导,围绕国庆70周年服务保障、城市副中心绿化、新一轮百万亩造林等重点任务,主动作为,开拓创新,完成年度工作任务。

一、支撑国庆70周年服务保障等中心任务,推进标准制修订工作

2019年组织制修订各类标准36项。其中新立项林业行业标准《经济林种质资源圃建设与管理规范》《麋鹿人工繁育及放归规范》等4项;北京市地方标准《城市树木健康诊断技术规程》《美丽乡村绿化美化技术规程》等16项;延续各类标准(行业标准、地方标准)16项。重点组织编制林业行业标准《植物新品种特异性、一致性、稳定性测试指南　卫矛属》,北京市地方标准《城市森林营建技术导则》《园林绿化科普标识设置规范》等,逐步完善北京市园林绿化标准体系,支撑以新一轮百万亩造林、美丽乡村绿化美化工程为重点的大尺度绿色生态空间构建中心工作,为首都园林绿化工作高质量发展提供技术支撑。

二、落实绿色惠民和高质量发展理念,加强标准的组装集成示范推广工作

一是重点推广《毛白杨繁育技术规程》的应用。《毛白杨繁育技术规程》的实施,扩大雄性毛白杨的应用范围,保证种苗质量的逐步提升,推进北京市毛白杨种苗产业的基地化、规模化、集约化和标准化经营。截至年底,在大兴、通州、顺义、昌平、怀柔、延庆等地示范推广总面积1235亩,共计14.3万株,辐射带动周边区域栽植雄性毛白杨与国槐、银杏、油松、白蜡等林分的混交林,促进雄性毛白杨在园林绿化中的应用发展。通过面向全市园林绿化技术人员和苗木生产企业开展标准的宣贯工作,提升全行业对毛白杨尤其是对雄性毛白杨的了解,促进毛白杨种苗产业的质量提升和有序发展,为最大程度发挥毛白杨优良特性,保护和改善生态环境并大幅提升环境景观效果创造有利条件。二是加大《森林疗养基地建设技术导则》标准应用。自发布以来,在相关培训会、国际研讨会上进行6次标准宣传推介,发放标准宣传折页570份,解读森林疗养基地的场地选择、场地规划、设施建设、服务与运营维护等相关内容,使标准应用相关单位对标准内容有充分理解和掌握。截至年底,八达岭国家森林公园、松山自然保护区、以及密云史长峪和怀柔西台子两处农村集体林区按照标准开展森林疗养基地建设示范,在增加市民绿色健康福祉,提高森林经营水平以及促进沟域经济发展等方面发挥重要作用,社会效益、生态效益和经济效益十分显著。三是加大《低效果园改造技术规范》标准的应用,助力北京低效果园改造。标准实施以来,促进北京市低效果园提升改造计划的顺利开展,推动果树提质增效和产业优化升级。据统计,2018年全市更新果树6989亩,75.6万株;高接换优684亩,7万株。

三、服务园林绿化全面深化改革大局,进一步优化园林绿化标准化工作职能

一是强化管理服务职能。进一步规范流程,提高服务意识,组织各有关单位完成2019年度园林绿化标准的申报、初审和编制工作，按下达的计划任务督促承担单位高质量完成标准的编写和修订工作。二是强化示范引领职能。按照国家标准委有关要求，对北京市承担的国家第九批农业综合标准化示范区（国家圃林一体化绿色生产标准化示范区；国家果品矮化砧密植标准化示范区）进行重点指导，示范区建设经国家标准委委托相关部门组织考核验收均达到优秀。通过示范取得良好示范效果，带动首都林业产业提质增效，社会和经济效果显著。协调相关部门抓好林业标准化示范企业和基地的建设工作，有效推动标准化示范工作有序开展。三是强化宣传发动职能。组织园林绿化标准化宣贯培训，累计 7301 人，印刷《城市绿地鸟类及其栖息地生态恢复技术规范》《森林体验教育基地评定导则》等 32 项标准 52000 册单行本，供全市行业人员使用，使之在首都园林绿化建设中发挥更大的推动作用。

四、强化顶层设计，进一步提高园林绿化标准化技术委员会的行业影响力

发挥标准化技术委员会的职能，探索工作方法，强化服务保障意识。一是发挥标准化技术委员会的主观能动性，组织学习和宣传贯彻标准化相关会议精神，及时更新服务理念，紧跟时代潮流。二是重点开展标准复审和标准实施效果评价。2019 年依据标准复审要求，完成涉及园林绿化行业复审范围的《主要造林树种苗木质量分级》等 32 项北京市园林绿化地方标准审查（审查结果为：继续有效 26 项，修订 4 项，废止 2 项），保证标准的质量。三是全面落实北京市“十三五”时期标准化发展规划，推荐《标准化助推园林绿化废弃物处置利用高质量发展》等 6 篇标准化论文，发挥“北京市园林绿化标准化技术委员会”的技术支撑、保障和引领作用，促进标准化工作的快速、健康发展。

标准化工作成果

（北京市园林绿化局）

【首个园林绿化用地土壤环境质量地方标准发布】 由市园林绿化局组织制定的北京市地方标准《园林绿化用地土壤质量提升技术规程》（DB11/T 1604—2018）于 2018 年 12 月 18 日发布。该标准结合北京市园林绿化工作实际、总结科研成果，在征求相关部门和专家意见的基础上编制完成。标准规定北京地区园林绿化用地土壤质量提升的基本原则、调查评价、污染源头管控、提升技术和效果评价等内容，结构完整，指标合理，适用性、操作性强。

（王建军）

【《腾退空间园林绿化建设规范》为北京“疏解整治促提升”专项行动提供技术保障】 由市园林绿化局组织编写的北京市地方标准《腾退空间园林绿化建设规范》（DB11/T 1691—2019）于 2019 年 12 月 23 日发布。在标准制定过程中，对北京“疏解整治促提升”专项行动的具体实施情况开展实地调研，调研 6 区 41 处，总面积 516610m^2，分析学习实施过程中的经验，了解实施过程中存在的问题，吸收多家规划、建设和政府主管部门的意见和建议，最终形成发布稿。《腾退空间园林绿化建设规范》规定腾退空间园林绿化工程建设的基本规定、地块验核和分类、台账设置、地勘和整地、设计以及施工建设等技术内容，适用于北京地区腾退空间中用于留白增绿的园林绿化工程建设。

（王建军）

【规范北京市主要花坛花卉的质量划分】 由市园林绿化局组织修订的北京市地方标准《主要花坛花卉产品等级》（DB11/T 727—2018）于 2018 年 12 月 17 日发布。该标准适用于北京地区以地栽应用为主的主要花坛花卉出圃时的产品分级。主要内容包括北京地区主要花坛花卉产品质量等级划分标准和抽样检测方法。该标准文字通俗易懂、内容科学全面、实际操作性强、符合北京地区实情,删除原标准中头状鸡冠、蔓生矮牵牛等用量较少的种类,新增香彩雀、木茼蒿等近些年用量较大的部分花卉,同时规范部分花卉种类的名称和拉丁名。标准正式实施后,借助北京市花木有限公司通州宿根基地、顺义赵全营基地及顺义鲜花港基地进行示范,组织专业相关单位的技术人员及生产管理人员进行多次参观,现场指导示范,取得良好的展示效果。

(王建军)

【北京市园林绿化施工单位安全生产等级评定技术规范实施】 由市园林绿化局组织编制的《安全生产等级评定技术规范 第76部分:园林绿化施工单位》(DB11/T 1322.76—2018)地方标准,于2018年9月2日发布。该标准适用于园林绿化施工、养护、林场及苗圃单位安全生产等级划分与评定。该标准规定有关单位基础管理、场所环境、生产设备设施、特种设备、公用辅助用房及设备设施、用电、消防、危险化学品、职业病危害因素预防与控制、劳动防护用品使用、操作人员行为规范等安全生产管理要求。

(王建军)

【北京市公园风景名胜区安全生产等级评定技术规范实施】 由市园林绿化局组织编制的《安全生产等级评定技术规范 第77部分:公园风景名胜区》(DB11/T 1322.77—2018)地方标准,于2018年9月2日发布。该标准适用于公园风景名胜区安全生产等级划分与评定。该标准规定公园风景名胜区基础管理、场所环境、生产设备设施、特种设备、公用辅助用房及设备设施、用电、消防、危险化学品、劳动防护用品使用、操作人员行为规范以及安防等安全生产管理要求。

(王建军)

【北京市野生动物养殖场所安全生产等级评定技术规范实施】 由市园林绿化局组织编制的《安全生产等级评定技术规范 第78部分:野生动物养殖场所》(DB11/T 1322.78—2018)地方标准,于2018年9月2日发布。该标准适用于野生动物养殖生产经营单位安全生产等级划分与评定。该标准规定野生动物养殖生产经营单位基础管理、场所环境、生产设备设施、特种设备、公用辅助用房及设备设施、用电、消防、危险化学品、劳动防护用品使用、操作人员行为规范等安全生产管理要求。

(王建军)

【新标准为北京市萱草标准化生产和应用提供依据】 由市园林绿化局组织编制的《萱草生产栽培技术规程》(DB11/T 1600—2018)地方标准,于2018年12月17日发布。该标准适用于北京地区萱草品种的生产及种植养护,规定萱草组培苗、裸根苗、容器苗的生产、栽植与养护、病虫害防治及检疫、包装和运输等内容。《萱草生产栽培技术规程》的制定和实施,为萱草的生产和栽植应用提供标准化的指导,为规范北京市萱草从种苗生产、成品生产到栽植应用等提供依据。标准正式实施后,借助北京市花木有限公司通州宿根基地进行示范,通过销售萱草种苗和盆栽成品,为相关生产者和应用者提供技术支持,并多次组织同行业者的现场技术交流,取得良好展示效果。

(王建军)

【北京市睡莲栽培技术规程实施】 由市园林绿化局组织编制的《睡莲栽培技术规程》(DB11/T 1603—2018)地方标准,于2019年4月1日起正式实施。该标准适用于北京地区睡莲的栽培与管理。该标准规定睡莲(*Nymphaea spp.*)的栽植地要求、栽植前准备、栽植、养护、病虫害防治等技术要求。该标准的出台为景区、公园等有睡莲栽植的园林单位提供一套具有较强针对性和可操作性的栽培技术标准，进一步规范北京地区睡莲栽培的标准和程序，有效提高北京地区睡莲栽培技术水平，统一栽培技术标准。

（王建军）

【《主要林木害虫监测调查技术规程》实施】 由市园林绿化局组织编制的《主要林木害虫监测调查技术规程》（DB11/T 1547—2018），于2018年10月1日开始实施。该标准规定主要林木害虫监测的监测调查点设置、设备安装及使用和记录内容等技术要求。2018年11月21日，市林业保护站组织市、区林业有害生物防控管理人员和社会化服务公司主要技术人员进行培训，发标准文本100余份。2019年在全市主要林木害虫监测中，推广应用该标准，使监测调查数据更加规范，其中市级监测测报点获得数据6.5万余个，市林保站根据监测数据发布信息73条，覆盖2.9万余人次，为科学防控林业有害生物提供技术支撑。

（王建军）

【标准修订为规范北京市园林绿化工程资料管理工作提供依据】 由市园林绿化局组织修订的北京市地方标准《北京市园林绿化工程资料管理规程》（DB11/T 712—2019）于2019年7月1日起正式实施。该标准适用于北京地区新建、改建、扩建的公园绿地、防护绿地、附属绿地以及其它绿地（林地）建设的工程资料管理。该标准在原有标准的基础上结合工程实际进行修订。该标准的制定为北京地区园林绿化工程资料的编制和管理提供依据。为北京地区园林绿化工程资料管理提供评价方法。标准颁布实施后，北京市园林绿化工程管理事务中心借助对园林绿化工程质量监督交底、园林绿化施工企业资料员、质检员500余人的培训对标准进行宣贯，取得良好行业反响。

（王建军）

【新规程将北京市花卉应用水平带上新高度】 由市园林绿化局组织修订的北京市地方标准《露地花卉布置技术规程》（DB11/T 726—2019）于2019年7月1日正式实施，该规程适用于北京露地花卉的地栽布置、立体花坛布置、容器花卉布置的设计、施工、养护管理、拆除等技术内容，规范北京市露地花卉布置技术，并为花卉项目的准备、实施、验收提供依据。规程发布之后，编制单位借助“一带一路”峰会、北京世园会、70周年大庆等重大活动，在重大活动准备阶段，即与市园林绿化局相关部门一起，多次组织设计单位、参施单位、监理单位等进行新规程的理论宣贯，在活动氛围营造阶段，多次深入施工一线，对一线施工团队中的班组长、技术骨干等进行新规程的培训宣贯工作，累计培训从业人员200余人次。并对宣贯成果展开回访工作，对各工地新规程的应用和推行情况进行回访检查。

（王建军）

【茶菊规程引入新技术为北京茶菊产业可持续发展提供技术保障】 由市园林绿化局组织修订的北京市地方标准《茶菊生产技术规程》（DB11/T 846—2019），于2019年10月1日正式实施。修订后的标准为提高茶菊产品质量，扩大出口，进一步做精做强北京茶菊产业，推动北京茶菊产业可持续健康发展提供技术保障。

（王建军）

【园林绿化科普标识设置地方标准实施】 由北京市园林绿化局组织编制的《园林绿化科普标识设置规范》（DB11/T 1615—2019）地方标准，于2019年7月1日起正式实施。该标准规定园林绿化科普标识设置的原则、分类、设计与选址、施工与管理等技术要求。

（王建军）

【新标准为玉簪的推广应用提供栽培技术支撑】 由市园林绿化局组织编制的北京市地方标准《玉簪栽培技术规程》（DB11/T 1623—2019）于2019年7月1日起正式实施。该标准包括玉簪的繁殖、成品苗生产技术、出圃、栽培养护技术和有害生物防治等技术要求。该标准实施后，标准主要编制单位召开宣贯会，对玉簪栽培技术标准进行宣贯，把玉簪标准手册分发给玉簪生产单位和园林设计人员，合计分发手册40份。依据《玉簪栽培技术规程》的技术要求，对玉簪应用单位进行技术指导，提高养护质量和景观水平。

（王建军）

【城市森林营建地方标准实施】 由市园林绿化局组织编制的《城市森林营建技术导则》（DB11/T 1637—2019）地方标准，于2019年10月1日起正式实施。该标准规定城市森林营建、造林地调查与土壤改良、苗木、造林技术和幼林抚育管理的要求。标准适用于北京城市生态林、风景游憩林、森林湿地和森林廊道的营建。

（王建军）

【樱桃砧木组培快繁技术规程的制定和实施】 由市园林绿化局组织编制的《樱桃砧木组培快繁技术规程》（DB11/T 1648—2019）北京市地方标准，于2019年10月1日起正式实施。该标准规定海樱系列、吉塞拉5号和蓝丁系列樱桃砧木组培快繁过程中容器、工具的清洗与灭菌，培养基的配制，外植体的选取及清洗，接种，初代培养，继代增殖培养，壮苗培养，生根培养，移栽过渡等方面的技术要求；适用于海樱系列、蓝丁系列和吉塞拉系列樱桃砧木苗的组织培养快速繁殖，其他樱桃砧木和甜樱桃品种组培快繁可参考使用。

（王建军）

【森林体验教育基地评定地方标准发布】 由市园林绿化局组织编制的《森林体验教育基地评定导则》（DB11/T 1660—2019）地方标准，将于2020年1月1日起正式实施。该标准规定森林体验教育基地评定内容和评定程序等技术要求。

（王建军）

区标准化

东城区

标准化工作综述

2019年，东城区按照《2019年北京市标准化工作要点》和《北京市城市管理与服务标准化建设行动计划(2017—2020年)》文件精神，开展标准化建设工作，推进重点领域标准创制，严格事中事后监管，保证区域公共服务能力和精细化管理水平的持续提高，以标准化为抓手促进首都经济社会发展，为全区开展质量提升行动发挥支撑作用。

一、推进实施首都标准化战略，有效落实本区重点工作

（一）全面落实机构改革要求，标准化助力质量提升

2019年是东城区委、区政府全面落实区域机构改革工作的重要一年，是东城区市场监管局组建成立的开局之年。区市场监管局牵头编制的东城区《关于开展质量提升行动的实施方案》经2月25日区政府第59次常务会议和5月23日十二届区委常委会第95次会议讨论通过，于7月17日正式印发。实施方案立足首都核心区功能定位，对标对表区十三五规划和北京新版总规目标要求，围绕全区“一条主线、四个重点”战略任务，健全工作体制机制、完善配套支持政策、强化人才教育培养、加强质量宣传动员，重点强调需要将质量与标准化工作摆到重要议事日程，建立“党委领导、政府主导、部门联合、企业主责、社会参与”的工作格局，明确四个方面的发展目标，部署21项任务，100条具体措施，其中包括9项标准化工作，助力质量提升行动得以有效推进。

（二）加强标准化试点建设，努力打造“精致东城”

在市市场监管局和区政府的指导下，区市场监管局与区网格中心、区体育局、北京市地坛体育馆加强配合，共同开展在社会管理与公共服务领域的综合标准化应用研究，推动东城区网格化数据信息公共服务和体育场馆公共服务两个国家级综合标准化试点项目纳入到政府工作任务。初步建立东城区网格化数据信息公共服务标准体系，由通用基础、数据信息、技术支撑、网格化管理、创新服务五个子体系组成的130项标准，其中内部创制标准39项。初步建立北京市地坛体育馆公共服务标准体系，由通用基础、服务保障、服务提供和岗位工作规范组成的141项标准，其中内部创制标准89项。年内，围绕试点建设，召开推进会2次，研讨会9次，专家论证会2次；宣贯培训14次，宣贯标准188项，培训人员590人次。2019年5月，两个试点项目全部通过中期评估。

（三）加强团体标准、企业标准自我声明公开和监督制度实施

扩大东城区团体和企业公开标准的覆

盖面，鼓励更多的团体、企业公开产品和服务标准。在文化、金融、信息服务等领域，结合区域发展特点，激发企业标准化活力，引导企业争当企业标准“领跑者”，瞄准国际先进标准进行对标对表，开展“百城千业万企对标达标提升专项行动”，推进重点产品和服务质量提升。本年度开展标准抽查工作64次，对标提升行动2次，标准文本合格率98.4%，规范率25%。10月，组织召开2019年东城区团体和企业标准化工作会议，全面梳理机构改革后东城区标准化工作和2019年“世界标准日”纪念活动的有关情况，部署东城区团体和企业标准监督抽查工作，围绕团体标准和企业标准随机抽查、标准评价中的重点事项与难点问题为50余家驻区单位开展指导培训。

（四）开展“双随机、一公开”执法检查

将商品条码监管与“双随机、一公开”检查相结合，组织专项检查，开展案件“大起底”清查行动。对2018年以来查办的案件、回复的投诉举报进行全面复检复查，逐条梳理。结合日常工作加强沟通交流，开展自查自纠。把梳理辖区乱象与深挖自身廉政风险结合起来，挤压“寻租空间”，打击“保护伞”等腐败行为。全年组织商品条码检查活动200起，处理违法案件2起。

（五）开展东城区养老机构评估联合检查

与区民政局、人社局、卫计委、消防支队共同研究制定《东城区养老机构服务质量建设专项行动实施方案》，对18家养老机构服务质量进行实地检查和再评估，对检查中发现的不符合相关法律法规规章、规范性文件、强制性标准的情况，要求养老机构立即整改。开展东城区养老机构服务质量星级评定工作。对参评单位的标准体系文件、实施记录以及现场操作等情况进行全面核查，促进养老服务机构标准化建设水平有效提升。

（六）强化人才队伍培训，加强标准化宣传

组织企业参加全市标准化经验交流会、世界标准日纪念会等主题培训宣传活动，介绍品牌企业标准化工作经验，现场观摩国家级标准化试点示范单位成果展示。全年，东城区50余家企事业单位和社会团体的标准化管理人员参与活动，宣传培训工作为宣传标准化知识、传播标准化理念发挥积极作用。

（七）落实标准化鼓励措施，助力优化营商环境

发布《东城区落实〈全面推进北京市服务业扩大开放综合试点工作方案〉实施方案》和《东城区提升民营经济活力 促进中小企业创新发展的若干措施》，鼓励相关单位参与制定国际标准、国家标准、行业标准和地方标准。组织本区单位参加政策宣讲培训会，并就疑难问题，采取电话、微信等多种形式沟通解答，耐心指导。2019年，东城区有6家单位15项标准获得75万元市级资金补助，其中包含国际标准2项，国家标准9项，行业标准3项，地方标准1项。

二、发挥标准化支撑作用，提高公共服务质量

（一）加强政务服务标准化建设，提升政务服务水平

区政务服务部门牵头制定印发《东城区区级政务服务中心规范化、标准化建设工作实施方案》和《东城区街道政务服务中心规范化、标准化建设实施方案》。为做好全区政务服务事项标准化梳理工作，协调各相关部门分别组织梳理区、街两级政务服务事项，做到三级政务服务事项标准化梳理、办事指南优化和申报材料的统一规范。编制审批服务事项办理流程图（表）、简明绘本、解读小视频，对重点领域重点事项，逐项编制标准化工作规程和办事指南，确保东城区10220余项政务服务事项标准化梳理工作

完成。

（二）建立城市管理标准体系，加快推进“多网”深度融合

加快城市管理网、社会服务管理网、社会治安网、城管综合执法网等“多网”深度融合发展，不断完善网格化服务管理体系在街道、社区的落地延伸。区网格中心对标准化工作现状进行全面系统梳理，进一步明确标准化实际需求，形成专题需求分析报告，梳理网格化数据信息相关上级标准，编制各类标准目录，目录分为国际标准、国家标准、行业标准、地方标准四大类 99 项，其中包括 ISO 标准《城市设施治理数据框架数字应用》和《城市可持续发展 + 建立可持续社区智能城市运作模式指南》2 项。通过 8 次现场调研和案面调研，进一步梳理业务流程、系统平台和数据资源，明确通过规范化、标准化、智能化等网格化管理升级的工作思路与方向。网格中心制定内部标准经过 8 次修改完善后，在面向网格中心内部开展征求意见、讨论的基础上，经主任办公会审查通过，于 2019 年 8 月 16 日正式发布，并于 9 月 16 日正式实施。

（三）义务教育学校管理标准达标验收工作稳步推进

东城区教委制定《推进义务教育学校管理标准化建设实施方案（试行）》。4 月，完成全区义务教育学校管理标准达标验收核查工作，将各个学校的自查报告汇编成册。11 月 15 日上报第二批义务教育学校管理标准达标校名单，并配合市教委完成第二批达标学校的实际调研工作。

（东城区市场监督管理局）

标准化工作成果

【开展 2019 年质量提升行动调研】 2019 年一季度，为贯彻落实北京市关于开展质量提升行动的实施意见，区市场监管局到区发改委、区国资委、东城园管委会、区环保局、区住建委等部门开展调研交流。就全区质量提升工作的具体事项、职责分工和保障措施等情况与各单位分管负责同志交换意见建议。调研座谈中，区市场监管局介绍开展质量提升行动的主要工作。各单位结合实际提出建议。

（刘　冉　刘梦甜）

【组织企业申报北京市政府质量管理奖】 2019 年一季度，区市场监管局动员区内优秀组织参与第三届北京市政府质量管理奖评选工作。组织街道地区和行业主管部门宣传动员，征集在质量管理、品牌建设、技术创新、经济效益、履行社会责任等方面有突出成效的各类组织，并鼓励成长性强的中小企业申报。通过调研座谈对有意向申报的单位进行质量管理指导，解答申报相关工作的具体问题，为奖项评选工作提供服务保障。

（刘　冉　刘梦甜）

【北京市地坛体育馆公共服务综合标准化试点动员会】 2019年1月18日,北京市地坛体育馆公共服务综合标准化试点动员会在东城区体育局召开。市市场监管局、区市场监管局、区体育局及所属4家体育场馆,市体育产业行业领域相关专家参加会议。会上宣读试点批复文件,地坛体育馆负责人介绍试点单位基本情况及标准化建设工作计划安排。会后,试点项目组邀请相关标准化技术专家,组织开展全员培训。

(吴小萌 于咏琪)

【北京市地坛体育馆标准化试点工作例会】 2019年2月25日,北京市地坛体育馆标准化试点工作例会召开,区体育局、区市场监管局、地坛体育馆相关工作人员及标准化技术人员参加。

会上,试点项目组就试点建设工作进展情况进行汇报,参会人员就现阶段工作的方向和存在的问题进行探讨研究。

(于咏琪)

【国家级标准化试点标准体系建设专家论证会】 2019年3月21日,北京市地坛体育馆召开体育场馆公共服务标准体系专家论证会,由全国体育标准化技术委员会设施设备分技术委员会、北京华安联合认证检测中心技术委员会等单位组成的专家组,区市场监管局、区体育局等试点建设相关单位同志参加会议。会上,地坛体育馆负责人介绍标准化试点进程和正在搭建的标准体系。专家组结合行业发展要求和功能定位,从完善服务、提供标准体系结构、突出服务特色和亮点等方面针对标准体系提出意见和建议,专家组一致同意《北京市地坛体育馆体育场馆公共服务标准体系》通过审查。

(于咏琪)

【开展文化产业标准化工作调研】 2019年4月3日,区市场监管局标准化主管部门到区文化发展促进产业工作主管部门调研。调研座谈中,相关部门人员针对文创园区建设情况、企业标准化工作、团体标准制定等方面工作进行研讨。标准化业务部门人员从《标准化法》最新要求,标准化技术工作,以及综合标准化试点建设等相关方面进行介绍。

通过调研交流,相关部门人员表示标准化活动对于园区企业建设和未来发展将起到推动作用,标准化技术将对区域文化产业高质量发展起到支撑作用。

(刘 冉)

【召开网格化服务标准体系培训会】 2019年4月10日,区市场监管局联合区网格中心组织召开网格化服务标准体系培训会,东城区网格化管理相关工作人员分批次参加培训。培训期间,专家重点围绕“什么是标准体系”“如何建立标准体系”“服务标准体系如何构建”等方面的标准化技术知识进行讲解,并且结合案例实际,由浅入深地指导大家学习掌握标准体系的构建方法。

（于咏琪）

【北京市地坛体育馆标准化试点中期评估迎检工作筹备会】 2019年4月28日，按照市市场监管局开展第五批国家级社会管理和公共服务综合标准化试点中期评估的工作要求，区市场监管局、区体育局联合相关承办单位在北京市地坛体育馆召开中期评估迎检工作筹备会。各承担单位、参加单位的部门负责人及业务骨干人员参加会议。会上，标准化工作小组根据中期评估流程和要求梳理当前重点工作，确定汇报形式和内容，并对迎检各环节事项进行安排部署。

（于咏琪）

【北京市地坛体育馆公共服务标准化试点通过中期评估】 2019年5月9日，北京市地坛体育馆接受专家组评估工作。区体育局、区市场监管局及地坛体育馆相关负责人员参加评估会。专家组听取试点单位概况、工作背景及现阶段完成工作进度的汇报，并就标准体系搭建进行询问和沟通。查阅试点建设相关政策文件、试点宣传和培训等相关记录及标准体系编制情况。实地考察试点建设情况。专家组一致决定地坛体育馆标准化试点通过中期评估。

（于咏琪）

【东城区网格化数据信息公共服务标准化试点通过中期评估】 2019年5月14日，市市场监管局组织有关专家组成评估组，对东城区网格化数据信息公共服务标准化试点开展中期评估工作。专家组听取试点建设工作汇报，查阅相关资料，查看服务现场，并就标准体系搭建进行询问和沟通。专家组一致决定区网格中心标准化试点通过中期评估。

（刘 冉）

【城市网格化大数据系列团体标准技术服务研讨会】 2019年7月26日，区网格中心召开城市网格化大数据系列团体标准技术服务研讨会。研讨会上，项目负责人员介绍项目工作实施方案，重点对城市网格化大数据系列团体标准技术服务工作方案及城市网格化管理大数据标准体系等进行阐述，并就标准体系中的总体标准、信息资源标准、基础设施标准、应用技术标准、管理标准及安全标准如何细化分类等展开讨论。

（李 霞 邓丹丹）

【区网格中心标准化试点标准实施阶段工作推进会】 2019年9月25日，区网格中心组织召开东城区网格化数据信息公共服务综合标准化试点标准实施阶段工作推进会。会议介绍试点工作进展情况、标准体系实施方案与工作要求，并邀请专家以“标准体系实施培训”为主题进行授课。

（李 霞 邓丹丹）

【北京市地坛体育馆标准化阶段工作促进会】 2019年9月29日，北京市地坛体育馆标准化试点项目组召开工作会议，会议围绕标准化试点建设工作和东城区体育标准化建设重点事项进行研究部署。会上，地坛体育馆负责同志对试点前期建设工作进行回顾总结，对下一阶段试点宣传片制作工作作出部署。地坛体育馆、北京市标准化协会、区市场监管局标准化科、区体育局体育产业发展科相关负责人就标准实施与评价等具体工作进行交流研讨。

（许　诺）

【东城区团体和企业标准化工作会】 2019年10月15日，区市场监管局标准化科在和平里办公区举办2019年东城区团体和企业标准化工作会，辖区内30余家团体、企业代表参会。会议回顾上半年区标准化工作和2019年“世界标准日”纪念活动的有关情况，部署本年度东城区团体和企业标准监督抽查工作方案，中国标准化研究院专家围绕团体标准和企业标准随机抽查、标准抽查评价工作中的重点事项与常见问题为参会人员进行培训指导。

（许　诺）

标准化工作综述

2019年，西城区市场监督管理局贯彻习近平新时代中国特色社会主义思想，落实党的十九大和十九届二中、三中精神，落实区委、区政府的决策部署，统一思想、明确目标，深化标准化工作改革，全面推进西城区标准化事业发展。

一、以标准为手段，开展质量提升工作

2017年9月，党中央、国务院印发《关于开展质量提升行动的指导意见》，就全面开展质量提升行动作出重要部署，要求“地方各级党委和政府要将质量工作摆到重要议事日程；各地区各部门要结合实际研究制定实施方案，抓紧出台推动质量提升的具体政策措施，明确责任分工和时间进度要求，确保各项工作举措和要求落实到位”。2018年10月，市委、市政府印发《关于开展质量提升行动的实施意见》，要求“建立质量督察工作机制，强化政府质量工作考核，将质量工作考核结果作为领导班子及有关领导干部综合考核评价的重要参考。各区、市有关部门要认真落实质量工作责任制，结合实际研究制定实施方案和具体政策措施”。区市场监管局落实上级精神，协同有关部门，贯彻市委、市政府《关于开展质量提升行动的实施意见》，启动《西城区开展质量提升行动的实施方案》研究编制工作，区领导主持召开专题工作协调会，部署《西城区开展质量提升行动的实施方案》起草工作。在起草过程中，区市场监管局先后两次书面征求23个区级单位修改意见，并在西城政务网站进行预公开，根据各方面意见修改完善《西城区开展质量提升行动的实施方案》后最终印发各成员单位落实。

二、建立机制，夯实标准化工作基础

（一）建立联动机制，推动标准化工作开展

区市场监管局依据市民政局、市市场监管局制定出台的《关于进一步推进养老服务机构服务质量星级评定工作的通知》，加强与区委社会工委、区民政局配合，开展西城区养老机构标准体系建设工作。通过标准化工作的规范,养老服务机构在政策引导、社会需求等外部环境不断变化下,其自身发展需求逐步增强,内部规范化管理意愿不断提高。截至年底,西城区有养老服务机构45家,其中33家取得星级,2家获得4星。标准化在养老服务机构中起到重要作用。

(二)制定政策文件,落实标准化工作资金保障

按照《推动首都高质量发展的标准体系建设实施方案(征求意见稿)》要求,区市场监管局结合西城区实际情况,研究制定标准化试点示范单位的资金补助配套政策,以推动西城区标准化工作的开展。

按照市区两级制修订标准补助政策,区市场监管局完成市区两级的补贴政策的初审。其中,市级标准制修订资金补助9家单位,获得131万元补助;区级中关村科技园区西城园标准制修订资金补助9家单位,获得280万元补助。

(三)开展宣传培训,营造标准化社会氛围

区市场监管局抓住"世界标准化日"重要事件节点对西城区高新技术企业进行《标准化法》宣传;发挥西城区质量和标准化联席会议协调机制,召开成员单位参加《标准化法》讲解和西城区近年来标准化工作介绍,主要针对行政主管部门在标准化工作中的责任进行讲解,以推动标准化工作在职能部门内开展相关工作;在对养老机构的专项检查中开展标准化工作的宣传;针对西城区区域特点,在对金融街进行调研时向其宣传《标准化法》的相关内容,以推动其对《标准化法》的了解。

三、以标准化试点建设为契机,拓宽标准化服务领域

2019年,区市场监管局延续试点示范工作力度,完成1个试点验收工作,1个在建试点持续推进工作,2个试点申报工作。

(一)北京首家商贸服务业试点通过验收

2019年12月13日,北京菜市口百货股份有限公司通过北京市首家商贸服务业标准化试点验收。来自山东、河北、北京的5名标准化和行业专家组成的考核评估组,对菜百试点建设中的需求分析、体系搭建、标准编写等方面进行考核评估。专家评估组对菜百在两年的标准化试点建设中,理清服务的全流程、全产业链;实现标准的全覆盖、全实施;提高服务品质和经济效益,给予肯定,一致同意高分通过验收。考核评估首次会上,市市场监管局领导强调菜百要从自身发展角度出发,加强顶层设计,进一步做好标准化工作。要持续改进完善标准体系,传播标准化理念,培养标准化人才。希望区政府继续对标准化工作给予更多的支持,发挥标准对促进转型升级、引领创新驱动的支撑作用。西城区负责同志对菜百在标准化方面取得的成绩给予肯定并感谢市市场监管局和市商务局给予的指导和帮助,要求菜百在今后的工作中,将标准的成果应用到企业日常管理中去,为西城区的发展作出新贡献。考核评估末次会上,区市场监管局指出,标准化试点的建设是菜百发展的新机遇,要抓住这个契机促进菜百服务质量软实力的升级,践行"做每一个人的黄金珠宝顾问"的服务承诺,争取树立全国商贸服务业标准化的标杆。

(二)推进社会管理和公共服务领域标准化试点建设

北京牛街民族敬老院是2008年成立的北京市市中心唯一一家民族养老机构,并于2013年完成标准体系的认证,在2012年至2014年分别完成二星、三星、四星级的星级评审工作,2018年被批准为国家级服务业标准化试点项目。区市场监管局将该试点作为2019年重点工作,要求和帮助试点单位,发挥自身优势,寻找特点和亮点,在试点建

设中做到总结经验树典型，规范服务促提升，挖掘特色创品牌。

2019年，区委社会工委、区民政局申报两个标准化试点，即“基层民主协商社会管理和公共服务标准化试点”和“巡视探访基本公共服务标准化试点”，希望通过试点建设，分别在社会管理及公共服务领域发挥标准化的规范引领作用。

四、突出重点，结合区域特点推进标准化工作开展

（一）推进团体标准创制工作

截至年底，西城区公开团体标准29项，涉及社会保障、金融、文化科研和技术服务等多个领域，其中区市场监管局协助指导编制的团体标准有5项，涉及养老和出版业。其中，老年餐桌管理的标准已对外发布准备实施，并受到社会和多家媒体的关注；“巡视探访”“临终关怀”方面的标准，已基本完成编制，准备发布实施。

（二）推进百城千业万企对标达标专项行动

为贯彻落实《国家标准委等十部门关于开展百城千业万企对标达标提升专项行动的通知》文件精神，区市场监管局于2019年11月14日组织12家企业参加由市市场监管局组织的百余家企业“百城千业万企对标达标活动”宣传培训。会后，区市场监管局帮助参与企业做好对标达标工作，促进企业在标准制定方面跟上国际和国外先进标准。截至年底，西城区完成1家企业13项标准的对标工作。

五、深化标准化工作改革，探索企业标准和团体标准事中事后监管工作

为落实《北京市市场监督管理局关于印发全面推进“双随机、一公开”监管实施方案的通知》等文件要求，区市场监管局聘请中国标准化研究院对企业标准信息公共服务平台上注册的186家企业声明执行的638项企业标准，随机抽取21项；全国团体标准信息平台上注册的9家社会团体发布的22项团体标准，随机抽取9项，结果显示西城区范围内的企业、团体标准总体合规性较好，但仍有一些企业对企业标准自我声明公开缺乏必要的了解。

六、严格执法，用标准规范市场

区市场监管局坚持开展“双随机”执法检查，进一步规范商品条码的使用和管理，切实维护广大消费者的合法权益，依据国家《商品条码管理办法》和相关的法律法规，针对辖区超市的重点产品开展商品条码违法行为的专项检查活动。检查中坚持做到服务与监督相结合，对违法行为给予现场处罚，执法人员向经销店负责人宣传讲解商品条码相关知识和规定，要求严格把好进货关。

（西城区市场监督管理局）

标准化工作成果

【北京菜市口百货股份有限公司国家级服务业标准化试点工作通过中期评估】 2019年1月9日，区市场监管局配合市市场监管局，按照国家标准委2017年度国家级服务业标准化试点项目计划要求，组织专家对北京菜市口百货股份有限公司国家级服务业标准化试点工作进行中期评估。专家组对一年的试点建设给予肯定，并希望在剩下的一年里，菜百能够针对自身黄金珠宝商贸的特点，通过深入需求调研，不断完善标准化体系，优化工作流程，为黄金珠宝行业销售树立新的标杆，努力将菜百首饰打造成具有国际竞争实力的优秀品牌。

（安学军　陈　阳）

【知名品牌示范区创建调度会】 2019年2月21日，区市场监管局联合西城园管委会、北京联合出版公司、北京科学技术评价研究所召开知名品牌示范区创建调度会。会议要求各单位要逐条对照《验收细则》分解任务，明确专人负责，画好“时间表”和“路线图”，层层压实责任，要把示范区创建调度会形成长效机制，定期召开例会，及时交流沟通创建工作开展情况，协调解决创建难题，通过工作调度，促进示范区创建工作稳步有序开展。

（安学军　陈　阳）

【菜百商贸服务标准化试点标准体系发布会】 2019年3月19日，菜百公司举行商贸服务标准化试点标准体系发布会，市商委、区市场监管局、菜百公司总经理、各部门经理参加会议。菜百公司总经理宣读标准体系发布令，区市场监管局对菜百公司参加国家级服务业标准化试点工作给予肯定，尤其是菜百公司作为第一个商贸业的试点企业，具有很强的示范作用，希望菜百在标准体系试运行阶段，查问题、补短板、重调整，切实做到使标准体系落实到实处，真正让标准体系为菜百所用，发挥标准化提升企业服务品质的作用，为西城区商贸服务业的标准化工作树立标杆。

（安学军　陈　阳）

【基层民主协商社会管理和公共服务标准化试点申报】 2019年，区市场监管局协助区社工委、民政局在社区民主协商工作开展的基础上，向国家标准委申请开展“基层民主协商社会管理和公共服务标准化试点”项目，并于2019年8月通过市市场监管局的项目初审。该试点是对基层民主管理方式的一次探索，对推进社会管理有着积极作用。

（安学军　陈　阳）

【国家级标准化试点申报工作】 2019年9月6日，区市场监管局会同区民政局开展国家级标准化试点申报工作，申报项目为“巡视探访基本公共服务标准化试点”，试点申报工作基本完成，并通过市市场监管局的初审，进入向市场监管总局正式申报阶段。

（安学军　陈　阳）

【世界标准日宣传和标准化培训】 2019年10月18日，区市场监管局、中关村科技园区西城园管委会和北京“设计之都”核心区科技设计综合服务平台共同举办“世界标准日”宣传活动，参会的70余家企业代表观看“世界标准日”宣传片，回顾近年来标准在推动城市发展、科技进步、高质量发展方面发挥的作用。区市场监管局和西城园管委会解读北京市和西城区标准制修订的补助政策，介绍近年来的政策执行情况。

（安学军　陈　阳）

【北京菜市口百货股份有限公司服务业标准化试点预验收工作】 2019年10月22日，区市场监管局参加市市场监管局组织召开的国家级服务业标准化试点预验收工作。标准化专家对“菜百”的标准化试点建设工作予以高度评价，并对其中需要进一步完善之处提出指导意见。区市场监管局针对专家的评估意见，要求“菜百”及时做好标准体系和验收材料的整理和完善，并将持续跟进“菜百”完善试点各项工作，指导“菜百”顺利通过终期验收。

（安学军　陈　阳）

【《老年餐桌等级划分与评定》发布】 2019年10月，西城区饮食协会在区市场监管局和区民政局的指导和帮助下，编制发布《老年餐桌等级划分与评定》团体标准。该团体标准的出台对养老服务方面有着推动和引领作用，通过标准的执行能为老年用餐者提供高质量的餐饮服务，对老年用餐行业的规范经营有着积极作用。

（安学军　陈　阳）

【完成西城园标准资金补助工作】 2019年10月，西城园2019年资金补助工作正式启动，该项工作由区市场监管局负责对西城园区企业参与的国际、国家、行业标准制修订资金补助的初审。该次初审工作接受11家企业40个标准，涉及基础技术、产品、工艺、技术服务等各个领域。其中9家企业的22个标准通过初审。

（安学军　陈　阳）

【商品条码专项检查】 2019年11月，区市场监管局针对辖区超市的重点产品开展商品条码违法行为的专项检查活动。执法人员检查12家连锁超市，出动执法人员48人次，检查包括食品、日用品、化妆品和服装等商品，检查发现个别超市存在销售使用未经核准注册的商品条码的商品的违法行为，发现不符合规定的商品20余件。检查中坚持做到服务与监督相结合，对违法行为给予现场处罚的同时，执法人员向经销店负责人宣传讲解商品条码相关知识和规定，要求严格把好进货关。

（安学军　陈　阳）

【养老服务机构星级评定】 2019年11月，区市场监管局、区民政局启动养老服务机构星级评定工作。20家养老机构参加本年一、二星级评定和复评，参评养老服务机构基本均符合星级评定要求，但仍有一些问题需要整改，尤其部分机构在老年护理、硬件设施和标准执行方面，仍需进一步完善。星级评定中，区市场监管局对发现的问题，要求养老服务机构建立和完善相关制度和标准，并指导机构建立和编制标准及标准体系。

（安学军　陈　阳）

【参加“百城千业万企对标达标活动”培训】 2019年11月14日，区市场监管局组织12家企业参加市市场监管局组织的“百城千业万企对标达标活动”宣传培训。会后，区市场监管局帮助参与企业做好对标达标工作，促进企业在标准制定方面跟上国际和国外先进标准。截至年底，西城区完成1家企业13项标准的对标工作。

（安学军　陈　阳）

朝阳区

标准化工作综述

2019年3月7日，朝阳区市场监督管理局挂牌成立。在市市场监管局和区委、区政府的领导下，区市场监管局贯彻《国家标准化体系建设发展规划（2016—2020）》和《首都标准化战略纲要》，以《2019年北京市标准化工作要点》为指引，结合朝阳区产业结构和企业特点，开展工作，总体呈现平稳过渡，逐步推进、不断深化的势头。

一、着力以标准化促质量提升，营商环境不断优化

（一）牵头组织拟定《北京市朝阳区关于开展质量提升行动的实施方案》

依据党中央和北京市文件精神，结合区

十三五规划及2019年政府工作报告,开展调研,进一步明确各涉及职责的区级部门在机构改革后的工作职责和本次行动方案任务分工。明确40个区级部门、43个街乡具体职责,建立"北京市朝阳区贯彻质量强国战略工作联席会议制度",制定《北京市朝阳区关于开展质量提升行动的实施方案》并印发实施。

(二)制定污染防治攻坚专项计划,致力环境质量优化

依据《朝阳区污染防治攻坚战2019年行动计划》《朝阳区打赢蓝天保卫战2019强化措施工作方案》,结合《北京市市场监管局贯彻落实北京市污染防治攻坚战2019行动计划的实施方案》《北京市2018—2020餐饮业大气污染防治专项实施方案》等文件精神,制定《北京市朝阳区市场监管局贯彻落实北京市污染防治攻坚战2019行动计划的实施方案》,以正式文件印发全局执行。

(三)与市场监管总局智库单位座谈,谋划质量提升方案

与中国航空综合技术研究所就"质量提升,进一步优化营商环境"工作开展交流研讨,全面详细了解市场监管总局提出的"市场+质量"理念,通过数据的评价与应用,找出区域经济发展的比较优势,在优势领域、重点行业,找准抓手,运用"大数据"等手段,进行服务质量监测,列明服务清单,开展重点提升。

(四)与民政等部门配合,推动全区养老机构服务质量提升

配合区民政局开展2019朝阳区养老机构服务质量大检查,对全区运行的72家养老机构进行服务质量的综合测评。对存在的问题,梳理形成"一院一策",指明各机构方向,限期整改。整改后,全区养老机构安全服务质量显著提升。

二、着力做好标准资助,标准化影响力进一步扩大

(一)市级标准资助方面

组织近30家企业参加标准资助项目政策宣讲会,对各单位在申报补助过程中遇到的问题一一予以解决。受理16家单位、30项标准申报北京市标准资助(国际标准2项,国家标准21项,行业标准7项)。其中16家单位的22项标准获得资助147万元。

(二)区级标准资助方面

受理34家单位提交的146项标准资助申请,对符合条件的34家单位的138项标准给予资助260万元。

三、着力以标准化手段加强政府管理,推动公共服务建设

(一)推进国家级服务业标准化示范项目建设,承办"世界标准日"北京区纪念会议,承接市市场监管局专项调研获领导高度评价

9月,区市场监管局联系标准化专家到国家会议中心进行标准化培训,近百名会议中心基层、中层员工参与培训。该次培训旨在通过培训,让员工更清晰标准化在企业发展中的作用,更好让员工监督标准在企业实际生产中的运行,针对不能适应企业发展的标准破旧立新,有效做到持续改进,更好推动示范项目建设。

10月14日,市市场监管局、首都标准化委员会办公室组织在国家级会展服务标准化示范单位——国家会议中心召开2019年世界标准日纪念会议。市场监管总局标准创新管理司司长崔钢,市市场监管局局长、首都标准化委员会副主任冀岩出席会议并讲话。首都标准化委员会各成员单位、各区市场监管局、市标准化研究院、北京标准化协会、各市级标准化技术委员会、2019年北京市技术标准补助资金获得单位、国家级标准化试点示范项目承担单位200余人参加会议。国家会议中心作为2018年国家服务业标准化示范项目单位承办该次活动,区市场监管局作为示范项目的参与建设方和推荐方协助承办该次活动。

12月,市市场监管局局长冀岩一行到国

家会议中心调研标准化建设情况，现场观摩企业餐饮加工、留样检验等过程并就餐饮服务及大型活动保障工作进行座谈。朝阳区、市市场监管局有关领导，市、区市场监管局相关部门负责同志参加调研。区市场监管局围绕落实首都标准化战略，持续推进标准化工作，帮助国家会议中心通过制定实施标准，不断提升企业管理能力和服务水平，特别是餐饮服务水平，优质完成多项大型活动保障工作获得冀岩高度评价。

（二）指导推进两个国家级服务业标准化试点项目建设

推进获批的2018年度国家级服务业标准化试点项目，组织承担单位参加市市场监管局组织的服务业标准化试点培训会，并按项目要求召开项目启动会，要求项目承担单位协调好内部工作实践和外部技术支撑的关系，要注重工作实效，做好标准体系的搭建运行和评价，做到持续改进。指导试点单位通过市市场监管局组织的试点阶段验收。

（三）有效推进第一批国家消费品标准化试点项目

与市市场监管局标准化处相关负责领导共同调研第一批国家消费品标准化试点承担单位——中纺标检验认证股份有限公司。听取企业发展及试点项目建设情况，取得的阶段成效，提出通过高质量标准达到产品的提质增效；通过标准比对帮助企业对标达标。试点建设成效得到领导肯定和好评。

（四）引导企业开展国家级团体标准试点工作

在指导中关村储能产业技术联盟成功申报第二批国家级团体标准试点后，继续与中关村储能产业技术联盟加强沟通，指导建立健全标准体系，参与行业、地方标准的制修订工作。2019年中关村标准推动会上，公布第三批“中关村标准”名单，中关村储能产业技术联盟制定的《压缩空气储能系统集气装置技术要求》成功入选。

（五）鼓励企业参与中关村标准化试点示范工作

按中关村管委会和市市场监管局征集第一批中关村标准化试点示范工作通知要求，推荐16家单位申报。北京中交金卡科技有限公司等4家单位成功入选第一批中关村标准试点单位，中关村储能产业技术联盟入选试点联盟。

四、着力引导企业开展标准化工作，形成标准化良好氛围

（一）鼓励驻区企业参与企业标准领跑者计划

鼓励区内企业参与“企业标准领跑者”计划，区内8家单位成功入选22个重点领域24项产品的2019年企业标准排行榜和“领跑者”评估机构。爱慕集团股份有限公司的企业标准《针织内衣》获评2019年“企业标准领跑者”。

（二）鼓励区内单位持续参与标准外文版计划，助力标准联通“一带一路”

朝阳区有7家单位的15项标准外文翻译计划入选2018年度国家标准外文版计划。朝阳区所涉及的标准翻译任务基本完成，另有多家企业参与行业标准的外文翻译转化工作，涉及建筑、轻工、纺织、高科技材料等多个领域。

（三）组织区内企业参与“百城千业万企对标达标专项行动”

朝阳区围绕区域经济结构和产业布局，协调组织企业参与行动。深入企业宣传对标达标的意义、目标、要求，鼓励企业参与该项活动。截至年底，完成18项产品对标工作，对标成果将直接用于产品生产。

（四）配合区教委做好政协委员提案办理工作

研究相关国家标准，及时与政协委员提案的主办单位朝阳区教委沟通办理意见，将意见梳理并报区教委相关办理部门。

（五）做好企业标准执行的监督管理，开展企业产品标准自我声明公开监督工作

全年有360家企业声明公开执行企业标准1172项，10家企业声明公开执行国家、行业标准15项。

五、着力建立宣传网络，标准化覆盖面进一步扩大

利用信息平台，宣传朝阳标准化工作。截至年底，制作信息15篇，15篇全被采用。其中市、区政府网站采用5篇，市场监管总局及市市场监管局网站采用7篇，媒体、微博等其他媒介采用3篇。投稿的一篇文章刊登在《朝阳报》主要版面，“朝阳市场监管”微信公众号采用1篇。区市场监管局电子期刊《凤来朝》专刊登载朝阳区两家服务业标准化试点项目启动会。

协同区知识产权周宣传活动，现场向市民和企业宣传《标准化法》，普及标准化常识。

六、着力加强人才培养，进一步打牢质量发展根基

（一）开展外部培训

组织辖区内相关单位参加庆祝2019年世界标准日大会暨学术论文交流活动；组织区内30家单位参加2019年北京市技术标准制修订补助项目政策宣讲会。组织近30家单位参加“百城千业万企对标达标”专项行动培训会。组织国家会议中心员工近百人参加企业标准化示范项目专业培训。组织双井恭和苑60名员工参加企业高质量发展培训。

（二）加强自身业务素质培养

区市场监管局标准管理人员参加各类培训超过20人次，包括依法行政、地方标准制定、标准化与质量提升、养老服务等，通过培训有效提高执业技能和专业水平。

七、着力加强行政执法，市场秩序得到有效把关

截至2019年10月15日，开展行政执法检查200家次，出动执法人员323人次。对91家存在涉嫌违法行为的单位立案调查，结案91件。接到申诉举报2件，均立案办理。政府信息公开1件，且办理完毕。

八、继续推进标准化发展，带动区域质量提升

以《关于印发〈全国质检系统“质量提升行动年工作方案”〉的通知》和《质量发展纲要》为指引，围绕《首都标准化战略纲要》《2020年北京市标准化工作要点》推动工作落实。推进“百城千业万企对标达标”工作，助力企业标准升级；实施“企业标准领跑者制度”，占领标准制高点，抢占标准话语权，带动行业经济发展；引导企业开展标准外文计划，助力标准联通“一带一路”建设；做好对服务业、社会管理和公共服务、团体标准、标准服务业等标准化试点示范工作的指导和帮助，发挥引导带动作用，树立标杆典范。做好市、区两级技术标准制修订资金资助工作，进一步扩大标准化工作影响力。配合民政、科技等部门做好相关标准化工作，带动区域经济又好又快发展。

九、做好标准化宣传工作，树牢全社会“标准”意识

建立和完善标准化宣传网络，围绕区域发展，协同构建“大市场、大监管、大质量”的工作格局，贡献标准化力量。开展《标准化法》宣传，加强标准化法律法规和标准化基本知识的宣传；加强企业标准信息公共服务平台公开管理，帮助企业进一步把关标准和产品质量。开展商品条码执法检查活动，整治冒用他人商品条码、超期或使用已注销商品条码等违法行为，对不执行商品条码有关规定的单位依法予以查处。坚持“执法一线即普法一线”的工作理念，构建企业“底线”“红线”意识，自觉规范产品质量，提高产品标准，为实现高质量发展奠定坚实质量基础。

（朝阳区市场监督管理局）

标准化工作成果

【启动2019年技术标准制(修)订资助工作】 2019年1月,区市场监管局印发《关于申报2019年朝阳区技术标准制(修)订资助项目的通知》,正式启动朝阳区2019年技术标准制(修)订资助工作。朝阳区科委、中关村标准创新服务中心、电子城科技园管委会通过网站转载通知。受理工作至2019年4月底。

(马俊平　王小伟　娄和利)

【区内单位持续参与标准外文版计划助力标准联通"一带一路"】 2019年1月,按照《国家标准委关于第二批国家标准外文版计划入选项目通知》,朝阳区有3项标准外文版入选。其中,由北京照明学会牵头起草的GB/T 35626—2017《室外照明干扰光限制规范》是2018年市、区两级标准资助的重点标准,两级财政投入资金十余万元对标准进行专项扶持。该次由北京照明学会与北京市标准化院共同负责标准外文工作,旨在对标国际,有效促进中国标准国际互认,体现中国对城市光环境的重视,展现中国在光污染研究走在国际前列的大国姿态。

(马俊平　王小伟　娄和利)

【区内团体标准试点工作"喜结新果"】 2019年1月,中关村管委会联合市市场监管局召开2019年中关村标准推动会。会上,公布第三批"中关村标准"名单,6家产业联盟的11项标准入选,朝阳区内的中关村储能产业技术联盟制定的《压缩空气储能系统集气装置技术要求》榜上有名。

(马俊平　王小伟　娄和利)

【开展商品条码专项检查把关春节市场产品质量】 2019年2月,区市场监管局对辖区内合生汇购物中心多家商户经销商品的条码使用情况进行专项检查。重点检查使用已注销的厂商识别代码和相应商品条码,经销未经核准注册使用厂商识别代码和相应商品条码等违法行为。该次检查,出动执法人员26人次,检查13家商户的百余种商品,涉及儿童服饰、婴幼儿玩具、日用百货、电子产品等四大类,检查总体情况良好。

(马俊平　王小伟　娄和利)

【区内双井恭和苑国家级养老服务业标准化试点建设启动】 2019年3月,朝阳区双井恭和苑国家级养老服务业标准化试点项目召开启动会,区市场监管局作为标准化主管部门和试点参与单位派员参加会议。会上,试点承担单位领导宣布试点建设启动,成立标准化领导小组,进一步明确试点建设的工作规划及时间安排,并要求机构要高度重视,全员参与,协调好内部工作实践和外部技术支撑的关系;要注重工作实效,做好标准体系的搭建运行,做到持续改进。通过开展试点建设,将养老机构发展引向标准化、规范化、系统化,从而全面提升养老机构服务质量,打造养老服务品牌。

(马俊平　王小伟　娄和利)

【众信集团股份有限公司出境旅游国家级服务业标准化试点建设启动】 2019年4月,区内众信旅游集团股份有限公司出境旅游国家级服务业试点项目召开启动会,区市场监管局领导出席会议并讲话,项目承担单位中高层领导及工作人员30余人参加会议。会上,宣布试点建设启动,成立标准化领导小组,明确项目实施计划,并对试点建设提出期望和要求。

(马俊平　王小伟　娄和利)

【**标准制(修)订资助工作持续激发企业参与标准化工作热情**】 2019年4月,区市场监管局完成2019年度市、区两级技术标准制(修)订资助项目受理工作,申报单位数及申报标准项目数持续维持高位。其中,市级方面有16家单位的30项标准申请资助;区级有34家单位的146项标准申请资助。

(马俊平　王小伟　娄和利)

【**区局与总局智库座谈谋划质量提升,优化营商环境**】 2019年5月,区市场监管局与中国航空综合技术研究所就"质量提升,进一步优化营商环境"工作开展交流研讨。会上,区市场监管局介绍区市场监管局开展的质量提升各相关工作,并围绕机构改革后职能转变如何更进一步优化营商环境展开重点讨论。中国航空综合技术研究所负责人解读市场监管总局提出的"市场+质量"理念,通过数据的评价与应用,找出区域经济发展的比较优势,在优势领域、重点行业,找准抓手,运用"大数据"等手段,进行服务质量监测,列明服务清单,开展重点提升。

(马俊平　王小伟　娄和利)

【**市市场监管局及市标院调研区国家级消费品标准化试点项目**】 2019年6月,市市场监管局标准化处及市标准化院相关专家到朝阳区国家级消费品标准化试点项目承担单位——中纺标检验认证股份有限公司,调研第一批国家级消费品标准化试点建设情况,区市场监管局陪同调研。市市场监管局对试点建设给予肯定,并希望试点承担单位通过NQI质量基础设施指导试点建设,打造有特点、亮点的试点建设加分项,做业内标准的领跑者,通过建设试点,助力消费品质量提升,反哺首都区域经济发展。

(马俊平　王小伟　娄和利)

【**调研驻区单位标准外文版工作**】 2019年6月,区市场监管局标准化工作人员到中国皮革制鞋工业研究院有限公司调研标准外文版工作,并就标准化工作情况开展座谈。听取企业标准外文版工作的情况介绍和近期开展的标准校园行、标准企业行、标准化科研和标准月度简报等方面的工作。了解企业承担外文版工作的进展情况及取得的阶段成效,并就工作中遇到的问题进行探讨交流。区市场监管局要求企业按时间节点落实推进,按时完成工作任务,保证标准外文翻译工作质量和水平。强调应进一步做好标准的宣传和贯彻工作,争取把标准的影响力进一步扩大,用标准质量的提升来促进产品质量的提升,引领区域、行业经济的高质量发展,更好参与"一带一路"国际贸易、经济、技术交流与合作。

(马俊平　王小伟　娄和利)

【开展商品条码专项检查规范暑期儿童用品市场产品质量】 2019年6月,区市场监管局对区内龙湖长楹天街商业区经营青少年用品商户经销商品条码使用情况进行专项检查。重点检查使用已注销的厂商识别代码和相应商品条码,未经核准注册使用厂商识别代码和相应商品条码等违法行为。该次检查,区市场监管局出动执法人员22人次,检查11家商户的百余种商品,涉及儿童玩具,学生文具,婴幼儿服装、食品、日用百货,青少年用电子产品等六大类,检查总体情况良好。

(马俊平　王小伟　娄和利)

【对区内养老机构安全运行进行把关指导】 2019年7月,区市场监管局组成由原食药和原质监执法人员组成的合检查组,重点对区内新建成运行的10家养老机构进行把关指导。检查组对养老机构涉及的特种设备安全、食品药品安全、医用计量器具使用等方面进行检查,并查验各项管理制度,结合养老机构在社区老年餐桌试点可行性问题、标准化建设等方面给出建议。对检查中发现的问题提出整改意见,督促养老机构整改落实,切实提升养老服务质量,打造服务优质、管理规范、安全舒适的养老服务环境。

(马俊平　王小伟　娄和利)

【指导国家级服务业标准化试点单位项目建设】 2019年8月,区市场监管局对乐成老年事业投资有限公司国家级服务业标准化试点项目建设进行指导。乐成养老作为北京市“五星级养老服务机构”,首批医老结合试点单位,在标准化管理、服务、品牌建设等方面走在前列。作为该试点项目的参与和指导单位,区市场监管局按照《标准化试点实施细则规定》要求,对该试点的标准化建设需求分析、标准体系构建情况给予针对性指导,要求乐成养老进一步运用标准化手段规范管理,提高服务质量和顾客满意度,促进标准化工作向更高水平迈进。

(马俊平　王小伟　娄和利)

【两项国家级服务业标准化试点项目通过阶段督导】 2019年8月,市市场监管局按照国家服务业标准化试点工作要求,组织相关专家对2018年度国家级服务业标准化试点项目进行阶段督导验收。区市场监管局作为区内两项国家级试点项目建设的参与方,组织并指导承担单位精心准备,参加阶段督导会。专家组听取试点项目工作汇报,了解服务标准体系的搭建,并就试点建设中存在的问题及关键点与承担单位进行交流。专家组特别指出:朝阳区两项试点项目标准化工作基础较好,各项工作紧跟任务书要求。希望试点单位围绕任务目标,加强需求分析,突出服务特色,同时围绕试点任务要求和客户需要,梳理业务流程,完善标准体系结构图和明细表,力争顺利完成试点项目建设并取得实效。

（马俊平　王小伟　娄和利）

海淀区

标准化工作综述

一、强化标准创新引领，打造海淀高质量标准

2019 年，海淀区委、区政府高度重视标准化工作，落实《关于加快推进中关村科学城建设的若干措施》第九条“实施标准创新领跑计划”的相关要求，发挥标准化对中关村科学城建设的支撑引领作用。发挥政府在实施标准战略中的引导作用，加强顶层设计，发布北京市首个区级标准化系统支持政策《关于支持中关村科学城标准创新发展的措施（试行）》，优化完善标准政策环境，完善标准政策体系。在鼓励辖区内企业标准创制方面，2019 年海淀区 31 家企事业单位获得资金补助，通过 63 个标准，占全市标准数的 40%。获得补助金额 567 万元，占全市补助金额 47%。

二、推进“海淀区国家高新技术产业标准化试点”

出台北京市首个区级标准化系统性支持政策，将“推进海淀区国家高新技术产业标准化试点”纳入政策措施，为推进试点建设营造良好的政策环境。探索“科研标准产业同步”“自主创新技术与标准相结合”等工作机制，研究推进海淀区科技成果转化技术标准服务平台建设，集成科技成果信息、标准化等各类服务要素，聚焦解决标准创制“最后一公里”问题。支持企事业单位主导或参与制定国际标准、国家标准、行业标准，鼓励企业、研究机构等申报 2019 年北京市技术标准制修订补助，促进企业参与国家高新技术产业标准化试点建设。

三、推进百城千业万企对标达标专项行动

将专项行动作为推动标准与产业协同发展的重要抓手，结合海淀区功能定位和实际需求推进专项行动。一是坚持政府引导。将专项行动列为海淀区人民政府《关于支持中关村科学城标准创新发展的措施（试行）》第六条，整合政策优势资源，鼓励和引导企业瞄准国际标准提高水平，强化先进标准的推广应用。二是探索工作思路。根据产业业态、标准化工作水平等对企业梳理为传统行业、新兴行业、独角兽企业、联盟团体四类，分类指导企业开展对标。三是服务企业提升。落实一企一策，通过上门指导、调研座谈、电话微信交流等一对一服务企业选取能切实反映产品的指标作为拟对标项，保障专项行动起到实效。四是完善协调推进机制，全面推进。结合政策宣讲、执法情况通报、调研座谈等，在全区推进专项行动，进一步扩大专项行动的覆盖面。

四、树立有示范效应和推广价值的标准化标杆

指导中国航天电子技术研究院、中国船舶工业综合技术经济研究院开展高端装备制造业标准化试点建设，树立有全国影响力的标准化典范。配合民政部门做好养老机构星级评定工作。梳理已通过验收的标准化试点示范项目，配合市市场监管局开展标准化试

点示范工作情况调研，总结标准化推广经验。

五、做好企业标准和团体标准自我声明公开

一是指导企业做好企业标准自我声明公开，2019年全区1122家企业完成产品标准自我声明公开，涵盖13243种产品，现行有效标准6055项，标准数居北京市第一。二是推进团体标准化工作，鼓励海淀区社会组织、产业联盟协调相关市场主体创制团体标准，增加标准创新供给。2019年海淀区83家社会团体累计公开发布507项团体标准，标准数同比增长约63.02%，增速比2018年上涨5.12%。三是做好“双随机、一公开”标准自我声明公开监督抽查工作。配合市市场监管局对企业标准信息公共服务平台上公开的企业标准与团体标准信息公共服务平台上公开的团体标准进行抽查，抽查涉及海淀区63家企业63项企业标准与21家社会团体21项团体标准。与被抽查企业、社会团体开展座谈，通报检查结果，要求落实主体责任，规范标准编写。

六、服务重点企业标准化工作

调研中国航天电子技术研究院标准化工作，参观该院下属企业的光电生产线及无人机展室，指导开展国家高端装备制造业标准化试点建设。聚焦社会团体和重点企业标准发展中的问题与需求，与中关村储能联盟开展座谈，为百度公司、旷视科技等重点企业现场提供标准化咨询建议。调研玉渊潭敬老院、四季青敬老院养老服务标准化工作，深化养老院以标准化手段来提升养老服务水平的理念。对公安部第一研究所、北京兆易创新科技股份有限公司、钢研纳克检测技术股份有限公司和北京清新环境技术股份有限公司四家海淀区重点企业进行服务指导。

七、加强宣传，营造标准化良好氛围

一是突出重点时段。结合世界标准日、质量月等重要节点，做好《标准化法》等标准化工作宣传。二是拓宽宣传手段。制作海淀区标准工作成果宣传册面向全区发放，提升“海淀标准”的影响力。围绕标准政策发布、对标达标专项行动等各项重点工作，同百余家企业建立微信群，定期发布标准化信息，扩大企业对标准化工作动态的知晓度。三是加强新媒体领域的宣传。对标准重要会议进行全程网上直播，区市场监管局领导接受首都之窗、海网视觉在线访谈进行政策解读各1次，在中国质量网、首都标准网、海淀网等网络媒体以及区市场监管局公众号、微博等自有宣传阵地，对海淀区标准化工作报道30余次。

八、加强标准化知识的培训

一是推动全区领导干部对标准化工作的认识，进一步提升标准话语权。组织专家在区政府常务会讲解5G标准化，区政府领导班子成员，区政府组成部门、直属机构、各街镇主要负责同志近百人参加学习。二是组织开展标准创新发展培训，全区200余家企事业单位、联盟代表参加。邀请资深国际标准化专家进行授课，从标准化历程、标准化基本概念、标准化作用等几个方面阐述标准化对经济社会发展的重要意义，提升企业标准化管理水平及标准化工作人员技术能力。三是组织企业参加市市场监管局开展的标准化工作会议、标准制修订补助申报与对标达标培训会，提升辖区内各单位对标准化方针政策的知晓度。四是推进学习型机关建设，组织全局领导干部51人参加市场监管总局组织的第五期市场监管大讲堂“标准化助力高质量发展”。

九、不断提升理论水平

一是围绕海淀区标准创新发展开展课题研究，形成《海淀区标准创新发展情况分析报告》，系统分析海淀区标准创新发展现状，就标准化如何服务经济发展、规范市场秩序、引领科技创新提出具体建议。二是加强标准化工作经验对话交流。受邀到市场监管总局座谈研提团体标准平台建设的意见。与“中国标准 2035”项目支撑课题组座谈交流,从基层政府视角为国家标准化战略建言献策。

(海淀区市场监督管理局)

标准化工作成果

【邀请专家在区政府常务会讲解 5G 标准化】 2019 年 1 月 2 日,区市场监管局邀请工业和信息化部 IMT－2020(5G)推进组专家在海淀区政府常务会讲解 5G 标准化相关知识,海淀区政府领导班子成员,区政府组成部门、直属机构、各街镇主要负责同志近百人参加学习。专家结合近期国际国内发生的 5G 热点事件,围绕中国 5G 规划战略,从移动通信标准的发展演进、连接场景的 5G 技术、5G 应用与发展三个方面,对 5G 技术进行全方位的讲解。

(侯佳磊　肖　颖)

【调研中国航天电子技术研究院标准化工作】 2019 年 1 月 25 日,区市场监管局到中国航天电子技术研究院调研标准化工作。中国航天电子技术研究院标准化部门负责同志介绍高端装备制造业标准化试点建设的进展及重点标准化项目情况。区市场监管局肯定该院在推进国家高端装备制造业标准化试点取得的进展,要求进一步加大组织投入力度,加快项目推进速度,高效率推动标准化工作,高效益实现高端装备制造业标准化效能提升。

(侯佳磊　肖　颖)

【海淀区标准创新发展情况分析报告受区领导肯定】 2019 年,区市场监管局加快推进标准创新,开展海淀区标准创新课题研究,形成《海淀区标准创新发展情况分析报告》。报告系统分析海淀区标准创新发展现状,结合海淀区全国科技创新中心核心区功能定位,就标准化如何服务经济发展、规范市场秩序、引领科技创新提出具体建议。报告受到海淀区领导肯定。

(侯佳磊　肖　颖)

【区市场监管局组织开展 2019 年北京市技术标准申报】 2019 年 5 月,区市场监管局组织驻区企业、研究机构、高等院校和社团组织等参与 2019 年北京市技术标准制修订补助项目申报。为更好服务企业,防止遗漏先进的、创新的、高质量的标准,区市场监管局对行业标准和地方标准的备案号和备案公告号的审核后置,对发布时间符合要求但未在全国标准信息公共服务平台网站查询到的标准在初审阶段予以通过,审核延后至专业评审阶段。2019 年海淀区有 36 家单位的 87 项标准制修订补助申请,其中国际标准 6 项,国家标准 44 项,行业标准 34 项,地方标准 3 项。

(侯佳磊　肖　颖)

【区市场监管局转变思路服务企业完成对标】 北京康斯特仪表科技股份有限公司主要从事数字压力检测、温度校准仪器仪表产品的研发、生产和销售,在全行业居于领先地位,市场份额居世界前三。截至 2018 年底,该企业参与编制 9 项国家标准,2 项行业标准。但仪表行业产品发展快、技术性强,部分产品并无相关国际国内标准。区市场监管局转变工作思路,指导企业变“对标国际先进标准”为“对标国际先进产品指标”,从与国际领先企业的产品对比中找差距、促提升。指导将企业标准与 2 家国际领先企业的产品关键技术指标进行比对,为后续产品性能的提升提供思路,为企业标准化研究提供基础素材。

(侯佳磊　肖　颖)

【海淀区开展 2018 年北京市技术标准制修订补助实施情况报告受理审核】 2019 年 6 月,区市场监管局组织辖区内获得 2018 年北京市标准制修订补助的 33 家单位提交实施情况报告。区市场监管局落实服务宗旨,扩宽企业联络渠道,采用多种方式与获得补助单位沟通联系。总结历年来企业在填报中遇到的共性问题,如报告填写要求、电子版系统上传等，并先行说明，使企业能更高效、更优质地完成标准制修订补助实施情况报告。

（侯佳磊　肖　颖）

【区市场监管局分析辖区内标准制修订补助经费使用情况】　2019年6月，为发挥标准化政策资金的引导作用，区市场监管局对辖区内获得2018年北京市标准制修订补助单位的经费使用情况进行统计分析。2018年海淀区33家单位获得标准制修订补助，金额499万元，已使用经费371.379万元，剩余经费127.621万元，经费使用情况呈现以下特点。一是补助经费用途相对集中。主要用于新标准制修订（经费为80.0765万元，占比21.6%），组织或参加标准会议（经费为72.55万元，占比19.5%），技术研发（经费为66.5011万元，占比17.9%），三项占比接近60%。二是补助获得单位均重视标准化工作。除获得的资金补助用于标准化活动外，年度投入标准化经费总额4084.92万元，标准化专兼职人员883人。三是补助获得单位参与各级标准制修订。有31家单位参与标准制修订407项，其中国际标准33项，包括视频监控云计算需求、智能运输系统等国际标准。

（侯佳磊　肖　颖）

【"中国标准2035"项目支撑课题组调研海淀区标准化工作】　2019年7月16日，"中国标准2035"项目支撑课题调研组到区市场监管局，调研标准化工作。双方围绕新形势下基层政府标准化工作问题展开讨论，区市场监管局就海淀标准化工作情况、标准化工作思路以及面临的困难与建议三个方面，从基层政府视角为国家标准化战略建言献策。

（侯佳磊　肖　颖）

【海淀区对标达标工作获市场监管总局肯定】　2019年7月31日在郑州召开的全国地方标准化工作座谈会上，海淀区对标达标工作成果受到市场监管总局肯定。区市场监管局聚焦区内优势产业领域，推进百城千业万企对标达标提升专项行动，引导企业主动瞄准国际先进标准，提升辖区企业产品的国际竞争力，引领辖区经济高质量发展。

（侯佳磊　肖　颖）

【质量月普法惠民活动】　2019年9月6日，区市场监管局组织到四季青敬老院开展质量月普法惠民活动。对《标准化法》关于示范试点的相关内容进行宣传，同时了解该敬老院在养老服务业标准化试点建设过程中遇到的问题，以期能更好地开展标准化试点示范工作，推广海淀养老标准化经验。

（侯佳磊　肖　颖）

【发布北京市首个区级标准化系统支持政策】　2019年9月29日，海淀区发布《关于支持中关村科学城标准创新发展的措施（试行）》，这是迄今为止北京市在区级标准化工作层面发布的第一个系统性的支持政策文件，支持范围广、力度大，标准创新措施将对各类创新主体或多主体联合开展标准制定提供20万～50万元的资助，支持企业参与国内外人工智能、车联网等重点前沿产业领域标准创制，获批发布标准的制定单位将给予最高300万元资助。培育发展团体标准，对制定技术水平高、应用效果好且符合海淀区重点产业领域的团体标准负责单位给予最高发生费用50%的资金补贴。将支持企业承担国际标准化组织重要工作和职务，支持企业承办和参与国际标准化会议，并给予资金支持。

（侯佳磊　肖　颖）

【海淀区举办标准创新政策发布会】　2019年10月29日，海淀区举办《关于支持中关村科学城标准创新发展的措施（试行）》政策发布会，为构建海淀创新发展"生态雨林"体系、加快推进全国科技创新中心核心区建设提供标准化政策导向。大唐移动通信设备有限公司高级技术专家作为企业代表发言，海淀园管委会、区发改委等30余个委办局以及全区200余家企事业单位、联盟代表参加会议。海淀区融媒体中心对会议进行全程网上直播，《中国质量报》、《北京日报》、北京电视台等相关媒体对发布会进行报道。

（侯佳磊　肖　颖）

【世界标准日主题宣传活动】　2019年，区市场监管局加强顶层设计，进一步优化完善标准政策环境。牵头起草《关于支持中关村科学城标准创新发展的措施（试行）》，并以区政府名义印发，召开政策发布会扩大政策覆盖面，为打造新时期“海淀标准”新品牌奠定政策基础。建立宣传网络，将标准宣传作为推动标准化工作重要手段。在各办公区以及各市场监管所醒目处张贴世界标准日宣传海报，有条件的办公场所播放宣传片；借助新媒体传播方式，在微博等发布世界标准日相关知识，深化全社会的标准化意识。梳理近年来海淀区标准化助力中关村科学城建设成果，制作成册，从标准化战略、数说标准、标准引领创新发展、标准助推产业升级、标准让生活更美好五个角度全面展示海淀区标准化工作成果，进一步提升海淀标准的影响力。执法检查促宣传。对辖区内商场、超市等开展商品条码专项检查，执法同时，普及宣传新《标准化法》和世界标准日科普知识，普及标准化理念方法。

（侯佳磊　肖　颖）

【商品条码专项双随机检查】　2019年，区市场监管局组织对辖区内商家开展商品条码双随机抽查，检查商家30家，涉及眼镜、服装鞋帽、箱包等。检查发现，绝大多数商品的条码和标识标注使用较为规范，未发现伪造、冒用商品条码等行为，个别商家存在遮挡商品条码以及编码信息未按规定通报的行为。执法人员对发现问题分类处置。对遮挡商品条码行为，当场责令整改；对编码信息未按规定通报的行为，要求其及时联系中国物品编码中心进行通报；同时向商家宣传讲解商品条码相关规定和知识，督促商家严把进货关，建立完善进货验收制度，对商品条码进行查询比对，对存在问题的商品不购进、不销售，确保销售的商品符合国家法律法规要求。

（侯佳磊　肖　颖）

【与中关村储能产业技术联盟座谈交流】2019年11月19日，区市场监管局与中关村储能产业技术联盟座谈交流。储能联盟相关负责人从联盟组成、产业研究、市场对接几个方面介绍联盟整体工作概况，并介绍联盟标准制度建设、标准制定与应用、标准国际化方面的工作。区市场监管局肯定储能联盟将联盟标准的制定与国际化的检测认证工作相结合的工作模式，并解读海淀区近期发布的标准创新支持政策。随后双方聚焦社会团体标准发展中的问题与需求，就联盟在国际标准化工作的问题与设想等进行探讨与交流。

（侯佳磊　肖　颖）

【加强政企沟通促进标准化建设】　2019年，区市场监管局根据产业领域与标准规模，将企业标准双随机检查中涉及的63家企业梳理分类，分批次与企业开展座谈。一是通报双随机检查结果，总结出抽查中发现的共性问题与个性问题，指导企业进一步规范标准编写。二是了解企业发展状况、标准化工作重点等，共同研究解决企业标准化发展中遇到的问题，助力企业发展。三是加强对企业进行《标准化法》的宣贯，要求企业加强主体责任意识。四是加强海淀区标准支持政策、标准化重点专项工作的宣传与引导，进一步鼓励企业充分发挥标准化在促进转型升级、引领创新驱动方面的支撑作用。

（侯佳磊　肖　颖）

【海淀区标准创新政策入围市绩效考评创新项目候选项目】 2019年12月25日，海淀区绩效办召开2019年市绩效考评创新项目工作会，区市场监管局报送的项目《关于支持中关村科学城标准创新发展的措施（试行）》从全区26家单位报送的47个项目中脱颖而出，成为12个候选项目之一。会上，区市场监管局从重要性、创新性、时效性、推广性、集约性五个方面对政策进行阐释，与会领导专家均对政策出台给予肯定。

（侯佳磊　肖　颖）

标准化工作综述

2019年，丰台区市场监督管理局持续落实首都标准化战略纲要，贯彻落实《2018年北京市标准化工作要点》和《北京市城市管理与服务标准化建设行动计划（2017—2020年）》文件精神和任务要求，围绕区委、区政府中心工作，坚持"夯实基础、稳步推进"工作原则，以机构改革为契机，推进区域标准化工作，持续助力丰台区经济社会高质量发展。

一、融合职能，不断夯实标准化基础工作

（一）以标准奖励及补助工作为抓手，激发企业动力和区域消费活力。区市场监管局利用"丰帆普法"宣传活动品牌，先后2次以专题讲座形式为辖区300余家企业进行政策讲解，鼓励组织辖区企事业单位参与创新标准奖励和标准制修订工作。2019年，丰台区12家企业获北京市制修订补助99万元，15家企业获丰台区创新标准奖励580万元。

（二）以"标准化+"促融合，助力丰台区养老服务高质量发展。区市场监管局围绕养老机构星级评定、养老机构标准体系建设工作对辖区养老机构开展现场督导，印发《丰台区市场监督管理局关于开展养老院服务质量建设专项行动实施方案》，成立养老机构服务质量建设专项行动领导小组，细化分解为19项任务，对全区养老机构从养老机构标准体系建设、养老机构和老年人"保健"产品消费欺诈行为、明厨亮灶建设和特种设备等多个方面开展监督检查，规范养老服务行为，提高养老服务质量。

二、突出主体，落实企业自我声明公开和监督制度

贯彻落实《北京市企业产品和服务标准自我声明公开和监督制度建设工作方案》，持续推动企业标准自我声明公开及标准文本监督工作，并对平台公开的标准进行事中、事后的监管。截至2019年底，丰台区有178家企业自我声明691项标准，其中国家标准2项，行业标准7项，企业标准682项，对其中83家企业83项标准进行抽查，对存在问题的标准进行修改。

三、示范引领，发挥区域标准化试点示范作用

（一）指导协助北京汽车博物馆制定地方标准"博物馆服务规范"，创新开展博物馆标准化示范四个基地建设[1]，成为北京乃至全国博物馆规范服务、提升质量的指导和遵循。

（二）推动中关村科技园区丰台园国家高端装备制造业（轨道交通）标准化试点于

[1] 四个基地：实践验证基地、精品展示基地、创新研究基地、宣传培训基地。

2019年12月通过市场监管总局专家组考核评估。试点期间，协调各参与单位开展研究，推动试点单位成为铁道行业技术标准归口单位和主要制定者。

（三）助力方庄社区卫生服务中心"互联网+健康服务"标准化试点于2019年8月通过国家级验收评审，帮扶其打造卫生服务引领品牌，2019年方庄社区卫生服务中心"智慧家医服务"被写入北京市政府工作报告，被北京、深圳等地500余家社区卫生服务机构借鉴。

（四）扶持丰台区"互联网+服务"养老服务基本公共服务标准化试点项目、花乡花木集团的国家生态节约型宿根植物生产标准化示范区项目，通过市级论证并上报市场监管总局审核。

（五）开展百城千业万企对标达标提升专项，精准筛选符合条件的高精尖企业参与，截至2019年底，丰台区成功对标25项，位居全市第二。

（六）组织辖区企事业单位参加北京市第十三届优秀标准化论文评选，在全市最终评选出的15篇获奖论文中，丰台区有6篇论文分获一、二等奖，占获奖总数的40%，标志丰台区标准化科研成果水平迈向更高阶段。

四、以普法宣贯为创新点，扩大标准化影响

（一）坚决落实"谁执法，谁普法"工作原则，及时、全方位地开展普法宣传和法律解读，确保辖区商品条码正确规范，维护商品生产者、销售者、服务提供者和广大消费者的合法权益，营造和谐稳定的市场消费环境。

（二）利用重要节点，加强标准化法规、政策宣贯，加强局内部门协作，利用协同检查、专题普法宣传等时机，扩大标准化工作影响。依托北京汽车博物馆标准化示范单位为平台，借助世界标准化日契机，在全市范围内率先开展大型主题宣传活动，市市场监管局、丰台区领导出席活动，活动引起热烈反响，先后被《北京晚报》(《北京日报》)、北京新闻广播、《中国市场监管报》、人民网、千龙网等7家媒体跟踪报道，进一步扩大标准化的影响力和传播力。参与起草《丰台区关于开展质量提升行动的实施方案》，成立丰台区质量强区工作议事机构，将标准化协调联动机制与高质量发展理念贯穿全区五大方面16项重点工作中。

（丰台区市场监督管理局）

标准化工作成果

【养老服务质量建设专项行动部署会暨培训会】 2019年8月9日，区市场监管局会同区民政局、人力资源和社会保障局、卫生健康委员会、应急管理局及消防救援支队等单位，开展2019年丰台区养老机构服务质量建设专项行动工作部署会，丰台区40家养老机构负责人参会。

（樊雪竹）

【标准制修订工作专题会】 2019年9月3日，区市场监管局组织召开2019年度标准制修订工作专题会，获得补助的12家单位负责人参加会议。丰台区12家单位14项标准通过北京市级评审获得补助，补助总金额99万元。北京全路通信号研究设计院集团、北京东方通科技股份有限公司和北京汽车博物馆做交流发言。

（樊雪竹）

【方庄社区卫生服务中心标准化调研】 2019年9月6日，区市场监管局领导带队到丰台区方庄社区卫生服务中心调研标准化建设工作，区市场监管局标准化科、方庄社区卫生服务中心有关人员陪同调研。

（樊雪竹）

【组织辖区养老机构座谈研讨会】 9月19日，区市场监管局召集辖区相关养老机构负责人针对消费维权情况和养老机构服务质量提升工作进行座谈研讨，结合丰台养老机构实际现状，以及当前养老机构星级评定工作，开展标准化工作业务指导。

（樊雪竹）

【世界标准日宣传活动】 2019年10月11日，区市场监管局围绕“标准化建设助力丰台区高质量发展”主题，与北京汽车博物馆（丰台区规划展览馆）联合举行丰台区2019年世界标准日主题宣传活动。活动邀请丰台区相关委办局及丰台区近年来标准化工作取得突出成绩的30余家企事业代表参加。丰台有线、丰台报、《北京晚报》（《北京日报》）、北京新闻广播、《中国市场监管报》、人民网、千龙网等媒体对活动进行跟踪报道。

（樊雪竹）

【百城千业万企对标达标提升专项行动暨“领跑者”工作制度部署推进会】 2019年10月31日，区市场监管局联合丰台科技园区管委会组织召开“百城千业万企”对标达标提升专项行动暨“领跑者”工作制度部署推进会，园区10家具有典型代表意义的高精尖企业负责人参会。会议对丰台区百城千业万企对标达标提升专项行动及《北京市实施企业标准“领跑者”制度工作方案》进行全面部署和讲解。

（樊雪竹）

【中关村科技园区丰台园国家高端装备制造业（轨道交通装备）标准化试点通过考核评估】 2019年11月29日，市场监管总局、工业和信息化部联合组成专家组，对丰台区试点项目进行专业考核评估。评估会上，科技园区管委会介绍几年来标准化试点项目的组织机构、体系建设、工作成效和典型案例等方面的情况，通过专家组考核评估。

（樊雪竹）

【企业标准自我声明公开监督检查】 2019年，区市场监管局持续推动企业标准自我声明公开，并对平台公开的标准进行事中、事后的监管。截至年底，丰台区有178家企业自我声明公开691项标准，其中国家标准2项，行业标准7项，企业标准682项，对其中83家企业83项标准进行抽查并督导企业对问题标准进行修改，抽查率12.1%。

（樊雪竹）

【养老机构服务质量星级评定】 2019年9月下旬至12月，根据《关于印发〈丰台区养老机构开展服务质量星级评定工作实施方案（试行）〉的通知》文件精神，区市场监管局会同丰台区民政、消防等部门对全区40余家养老机构养老服务标准化体系建设情况进行评定。该次星级评定工作对全区养老机构的环境、设施设备、运营管理以及服务项目与服务质量等方面进行现场评定，针对评定工作中发现养老机构普遍存在标准化意识淡薄、公共图形符号标识不标准、服务项目记录不详实等问题，制定《北京市丰台区推进养老服务标准化建设工作方案》，着力促进养老机构服务质量提升 。

（樊雪竹）

【参加第十三届北京市优秀标准化论文评选】 为提升丰台区标准化科研水平，区市场监管局组织辖区20余家企事业单位参加第十三届北京市优秀标准化论文评选，有6篇论文获奖，占总体的40%，其中一等奖2篇，二等奖4篇。

（樊雪竹）

石景山区

标准化工作综述

一、区标准化协调机制建立、运行情况

2013年，区政府制定印发《石景山区落实“首都标准化战略纲要”实施意见》，成立

区标准化战略纲要领导小组，主管副区长任组长，下设25个成员单位（委办局、街道），并且将标准化工作列入区政府重要议事日程。区质监局（现为区市场监管局）统筹协调，每年召开联席会议，并印发行动计划，联合区内各行业主管部门推动各企事业单位发挥主体作用，推进城市管理与服务等重点领域标准化任务落实，初步建立统一协调、政府引导、市场驱动、社会参与、协同推进的标准化工作大格局。

2019年12月18日，区标准化战略纲要领导小组组织区属25个部门50余家企业召开2019年石景山区标准化工作大会。会议总结上年度石景山区标准化工作，部署下一步工作；为获得2018年度石景山区标准化专项资金的16家单位颁发奖杯和证书；优秀企业做经验交流。

二、研究制定标准化相关政策措施情况，将标准化工作纳入法规、政策、文件等情况

一是区政府全面实施《石景山区关于支持科技创新和科技成果转化应用的办法（试行）》，其中第五条规定：支持制定和修订各类标准。对于主导制定和修订的国际、国家、行业标准的企业，按照标准级别分别给予50万元、20万元、10万元的一次性奖励，每家单位每年最高补贴100万元。二是2019年8月，发放石景山区标准化专项资金189.3万元，补助企业16家。其中标准制修订补助177.5万元，养老机构星级评定补助7.5万元。组织相关单位主导或参与制定国际标准、国家标准、行业标准和地方标准，抢占行业话语权。

三、组织相关单位主导或参与制定国际标准、国家标准、行业标准和地方标准情况

2019年，全区主导或参与制定标准情况如下：国际标准2项，国家标准9项，行业标准13项，地方标准4项，团体标准22项。

四、开展百城千业万企对标达标专项行动

全面落实国家标准委等十部门《关于开展百城千业万企对标达标提升专项行动的通知》以及北京市《关于开展百城千业万企对标达标提升专项行动的方案》的有关要求，制定《石景山区百城千业万企对标达标专项行动实施方案》，召集区属39家企业召开百千万专项行动动员部署会，组织区属企业参加市市场监管局组织的百千万工作培训会。根据区域优势特色业态，形成全区重点企业共同参与的局面。截至2019年底，石景山区公示对标达标结果8个。

五、对团体标准、企业标准实施情况进行监督检查或评价情况等

完成团体标准、企业标准随机抽查工作。根据《市场监管总局关于全面推进“双随机、一公开”监管工作的通知》《市场监管总局办公厅关于印发团体标准、企业标准随机抽查工作指引的通知》和市市场监管局相关要求，区市场监管局委托中国标准化研究院开展企业标准随机抽查。制定《石景山区团体标准、企业标准随机抽查方案》，按照充分体现随机性同时兼顾公平性的原则，从649项公开的企业标准中随机抽查30项，重点检查企业标准技术要求是否低于强制性标准；企业标准内容是否做到技术上先进、经济上合理；企业标准编号是否符合规定；企业标准功能指标和性能指标是否公开；企业标准是否存在其他瑕疵。对存在问题的4家企业开具责令整改通知书，责令其限期整改。

商品条码检查方面，除超市外，扩展到全区的药店、商场、汽车4S店等，并开展儿童玩具、换季服装检查、儿童服装标识专项检查等。全年出动执法人员280人次，执法140起，现场处罚20起，罚款金额1000元，立案2起，结案2起，开具责令整改通知书6起。完成执法目标责任制和履职率。

六、组织开展标准化试点示范工作情况

2019年8月底至9月中旬,区市场监管局围绕保障和改善民生、转变政府职能、提升社会治理能力的内在要求,结合石景山区行业发展特色和优势,重点在优化营商环境、提升政府服务、推进"互联网+政务服务"等领域开展试点申报工作,经过一个月的筛选,以北京创业公社投资发展有限公司、中关村石景山园管委会共同承担的创业公社创新创业公共服务综合标准化试点项目脱颖而出,作为北京市三个项目之一通过市场监管总局的审核,成为国家级社会管理与公共服务标准化试点。

七、标准化工作经费投入情况

2019年,申请标准补助资金182.9万元,其中标准补助资金176.6万元,企业标准公开评价课题研究2万元,标准化专项资金评审专家费3000元,标准化宣传经费4万元。

(石景山区市场监督管理局)

标准化工作成果

【商品条码专项检查】 2019年4月1日,区市场监管局开展商品条码专项检查。该次专项检查的重点是:在售商品的条码设计、印刷等是否符合国家标准;是否存在使用未经核准注册或冒用、伪造商品条码的行为。抽查经营场所6家,抽查各类商品100余件,其中个别商品存在冒用商品条码等行为。针对检查发现的问题,执法人员责令相关单位立即整改。对使用冒用商品条码的行为进行立案查处。通过该次检查,执法人员向各经营主体宣传讲解商品条码相关规定和知识,进一步规范商品条码的使用和管理,加强经营者对条码管理的认识和了解。

(彭　祎)

【夏季饮品、防暑降温用品商品条码监督抽查】 2019年6月16日至18日,区市场监管局先后对辖区内物美、永辉等6家超市、4家加油站销售的饮品和防暑降温用品,进行商品条码监督抽查。该次检查重点针对经营的商品是否存在使用未经核准注册或冒用、伪造商品条码的行为。检查中,执法人员使用商品条码终端检测软件对商品条码进行扫描,核实商品名称、生产厂家、商品条码有效期等相关信息。检查发现,绝大多数商品的条码和标识标注使用较为规范,个别商品存在冒用商品条码、使用超期或注销的商品条码等行为。针对检查发现的问题,执法人员责令相关企业立即整改,同时向超市、加油站负责人宣传讲解商品条码相关规定和知识,督促企业严把进货关,建立完善进货验收制度,对商品条码进行查询比对,对存在问题的商品不购进、不销售,确保销售的商品符合国家法律法规要求。对于存在违法行为企业,执法人员将依据《商品条码管理办法》予以行政处罚。

(彭　祎)

【商品条码检查为"创城"营造良好氛围】 2019年8月5日,区市场监管局走进超市,开展商品条码、服装标识等检查,并向企业和广大市民宣传石景山区"创城"工作,以执法促宣传。执法人员着重检查夏季饮品、儿童玩具、日用百货的商品条码是否存在使用未经核准注册的商品条码的行为;检查服装标识以及儿童服装是否执行强制性标准等情况。对检查中存在的服装标识不清等问题,责令企业整改。检查中,执法人员向企业宣传、普及"创城"工作的意义,把区委、区政府的“创城”部署、举措介绍给企业，动员企业参与进来、行动起来，为“创城”工作增砖添瓦，尽一份责任心，做出应有的努力，现场发放《石景山区市民文明手册》100 余份。

（彭　祎）

【养老机构星级评定工作】　2019 年 8 月 12 日，区市场监管局根据《关于进一步推进养老服务机构星级评定工作的通知》的精神，联合区民政局开展养老机构服务质量星级评定工作。该次石景山区养老机构服务质量星级评定工作有 1 家养老机构参评，即 2017 年运营的北京海航和悦家国际颐养社区。该养老机构是海航养正精心打造的高端养老品牌，坐落于北京长安街西延长线上，总建筑面积 4 万平方米，提供自理、介助、介护、康复在内的全套专业养老服务。现场评定中，专家组对照《养老机构服务质量星级评定检查细则》，对养老机构的服务标准体系文件以及现场情况进行全面检查，并抽选部分服务对象开展满意度测评。经专家组评审，该养老机构符合星评条件，通过二星级评定。通过星级评定工作，参评养老机构对服务标准体系的要求、结构、编写及评价与改进进一步了解，服务质量有所提升。

（彭　祎）

【调研标准化试点申报工作】　2019 年 8 月 19 日，区市场监管局领导带队到北京创业公社投资发展有限公司调研试点申报工作。创业公社是一家连接企业和政府，帮扶企业、助力政府优化营商环境的公司，切合该次申报方向。调研了解申报单位标准化工作基础情况，交流询问试点项目的目标、思路和准备开展的工作。通过调研，全面深入了解申报单位，并对申报单位提出具体建议，希望申报单位结合自身特色，完成好申报材料的撰写。

（彭　祎）

【申报国家级标准化试点项目】　2019 年，区市场监管局按照《市场监管总局标准技术司关于推荐第六批社会管理和公共服务综合标准化试点项目的通知》要求，围绕保障和改善民生、转变政府职能、提升社会治理能力的内在要求，结合石景山区行业发展特色和优势，重点在优化营商环境、提升政府服务、推进“互联网＋政务服务”等领域开展试点申报工作。9 月 23 日，北京创业公社投资发展有限公司、中关村石景山园管委会共同承担的创业公社创新创业公共服务综合标准化试点项目通过市市场监管局审核，作为北京市候选项目上报市场监管总局。该试点围绕拓展政府创业服务职能，发挥创业载体的服务功能，以打造创业服务资源共享平台为核心目标，通过标准化的理念与方法，搭建科技创新创业标准体系并有效实施，进一步完善创业公社创业服务体系，为中小微企业和创业团队提供更高质量的创业服务。

（彭　祎）

【迎国庆商品条码专项检查】　2019 年 9 月 26 日，区市场监管局对石景山区永辉超市鲁谷店、家乐福万达店、中石化鲁谷店进行商品条码专项检查。该次检查中，执法人员主要针对商家销售的与人民群众生活密切相关的日用品、儿童玩具、食品、文体用品等类商品，重点检查销售的商品是否存在使用未经核准注册、备案商品条码；使用过期及注销商品条码、伪造或用其他商品条码冒充本商品条码等行为。执法人员检查 3 个点位销售的300余种商品，并对涉嫌存在问题的商品进行现场抽样，即日送到北京市条码质量监督检验站进行检验。检查中，执法人员现场宣传《商品条码管理办法》，进一步促进服务行业重视商品条码的应用质量，加强质量诚信建设，维护市场秩序。

（彭　祎）

【养老机构星级评定工作】 2019年10月，区市场监管局联合区民政局，对辖区内八宝山养老照料中心、广宁养老照料中心2家养老机构开展星级评定工作。执法人员在评审中听取机构总体运行情况、养老服务标准化体系建设情况，核查机构的相关资质、人员结构、床位比例、医护配备等情况，现场排查电梯、气瓶气罐等特种设备的安全隐患，对发现的问题提醒养老服务机构及时改正。通过评审，八宝山养老照料中心获得一星评定，广宁养老照料中心获得二星评定。通过开展养老机构星级评定，进一步帮助养老机构完善养老服务标准体系，提高内部设施设备建设水平，强化服务理念，规范服务流程和内容，对石景山区养老服务机构的全面质量提升起到推动作用。

（彭　祎）

【入冬常用商品条码专项检查】 2019年11月4日，区市场监管局针对供暖前市民大量使用保暖商品，先后对辖区内的永辉、物美、家乐福等超市开展"送温暖"入冬常用商品条码检查。该次检查的重点商品包括电热毯、暖宝宝、热水袋、自发热贴、保暖内衣、保暖袜子等。执法人员主要检查商品是否存在使用未经核准注册或冒用、伪造商品条码的行为。检查中，执法人员使用商品条码终端检测仪对商品条码进行扫描，核实商品名称、生产厂家、商品条码有效期等相关信息。检查发现，绝大多数商品的条码和标识标注使用较为规范，个别商品存在使用超期商品条码等行为。针对检查发现的问题，执法人员责令相关单位立即整改，同时向超市负责人宣传讲解商品条码相关规定和知识，督促超市高度重视过冬保暖商品的供应，满足广大人民群众的需求，严把进货关，建立完善进货验收制度，对商品条码进行查询比对，对存在问题的商品不购进、不销售，确保销售的商品符合国家法律法规要求。

（彭　祎）

【百城千业万企对标达标专项行动】 2019年11月20日，区市场监管局组织辖区企业开展百城千业万企对标达标专项行动。全面落实国家标准委等十部门《关于开展百城千业万企对标达标提升专项行动的通知》以及北京市《关于开展百城千业万企对标达标提升专项行动的方案》的有关要求，制定《石景山区百城千业万企对标达标专项行动实施方案》，召集区属39家企业召开百千万专项行动动员部署会，组织区属企业参加市市场监管局组织的专项工作培训会。根据区域优势特色业态，形成全区重点企业共同参与的局面，石景山区公示对标达标结果

8个。

（彭　祎）

【团体标准、企业标准随机抽查工作】 2019年11月，根据《市场监管总局关于全面推进“双随机、一公开”监管工作的通知》《市场监管总局办公厅关于印发团体标准、企业标准随机抽查工作指引的通知》和市市场监管局相关要求，区市场监管局委托中国标准化研究院开展企业标准随机抽查工作。制定《石景山区团体标准、企业标准随机抽查方案》，按照充分体现随机性同时兼顾公平性的原则，从649项公开的企业标准中随机抽查30项，重点检查企业标准技术要求是否低于强制性标准；企业标准内容是否做到技术上先进、经济上合理；企业标准编号是否符合规定；企业标准功能指标和性能指标是否公开；企业标准是否存在其他瑕疵。对存在问题的4家企业开具责令整改通知书，责令其限期整改。

（彭　祎）

【2019年度标准化工作会】 2019年12月19日，石景山区召开2019年度标准化工作会，区属30家重点企业代表近50人参加大会。会议全面总结2019年度石景山区标准化工作，并提出“用标准化的手段引领区域经济高质量发展；加强与国际先进标准‘对标’‘达标’；助推城市精细化管理，提升城市品质，为创城做贡献”的2020年工作部署，并为获得2018年度石景山区标准化专项资金的16家单位颁发奖杯和证书。获奖企业代表做经验交流。

（彭　祎）

【标准化专项资金专业评审会】 2019年12月27日，区市场监管局组织召开2019年石景山区标准化专项资金专业评审会。本年度评审工作自2019年11月27日开始受理，有15家企业的40项标准申报，涉及高新技术、资源节约与环境保护、现代制造业、服务业等重点领域和方向的相关标准。经过对40项标准的申报材料是否符合《北京市重点发展的技术标准领域和重点标准方向》，是否涉及失信单位，是否属于本市调整退出或淘汰产业，以及申请单位近两年内因标准和质量问题被执法部门查处，或正在接受调查情况等核查，最终11家企业的31项标准进入本次专业评审会。专业评审组由石景山区标准化研究部门、检验检测机构、重点企业等单位的5位专家和学者组成。评审组一致认为，本年度参评标准的总体水平较高，绝大部分标准是在科学研究的基础上，结合生产和管理经验制定的，科学性和可操作性较好，很多参评标准有利于提高石景山区相关产业的技术竞争优势，给石景山区带来显著的经济效益或社会效益。

（彭　祎）

门头沟区

标准化工作综述

2019年，门头沟区市场监督管理局以《首都标准化战略纲要》《2019年北京市标准化工作要点》等文件为指导，坚持首善标准，发挥标准化主管部门监管职能作用，用标准引领发展，加大执法力度，落实监管职责，推进区域标准化和质量提升工作，推进标准化战略向纵深发展。

一、坚持政府主导,推进首都标准化战略

树立质量第一的责任意识,遵守"精益求精、万无一失"的工作要求,以贯彻落实《北京市门头沟区公共服务与社会治理标准化建设规划(2016—2020年)》为主线,落实全区标准化领导小组联席会议制度,定期召开由各镇、街、委办局参加的联席会议,完善联系协调机制,掌握标准化建设进度。10月15日,区市场监管局沟通协调区各委办局,梳理"十三五"期间标准化建设进度情况,建立沟通协调机制,推动首都标准化战略和《北京市门头沟区公共服务与社会治理标准化建设规划(2016—2020年)》落地见效。门头沟区设立标准化工作专项资金,并列入区财政预算。开展标准化专题培训,探讨标准化工作方案,形成"区政府主导、标准化主管部门牵头、相关委办局共同推动、社会各界广泛参与"的公共服务与社会治理标准化工作局面。

二、严格市场监管,坚守标准规范秩序

(一)突出"双随机"检查重点

采取全面督查与随机抽查相结合的方式,全年开展或参与执法活动176起,其中"双随机"72起、日常检查64起、标准化专项执法40起。检查范围是群众居住区密集的地方,重点对峰宇防雷检测、大峪附小、京西便利超市等区属72家企业开展标准实施过程中的监督抽查,检查企业的标准登记、备案情况,标准执行情况和企业的标准体系建设等情况。完成指派任务,提高执法人员履职效率,规范企业依法从事生产经营活动,强化标准的"事中"控制和"事后"治理。

(二)突出专项整治行动

结合重要节日、重大会议等,组织开展各种有针对性的标准化专项检查活动。1月,配合区政府开展烟花禁限放活动,拟制烟花爆竹标识的检查方案,实地检查斋堂罗正官商店烟花售卖点,明示产品执行的北京市地方标准细则;以市开展地理标志专项整治活动为契机,对区军庄镇、妙峰山等处4家企业实施现场走访,查看实物,交待"京白梨"地理标志使用注意事项,落实《地理标志产品保护管理规定》的各项要求,了解掌握标准化执行情况和专用标志使用数量,确保专用标识依法使用。

(三)规范商品条码使用

除超市外,把商品条码检查扩展到全区的商场、药店等场所,结合第二届"一带一路"国际合作高峰论坛专项整治行动,对相关产品标识、标注进行专项检查。截至年底,出动"双随机"执法人员144人次,针对超市日用品专项检查40人次,摸清商品条码使用底数,规范商品条码使用秩序。

三、突出企业服务,坚持标准引领发展

(一)开展自我声明公开督导工作

按照"依法强制、管备分开、公开承诺、失信惩戒"的原则,督导企业标准自我声明公开。畅通公开咨询渠道,讲解操作流程,宣讲标准公开声明管理系统,简化企业标准声明流程,强化主体责任意识,建立诚信服务体系。督导92家企业在企业信息公共服务平台自我声明公开标准,了解标准公开声明内容,加强跟踪管理。9月,聘请中国标准化研究院对信息平台声明公开的310项标准进行抽查,随机抽取30项标准。抽查内容为:企业标准技术要求是否低于强制性标准;企业标准内容是否做到技术上先进、经济上合理;企业标准编号是否符合规定;企业标准功能指标和性能指标是否公开;企业标准是否存在其他明显错误。根据检查结果进行公示、整改,确保标准质量。对1起群众举报涉及标准问题的企业,进行实地调查,指导企业整改,重新自我声明公开,提高"事中"控制,强化"事后"治理。

(二)推进国家级试点工作

围绕遨博机器人国家级试点产业,协调联系专家人员,参与标准研判、制定,推进高端装备标准体系标准化示范建设。为推进国家级高端制造标准化试点年度建设工作，参与企业标准体系建设座谈会 3 次，督导企业按进度完成年度试点建设任务，建立企业领跑者制度，发挥高精尖示范作用。拟定都市农业精准扶贫调研课题，做好第八批国家级农业标准化示范区——绿纯蜂业产业调研准备，搜集建设成果转化素材，总结创新标准助力区域扶贫经验，拟定建设成果转化经验调研课题，推广复制区域优势产业，惠及于民。

（三）开展对标达标提升专项行动

贯彻落实《国家标准委等十部门关于开展百城千业万企对标达标提升专项行动的通知》精神及市市场监管局“关于开展百城千业万企对标达标提升专项行动”工作推动会的指示要求，实现对标达标国际标准目标，助力区域经济高质量发展。区市场监管局结合地区经济特点，突出高精尖领域，引导企业开展对标达标提升专项行动。专项行动本着“政府主导、企业自愿”的原则，围绕高精尖经济结构领域，进行实地调查，走访石龙管委企业主管部门，加强沟通协调，召开对标达标提升专项行动动员会进行部署，与企业进行面对面座谈，推动更多企业参加对标达标提升专项行动，全面提升企业标准化水平。截至年底，接到 6 家企业参与对标达标提升专项行动报名。

四、营造宣传氛围，遵循标准保障原则

（一）宣传活动取得进展

结合“世界标准日”“质量月”“3·15”和第二届“一带一路”国际合作高峰论坛会等活动，采取滚动播放宣传片、组织主管干部集中学习、深入企业实地宣讲等形式，面向公众普及标准化知识。制作主题宣传海报，下载标准国际化助力高质量发展宣传教育视频，在多个办公点进行滚动播放，开展形式多样的标准化宣贯活动，扩大面向中小企业标准化技术讲坛活动覆盖范围。继续推进标准化知识“进厂区、进园区、进商区、进校区、进社区”等“五进”活动，提高全社会标准化意识。

（二）推进养老服务工作

贯彻落实“2019 年养老院服务质量建设专项行动”动员部署电视电话会议精神，对全区 12 家养老服务机构进行摸排，对表服务细则，严把标准参数，应对社会老龄化挑战，缓解居家养老服务难题，制定涉及助医服务、助餐服务、康复服务等内容的“居家养老服务规范”系列标准，提高入院服务效率。

（三）提高标准制修订服务能力

按照《标准制修订补助经费使用协议》的规定，完成北京立思辰有限公司标准制修订补助工作，协助企业通过管理系统审核，将书面报告、汇总表提交至市市场监管局。完成北京睿曼科技有限公司 2019 年度标准制修订申请，对其 2 项标准进行网上初审，上传提交。主动服务，激励企业对制修订标准的参与度。

（门头沟区市场监督管理局）

标准化工作成果

【标准化宣传】 2019 年 10 月 14 日，区市场监管局以“标准保障高质量”为主题，在全区开展主题系列宣传活动。深入本辖区遨博智能科技有限公司、北京睿曼科技有限公司等企业，了解标准化体系建设情况，宣讲“世界标准日”重要意义，感知视频标准创新动脉，为对接国际标准加油助力。为企业赠送“世界标准日”宣传资料 20 份。

（王光辉）

【电动自行车国家标准督导检查】 2019年4月，区市场监管局按照《市场监管总局 工业和信息化部 公安部关于加强电动自行车国家标准实施监督的意见》有关要求，加强对电动自行车生产企业、销售企业、认证机构等相关市场主体的检查，查处无证无照、不按CCC证书生产、超出强制性认证范围生产及销售电动自行车行为，查处生产、销售不符合新标准电动车行为，查处非法改装、拼装、篡改电动自行车行为。引导教育经营主体守法经营、诚信经营。执法人员向商户发放新产品标准技术宣传资料15份，指导商户法人安装条码追诉APP5次，督导商家自觉学法、严格守法，严把商品进货关口，规范市场秩序。

（王光辉）

【商品条码专项检查】 2019年，区市场监管局领导高度重视商品条码检查督导工作，多次深入一线督查，把商品条码日常检查当作头等大事来抓。将商品条码专项检查从超市扩展到商场、药店等场所，针对第二届“一带一路”国际合作高峰论坛开展专项整治行动，对相关产品标识、标注进行专项检查。截至年底，出动“双随机”执法人员144人次，针对超市日用品进行专项检查40人次，摸清商品条码使用底数，规范商品条码使用秩序。

（王光辉）

【企业标准制修订补助工作】 2019年9月，经过市市场监管局评审形式审查、项目核查、财务审核、专业评审、终审等环节的评审，门头沟区注册企业北京睿曼科技有限公司通过评审，获得2个项目的资金补助，金额6万元。按照《标准制修订补助经费使用协议》的规定，区市场监管局协助企业通过管理系统审核，将书面报告、汇总表提交至市市场监管局。做好企业获得补助标准的宣贯工作，监督标准实施情况和实施效果，按照《标准制修订补助经费使用协议》要求，确保资金专款专用。

（王光辉）

【百城千业万企对标达标提升行动】 2019年，区市场监管局结合地区经济特点，突出高精尖领域，引导企业开展对标达标专项行动。11月1日，组织区属10家龙头企业，就“对标达标提升专项行动”工作进行动员部署。挖掘新业态、新优势的对标达标领域，推动更多企业参加对标达标专项行动，全面提升企业标准化水平。

（王光辉）

【标准化成果转化】 2019年6月17日，区市场监管局对接企业，采取实地走访、听取汇报、查看实物等方式，深入一线摸实情，排忧解难送标准，当好企业值得信赖的“服务管家”。绿纯蜂业标准化建设项目是第八批国家蜂业综合标准化示范区项目。其巢蜜、王台蜂王浆等建设标准纳入国家标准，建立标准化综合服务体系，提升区域特色产品生产质量，促进农民增产增收。

（王光辉）

【强制性标准宣传工作】 2019年1月30日，区市场监管局按照区烟花办下发的《门头沟区2019年元旦春节烟花爆竹安全管理工作方案》，对辖区北京斋堂罗正官商店烟花爆竹零售点销售的烟花爆竹产品开展标识标注专项检查。要求销售点各项台账内容记载齐全，主体责任落实到位，销售人员一律持证上岗。执法人员向销售点下发《烟花爆竹安全级别、类别和标识标注》（DB11/358—2016），结合门头沟区制定的《关于进一步加强烟花爆竹安全管理工作的通告》，向消费者宣传禁限放政策，引导消费者购买正规的烟花爆竹产品。

（王光辉）

【地理标志专项检查活动】 截至2019年底，门头沟区有10家经济合作社获得“京白梨”国家地理标志产品专用标志使用资格。根据《国家知识产权局办公室关于开展2019年春节期间地理标志使用专项整治工作的通知》，区市场监管局于2019年2月底至3月初按照市市场监管局要求，对辖区地理标志使用情况开展专项检查。经查，未发现有擅自使用、假冒、伪造地理标志的违法行为，同时对各单位网上销售情况进行了解。执法人员要求各单位严格依据《地理标志产品保护规定》，加强对地理标志产品专用标志的使用和管理，加强地理标志侵权风险监控，共同维护好“京白梨”地理标志产品品质、声誉。

（王光辉）

【国家级标准化试点工作】 2019年6月12日，遨博“国家高端装备制造业标准化试点”推进会在中关村门头沟科技园举行，区政府、区市场监管局、区科信局、石龙管委会及遨博（北京）智能科技有限公司领导及相关负责人参加活动。会议肯定遨博在近年来的发展态势，对标准化试点工作推进提出具体要求。

（王光辉）

房山区

标准化工作综述

一、推进首都标准化战略组织工作

围绕房山区“三区一节点”功能定位，持续落实《房山区落实首都标准化战略纲要实施方案》，加强标准化工作的统筹发展，持续开展标准化试点工作、推动区内企业创制标准补助工作、强化标准化宣传培训工作。发挥标准化的基础保障、创新推动和技术引领作用。

二、组织开展标准化试点示范工作

（一）跟进张坊镇美丽乡村综合改革标准化试点建设项目年度建设工作

1. 通过终期验收。市市场监管局及验收专家组一行对张坊镇美丽乡村标准化试点进行终期验收。专家组通过查看项目资料、听取项目单位汇报、现场实地调查等方式，并依据《农村综合改革标准化试点项目目标考核表》对项目进行评分。该项目以总分100.4分的成绩，通过验收。

2. 加强督导工作，全年督导10次。着重突出以下几点：(1)依据《农村综合改革标准化试点项目申报书》，听取该试点项目2018年度任务的完成情况汇报；(2)督促试点单位依据2019年建设任务，按时完成建设期工作，迎接2019年的终期考核工作；(3)实地查看张坊镇大峪沟村基础设施、特色产业、环境保护和生态建设、村容维护等方面建设情况，查阅标准体系及相关工作资料；(4)多次与项目承担单位相关人员进行讨论座谈，了解项目建设中存在的问题，及时解决，确保项目进展顺利。

（二）跟进“北京基金小镇基金机构服务标准化试点”项目建设

1. 通过终期验收。市市场监管局及验收专家组一行对北京基金小镇基金机构服务标准化试点项目进行终期验收。专家组通过听汇报、查看试点标准体系编制资料，宣传和培训等相关记录及证明材料、实地考察项目建设情况的方式对北京基金小镇基金机构服务标准化试点项目进行考核。经考核，专家组一致认为该试点具有可复制性，可推广、可输出，并且北京基金小镇服务标准化工作勇于探索、引领基金业发展潮流，给予98分评价，该项目通过终期验收。

2. 加强督导调研力度，全年督导5次。通过听取试点建设情况汇报，查阅相关文件、资料和记录，深入了解试点建设进度、标准体系搭建情况及标准编制情况。确保2019年终期考核工作顺利通过。

（三）指导第九批国家农业标准化示范项目——“国家鲟鱼高效节水养殖标准化示范区”项目年度建设工作

1. 第九批示范区通过终期验收。由市市场监管局带队的考核专家组对第九批国家级农业标准化示范项目——国家鲟鱼高效节水养殖标准化示范区进行终期验收工作。考核专家组听取项目建设情况汇报。主要包括：示范区三年建设期间的任务完成情况，项目资金使用情况，标准化体系搭建情况以及该项目所带来的经济效益、环境效益、人文效益。查看示范区的养殖、孵化车间，向项目承担单位进行提问，并要求提供相关证明材料。专家组对该示范项目任务完成情况进行综合评分，给予绩效考核91.1分，目标考核92.36分，并通过终期验收。

2. 加强督导工作，完成对该项目督导10次。着重突出以下几点：(1)实地查看试点单位标准体系运行情况，了解项目建设工作进展情况；(2)对标准体系搭建、标准编写内容等方面进行指导，指导承担单位合理安排项目建设进度，按时完成工作计划；(3)强调作为项目建设最后一年，示范区的建设工作要继续秉承之前一贯态度，与项目建设任务终期目标保持高度一致，以最好状态迎接终期验收工作。

（四）组织区内企业申报第六批社会管理和公共服务综合标准化试点项目

根据市场监管总局《关于推荐第六批社会管理和公共服务综合标准化试点项目的通知》，指导北京互联网金融安全示范产业园管理委员会完成第六批社会管理和公共服务综合标准化试点项目申报。截至2019年底，该项目通过市级专家初审，上报至国家标准委等待批准。

三、运用标准化手段加强政府管理推动公共服务建设

（一）2019年房山区乡村旅游初审、复核工作

全面推进北京市乡村旅游标准化建设，促进北京市乡村旅游产业转型升级，配合区文旅委针对乡村旅游特色业态及星级民俗村（户）开展2019年乡村旅游区级初审、复评工作。经评定，通过星级民俗户11家（4星级民俗户1家，1—3星级民俗户10家）；特色业态3家（休闲农庄1家、山水人家1家、葡萄酒庄1家）。

（二）开展污染防治攻坚战2019年行动

落实《北京市房山区市场监督管理局关于贯彻落实房山区污染防治攻坚战2019年行动计划的实施方案》，结合区市场监管局贯彻落实北京市污染防治攻坚战2019年行动计划的任务清单，理清职责，对接相应任务，配合区环保部门完成行动计划目标任务。

四、整合资源，适时出台标准化补助政策，激发企业标准创制积极性

将房山区标准制修订补助政策纳入《房山区关于支持构建高精尖经济结构的实施意见》，对新创制的国际标准、国家标准、行业标准、北京市地方标准、联盟团体标准给予资金支持。

2019年，自开展科技创新专项资金申报评审工作以来，有13家单位的32项标准申报该项目，制修订标准类别涵盖国家标准18项、行业标准7项、北京市地方标准2项、联盟团体标准5项。经评审，有11家单位的16项标准通过评审，获得区级补助资金135万元。

五、百城千业万企专项行动

贯彻落实《中共中央　国务院关于开展质量提升行动的指导意见》，按照《北京市开展百城千业万企对标达标提升专项行动实施方案》要求，推动区内企业对标达标工作。一是组织区内企业参加“百城千业万企对标达标提升专项行动”培训会，二是针对区内企业部署对标达标工作。截至2019年底，区内2家企业通过审核。

六、行政执法工作

（一）开展团体标准、企业标准自我声明公开专项双随机监督抽查工作

贯彻落实《市场监管总局办公厅关于印发团体标准、企业标准随机抽查工作指引的通知》及《北京市市场监督管理局关于进一步加强团体标准、企业标准自我声明公开和监督制度实施工作的通知》文件精神，进一步加强团体标准、企业标准自我声明公开和监督制度实施工作，发挥“双随机、一公开”在事中事后监管中的作用，强化区内社会团体和企业的主体责任，推动团体、企业开展标准化活动。组织开展团体标准、企业标准自我声明公开专项双随机监督抽查工作。检查区内企业96家，企业标准122项，团体标准1项。

（二）商品条码执法检查

配合“质量月”活动，为进一步加强商品条码行政管理，维护消费者合法权益，对辖区内生产企业、重点地区商场超市开展商品条码执法检查工作。重点查看生产企业是否存在使用未经核准注册商品条码行为，经

销企业是否存在经销商品印有未经核准注册商品条码等行为。该次检查生产企业10家，商场超市20家。经查，未存在上述违法行为。

（三）全年开展各类执法活动203次

七、标准化宣贯工作

（一）2019年标准日宣传活动

召开2019年世界标准化日主题活动暨“标准化助力推动房山区高质量发展”交流座谈会，区内30余家企业参会。通过向区内企业宣讲标准化补助政策、宣贯《标准化法》、播放宣传片的方式，使更多企业认识并了解标准化、标准化与高质量发展的重要性。同时企业结合自身情况，交流讨论各自在标准化工作方面的优势与不足，为做好下一步工作打下坚实的基础。

（二）会前讲法活动

通过讲解《标准化法》整体结构、创新点、区县职责等内容，增强对《标准化法》的理解。

（三）组织局职工参加“市场监管大讲堂”视频讲堂

组织人员参加市市场监管局举办的2019年第五期“市场监管大讲堂”视频讲堂培训，通过培训增强市场监管干部对标准化工作的认识和理解。

（房山区市场监督管理局）

标准化工作成果

【“张坊镇美丽乡村建设综合改革标准化试点”项目通过终期验收】 2019年11月6日，市市场监管局及验收专家组一行对“张坊镇美丽乡村建设综合改革标准化试点”项目进行终期验收。专家组通过查看项目资料、听取项目单位汇报、现场实地调查等方式，并依据《农村综合改革标准化试点项目目标考核表》对项目进行评分。该项目以总分100.4分的成绩，通过验收。

（魏知今　张海婷）

【“北京基金小镇基金机构服务标准化试点”项目通过终期验收】

2019年12月3日至4日，市市场监管局及验收专家组一行对“北京基金小镇基金机构服务标准化试点”项目进行终期验收。专家组通过听汇报、查看试点标准体系编制资料，宣传和培训等相关记录及证明材料、实地考察项目建设情况的方式对“北京基金小镇基金机构服务标准化试点”项目进行考核。经考核，专家组一致认为该试点具有可复制性，可推广、可输出，并且北京基金小镇服务标准化工作勇于探索、引领基金业发展潮流，给予98分评价，该项目通过终期验收。

（魏知今　张海婷）

【“国家鲟鱼高效节水养殖标准化示范区 ”项目通过终期验收】 2019年10月17日，由市市场监管局带队的考核专家组对第九批国家级农业标准化示范项目——“国家鲟鱼高效节水养殖标准化示范区 ”进行终期验收工作。考核专家组听取项目建设情况汇报。主要包括：示范区三年建设期间的任务完成情况，项目资金使用情况，标准化体系搭建情况以及该项目所带来的经济效益、环境效益、人文效益。查看示范区的养殖、孵化车间，向项目承担单位进行提问，并要求提供相关证明材料。专家组对该示范项目任务完成情况进行综合评分，绩效考核 91.1 分，目标考核 92.36 分，整体成绩优秀，项目通过终期验收。

（魏知今　张海婷）

【“国家鲟鱼高效节水养殖标准化示范区”项目督导工作】　2019 年，区市场监管局对“国家鲟鱼高效节水养殖标准化示范区”项目督导 10 次。着重突出以下几点：实地查看试点单位标准体系运行情况，了解项目建设工作进展情况；对标准体系搭建、标准编写内容等方面进行指导，指导承担单位合理安排项目建设进度，按时完成工作计划；强调作为项目建设最后一年，示范区的建设工作要继续秉承之前一贯态度，与项目建设任务终期目标保持高度一致，以最好状态迎接终期验收工作。

（魏知今　张海婷）

【组织区内企业申报第六批社会管理和公共服务综合标准化试点项目】　2019 年，区市场监管局根据市场监管总局《关于推荐第六批社会管理和公共服务综合标准化试点项目的通知》，指导北京互联网金融安全示范产业园管理委员会完成第六批社会管理和公共服务综合标准化试点项目申报。截至年底，该项目通过市级专家初审，上报至国家标准委等待批准。

（魏知今　张海婷）

【2019 年房山区乡村旅游初审、复核工作】

2019 年 8 月 12 日至 14 日，区市场监管局配合区文旅委针对乡村旅游特色业态及星级民俗村（户）开展 2019 年乡村旅游区级初审、复评工作。经评定，通过星级民俗户 11 家（4 星级民俗户 1 家，1—3 星级民俗户 10 家）；特色业态 3 家（休闲农庄 1 家、山水人家 1 家、葡萄酒庄 1 家）。

（魏知今　张海婷）

【区级标准制修订补助评审】　2019 年，区市场监管局受理北京八亿时空液晶科技股份有限公司等 13 家单位的 32 项标准补助申请。经评审，有 11 家单位的 16 项标准通过评审，获得区级补助资金 135 万元。

（魏知今　张海婷）

【百城千业万企专项行动】　2019 年，区市场监管局贯彻落实《中共中央　国务院关于开展质量提升行动的指导意见》，按照《北京市开展百城千业万企对标达标提升专项行动实施方案》要求，推动区内企业对标达标工作。组织区内企业参加“百城千业万企对标达标提升专项行动”培训会；针对区内企业部署对标达标工作。截至年底，区内 3 家企业提交材料，2 家企业通过审核。

（魏知今　张海婷）

【"世界标准化日"宣传】 2019年,区市场监管局召开2019年世界标准化日主题活动暨"标准化助力推动房山区高质量发展"交流座谈会,区内30余家企业参会。通过向区内企业宣讲标准化补助政策、宣贯《标准化法》、播放宣传片的方式,使更多企业认识并了解标准化、标准化与高质量发展的重要性。同时企业结合自身情况,交流讨论各自在标准化工作方面的优势与不足,为做好下一步工作打下基础。

(魏知今　张海婷)

【团体标准、企业标准自我声明公开专项双随机监督抽查】 2019年,区市场监管局进一步加强团体标准、企业标准自我声明公开和监督制度实施工作,发挥"双随机、一公开"在事中事后监管中的作用,强化区内社会团体和企业的主体责任,推动团体、企业开展标准化活动。组织开展团体标准、企业标准自我声明公开专项双随机监督抽查工作。检查区内企业96家,企业标准122项,团体标准1项。

(魏知今　张海婷)

【商品条码执法检查】 2019年,区市场监管局配合"质量月"活动,进一步加强商品条码行政管理,维护消费者合法权益,对辖区内生产企业、重点地区商场超市开展商品条码执法检查工作。重点查看生产企业是否存在使用未经核准注册商品条码行为,经销企业是否存在经销商品印有未经核准注册商品条码等行为。该次检查生产企业10家,商场超市20家。经查,未存在上述违法行为。

(魏知今　张海婷)

通州区

标准化工作综述

2019年,通州区标准化工作按照区委、区政府的决策部署和市、区市场监管局的工作要求,服务副中心建设,发挥标准化工作的支撑与引领作用。

一、监督执法检查情况

全年开展标准化行政执法检查活动157起,处理投诉举报7起,其中立案6件,办结6件,行政处罚金额50340元。

(一)电动自行车专项检查

按照《北京市市场监督管理局关于电动自行车国家标准实施有关事项的通知》要

求，严格电动自行车生产、销售管理，对辖区电动自行车生产企业、销售企业、认证机构等相关市场主体进行专项检查。重点检查在售车型是否获得 CCC 认证、是否符合国家标准，是否存在非法改装、拼装、篡改电动自行车的行为等。检查电动自行车销售企业 9 家，涉及电动自行车品牌 10 个，经检查，在售车型均获得 CCC 认证，符合国家标准，检查情况良好。

（二）联合执法

协助相关部门，受理群众举报，按照 GB 17761—2018《电动自行车安全技术规范》，对马驹桥、八里桥、新华南路的电动自行车销售店面开展联合执法检查，并及时回复举报方处理意见。

（三）双随机检查

一是日常双随机检查。开展日常双随机监督执法检查 84 家次，出动执法人员 168 人次。二是专项双随机检查。按照《北京市市场监督管理局关于印发全面推进“双随机、一公开”监管实施方案的通知》要求，对全国团体标准信息平台上自我声明公开的团体标准、对企业标准信息公共服务平台上自我声明公开的标准和对生产、流通领域商品条码进行双随机专项检查。检查标准文本 54 个，商品条码 51 家次，出动执法人员 146 人次。

二、实施首都标准化战略　提升城市管理水平

（一）推进首都标准化战略组织工作情况

进一步推动贯彻落实《首都标准化战略纲要》，发挥标准化对经济社会的技术支撑作用，根据工作需要和政府机构改革后部分职能部门的职能和领导均有调整的实际情况，报请区领导同意，对北京市通州区推动首都标准化战略领导小组成员进行调整。

（二）开展国家基本公共服务标准化试点工作

按照市场监管总局、发展改革委、财政部联合下发的《关于开展国家基本公共服务标准化试点工作的通知》精神，2019 年 7 月 31 日，组织廊坊市市场监管局、武清区市场监管局主管标准化工作领导和部门负责人召开国家基本公共服务标准化试点工作协商会，对基本公共服务标准化试点的选定、预期实现目标、计划工作步骤、时间进度、阶段工作内容等相关工作进行共同商讨。探索开展跨区域基本公共服务标准协调联动。《国家基本公共服务标准化试点任务申请表》已上报，待市场监管总局和市市场监管局审批。

（三）完成第九批全国农业标准化示范项目验收工作

金果天地（北京）生态科技有限公司承担的第九批国家级果品矮化砧密植标准化示范区项目于 2019 年 8 月 22 日通过专家组验收。三年间，通过区市场监管局对园区标准化建设的监督指导，建立针对性、实用性较强的标准体系，标准合计 42 项，其中企业自主制定标准 37 项，涵盖生产、工作、经营管理等环节。通过推广实施果树矮化砧密植技术，果品产量和质量大幅提升，樱桃产量提升 100% 以上，苹果产量提升 50% 以上。通过标准宣贯和实施，辐射到山东、河北等地。带动农民增收致富，对推动果树矮化砧密植技术有显著指导作用。

（四）引导企业开展标准化工作

1. 企业标准化管理

引导、服务企业做好自我声明公开工作，并加强事中事后的监管。截至 2019 年底，企业在标准信息公开服务平台自我声明公开标准 829 项，现行有效标准 699 项，废止标准 130 项。声明的标准涉及企业标准 810 项，国家标准 13 项，行业标准 6 项，团体标准 1 项，提供咨询服务和服务企业变更注册信息 300 余家次，对标准的日常监督检查率达 100%。

2. 企业标准创制工作

按照《北京市市场监督管理局关于申报2019年北京市技术标准制修订补助项目的通知》精神，启动北京市技术标准制修订补助资金申报受理工作。通过面向企业进行宣传和有针对性指导，辖区内1家企业的1项北京市地方标准申报成功并通过审核获得补助资金10万元。

根据市市场监管局要求，对2018年补助单位的补助资金使用情况、补助标准的实施效果、标准化工作情况进行追溯，完成《标准制修订补助经费实施情况报告》。

3. 企业采标工作

对辖区内1家办理采用国际标准产品标志的企业进行监督执法检查，并鼓励、指导企业申报。

三、质量发展工作

（一）参与“京津冀(通武廊)协同发展质量基础建设交流暨2019年质量月启动活动”。与武清区和廊坊市市场监管局签署《通武廊质量强市(区)和标准化战略框架协议》《通武廊三地检验检测结果互认、互通协议(试行)》《通武廊三地流通领域商品质量监管信息互通共享协议(试行)》。共同推动实施质量强市(区)和标准化战略；在推进品牌建设、质量提升、质量基础建设发展等方面密切交流合作；创新机制，先行先试，共同打造“通武廊”三地质量强市(区)和标准化战略深度融合、检验检测结果互认、互通，流通领域商品质量监管信息互通共享等，共谋发展的良好态势，助力区域经济高质量发展。以打造京津冀协同发展示范区为战略目标，以服务发展为引领，以创新合作为导向，以全面监管为支撑，以共守安全为底线，携手共创“通武廊”三地质量强市(区)和标准化战略协同发展新格局。

（二）制定《通州区市场监督管理局2019年“质量月”工作方案》，推动“质量月”各项活动，提高质量安全水平，推动首都高质量发展，为建设现代化经济体系和国际一流的和谐宜居之都奠定质量基础。

（通州区市场监督管理局）

标准化工作成果

【电动自行车专项检查】 2019年4月15日，强制性国家标准GB 17761—2018《电动自行车安全技术规范》正式实施。区市场监管局按照《北京市市场监督管理局关于电动自行车国家标准实施有关事项的通知》要求，严格电动自行车生产、销售管理，对辖区电动自行车生产企业、销售企业、认证机构等相关市场主体进行专项检查。重点检查在售车型是否获得CCC认证、是否符合国家标准，是否存在非法改装、拼装、篡改电动自行车的行为等。检查电动自行车销售企业9家，涉及电动自行车品牌10个，经检查，在售车型均获得CCC认证，符合国家标准。

（张秀英）

【联合执法查处电动自行车违法行为】 2019年5月，区市场监管局根据群众举报——通州区有电动自行车销售门店涉嫌存在不符合强制性标准情况，联合相关部门对马驹桥、八里桥、新华南路等多家电动自行车销售门店开展联合执法检查，执法人员对不符合强制性标准的违法行为进行立案查处并及时回复举报方处理意见。

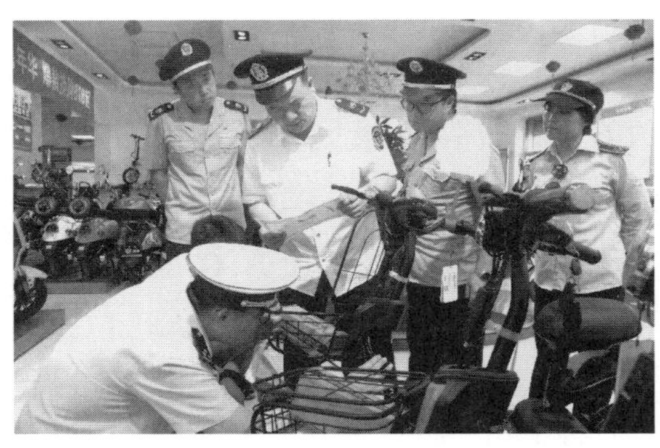

（张秀英）

【国家基本公共服务标准化试点申报】 2019年7月31日，区市场监管局按照市场监管总局、发展改革委、财政部联合下发的《关于开展国家基本公共服务标准化试点工作的通知》精神，组织廊坊市市场监管局、武清区市场监管局主管标准化工作领导和部门负责人召开国家基本公共服务标准化试点工作协商会，对基本公共服务标准化试点的选定、预期实现目标、计划工作步骤、时间进度、阶段工作内容等相关工作进行共同商讨，探索开展跨区域基本公共服务标准协调联动机制。截至年底，国家基本公共服务标准化试点申报工作如期完成，待市场监管局批复。

（张秀英）

【农业标准化示范区通过验收】 2019年8月22日，市市场监管局组织相关专家对金果天地（北京）生态科技有限公司承担的国家果品矮化砧密植标准化示范区进行考核验收。专家组听取示范区工作总结，现场实地检查，向有关人员了解情况，查阅实施方案、工作计划、标准体系建设情况、各年度总结、生产记录、统计报表等材料，最终国家果品矮化砧密植标准化示范区考核得分94.85＋1.8分，完成示范区三年建设任务。

（张秀英）

【京津冀（通武廊）协同发展质量基础建设启动】 2019年9月6日，区市场监管局参加与“京津冀（通武廊）协同发展质量基础建设交流暨2019年质量月启动活动”。启动会上，区市场监管局与武清区、廊坊市市场监管局签署《通武廊质量强市（区）和标准化战略框架协议》《通武廊三地检验检测结果互认、互通协议（试行）》《通武廊三地流通领域商品质量监管信息互通共享协议（试行）》。共同推动实施质量强市（区）和标准化战略；在推进品牌建设、质量提升、质量基础建设发展等方面交流合作；创新机制，先行先试，共同打造“通武廊”三地质量强市（区）和标准化战略深度融合、检验检测结果互认、互通，流通领域商品质量监管信息互通共享等，助力区域经济高质量发展。以打造京津冀协同发展示范区为战略目标，以服务发展为引领，以创新合作为导向，以全面监管为支撑，以共守安全为底线，携手共创“通武廊”三地质量强市（区）和标准化战略协同发展新格局。

（张秀英）

【调整首都标准化战略领导小组成员】 为进一步推动贯彻落实《首都标准化战略纲要》，发挥标准化对经济社会的技术支撑作用，根据工作需要和政府机构改革后部分职能部门的职能和领导均有调整的实际情况，通州区首都标准化战略领导小组办公室提出调整领导小组成员申请，经区领导同意，通州区推动首都标准化战略领导小组成员于11月7日调整完成。

（张秀英）

【2019年度北京市技术标准制(修)订专项资金补助】 2019年,区市场监管局指导北京京彩弘景园林工程有限公司申报北京市技术标准制(修)订专项资金补助。经市市场监管局专家审核,北京京彩弘景园林工程有限公司参与制定的北京市地方标准DB11/T 1604—2018获得10万元资金补助。

(张秀英)

【商品条码专项监督检查】 2019年,区市场监管局对大型综超、小型超市及药店开展商品条码监督检查,检查门店51家,出动执法人员102人次。执法人员要求商家对检查中发现的问题商品立即下架停止销售,并责令商家整改,同时告知负责人要严格把关进货渠道,核验供货方资质,索要商品条码证书,确保商品条码合法有效。

(张秀英)

【工业产品采标】 2019年,区市场监管局完成对北京通州开关有限公司生产的3个产品的采用国际标准和国外先进标准采标备案工作,采标有效期为三年。

(张秀英)

【企业标准化管理】 2019年,区市场监管局引导、服务企业做好自我声明公开工作,并加强事中事后的监管。年内,企业在标准信息公开服务平台自我声明公开标准829项,现行有效标准699项,废止标准130项。声明的标准涉及企业标准810项,国家标准13项,行业标准6项,团体标准1项,提供咨询服务和服务企业变更注册信息300余家次,对标准的日常监督检查率达100%。

(张秀英)

【自我声明公开企业标准专项监督检查】 2019年8—11月,区市场监管局按照《市场监管总局关于全面推进"双随机、一公开"监管工作的通知》文件精神,结合《北京市市场监督管理局关于印发全面推进"双随机、一公开"监管实施方案的通知》要求,对全国团体标准信息平台上自我声明公开的团体标准及企业标准信息公共服务平台上自我声明公开的标准进行双随机检查,涉及团体1个,团体标准1项;企业50家,企业标准54项。抽查的标准中未发现低于强制性国家标准及标准内容未达到技术先进性、经济上合理规定的等相关问题,检查中发现企业标准内容存在瑕疵的,执法人员及时通知企业要求其整改。

(张秀英)

标准化工作综述

2019年,顺义区市场监督管理局以习近平新时代中国特色社会主义思想为指导,贯彻党的十九大精神,落实《顺义区落实〈首都标准化战略纲要〉实施意见》,坚持改革创新、协同推进,着力提升标准化水平,强化标准实施与监督,加强标准化支撑保障,为促进顺义区经济社会平稳健康发展作出贡献。

一、做好两个国家级试点项目的推进工作

(一)做好"北汽自主品牌高端装备制造业标准化试点项目"验收前的推进工作。试点项目经过三年(2016—2018年)的建设,不断完善标准化体系(包括新能源汽车和智能网络),实现重点领域突破,提升行业话语权,引领行业产品升级。一是建立北汽与零配件加工企业的标准化信息平台,使主机厂与配套厂能够在平台上研讨标准实施方案。创新建立"四位一体"标准联动机制(即标准制定、标准输出、前期反馈、后期反馈),系统优化北汽自主品牌在设计、工艺、制造、检测等产业链内应用标准的衔接问题。二是开展标准的研制和标准的实施,参与1项国际标准、39项国家标准、15项行业标准、1项团体标准的制修订工作及上级标准征求意见119项;推动产品和标准走出国门(建立瑞丽、中东、墨西哥、南非四大基地)。三是创新标准化工作机制,全面提升整车和零部件质量,提升工作效率,降低能源消耗(燃料消耗实际值从3.92L/100km降至2L/100km),降低生产成本,提升企业管理水平和核心竞争力。较好完成试点项目的目标和任务。

(二)完成北京莲顺农业开发有限公司“第九批国家级农业综合标准化示范区”的验收工作。2019年8月14日,市市场监管局受国家标准委的委托,组织有关专家完成对该公司的目标考核93.1+1分,绩效考核得分95.3分,该示范区通过验收。三年(2016—2018年)建设中,实现园区休闲观光农业全过程的标准化管理,并且形成可复制的休闲观光园区的模式。一是项目建设情况。莲顺公司围绕示范区建设重点,建立完善标准化体系,搜集、整理、编制包括通用基础体系4项、生产体系9项、初加工体系2项、服务体系14项,合计29项。执行国家标准4项,制定企业标准25项,实现园区休闲观光农业全过程的标准化管理,标准化覆盖率100%。二是取得的经济效益。由于推广新品种、新技术,一产樱桃亩产由原来的800余斤提高到2000斤左右。推广节水灌溉技术1项,降低生产管理成本,节约用水达50%以上。在生产过程中对投入品进行重点管控,樱桃抽检成品合格率达100%。二产樱桃初加工观光链条的建立,提高分级加工能力,樱桃商品化率达100%。三产休闲、旅游、观光接待中小学生、国内外游客32000余人次,带来的体验服务及直接产品销售额达近2000万元。三是取得的社会效果。通过国家休闲观光农业综合标准化体系的建设,打造休闲、观光、采摘、科普、旅游、餐饮于一体的都市型现代农业综合体,形成示范区产业的联动发展,发挥标准化的引领和示范作用,辐射带动其他产业实施标准化生产,并为当地果农供应优质樱桃苗木,免费为果农提供种植技术指导服务,使周边樱桃种植面积扩大500余亩,增加民俗旅游户11户。四是取得的生态效果。示范区围绕着综合标准化建设要求,全面推广实施有机生产标准化管理模式,杜绝违禁药品的使用,采用农业防治、物理方法和生物防治相结合进行病虫害防治。土壤改良的持续,蜂授粉技术及生物科技等技术的应用,确保产品质量稳定性和安全性。将废枝、秸秆、落叶、次果等制作生物有机肥,还原给樱桃树作肥料,达到清洁田园、清洁家园的效果,形成生态循环农业,农业废物利用率达100%。

二、做好标准化基础工作

(一)企业标准自我声明公开监督检查。区市场监管局探索企业标准自我声明公开监督检查,监督内容包括:对已上传标准信息和声明信息的检查;上传标准引用的国家标准、行业标准、地方标准的有效性、关联性;对企业标准编写的格式、段落、内容是否符合GB/T 1.1—2009《标准化工作导则 第1部分:标准的结构和编写》要求;对上传的企业标准是否符合强制性标准的要求。全年,检查124个企业上传的607个标准文本,对66家企业执行的企业标准实施情况进行检查,对存在瑕疵的标准要求企业改正。

(二)对领取标准制修订补助资金企业的复查工作。区市场监管局对2018年获得标准制修订补助资金单位北京国华科技集团有限公司进行检查,重点核对该公司在标准的研制、宣贯、培训等方面资金使用情况。

(三)对辖区内的2家机动车检测场落实国家标准情况进行检查。两家机动车检测场执行3个国家标准、1个地方标准均符合要求(其中六环内机动车检测多1项地方标准)。

(四) 对辖区内5家汽车4S店销售的汽车尾气排放标准进行检查。在每家店内随机抽取两台正在销售的汽车合格证的排放标准进行检查,均符合国5和国6标准要求。同时对4S店配送的50个汽车零配件使用的商品条码进行检查,均符合要求。

(五) 助推“百城千业万企对标达标提升专项行动”及企业标准“领跑者”。区市场监管局落实《中共中央国务院关于开展质量提升行动的指导意见》《国家标准委等十部门关于开展百城千业万企对标达标提升行动的通知》《关于印发〈2019年度实施企业标准“领跑者”重点领域〉的公告》的要求,发挥标准化助力高质量发展的作用,组织召开相关企业座谈会进行动员部署。一是制定区市场监管局“对标达标提升专项行动”工作方案,按照行业主管部门确定的企业名单,围绕区委、区政府提出的加快科技创新构建高精尖经济结构领域,以及人民群众获得感强的“独角兽”“单打冠军”“隐形冠军”和瞪羚企业等为重点。二是深入企业,宣传对标达标的意义、目标、要求,鼓励企业参与该项活动。三是为方便沟通答疑解惑,建立对标达标工作微信群,及时掌握企业工作进展。截至年底,区市场监管局下到企业实地推进企业参与对标达标43家,出动人员86人次。7家企业22项标准在“百城千业万企对标达标提升专项行动信息平台”完成对标结果发布。

三、落实“双随机、一公开”工作

(一) 企业标准专项检查。按照市市场监管局文件要求,进一步加强团体标准、企业标准自我声明公开和监督制度实施工作,发挥“双随机、一公开”在事中事后监管中的作用,强化社会团体和企业的主体责任,推动团体、企业开展标准化活动。对辖区内的66家企业的262个企业标准进行检查,对标准存在瑕疵的企业责令限期整改。

(二) 加油站计量专项检查。为进一步规范市场秩序,维护消费者的合法权益。在辖区内开展加油机计量专项执法检查。检查28家150台加油机的390条枪的计量检定证书、铅封号码,均符合要求。同时执法人员在检查中督促加油站公示诚信计量承诺书,宣传普及计量法律法规等知识,有效提升加油站管理人员的诚信意识。

(三) 眼镜制配专项检查。按照市市场监管局工作安排,为加大对眼镜制配场所的计量专项整治力度,不断规范眼镜制配场所计量秩序,为防控儿童青少年近视工作提供计量技术保障。对辖区内的29家眼镜制配单位执行的GB 13511.1—2011《配装眼镜 第1部分:单光和多焦点》标准及使用的验光仪34台、焦度计26台、镜配箱27个进行检查,均符合要求。

(四) 其他检查(产品质量、特种设备、计量器具、3C等)。落实上级工作部署,加快健全以“双随机、一公开”监管为基本手段,以重点监管为补充,以公正监管促进公平竞争,实现监管效能最大化、监管成本最优化、对市场主体干扰最小化,努力营造首都公平有序的市场秩序和良好优质的营商环境。按照年初双随机计划安排,对123家企业的产品质量、特种设备、计量器具及3C等项目进行双随机检查。

(五) 完成双随机检查182家,立、结案1家。

(顺义区市场监督管理局)

标准化工作成果

【企业标准制修订补助资金申报】 2019年4月16日,市市场监管局组织召开2019年北京市技术标准制修订补助政策宣讲会。会后,区市场监管局开展申报受理工作,面向企业进行宣传和有针对性的指导,并在原区质监局网站进行宣传公告,加强企业对标准创制工作的认识。

（曹　伟　邵迎东）

【国家高端装备制造业标准化试点项目考核预评估会】　2019 年 4 月 17 日，市市场监管局组织有关专家对国家级高端装备制造业标准化试点项目“北京顺义科技创新产业功能区国家高端装备制造业（汽车）标准化试点”进行考核预评估。试点成员单位中关村顺义园、区市场监管局、区经济和信息化局、北京汽车股份有限公司、北京安道拓汽车部件有限公司、北京北汽大世汽车系统有限公司、延锋海纳川汽车饰件系统有限公司主要领导参会。会上，考核组听取试点单位工作情况汇报，查阅相关资料，查看试点现场，对试点单位高端装备制造业标准化情况做全面考评，对试点目标完成情况、取得的成果、经济和社会效益给予肯定，同意试点单位以优异的成绩通过预考核评估。

（曹　伟　邵迎东）

【眼镜制配专项检查】　2019 年，区市场监管局按照市市场监管局专项检查工作安排，开展眼镜制配场所的计量专项检查，对辖区内的 29 家眼镜制配单位执行 GB 13511.1—2011《配装眼镜　第 1 部分：单光和多焦点》标准及使用的验光仪 34 台、焦度计 26 台、镜配箱 27 个进行检查，均符合要求。

（曹　伟　邵迎东）

【国家休闲观光农业综合标准化示范项目通过预验收】　2019 年 6 月 14 日，市市场监管局组织中国林科院、市林果研究院、市标院、誉会计师事务所等单位专家组成的专家组，对北京莲顺农业开发有限公司承担的第九批国家休闲观光农业综合标准化示范区项目进行预验收考核，示范区以项目建设得分 93.7 分、绩效管理得分 95.7 分的成绩通过预验收。

（曹　伟　邵迎东）

【加油机计量专项及商品条码“双随机”检查】　2019 年，区市场监管局开展辖区内加油机专项“双随机”检查。出动执法人员 56 人次，对辖区内 28 家加油站的 150 台加油机 390 条枪进行计量监督检查。该次专项检查，执法人员同时对加油站内 420 个在售商品的商品条码进行检查，未发现问题。

（曹　伟　邵迎东）

【农业农村标准化建设】 2019年，区市场监管局参加北京市第三批农村综合改革标准化试点启动暨农业农村标准化工作培训交流会。国家农业综合标准化试点单位做工作经验交流，汇报工作中取得的成果；中国标准化院专家解读《全国农村综合改革标准化试点示范项目管理办法》。会议要求，在农村综合改革特定领域探索运用标准化方法，发挥标准化作用，建立农村综合改革工作长效机制，提升农村综合改革工作成果。会议对农村综合改革标准化试点建设及第九批农业标准化示范项目考核验收工作提出要求，区市场监管局推进标准化试点建设工作，督促试点单位全员参与且持续进行，归纳整理提炼工作亮点，让标准体系持续有效高速运行，围绕企业核心竞争力，产业质量提升开展工作。

（曹　伟　邵迎东）

【国家休闲观光农业综合标准化示范项目通过验收】 2019年8月14日，市市场监管局受国家标准委委托，组织有关专家对北京莲顺农业开发有限公司承担的第九批国家休闲观光农业综合标准化示范区进行绩效考核和目标考核。区市场监管局参加考核验收会。考核会上，专家组依据《国家农业标准化示范区管理办法（试行）》《国家农业标准化示范区项目目标考核规则》《国家农业标准化示范区绩效考核办法（试行）》要求，听取示范区工作总结汇报，进行实地检查，向有关人员了解情况，查阅实施方案，工作计划、标准体系文件、工作总结、生产记录、统计报表等材料，并进行考核打分，专家组认为北京莲顺农业开发有限公司的国家休闲观光农业综合标准化示范区项目建设组织机构健全、标准体系实用特色明显、强化标准实施多措并举、一二三产融合发展成效显著，很好地发挥标准化的引领和示范作用，达到验收标准，示范区目标考核93.1 + 1分，绩效考核得分95.3分，考核结果为优秀，通过验收。

（曹　伟　邵迎东）

【2019年“世界标准日”工作会议】 2019年10月17日，区市场监管局组织召开“世界标准日”工作会议，区内国家级标准化试点单位及10余家企业代表参加会议。会议宣读国际电工委员会（IEC）、国际标准化组织（ISO）、国际电信联盟（ITU）三大国际标准化组织世界标准日祝词，介绍标准化组织的历史沿革，播放“标准国际化助力高质量发展”“标准化让生活更美好”公益宣传短片，共同学习标准化相关政策及文件，同时邀请承担国家标准化项目试点单位代表进行现场交流，分享试点项目建设工作经验。

（曹　伟　邵迎东）

【调研"对标达标"工作】 2019年11月1日，区市场监管局到北京汽车股份有限公司、北京大龙供热中心等企业进行标准化工作调研。了解企业在标准化工作取得的成绩，肯定标准在企业发挥的作用，鼓励企业参与对标国际标准和国外先进标准，用标准化手段助推企业产品质量的提升，增强企业竞争力。

（曹　伟　邵迎东）

【企业标准实施监督检查】 2019年，区市场监管局对区内企业标准制定及实施情况开展检查，全年检查企业66家262项标准。执法人员重点检查企业标准技术指标是否低于强制性国家标准、标准内容是否达到技术上先进、经济上合理、标准编号和名称是否符合规定、是否公开产品功能指标和性能指标，对企业标准内容存在瑕疵项提出修改建议，并鼓励企业参与国家标准、行业标准的制修订工作。

（曹　伟　邵迎东）

【助推"百城千业万企对标达标提升专项行动"】 区市场监管局落实《中共中央国务院关于开展质量提升行动的指导意见》《国家标准委等十部门关于开展百城千业万企对标达标提升行动的通知》《关于印发〈2019年度实施企业标准"领跑者"重点领域〉的公告》要求，发挥标准化助力高质量发展的作用，组织召开相关企业座谈会进行动员部署。制定区市场监管局"对标达标提升专项行动"工作方案，按照行业主管部门确定的企业名单，围绕区委区政府提出的加快科技创新构建高精尖经济结构领域，以及人民群众获得感强的"独角兽""单打冠军""隐形冠军"和瞪羚企业等为重点。深入企业，宣传对标达标的意义、目标、要求，鼓励企业参与该项活动。建立对标达标工作微信群，及时掌握企业工作进展。截至年底，区市场监管局下到企业实地推进企业参与对标达标43家，出动人员86人次，7家企业22项标准在"百城千业万企对标达标提升专项行动信息平台"完成对标结果发布。

（曹　伟　邵迎东）

【养老服务机构星级评定】 2019年12月，区民政局协调区市场监管局、区应急局及养护中心等组成星级评定委员会，对区内5家二星级养老院开展星级复审工作。星级评定委员会采用听取工作汇报、审阅相关资料、查看养老院设备设施和服务配置、现场询问在院老人等形式，对参评机构提供的各项服务标准进行检查，对标准化建设工作中存在的不足提出建设性意见。

（曹　伟　邵迎东）

【督促企业标准自我声明公开】 2019年，区市场监管局贯彻落实《标准化法》，强化企业标准化主体责任，督促辖区内企业做好产品标准自我声明公开工作，执法人员深入企业，鼓励企业通过企业标准信息公共服务平台将其执行的标准向社会公开。全年有124家企业累计公开607项标准，涵盖1698种产品。

（曹　伟　邵迎东）

【“双随机”专项检查】 2019 年，按照区市场监管局“双随机”计划安排，对 123 家企业的产品质量、特种设备、计量器具及 3C 等项目进行“双随机”检查。全年完成“双随机”执法检查 182 家，立、结案 1 家。

（曹 伟 邵迎东）

标准化工作综述

2019 年，大兴区市场监督管理局在市市场监管局和大兴区政府的领导下，围绕全市标准化工作要点，明确思路，强化自身建设，开展重点企业标准化政策宣传，严格标准实施事中、事后监督，以标准化为抓手，助力全区经济社会发展，为促进大兴区经济持续健康发展作出贡献。

一、多措并举，推进《标准化法》实施工作

《标准化法》实施以来，区市场监管局通过多种方式提升法律实施效果。

（一）将《标准化法》宣传与“质量月”宣传相结合，开展专题宣传教育活动。2019 年“质量月”活动期间，区市场监管局在开展质量宣传的同时，深入物美超市、王府井商场等人员密集场所，以发放《标准化法》宣传图册、现场讲解等形式开展标准化相关知识宣传。活动现场，发放宣传图册 100 余份，解答问题 30 余人次。

（二）开展“世界标准日”专题活动。为让广大公众进一步通过“世界标准日”了解标准、认识标准、关注标准，使标准化工作深入人心，推动大兴区标准化工作提质升级。区市场监管局在“世界标准日”来临之际，开展形式多样的专题活动。通过组织人员开展农业标准体系讲座、张贴主题宣传海报、派发《标准化法》及《公共图形符号方便你我生活》、参加市市场监管局 2019 年“世界标准日”纪念会议、执法人员在执法过程中进行普法宣传等多种方式，宣传并解读标准，使标准化工作深入人心。

（三）加强《标准化法》等法律法规的培训。一方面，强化工作人员培训。在参加国家标准委、市市场监管局等单位组织的标准制修订、《标准化法》等培训的基础上，区市场监管局强化局内工作的业务培训，通过每周一次内部培训会的形式，强化《标准化法》等法律法规的学习，并通过案例探讨法律的适用等问题。另一方面，组织专家到区园林绿化局、区农委等部门进行现场授课，讲解标准体系建设的相关知识。

（四）加强企业针对性宣传工作。坚持“谁执法，谁普法”原则，在开展“双随机”执法检查和企业开具行政监管证明时，向企业进行标准化法定宣传。通过 QQ 群、微信群等电子手段对企业进行《标准化法》相关内容和政策的宣传，使企业了解相关法律要求。

（五）强化企业《标准化法》相关知识的咨询。年内，区市场监管局解答企业关于标准由备案改为公开公示等相关问题 210 余件次，答复满意率 100%。

（六）强化监督检查，确保企业标准化工作推进。区市场监管局全年监督检查企业标准文本 257 份，为企业现场解答标准相关问题 9 次，有效促进企业标准化工作的开展。

二、强化服务，引导企业开展标准化工作

2019 年，区市场监管局强化服务职能，引导区内企业开展标准化工作。

（一）引导企业做好国家级标准化试点示范项目申报工作。一方面，加强标准化试点示范项目宣传工作。制定国家级标准化试点示范项目政策宣传方案，就“2019 年国

家高端制造业标准化试点”“开展百城千业万企对标达标提升专项行动”“2019 年国家标准立项”“2019 年国家级服务业标准化试点”“第十批农村综合改革标准化试点”“2019 年标准制修订补助”等重点项目分门别类明确政策宣传要点，组织企业进行针对性宣传，营造良好的标准化试点项目创建氛围。另一方面，加强标准化试点项目申报的指导与服务工作。针对有意参加标准化试点示范项目申报的企业，制作企业台账，建立申报企业联系人制度，确定专门联络人，为企业申报工作提供专业指导与支持，并根据企业要求，定期邀请专家对企业申报工作进行培训和指导。

（二）做好北京宏福国际农业科技有限公司试点项目指导工作。北京宏福国际农业科技有限公司承担国家番茄智能化栽培标准化示范区项目（第九批增补的国家农业标准化示范区一类项目）。区市场监管局高度重视，全面了解企业在项目建设过程中存在的困难与不足，提供技术及服务支持。经过三年的建设，由北京宏福国际农业科技有限公司承担、区市场监管局作为保证单位的第九批国家农业标准化示范区项目“国家番茄智能化栽培标准化示范区”，经过国家标准委委托的专家组的考核，以高分通过目标考核验收。

（三）做好新建农业标准化基地的检查指导工作。区市场监管局联合区农委、区农业环境监测站和区种植业服务中心对区内4 家新建农业标准化基地进行检查指导，对基地标准体系建设过程中存在的问题给予专题指导，并指出基地标准体系文件中的错误与疏漏，提出改进意见，并对基地在标准化建设过程中存在的疑问给予现场解答。

（四）做好市级标准制修订补助的申请组织工作。北京市 2019 年标准制修订补助项目评审工作已完成，大兴区 4 家单位获得资金补助。为发挥标准制修订补助的引导激励作用，区市场监管局宣传鼓励，通过多种方式让企业了解标准制修订补助项目，解答企业的咨询，筛选并组织辖区内 4 家企业的 5 项标准申请该项补助，最终 4 家企业的所有 5 项标准均获得补助，合计 23 万元，申报成功率达 100%。该次项目申报提高辖区内企业参与标准化创新的积极性，进一步促进大兴区内标准化工作水平提升。

（五）做好辖区内养老院星级评定工作。区市场监管局与区民政局共同组成养老服务质量星级评定委员会，按相关的标准，完成辖区内 3 家养老院星级评定工作。星级评定委员会采用听取工作汇报、审阅相关资料、查看养老院设备设施和服务配置、现场询问在院老人等形式，对参评机构提供的各项服务标准逐一进行检查，对标准化建设工作中存在的不足提出建设性意见。经过评定委员会评定，全区 3 家养老服务机构通过服务质量星级评定，其中 2 家机构被评为养老机构服务质量“二星级”；1 家机构评为养老机构服务质量“一星级”。截至年底，全区 35 家养老机构中有 24 家通过星级评定，其中四星级 1 家、三星级 3 家、二星级 15 家、一星级 5 家。

三、加强执法，提升企业标准化工作水平

2019 年，区市场监管局将标准化执法工作纳入相关专项检查工作中，强化执法，取得成效。

（一）坚持依法行政，依托“双随机”执法检查，加强标准化执法检查工作。全年完成“双随机”检查（日常、专项）及主动检查 229 起，形成 111 份评价报告，发出 18 份责令整改通知书。

（二）对申请开具行政监管证明企业开展执法检查。全年，为辖区 43 家申请单位开具行政监管证明，并对申请企业进行现场核查。为全面落实国务院“放管服”要求，对开具行政监管证明所需证明材料进行精简。

（三）开展商品条码检查。6月和9月，分别对流通领域的6家超市800余类日用百货开展商品条码执法检查。执法人员边执法边普法，规范辖区节日供应商品条码的正确使用，保护消费者合法权益。

四、加强调研，为开展标准化工作做好准备

2019年，区市场监管局成立标准化工作调研组，多次对辖区企业进行标准化调研和座谈。

（一）对金珠满江农业有限公司进行标准化工作调研，对该公司的需求进行了解，并邀请专家对该公司标准体系建立提供技术服务。

（二）对区内重点服务企业北京兴达波纹管有限公司进行上门走访。了解企业需求，向企业宣传标准化政策和法律法规，并赠送宣传资料。

（三）赴国家新媒体产业基地就标准化相关工作进行对接服务。区市场监管局和国家新媒体产业基地就标准化、标准体系建设及相关标准的制定进行交流。区市场监管局将支持国家新媒体产业基地的团体标准培育工作，联合相关专家与国家新媒体产业基地进行对接，定点给予技术支持及服务。

（大兴区市场监督管理局）

标准化工作成果

【商品条码专项监督检查】 五一劳动节前，为规范节日商品条码的正确使用，区市场监管局开展商品条码专项“双随机”检查。执法人员检查辖区16家商超在售的粮油、饮料、酒类、奶制品、豆制品及部分日用品的商品条码。检查中，执法人员未发现违规使用商品条码的现象。

（吴志禄）

【农业标准化基地及示范区培训】 2019年7月8日，区市场监管局为农业标准化基地及农业标准化示范区的工作人员进行培训，近20人参加。执法人员在培训中，普及《农业企业标准体系》系列标准，重点讲解种植业的标准体系建设程序和方法，技术标准体系、管理标准体系、工作标准体系等内容，介绍国家级农业标准化示范区的评价方式及标准，并现场为参加培训的人员答疑解惑。

（吴志禄　陈莉莉）

【督导第九批国家农业标准化示范区项目】 2019年，区市场监管局落实第九批国家级农业标准化示范区项目“国家番茄智能化栽培标准化示范区”年度建设任务，在项目承担单位北京宏福国际农业科技有限公司，对项目进行验收考核督导。北京宏福国际农业科技有限公司介绍示范区完成2019年度基础设施建设计划培训100余人次、修订《技术标准体系》，完成《宏福农业标准化生产管理标准》《宏福农业标准化操作管理标准》《宏福农业番茄产品标准》三项标准主要内容的编写工作，进一步完善整改专家预验收时提出的相关问题。区市场监管局工作人员对三项标准进行重点查看，就标准内容、编写格式存在的问题进行讲解，指导北京宏福国际农业科技有限公司依据项目建设任务书和实施方案做好落实，确保按时通过验收考核。

（吴志禄）

【国家番茄智能化栽培标准化示范区通过验收】 经过三年的建设，由北京宏福国际农业科技有限公司承担、区市场监管局作为保证单位的第九批国家农业标准化示范区项目“国家番茄智能化栽培标准化示范区”，经过国家标准委委托的专家组的考核，以高分通过目标考核验收。考核组听取示范区建设工作的情况汇报，按照《国家农业标准化示范区管理办法（试行）》和《国家农业标准化示范区项目目标考核规则》的要求对大兴区番茄智能化栽培标准化示范基地的组织机构建设、标准体系建设以及技术、工艺及推广服务机制等方面内容逐项进行评审，并对基地现场进行实地审查。该示范基地以无土栽培种植、生物防治及物理防治为主，化学防治为辅，开创现代化智能温室高产、高效、优质、安全的番茄种植模式，形成一整套适合本区域气候环境特点的番茄智能化温室栽培标准体系。

（吴志禄）

【大兴区4家企业获得北京市2019年标准制修订补助】 2019年，区市场监管局通过多种方式让企业了解北京市2019年标准制修订补助项目，解答企业的咨询，筛选并组织辖区内4家企业的5项标准申请该项补助，最终4家企业的所有5项标准均获得补助，合计23万元，申报成功率达100%。

（陈莉莉）

【2019“世界标准日”主题活动】 2019年10月14日，区市场监管局组织开展“世界标准日”主题系列宣传活动。活动通过发放宣传资料、设立咨询台等形式，向辖区企业重点宣传团体标准等法律法规，讲解标准化基础知识，提高辖区企业对标准化工作的认识。活动邀请市市场监管局和市标研院有关负责同志为辖区重点企业解读北京市百城千业万企对标达标提升专项行动相关政策，宣贯标准制修订的资金支持政策。活动发放宣传资料100余份，现场解答企业问题

60余次，获得企业好评。

（吴志禄　杨亚平　陈莉莉）

【商场超市能效标识监督检查】　2019年，区市场监管局依据法定职能，采取监督检查与宣传知识及相结合的方式，在辖区内相关商场超市开展能效标识检查及相关知识宣传活动。活动包括3项内容：一是以电冰箱、空调、洗衣机等量大面广、涉及消费者切身利益的家用电器为重点，对家电经销企业在售商品加贴能效标识情况进行现场检查；二是检查经销企业制定、完善相关规章制度情况；三是面向群众，开展能源效率标识知识现场宣传、咨询活动，发放有关能效标识的宣传材料，对顾客和过往群众讲解能效标识的意义、作用及能效等级的具体识别方法等方面知识。经检查，家电经销单位所销售的家用电器均能按要求加贴国家统一规定的能效标识，能效标识制度的实施情况良好。

（吴志禄　陈莉莉）

【拟建标准化基地考核验收】　2019年，区市场监管局按照《2019年农业标准化、“三品”基地建设实施细则》要求，联合区农业农村局对辖区内4家拟建标准化基地进行考核验收。执法人员针对奥肯尼克家庭农场等基地的标准体系建设情况展开检查，重点查阅基地的产前、产中、产后三大技术标准是否现行有效，是否符合有关法律法规和强制性标准规定，管理体系和工作标准体系是否完善；对以上基地在生产过程和管理过程是否按照标准实施进行核查，确保考核验收不走过场，严格履职。经考核打分，4家拟建标准化基地均通过验收。

（吴志禄）

【“百城千业万企对标达标提升专项行动”】　2019年11月5日，区市场监管局开展“百城千业万企对标达标提升专项行动”，赴金珠满江农业有限公司调研。工作人员依据《北京市“百城千业万企对标达标提升专项行动”工作方案》，对该项工作进行介绍和讲解，要求该企业将先进技术转化为严于国家标准、行业标准的企业标准，并按照要求在企业标准信息公共服务平台上进行自我声明公开，带动企业争当企业标准“领跑者”，推动企业标准核心指标和质量水平的提升，促进消费者质量满意度的不断提高。该企业表示要以标准化流程再造促进企业改造提升，建立更为规范、清晰的事项办理程序，以先进的标准引领企业高质量发展。

（吴志禄）

【企业标准抽查结果通报会】 2019年11月22日，区市场监管局召开标准抽查通报会。会议结合中国标准化研究院专家抽查企业标准结果和日常监督检查中出现较多的问题，讲解企业标准的格式、结构、要素等知识，以及标准水平提升和产品质量提高，强调标准是企业在参与市场竞争中扬己之长、克己之短的有效技术手段。全面贯彻实施标准化管理可使各项管理工作有衡量的尺度，控制的准绳，减少生产经营活动的盲目性。参会企业表示要不断完善标准，严格执行标准。

（吴志禄　杨亚平　陈莉莉）

【全国农业农村标准化培训班学员赴大兴区国家级农业标准化示范区参观教学】

2019年，第九批国家农业农村和新型城镇化领域试点示范项目总结会在北京开班。培训期间，来自北京、天津、山西等省区市的108名从事农业农村标准化相关工作的学员参观由北京宏福国际农业有限公司承担的国家番茄智能化栽培标准化示范区。学员走进恒温恒湿种植大棚和包装车间，观摩农业信息化标准化建设情况，现场感受标准化的数字种植、精准环控以及智能运输。

（吴志禄　杨亚平）

标准化工作综述

2019年，昌平区在区委、区政府的领导和市市场监管局的指导下，推进首都标准化战略纲要，不断提升区域标准化水平，较好完成全年工作任务。

一、落实保障措施，推进首都标准化战略落实

组织上，根据机构改革情况征集调整标准化领导小组成员单位联系人，保证工作的连续性。建立沟通协调机制，及时向行业主管部门传达《2019年北京市标准化工作要点》等工作文件，统一思想认识，加强各单位标准化意识；就《推动首都高质量发展的标准体系建设实施方案》、国家基本公共服务标准化试点征集等有关工作征集意见建议等。经费上,各行业部门贯标及推进试点建设投入标准化经费601.5万元。

二、结合《标准化法》,加强标准化宣传培训

质量月期间,区市场监管局在生命科学园开展企业标准化宣贯培训,向生命科学园30余家企业宣讲《标准化法》、国家标准、团体标准及有关企业标准自我声明公开相关内容,提升企业对《标准化法》的认识和企业标准化主体责任意识;世界标准日,走进回龙观龙锦六社区开展标准化宣传咨询日活动,开展标准化、商品条码等相关政策和知识的宣传,利用局微信公众号、昌平报等渠道宣传《标准国际化助力高质量发展》宣传片和“衣食住行”相关国家标准,营造标准化工作氛围,为标准化在提高社会经济发展水平的基础性、战略性、引领性作用打好群众基础。区民政局组织相关单位和养老机构负责人部署养老机构服务质量专项行动,推进养老机构达标建设。区环保局利用微信公众号、微博等“双微平台”对《加油站油气排放控制和限值》《电子工业大气污染物排放标准》等地方标准进行发布宣传,普及标准化知识,扩大宣传范围。区农业服务中心组织无公害生产技术标准培训一期,对全区规模企业和合作社宣讲贯彻食品安全技术标准。区文化旅游局持续开展导游员、讲解员系列培训和技能大赛、中医药旅游培训、非物质文化遗产保护人员培训等活动,不断提升文化旅游从业人员专业素养。未来科学城召开第三届国际标准化交流会,昌平区领导、市市场监管局领导出席会议并讲话。区应急管理局组织开展工贸行业企业三级安全生产标准化创建及小微企业标准化培训,推进全区安全生产标准化达标创建工作。

三、发挥协调机制作用,合力推动区域标准化工作

昌平区各单位落实《首都标准化战略纲要》要求,发挥昌平区实施标准化战略工作领导小组的统筹协调作用,推进标准化工作。区商务委继续实施《2018—2020年昌平区提升生活性服务业品质实施方案》,发布《昌平区提升生活性服务业品质专项资金管理暂行办法》(2019修订版),推进昌平区生活性服务业向着“规范化、连锁化、便利化、品牌化、特色化、智能化”方向发展。区民政局组织2019年养老机构星级评定工作,联合区市场监管局组织区养老服务专家等相关人员对17家新申请一、二星级评定的养老服务机构进行现场评审。区体育局开展冰雪项目指导员培训、冰雪运动知识大讲堂等活动,推广冰雪运动,营造浓郁冬奥氛围,实施群众体育“六边工程”,以提升公共体育服务均衡化为重点,不断完善全民健身公共服务体系。区人力社保局推进两个服务中心标准化工作,依据《社会保障服务中心设施设备要求》等国家标准相关要求,对社会保险事业管理中心大厅软硬件进行升级改造,优化办事流程,推广使用“电子营业执照”,提升服务水平;2018年人力资源公共服务中心通过4A级认定,按照“覆盖城乡、统一规范、上下贯通、便捷高效”的要求,对照评定标准和要求,不断完善办公设施,改善服务环境,优化业务流程和标准。区经信局梳理编制《2019年昌平区社会信用体系建设重点工作任务》,以北京市“个人诚信分”工程为基础,开展昌平区信用创新应用和信用惠民专项行动,通过“信易+”提升人民群众的信用获得感,举办信用主题论坛、质量提升专题讲座等活动。区城市管理委落实《城市道路清扫保洁质量与作业要求》《公共厕所建设规范》等标准要求,推广“吸、扫、冲、收”清扫保洁新工艺作业,提高城市道路新工艺作业率,通过增加作业频次,降低道路积尘负荷,昌平区城市道路新工艺作业覆盖率达91.9%,对辖区39座公厕进行升级改造,提升公厕品质。区文化旅游局聚焦行业管理,服务水平与服务能力

"双提升",规范行政许可项目法定依据和审批条件,优化审批环节;根据国家相关标准,不断完善基础设施,投资 300 万元改造旅游厕所 16 座,投资 177 万元增设景区导览标识 62 块;完善旅游"线上 + 线下"全方位咨询体系,合理分布"1 个中心、17 个咨询站点",有效满足游客密集场所咨询需求。区园林绿化局开展北京市地方标准《苹果矮砧栽培技术规程》修订工作,截至年底,进入专家初审阶段;开展"一叶识木"项目二期工作。区知识产权局开展《昌平草莓》地方标准修订工作,对昌平区地理标志管理办法进行修订。

四、推动试点示范建设,试点建设初见成效

昌平区在建国家级标准化试点项目二项,分别为昌平区科技产业投资基金支持小微企业创业创新科技金融服务综合标准化试点(以下简称:科技金融服务综合标准化试点)和北京金隅凤山温泉度假国家级服务标准化试点。区市场监管局注重加强政策指导,联合行业主管部门,做好关键时间节点督导,推动试点建设。5 月,科技金融服务综合标准化试点通过中期验收;8 月,发布标准体系;11 月,北京市金隅凤山温泉度假国家级服务标准化试点通过验收评估,为昌平区服务业标准化,尤其是温泉服务标准化工作建立标杆。

五、强化创新驱动,服务引导标准创新工作

一是做好标准制修订补助申报工作。按照《北京市重点发展的技术标准领域和重点标准方向》,引导企业开展标准创新工作,组织企业参加市市场监管局举办的补助政策宣讲会,做好政策咨询,6 家企业的 8 项标准制修订项目获得 82 万元补助。做好 2018 年获得补助的企业补助经费使用报告的收集报送及 2019 年经费协议签订工作。二是做好企业标准自我申明公开服务工作。定期检查企业标准信息公共服务平台公布的标准情况,办理企业变更平台手机号申请 3 起。截至 2019 年底,昌平区有 418 家企业执行现行有效标准 2892 项,涵盖 3403 种产品,其中国家标准 62 项,行业标准 116 项,企业标准 2714 项。三是推动百城千元万企对标达标专项行动。在标准化基础好,产品符合昌平区产业特色的企业中,聚焦汽车配件、高端装备、新材料等重点行业。通过到企业现场调研动员宣传对标达标的意义、目标、要求,鼓励企业参与对标达标专项行动。11 月 14 日,组织 25 家企业参加市市场监管局组织的专项培训会,就行动内容、工作流程等进行培训;及时组建工作群,对企业进行即时指导;区市场监管局领导带队到北京利尔、亚都、探路者等企业进行进一步的政策解读和再动员,提升企业对该项工作的认识,鼓舞企业参与行动的决心和信心。截至 2019 年底,昌平区有 8 家企业发布 52 项对标结果,发布 10 个对标方案。

六、履行行政职责,定期对标准实施情况进行检查

根据《北京市市场监督管理局关于进一步加强团体标准、企业标准自我声明公开和监督制度实施工作的通知》要求,组织对企业标准信息公共服务平台、全国团体标准公共服务平台上公开企业标准、团体标准文本进行"双随机"专项监督抽查。抽查 60 项企业标准文本和 4 项团体标准文本,未发现标准中技术要求低于强制性国家标准规定等情况,对标准编号不符合团体标准编号规则的 1 项标准责令整改,对存在瑕疵的 35 项标准督促改正。开展商品条码专项监督检查,检查市场主体 28 家,800 余种产品的商品条码,立案处罚 1 家。

(昌平区市场监督管理局)

标准化工作成果

【科技金融服务综合标准化试点中期验收】

2019 年 5 月,昌平区国家级社会管理和公共服务标准化试点"北京市昌平区科技产业投资基金支持小微企业创业创新科技金融服务综合标准化试点”通过市市场监管局组织的中期验收。专家组对照考核评估细则检查试点单位计划任务和阶段目标完成情况，最终认为试点项目组建试点工作机构、建立工作保障机制、开展需求分析、初步构建标准体系，试点工作取得突破，效益初显。并从进一步发挥承担单位作用，完善标准体系，加快标准编制、实施和评价等方面提出改进建议。

（唐金洪　朱俊艳）

【昌平草莓标准修订讨论会】 2019 年5 月，区市场监管局、区农服中心相关同志及草莓种植专家召开《地理标志产品　昌平草莓》地方标准修订讨论会。确定 3 项修改内容：根据标准中涉及的国家标准、行业标准修订情况等进行相应的调整；根据机构改革情况进行部分内容调整；根据栽培条件、生产技术的变化，对部分草莓生产技术规程进行调整。

（唐金洪　朱俊艳）

【养老院星级评定】 2019 年 6 月，区民政局组织开展 2019 年养老机构星级评定工作。区民政局、区市场监管局、区养老服务专家等相关人员组成评审组依据养老服务机构星级划分与评定相关国家标准、行业标准及地方标准，从老年人居室、餐厅、厨房等硬件设施和服务质量等方面，对昌平区17 家新申请二星级评定的养老服务机构进行现场评审。

（唐金洪　朱俊艳）

【获评国家医疗健康信息互联互通标准化成熟度“四甲”】 2019 年 6 月，昌平区全民健康信息平台获得国家区域医疗健康信息互联互通标准化成熟度等级“四级甲等”授牌。平台建设自 2015 年 12 月启动，主要以区域医疗联合体为载体，以提高基层医疗服务能力为重点，以“互联网 + ”惠民服务应用为出发点，依托全员人口、健康档案、电子病历三大数据库，构建起支撑全区医疗服务、公共卫生、医疗保障、药品供应、计划生育、综合管理等六大业务应用的互联互通区域全民健康信息平台，2018 年度被区域和医院信息互联互通标准化成熟度测评为“四级甲等”。

（唐金洪　朱俊艳）

【“昌平草莓”标准化生产总结会】 2019 年 6 月，区农业环境监测站召开“昌平草莓” 2018 季标准化生产总结大会，辖区 300 余名种植户参加。会议总结 2018 年草莓生产的状况和生产中遇到的问题，表彰 2018 季草莓生产标准化优秀农户，介绍新型肥料在草莓栽培中的应用效果以及草莓有机栽培理念和技术，倡导绿色食品生产标准，提升农户绿色食品生产理念。

（唐金洪　朱俊艳）

【标准化林业站通过核查】 2019 年 7 月，国家林业和草原局林业工作站管理总站、北京市林业工作总站相关人员和专家组成核查组对2017年度昌平区标准化林业站建设项目进行核查和验收。核查组抽取昌平区东小口林业站，通过听取汇报、查验资料、现场考核等方式，对林业站人员配备、站房建设、内部管理、职能作用、建设资金、管理体制等内容进行全面检查。经现场评定为优秀，通过核查。

（唐金洪　朱俊艳）

【标准化试点交流会】　2019年8月，昌平区、西城区社会管理和公共服务标准化试点交流会在昌发展公司召开，两区代表就标准化试点定位与边界、要求与特色、重点与难点，以及标准化试点申报与建设等工作进行进一步交流和讨论。通过交流，两区进一步明确标准化试点建设工作的思路。

（唐金洪　朱俊艳）

【企业标准化宣贯培训】　2019年9月，区市场监管局在生命科学园开展企业标准化宣贯培训，向生命科学园30余家企业宣讲《标准化法》扩大标准范围、免费公开强制性国家标准、赋予团体标准法律地位等变化，以及企业标准自我声明公开和监督制度设立背景，企业标准和团体标准的公开网址、公开相关事项、监管要点和企业主体责任等。通过宣贯，提升企业对《标准化法》的认识和企业标准化主体责任意识。

（唐金洪　朱俊艳）

【"世界标准日"宣传咨询日活动】　2019年10月14日，区市场监管局在回龙观龙锦六社区开展标准化宣传咨询日活动，开展标准化、商品条码等相关政策和知识的宣传；专业技术人员开展血压计、血压表、家用体重秤的便民检测服务，解答社区居民在日常使用血压计等计量器具中遇到的问题。现场发放"条码小达人""一图读懂有机"等宣传材料500余份。

（唐金洪　朱俊艳）

【安全生产标准化达标创建】　2019年，区应急管理局持续推进标准化创建工作，组织工业企业、医药、化工企业召开4场安全生产标准化达标创建培训会，对标准化达标创建工作进行安排部署，并提出具体工作要求。邀请评审机构专家对安全生产标准化基础知识、百项地标评定标准、工作流程、重点行业创建重点等进行讲解。促进安全生产标准化提质增效，贯彻实施北京市安全生产百项地标。

（唐金洪　朱俊艳）

【技术标准制修订补助申报】　2019年，区市场监管局组织辖区内8企业申报2019年北京市技术标准制修订补助资金，并组织获得补助的单位做好经费使用协议签署上报工作，通过审核，昌平区有6家企业的8项标准获得82万元补助。

（唐金洪　朱俊艳）

【企业标准和团体标准监督抽查】　2019年，区市场监管局监督检查"双随机"抽查国家统一平台公开的60项企业标准和4项团体标准文本，对1项标准编号问题进行责令改正，34项标准瑕疵问题督促修改。

（唐金洪　朱俊艳）

【百城千业万企对标达标专项行动】 2019年，区市场监管局组织推动“百城千业万企对标达标提升专项行动”。在标准化基础好，产品符合昌平区产业特色的企业中，聚焦汽车配件、高端装备、新材料等重点行业，动员企业参与百城千业万企对标达标行动。截至年底，昌平区有8家企业发布52项对标结果，发布10个对标方案。

（唐金洪　朱俊艳）

【商品条码监督检查】 2019年，区市场监管局开展商品条码监督检查，重点检查辖区内百货商店、超市等销售企业，对流通领域日用百货、食品饮料、化妆品、儿童玩具等在售商品条码的标注情况、使用情况进行监督检查，合计检查28家市场主体，800余种产品，进一步规范商品条码使用行为，打击商品条码违法行为。

（唐金洪　朱俊艳）

平谷区

标准化工作综述

2019年，平谷区市场监督管理局在市市场监管局和平谷区政府的领导下，围绕全市标准化工作要点，明确思路，强化自身建设，落实平谷区首都标准化战略纲要，加强标准化工作的统筹发展，发挥标准化的基础保障、创新推动和技术引领作用。区标准化工作围绕首都标准化战略纲要，探索平三蓟协同发展，结合区域发展特色，重点开展以下工作。

一、示范区项目

截至2019年底，区市场监管局督促指导，第九批国家农业标准化示范区国家蛋种鸡养殖标准化示范区信息化提升项目承担单位北京市华都峪口禽业有限责任公司完成标准草案12项。示范项目各项工作进展顺利，各项考核得分名列前茅。

完成国家级农业标准化示范区项目申请，平谷区申报的全国农村综合改革标准化试点项目，通过市市场监管局初审，上报市场监管总局。

二、推进《标准化法》实施工作

区市场监管局将《标准化法》宣传与“质量月”宣传相结合，开展专题宣传教育活动。在开展质量宣传的同时，深入乡镇集贸市场人员密集场所，联合乡镇市场监管所，以发放《标准化法》宣传图册、现场讲解等形式开展《标准化法》相关知识宣传。活动现场，发放宣传图册100余份，解答问题20余人次。

针对企业，强化《标准化法》相关知识咨询。2019年，区市场监管局解答企业关于标准由备案改为公开公示等相关问题80余次,答复满意率 100%。

三、企业标准化工作

履行行政职责,定期对标准实施情况进行检查。在公示平台公开企业标准 291 项,涉及 531 种产品,检查企业自我声明公开标准文本 112 项,涵盖 39 家企业 197 种产品,企业标准 121 个项,未发现违反强制性规定行为。

四、城市管理与服务标准化建设

把标准化工作融入平谷区深化街道、社区管理体制改革。加强社区标准化建设,研究社区服务、社区管理、社区环境、社区安全、社区文化等方面的标准,为平谷区城市管理和社区管理体制改革作出贡献。

开展平谷区养老机构服务质量建设,全面提升养老行业服务质量,加强平谷区生产领域养老产品安全监督管理,收集养老建设及服务方面的标准,为养老机构申请地方标准立项、审查做好准备。对平谷区 15 个养老机构进行星级评定,促进养老机构服务质量建设提升。

五、标准行政执法检查

开展相关监督检查。完成“双随机、一公开”监督检查 86 起,专项监督检查 27 起;参加计量专项监督检查活动,检查 24 家单位。行政处罚 16 起,均结案,未出现行政复议、行政诉讼案件。

对商品条码进行监督检查,检查 61 家销售单位,未发现错误使用、冒用、伪造商品条形码的行为。

六、养老星级评定工作

为提升养老服务质量,推进养老服务机构服务标准实施,促进养老服务机构健康发展,根据《关于进一步推进养老服务机构星级评定工作的通知》文件要求,区市场监管局联合区民政局对辖区 15 家公建民营养老服务机构服务质量星级评定工作。在养老服务机构前期自评基础上,评审组对照 2019 年养老机构星级评定分值表,通过实地查看、现场打分的形式,对养老服务机构标准体系文件的建立、宣贯落实、环境设施设备、运营能力、服务项目与服务质量,进行全面细致检查,并现场走访部分服务对象开展满意度测评。经评审组综合评定,养老服务机构符合星评条件,4 家通过一星评审,11 家通过二星评审。

七、其他工作

区市场监管局依照具体要求和工作安排,全面总结 2019 年度的各项工作,准时高效完成年鉴编纂工作,服务北京标准化工作。

配合区残联完成《平谷区 2019—2021 年加快落实无障碍环境建设专项行动》相关工作。

与城管委、城管执法局、教委、卫健委等部门联合开展《平谷区 2019 年垃圾分类专项检查》,检查政府机关、企事业单位 80 余家次。

(平谷区市场监督管理局)

标准化工作成果

【春节前商品条码专项检查】 2019 年,区市场监管局开展春节前商品条码监督检查。检查主要针对城区重点商贸街区的商店超市、批发市场等人员密集场所的商户,检查商户 30 余家,出动执法人员 40 人次。执法检查过程中,未发现未经核准注册使用商品条码行为,同时要求经营者要进一步强化法治观念,诚信合法经营。

(闫爱东　胡　涓)

【调研“生态桥”治理工程生态有机肥标准化建设工作】 2019 年 3 月 7 日,区市场监管局到平谷区刘家店镇调研“生态桥”治理工程生态有机肥标准化建设工作。实地调研刘家店“生态桥”治理工程、生态有机肥加工现场,了解运行机制,现场听取生态有机肥加工企业工作进展情况汇报。

(闫爱东　胡　涓)

【调研大兴庄镇“生态桥”工程】 2019 年，区市场监管局结合区域重点工作，到大兴庄镇对“生态桥”工程进行调研。大兴庄镇“生态桥”工程是由社会化服务公司将辖区内无法就地种养结合利用的养殖污水分户收集、转运到污水处理站，处理后的污水作为肥水再直接用于浇灌林木、大田等。区市场监管局将结合该项工作的难点问题，在该工程的标准化建设方面发挥作用，提升该项工程的整体质量水平。

（闫爱东　胡　涓）

【第九批国家农业标准化示范区预验收】 2019 年 8 月 23 日，第九批国家农业标准化示范区专家组一行来到平谷区北京市华都峪口禽业有限责任公司进行预验收。预评专家组通过开展专家质询沟通座谈，实地查看北京市华都峪口禽业有限责任公司现场服务情况，以及查阅相关文件、资料和记录等方式，对第九批农业示范区单位提出具体问题和建议，并加以整改。

（闫爱东　胡　涓）

【条形码专项监督检查】 2019 年，区市场监管局以“双随机”为契机，做好平谷区商品条形码监督工作，规范商品条形码管理，保证商品条形码质量，加快商品条形码在电子商务和商品流通领域的应用，促进平谷区电子商务、商品流通信息化发展，开展商品条形码专项监督检查。专项监督检查工作分两个阶段进行：组织实施阶段、总结阶段。

（闫爱东　胡　涓）

【商品条码专项检查】 2019 年，区市场监管局开展商品条码专项监督检查活动。执法人员主要检查日常生活用品、日用化学品、家用电器、玩具、服装等商品，重点检查商品是否存在使用冒用、伪造、过期、注销商品条码，是否存在以店内条码覆盖商品条码等违法行为。检查中，执法人员向各商户宣传和普及商品条码相关法律法规，帮助商户提高法律意识。

（闫爱东　胡　涓）

【标准化宣传】 2019 年，区市场监管局将《标准化法》宣传与“质量月”宣传相结合，开展专题宣传教育活动。“质量月”活动期间，在开展质量宣传的同时，深入乡镇集贸市场人员密集场所，联合乡镇市场监管所，以发放《标准化法》宣传图册、现场讲解等形式开展标准化法相关知识宣传。活动现场，发放宣传图册 100 余份，解答问题 20 余人次。

（闫爱东　胡　涓）

【养老服务机构星级评定】 2019年11月，区市场监管局与区民政局共同组成养老服务质量星级评定委员会，联合对辖区内15家养老院开展星级评定工作。星级评定委员会采用听取工作汇报、审阅相关资料、查看养老院设备设施和服务配置、现场询问在院老人等形式，对参评机构提供的各项服务标准进行检查，对标准化建设工作中存在的不足提出建设性意见。经过评定委员会严格评定，11家养老机构被评为“二星级”，4家养老机构被评为“一星级”。

（闫爱东　胡　涓）

【垃圾分类检查】 2019年11月4—9日，区市场监管局参与由区城市管理委牵头，区城管执法监察局、区教委、区卫健委、区融媒体中心等部门参加的垃圾分类检查活动。主要对行贾街道、平谷镇、王辛庄镇、山东庄镇、辖区内党政机关、企事业单位、教育系统、卫生系统等公共机构的生活垃圾分类情况进行检查。

（闫爱东　胡　涓）

【“国家级第四批全国农村综合改革标准化试点申报领域”项目申报】 2019年11月26日，区市场监管局完成“国家级第四批全国农村综合改革标准化试点申报领域”项目的申报工作。推荐并协助平谷区大兴庄镇以优异成绩通过第四批全国农村综合改革标准化试点专家组的资格评审考核，项目名称为“平谷区农村生活污水治理标准化试点”，建设期3年。

（闫爱东　胡　涓）

怀柔区

标准化工作综述

2019年，怀柔区贯彻《首都标准化战略纲要》《北京市人民政府关于进一步加强城市管理与服务标准化建设的意见》，围绕怀柔区以科学城为统领的“1+3”融合发展新格局，实施标准化战略，标准化在促进区域经济社会发展的基础性、战略性作用进一步彰显。

一、标准化统筹推进机制逐步完善

（一）强化统筹领导

机构改革后，区委编委调整设置“北京市怀柔区实施标准化战略工作领导小组”“北京市怀柔区质量强区工作领导小组”两个部门联席会议区属议事协调机构，怀柔区标准化统筹协调机制不断强化。

（二）抓好部署落实

做好国家标准立项、标准制修订补助申

报、国家级标准化试点征集等上级文件转发以及政策宣贯。加强《标准化法》宣贯，指导各行业主管部门落实标准。

（三）服务京津冀协同发展、怀柔科学城国家战略推进

强化环保、交通、安全生产等领域京津冀协同地方标准的组织实施。消费品、燃煤、车用油品等领域无重大质量安全风险发生。

二、标准化提升城市管理与服务水平

（一）推进城乡建设标准化建设

按照《怀柔科学城建设发展规划（2016—2020年）》要求，高标准持续推进绿色生态智慧人文怀柔科学城建设。新建民用建筑均100%达到绿色建设标准。

（二）推进社会管理服务标准化建设

按照《城乡社区网格化服务管理规范》《北京市城市服务管理网格化体系建设基本规范（试行）》等国家标准、北京市地方标准，全力推动“多网”融合综合信息平台标准化建设，有效服务“接诉即办”。

（三）推进城市管理标准化建设

开展电、气、热能源供应单位行业安全生产标准化评定，保障城市基础设施的安全稳定运行。推进生活垃圾、建筑垃圾的收集、运输、处理标准化管理，建筑垃圾资源化率达到95%以上。

（四）推进环境保护标准化建设

重点做好煤炭、机动车排放、扬尘、污染排放等相关强制性标准的实施和监督。依照《低硫散煤及制品》《烟花爆竹安全级别、类别和标识标注》北京市地方标准，加强煤炭、烟花爆竹质量监测和执法检查，2019年怀柔区空气质量居全市前列。

（五）推进公共交通标准化建设

强化对公交、汽修、水运、出租、旅游等交通运输行业标准化培训宣传，重点对公共交通标识、公交停车设施、站牌安全标志等规范使用标准进行检查和推广实施，督促企业落实主体责任。

（六）推进公共卫生服务标准化建设

按照《实验室生物安全通用要求》国家标准，完成怀柔区7家BSL-2级病原微生物实验室督查。完善医院服务流程标准化和社区卫生服务标准化，加强新设置医疗机构规范管理，营造规范安全的医疗秩序。

（七）推进文物、气象服务标准化建设

落实文物建筑安全监测、修缮工程验收、雷电防护、消防设施设置等行业标准，做好不可移动文物巡视检查。申报2019年地方标准二类项目《气象灾害风险调查技术规范　第4部分：低温冷冻灾害》。

三、标准化促进民生改善

（一）推进旅游服务标准化建设

按照旅游景区质量等级、旅游饭店星级的划分与评定国家标准对3家3A级景区、2家2A级景区、4家3星级宾馆、1家2星级宾馆进行评定与复核，全部达标。按照乡村民俗旅游户等级划分与评定北京市地方标准，评定民俗村7个，星级民俗户309家，特色业态2家。

（二）推进农业标准化建设

推进农产品及农业投入品生产经营单位标准化实施，全区菜篮子“三品”认证覆盖率74.1%，超额完成市级平均50%的年度认证覆盖率目标。全区农业标准化基地备案率达99.1%，申报北京天源渔港生态农庄作为市区共建全程标准化基地。

（三）推进生活服务标准化建设

持续加大生活性服务行业标准规范贯宣，向企业发放《北京市生活性服务行业标准规范汇编》，引导围绕标准规范，提升服务品质。持续推进基本便民连锁商业网点建设工作，全区建设提升基本便民连锁商业网点32个。

（四）推进食品、餐饮服务领域标准化建设

落实《北京市餐饮业就餐区和后厨环境卫生规范》，开展品质餐饮企业示范店评选。

按照《北京市食品安全示范区创建绩效评估实施细则》要求，创建食品安全示范区，通过北京市创建食品安全示范区综合评议。

（五）推进教育标准化建设

依据《北京市中小学校办学条件标准细则》《关于北京市中小学校办学条件标准的实施意见》，严格审批新建工程设计概算，确保项目在标准规定范围。强化学校办学条件标准化建设，所有中小学办学条件全部达标。

（六）推进养老服务标准化建设

组织召开养老机构标准化建设培训会，宣贯涉及养老机构服务的 13 项北京市地方标准。全区正在运营的养老机构均符合《养老机构服务质量基本规范》相关标准，年度完成 3 家养老机构服务质量星级评定。

四、标准化引领产业优化和资源节约

（一）推进产业改造标准化建设

根据《北京市新增产业禁止和限制目录》，严格执行对于新增产业项目源头准入管理，禁止在全区范围内在一般制造业和高端制造业中增加比较优势不突出的生产加工环节。

（二）推进节能减排标准化建设

按照《北京市推进节能低碳和循环经济标准化工作实施方案（2015—2022 年）》，对怀柔区综合能耗 2000～50000 吨标准煤的重点用能单位组织开展年度节能目标责任考核，在重点用能单位中开展能源审计、清洁生产审核等工作，协助市发展改革委完成 2019 年度碳排放履约等工作。

（三）推进节水、用水标准化建设

实施用水器具节水标准规范，做好节水器具、高效节水器具换装推广。落实《公共生活取水定额》地方标准，严格用水定额管理，落实分阶段预警工作机制，年度完成预警 371 户次；设计施工严格执行生态清洁小流域技术规范和施工质量评定规范，建设生态清洁小流域 16 个，治理水土流失面积 224 平方千米。

五、做好标准化基础工作

（一）加强《标准化法》宣贯

通过实施标准化战略工作领导小组办公室向区相关成员部门转发《标准化法》，增大《标准化法》宣贯面。通过怀柔区广播电视台“市场监管之声”节目开展标准化宣传，进一步拓展《标准化法》宣贯平台。

（二）落实标准化政策扶持

按照《怀柔区促进区域经济转型发展专项资金支持政策》《怀柔区企业提质增效专项支持资金实施细则》对联合荣大、康普锡威、中科合成油、互联网域名北京工程研究中心等参与国际、国家、行业标准制修订的企业予以专项资金支持 270 万元。

（三）完善标准化人才建设

印发实施《怀柔区关于开展质量提升行动的实施方案》，提出鼓励开展标准化人才引进，鼓励加强标准化领域交流合作、加强标准化人才培养的标准化人才培育的质量发展方向。

（四）推进标准化试点示范工作

启动 2019 年度国家级社会管理和公共服务、服务业、农业标准化示范区、农村综合改革标准化试点项目征集，及时向怀柔区实施标准化战略工作领导小组各成员单位转发通知并做好行业主管单位、企业标准化试点申报。对意向申报的单位开展实地调研，加大标准化试点示范政策咨询，进一步扩大辖区标准化试点示范工作覆盖面。

（五）强化标准化宣传

突出标准化在推进城市精细化管理、高质量发展中的作用，传播质量标准理念，共享标准化知识。加强质量月、世界标准日主题宣传，加大“标准化 +”行动的舆论引导，重视微博、头条、微信公众号等网络媒体宣传，全年被采用转载各类稿件 30 余篇。

（六）强化标准化服务与引导

回应各类咨询并做好标准化服务，全年接受各类网络、电话、现场咨询 50 余次，答复率及反馈率100%，做好汉能、飞拉达、飞凯利达等企业在对标达标、标准创新、标准自我声明公开、团体标准等咨询解答。

（怀柔区市场监督管理局）

标准化工作成果

【食品安全标准跟踪评价】 2019年1月，区市场监管局组织中富灌装、健力宝、刮拉瓶盖等14家食品相关产品企业开展食品安全标准大课堂培训，做好食品安全标准跟踪评价。

（邢天国　张　钊）

【参加2019年中关村标准化推动会】 2019年1月，区市场监管局组织辖区中关村怀柔园和国家级标准化试点单位代表参加2019年中关村标准化推动会。

（邢天国　张　钊）

【北京市怀柔区市场监督管理局挂牌成立】 2019年3月15日，北京市怀柔区市场监督管理局挂牌成立，新组建的区市场监管局，作为区政府工作部门，加挂区食品药品安全委员会办公室、区知识产权局牌子，负责统一管理怀柔区标准化工作。

（邢天国　张　钊）

【怀柔区标准化议事协调机构调整】 2019年3月，怀柔区委编委开展区属议事协调机构调整，北京市怀柔区实施标准化战略工作领导小组调整为部门联席会议的区属议事协调机构。

（邢天国　张　钊）

【雁栖湖国际会都服务业标准化调研】 2019年5月，区市场监管局、区商务局联合开展雁栖湖国际会都服务业标准化调研，对雁栖湖国际会都服务业标准化对象要素系统、支持系统进行评估和可行性分析。

（邢天国　张　钊）

【国家级服务业标准化试点项目实施情况检查】 2019年6月4日，区市场监管局到黄花城水长城，对北京黄花城长城旅游开发有限责任公司承担的的国家级服务业标准试点项目实施情况进行检查。

（邢天国　张　钊）

【公共信息图形符号广播专题宣传】 2019年6月，“市场监管之声——公共信息图形符号”专题广播栏目在怀柔广播电台播出，“市场监管之声”栏目由区市场监管局同怀柔电台合办，旨在加强市场监督管理职能对外宣传。

（邢天国　张　钊）

【“双随机”执法检查】　2019年7月，区市场监管局执法人员对辖区洗消产品生产企业开展“双随机”执法检查。执法人员检查该企业涉及的标准、商品条码等职权事项，未发现违法问题。

（邢天国　张　钊）

【国家标准化试点示范工作情况调研】　2019年7月，按照市场监管总局通知要求，区市场监管局组织开展标准化试点示范工作情况调研。辖区气象局、黄花城水长城两家单位分别作为国家级社会管理和公共服务综合标准化、国家级服务业标准化试点单位参与调研。

（邢天国　张　钊）

【怀柔区印发质量提升行动实施方案】　2019年7月，怀柔区委、区政府共同印发《怀柔区关于开展质量提升行动的实施方案》，提出怀柔区质量提升行动的指导思想、发展目标和举措保障，部署26项任务，68项具体措施。方案突出标准化作为开展质量提升行动的重要抓手和主要发展目标，质量发展工作和标准化工作进一步融合，协同作用更加明显。

（邢天国　张　钊）

【第六批社会管理和公共服务综合标准化试点项目征集】　2019年8月，怀柔区实施标准化战略工作领导小组办公室面向全区，围绕保障和改进民生、转变政府职能、提升社会治理能力的内在需求，开展国家第六批社会管理和公共服务综合标准化试点项目征集。

（邢天国　张　钊）

【生产领域商品条码“双随机”专项检查】　2019年9月，区市场监管局针对辖区重点生产企业开展商品条码“双随机”专项检查。执法人员对“双随机”方案确定的北房、桥梓、庙城、杨宋四个地区六家生产企业进行“双随机”抽查，检查涉及乳制品、食品、保健品、食用油等商品，未发现商品条码违法行为。

（邢天国　张　钊）

【世界标准化日宣传活动】　2019年10月14日，怀柔区组织标准化战略工作领导小组成员单位、标准化试点单位，围绕“视频标准创造全球舞台”宣传主题，结合实际，开展各类宣传活动。

（邢天国　张　钊）

【第十批国家农业标准化示范区项目申报】 2019年11月，怀柔区实施标准化战略工作领导小组办公室面向全区征集国家农业标准化示范区、农村综合改革标准化试点（示范）、新型城镇化标准化试点项目，辖区北京天意生态农业发展有限公司申报第十批国家农业标准化示范区项目。

（邢天国　张　钊）

【企业标准自我声明公开】 2019年，怀柔区在企业标准信息公共服务平台上进行自我声明公开的有37家企业，累计上报228项标准，涵盖442种产品，其中国家标准20项、行业标准5项、企业标准203项。

（邢天国　张　钊）

【企业标准“双随机”专项抽查】 2019年，区市场监管局完成抽查企业23家，抽查标准数40项，重点检查企业标准编号是否规范、标准要素及格式是否规范、是否引用已经作废的标准等，涉及电器配件、清洁设备用品、安全防护设备等27类产品，发出责令改正通知书1项。

（邢天国　张　钊）

【百城千业万企对标达标提升专项行动】 2019年，区市场监管局强化政策宣贯、培训动员和服务指导，推进“百城千业万企对标达标提升专项行动”，完成“百城千业万企对标达标提升专项行动信息平台”注册企业24家，完成对标产品26项，涉及包装、互感器、家具等多个领域，其中完成对标的参与企业数量13家，在全市排名第一。

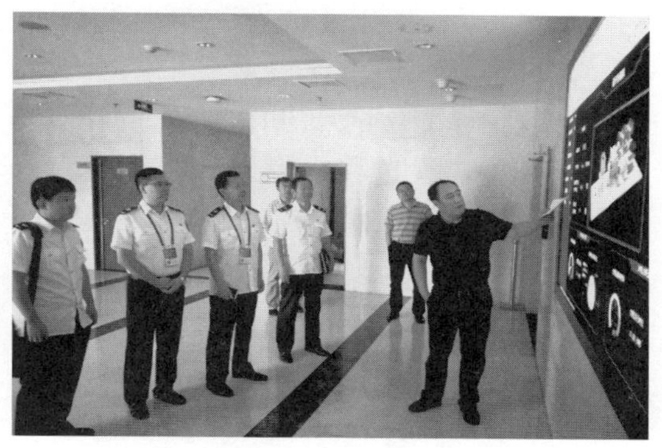

（邢天国　张　钊）

密云区

标准化工作综述

2019年，密云区市场监督管理局以习近平新时代中国特色社会主义思想为指导，围绕密云“践行习近平生态文明思想示范之区”的发展定位，贯彻落实《标准化法》和《首都标准化战略纲要》，发挥标准化支撑引领作用，落实标准化各项工作，服务建设生态富裕创新和谐美丽新密云。

一、宣传《标准化法》，促进质量提升

持续开展《标准化法》宣贯活动。走进企业为企业讲解制修订企业标准应注意的问题，鼓励企业采用国际标准和国外先进标准，进行标准创新和技术创新，促进企业产品质量提升。

重新规划标准化协调机制。按照区政府要求，成立密云区推进首都标准化战略纲要(密云区加强城市管理与服务标准化建设)联席会议制度，办公室设在区市场监管局，全面负责组织实施全区标准化工作。通过定期召开会议，明确任务分工、明确职责要求、明确标准目标，推动密云区标准化工作有序开展。

二、推动标准化试点工作顺利进行

推进密云区十里堡镇第三批国家级农村综合改革标准化试点工作，依托十里堡镇在美丽乡村建设过程中形成的以党建为引领，自治、法治、德治相结合的乡村治理工作经验，引入标准化理念，以标准体系为依托，以“三室两中心”建设为重点，打造“开放党支部”，形成完善的组织管理机制、运行机制与保障措施的基层组织建设模式。

聘请中国标准化研究院专家对项目承办单位——十里铺镇政府标准化人员进行业务培训，专家介绍中国农村建设政策、国内外农村建设情况，阐述农村标准化现状与发展，让参会人员对标准化的知识有进一步了解，对理解和推进落实好乡村振兴战略，推动农村综合改革标准化工作起到指导作用。十里堡镇第三批国家级农村综合改革标准化试点工作正在进行中。

三、鼓励辖区内企业参与标准制修订工作

2019 年，密云区有 2 家企业参与国家标准和行业标准的制修订并申报北京市技术标准制修订补助资金。区市场监管局对企业提交的材料进行受理并逐一核查，提出修改意见，按时上报。北京三浦百草绿色植物制剂有限公司主导参与制定的行业标准《苦参碱可溶试剂》获得北京市技术标准制修订补助资金。

四、组织企业参与标准化试点推荐申报工作

为落实《国家标准化体系建设发展规划》，市市场监管局开展“2019 年农业标准化区域服务与推广平台项目”申报工作。密云区“京纯养蜂合作社”作为全市唯一一家申报单位，获得市场监管总局批准。

建立农业标准化区域服务与推广平台，旨在围绕区域产业发展需求，以提高农产品质量、打造农产品品牌，提高农业生产经营效益为目标，探索适用于不同生产经营主体的标准化生产经营模式，为全面推行农业标准化生产做好示范引领。

区市场监管局对该次申报工作非常重视，在企业申报过程中多次给予指导。主管局长带队到企业进行现场指导，对企业申报材料，字斟句酌进行审验、修改，为企业申报成功打下良好基础。

2019 年，区市场监管局组织推荐 2 家单位申报中关村国家自主创新示范区标准化试点示范单位。“北京宝沃汽车有限公司”获得批准。

五、开展“百城千业万企对标达标提升专项行动”

为贯彻落实《国家标准委等十部门关于开展百城千业万企对标达标提升行动的通知》精神，发挥标准化支撑引领作用，助力企业质量提升，区市场监管局根据本地区企业特点，经过摸底、筛选，确定参加对标达标行动企业名单，并深入企业，逐家宣传对标达标的意义和具体参与方法，鼓励企业参与该项活动，建立密云区对标达标工作微信群，及时为企业进行指导。截至 2019 年底，有 6 家企业在“百城千业万企对标达标提升专项行动信息平台”完成注册，2 家企业的 3 个产品完成对标工作。

六、组织开展标准化试点示范项目承担单位问卷调查

根据市场监管总局《关于组织开展标准化试点示范工作情况调研的通知》要求，区市场监管局对辖区内的 6 家国家级标准化试点示范项目承担单位开展问卷调查工作，旨在了解试点示范单位在开展标准化试点示范过程中所想、所需，有的放矢地开展标准化工作。

区市场监管局对调查问卷进行梳理和分析，对普遍反映的缺少标准化人才、标准体系搭建等问题，区市场监管局根据在建和今后申报国家级试点示范的项目承办单位的需求，采取多种方式，有针对性地开展标准化知识培训，为顺利开展项目建设排忧解难、靠前服务。

七、强化监督，依法行政

按照年度“双随机、一公开”执法检查计划，区市场监管局对密云区团体标准、企业标准和商品条码开展执法检查。其中检查企业标准文本30家企业30个标准，对14家不符合标准化法要求的企业下达责令改正通知书；对其余存在轻微不符合项的16家企业进行电话跟踪，督促整改。对16家商场、超市的商品条码进行监督检查，处理违法行为10起，罚款4922.4元。引导企业落实执行标准网上自我声明公开制度，2019年，密云区企业网上自我声明48家企业173项标准。

八、开展密云区市场监管内部标准体系建设

区市场监管局尝试将市场监管行为纳入标准化管理，初步建立密云区市场监管标准体系，有效应用标准化实施市场监管行为的规范化，提供科学的市场监管方法。

在摸排辖区农村及城乡接合部超市经营过程中存在问题的基础上，精准对接整合后的市场监管职责，以问题和目标为导向，对19家农村地区规模型超市经营情况进行调研后，检视剖析存在问题，科学寻找解决对策，形成《密云农村地区规模型超市监管工作指导书》《负面（禁止行为）清单》。较为全面的为基层执法部门开展模板式规范监管，为市场主体进行标准化规范经营提供参考范式；“负面清单”相当于企业经营过程中的行为“黑名单”，列明企业经营过程中明确禁止的行为，均以清单方式列明，企业对照清单实行自检、自律，便于公众参与监督。截至年底，完成《标准化导则》的起草和制定，《密云农村地区规模型超市监管工作指导书》《负面（禁止行为）清单》两项标准的规范工作。

（密云区市场监督管理局）

标准化工作成果

【全国第三批国家级农村综合改革标准化试点业务指导】 2019年，中国标准化研究院在十里堡镇召开农村标准化基础知识培训会议。中国标准化研究院专家介绍中国农村建设政策、国内外农村建设情况，阐述农村标准化现状与发展，让参会人员对标准化的知识有进一步的了解，对理解和推进落实好乡村振兴战略，推动农村综合改革标准化工作起到指导作用。十里堡镇农村综合改革标准化试点工作领导小组及办公室成员、各村党支部书记、组织委员、创建工作者参加该次培训。

（马海东）

【“双随机”检查】 2019年，区市场监管局对随机抽取的30家企业的明示标准进行监督检查。对14家存在问题的企业下达责令改正通知书，对标准存在瑕疵的企业通知整改。检查中，区市场监管局逐个标准进行分析，对企业标准的不符合项详细剖析，了解不符合要求的原因，并就如何整改共同发表意见。

（马海东）

【条码执法检查】 2019年，区市场监管局在条码执法检查过程中，针对部分商户对条码管理办法不了解的情况，为其讲解法律法规以及商品条码查验方法,并要求商户在进货时要做好商品条码证明文件查验,规范商品管理,杜绝违法情况再次发生。

(马海东)

【服务企业标准编制】 2019 年 6 月 26 日,区市场监管局发现某企业编制的企业标准错误频出。在与企业电话联系确认后,区市场监管局主动到企业,针对编制标准需要注意的方面,对企业现场进行指导。解答企业编制标准小组提出的问题,并对企业提出指导意见。

(马海东)

【标准化调研】 2019 年 7 月,区市场监管局根据市场监管总局《关于组织开展标准化试点示范工作情况调研的通知》要求,对辖区内的 6 家国家级标准化试点示范项目承担单位开展问卷调查工作,旨在了解试点示范单位在开展标准化试点示范过程中所想、所需,有的放矢地开展标准化工作。

(马海东)

【行业标准获补助资金】 2019 年,北京三浦百草绿色植物制剂有限公司主导参与制定的行业标准《苦参碱可溶试剂》获得北京市技术标准制修订补助资金 5 万元。

(马海东)

【标准化引领蜂产业质量提升】 2019 年,区市场监管局邀请市蚕蜂站和区园林绿化局专家到"北京京纯养蜂合作社"把脉问诊,与企业、蜂农座谈。市蚕蜂站专家介绍养蜂车新技术的推广和蜜蜂授粉技术,强调标准落实过程中要成果落地,并就京津冀成熟蜜标准推广培训与企业交换意见。区园林绿化局专家就蜂产品多样化发展为企业提出建议。

(马海东)

延庆区

标准化工作综述

2019 年,延庆区市场监督管理局自 3 月 26 日挂牌以来,贯彻落实《标准化法》和《首都标准化战略纲要》,发挥标准的支撑引领作用,聚焦区域绿色发展大事,把握区域发展重点和方向,服务世园外围保障,开展美丽乡村标准化试点建设,加大标准化法律法规及基本知识的宣传,为区域经济发展起到支撑作用。

一、推进农村综合改革标准化试点建设

延庆区千家店镇政府及下湾村承担国家第三批农业综合改革标准化试点建设任务,为保障高质量完成项目建设工作,践行

"绿水青山,就是金山银山"理念。区市场监管局多次邀请区农业农村局、航空301研究所、千家店镇村项目组召开协调会,商讨建设方案、组织保障等事项。6月,项目技术支撑单位航空301所与千家店镇政府签订项目服务协议,7月项目建设方案获得通过,8月项目建设启动会在千家店镇政府召开,9月完成项目标准化调研工作。在前期基础上,编制具有千家店镇特色的美丽乡村标准体系建设框架,为后续标准的制定提供依据。

截至2019年底,项目建设资金270万元全部到位,阳关浴室及标准化厕所正在建设中。预计到下年5月底,硬件建设项目路面硬化10千米,绿化面积10000平方米,铺设供水管道6千米,设置太阳能路灯200架,将全部完成,设施建设总投资将达300万元。

11月7日,由市市场监管局组织5名国家标准化专家组成督导组,对项目建设进度进行督促指导,提出下阶段建设意见及建议。

二、开展行政执法

在五一、端午、国庆及世园会开闭幕期间,参与市场秩序服务保障工作,查处各类违法行为。开展商品条码、企业执行标准的监督检查,行政执法206起,查处案件51起,其中一般案件3起、现场处罚48起,罚款0.276万元。

三、实施团体标准、企业标准自我声明公开监督制度

根据市场监管总局要求并借助中国标准化研究院技术优势,对延庆区自我声明公开的企业标准开展随机抽查。延庆区44家企业,156项产品执行标准在自我公开声明平台公示。根据抽样规则,该次抽查自我声明公开企业标准31项。重点检查检查项目:一是标准技术要求是否低于强制性国家标准;二是标准内容是否做到技术上先进、经济上合理;三是标准编号和名称是否符合规定;四是标准功能、性能指标是否公开。

截至2019年底,完成全部抽查工作,下阶段将根据抽查结果,针对存在瑕疵标准文本,督促企业及时整改;对1家标准编号不符合规定的企业,根据《标准化法》,下达责令整改通知书。

四、开展世园外围服务保障标准体系运行效果评价工作

世园会开幕前,组织航空301所专家,以及区文旅委、外事办、交通委、城管委等单位,针对世园试运行过程中世园运行服务管理体系效果进行现场考核评价。考核小组对体系涉及出租车服务、环境卫生服务、交通导向标识设置、志愿者服务、停车场设施配备以及世园人家服务接待水平、能力、硬件设施等标准要素进行现场实地考核,并对照《世园标准化实施情况检查评分表》,对现阶段服务能力及效果进行评定。

五、引导企业参与"百城千业万企对标达标活动"

为做好"百城千业万企对标达标活动",区市场监管局深入企业,与企业负责人座谈,了解企业产品质量水平,宣传解读政策,组织参加培训班,采取多项措施引导企业参与该项工作。截至2019年底,玻璃钢研究院完成胶粘剂产品完成比对工作。

六、组织本区企业开展标准制修订补助申报工作

组织延庆区企业申报北京市技术标准制修订补助项目。由延庆区两家企业主持修订的国家标准、北京市地方标准获15万元的资金补助。截至2019年底,全区4家企业合计获得75万元的财政资金补助。

七、开展重要产品强制性标准执行情况监督抽查

全年对农资、环保产品、电器设备、儿童、学生用品、日用消费品、公共安全产品等涉及人身环境安全的重要产品标准执行情况进行监督抽查。全年抽取样品216个,其中市级抽样174个，区级抽样42个。

八、组织企业参与国家、行业标准制修订工作

组织玻璃钢研究院参与国家标准、行业标准制修订工作。主导制定行业标准1项，参与制定国家标准2项。

九、开展标准化信息宣传活动

世界标准日期间，走进社区，开展“视频标准创造世界舞台”主题宣传活动，播放《标准国际化助力高质量发展》主题宣传片，张贴海报，发放宣传材料400余份；通过区市场监管局网站、微信公众号、微博公众号刊载主题宣传片，供公众点击观看；组织企业，参加市市场监管局举办的世界标准日纪念活动。在农业标准化试点建设过程中，组织项目承担单位有关人员参加标准化基础知识培训，举办培训班1期，培训人员50人次。

（延庆区市场监督管理局）

标准化工作成果

【全程农产品质量安全标准化示范基地验收】 2019年1月，区市场监管局与区农业局联合开展延庆区2018年全程农产品质量安全标准化示范基地验收工作，北菜园蔬菜种植合作社通过验收，并获得农业专项奖励资金50万元。

（王　华）

【商品条码专项监督检查】 元旦春节前，以及“3·15”期间，区市场监管局组织开展商品条码执法检查，执法检查商品销售单位25家，商品条码近千条。

（王　华）

【延庆区市场监督管理局成立】 2019年3月19日，由原工商局、原质监局、原食药监局合并成立的北京市延庆区市场监督管理局正式挂牌成立。3月25日，延庆区委、区政府正式发布区市场监管局职能配置、内设机构和人员编制规定。标准化科作为内设机构之一，人员编制3人，承担组织拟订本区标准化政策和工作计划并组织实施。监督指导团体标准化和企业标准化相关工作，协调推进国际标准化工作。组织开展标准化试点示范和推广工作。负责组织商品条码的监督检查工作。组织指导查处相关违法行为的职责。

（王　华）

【世园服务管理标准体系运行效果实地考核】 2019年4月19日，区市场监管局汇同国家标准化专家及区文旅委、区交通委、区城管委、区市政管委等部门人员，对世园服务管理标准体系运行效果进行实地考核。考核小组对体系涉及出租车服务、环境卫生服务、交通导向标识设置、志愿者服务、停车场设施配备以及世园人家服务接待水平、能力、硬件设施等标准要素进行现场实地考核，并对照《世园标准化实施情况检查评分表》，对现阶段服务能力进行评定，并提出持续改进意见。

（王　华）

【儿童消费品监督检查】 “六一”前，区市场监管局对延庆镇、康庄镇、永宁镇的20余家儿童服装、儿童学习用品销售商户，开展儿童服装安全标识标注和儿童学习用品商品条码检查。检查人员要求商家严格审查进货渠道，销售合格规范的商品，保障少年儿童健康成长。

（王　华）

【世园会节假日服务保障工作】 2019年，区市场监管局根据统一部署在世园会开闭幕以及“五一”、端午及70年大庆期间，参与全区社会安全保障工作。对景区周边、国道两侧及重点商品销售单位开展综合执法检查。对餐饮、广告、建材、超市、寄递物流、电动自行车销售单位的环境卫生、广告备案登记、商品条码、计量器具、销售产品是否符合强制性国家标准等多项内容进行监督检查，并对多起使用未经检定计量器具的行为依法进行查处。

（王　华）

【美丽乡村标准化试点启动会暨培训会】 2019年8月，延庆区首个农村综合改革标准化试点暨千家店镇下湾村——美丽乡村标准化试点启动会暨培训会在千家店镇政府召开，区农委、区市场监管局、千家店镇主要领导，航空301所标准化专家，千家店镇政府各部门负责人及下湾村两委人员出席会议。会议传达项目建设方案，要求各部门要支持试点建设工作，确保按照任务书要求，按实施方案规定，狠抓落实，高质量完成建设任务目标，为全镇的美丽乡村建设工作提供经验和标准支撑。会后，由301所的专家团队对负责该次美丽乡村建设标准化试点实施工作的镇政府工作人员以及下湾村村委会负责人员进行标准化知识培训。

（王　华）

【世界标准化日宣传】　2019 年 10 月14 日，区市场监管局走进社区，举办主题为“视频标准创造世界舞台”宣传活动，播放《标准国际化助力高质量发展》主题宣传片，张贴海报，发放宣传材料 400 余份。在区市场监管局网站、微信公众号、微博公众号刊载主题宣传片，供公众点击观看，点击人次 614 次；组织 3 家企业及试点单位 5 人次，参加市市场监管局举办的世界标准日纪念活动。

（王　华）

【“百城千业万企对标达标活动”】　2019 年，区市场监管局深入企业，与企业负责人进行座谈，了解企业产品质量水平，宣传解读对标达标政策，组织参加培训班，引导企业参与该项工作。截至 2019 年底，有合锐赛尔、环都拓普、玻璃钢研究院等 6 家企业参与该项工作。

（王　华）

【企业标准自我声明公开实施监督】　2019 年，区市场监管局对延庆区在企业标准公共服务平台上自我声明公开 44 家企业，156 项产品执行标准进行随机抽查，抽查样本 31 份。经中国标准化研究院专家组检查，整体情况较好，针对存在瑕疵标准文本，督促企业及时整改；对一家标准编号不符合规定的标准文本，按照法律规定责令整改。

（王　华）

【组织企业参与各级标准制修订】　2019 年，区市场监管局组织北京玻璃钢研究院参与国家标准、行业标准制修订工作。主导制定行业标准 1 项，参与制定国家标准 2 项。年内，两家企业主持修订的国家标准、北京市地方标准获 15 万元资金补助。截至年底，全区 4 家企业合计获得 75 万元的财政资金补助。

（王　华）

【督导农村综合改革标准化试点建设】　2019 年 11 月 7 日，由市市场监管局组织 5 名国家标准化专家组成的督导组，对千家店镇政府承担的国家级农村综合改革标准化试点项目，进行督促指导。镇政府、技术支撑单位分别汇报项目建设进度及标准体系建设进度。督导组对实施单位千家店镇下湾村进行现场检查后，针对下阶段建设提出意见及建议。

（王　华）

【年度行政执法情况】　2019 年，区市场监管局开展行政执法 237 起，查处案件 51 起，其中一般案件 3 起、现场处罚 48 起。

（王　华）

标准化研究

【美丽乡村农业循环经济发展重要标准前期研究】

项目时间:2018 年 11 月—2019 年 5 月

项目背景及成果:

国家标准化管理委员会项目。通过梳理掌握中国农业循环经济发展标准化现状及需求,研制美丽乡村农业循环经济建设中生态农业标准化指南、清洁生产技术要素等 2 项国家标准草案及研究报告。该项目工作已全部完成,并于 2019 年 5 月通过国家标准化管理委员会项目验收。该项目研究为后续国家标准制定提供方法和依据,为美丽乡村建设提供标准引领,对促进农村可持续发展有重要作用。

(王海虹　肖艳娟)

【城市物业服务、养老服务重要技术标准研究】

项目时间:2012 年 1 月—2019 年 5 月

项目背景及成果:

原国家质量监督检验检疫总局公益性行业科研专项“城市物业服务、养老服务重要技术标准研究”由北京市标准化研究院、中国标准化研究院、人民大学三家共同承担。项目于 2019 年 5 月通过项目验收。该项目对国内外物业、养老服务现状及标准化现状进行分析,结合标准化需求,构建物业服务标准体系、养老服务标准体系,梳理标准明细表,并对标准体系的实施提出合理化建议。此外,通过收集、整理、分析物业服务标准评价的相关理论、方法与实践,提出物业服务标准评价的含义、类型、程序与方法,构建物业服务标准评价指标体系。项目首次提出物业服务行业的标准体系框架,形成研究报告 3 项、国家标准 3 项。通过该项目的全面实施,将对物业服务和养老服务质量进行科学规范的管理,全面提高物业服务和养老服务的质量和水平,发挥物业服务和养老服务的社会功能,实现物业服务和养老服务行业的健康发展,提高人们生活和居住水平,为改善民生、创建和谐社会奠定基础。

(董　荫　王　瑛)

【农产品供应全程质量控制集成应用及示范基地建设】

项目时间:2017 年 1 月—2019 年 6 月

项目背景及成果:

北京市科委科技计划任务。2019 年 9 月20 日,北京市科学技术委员会组织有关专家对北京市优质农产品产销服务站、北京市标准化研究院等 8 家单位承担的“农产品供应全程质量控制集成应用及示范基地建设”课题(编号:D171100002017001)进行验收。该项目通过专家组验收。

“农产品供应全程质量控制集成应用及示范基地建设”项目开展蔬菜健康生产关键技术、蔬菜长距离高温差运输保鲜技术等 7 项技术研究,形成全程农产品质量安全控制标准体系 1 套,全程农产品质量安全控制监管规范 1 项,原料蔬菜、鲜切蔬菜、猪肉、牛羊肉供应企业全程质量控制系列标准 4 套。制修订产地准入、生产过程、质量控制等方面的标准 120 项。集成深冬设施蔬菜供应保障关键技术、重点环节关键因子风险分析评估与控制技术、安全监控预警大数据分析技术、农产品供应全程质量控制技术工作成果，建成4家供奥全程质量控制标准化示范基地。为冬奥农产品的安全供应提供保障。该项目发表文章7篇，获得专利授权11项，培训各类人员1200人次。

（闫　涛）

【进口商品数据采集研究项目（北京）】

项目时间：2017年10月—2019年11月

项目背景及成果：

中国物品编码中心项目。2019年11月21日，中国物品编码中心组织专家对北京市标准化研究院承担的进口商品数据采集研究项目（北京）进行验收。该项目通过专家组验收。

该项目面向大型进口商品经营企业开展进口商品采集工作流程调研，涉及进口商品经营企业20家，完成《北京地区进口商品数据采集工作流程调研报告》。截至2019年10月31日，采集进口商品数据2007条，覆盖进口商99家，进口商审核比例完成100%，商品数据审核比例完成100%。项目开展进出口商品信息采集与应用研究，掌握本地区进口商品市场情况、进口商品信息管理与应用现状，结合地方资源优势探索数据采集工作方式、应用及推广方向，形成《北京地区进口商品数据采集与应用研究报告》。该项目为下一步基于商品条码开展大规模进口商品数据管理和应用奠定基础，积累一定进口商品数据资源，扩充国家商品信息数据库，探索面向商品条码非系统成员企业提供服务的新模式，为扩充物品编码服务内容和服务领域作出有益尝试。

（孔维佳）

【2019年废旧家电"一机一码"条码技术方案研究】

项目时间：2019年4月—2019年12月

项目背景及成果：

北京节能环保中心项目。2019年12月11日，北京节能环保中心组织专家对北京市标准化研究院（北京市标准化交流服务中心）承担的2019年废旧家电"一机一码"条码技术方案研究项目进行验收。该项目通过专家组验收。

该项目在RFID行业技术应用调研的基础上，重点论证RFID技术在节能超市建立的回收体系下技术方案的可行性，通过RFID技术升级，可改进和完善废旧家电逆向物流信息追溯体系，完成《废旧家电"一机一码"条码技术方案研究报告》。该项目介绍GS1标准的应用情况，提出GS1标准在废旧家电回收领域的应用方案，对于开展绿色家电回收管理具有参考意义。

（孔维佳）

【农业标准化示范区带动品牌建设研究】

项目时间：2019年7月—2019年12月

项目背景及成果：

该项目于2019年7月正式启动，截至2019年底完成研究报告初稿，该课题计划于2019年底结题并通过国家市场监管总局专项验收。

该项目通过开展农业标准化示范区带动品牌建设研究工作，发现示范区标准化建设中的不足和问题所在，并有针对性地提出相应的建议和对策，引导农业标准化示范区科学合理建设，通过标准化工作促进示范区打造知名品牌，提高产品市场占有率，最大程度的取得经济、社会和生态效益。

（闫　涛）

以体制机制探索和标准创制及应用为主攻方向助力北京全国科技创新中心建设

——北京市标准化研究院开展国家技术标准创新基地(中关村)建设

一、试点示范简介

为落实创新驱动战略,着力将中关村打造成为世界先进标准创制的引领辐射区。重点在团体标准创制、国际标准产业化国际化、标准化科技协同机制、标准创新公共服务平台建设以及标准化人才培育等方面进行探索试点。市市场监管局和中关村管委会于 2013 年 8 月向国家标准委申请在中关村试点建设国家技术标准创新基地(以下简称:基地),申请于 2013 年 10 月 11 日得到批复,确定基地由北京市标准化研究院具体承建。该基地 2015 年 10 月完成筹建验收,2017 年 1 月被批准正式设立。

二、试点示范建设内容及主要亮点

基地是全国第一家获批筹建和第一家通过验收并被设立的区域创新基地。基地建设立足服务国家重大区域发展战略和重大改革创新举措的实施,突出市场化、产业化、国际化,着力打造立足中关村、服务全国、面向国际的标准创新服务平台。先后接待各地 20 余家基地前来调研交流,为全国基地制度出台和各省基地创建提供参考借鉴。

(一)突出政策引导。一是营造政策支持环境。北京市政府连续多年将建设国家技术标准创新基地列入政府折子工程进行考核。《北京市"十三五"时期标准化和计量发展规划》以及《中关村标准化行动计划(2016—2018)》等文件都对国家技术标准创新基地(中关村)进行重点安排。二是营造资金支持环境。2014—2019 年,市市场监管局和中关村管委会共同支持基地企业和产业联盟的标准化资金达 44084 万元,累计支持标准项目 4183 项。各有关区也出台了相关政策支持基地企业的技术标准创制工作。三是加强制度建设。出台了全国首个基地管理办法(见图1)。

北京市质量技术监督局
中关村科技园区管理委员会
文件

京质监发〔2018〕1号

北京市质量技术监督局
中关村科技园区管理委员会
关于印发《国家技术标准创新基地(中关村)建设办法》的通知

各有关单位:

现将《国家技术标准创新基地(中关村)建设办法》印发各有关单位,请遵照执行。

北京市质量技术监督局　　中关村科技园区管理委员会

2017年12月30日

— 1 —

图1　发布基地建设办法

(二)突出团体标准培育和品牌打造。一是加强培训,引导和培育基地内企业和产业联盟开展标准创制。6年多来,为示范区企业累计举办培训50多场,培训人数1万多人次(见图2、图3)。二是率先开展团体标准研究,并出版《团体标准理论与实践》专著(见图4)。三是支持13家中关村产业联盟和社会团体参与国家级团体标准试点。四是引导成立中关村标准化协会。

图2　举办新《标准化法》宣贯培训

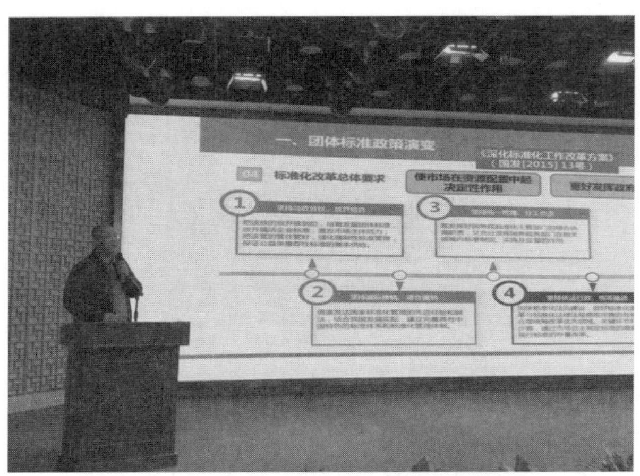

图 3　团体标准培训

图 4　团体标准著作

（三）突出国际标准化合作。基地着重围绕“高精尖”产业结构，先后邀请国际标准化组织（ISO）、国际电工委员会（IEC）以及 IEEE、ASTM、BSI 等标准制定组织的知名专家到中关村调研、与企业座谈，为基地内企业介绍如何有效参与国际标准化工作（见图 5、图 6 和图 7）。

图 5　BSI 标准在城市管理服务中的角色讲座

图 6　邀请 IEEE 专家到软件园讲座

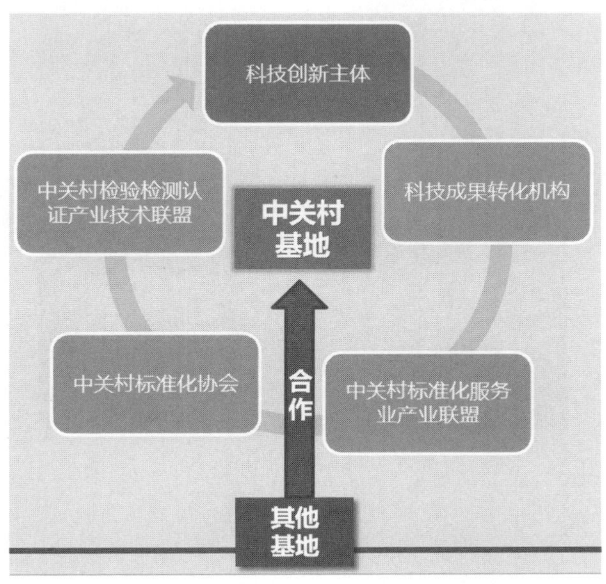

图 7　科技成果转化为技术标准机制

(四)突出标准化服务业发展的促进。推动成立了中关村标准化服务业产业联盟,吸引 9 家标准化服务机构入驻中关村。探索打造科技-标准-检测认证-产业互动支撑的全链条转化机制(见图 8)。基地通过国家级首批科技成果转化为技术标准试点验收。

图 8　国际化 + 人才培养

(五)总结归纳先进企业标准化成功经验。编撰出版《中关村标准故事》2 本(见图 9、图 10),用鲜活案例展示中关村企业在标准研制、实施以及国际化方面取得的成功经验,为广大企业参与国际国内标准化活动提供借鉴样板。

图 9　中关村标准故事 1

图 10 中关村标准故事 2

三、试点示范成效

通过几年的建设,国家技术标准创新基地的建设效果日渐显著。

(一)涌现出一批核心技术标准。据不完全统计,从 2013 年 10 月批准筹建至今,中关村示范区企业和产业联盟共编制标准 4756 项(见表 1、见图 11),涉及 5G 技术、新一代信息技术、智慧生活、石墨烯材料、新能源、电子商务、智能交通等领域。大唐集团和 TD 联盟牵头推动的 TD—LTE 系统标准、数字电视产业联盟牵头的 DTMB 地面数字电视标准分别获得国家科技进步特等奖和一等奖。由天地互连技术专家牵头的 IPv6 根服务器国际标准 RFC 8483 成为全球 IPv6 根服务器系统部署和运营技术指南。2014—2018 年分别有 14、16、22 个项目获得中国标准创新贡献奖,连续三届递增(见图 12)。

表1　国家技术标准创新基地(中关村)筹建以来创制标准的情况

国家技术标准创新基地(中关村)筹建以来创制标准的情况

	总数	国际标准	国家标准	行业标准	地方标准	团体标准
截至2013年底	4882	130	2778	1828	146	——
截至2014年底	5019	144	2877	1834	164	——
截至2015年底	5673	202	3111	2078	180	102
截至2016年底	6393	222	3433	2331	180	220
截至2017年底	8499	330	4811	2797	237	323
截至2018年底	9527	380	5415	2957	289	486

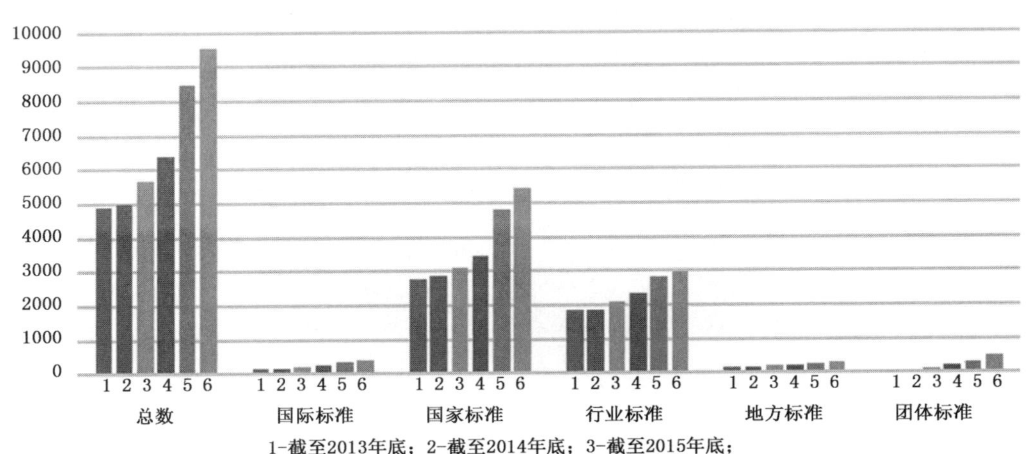

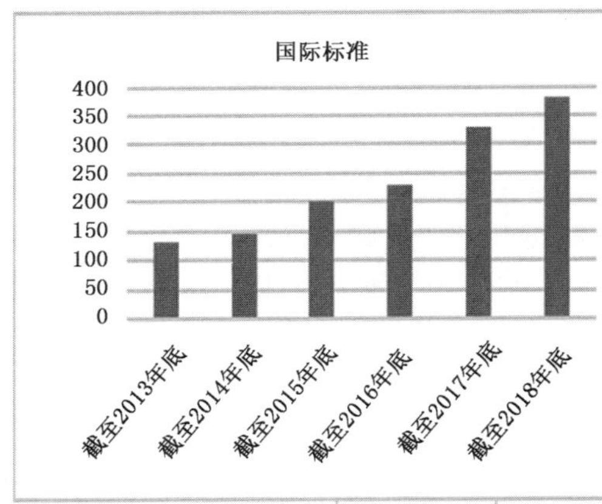

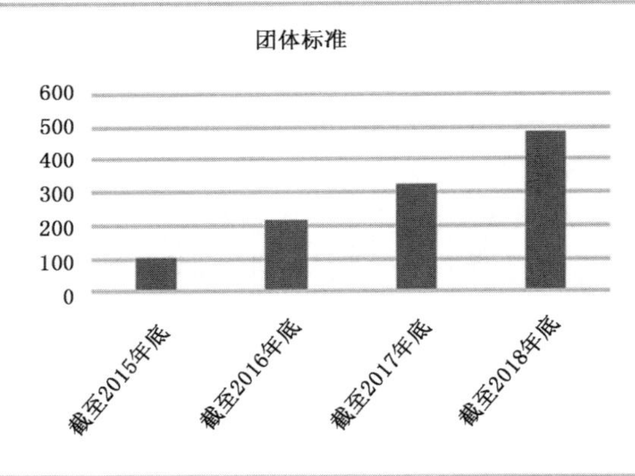

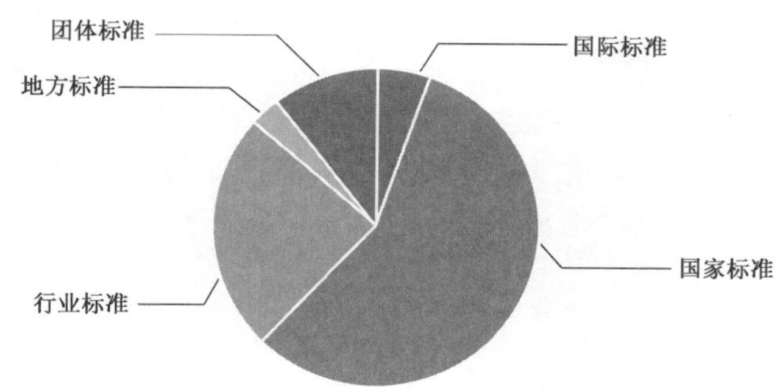

图 11　国家技术标准创新基地(中关村)2013 年 10 月筹建以来创制标准分布图

中关村企业和社会团体获得中国标准创新贡献奖获奖总数

获奖时间	获奖项目数量
2014年	14
2016年	16
2018年	22

中关标企业和社会团体获得中国标准创新贡献奖获奖数量

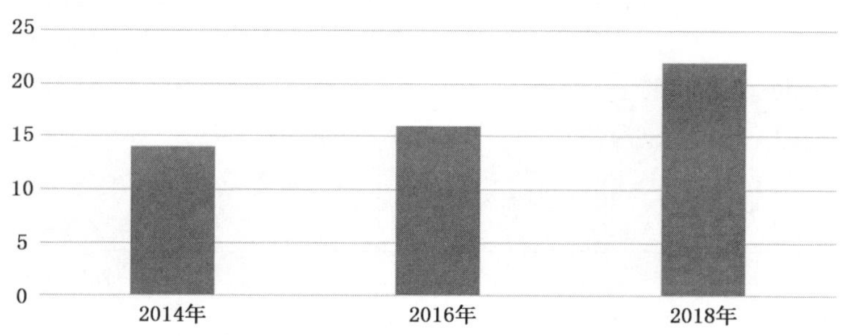

图 12　中关村企业、产业联盟、社会团体获得中国标准创新贡献奖获奖情况

(二)一批重点领域团体标准崭露头角。据不完全统计,截至 2019 年底,中关村产业联盟发布的团体标准达到 486 项。其中 1 项中关村团体标准荣获中国标准创新贡献奖二等奖,这是我国团体标准首次获中国标准创新贡献奖(见图 13)。推动中关村标准化协会发布三批 28 项“中关村标准”。

证 书

中国标准创新贡献奖

为表彰二〇一六年中国标准创新贡献奖获得者，特颁发此证书。

标准项目名称：CSA 016—2013 LED照明应用接口要求：自散热、控制装置分离式LED模组的路灯/隧道灯

奖励等级：二等奖

获奖单位：半导体照明联合创新国家重点实验室

证书编号：2016-59-2-19-D01

二〇一六年九月二十日　　二〇一六年九月二十日

图 13　半导体照明联盟获得中国标准创新贡献奖二等奖

（三）国际标准话语权和标准化地位得到提升。创制国际标准 258 项，承担国际标准化技术委员会秘书处 7 个，担任主要职务 7 项，承办国际标准化会议 19 次。中关村在一些新兴领域成为了标准“领跑者”。

（四）一批重要技术标准走出国门，带动产业不断发展壮大。TD-LTE 标准用户累计超过 17.46 亿，占全球 4G 用户的 51.39%。音视频标准被 6 个国家采用并进行数字电视播出。DTMB 数字电视标准在亚非国家和地区的用户达 200 万；宽带标准 McWiLL 系统在 5 个国家公网运营。

四、承担单位北京市标准化研究院简介

基地承建单位北京市标准化研究院是市市场监管局下属标准化研究机构。国家技术标准创新基地（中关村）批复筹建后，北京市标准化研究院成立“中关村标准创新服务中心”，搭建了标准创制服务、创新成果转化、人才汇聚培养、国际交流合作平台和京津冀协同创新协作等八大平台（见图 14）。基地筹建期间，投入工作经费 1055 万元。

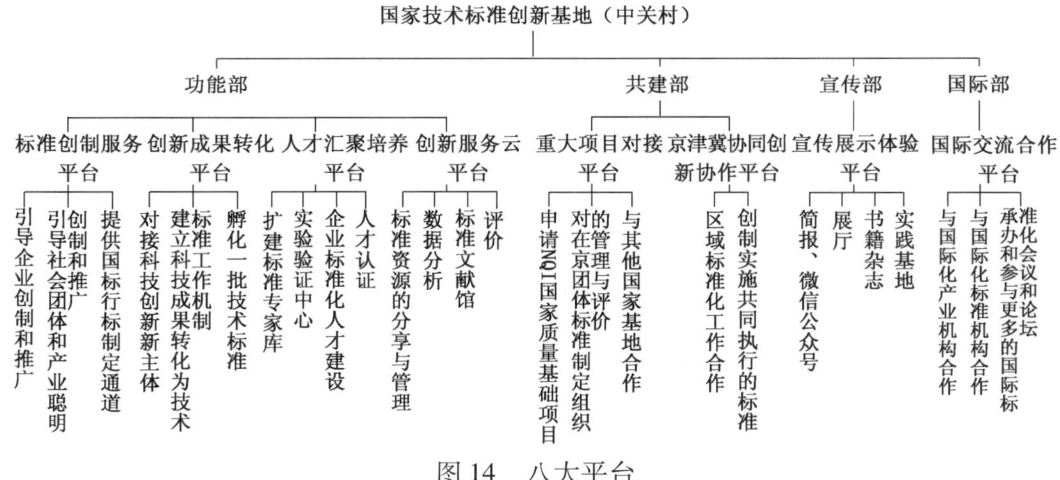

图 14　八大平台

从跟跑到领跑，打造轨道交通“最强大脑”

——中关村科技园区丰台园管理委员会开展国家高端装备制造业（轨道交通装备）标准化试点建设

一、试点示范简介

试点以切实提高中关村科技园区丰台园管理委员会（以下简称：丰台园）轨道交通装备制造业发展质量和效益为目标，优化和完善轨道交通智能控制标准体系，加快促进科技成果转化标准，积极探索标准化促进产业发展的机制，推动轨道交通智能控制“互联互通”，带动技术、产品、标准“走出去”，引领中国轨道交通企业全球化发展。

二、试点示范建设内容及主要亮点

丰台园积极探索全产业链、全要素、全过程的“标准研制＋标准实施＋标准输出”标准发展模式，成为我国轨道交通智能控制技术、标准的领跑者，加速中国轨道交通装备制造业由“中国制造”向“中国创造”转变。

1.“全产业链”的标准研发布局，助力创新能力提升

发挥研发优势，以试点为契机，建立全产业链的标准化协同机制，形成“政、产、学、研、用”紧密衔接的协同创新体系，推动技术、专利、标准协同发展。主导和参与制修订标准近200项，参与国家和部委科技专项20余项，获得重大科技创新成果奖10余项，大大提升了智能控制领域的标准创制效率和水平。

2.“全过程”的标准实施路径，带动企业高质量发展

坚持市场化运作和政府引导推动相结合，探索建立“全过程”的标准实施路径，突出强调以标准、检测、认证为手段强化标准化生产管理，通过持续和整体培育，打造品质高端、技术自主、国内一流、国际知名的“丰台（北京）轨道交通”品牌。试点企业获得了CRCC、TSI、IRIS等认证证书20余项。

3.“全要素”的标准输出机制，推动轨道交通智能控制“互联互通”

为推动丰台园轨道交通智能控制领域“互联互通”的健康持续发展，建立了轨道交通智能控制标准综合体，覆盖了轨道交通智能控制的信号、通信、设备互换等关键系统的全部要素，引导相关企业集中力量解决轨道交通智能控制领域的互联互通问题。全路通、交控科技

等主导和参与制定了 CBTC、LTE—M、GSM—R、FAO 等关键标准,实现了信号系统的互联互通,起到了行业引领和示范作用。

4. 团体标准重点突破,规范、引领行业发展

以整合园区自主知识产权和先进技术为出发点,在 CBTC 系统、LTE—M 系统、综合视频监控系统、自动售检票系统等领域进行团体标准的创新研究(已发布 44 项),补充了国家标准、行业标准的不足,加快了技术标准的产品化进程,推动试点企业积极打造拳头产品和品牌。全路通打造了全球首条互联互通地铁——重庆 5 号线,交控科技顺利完成了北京市轨道交通燕房线全自动运行系统国家自主创新示范工程。

三、试点示范成效

1. 打破技术垄断,轨道交通运行控制国内领导、世界领先

丰台园主导制定近 200 项轨道交通智能控制领域先进的国家标准、行业标准、地方标准和团体标准(其中已发布标准 151 项),填补国内空白,使我国成为第四个掌握 CBTC 核心技术并应用于实际工程的国家。实现了我国轨道交通智能控制系统技术的完全自主化和产品的 100% 国产化,由 CBTC 系统"跟跑",到 G—FAO 系统"并跑",再到 G—VBTC 系统"领跑"世界。

2. 轨道交通经济社会效益显著,成为京津冀协同发展的增长引擎

交控科技 CBTC 系统应用国内外 22 个城市 40 条线路,累计超 1700 千米。重庆互联互通预期节省配属列车 10 列(45 亿),四线预期运营收入增加 73.8 亿人民币。中铁咨询编制的团体标准《轻型跨座式单轨交通设计导则》,推动了单轨交通发展,降低造价 15% ~30% 。目前,在我国时速 300 千米以上的高铁中,丰台园的核心设备市场占有率超过 90% 。

3. 整合带动产品、技术和标准"走出去",向世界展示"中国高铁"

试点通过"工程 + 项目 + 产品 + 标准"系统推进,先后在亚洲、欧洲、非洲、南美洲、大洋洲等 20 多个国家建设了一大批轨道交通精品工程,顺利实施了肯尼亚蒙内新建铁路四电集成、巴基斯坦拉合尔橙线、印尼雅万高铁合同等海外项目,推动中国高铁及全套技术标准走出去,向世界展示了"中国高铁"。

四、承担单位简介

丰台园聚集轨道交通产业骨干企业 133 家,是国内轨道交通产业规模效益最显著、研发实力最强的区域之一,已经形成了以国家级"一个集群、一个试点、两个基地"和市级"两个基地"为特色的轨道交通产业集群。

“标准化 + 养老”深度推进 全力打造养老服务精品

——北京市第一社会福利院开展国家级服务业标准化示范建设

一、国家级服务业标准化示范简介

北京市第一社会福利院（以下简称：一福）2001 年通过 ISO 9001:2000 国际质量管理体系认证，2009 年完成企业标准体系建设，2011 年完成服务业标准体系建设，2012 年获批全国服务业标准化试点，2016 年成为全国服务业标准化示范。在长期养老服务实践中，逐步形成了一套完整的服务标准体系，通过规范化管理、标准化服务，打造了养老服务行业的知名品牌。

二、国家级服务业标准化示范建设内容及主要亮点

（一）精品展示基地，突显行业特色，融合人本理念

一福作为全国养老行业标准化示范，通过承担培训、经验交流、现场指导等方式，不断输出养老机构学习标准、建设标准、实施标准的成功经验，向全国 3 万多家养老机构展示了国家级标准典范，为新建和正在筹建的养老机构提供规模、成本、设施设备、人员配备、服务项目等方面参考，促使北京市地方标准《养老机构服务质量星级划分与评定》和《养老机构服务质量规范》不断丰富和完善。作为北京首家五星级公办养老机构，向全市 400 多家养老机构展示了五星级标准典范。

（二）实践验证基地，结合行业需求，注重运行实效

一福实时关注与养老行业相关的新标准发布实施，对新标准先试先行，实施验证。针对行业内尚无相应标准的服务和管理项目，将院内已实施且成效显著的《养老机构社会工作服务规范》《养老机构老年人生活照料操作规范》等 4 项规范，积极组织社会工作者、医护工作者学习标准、定期按标准进行模拟操作演练，及时总结经验，得出验证结果。经过提炼和完善，升级为地方标准，填补了北京市养老服务相关标准的空白。

（三）创新研究基地，站位行业前沿，着眼未来发展

一福积极与北京大学、中国人民大学等院校及科研院所合作，撰写多篇论文，开展多项合作项目。为进一步履行政府保障职能，一福成为全国首家集中接收计划生育特殊困难家

庭老年人的养老机构。针对计生特困老人的身心特征,研究制定了 6 项特殊服务项目。一福积极总结标准化服务经验,将"用于轮椅患者的约束服"申请实用新型专利,该专利已获得国家知识产权局授权。在开展养老服务远程医疗试点建设项目需求分析与设计中,一福融入了"标准化 + 信息化"的前瞻性理念,与宣武医院配合,探索远程医疗、远程康复、远程急救、远程教育等业务应用,使老人足不出院就能享受到三级医院专家的诊治,受到老人及家属的欢迎。

(四)宣传培训基地,展现品牌优势,输出专业人才

在标准化工作开展过程中,一福充分意识到"发掘员工潜能、培养内部标准化专家团队、输出管理理念和模式"的重要性,采取多种方式,分层次、系统的开展培训,有 8 名工作人员进入本系统标准化人才库,承担了对外开展标准化培训工作任务。一福还多次受国家标准委邀请,在全国标准化培训中授课;参加国家级服务业标准化试点、示范项目的专家评审;分别在《中国标准化》、《标准生活》、新华网、北京电视台等报刊杂志和网络上进行宣传报道。

三、国家级服务业标准化示范成效

通过多年标准化建设,一福带动全体员工从"要我标准化"转变为"我要标准化",建立起一支素质高、主动性强的标准化人才团队,老人满意度逐年提升,在行业内标准化工作影响力不断增强,多次接待全国各地同行业人士及外宾来院参观交流千余人次,为百余名大学生及志愿者提供了实习机会和公益平台。主导完成了 2 项国家标准、3 项行业标准和 10 余项地方标准的制修订工作,特别是 2017 年参与制定了国家标准《养老机构服务质量基本规范》(GB/T 35796—2017),见证并经历了我国养老服务全面迈入标准化管理的历史性进程。国际标准化组织(ISO)秘书长塞尔吉奥·穆希卡到一福参观考察,对一福完善的标准体系、高质量的服务,高素质的团队给予了高度评价。

四、北京市第一社会福利院简介

北京市第一社会福利院成立于 1988 年,隶属于北京市民政局,是由市政府投资兴办的集颐养、医疗、护理、康复、科研、教学为一体的大型综合性公办公营养老机构,接收对象为优待服务保障对象和计划生育特殊老年人。内设老年病医院,为院内老年人及周边社区居民提供基本医疗服务。

依标准治馆　让博物馆更有温度

——北京汽车博物馆开展服务标准化示范建设

一、试点示范简介

北京汽车博物馆(以下简称:汽博馆)2012 年创建服务业标准化,2014 年成为博物馆行业首家试点单位,2017 年成为国家级服务业标准化示范单位。汽博馆践行依标准治馆,深入研究博物馆制度建设和治理体系,探索标准化在博物馆管理中的实践应用,不断增强其发展性和创新性,积极推动行业和区域标准化发展。

二、试点示范建设内容及主要亮点

(一)建立特色服务标准体系,推动人财事务高效运转

从观众进馆参观流线开始对服务流程和服务事项按照类别和项目逐一梳理,搭建了参观、餐饮、购物、会议以及独具特色的科教文化五大服务体系,结合五大服务的常态运行规律对各服务环节进行运行管理的规范,形成了并列于五大服务的运行管理规范。将博物馆全体人员(含外包服务人员)纳入标准化管理范畴,抓住博物馆基础服务和运行保障人员占比高,工作流程化、规律化程度高的特点,构建"处处有流程、事事有标准、物物有人管、岗岗有考核、日日有坚持、时时有创新"的工作机制,将"有问题找领导"变成"有问题找标准",提高工作效率。将权力关进制度的笼子里,加强监督,提升防范风险能力。建立标准化常态化巡检和"节假日联合质检"机制,年均检查 240 余次,通过问题整改不断完善软硬件服务,实现持续改进。

图 1　汽博馆服务提供体系图

图2　汽博馆服务保障体系图

（二）创新驱动发展，标准化创新带来活力

标准化的不断积累奠定了坚实的基础，为管理者释放了更多的时间和精力推动创新发展，在文化传承中不断探索创新发展之路，从理念、制度、实践、传承、文化等方面不断践行着创新，运营起一座有温度、有活力的博物馆，为观众提供高品质、多元化的精神食粮。

图3　创新系列组图

图4　创新折叠空间培训教室

（三）组织行业交流，倡导依标准治馆

汽博馆作为国家级服务业标准化示范单位，以标准化“精品展示基地、实践验证基地、创新研究基地、宣传培训基地”建设为中心，举办标准化活动十余场，接待全国各界标准化参观交流百余批次2000多人，策划推出“依标准治馆　全心服务　让博物馆更有温度”展览，传播标准理念，营造标准化社会氛围，切实提升全行业标准服务水平，推动行业、区域标准化发展。

图5　联合全国四十余家博物馆、科技馆学者，举办“科教文化旅游服务标准化研讨会”

图6　标准系列丛书

图7　面向全国七十余家博物馆、科技馆同行，开展“首届博物馆服务标准化培训班”，积极发挥国家试点示范项目的引领作用

图8　举办丰台区世界标准日活动

三、试点示范成效

（一）助力汽博馆高质量发展

通过实施标准化管理，实现了开馆至今100%正常开放，重大安全事故为零，有效提高了服务品质，游客满意度不断提升，累计获得荣誉256项，社会影响力不断增强。

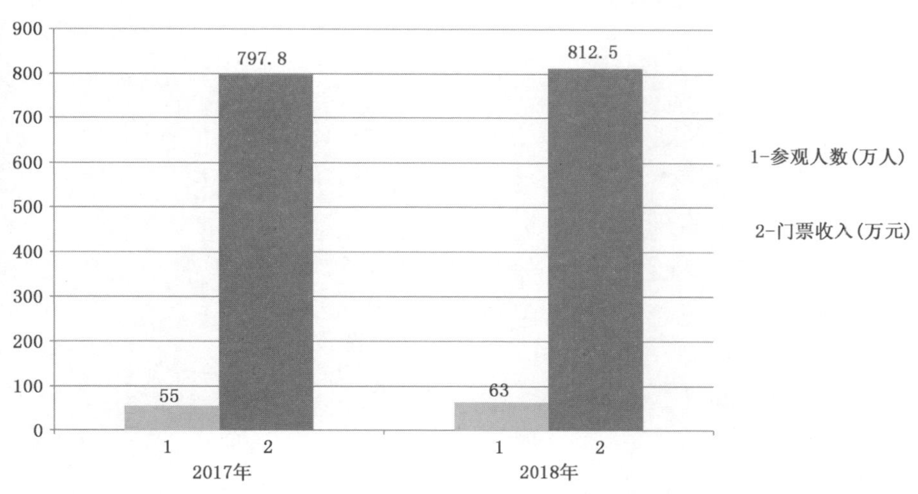

图9　参观人数和门票收入稳定增长

图 10　2019 年度北京品牌计划・文化品牌新势力 TOP30

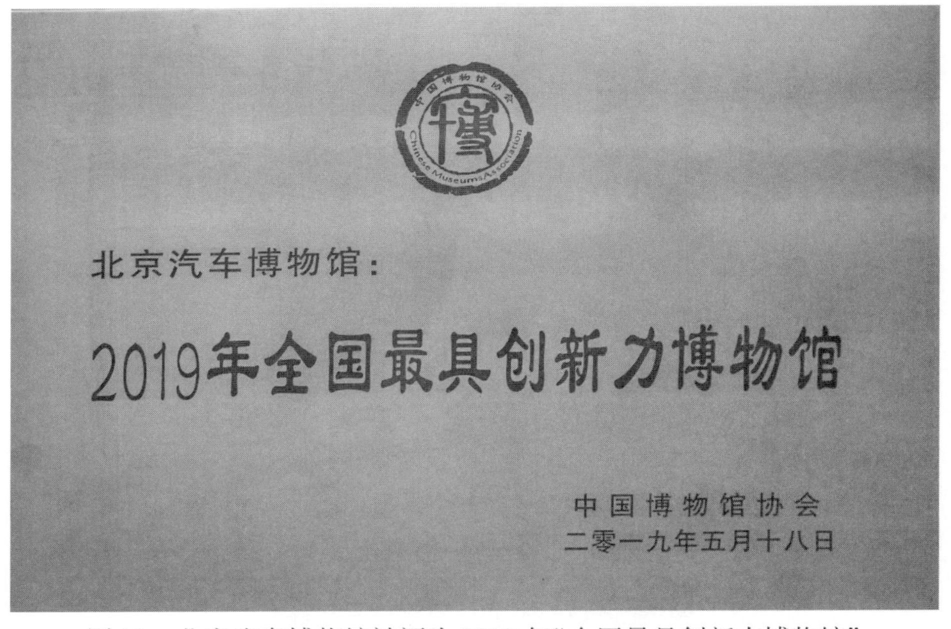

图 11　北京汽车博物馆被评为 2019 年“全国最具创新力博物馆”

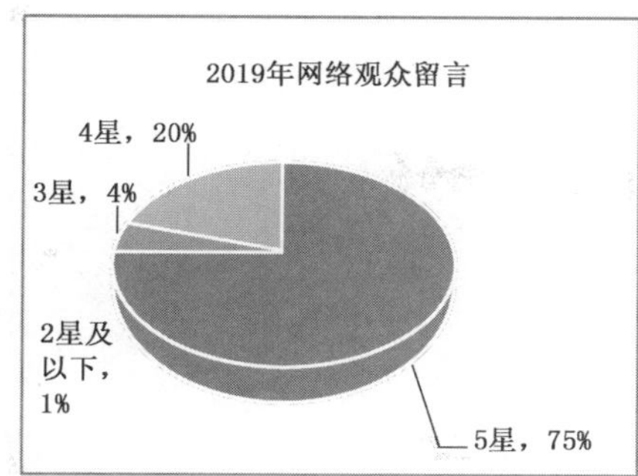

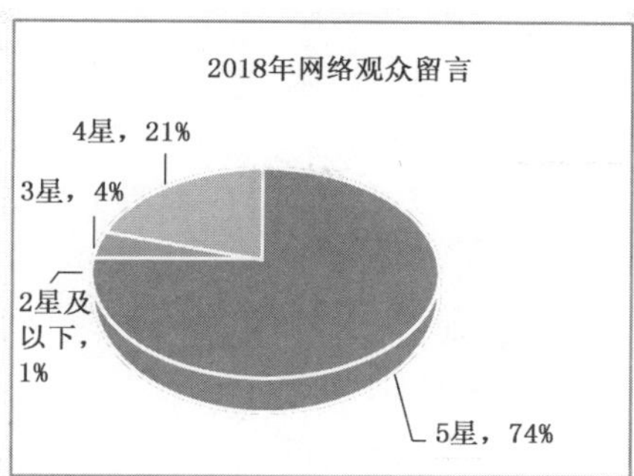

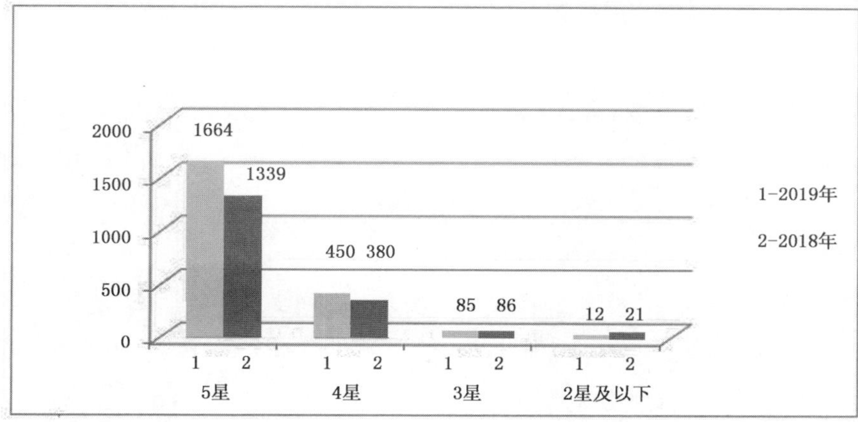

图12　网络评论情况对比

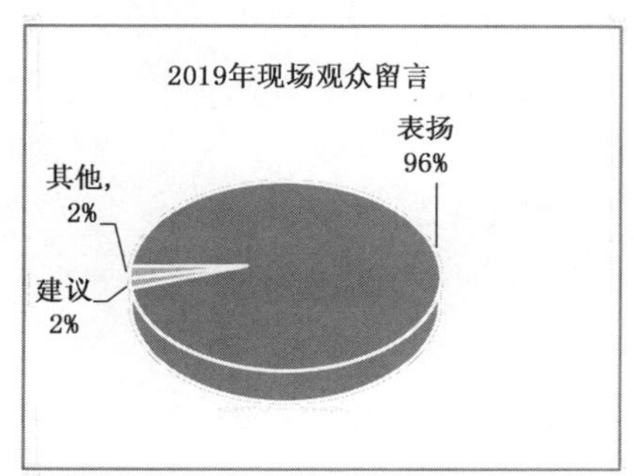

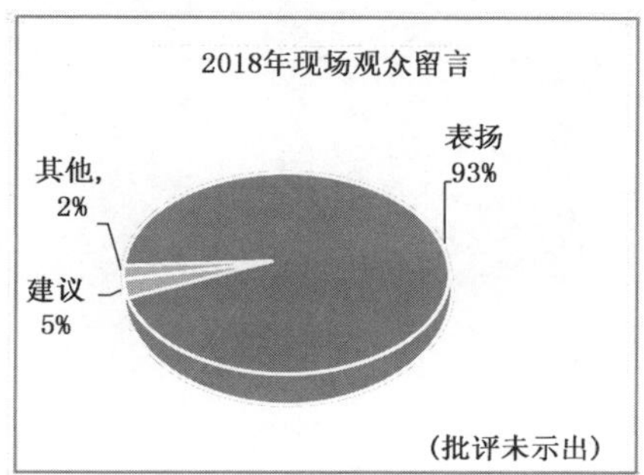

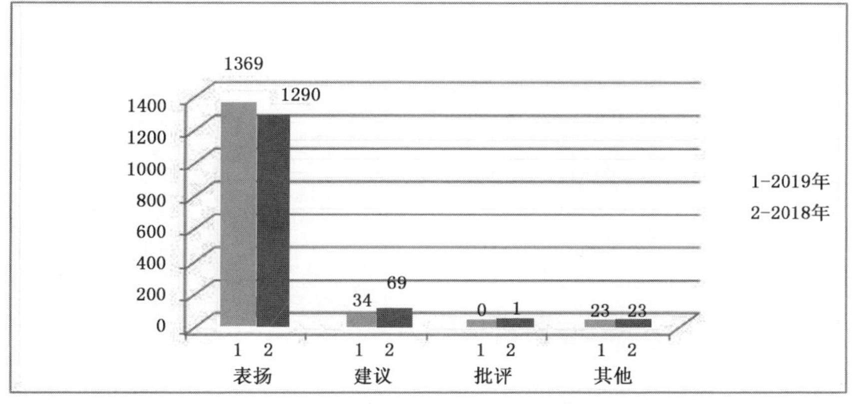

图13　现场留言情况对比

（二）参与标准研究制定

承担制定北京市文博领域地方标准体系中的首部服务标准《博物馆服务规范》，于 2018 年 5 月正式实施，促进博物馆专业化发展和服务规范化。成功申报《科普场馆展品运行管理规范研究》项目，研究成果将填补国内科普标准方面的空白。

四、承担单位简介

北京汽车博物馆 2011 年开馆，是国家公益性汽车主题博物馆，国家二级博物馆、国家 AAAA 级旅游景区，集博物馆、展览馆、科技馆三位一体，探索文化、科技、教育、旅游等多方位融合，促进“人—车—社会”的和谐发展。

图 14　汽车博物馆俯瞰图

创意会展服务的引领者

——国家会议中心开展国家级服务业标准化示范项目建设

一、试点示范简介

2015 年国家会议中心通过“国家级服务业标准化试点项目”验收，成为国内首家完成国家级服务标准化试点的会展场馆。2018 年国家会议中心通过国家标准委审批，成为 2018—2019 年度国家级服务业标准化示范项目，持续打造中国会展服务典范，成为“北京服务”、“中国服务”的样本。

二、示范建设内容及主要亮点

（一）诠释标准化力量，以标准化引领创新发展

国家会议中心独家研制了国内会议业的第一个国家标准《会议分类和术语》，参与起草了《会议中心服务运营规范》《展览场馆服务运营规范》《展览服务（布展工程）单位经营服务规范》《专业性展览会登记的划分及评定》等 4 项行业标准，为行业数据统计和分析提供了重要依据。2012 年，国家会议中心通过了食品安全管理体系（ISO 22000）和 HACCP 认证，成为国内第一家同时通过这两个认证的会展场馆。2014 年，企业成立创新技能工作室，把菜品研发和餐饮、主题宴会紧密结合，实现了餐饮服务的高标准、高规格。2017 年，国家会议中心再次参与行业标准的研制，为《绿色展览馆设计及服务指南》《绿色展览示范基地评定标准》提供有价值的参考意见。

（二）固化服务经验，向全国其他场馆输出标准

近年来，国家会议中心不断发挥场馆服务首都“四个中心”功能，持续提升在促进国际交往中心建设的平台效应。圆满完成 2014 年 APEC 领导人会议周、“一带一路”国际合作高峰论坛、中非合作论坛北京峰会、国际刑警组织第 86 届全体大会、国际标准化组织大会、京交会等活动以及为 G20 杭州峰会、厦门金砖会晤、上合青岛峰会等重大会议的服务保障任务。作为首都北部“会客厅”的重要组成部分，国家会议中心充分发挥国家级服务业标准化示范单位的引领作用，自 2013 年起，先后向珠海国际会展中心、北京雁栖湖国际会展中心、宁夏国际会堂、南昌绿地国际博览中心、杭州国际博览中心等 14 家会展场馆输出管理。

（三）展示服务标准，打造业界品牌影响力

国家会议中心多年深耕于标准化建设，多管齐下塑造企业特色品牌，不断传播中国会展

业的理念和经验，进而夯实四个基地建设。2018 年 10 月举办了“北京服务　标准先行”国家会议中心标准提升年主题活动。2019 年 10 月，国家会议中心承办 2019 年世界标准日纪念会议。在会上，国家会议中心展现服务业标准化魅力。让与会嘉宾从观、品、闻、触多角度获得全新沉浸式体验，通过情景再现的方式生动、立体地感受首善一流的场馆标准化服务。

图 1　“一带一路”国际合作高峰论坛会场

图 2　第 39 届国际标准化组织大会欢迎晚宴

图3　第三届中国(北京)国际服务贸易交易会外景

图4　“北京服务　标准先行”国家会议中心标准提升年主题活动

图 5　2019 年世界标准日纪念会议现场

图 6　主题特色餐饮摆台

三、试点示范成效

作为中国会展场馆的领跑者，国家会议中心不断完善标准化修订，从 411 项增加到 416 项。从 2009 年 11 月至 2019 年 9 月底，累计接待会议、展览、活动共计 10149 个，为北京拉动收入近 500 亿元。作为国内最繁忙的会展场馆之一，至今接待客人总数超过 4000 万，成为展示北京和国家形象的重要窗口。2017 年 12 月，国家会议中心荣获北京市人民政府质量管理奖提名奖。2018 年 5 月，国家会议中心荣获"首都文明单位标兵"荣誉称号。国家会议中心精神文明建设的经验总结——《用专业化标准服务　诠释"北京服务"金字招牌》作为精神文明建设典型范例收录工作大会的经验材料汇编，作为首都精神文明建设"标杆"进行推广。2015 年出版了《服务的力量：国家会议中心接待 2014APEC 领导人会议周全记录》；2018 年出版了由国家会议中心编制的国家会议中心服务接待“一带一路”国际合作高峰论坛全纪录《回眸与超越》。2019 年,国家会议中心开创性地 40 天内为第二届“一带一路”国际合作高峰论坛、亚洲文明对话大会、2019 北京世园会、京交会四场重大活动提供服务保障,这在国内场馆中也前所未有。国家会议中心以“标准化 + ”助力重大会展活动,为客人提供可追溯、可检验、有创意的标准化服务。

图 7　荣获北京市人民政府质量管理奖提名奖

图 8　服务接待“一带一路”国际合作高峰论坛全纪录《回眸与超越》

四、承担单位简介

国家会议中心隶属北京北辰实业股份有限公司，奥运会后经过改造成为集会议、展览、餐饮、住宿、写字楼为一体的大型公共建筑，于 2009 年 11 月正式投入运营。国家会议中心以标准化为支撑，为顾客提供以会展服务为核心，集吃、住、行、游、购、娱为一体的“多样化定制创意会展服务”。

标准化支撑首都水污染治理迈向长治久清

——北京排水集团开展国家级社会管理和公共服务综合标准化试点

一、试点示范简介

为全面建设生态文明，打赢水污染防治攻坚战，北京排水集团（以下简称"北排"）通过建设实施"市政排水和污水处理公共服务综合标准化试点"，全面提升首都水污染治理成效，打造行业标杆，为全国水环境治理摸索出一条成功高效的发展路径。

二、试点示范建设内容及主要亮点

北排结合国家水污染治理目标及企业发展战略，全面梳理了行业主营业务流程（见图1），确定核心要素，建立起"市政排水和污水处理公共服务标准综合体"（见图2）。

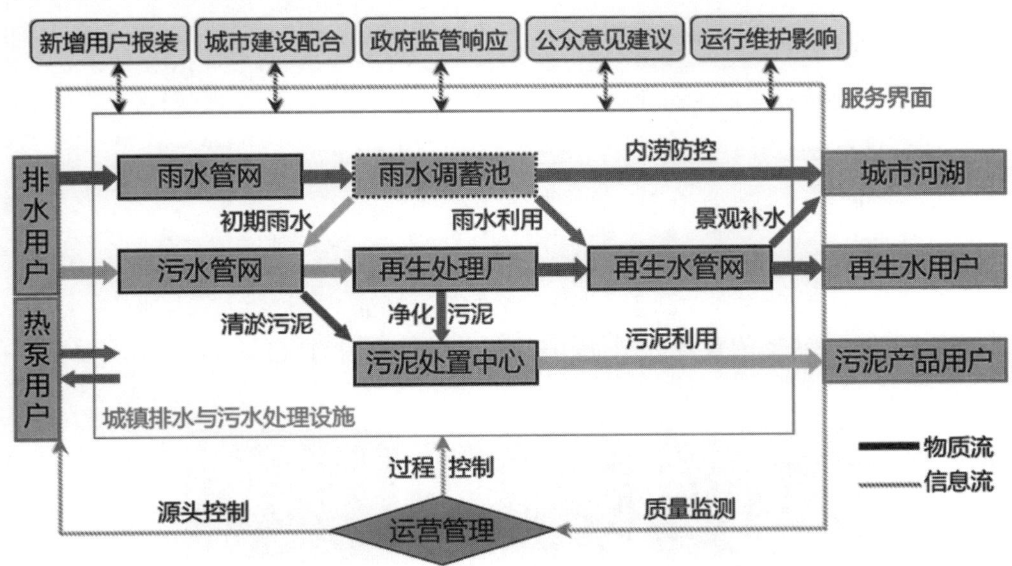

图1　北排主营业务流程图

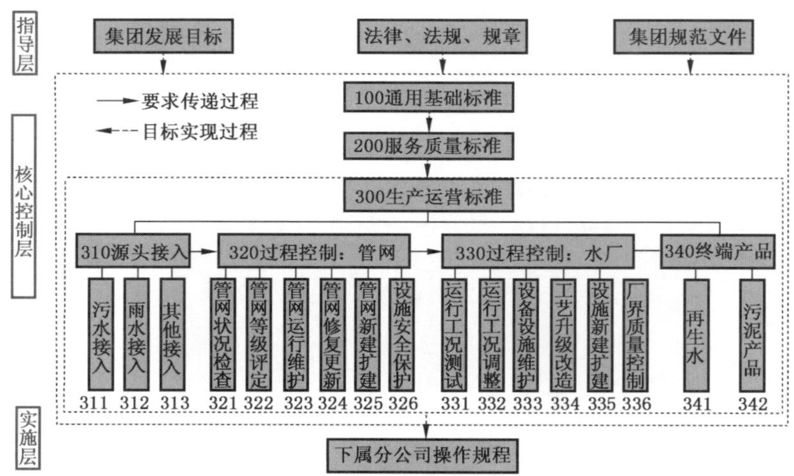

图 2　市政排水和污水处理公共服务标准综合体结构框架图

依据标准综合体框架，梳理分析研究现有标准，并结合需求，牵头编制了 96 项标准，完善标准综合体（见图 3）。

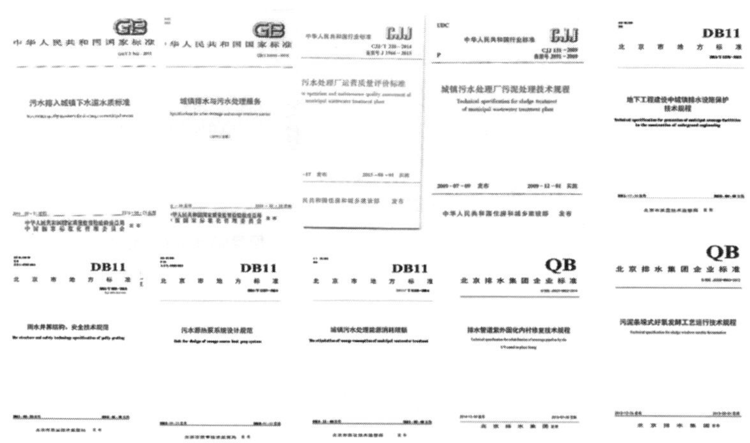

图 3　北排编制的部分标准

建立业务与标准匹配的管理机制，层层分解下发任务，狠抓落实，实施标准综合体（见图 4）。

图 4　北排标准化工作过程

通过标准综合体的建设实施，提升了首都生态治理质量，推动了发展模式，实现了多项创新：

1. 标准打破行业发展瓶颈。

北排牵头编制国家标准《污水排入城镇下水道水质标准》（见图5）和《城镇排水与污水处理服务》（见图6），解决了长期制约行业发展的污水源头控制难、管网收集不规范等问题，规范了全社会的排水行为，明确行业服务边界，获得与服务相匹配的标准定价，促进行业健康发展，推动社会、环境与经济可持续发展。

ICS 13.060
P 40

GB

中华人民共和国国家标准

GB/T 31962—2015

污水排入城镇下水道水质标准

Wastewater quality standards for discharge to municipal sewers

2015-09-11 发布　　2016-08-01 实施

中华人民共和国国家质量监督检验检疫总局
中国国家标准化管理委员会　发布

图5　北排主编国家标准1

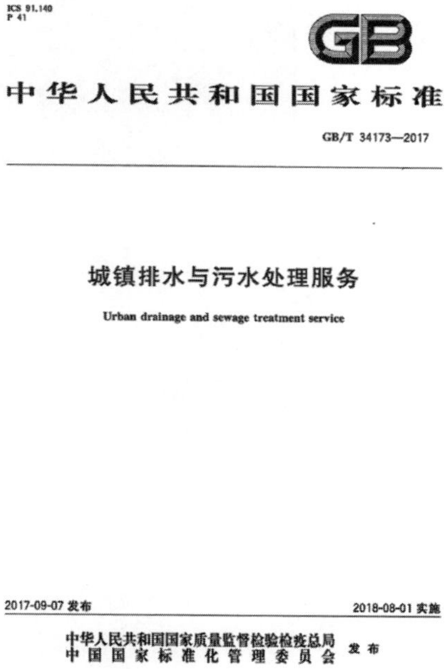

ICS 91.140
P 41

GB

中华人民共和国国家标准

GB/T 34173—2017

城镇排水与污水处理服务

Urban drainage and sewage treatment service

2017-09-07 发布　　2018-08-01 实施

中华人民共和国国家质量监督检验检疫总局
中国国家标准化管理委员会　发布

图6　北排主编国家标准2

2. 标准推动技术创新转化。

北排始终重视创新技术研发，专利技术年年攀升（见图7）。在试点期间通过标准实现了三十余项自主创新技术在实际工程中的应用转化。对标国际建成了全球最先进的污泥处理中心，升级改造污水处理厂等设施使其能执行全国最严格的标准，助力首善一流水环境。获得两项国家科学技术进步二等奖（见图8～10）。

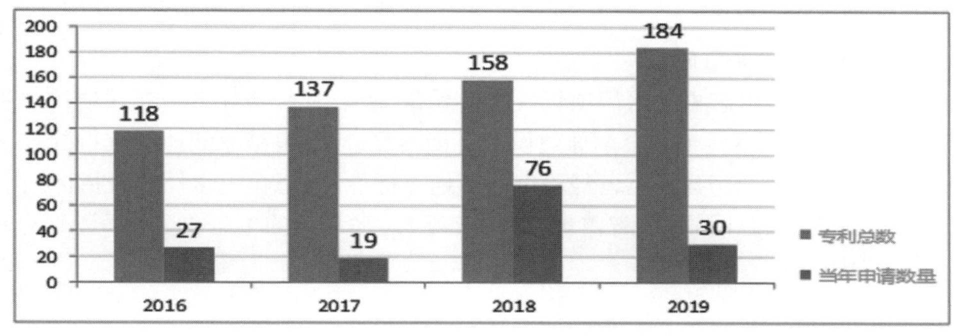

图7　北排自主研发技术专利不断攀升

图 8　2019 年 1 月北排参加国家科学技术奖励大会领取奖状

国家科学技术进步奖
证　书

为表彰国家科学技术进步奖获得者，特颁发此证书。

项目名称：城市污水处理过程控制关键技术及应用

奖励等级：二等

获 奖 者：北京城市排水集团有限责任公司

中华人民共和国国务院

2018 年 12 月 12 日

证书号：2018-J-220-2-04-D02

图 9　北排获得国家科学进步二等奖 1

国家科学技术进步奖
证　书

为表彰国家科学技术进步奖获得者，特颁发此证书。

项目名称：城市集中式再生水系统水质安全协同保障技术及应用

奖励等级：二等

获 奖 者：北京城市排水集团有限责任公司

中华人民共和国国务院

2018 年 12 月 12 日

证书号：2018-J-231-2-01-D02

图 10　北排获得国家科学进步二等奖 2

3. 标准引领未来发展方向。

2018 年，北排槐房生态再生水厂项目从全世界 50 多个国家、700 多个参评项目中脱颖而出，荣获第十一届 IWA 世界水大会全球建设项目创新奖金奖，也是亚洲地区获得的唯一金奖（见图 11）。北排结合槐房建设运营经验编制了地方标准《生态再生水厂评价指标》，引领建设涵盖水的资源化、能源回收、节省占地、环境友好、人水和谐的生态再生水厂，满足老百姓对美好环境的需求。

图 11　北排荣获第十一届 IWA 世界水大会全球建设项目创新奖金奖

4. 标准填补国际空白。

北排积极参与了《再生水安全性评价指标与方法指南》等多项国际标准的编制，梳理了集团多年来在再生水回用景观、工业、城市杂用的经验和监测数据，提出了再生水水质安全评价指标和评价方法，填补了水回用领域国际空白，贡献了中国智慧（见图 12）。

图 12　北排参与国际标准编制

三、试点示范成效

北排自 2011 年实施标准化战略以来，总资产从 212 亿元增至 807 亿元。自 2015 年起，北排以标准综合体为支撑，快速在全国 10 余座城市建设运营了多个环境治理项目（见图 13～17）。

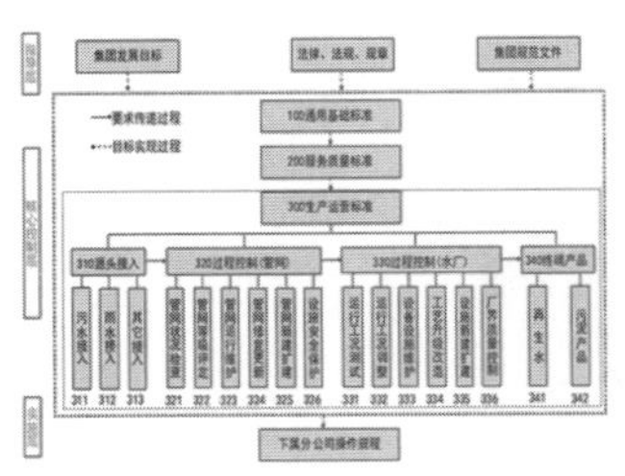

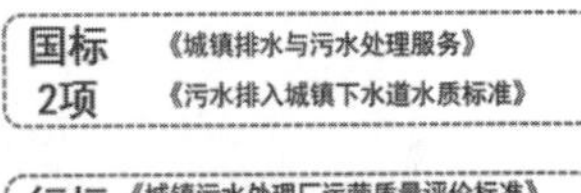

行标 3项 《城镇污水处理厂运营质量评价标准》《城镇污水再生利用设施运营技术规程》《城镇污水处理厂污泥处理技术规程》

地标 14项 《城镇污水处理能源消耗限额》《地下工程建设中排水设施保护技术规程》《雨水井箅结构、安全技术规范》……

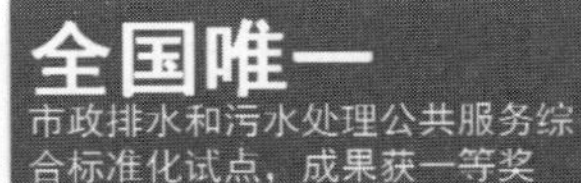

图 13　试点工作成果

图 14　北排那考河流域生态综合治理项目

图 15 北排海口综合治理 PPP 项目

图 16 再生水构建高碑店生态水谷项目

图 17 北排获得全球金奖的槐房地下再生水厂

北排参与制定的近八十余项标准均填补了国内外标准空白，获得 2016 年北京水务科学技术一等奖（见图 18）。

荣誉证书

北京水务科学技术奖

为表彰北京水务科学技术奖获得者，特颁发此证书，以资鼓励。

项目名称：“市政排水和污水处理公共服务标准综合体”构建及示范

获奖等级：壹等奖

获奖单位：北京城市排水集团有限责任公司、北京市水务局、北京市标准化研究院、北京市西城区质量技术监督局

证书编号：2016-1-03-D01

2016年6月6日

图 18　北排标准综合体建设获得 2016 年北京水务科学技术一等奖

始终践行首善一流标准，创制标准、依据标准完成多项重大项目建设，规范化防汛抢险，每年提供近 12 亿吨高品质再生水等，成为首都水环境治理主力军（见图 19）。

消减北京中心城区95%以上污染负荷
为黑臭水体治理、水体富营养化治理奠定坚实基础
水环境安全
北京防汛主力军
地下空间安全 溢流污染控制
城市运行安全
厂网一体化
四大功能
水资源安全
北京第二水源
年产再生水12亿立方米
节能减排
每年提供100万吨有机营养土
年消减COD60万吨，氨氮6万吨

图 19　北排成为首都水环境治理主力军

四、承担单位简介

北排以雨污水收集、处理、回用和防汛保障为主营业务，引领了区域厂网一体化运管模式，建立了区域特许经营商业模式，构建了具有国际影响力的水科技研发中心。截至 2018 年底，总资产 807 亿元，职工 4700 余人。（见图 20）

北排“之最”

- 总资产807亿元
- 全球最大的厂网一体化设施
- 全球最大的地下MBR再生水厂，地上部分为全开放式湿地公园
- 全球最大的污泥处置中心，采用国际最为先进污泥处理技术
- 世界一流的水科技研发创新孵化产业园
- 全国最有影响的厂网河一体化流域生态综合治理项目
- COD、氨氮消减总量全国第一
- 再生水生产量全球第一，污泥无害化处理量全球第一
- 执行全国最为严格的水、泥、气相关标准

图20　北排集团总体情况

用标准化践行“绿水青山就是金山银山”发展理念

——北京市房山区张坊镇实施美丽乡村建设标准化试点工作的实践

北京市房山区农村领域标准化工作紧紧围绕首都城市功能定位，按照实施乡村振兴战略、京津冀协同发展战略等相关要求，充分发挥首都资源优势，全力打造一二三产融合发展、规范乡村绿色发展、健全乡村治理体系的首都特色乡村振兴模式。2019 年，房山区以农业标准化工作为基础，利用标准化手段开展农村综改标准化试点建设，立足全区“三区一节点”功能定位，依托大峪沟村良好的生态人文环境，坚持以生态为底色，加快补齐农村人居环境和公共服务短板，着力壮大乡村产业，在推进美丽乡村建设标准化，践行“绿水青山就是金山银山”的发展理念上走出了一条新路子，为首都乡村振兴提供了标准化样板。

一、基本情况

房山区张坊镇是中国房山世界地质公园的重要组成部分，位于首都西南，距北京市中心约 69 公里，与河北省保定市涞水县隔拒马河相望，是京冀的重要交通枢纽。全镇总面积 119.4 平方公里，山区、丘陵占镇域总面积的 84%，生态环境良好，旅游资源丰富，森林覆盖率达到 42.91%，林木绿化率接近 63.25%，风光秀丽，峡谷峰林，有“天然氧吧，自然空调”的美誉。全镇共辖 15 个行政村，人口 2.2 万人。预计到 2019 年底，可完成税收 6302 万元、财政收入 1797 万元、固定资产投资 5939 万元。

大峪沟村是“中国磨盘柿第一村”，位于张坊镇东北 2.8 公里处，总面积 10.4 平方公里，人口 1793 人，现有磨盘柿面积 2000 余亩，有柿树 7 万余株，其中结果大树 5 万余株，还有丰富的农家乐旅游基础设施等。大峪沟村磨盘柿栽培历史悠久，相传自明代就开始种植，是历代宫廷贡品，村内柿树分布广泛，产量高，磨盘柿产业已初具规模，已成为该村的支柱产业，是农民增加收入的主要来源。

2016 年 11 月，根据《国家标准委关于下达第二批农村综合改革标准化试点项目的通知》（国标委农〔2016〕81 号）文件精神，张坊镇人民政府获批列为第二批国家级美丽乡村标准化试点。三年以来，张坊镇以大峪沟村为重点示范村，坚持政府主导、企业助力、群众参与，在推动农村环境改善、农业质量提升、农村治理有效、农民增收致富的标准化建设方面取得了较大进展，多次被中央电视台、北京电视台、人民网等多家媒体报道，得到了社会各界的肯定，为逐步推动全镇美丽乡村建设从一处美迈向一片美，从一时美迈向持久美，从外在美迈向内在美，奠定了扎实的基础。

二、主要做法及成效

（一）主要做法

1. 强化组织领导，突出高位推进。美丽乡村建设标准化试点工作是一项长期性、系统性工作，需要大量的人、财、物投入。试点工作开展以来，张坊镇党委、镇政府高度重视，成立了由镇党委书记任总指挥，镇长任指挥，主管农业副职任副指挥，农业发展科、农业综合服务中心、林业站、经管办、财政所和旅游部门等为成员的领导小组，并实施了主管领导任期责任制，把建设任务和目标落实作为考查考核主管领导工作业绩的一项重要内容，建立督察机制，定期进行目标考察，以确保规划实施的进度和效益。同时，为了保证项目建设进度，由领导小组下设办公室，负责试点工作的协调和资金的筹措，除了国家标准委拨付的专项经费，完善了以政府主导、集体补充、村民参与的投入机制，累计争取市、区财政专项资金以及整合各类涉农资金2700余万元，有力保障了试点建设的整体有序进行。

2. 细化工作职责，建立长效机制。张坊镇坚持把推进责任落实作为标准化建设的重点内容，以制度构建美丽乡村建设长效机制。为扎实推进各项工作落实，制定出台《张坊镇美丽乡村建设标准化试点工作方案》，围绕试点目标，对职能科室、配合单位的职责任务进行了一一细化。同时，还建立了定期沟通协调机制，对于试点工作中遇到的重难点问题，按照特事特办、急事急办的原则，召开专门会议进行集中解决，几年来，累计召开部署动员会、现场推进会、部门协调会20余次，有效解决了在标准框架搭建、标准收集与制修订、标准培训等关键环节中出现的各类问题，确保了试点创建工作顺利推进。

3. 凝聚高端智力，精心制定标准。为进一步提升顶层设计水平，提高标准编制的科学性和合理性，2018年1月，张坊镇与中国标准化研究院签订了技术服务协议，对全镇美丽乡村标准化建设进行技术指导。在双方共同努力下，紧密结合地区经济、社会及资源禀赋特点，围绕试点项目申报书和试点工作实施方案中提出的试点内容，以大峪沟村为蓝本，集中力量重点开展了村庄生活基础设施、特色产业、农业污染防治、生态保护与治理、村容整治等方面的标准化建设。起草了《河道管理与维护规范》《登山步道设置与服务规范》《美丽乡村村容村貌管理与维护规范》等6项区域性规范，共计梳理各类标准61项，进一步增加了标准体系的针对性和实用性，避免了大而全的泛化标准化。

4. 广泛宣传发动，狠抓标准贯彻。为充分调动广大群众的积极性和创造性，区、镇、村三级利用报纸、广播、电视、网络、专栏、宣传册等形式对美丽乡村标准化建设工作进行了广泛宣传、深入动员、全面部署。邀请中国标准化研究院、中国农业大学、北京农职院等多家科研院所专家为我镇工作人员及村民传授标准化知识，共开展各类标准化培训十余次，累计培训300余人。通过持续不断的宣传、导入标准化理念，初步形成了人人学标准，人人用标准的氛围。

（二）工作成效

1. 人居环境持续优化。根据《村容村貌管理与维护规范》，以治理污染为重点，科学规划，统一组织，因地制宜，分类指导，深入开展农村环境综合整治。通过运行《农业固体废弃物综合利用规范》，实现玉米秸秆、柿树叶等农业固体废弃物堆肥利用率达到80%，不仅起到增肥增产作用，减少了火灾隐患，同时还杜绝了焚烧所造成的大气污染。通过实施《农村地区公厕、户厕建设基本要求》(DB11/T 597—2018)、《农村生活污水人工湿地处理工程技术规范》(DB11/T 1376—2016)等地方标准,新建两座村级公厕,三座污水处理站也已投入运行,并且配置了垃圾桶和垃圾转运箱,村庄垃圾实行"户分类、村收集、镇转运、区处理"的四级治污联动模式,处理率达到100%,村庄污水全部实现了集中处理、达标排放。通过实施《生态公益林养护与管理规范》,组建了专门的森林管护队伍,三年来共计绿化荒山4000余亩,其中包括栽植250亩彩叶景观林,不仅使森林覆盖率不断提高,而且增加了景观效果。三年的美丽乡村标准化建设,改变了大峪沟村"脏乱差"的状况,使天更蓝、地更绿、水更净、人更美的美好愿景变为了现实。

2. 基础设施不断完善。按照不搞大拆大建、不搞大搬大迁、尊重自然、因地制宜的原则,大峪沟村运用《村镇住宅太阳能采暖应用技术规程》(DB11/ 635—2009)、《居住建筑节能设计标准》(DBJ 11-602—2006)等地方标准,开展了老旧房屋节能改造工作。通过实施《公路工程设计导则》(DB11/T 1509—2018)、《公路养护技术规范》(JTG H10—2009)等标准规范,翻修硬化村内道路2.1公里,修建登山步道1500米,新建1处村民活动广场,并且安装太阳能路灯60盏,配置垃圾桶50个,改造水冲式厕所700户,有效改善了大峪沟村的交通、水电等基础设施,提升了村民居住舒适度,基本实现村庄绿化、道路硬化、路灯亮化、卫生洁化和公共设施配套化。

3. 产业发展优化升级。一方面通过实施《地理标志产品 房山磨盘柿》(GB/T 22445—2008)、《磨盘柿采摘园科普与旅游休闲服务规范》等磨盘柿相关标准及规范,大力发展"企业+合作社+农户"的生产和销售模式,吸引民资、民力参与,打造出蜜柿、冰柿、柿子醋等柿子产品,增加了柿子附加值,同时完善了1000亩的磨盘柿特色采摘区,建设柿树资源品种储备区50亩,引进国内外优良品种20个,为游人提供柿子品种科普展示。磨盘柿种植面积、产量和销售价格逐年攀升,截至2019年底,全镇磨盘柿种植面积达1.9万余亩,年产鲜柿650万公斤,柿子销售年收入可达2000万元以上。另一方面,挖掘开发了百年老树园、柿柿如意园、唐代摩崖石刻等特色旅游景点,通过磨盘柿特色产业和民俗旅游产业深度融合,实现了一、三产联动,年接待游客2万余人次,旅游销售收入达到500万元以上,初步达到了产业兴旺、生活富裕的良好效果。

4. 公共服务提质增效。结合推进落实北京12345接诉即办工作机制,坚持问题前置、端口前移,积极有效倾听村民的基本公共服务诉求,将"未诉先办"转化为常态化工作,从源头入手帮助群众解决实际问题,优先考虑解决医疗、教育、养老保障等与村民密切相关的公共服务需求,构建起了便捷、高效的便民服务网。2019年,大峪沟村农村合作医疗覆盖率达到100%,城乡居民养老保险缴费率达到100%,村务公开规范化100%,村级班子群众满意率到98%,村民对社会治安满意率达99%,村民的幸福感、获得感不断增强。

三、下一步工作思路

下一步将重点做好以下几项工作:

一是要拓宽美丽乡村建设的新思路。坚持"因地制宜、显示特色"的理念,加强村庄整体顶层规划。结合北京市生态宜居,产业发展的要求,编制全镇村庄布局规划,细化规划建设导则,突出乡村特色,以多样化为美,避免千村一面,传承乡村文化,体现京韵农味,留住乡愁记忆。

二是要提高农民参与美丽乡村建设的意识。通过创新宣传方式,充分发挥报刊、电视、广播、网络等主流媒体作用,开展形式多样、内容丰富的宣传、教育、培训活动,让农民群众了解美丽乡村标准化建设的相关政策、具体措施、目的和意义,吸引更多的年轻人回乡创业,实现"动自己的手、出自己的汗、用自己的钱,建设自己的家乡"的工作局面,形成"政府干"到"群众干"的良好建设氛围。

三是要发挥基层党组织的战斗堡垒作用。充分发挥基层党组织的战斗堡垒作用,定期公示美丽乡村建设过程中的重大项目进展情况、资金使用情况,接受全体村民的监督。对建设过程中遇到的难题,积极与农民群众沟通,耐心与群众讲解,争取群众的支持,让群众真正拥有知情权、参与权、决策权和监督权。

四是要多方筹措美丽乡村建设资金。坚持科学合理运用财政补助资金,创新补助方式,通过"以奖促治""以奖代补"等措施,加强项目管理和资金使用的监督,提高资金的导向作用和激励作用,运用市场机制吸引全社会参与美丽乡村建设。同时要把培育壮大特色产业作为推动美丽乡村建设形成良性循环的根本之策,因地制宜,科学谋划,着力引进一批符合产业规划、带动性强的龙头企业,通过土地入股、资金入股、劳动力入股等方式,让集体和农户真正参与进来,使美丽乡村标准化建设在全镇可持续发展。

信息标准赋能　智慧蛋鸡崛起

——北京华都峪口禽业公司开展信息化标准化试点示范建设

一、试点示范简介

国家蛋种鸡养殖标准化示范区项目(以下简称:示范区)是第九批国家农业标准化示范区项目,属于提升项目,建设重点为农业信息化标准化示范,建设周期为2017—2019年,主要通过构建和实施蛋种鸡养殖信息化标准体系,推动世界家禽行业首个智慧蛋鸡平台高质量运行,实现蛋种鸡养殖数字化、管理智慧化,帮助农民“快快乐乐养好鸡,轻轻松松卖好蛋”。

二、试点示范建设内容及主要亮点

构建和实施蛋种鸡养殖信息化标准体系,应用先进的物联网技术和企业管理系统,实现了企业全域数字化管理、智能化生产、互联网营销和产品全程质量安全追溯;应用大数据技术建立了“智慧蛋鸡”综合服务平台,通过线上+线下的创新服务为养殖者提供资讯、技术和市场服务,创建了龙头企业+合作社+农户的智慧蛋鸡产销服务新模式。

(一)五个课堂学标准,每天进步一点点

构建涵盖办公自动化、饲养管理、饲料加工、孵化管理、采购管理、固定资产管理、销售管理、人力管理和财务管理等各个领域的标准课程体系,创新性开设“晨、周、月、季、年”五个固定时间、固定对象、固定任务的课堂,充分将标准学习、生产分析、专题研讨等结合起来,做到每天进步一点点,提升了员工的标准化意识,提高了生产规范化水平,保证各关键环节受控。

图1　示范区养殖基地风貌

图2　示范区主打产品形象

(二)信息建设用标准,物联互通成效显

信息化标准体系的应用,助力蛋鸡行业首个“产业+互联网”平台高质量运行,构建智慧蛋鸡物联互通模式,不仅实现从种鸡生产、种蛋孵化到雏鸡运输等过程的智能控制、数据集成及共享,实现装备智能化、经营数字化,提高企业运行效率和管理水平;建立畜禽养殖数字农业新业态,开启全产业链数据智能分析、有效利用的新局面,加速推进产业生产智能化水平,带动养殖户增收增效,发挥了产业示范带动作用。

图 3　示范区蛋种鸡舍内景

图 4　蛋鸡行业首个云数据中心外景

(三)线上线下推标准,示范效果不一般

线上:借力峪口禽业建立的行业首个智慧蛋鸡综合服务平台,提供养鸡人最需要的资讯服务、技术服务以及问题在线解答服务等,帮助养殖场(户)快乐养鸡、轻松卖蛋,实现养殖增产增效。

图 5　领导专家见证世界首个智慧蛋鸡发布

线下：开设峪禽讲堂、田间课堂和空中讲堂，多渠道全方位推广数字养殖技术，全面提高养殖户生产经营和管理者信息化标准化意识，提高农户技术水平和解决实际生产问题的能力，推动行业标准化、现代化的发展。

图 6　示范区给养殖户培训

三、试点示范成效

构建了蛋种鸡养殖信息化标准体系，涵盖蛋种鸡养殖信息化系统建设、系统应用和机房建设及运维、物联网建设四个方面，共计 55 项，其中企业自主制定标准 44 项。

图 7　示范区制定信息化标准体系文本

通过示范区的建设推广，不仅提升企业信息化水平，生产效率和产品质量大幅度提升，只鸡合格种蛋增加 2.2 枚，健母雏率提高 0.2%，年多产健母雏 502.8 万只，实现年增加收益 1709 万元；而且提高智慧蛋鸡精准服务效率，农户养殖生产效率逐年提高，只鸡产蛋增加 1 千克，只鸡增收 8 元，户均年增收 6.4 万元。

图 8　中国蛋鸡行业首个云数据中心正式运行

四、承担单位简介

北京市华都峪口禽业有限责任公司，是世界三大蛋鸡育种公司之一，农业产业化国家重点龙头企业和全国农业标准化优秀示范区，自主培育5个具有自主知识产权的蛋鸡新品种，国内市场占有率50%，率先打破国外育种公司垄断。

SAC

全国农业标准化

优秀示范区证书

北京市华都峪口禽业有限责任公司

你单位承担的 蛋种鸡养殖

标准化示范区，被评为全国农业标准化优秀示范区，特发此证。

中国国家标准化管理委员会

国家标准化管理委员会

二〇一三年十二月

图9 示范区获得第七批全国农业标准化优秀示范区

标准化政策文件

国务院办公厅转发市场监管总局农业农村部关于加强农业农村标准化工作指导意见的通知

（国办函〔2019〕120号）

各省、自治区、直辖市人民政府，国务院有关部门：

市场监管总局、农业农村部《关于加强农业农村标准化工作的指导意见》已经国务院同意，现转发给你们，请认真贯彻落实。

2019年12月18日

关于加强农业农村标准化工作的指导意见

市场监管总局　农业农村部

为推动实施乡村振兴战略，充分发挥标准化在推进农业农村现代化中的基础作用，现就加强农业农村标准化工作提出如下意见。

一、总体要求

（一）指导思想。

以习近平新时代中国特色社会主义思想为指导，全面贯彻党的十九大和十九届二中、三中、四中全会精神，统筹推进“五位一体”总体布局，协调推进“四个全面"战略布局，认真落实党中央、国务院决策部署，按照产业兴旺、生态宜居、乡风文明、治理有效、生活富裕的总要求，健全农业农村标准化工作体制机制，优化标准体系，强化标准实施，创新标准服务，提高农业农村标准化发展水平，为走中国特色社会主义乡村振兴道路提供有力支撑。

（二）基本原则。

政府支持，市场驱动。更好发挥政府的基础性保障与政策支撑作用，逐步形成政府管理顺畅高效、制度保障健全完备、市场主体活力迸发的农业农村标准化工作格局。以市场需求为导向，发展市场化的农业农村标准化服务业。

统筹推进，分工负责。充分发挥各级标准化行政主管部门的综合协调职能和农业农村等有关行业主管部门的行业管理职能，健全农业农村标准化协调推进机制，加强工作统筹协调，推动农业高质量发展和城乡融合发展。

因地制宜，精准施策。充分考虑地区差异及行业发展特点，积极调动各方积极性，探索制定适合不同地区、不同行业的农业农村标准化政策，坚持科技创新驱动，引领优势产业发展。

开放合作，互通兼容。深化国际交流与合作，借鉴国际先进经验，加强中国农业农村标准经验分享，加快推进与“一带一路”沿线有关国家标准化体系的软联通，提升农业农村领域国际标准化贡献率。

（三）主要目标。

到2022年，地方各级人民政府建立健全农业农村标准化协调推进机制，标准化助力乡村振兴战略的作用得到加强。服务乡村振兴的标准体系初步构建，农业全产业链标准体系基本建成，现代乡村治理和农村基本公共服务标准体系初步建成，制修订相关标准1500项以上；农业农村标准化工作覆盖区域稳步扩大，建设各类农业标准化示范项目500个左右，美丽乡村试点100个左右，农村基本公共服务标准化试点示范30个左右；公益性和市场化相结合的农业农村标准化服务体系初步建立，建设农业标准化区域（领域）服务与推广平台 70 个左右；形成农业农村标准化服务人才培养体系，实现对贫困地区农业农村标准化管理人员培训全覆盖；实质性参与农业国际标准化活动能力显著增强，农业农村领域国际标准化贡献率大幅提升，农业标准化服务支撑“一带一路”建设更加有力，农业标准互通兼容水平明显提高。

到 2035 年，农业农村标准化体制机制更加健全，支撑乡村振兴的标准体系、标准实施推广体系和标准化服务体系更加完善，农业农村标准实施和监督机制更加有效，有效支撑农业全面升级、农村全面进步、农民全面发展。

二、主要任务

（一）持续加强农业全产业链标准化工作。以推进农业供给侧结构性改革为目标，以农业投入品质量安全保障、动植物疫病防控、农产品质量分级、农产品流通与农资供应管理评价、高标准农田建设、农业机械等为重点，开展农业全产业链安全、质量、服务、支撑标准研制，着力构建全要素、全链条、多层次的现代农业全产业链标准体系。结合地方优势和产业特色，加强各级各类农业标准化示范项目建设，强化标准集成应用，形成农业标准化示范推广体系。

（二）不断深化农业农村绿色发展标准化工作。健全农业农村绿色发展标准体系。制定农用地土壤安全利用、渔业环境应急监测与生态修复、农业气候资源开发利用等领域生态农业标准。以农村环境监测与评价、村容村貌提升、农房建设、道路建设、水电绿色改造、饮水安全巩固提升、垃圾处理、污水处理、畜禽粪污资源化利用、厕所建设改造及粪污治理等为重点，系统制定农村基础设施建设、公共服务设施建设和人居环境改善标准。深化美丽乡村等标准化试点示范，助力构建人与自然和谐共生的农业农村生态文明新格局。

（三）探索开展农业农村文化建设标准化工作。开展农村公共文化服务和农村科普标准化工作，深入挖掘传统农耕文化蕴含的优秀精神，推动农村优秀传统文化的传承、保护和发展，繁荣农村文化生活，活跃农村文化市场，不断提高乡村社会文明程度。

（四）着力夯实乡村治理和农村民生领域标准化工作。开展村级事务公开、村级议事协商、农村公共法律服务等农村社会治理领域标准制修订工作。围绕警务、消防、安全生产等重点，开展农村治安防控领域标准制修订工作。以就业服务、学前教育、普通高中教育、公共卫生、医疗设施建设、养老、防灾减灾等为重点，开展农村基本公共服务领域标准制修订工作。打造一批新型城镇化标准化试点示范，促进城乡融合发展。

（五）扎实推进精准扶贫标准化工作。助力产业扶贫，围绕带贫减贫机制和贫困识别、精准帮扶、资金项目管理、脱贫保障等环节，开展精准扶贫标准研究和制定，着力构建精准扶贫标准体系。以优质、安全、绿色为导向，加强贫困地区农产品原产地保护，支持开展标准化生产示范。

（六）稳步推动农产品品牌标准化工作。加强地方优质、特色、绿色农产品标准研制工作，开展农产品品牌培育、评价与保护标准制修订工作，增加标准有效供给，为品牌培育奠定基础。宣传和推介已经达到或超过国际标准的优质、特色、绿色农产品，推动形成一批国际知名农产品区域公用品牌，促进优势产业和产品向价值链中高端跃升。

（七）充分发挥标准化资源整合作用。创新标准化工作理念与方法，积极运用大数据、人工智能等新技术和农产品电商等新模式，推进循环农业、智慧农业、休闲农业、乡村旅游等标准化建设，规范新业态发展，推动农业经济产生叠加效益，加快农业发展方式转变，使农业更好承担经济、文化、生态等方面的功能。

（八）积极创新标准化服务方式。以实施标准化政府公共服务为切入点，扶持农业标准化科研服务机构发展，强化农业农村标准化基础研究，加快科技成果转化。依托标准实施加快专利推广应用，建立健全技术、专利、标准协同发展机制。支持标准化服务业市场化发展，建立农业标准化区域（领域）服务与推广平台，推动农业农村标准有效实施。

（九）深入推动标准互联互通。探索建立中外标准化合作机制，开展中外标准比对分析研究，加快转化先进适用的国际标准，提高我国农业农村标准与国际标准一致性。推进中外标准互认，推动重要农业标准外文版的同步制定，加强中外农业标准体系相互兼容，以标准的软联通促进农产品国际贸易发展。积极参与制定农业技术性贸易措施相关国际规则和标准，在“一带一路”沿线有关国家稳妥有序推广我国农业农村标准化经验，推动我国优势、特色农产品标准成为国际标准。

三、保障措施

（一）加强组织领导。充分发挥国务院标准化协调推进部际联席会议作用，形成工作合力。国务院标准化行政主管部门要加强统筹规划、组织协调和监督指导，农业农村等有关部门要积极推进本领域农业农村标准化工作。地方各级人民政府要进一步完善工作机制，将农业农村标准化工作纳入本地区经济社会发展规划，加强县域农业农村标准化发展。

（二）严格督促落实。各地区、各有关部门要建立健全检验检测、监督抽查、认证认可等相结合的标准实施评价机制，完善团体标准和企业标准监督机制，强化农业农村标准全生命周期管理，共同监督标准实施。国务院标准化行政主管部门要会同农业农村等有关部门加强对地方农业农村标准化工作的指导，强化跟踪分析，确保各项工作有效落实。

（三）强化政策保障。统筹利用财政资金，广泛吸纳社会各方资金，形成市场化、多元化投入机制。鼓励金融机构加强信贷、投资、基金、保险、租赁等领域服务，推动金融与农业农村标准化工作深度融合。建立实用人才培训体系，加强对新型农业经营主体和区县、乡镇农技推广人员等的培训，提升农业农村标准化人才队伍的业务素养和专业技能。大力宣传农业农村标准化政策、优秀成果和先进典型，推广先进经验和做法，推动形成全社会重视农业农村标准化工作的良好氛围。

国家标准化管理委员会　民政部关于印发《团体标准管理规定》的通知

（国标委联〔2019〕1 号）

各省、自治区、直辖市及新疆生产建设兵团市场监管局（厅、委）、民政厅（局），国务院各有关部门，各有关社会团体：

依据《中华人民共和国标准化法》，国家标准化管理委员会、民政部制定了《团体标准管理规定》，并经国务院标准化协调推进部际联席会议第五次全体会议审议通过。现印发给你们，请结合实际认真贯彻落实。

国家标准化管理委员会
民政部
2019 年 1 月 9 日

团体标准管理规定

第一章 总 则

第一条 为规范、引导和监督团体标准化工作,根据《中华人民共和国标准化法》,制定本规定。

第二条 团体标准的制定、实施和监督适用本规定。

第三条 团体标准是依法成立的社会团体为满足市场和创新需要,协调相关市场主体共同制定的标准。

第四条 社会团体开展团体标准化工作应当遵守标准化工作的基本原理、方法和程序。

第五条 国务院标准化行政主管部门统一管理团体标准化工作。国务院有关行政主管部门分工管理本部门、本行业的团体标准化工作。

县级以上地方人民政府标准化行政主管部门统一管理本行政区域内的团体标准化工作。县级以上地方人民政府有关行政主管部门分工管理本行政区域内本部门、本行业的团体标准化工作。

第六条 国家实行团体标准自我声明公开和监督制度。

第七条 鼓励社会团体参与国际标准化活动,推进团体标准国际化。

第二章 团体标准的制定

第八条 社会团体应当依据其章程规定的业务范围进行活动,规范开展团体标准化工作,应当配备熟悉标准化相关法律法规、政策和专业知识的工作人员,建立具有标准化管理协调和标准研制等功能的内部工作部门,制定相关的管理办法和标准知识产权管理制度,明确团体标准制定、实施的程序和要求。

第九条 制定团体标准应当遵循开放、透明、公平的原则,吸纳生产者、经营者、使用者、消费者、教育科研机构、检测及认证机构、政府部门等相关方代表参与,充分反映各方的共同需求。支持消费者和中小企业代表参与团体标准制定。

第十条 制定团体标准应当有利于科学合理利用资源,推广科学技术成果,增强产品的安全性、通用性、可替换性,提高经济效益、社会效益、生态效益,做到技术上先进、经济上合理。

制定团体标准应当在科学技术研究成果和社会实践经验总结的基础上,深入调查分析,进行实验、论证,切实做到科学有效、技术指标先进。

禁止利用团体标准实施妨碍商品、服务自由流通等排除、限制市场竞争的行为。

第十一条 团体标准应当符合相关法律法规的要求,不得与国家有关产业政策相抵触。

对于术语、分类、量值、符号等基础通用方面的内容应当遵守国家标准、行业标准、地方标准，团体标准一般不予另行规定。

第十二条 团体标准的技术要求不得低于强制性标准的相关技术要求。

第十三条 制定团体标准应当以满足市场和创新需要为目标，聚焦新技术、新产业、新业态和新模式，填补标准空白。

国家鼓励社会团体制定高于推荐性标准相关技术要求的团体标准；鼓励制定具有国际领先水平的团体标准。

第十四条 制定团体标准的一般程序包括：提案、立项、起草、征求意见、技术审查、批准、编号、发布、复审。

征求意见应当明确期限，一般不少于 30 日。涉及消费者权益的，应当向社会公开征求意见，并对反馈意见进行处理协调。

技术审查原则上应当协商一致。如需表决，不少于出席会议代表人数的 3/4 同意方为通过。起草人及其所在单位的专家不能参加表决。

团体标准应当按照社会团体规定的程序批准，以社会团体文件形式予以发布。

第十五条 团体标准的编写参照 GB/T 1.1《标准化工作导则 第 1 部分：标准的结构和编写》的规定执行。

团体标准的封面格式应当符合要求，具体格式见附件。

第十六条 社会团体应当合理处置团体标准中涉及的必要专利问题，应当及时披露相关专利信息，获得专利权人的许可声明。

第十七条 团体标准编号依次由团体标准代号、社会团体代号、团体标准顺序号和年代号组成。团体标准编号方法如下：

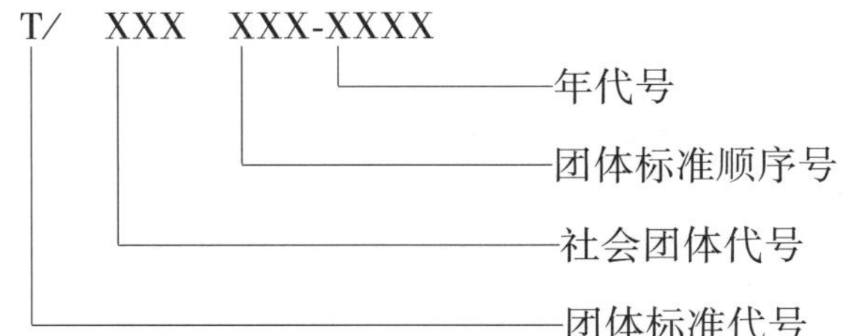

社会团体代号由社会团体自主拟定，可使用大写拉丁字母或大写拉丁字母与阿拉伯数字的组合。社会团体代号应当合法，不得与现有标准代号重复。

第十八条 社会团体应当公开其团体标准的名称、编号、发布文件等基本信息。团体标准涉及专利的，还应当公开标准涉及专利的信息。鼓励社会团体公开其团体标准的全文或主要技术内容。

第十九条 社会团体应当自我声明其公开的团体标准符合法律法规和强制性标准的要求，符合国家有关产业政策，并对公开信息的合法性、真实性负责。

第二十条 国家鼓励社会团体通过标准信息公共服务平台自我声明公开其团体标准信息。

社会团体到标准信息公共服务平台上自我声明公开信息的，需提供社会团体法人登记证书、开展团体标准化工作的内部工作部门及工作人员信息、团体标准制修订程序等相关文件，并自我承诺对以上材料的合法性、真实性负责。

第二十一条 标准信息公共服务平台应当提供便捷有效的服务,方便用户和消费者查询团体标准信息,为政府部门监督管理提供支撑。

第二十二条 社会团体应当合理处置团体标准涉及的著作权问题,及时处理团体标准的著作权归属,明确相关著作权的处置规则、程序和要求。

第二十三条 鼓励社会团体之间开展团体标准化合作,共同研制或发布标准。

第二十四条 鼓励标准化研究机构充分发挥技术优势,面向社会团体开展标准研制、标准化人员培训、标准化技术咨询等服务。

第三章 团体标准的实施

第二十五条 团体标准由本团体成员约定采用或者按照本团体的规定供社会自愿采用。

第二十六条 社会团体自行负责其团体标准的推广与应用。社会团体可以通过自律公约的方式推动团体标准的实施。

第二十七条 社会团体自愿向第三方机构申请开展团体标准化良好行为评价。

团体标准化良好行为评价应当按照团体标准化系列国家标准(GB/T 20004)开展,并向社会公开评价结果。

第二十八条 团体标准实施效果良好,且符合国家标准、行业标准或地方标准制定要求的,团体标准发布机构可以申请转化为国家标准、行业标准或地方标准。

第二十九条 鼓励各部门、各地方在产业政策制定、行政管理、政府采购、社会管理、检验检测、认证认可、招投标等工作中应用团体标准。

第三十条 鼓励各部门、各地方将团体标准纳入各级奖项评选范围。

第四章 团体标准的监督

第三十一条 社会团体登记管理机关责令限期停止活动的社会团体,在停止活动期间不得开展团体标准化活动。

第三十二条 县级以上人民政府标准化行政主管部门、有关行政主管部门依据法定职责,对团体标准的制定进行指导和监督,对团体标准的实施进行监督检查。

第三十三条 对于已有相关社会团体制定了团体标准的行业,国务院有关行政主管部门结合本行业特点,制定相关管理措施,明确本行业团体标准发展方向、制定主体能力、推广应用、实施监督等要求,加强对团体标准制定和实施的指导和监督。

第三十四条 任何单位或者个人有权对不符合法律法规、强制性标准、国家有关产业政策要求的团体标准进行投诉和举报。

第三十五条 社会团体应主动回应影响较大的团体标准相关社会质疑,对于发现确实存在问题的,要及时进行改正。

第三十六条 标准化行政主管部门、有关行政主管部门应当向社会公开受理举报、投诉的电话、信箱或者电子邮件地址,并安排人员受理举报、投诉。

对举报、投诉,标准化行政主管部门和有关行政主管部门可采取约谈、调阅材料、实地调查、专家论证、听证等方式进行调查处理。相关社会团体应当配合有关部门的调查处理。

对于全国性社会团体，由国务院有关行政主管部门依据职责和相关政策要求进行调查处理，督促相关社会团体妥善解决有关问题；如需社会团体限期改正的，移交国务院标准化行政主管部门。对于地方性社会团体，由县级以上人民政府有关行政主管部门对本行政区域内的社会团体依据职责和相关政策开展调查处理，督促相关社会团体妥善解决有关问题；如需限期改正的，移交同级人民政府标准化行政主管部门。

第三十七条 社会团体制定的团体标准不符合强制性标准规定的，由标准化行政主管部门责令限期改正；逾期不改正的，由省级以上人民政府标准化行政主管部门废止相关团体标准，并在标准 信息公共服务平台上公示，同时向社会团体登记管理机关通报，由社会团体登记管理机关将其违规行为纳入社会团体信用体系。

第三十八条 社会团体制定的团体标准不符合“有利于科学合理利用资源，推广科学技术成果，增强产品的安全性、通用性、可替换性，提高经济效益、社会效益、生态效益，做到技术上先进、经济上合理”的，由标准化行政主管部门责令限期改正；逾期不改正的，由省级以上人民政府标准化行政主管部门废止相关团体标准，并在标准信息公共服务平台上公示。

第三十九条 社会团体未依照本规定对团体标准进行编号的，由标准化行政主管部门责令限期改正；逾期不改正的，由省级以上人民政府标准化行政主管部门撤销相关标准编号，并在标准信息公共服务平台上公示。

第四十条 利用团体标准实施排除、限制市场竞争行为的，依照《中华人民共和国反垄断法》等法律、行政法规的规定处理。

第五章　附　　则

第四十一条 本规定由国务院标准化行政主管部门负责解释。

第四十二条 本规定自发布之日起实施。

第四十三条 《团体标准管理规定（试行）》自本规定发布之日起废止。

附件：团体标准封面格式

附件

ICS 号
中国标准文献分类号

团 体 标 准

团体标准编号
代替的团体标准编号

标准名称

标准英文译名

xxxx-xx-xx 发布　　　　　　　　　　xxxx-xx-xx 实施

社会团体全称 发布

市场监管总局办公厅关于印发团体标准、企业标准随机抽查工作指引的通知

（市监标创函〔2019〕1104 号）

各省、自治区、直辖市及新疆生产建设兵团市场监管局（厅、委）：

为贯彻落实《市场监管总局关于全面推进“双随机、一公开”监管工作的通知》（国市监信〔2019〕38 号），根据“双随机、一公开”监管工作的部署要求，现将团体标准、企业标准随机抽查工作指引印发给你们，请结合实际认真贯彻落实。

附件：1. 团体标准随机抽查工作指引

2. 企业标准随机抽查工作指引

市场监管总局办公厅

2019 年 6 月 5 日

附件1

团体标准随机抽查工作指引

本工作指引旨在指导各省、自治区、直辖市及新疆生产建设兵团市场监管部门抽查团体标准是否符合《中华人民共和国标准化法》(以下简称《标准化法》)的要求,适用于《市场监管总局随机抽查事项清单(第一版)》所列团体标准抽查事项的网络检查、书面检查,检查对象为全国团体标准信息平台(http://www.ttbz.org.cn/)上自我声明公开的标准。已有法律法规对相关领域团体标准作出规定的,从其规定。

一、检查事项

(一)团体标准技术要求是否低于强制性国家标准。

(二)团体标准内容是否做到技术上先进、经济上合理。

(三)团体标准编号是否符合规定。

二、检查内容和方法

(一)团体标准技术要求是否符合《标准化法》第二十一条第一款相关规定。

检查团体标准技术要求是否低于强制性国家标准的相关技术要求;如果低于,则不符合《标准化法》的要求。

(二)团体标准内容是否符合《标准化法》第二十二条第一款相关规定。

检查制定的团体标准是否做到技术上先进、经济上合理。重点检查团体标准的标准化对象是否属于国家发布的最新版《产业结构调整指导目录》中的淘汰类别;属于淘汰类别的,则不符合《标准化法》的要求。

(三)团体标准编号是否符合《标准化法》第二十四条、《团体标准管理规定》第十七条相关规定。

团体标准编号依次由团体标准代号、社会团体代号、团体标准顺序号和年代号组成。团体标准编号方法如下

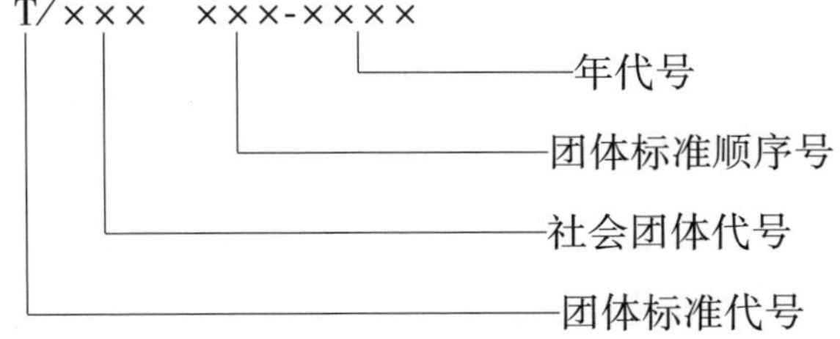

注:×××仅代表示意数字,不代表数字位数

社会团体代号由社会团体自主拟定，可使用大写拉丁字母或大写拉丁字母与阿拉伯数字的组合。社会团体代号应当合法，不得与现有标准代号重复。

未按照上述规则编号的，不符合《标准化法》的要求。

三、检查依据

（一）《中华人民共和国标准化法》第二十一条第一款。

推荐性国家标准、行业标准、地方标准、团体标准、企业标准的技术要求不得低于强制性国家标准的相关技术要求。

（二）《中华人民共和国标准化法》第二十二条第一款。

制定标准应当有利于科学合理利用资源，推广科学技术成果，增强产品的安全性、通用性、可替换性，提高经济效益、社会效益、生态效益，做到技术上先进、经济上合理。

（三）《中华人民共和国标准化法》第二十四条。

标准应当按照编号规则进行编号。标准的编号规则由国务院标准化行政主管部门制定并公布。

（四）《中华人民共和国标准化法》第三十九条第二款。

社会团体、企业制定的标准不符合本法第二十一条第一款、第二十二条第一款规定的，由标准化行政主管部门责令限期改正；逾期不改正的，由省级以上人民政府标准化行政主管部门废止相关标准，并在标准信息公共服务平台上公示。

（五）《中华人民共和国标准化法》第四十二条。

社会团体、企业未依照本法规定对团体标准或者企业标准进行编号的，由标准化行政主管部门责令限期改正；逾期不改正的，由省级以上人民政府标准化行政主管部门撤销相关标准编号，并在标准信息公共服务平台上公示。

（六）《团体标准管理规定》第十条第一款。

制定团体标准应当有利于科学合理利用资源，推广科学技术成果，增强产品的安全性、通用性、可替换性，提高经济效益、社会效益、生态效益，做到技术上先进、经济上合理。

（七）《团体标准管理规定》第十二条。

团体标准的技术要求不得低于强制性标准的相关技术要求。

（八）《团体标准管理规定》第十七条。

团体标准编号依次由团体标准代号、社会团体代号、团体标准顺序号和年代号组成。团体标准编号方法如下：

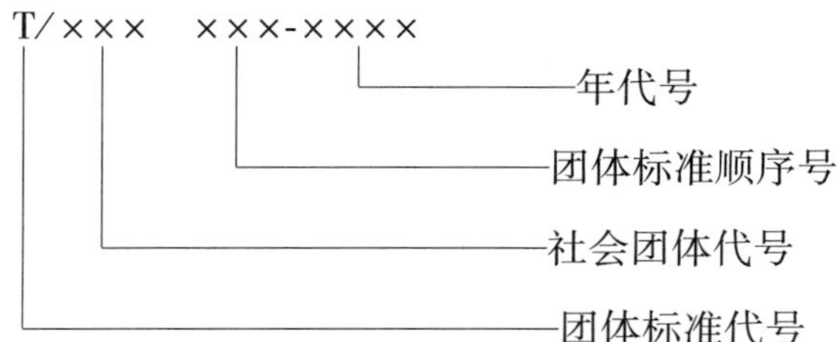

社会团体代号由社会团体自主拟定，可使用大写拉丁字母或大写拉丁字母与阿拉伯数字的组合。社会团体代号应当合法，不得与现有标准代号重复。

四、工作建议

各省、自治区、直辖市及新疆生产建设兵团市场监管部门可以根据实际情况制定完善抽查工作细则，就抽取方法、检查流程、审批权限、公示程序、归档方式等作出明确规定。

鉴于团体标准技术性、专业性强，涵盖领域广，市场监管部门可通过委托第三方机构或聘请专家的方式开展检查工作。

委托第三方机构检查的，市场监管部门应选取与检查工作要求匹配的第三方机构，通过签定合同、协议等方式建立正式委托关系，明确相应的职责和权限，并加强对受托第三方机构的业务指导和监督。

聘请专家方式检查的，应由省级市场监管部门建立专家名录库，可选择国家级标准化机构、省级标准化机构、检验检测机构、科研院所、高等院校、行业协会等单位的标准化专家建立专家名录库，同时对专家业务专长进行分类标注。入库专家应熟悉标准化工作，具有良好的职业道德和保密意识，能够认真、公正、诚实、廉洁地履行职责，自觉接受监督管理。聘请专家实施检查时，可在相关领域专家中进行随机抽取，提高工作效率。

通过以上方式形成的结论，作为市场监管部门抽查检查的重要参考依据。抽查检查结果最终应由市场监管部门确定。

附件2

企业标准随机抽查工作指引

本工作指引旨在指导各省、自治区、直辖市及新疆生产建设兵团市场监管部门抽查企业标准是否符合《中华人民共和国标准化法》(以下简称《标准化法》)的要求,适用于《市场监管总局随机抽查事项清单(第一版)》所列企业标准抽查事项的网络检查、书面检查,检查对象为企业标准信息公共服务平台(http://www.cpbz.gov.cn/)上自我声明公开的标准。已有法律法规对相关领域企业标准做出规定的,从其规定。

一、抽查事项

(一)标准技术要求是否低于强制性国家标准。

(二)标准内容是否做到技术上先进、经济上合理。

(三)标准编号和名称是否符合规定。

(四)标准功能指标和性能指标是否公开。

二、检查内容和方法

(一)标准技术要求是否符合《标准化法》第二十一条第一款相关规定。

企业执行自行制定的企业标准的,检查标准的技术指标要求是否低于强制性国家标准的相关技术要求;如果低于,则不符合《标准化法》的要求。

(二)标准内容是否符合《标准化法》第二十二条第一款相关规定。

检查制定的标准是否做到技术上先进、经济上合理。重点检查标准的标准化对象是否属于国家发布的最新版《产业结构调整指导目录》中的淘汰类别;属于淘汰类别的,则不符合《标准化法》的要求。

(三)标准编号和名称是否符合《标准化法》第二十七条第一款相关规定。

企业执行国家标准的,检查该国家标准编号和名称是否与全国标准信息公共服务平台中的对应信息一致;检查该国家标准是否废止。

企业执行行业标准的,检查该行业标准编号和名称是否与全国标准信息公共服务平台中的对应信息一致;检查该行业标准是否废止。

企业执行地方标准的,检查该地方标准编号和名称是否与全国标准信息公共服务平台中的对应信息一致;检查该地方标准是否废止。

企业执行团体标准的,检查该团体标准编号和名称是否与全国团体标准信息平台中的对应信息一致。全国团体标准信息平台上没有的,通知相关单位按要求提供相关证明材料

（标准发布文本、发布文件或发布公告），检查该团体标准编号和名称是否与证明材料的对应信息一致。

企业执行自行制定的企业标准的，检查该企业标准编号是否符合《企业标准化管理办法》的规定。

（四）标准功能指标和性能指标是否符合《标准化法》第二十七条第一款相关规定。

企业执行自行制定的企业标准的，检查是否公开了产品、服务的功能指标和产品的性能指标。如果未公开，则不符合《标准化法》的要求。

三、检查依据

（一）《中华人民共和国标准化法》第二十一条第一款。

推荐性国家标准、行业标准、地方标准、团体标准、企业标准的技术要求不得低于强制性国家标准的相关技术要求。

（二）《中华人民共和国标准化法》第二十二条第一款。

制定标准应当有利于科学合理利用资源，推广科学技术成果，增强产品的安全性、通用性、可替换性，提高经济效益、社会效益、生态效益，做到技术上先进、经济上合理。

（三）《中华人民共和国标准化法》第二十七条第一款。

国家实行团体标准、企业标准自我声明公开和监督制度。企业应当公开其执行的强制性标准、推荐性标准、团体标准或者企业标准的编号和名称；企业执行自行制定的企业标准的，还应当公开产品、服务的功能指标和产品的性能指标。国家鼓励团体标准、企业标准通过标准信息公共服务平台向社会公开。

（四）《中华人民共和国标准化法》第三十八条。

企业未依照本法规定公开其执行的标准的，由标准化行政主管部门责令限期改正；逾期不改正的，在标准信息公共服务平台上公示。

（五）《中华人民共和国标准化法》第三十九条第二款。

社会团体、企业制定的标准不符合本法第二十一条第一款、第二十二条第一款规定的，由标准化行政主管部门责令限期改正；逾期不改正的，由省级以上人民政府标准化行政主管部门废止相关标准，并在标准信息公共服务平台上公示。

（六）《中华人民共和国标准化法》第四十二条。

社会团体、企业未依照本法规定对团体标准或者企业标准进行编号的，由标准化行政主管部门责令限期改正；逾期不改正的，由省级以上人民政府标准化行政主管部门撤销相关标准编号，并在标准信息公共服务平台上公示。

四、工作建议

各省、自治区、直辖市及新疆生产建设兵团市场监管部门可以根据实际情况制定完善抽查工作细则，就抽取方法、检查流程、审批权限、公示程序、归档方式等作出明确规定。

鉴于企业标准技术性、专业性强，涵盖领域广，市场监管部门可通过委托第三方机构或聘请专家的方式开展检查工作。

委托第三方机构检查的,市场监管部门应选取与检查工作要求匹配的第三方机构,通过签定合同、协议等方式建立正式委托关系,明确相应的职责和权限,并加强对受托第三方机构的业务指导和监督。

聘请专家方式检查的,应由省级市场监管部门建立专家名录库,可选择国家级标准化机构、省级标准化机构、检验检测机构、科研院所、高等院校、行业协会等单位的标准化专家建立专家名录库,同时对专家业务专长进行分类标注。入库专家应熟悉标准化工作,具有良好的职业道德和保密意识,能够认真、公正、诚实、廉洁地履行职责,自觉接受监督管理。聘请专家实施检查时,可在相关领域专家中进行随机抽取,提高工作效率。

通过以上方式形成的结论,作为市场监管部门抽查检查的重要参考依据。抽查检查结果最终应由市场监管部门确定。

应急管理部关于印发《应急管理标准化工作管理办法》的通知

（应急〔2019〕68号）

中国地震局、国家煤矿安监局，各省、自治区、直辖市应急管理厅（局），新疆生产建设兵团应急管理局，应急管理部机关各司局、消防救援局、森林消防局，国家安全生产应急救援中心，部所属事业单位，部管各专业标准化技术委员会，各有关社会组织：

《应急管理标准化工作管理办法》已经应急管理部部务会议审议通过，现予印发，请遵照执行。

应急管理部

2019年7月7日

应急管理标准化工作管理办法

第一章 总 则

第一条 为加强应急管理标准化工作,促进应急管理科技进步,提升安全生产保障能力、防灾减灾救灾和应急救援能力,保护人民群众生命财产安全,依据《中华人民共和国标准化法》等有关法律法规,制定本办法。

第二条 应急管理部职责范围内国家标准和行业标准的制修订,以及应急管理标准贯彻实施与监督管理等工作适用本办法。

第三条 应急管理标准化工作的主要任务是贯彻落实国家有关标准化法律法规,建立健全应急管理标准化工作机制,制定并实施应急管理标准化工作规划,建立应急管理标准体系,制修订并组织实施应急管理标准,对应急管理标准制修订和实施进行监督管理。

第四条 应急管理标准化工作遵循“统一领导、归口管理、分工负责”的原则,坚持目标导向和问题导向,全面提高标准制修订效率、标准质量和标准实施效果,切实为应急管理工作的规范化、应急科技成果的转化以及安全生产保障能力、防灾减灾救灾和应急救援能力的持续提升提供技术支撑。

第五条 应急管理标准化工作纳入应急管理事业发展规划和计划,并充分保障标准化各项经费。应急管理标准制修订和贯彻实施纳入应急管理工作考核体系。

第六条 应急管理标准化工作以标准化基础研究为依托,将标准化基础研究纳入应急管理有关科研计划。有关重要研究成果应当及时转化为应急管理标准。

第七条 鼓励支持地方应急管理部门依法开展地方应急管理标准化工作,推动地方因地制宜制定适用于本行政区域的地方标准。地方标准的技术和管理要求应当严于国家标准和行业标准。

第八条 鼓励支持应急管理相关协会、学会等社会团体聚焦应急管理新技术、新产业、新业态和新模式,制定严于应急管理强制性标准的团体标准。

第九条 应急管理标准化工作应当注重军民融合,推动应急救援装备、应急物资储备、应急工程建设、应急管理信息平台建设等基础领域军民标准通用衔接和相互转化。

第十条 鼓励支持科研院所、行业协会、生产经营单位和个人依法参与应急管理标准化工作,为标准化工作提供智力支撑。

第十一条 应急管理部门应当积极参与国际标准化活动,开展应急管理标准化对外合作与交流,结合中国国情采用国际或者国外先进应急管理标准,推动中国先进应急管理标准转化为国际标准。

第十二条 应急管理标准化工作应当加强信息化建设,对标准制修订、标准贯彻实施和监督管理等相关工作进行信息化管理。

第二章　组织管理

第十三条　应急管理部设立标准化工作领导协调小组，统一领导、统筹协调、监督管理应急管理标准化工作。

第十四条　应急管理部政策法规司（以下简称政策法规司）归口管理应急管理标准化工作，履行下列归口管理职责：

（一）组织贯彻落实国家标准化法律法规和方针政策，拟订应急管理标准化相关规章制度；

（二）组织应急管理部标准体系建设、标准化发展规划编制和实施；

（三）组织应急管理国家标准制修订项目申报、标准报批和复审等工作，组织应急管理行业标准制修订项目立项、报批、编号、发布、备案、出版、复审等工作；

（四）指导、协调应急管理标准的宣贯、实施和监督；

（五）对应急管理部管理的专业标准化技术委员会（以下简称技术委员会）进行综合指导、协调和管理；

（六）综合指导地方应急管理标准化工作；

（七）组织开展应急管理标准化基础研究和国际交流；

（八）负责对应急管理标准化相关工作的监督与考核；

（九）负责应急管理标准化相关材料的备案；

（十）归口管理应急管理标准化其他相关工作。

第十五条　应急管理部负有标准化管理职责的有关业务司局和单位（以下统称有关业务主管单位）具体负责相关领域应急管理标准化工作，履行下列业务把关职责：

（一）负责组织相关领域应急管理标准体系建设、标准化发展规划编制和实施，参与应急管理部标准体系建设、标准化发展规划编制和实施；

（二）负责相关领域应急管理标准项目提出，组织标准起草、征求意见、技术审查等工作；

（三）负责组织相关领域应急管理标准的宣传贯彻、实施和监督；

（四）负责相关领域应急管理标准化基础研究和国际交流；

（五）负责对有关技术委员会下属分技术委员会（以下简称分技术委员会）进行业务指导、协调和管理；

（六）具体指导相关领域地方应急管理标准化工作；

（七）负责相关领域应急管理标准化相关工作的评估、监督与考核；

（八）负责相关领域标准化其他相关工作。

第十六条　技术委员会是专门从事应急管理标准化工作的技术组织，为标准化工作提供智力保障，对标准化工作进行技术把关，履行下列职责：

（一）贯彻落实国家标准化法律法规、方针政策和应急管理部关于标准化工作的决策部署，制定技术委员会章程和其他规章制度；

（二）研究提出职责范围内的标准体系建设和发展规划建议，以及关于应急管理标准化工作的其他意见建议；

（三）根据社会各方的需求，提出本专业领域制修订标准项目建议；

（四）按照本办法承担项目申报、标准起草、征求意见、技术审查、标准复审、标准外文版的组织翻译和审查等相关具体工作，并负责做好相关工作的专业审核；

（五）按照政策法规司和有关业务主管单位的要求，开展标准化宣传贯彻、基础研究和国际交流；

（六）开展本专业标准起草人员的培训工作；

（七）管理本技术委员会委员，并对下属分技术委员会进行业务指导、协调和管理；

（八）按照国家标准化管理委员会（以下简称国家标准委）的有关要求开展相关工作；

（九）定期向政策法规司汇报工作；

（十）承担应急管理标准化其他相关工作。

分技术委员会是技术委员会的下级机构，其工作职责参照技术委员会的工作职责执行。

技术委员会及其分技术委员会的委员构成应当严格按照国家标准委的有关规定，遵循“专业优先、专家把关”的原则，主要由应急管理相关领域技术专家组成。标准技术审查实行专家负责制。

技术委员会和分技术委员会设立秘书处，负责相关日常工作。承担秘书处工作的单位应当对秘书处的人员、经费、办公条件等给予充分保障，并将秘书处工作纳入本单位年度工作计划和相关考核，加强对秘书处日常工作的管理。应急管理部对秘书处工作经费给予相应支持。

第三章　标准的制定

第一节　一般规定

第十七条　应急管理标准分为安全生产标准、消防救援标准、减灾救灾与综合性应急管理标准三大类，应急管理标准制修订工作实行分类管理、突出重点、协同推进的原则。

第十八条　下列应急管理领域的技术规范或者管理要求，可以制定应急管理标准：

（一）安全生产领域通用技术语言和要求，有关工矿商贸生产经营单位的安全生产条件和安全生产规程，安全设备和劳动防护用品的产品要求和配备、使用、检测、维护等要求，安全生产专业应急救援队伍建设和管理规范，安全培训考核要求，安全中介服务规范，其他安全生产有关基础通用规范；

（二）消防领域通用基础要求，包括消防术语、符号、标记和分类，固定灭火系统和消防灭火药剂技术要求，消防车、泵及车载消防设备、消防器具与配件技术要求，消防船的消防性能要求，消防特种装备技术要求，消防员（不包括船上消防员）防护装备、抢险救援器材和逃生避难器材技术要求，火灾探测与报警设备、防火材料、建筑耐火构配件、建筑防烟排烟设备的产品要求和试验方法，消防管理的通用技术要求，消防维护保养检测、消防安全评估的技术服务管理和消防职业技能鉴定相关要求，灭火和应急救援队伍建设、装备配备、训练设施和作业规程相关要求，火灾调查技术要求，消防通信和消防物联网技术要求，电气防火技术要求，森林草原火灾救援相关技术规范和管理要求，其他消防有关基础通用要求（建设工程消防设计审查验收除外）；

（三）减灾救灾与综合性应急管理通用基础要求，包括应急管理术语、符号、标记和分类，风险监测和管控、应急预案制定和演练、现场救援和应急指挥技术规范和要求，水旱灾害应急救援、地震和地质灾害应急救援相关技术规范和管理要求，应急救援装备和信息化相关技术规范，救灾物资品种和质量要求，相关应急救援事故灾害调查和综合性应急管理评估统计规范，应急救援教育培训要求，其他防灾减灾救灾与综合性应急管理有关基础通用要求（水上交通应急、卫生应急和核应急除外）；

（四）为贯彻落实应急管理有关法律法规和行政规章需要制定的其他技术规范或者管理要求。

第十九条 应急管理标准包括国家标准、行业标准、地方标准和团体标准、企业标准。

应急管理国家标准由应急管理部按照《中华人民共和国标准化法》和国家标准委的有关规定组织制定；行业标准由应急管理部自行组织制定，报国家标准委备案；地方标准由地方人民政府标准化行政主管部门按照《中华人民共和国标准化法》的有关规定制定，地方应急管理部门应当积极参与和推动地方标准制定；团体标准由有关应急管理社会团体按照《团体标准管理规定》（国标委联〔2019〕1 号）制定并向应急管理部备案，应急管理部对团体标准的制定和实施进行指导和监督检查；企业标准由企业根据需要自行制定。

第二十条 应急管理标准以强制性标准为主体，以推荐性标准为补充。

对于依法需要强制实施的应急管理标准，应当制定强制性标准，并且应当具有充分的法律法规、规章或者政策依据；对于不宜强制实施或者具有鼓励性、政策引导性的标准，可以制定推荐性标准，并加强总量控制。

第二十一条 制定应急管理标准应当与我国经济社会发展水平相适应，与持续提升安全生产保障能力、防灾减灾救灾和应急救援能力相匹配，实事求是地提出管理要求、确定技术参数，使用通俗易懂的语言，增强标准的通俗性和实用性。

第二十二条 修订标准项目和采用国际标准或者国外先进标准的项目完成周期，从正式立项到完成报批不得超过 18 个月，其他标准项目从正式立项到完成报批不得超过 24 个月。

承担应急管理标准制修订相关环节工作的单位，应当提高工作效率，在确保质量前提下缩短制修订周期。

第二节 项目提出和立项

第二十三条 应急管理标准制修订项目（以下简称标准项目）由有关业务主管单位通过下列方式提出：

（一）根据应急管理标准化发展规划、应急管理标准体系建设和应急管理工作现实需要，直接向政策法规司提出；

（二）对有关分技术委员会提出的项目建议进行审核后，向政策法规司提出；

（三）向社会征集标准项目后，向政策法规司提出。

有关业务主管单位在提出强制性标准项目前，应当调研企业、社会团体、消费者和教育科研机构等方面的实际需求，组织相关单位开展项目预研究，并组织召开专家论证会，对项目的必要性和可行性进行论证评估。专家论证会应当形成会议纪要，明确给出同意或者不同意立项的建议，并经与会全体专家签字。

第二十四条 有关业务主管单位提出标准项目时应当提交下列材料的电子版和纸质

版,纸质版材料应当各一式三份(签字盖章材料原件一份,复印件两份):

(一)同意立项的书面意见(该书面意见应当明确本单位分管部领导同意立项,并加盖公章);

(二)应急管理标准项目建议书;

(三)国家标准委规定的标准项目建议书;

(四)标准草案;

(五)预研报告和项目论证会议纪要。

前款第三项材料仅国家标准项目按照国家标准委的有关要求提交,第五项材料仅强制性标准项目提交,第一项、第二项、第四项材料任何类别标准项目均需提交。

需要提交的纸质材料除第一项外,应当规范格式和字体,编排好目录和页码,按有关要求装订成册。

第二十五条 对有关业务主管单位提出的标准项目,政策法规司应当组织相应的技术委员会对立项材料的完整性、规范性,以及标准项目是否符合应急管理标准化发展规划和标准体系建设要求进行审核。

第二十六条 应急管理标准制修订计划采取“随时申报、定期下达”的方式,一般每半年集中下达一次行业标准计划或者向国家标准委集中申报一次国家标准计划。

对于符合立项条件的标准项目,报请分管标准化工作的部领导审定并经部主要领导同意后,按程序和权限下达立项计划。行业标准项目由应急管理部下达立项计划;国家标准项目由国家标准委审核并下达立项计划。

第三节 起草和征求意见

第二十七条 标准起草单位应当具有广泛的代表性,由来自不同地域、不同所有制、不同规模的企事业等单位共同组成,原则上不少于 5 家,且应当确定 1 家单位为标准牵头起草单位。

标准立项计划下达之日起 1 个月内,标准牵头起草单位应当组织成立标准起草小组,制定标准起草方案,明确职责分工、时间节点、完成期限,确定第一起草人,并将起草方案报归口的分技术委员会秘书处备案。

第一起草人应当具备下列条件:

(一)具有严谨的科学态度和良好的职业道德;

(二)具有高级职称且从事本专业领域工作满三年,或者具有中级职称且从事本专业领域工作满五年;

(三)熟悉国家应急管理相关法律法规和方针政策;

(四)熟练掌握标准编写知识,具有较好的文字表达能力;

(五)同时以第一起草人身份承担的标准制修订项目未超过两个。

第二十八条 标准起草应当按照 GB/T 1《标准化工作导则》、GB/T 20000《标准化工作指南》、GB/T 20001《标准编写规则》等规范标准制修订工作的基础性国家标准的有关规定执行。

强制性标准应当在调查分析、实验、论证的基础上进行起草。技术内容需要进行实验验证的,应当委托具有资质的技术机构开展。强制性标准的技术要求应当全部强制,并且可验证、可操作。

标准起草小组应当按照标准立项计划确定的内容进行起草,如果确需对相关事项进行调整的,应当提交项目调整申请表,并同时报请分管有关业务工作的部领导和分管标准化工作的部领导批准。属于国家标准的,还应当报送国家标准委批准。

第二十九条 标准起草小组应当在制修订标准项目和采用国际标准或者国外先进标准的项目立项计划下达之日起10个月内,或者在其他标准立项计划下达之日起12个月内,完成标准征求意见稿,由标准牵头起草单位将标准征求意见稿、标准编制说明、征求意见范围建议等相关材料报送归口的分技术委员会秘书处。采用国际标准或者国外先进标准的,应当报送该标准的外文原文和中文译本;标准内容涉及有关专利的,应当报送专利相关材料。

标准编制说明应当包括以下内容并根据工作进程及时补充完善:

(一)工作简况,包括任务来源、起草小组人员组成及所在单位、每个阶段草案的形成过程等;

(二)标准编制原则和确定标准主要技术内容的论据(包括试验、统计数据等),修订标准的应当提出标准技术内容变化的依据和理由;

(三)与国际、国外有关法律法规和标准水平的对比分析;

(四)与有关现行法律、法规和其他相关标准的关系;

(五)重大分歧意见的处理过程及依据;

(六)作为强制性标准或者推荐性标准的建议及理由;

(七)标准实施日期的建议及依据,包括实施标准所需要的技术改造、成本投入、相关产品退出市场时间、实施标准可能造成的社会影响等;

(八)实施标准的有关政策措施;

(九)废止现行有关标准的建议;

(十)涉及专利的有关说明;

(十一)标准所涉及的产品、过程和服务目录;

(十二)其他应予说明的事项。

对于强制性国家标准还应当提出是否需要对外通报的建议及理由。对于需要验证的强制性标准,验证报告应当作为编制说明的附件一并提供。

第三十条 归口的分技术委员会秘书处应当在1个月内,对标准牵头起草单位报送材料的完整性、规范性进行形式审查。不符合要求的,退回标准牵头起草单位补充完善;符合要求的,应当制定征求意见方案,将标准征求意见稿、标准编制说明及有关附件、征求意见表送达本分技术委员会全体委员和其他相关单位专家征求意见,并书面报告有关业务主管单位和本分技术委员会所属的技术委员会。

强制性标准项目应当向涉及的政府部门、行业协会、科研机构、高等院校、企业、检测认证机构、消费者组织等有关单位书面征求意见,并应当通过应急管理部政府网站向社会公开征求意见。书面征求意见的有关政府部门应当包括标准实施的监督管理部门。通过网站公开征求意见期限不少于60天。

对于涉及面广、关注度高的强制性标准,可以采取座谈会、论证会、听证会等多种形式听取意见。

第三十一条 对于不采用国际标准或者与有关国际标准技术内容不一致,且对世界贸易组织(WTO)其他成员的贸易有重大影响的强制性国家标准应当进行对外通报。

有关业务主管单位应当将中英文通报材料和强制性国家标准征求意见稿送政策法规司。由政策法规司报请分管标准化工作的部领导审核后,依程序提请国家标准委按照相关要求对外通报,通报中收到的意见按照相关要求反馈有关业务主管单位。有关业务主管单位应当及时组织标准起草单位研究处理反馈意见。

第三十二条 归口的分技术委员会秘书处应当对收回的征求意见表进行统计,并将意见反馈给标准牵头起草单位。对于重大分歧意见,应当要求意见提出方提出相关依据。

标准牵头起草单位应当对归口的分技术委员会秘书处提供的反馈意见和对外通报中收到的反馈意见进行汇总分析和逐条处理,修改形成标准送审稿和征求意见汇总处理表,并对标准编制说明进行相应修改后,一并报送归口的分技术委员会秘书处。对存在争议的技术问题,标准牵头起草单位应当进行专题调研或者测试验证。对于强制性国家标准内容有重大修改的,应当再次公开征求意见并对外通报。

第四节　技术审查

第三十三条 归口的分技术委员会秘书处应当在1个月内,对标准牵头起草单位报送的标准送审稿等相关材料的完整性、规范性进行形式审查,并报主任委员初审。不符合要求的,退回标准牵头起草单位补充完善;符合要求的,向有关业务主管单位提出组织技术审查的书面建议。

有关业务主管单位同意开展技术审查的,由归口的分技术委员会秘书处制定审查方案,组织开展标准技术审查。审查方案应当经有关业务主管单位同意,并抄报所属的技术委员会。

第三十四条 标准技术审查形式包括会议审查和函审。强制性标准应当采取会议审查形式,推荐性标准可以采取函审形式。

第三十五条 会议审查应当符合下列要求:

(一)审查组由归口的分技术委员会全体委员组成。对于审查的标准专业性要求较高的,可以由归口的分技术委员会部分委员和相关行业领域内具有权威性、代表性的外邀专家共同组成审查组,同时审查组总人数不应当少于15人,且归口的分技术委员会委员不应当少于审查组总人数的1/2;

(二)标准起草小组成员不得作为审查组成员,标准起草小组成员同时是分技术委员会委员的除外;

(三)审查组组长原则上由归口的分技术委员会主任委员或者经其授权的副主任委员担任,也可以推举本专业领域享有较高声誉的其他委员担任,由其主持会议并签署意见;

(四)归口的分技术委员会秘书处应当提前1个月将标准送审稿、编制说明、征求意见汇总处理表等相关材料送达审查组成员;

(五)审查组应当对标准技术水平和审查结论进行投票表决。其中,审查组由归口的分技术委员会全体委员组成时,参加投票的委员不得少于委员总数的3/4,参加投票委员2/3以上赞成,且反对意见不超过1/4的(未出席审查会议,也未说明意见者,按弃权计票),标准方为技术审查通过;审查组由部分委员和外邀专家共同组成时,审查组成员总人数2/3以上赞成的(未出席审查会议,也未说明意见者,按弃权计票),标准仅为会议审查初审通过,会后应当继续提交本分技术委员会全体委员投票表决，参加投票的委员不得少于委员总数的3/4，参加投票委员 2/3 以上赞成，且反对意见不超过 1/4 的（未按要求投票表决者，按弃权计票），标准方为技术审查通过；表决结果应当形成决议，由秘书处存档；

（六）审查会应当形成标准审查会议纪要，如实反映审查会议情况，包括会议时间地点、会议议程、审查意见、审查结论、投票情况、委员和专家名单等内容，并经与会委员和专家签字。

第三十六条 函审应当符合下列要求：

（一）归口的分技术委员会秘书处应当提前 1 个月将标准送审稿、编制说明、征求意见汇总处理表、函审表决单等相关材料送达本分技术委员会全体委员，被审查的标准专业性要求较高的，可以邀请相关行业领域内具有权威性、代表性的专家共同参与函审；

（二）函审时间一般为 1 个月，函审时间截止后，归口的分技术委员会秘书处应当对回收的函审表决单进行统计，委员回函率达到 3/4，回函意见超过 2/3 以上赞成，且反对意见不超过 1/4 的，标准方为技术审查通过（未按规定时间回函投票者，按弃权计票）；

（三）归口的分技术委员会秘书处应当填写函审结论表，并经秘书长签字。

第三十七条 标准技术审查的内容包括：

（一）标准内容是否符合相关法律法规和政策要求；

（二）标准内容是否技术上先进、经济上合理，且可操作性和实用性强；

（三）标准内容是否与现行标准协调一致；

（四）标准内容是否存在重大分歧意见，以及对重大分歧意见的处理是否适当；

（五）标准制修订是否符合程序性要求；

（六）标准编写是否符合相关规范要求；

（七）其他需要通过技术审查确定的内容。

第三十八条 归口的分技术委员会秘书处应当及时将会议审查意见或者函审意见反馈标准牵头起草单位。标准牵头起草单位应当对会议审查意见或者函审意见进行研究吸收，形成标准报批稿和审查意见汇总处理表，并再次对标准编制说明进行相应修改后，连同标准报批审查表等相关材料，一并报送归口的分技术委员会秘书处。

第五节　报批和发布

第三十九条 归口的分技术委员会秘书处应当在 1 个月内，对标准牵头起草单位报送的标准报批稿等相关材料的完整性、规范性进行形式审查。不符合报批条件的，退回标准牵头起草单位补充完善；符合报批条件的，经秘书长初核，并报主任委员或者经其授权的副主任委员复核后，向有关业务主管单位提出标准报批的书面建议，并抄报本分技术委员会所属的技术委员会。

有关业务主管单位不同意报批的，退回分技术委员会秘书处补充完善；同意报批的，报请本单位分管部领导同意后，向政策法规司提出报批，并提交下列材料的电子版和纸质版，纸质版材料应当各一式三份（签字盖章材料原件一份，复印件两份）：

（一）同意报批的书面意见（该书面意见应当明确本单位分管部领导同意报批，并加盖公章）；

（二）标准报批审查表；

（三）标准申报单；

（四）标准报批稿；

（五）标准编制说明及有关附件；

（六）征求意见汇总处理表；

（七）标准审查会议纪要；

（八）函审表决单和函审结论表；

（九）审查意见汇总处理表；

（十）标准的外文原文和中文译本；

（十一）专利相关材料。

前款第三项材料仅国家标准项目按照国家标准委的有关要求提交，第七项材料仅实行会议审查的标准项目提交，第八项材料仅实行函审的标准项目提交，第十项材料仅采用国际标准或者国外先进标准的标准项目提交，第十一项材料仅内容涉及有关专利的标准项目提交，第一项、第二项、第四项、第五项、第六项、第九项材料任何类别标准项目均需提交。

需要提交的纸质材料除第一项外，应当规范格式和字体，编排好目录和页码，按有关要求装订成册。

第四十条 政策法规司应当组织相应的技术委员会对有关业务主管单位提出报批的标准项目进行审核。

经审核，对于符合报批条件的标准项目，报请分管标准化工作的部领导审定并经部主要领导同意后，按程序和权限发布。行业标准由应急管理部公告发布；国家标准提请国家标准委审核、发布。

强制性标准的发布日期和实施日期之间，应当预留出 6 个月到 10 个月作为标准实施过渡期。

第四十一条 行业标准应当在应急管理部公告发布后 1 个月内依法向国家标准委备案，国家标准委备案公告发布后及时在应急管理部政府网站免费公开标准全文。

国家标准由国家标准委公开。应急管理部加强协调，保障国家标准同步在应急管理部政府网站免费公开。

第六节 快速程序

第四十二条 为适应大国应急管理事业发展改革的需要，对应急管理工作急需标准的制修订可以采用快速程序，提高标准制修订效率。

采用快速程序的标准项目，项目提出单位应当在项目建议书中明确提出拟省略的阶段程序，由政策法规司审核后，按照标准制修订计划要求省略相关程序，其余程序仍应当符合本章的有关规定。

第四十三条 对于符合下列情形之一的标准项目，由有关业务主管单位向政策法规司提出，随时纳入应急管理部标准项目立项计划或者向国家标准委提出立项建议，并给予经费保障：

（一）自然灾害或者事故灾难防范应对中暴露出标准缺失或者存在重大缺陷，需要尽快制修订的标准项目；

（二）因法律法规和政策发生变化，需要尽快制修订的标准项目；

（三）采用修改单方式修改标准的。

第四十四条 符合下列情况的标准项目，可以省略制修订相关阶段：

（一）等同采用国际标准或者国外先进标准，或者将现行行业标准转化为国家标准，以及将现行地方标准、团体标准、企业标准转化为国家标准或者行业标准，且标准内容无实质性变化的，可以省略起草阶段；

（二）技术内容变化不大的标准修订项目，可以省略起草阶段和征求意见阶段。

第四十五条 强制性标准发布后，因个别技术内容影响标准使用，需要对原标准内容进行少量增减的，可以采用修改单方式修改标准，但每次修改内容一般不超过两项。

采用修改单方式修改标准的，应当按照本办法规定的相关程序进行标准修改单的起草、征求意见、技术审查和报批发布。

有关业务主管单位在报批标准修改单时应当提交下列材料的电子版和纸质版，纸质版材料应当各一式三份（签字盖章材料原件一份，复印件两份）：

（一）同意报批的书面意见（该书面意见应当明确本单位分管部领导同意报批，并加盖公章）；

（二）标准报批审查表；

（三）标准修改单报批稿；

（四）标准修改单编制说明及有关附件；

（五）征求意见汇总处理表；

（六）标准修改单审查会议纪要；

（七）审查意见汇总处理表。

属于国家标准的，还应当按照国家标准委的有关要求提交标准修改申报单、标准修改单征求意见汇总处理表、标准修改单审查投票汇总表等材料。

需要提交的纸质材料除第一项外，应当规范格式和字体，编排好目录和页码，按顺序装订成册。

第四章 标准的实施

第四十六条 实施应急管理标准按照“谁提出、谁实施”的原则，由提出标准项目建议的有关业务主管单位负责组织标准宣传贯彻实施的相关工作，其他相关单位予以配合。

使用应急管理标准的各类企事业单位、社会组织是标准实施的责任主体，各级应急管理部门及其他依法具有相关监管职责的部门是标准实施的监督主体。

应急管理强制性标准应当通过执法监督等手段强制实施，应急管理推荐性标准应当通过非强制手段引导、鼓励相关单位主动实施。

第四十七条 在应急管理强制性标准实施过渡期内，有关业务主管单位应当为标准实施做好组织动员和其他相关准备，对标准实施可能产生的效果进行预判，提前研究应对措施。

第四十八条 有关业务主管单位应当将职责范围内的应急管理标准的宣传贯彻工作纳入年度工作计划，标准发布后应当及时组织有关分技术委员会和地方应急管理部门开展标准宣传贯彻工作，并将标准宣传贯彻工作的有关情况通报政策法规司。有关分技术委员会应当将标准宣传贯彻工作的详细情况报告本分技术委员会所属的技术委员会。

强制性标准的宣传贯彻对象应当包括标准使用单位和各级应急管理执法人员。

第四十九条 各级应急管理部门应当将应急管理强制性标准纳入年度执法计划,对标准的实施进行监督检查。对于违反应急管理强制性标准的行为,应当依照有关法律法规和规章的规定予以处罚。

标准实施涉及多个部门职责的,应急管理部门应当联合有关部门开展联合执法。

第五十条 有关业务主管单位应当经常对职责范围内应急管理强制性标准实施情况进行跟踪评估,定期形成标准实施情况统计分析报告,并及时通报政策法规司。

标准实施情况统计分析报告应当包括对标准实施情况的总体评估、标准实施对综合防灾减灾救灾和应急救援能力的提升情况、实施取得的经济社会效益、实施中存在的问题及改进实施工作的建议等方面的内容。

第五十一条 政策法规司应当根据应急管理标准实施情况,会同有关业务主管单位,组织有关技术委员会及其分技术委员会对标准进行复审,提出标准继续有效、修订或者废止的意见。

标准复审周期一般不超过5年。

复审结论为修订的标准,按照相关程序进行修订。复审结论为废止的标准,属于国家标准的,向国家标准委提出废止建议;属于行业标准的,在应急管理部政府网站上公示30天,公示期间未收到异议的,由应急管理部发布公告予以废止。

第五十二条 标准实施过程中需要对标准的相关重要内容作出具体解释的,由有关业务主管单位负责组织有关(分)技术委员会和标准起草单位研究提出解释草案,经政策法规司审核并报请分管有关业务工作的部领导和分管标准化工作的部领导同意后按程序和权限发布。对行业标准的解释,由应急管理部公告发布;对国家标准的解释,提请国家标准委审核、发布。

标准的解释与标准具有同等效力。

对标准实施过程中具体应用问题的咨询,由有关业务主管单位负责研究答复。

第五十三条 在应急管理标准制定、实施过程中,应急管理部与国务院其他部门职责发生争议或者发生其他需要协调解决的重大问题,经国家标准委组织协商不能达成一致意见的,按程序提请国务院标准化协调推进部际联席会议研究解决。

第五章 奖励与惩罚

第五十四条 对在应急管理标准化工作中做出显著成绩的单位和个人,按照国家有关规定给予表彰和奖励,并在标准项目具体安排和工作经费上予以优先支持。

第五十五条 对于无正当理由未能按时完成标准制修订任务且未完成项目较多的单位,以及在国家标准委组织的业绩考核中不合格的技术委员会,在应急管理部内予以通报批评,并根据有关规定追究相关责任人员的责任。

对于工作中不负责任、疏于管理、工作出现严重失误的技术委员会或者其分技术委员会秘书处承担单位,按照有关程序取消其秘书处承担单位资格。

第六章　附　　则

第五十六条　中国地震局、国家煤矿安全监察局分别负责地震标准化工作（地震救援标准化工作除外）和煤炭标准化工作，其开展标准化工作的重要制度性文件和制修订的标准应当向应急管理部备案，重大事项应当及时报告，并于每年12月底向应急管理部报告当年的标准化工作情况。国家煤矿安全监察局负责的煤矿安全生产标准由应急管理部统一管理。

应急管理有关工程项目建设标准、国家职业技能标准制修订等相关标准化工作，按照国务院有关部门的相关规定和本办法的有关规定执行，由有关业务主管单位负责，政策法规司归口管理。

第五十七条　标准项目没有对应分技术委员会的，由有关技术委员会按照政策法规司和有关业务主管单位的意见，承担标准项目立项、征求意见、技术审查等具体工作。

第五十八条　本办法涉及的各类表格和材料清单，均以应急管理部和国家标准委及时更新的文本要求为准。

第五十九条　应急管理标准制修订过程中形成的有关资料，应当按照档案管理的有关规定及时归档。

第六十条　应急管理标准制修订工作流程参照应急管理标准制修订工作流程框架图执行。

第六十一条　本办法由政策法规司负责解释。

第六十二条　本办法自发布之日起施行。

北京市市场监督管理局等八部门关于印发《北京市实施企业标准"领跑者"制度工作方案》的通知

（京市监发〔2019〕29 号）

各有关单位：

为贯彻落实党的十九大和十九届二中、三中全会精神和《中共中央国务院关于开展质量提升行动的指导意见》（中发〔2017〕24 号），按照《市场监管总局等八部门关于实施企业标准"领跑者"制度的意见》（国市监标准〔2018〕84 号）要求，结合北京市经济社会发展实际，制定《北京市实施企业标准"领跑者"制度工作方案》，现印发给你们，请认真贯彻执行，通过高水平企业标准引领，增加中高端产品和服务有效供给，促进区域质量水平整体跃升。

北京市市场监督管理局　北京市发展和改革委员会
北京市科学技术委员会　北京市经济和信息化局
北京市财政局　北京市生态环境局
北京市交通委员会　北京市地方金融监督管理局
2019 年 6 月 3 日

北京市实施企业标准“领跑者”制度工作方案

为贯彻落实党的十九大和十九届二中、三中全会精神和《中共中央国务院关于开展质量提升行动的指导意见》(中发〔2017〕24 号),按照《市场监管总局等八部门关于实施企业标准“领跑者”制度的意见》(国市监标准〔2018〕84 号)要求,强化企业标准引领作用,促进本市全面质量提升,北京市市场监督管理局会同有关部门制定本工作方案。

一、指导思想

以习近平新时代中国特色社会主义思想为指引,全面贯彻落实党的十九大和十九届二中、三中全会精神,认真落实党中央和国务院的决策部署,按照市场监管总局等八部门要求,牢牢把握首都城市战略定位,充分发挥企业标准引领质量提升、促进消费升级的作用,实施企业标准“领跑者”制度,为加快构建本市高精尖经济结构、形成与首都城市功能定位相适应的质量供给体系、建设全球有影响力的全国科技创新中心和国际一流的和谐宜居之都奠定坚实基础。

二、工作原则

明确工作定位。严格贯彻落实市场监管总局等部门印发的文件精神,维护国家统一企业标准排行榜和“领跑者”名单权威,积极配合出台相关配套措施,确保政策落实到位。

强化企业主体。企业标准制定和实施的主体是企业。鼓励企业瞄准国际标准不断提高产品和服务标准,提升企业质量发展水平和国际竞争力。

加强行业引导。充分发挥相关行业主管部门的政策优势与资源优势,形成政策合力向领跑者企业倾斜,促进我市产业向全球价值链中高端迈进。

发挥机构优势。充分发挥首都标准化服务机构的技术优势,积极参与和指导企业参与企业标准“领跑者”评估,促进我市标准化服务业发展。

三、工作目标

到 2020 年,本市产品和服务标准全部实现自我声明公开。本市在主要消费品、装备制造、新兴产业和服务领域涌现一批领跑者企业,带动全市企业积极争当企业标准“领跑者”,推动企业标准核心指标水平持续提升,产品和服务质量水平整体跃升。企业标准“领跑者”

制度社会认知度和影响力在本市明显增强，领跑者产品和服务市场占有率普遍提升，消费者质量满意度不断提高。

四、主要任务

（一）广泛动员积极参与

1. 充分发挥北京首善之区的资源优势、经验优势和地理优势，按照市场监管总局办公厅印发的年度实施企业标准“领跑者”重点领域，推荐专家进入企业标准“领跑者”专家委员会。

2. 鼓励本市标准化技术机构、行业协会、产业联盟、平台型企业等第三方评估机构，积极参与“领跑者”评估工作。

3. 鼓励和引导企业瞄准国际标准提高水平，制定严于国家标准、行业标准的企业标准，并在全国统一的企业标准信息公共服务平台进行自我声明公开，积极争当企业标准领跑者，推动我市企业标准核心指标水平持续提升。

（二）完善政策形成合力

4. 在政府质量奖评选等工作中采信企业标准“领跑者”评估结果，将“领跑者”企业信息纳入质量诚信体系建设。

5. 落实国家有关政府采购促进企业标准“领跑者”制度发展政策。

6. 鼓励和支持金融机构给予企业标准“领跑者”信贷支持。

7. 优先推荐企业标准“领跑者”申报中国标准创新贡献奖、国家级标准化试点示范、北京市技术标准制修订补助资金、市级企业技术中心等。

（三）结合试点深入推广

8. 将企业标准“领跑者”制度与相关标准化示范试点、专项行动有机结合，深入推广。

9. 在国家高端装备制造业标准化试点建设过程中，推动企业将先进技术及时转化为严于国家标准和行业标准的企业标准，并有效实施。

10. 在北京市实施百城千业万企对标达标提升专项行动中，推动企业标准提档升级，提升企业标准与国内外标准水平的一致性程度。

11. 在国家技术标准创新基地建设中，鼓励基地承担单位和参与单位积极参与企业标准“领跑者”工作。

（四）加强监管确保质量

12. 推动企业产品和服务标准自我声明公开与质量监督制度有效衔接，将产品明示的企业标准纳入产品质量监督抽查方案，加强对本市“领跑者”企业的产品质量监督。

13. 将企业标准“领跑者”名单中本市企业标准列入下一年度企业标准监督抽查，不断提升企业标准质量。

五、保障措施

（一）加强组织领导

市市场监管局会同相关行业主管部门加强与对应国家部委的沟通联系，及时了解国家层面企业标准“领跑者”制度实施进展和落实措施，逐步完善相关行业配套措施。

（二）拓宽经费渠道

鼓励社会资本以市场化方式设立企业标准“领跑者”专项基金。

（三）加强宣传引导

将企业标准“领跑者”制度纳入质量月、科技周、世界标准日、节能宣传周、环境日等主题活动，发动各级各类媒体资源运用通俗易懂的语言和群众易于接受的方式广泛开展宣传工作，普及企业产品和服务标准自我声明公开、企业标准“领跑者”制度等知识，营造良好的企业标准化工作氛围。

北京市发展和改革委员会　北京市市场监督管理局关于印发2019年度节能和循环经济标准制修订工作安排的通知

（京发改〔2019〕1509号）

各有关单位：

根据市政府办公厅《关于印发〈北京市推进节能低碳和循环经济标准化工作实施方案（2015—2022年）〉的通知》（京政办发〔2015〕47号）要求，为加快推进本市节能和循环经济标准体系建设，强化标准约束规范作用，结合本市节能和循环经济标准工作进展，我们确定了2019年度节能和循环经济标准制修订工作安排（详见附件）。现就有关事项通知如下：

一、2019年节能和循环经济标准工作重点方向

（一）目前本市第三产业和居民生活能耗占比已经超过73%，为强化相关领域节能工作，开展《绿色建筑评价标准》《城市轨道交通牵引电能车载计量器具功能及安装要求》等地方标准制修订工作。

（二）随着本市节能工作不断深入，能效水平不断提升，部分标准的指标参数需及时更新，开展《普通轿车及普通运动型乘用车单位产品能源消耗限额》《生活垃圾焚烧处理能源消耗限额》等地方标准制修订工作。

（三）为进一步促进本市资源消费的源头减量工作，推动再生资源的循环利用，开展《废弃电器电子产品回收利用企业评价规范》《建筑废弃物再生产品应用技术规程》等地方标准制定工作。

（四）为充分激发行业协会节能工作积极性，更好地发挥团体标准创新示范作用，开展《医院能效领跑者工作指南》《快餐企业能源消耗限额》等团体标准制定工作。

二、组织实施

市发展改革委负责节能和循环经济标准化工作的总体协调、标准制修订进度和关键节点控制等工作。市市场监管局负责地方标准制修订的立项、审查和批准发布等工作。相关行业主管部门负责统筹管理本行业领域地方标准的编制单位遴选、编制质量和进度控制、编制经费的监督管理，以及标准宣贯、组织实施、评估评价等工作。相关社会团体负责统筹管

理相应团体标准制修订工作。

2019年度节能和循环经济标准制修订工作安排中，已完成立项的地方标准，相关责任单位应按照《北京市地方标准管理办法》规定，做好标准制修订工作；其他地方标准的责任单位，应于11月30日前向市市场监督管理局提出地方标准立项申请。各项团体标准应于12月31日前启动制定工作。

三、经费管理

单项标准制修订工作经费额度根据标准制修订技术难度确定，其中涉及指标、限额的技术性地方标准原则上不高于30万元，通则、指南类的基础性地方标准原则上不高于25万元，团体标准原则上不高于20万元。

特此通知

附件：2019年节能和循环经济标准制修订工作安排

北京市发展和改革委员会
北京市市场监督管理局
2019年10月29日

附件

2019 年节能和循环经济标准制修订工作安排

一、节能领域地方标准(能耗限额类)

序号	标准名称	制定/修订	责任单位
1	普通轿车及普通运动型乘用车单位产品能源消耗限额	修订	市经济和信息化局
2	装配式建筑结构部品部件能源消耗限额	制定	市住房城乡建设委
3	生活垃圾焚烧处理能源消耗限额	修订	市城市管理委
4	餐厨垃圾生化处理能源消耗限额	修订	
5	城镇污水处理能源消耗限额	修订	市水务局

二、节能领域地方标准(非能耗限额类)

序号	标准名称	制定/修订	责任单位
6	冷水机组节能监测	修订	市发展改革委
7	板式换热器运行节能监测	修订	
8	公共建筑室内照明系统节能监测	制定	
9	固定资产投资项目节能审查验收技术规范	制定	
10	固定资产投资项目节能监察技术核查报告编制规范	修订	
11	用能单位能源利用状况报告填报规范	制定	
12	绿色建筑评价标准	修订	市住房城乡建设委
13	非透明幕墙保温工程技术规程	制定	
14	居住建筑门窗工程技术规范	制定	
15	既有公共建筑节能改造技术规程	制定	
16	居住建筑节能工程施工质量验收规程	制订	
17	外墙外保温技术规程	制定	
18	农村住宅清洁采暖技术规程	制定	
19	城市轨道交通牵引电能车载计量器具功能及安装要求	制定	市交通委

三、循环经济领域地方标准

<table>
<tr><th>序号</th><th>标准名称</th><th>制定/修订</th><th>责任单位</th></tr>
<tr><td>20</td><td>废弃电器电子产品回收利用企业评价规范</td><td>制定</td><td rowspan="3">市发展改革委</td></tr>
<tr><td>21</td><td>零售、快递业清洁生产评价指标体系</td><td>制定</td></tr>
<tr><td>22</td><td>电力热力生产和供应业清洁生产评价指标体系</td><td>制定</td></tr>
<tr><td>23</td><td>建筑废弃物再生产品应用技术规程</td><td>制定</td><td rowspan="2">市住房城乡建设委</td></tr>
<tr><td>24</td><td>建筑节能改造保温材料拆除与回收技术规范</td><td>制定</td></tr>
<tr><td>25</td><td>快递绿色包装规范</td><td>制定</td><td>市邮政管理局</td></tr>
</table>

四、团体标准

<table>
<tr><th>序号</th><th>标准名称</th><th>发布协会</th></tr>
<tr><td>26</td><td>医院能效领跑者工作指南</td><td rowspan="2">全国卫生产业企业管理协会
绿色医院建设分会</td></tr>
<tr><td>27</td><td>医疗机构能源资源消耗限额</td></tr>
<tr><td>28</td><td>快餐企业能源消耗限额</td><td rowspan="3">北京节能环保促进会</td></tr>
<tr><td>29</td><td>社区高效用能指南</td></tr>
<tr><td>30</td><td>高校垃圾资源化指南</td></tr>
</table>

附　　录

2019 年北京市地方标准制修订项目计划

序号	项目编号	项目名称	项目类别	制修订	标准性质	行业主管部门及组织实施单位	主要起草单位	被修订标准号
1	20191001	餐厨垃圾生化处理能源消耗限额	一类	修订	推荐性	北京市城市管理委员会	北京环境工程技术有限公司	DB11/T 1119—2014
2	20191002	电动汽车充电站运营管理规范	一类	修订	推荐性	北京市城市管理委员会	北京市产品质量监督检验院	DB11/Z 880—2012
3	20191003	城市道路清扫保洁质量与作业要求	一类	修订	推荐性	北京市城市管理委员会	北京市城市管理研究院	DB11/T 353—2014
4	20191004	街巷环境卫生质量要求	一类	修订	推荐性	北京市城市管理委员会	北京市城市管理研究院	DB11/T 1375—2016
5	20191005	农村街坊路清扫保洁质量与作业要求	一类	制定	推荐性	北京市城市管理委员会	北京市城市管理研究院	
6	20191006	燃具连接用软管应用技术规程	一类	修订	推荐性	北京市城市管理委员会	北京市公用事业科学研究所	DB11/T 1275—2015
7	20191007	地下工程建设中管线保护技术规程　第 1 部分：供热设施	一类	制定	推荐性	北京市城市管理委员会	北京市热力集团有限责任公司	
8	20191008	供热采暖系统水处理规程	一类	制定	推荐性	北京市城市管理委员会	中国特种设备检测研究院	
9	20191009	地震安全韧性城市建设导则	一类	制定	推荐性	北京市地震局	北京工业大学	

续表

序号	项目编号	项目名称	项目类别	制修订	标准性质	行业主管部门及组织实施单位	主要起草单位	被修订标准号
10	20191010	地源热泵系统运行技术规范	一类	制定	推荐性	北京市发展和改革委员会	华清安泰（北京）科技股份有限公司	
11	20191011	热泵系统安全管理技术规范	一类	制定	推荐性	北京市发展和改革委员会	华清安泰（北京）科技股份有限公司	
12	20191012	“警保联动”巡查车辆外观要求	一类	制定	推荐性	北京市公安局	北京市公安局公安交通管理局	
13	20191013	印章制作技术规范	一类	修订	推荐性	北京市公安局	北京市公安局治安总队	DB11/T 918—2012
14	20191014	村民住宅出租房消防技术要求	一类	制定	推荐性	北京市公安局	北京市消防总队	
15	20191015	步行和自行车交通环境规划设计标准	一类	制定	推荐性	北京市规划和自然资源委员会	北京市城市规划设计研究院	
16	20191016	城市轨道交通车站安检设计标准	一类	制定	推荐性	北京市规划和自然资源委员会	北京市轨道交通设计研究院有限公司	
17	20191017	雨水控制与利用工程设计规范	一类	修订	强制性	北京市规划和自然资源委员会	北京市建筑设计研究院有限公司	DB11/ 685—2013
18	20191018	绿色建筑设计标准	一类	修订	推荐性	北京市规划和自然资源委员会	中国建筑科学研究院	DB11/ 938—2012
19	20191019	地质灾害危险性评估技术规范	一类	修订	推荐性	北京市规划和自然资源委员会	中航勘察设计研究院有限公司	DB11/T 893—2012
20	20191020	城市轨道交通安全保护区测量技术规范	一类	制定	推荐性	北京市交通委员会	北京城建勘测设计研究院有限公司	
21	20191021	轨道交通乘客信息系统技术规范	一类	制定	推荐性	北京市交通委员会	北京轨道交通指挥中心	

续表

序号	项目编号	项目名称	项目类别	制修订	标准性质	行业主管部门及组织实施单位	主要起草单位	被修订标准号
22	20191022	轨道交通乘客信息系统检测规范	一类	制定	推荐性	北京市交通委员会	北京轨道交通指挥中心	
23	20191023	轨道交通广播系统技术规范	一类	制定	推荐性	北京市交通委员会	北京轨道交通指挥中心	
24	20191024	轨道交通视频监控系统技术规范	一类	制定	推荐性	北京市交通委员会	北京轨道交通指挥中心	
25	20191025	轨道交通视频监控系统检测规范	一类	制定	推荐性	北京市交通委员会	北京轨道交通指挥中心	
26	20191026	城市轨道交通牵引电能车载计量器具功能及安装要求	一类	制定	推荐性	北京市交通委员会	北京交通发展研究院	
27	20191027	高位视频路内停车系统建设规范	一类	制定	推荐性	北京市交通委员会	北京交通发展研究院	
28	20191028	公路用建筑垃圾再生施工与验收规范	一类	制定	推荐性	北京市交通委员会	北京市道路工程质量监督站	
29	20191029	城市轨道交通工程动态验收技术规范	一类	制定	推荐性	北京市交通委员会	北京市轨道交通建设管理有限公司	
30	20191030	城市轨道交通全自动运行线路试运行基本条件	一类	制定	推荐性	北京市交通委员会	北京市轨道交通建设管理有限公司	
31	20191031	混凝土桥面防水粘结层快速施工技术规范	一类	制定	推荐性	北京市交通委员会	北京市政路桥建材集团有限公司	
32	20191032	高等学校能源消耗限额	一类	修订	推荐性	北京市教育委员会	中竞同创能源环境科技集团股份有限公司	DB11/T 1267—2015
33	20191033	绿色工厂评价指南　汽车整车制造业	一类	制定	推荐性	北京市经济和信息化局	北京联合智业认证有限公司	

续表

序号	项目编号	项目名称	项目类别	制修订	标准性质	行业主管部门及组织实施单位	主要起草单位	被修订标准号
34	20191034	软件和信息化项目运行评价规范	一类	制定	推荐性	北京市经济和信息化局	北京软件和信息服务交易所有限公司	
35	20191035	面向政务服务的信息分类规范	一类	修订	推荐性	北京市经济和信息化局	北京市信息资源管理中心	DB11/Z 359—2006
36	20191036	自动驾驶车辆封闭试验场地技术要求	一类	制定	推荐性	北京市经济和信息化局	北京智能车联产业创新中心有限公司	
37	20191037	实验动物　繁育与遗传监测	一类	修订	推荐性	北京市科学技术委员会	首都医科大学	DB11/T 828.3—2011、DB11/T 1053.3—2013、DB11/T 1461.1—2017、DB11/T 1461.2—2017、DB11/T 1461.3—2017、DB11/T 1461.4—2018、DB11/T 1461.5—2018
38	20191038	实验动物　病理学诊断规范	一类	修订	推荐性	北京市科学技术委员会	中国农业大学	DB11/T 828.4—2011、DB11/T 1053.4—2013、DB11/T 1462.1—2017、DB11/T 1462.2—2017、DB11/T 1462.3—2017、DB11/T 1462.4—2018、DB11/T 1462.5—2018
39	20191039	实验动物　寄生虫检测与评价	一类	修订	推荐性	北京市科学技术委员会	中国农业大学	DB11/T 828.2—2011、DB11/T 1053.2—2013、DB11/T 1460.1—2017、DB11/T 1460.2—2017、DB11/T 1460.3—2017、DB11/T 1460.4—2018、DB11/T 1460.5—2018

续表

序号	项目编号	项目名称	项目类别	制修订	标准性质	行业主管部门及组织实施单位	主要起草单位	被修订标准号
40	20191040	实验动物　环境条件	一类	修订	推荐性	北京市科学技术委员会	中国人民解放军军事科学院军事医学研究院	DB11/T 828.6—2011、DB11/T 1053.6—2013、DB11/T 1464.1—2017、DB11/T 1464.2—2017、DB11/T 1464.3—2017、DB11/T 1464.4—2018、DB11/T 1464.5—2018
41	20191041	实验动物　配合饲料养分与卫生要求	一类	修订	推荐性	北京市科学技术委员会	中国人民解放军军事科学院军事医学研究院	DB11/T 828.5—2011、DB11/T 1053.5—2013、DB11/T 1463.1—2017、DB11/T 1463.2—2017、DB11/T 1463.3—2017、DB11/T 1463.4—2018、DB11/T 1463.5—2018
42	20191042	实验动物　微生物检测与评价	一类	修订	推荐性	北京市科学技术委员会	中国兽医药品监察所	DB11/T 828.1—2011、DB11/T 1053.1—2013、DB11/T 1459.1—2017、DB11/T 1459.2—2017、DB11/T 1459.3—2017、DB11/T 1459.4—2018、DB11/T 1459.5—2018
43	20191043	养老机构服务质量星级划分与评定	一类	修订	推荐性	北京市民政局	北京慧佳养老服务有限公司	DB11/T 219—2014
44	20191044	养老机构老年人健康档案技术规范	一类	修订	推荐性	北京市民政局	北京慧佳养老服务有限公司	DB11/T 1122—2014
45	20191045	养老机构服务标准体系建设指南	一类	修订	推荐性	北京市民政局	北京一福养老服务中心	DB11/T 303—2014
46	20191046	养老机构服务满意度评价规范	一类	制定	推荐性	北京市民政局	北京一福养老服务中心	
47	20191047	老年人能力综合评估规范	一类	修订	推荐性	北京市民政局、北京市卫生健康委员会	北京市康复辅助器具协会、北京老年医院	DB11/T 305—2014

续表

序号	项目编号	项目名称	项目类别	制修订	标准性质	行业主管部门及组织实施单位	主要起草单位	被修订标准号
48	20191048	杀虫灯使用技术规范	一类	修订	推荐性	北京市农业农村局	北京市农业机械试验鉴定推广站	DB11/T 874—2012
49	20191049	水产养殖常用微生态制剂使用技术规范	一类	制定	推荐性	北京市农业农村局	北京市水产科学研究所	
50	20191050	畜禽养殖粪肥还田利用技术规范	一类	制定	推荐性	北京市农业农村局	北京市畜牧业环境监测站	
51	20191051	社区菜市场（农贸市场）设置与管理规范	一类	修订	推荐性	北京市商务局	全国城市农贸中心联合会	DB11/T 309—2005
52	20191052	商品交易市场设置与管理规范	一类	修订	推荐性	北京市商务局	中国市场学会标准化委员会	DB11/T 472—2007
53	20191053	环境空气颗粒物网格化监测评价技术规范	一类	制定	推荐性	北京市生态环境局	北京市环境保护监测中心	
54	20191054	城镇污水处理厂大气污染物排放标准	一类	制定	强制性	北京市生态环境局	北京市环境保护科学研究院	
55	20191055	地下再生水厂运行管理规范	一类	制定	推荐性	北京市水务局	北京排水集团	
56	20191056	农村地区污水处理设施水量水质实时监控技术导则	一类	制定	推荐性	北京市水务局	北京市排水管理事务中心	
57	20191057	海绵城市建设效果监测与评估规范	一类	制定	推荐性	北京市水务局	北京市水科学技术研究院	
58	20191058	水利工程施工质量评定　第3部分:引水管线	一类	修订	推荐性	北京市水务局	北京市水利工程质量与安全监督中心站	DB11/T 387.3—2013

续表

序号	项目编号	项目名称	项目类别	制修订	标准性质	行业主管部门及组织实施单位	主要起草单位	被修订标准号
59	20191059	引调水隧洞监测技术导则	一类	制定	推荐性	北京市水务局	北京市水利规划设计研究院	
60	20191060	城市雨水管渠流量监测规程	一类	制定	推荐性	北京市水务局	北京市水文总站	
61	20191061	体育场馆能源消耗限额	一类	修订	推荐性	北京市体育局	北京建筑技术发展有限责任公司	DB11/T 1296—2015
62	20191062	体育场所安全运营管理规范　滑冰场所	一类	制定	推荐性	北京市体育局	国家体育总局体育科学研究所	
63	20191063	滑雪场所等级划分与评定规范	一类	制定	推荐性	北京市体育局	国家体育总局体育科学研究所	
64	20191064	老年友善医院评定技术规范	一类	制定	推荐性	北京市卫生健康委员会	北京老年医院	
65	20191065	职业健康检查技术规范	一类	制定	推荐性	北京市卫生健康委员会	北京市疾病预防控制中心	
66	20191066	中小学生健康监测技术要求	一类	制定	推荐性	北京市卫生健康委员会	北京市疾病预防控制中心	
67	20191067	精神卫生数据元规范	一类	制定	推荐性	北京市卫生健康委员会	北京市精神卫生保健所	
68	20191068	医疗机构临床营养技术导则	一类	制定	推荐性	北京市卫生健康委员会	北京市临床营养治疗质量控制和改进中心	
69	20191069	公共游泳场所卫生技术规范	一类	制定	推荐性	北京市卫生健康委员会	北京市卫生和计划生育监督所	
70	20191070	人乳库建设技术规范	一类	制定	推荐性	北京市卫生健康委员会	北京协和医院	

续表

序号	项目编号	项目名称	项目类别	制修订	标准性质	行业主管部门及组织实施单位	主要起草单位	被修订标准号
71	20191071	重症医学数据集	一类	制定	推荐性	北京市卫生健康委员会	北京协和医院	
72	20191072	即时检验血气分析结果质量控制技术规范	一类	制定	推荐性	北京市卫生健康委员会	首都医科大学附属北京朝阳医院	
73	20191073	声源定位测试质量控制规范	一类	制定	推荐性	北京市卫生健康委员会	首都医科大学附属北京朝阳医院	
74	20191074	医务人员传染病防护技术规范	一类	制定	推荐性	北京市卫生健康委员会	首都医科大学附属北京佑安医院	
75	20191075	智慧旅游景区基本要求及等级评定	一类	制定	推荐性	北京市文化和旅游局	北京大地云游科技有限公司	
76	20191076	工业旅游区（点）服务基本要求	一类	修订	推荐性	北京市文化和旅游局	北京世纪唐人文旅发展股份有限公司	DB11/T 665—2009
77	20191077	旅行社地接服务规范	一类	制定	推荐性	北京市文化和旅游局	北京市旅游行业协会	
78	20191078	文物建筑三维信息采集技术规程	一类	制定	推荐性	北京市文物局	北京古代建筑研究所	
79	20191079	文物保护工程资料管理规程	一类	制定	推荐性	北京市文物局	北京市文物工程质量监督站	
80	20191080	安全生产等级评定技术规范　第90部分：化工企业	一类	制定	推荐性	北京市应急管理局	北京石油化工学院	
81	20191081	园林绿化种植土壤技术要求	一类	修订	推荐性	北京市园林绿化局	北京林业大学，北京市园林科学研究院	DB11/T 864—2012
82	20191082	城市树木健康诊断技术规程	一类	制定	推荐性	北京市园林绿化局	北京林业大学，北京市园林绿化局	

续表

序号	项目编号	项目名称	项目类别	制修订	标准性质	行业主管部门及组织实施单位	主要起草单位	被修订标准号
83	20191083	规模化苗圃建设与管理规范	一类	制定	推荐性	北京市园林绿化局	北京绿洲国际农林科技有限公司,北京市园林绿化局国际合作项目办公室,北京市种苗管理总站,北京市黄垡苗圃	
84	20191084	盆栽蝴蝶兰栽培技术规程	一类	修订	推荐性	北京市园林绿化局	北京市北亚园林公司,北京市大东流苗圃	DB11/T 899—2012
85	20191085	苹果矮砧栽培技术规程	一类	修订	推荐性	北京市园林绿化局	北京市昌平区园林绿化局,北京林业大学	DB11/T 928—2012
86	20191086	盆栽小菊栽培技术规程	一类	修订	推荐性	北京市园林绿化局	北京市花木有限公司	DB11/T 898—2012
87	20191087	木本香薷种植技术规程	一类	制定	推荐性	北京市园林绿化局	北京市水源保护林试验工作站,北京农学院	
88	20191088	绿地保育式生物防治技术规程	一类	制定	推荐性	北京市园林绿化局	北京市园林科学研究院	
89	20191089	藤本月季养护规程	一类	修订	推荐性	北京市园林绿化局	北京市园林科学研究院	DB11/T 865—2012
90	20191090	果树水肥一体化技术规程	一类	制定	推荐性	北京市园林绿化局	北京市园林绿化局产业发展处	
91	20191091	城镇绿地养护技术规范	一类	修订	推荐性	北京市园林绿化局	北京市园林绿化局城镇绿化处,北京市园林科学研究院	DB11/T 213—2014

续表

序号	项目编号	项目名称	项目类别	制修订	标准性质	行业主管部门及组织实施单位	主要起草单位	被修订标准号
92	20191092	美丽乡村绿化美化技术规程	一类	制定	推荐性	北京市园林绿化局	首都绿化委员会办公室，北京市园林绿化局义务植树处	
93	20191093	小微湿地建设技术规程	一类	制定	推荐性	北京市园林绿化局	中国林业科学研究院湿地研究所（林业新技术研究所代），北京市园林绿化局	
94	20191094	葡萄生产技术规程	一类	修订	推荐性	北京市园林绿化局	中国农业大学	DB11/T 897—2012
95	20191095	苹果生产技术规程	一类	修订	推荐性	北京市园林绿化局	中国农业大学，北京市园林科学研究院	DB11/T 896—2012
96	20191096	企业知识产权管理规范	一类	修订	推荐性	北京市知识产权局	北京市知识产权局	DB11/T 937—2012
97	20191097	承插型盘扣式钢管脚手架安全选用技术规程	一类	制定	推荐性	北京市住房和城乡建设委员会	北京城建北方集团有限公司	
98	20191098	索结构施工质量验收规程	一类	制定	推荐性	北京市住房和城乡建设委员会	北京城建集团有限责任公司	
99	20191099	地面防滑工程施工及验收规程	一类	修订	推荐性	北京市住房和城乡建设委员会	北京城建科技促进会	DB11/T 944—2012
100	20191100	非透明幕墙保温工程施工技术规程	一类	制定	推荐性	北京市住房和城乡建设委员会	北京城建亚泰建设集团有限公司	
101	20191101	房屋建筑使用安全检查技术规程	一类	修订	推荐性	北京市住房和城乡建设委员会	北京三茂建筑工程检测鉴定有限公司	DB11/T 1004—2013

续表

序号	项目编号	项目名称	项目类别	制修订	标准性质	行业主管部门及组织实施单位	主要起草单位	被修订标准号
102	20191102	快速轨道交通工程施工质量验收规范	一类	制定	推荐性	北京市住房和城乡建设委员会	北京市轨道交通设计研究院有限公司	
103	20191103	装配式管道支吊架安装质量验收规范	一类	制定	推荐性	北京市住房和城乡建设委员会	北京市建设工程安全质量监督总站	
104	20191104	城镇道路建筑垃圾再生路面基层施工与质量验收规范	一类	修订	推荐性	北京市住房和城乡建设委员会	北京市市政工程研究院	DB11/T 999—2013
105	20191105	盾构法隧道修复加固工程施工质量验收规范	一类	制定	推荐性	北京市住房和城乡建设委员会	北京市政建设集团有限责任公司	
106	20191106	市政基础设施工程门式和桥式起重机安全应用技术规程	一类	制定	推荐性	北京市住房和城乡建设委员会	北京市政建设集团有限责任公司	
107	20191107	公共租赁住房建设与评价标准	一类	修订	推荐性	北京市住房和城乡建设委员会	北京市住房保障办公室	DB11/T 1365—2016
108	20191108	绿色建筑评价标准	一类	修订	推荐性	北京市住房和城乡建设委员会	北京市住房和城乡建设科技促进中心	DB11/T 825—2015
109	20191109	房屋建筑安全评估技术规程	一类	修订	推荐性	北京市住房和城乡建设委员会	北京市住房和城乡建设科学技术研究所（北京市房屋安全鉴定总站）	DB11/T 882—2012
110	20191110	保温板复合胶粉聚苯颗粒外墙外保温施工技术规程	一类	修订	推荐性	北京市住房和城乡建设委员会	北京振利建筑工程有限责任公司	DB11/T 463—2012

续表

序号	项目编号	项目名称	项目类别	制修订	标准性质	行业主管部门及组织实施单位	主要起草单位	被修订标准号
111	20191111	居住建筑门窗工程技术规范	一类	修订	推荐性	北京市住房和城乡建设委员会	国家建筑材料工业建筑五金水暖产品质量监督检验测试中心	DB11/ 1028—2013
112	20191112	大型活动志愿者服务规范	一类	制定	推荐性	共青团北京市委员会	北京志愿服务发展研究会	
113	20192001	地方志书和年鉴编纂规范	二类	制定	推荐性	北京市地方志编纂委员会办公室	北京市地方志编纂委员会办公室	
114	20192002	殡仪馆档案管理规范	二类	制定	推荐性	北京市民政局	北京市八宝山殡仪馆	
115	20192003	福利彩票销售网点分级评价规范	二类	制定	推荐性	北京市民政局	北京市福利彩票发行中心	
116	20192004	气象灾害风险调查技术规范 第2部分：城市大风	二类	制定	推荐性	北京市气象局	北京市朝阳区气象局	
117	20192005	气象灾害风险调查技术规范 第4部分：低温冷冻灾害	二类	制定	推荐性	北京市气象局	北京市怀柔区气象局	
118	20192006	气象灾害风险调查技术规范 通则	二类	制定	推荐性	北京市气象局	北京市气象灾害防御中心	
119	20192007	气象灾害风险调查技术规范 第3部分：冰雹	二类	制定	推荐性	北京市气象局	北京市石景山区气象局	
120	20192008	强制性清洁生产审核技术通则	二类	制定	推荐性	北京市生态环境局	北京市固体废物和化学品管理中心	

续表

序号	项目编号	项目名称	项目类别	制修订	标准性质	行业主管部门及组织实施单位	主要起草单位	被修订标准号
121	20192009	古建筑维护加固技术规范　石结构	二类	制定	推荐性	北京市文物局	北京市古代建筑研究所	
122	20192010	文物数字化技术规范　器物	二类	制定	推荐性	北京市文物局	故宫博物院	
123	20192011	古建筑砖石结构现场勘查技术规范	二类	制定	推荐性	北京市文物局	中冶建筑研究总院有限公司	
124	20192012	草花组合景观营建及管护技术规程	二类	制定	推荐性	北京市园林绿化局	北京市园林科学研究院，北京市群芳谱园艺有限公司	
125	20192013	城市综合管廊工程监控量测技术规程	二类	制定	推荐性	北京市住房和城乡建设委员会	北京建业通工程检测技术有限公司	
126	20192014	城市综合管廊工程质量检测技术规程	二类	制定	推荐性	北京市住房和城乡建设委员会	北京建业通工程检测技术有限公司	
127	20192015	城市轨道交通结构工程检测技术规范	二类	制定	推荐性	北京市住房和城乡建设委员会	北京市轨道交通建设管理有限公司	

2019年北京市地方标准制修订增补项目计划

序号	项目编号	项目名称	项目类别	制修订	标准性质	行业主管部门	主要起草单位	被修订标准号
1	20191113	地源热泵系统评价技术规范	一类	制定	推荐性	北京市发展和改革委员会	北京节能环保促进会	
2	20191114	分布式光伏发电工程技术规范	一类	制定	推荐性	北京市发展和改革委员会	天晴朗(北京)科技有限公司	
3	20191115	建筑新能源应用设计规范	一类	制定	推荐性	北京市发展和改革委员会	中国建筑技术集团有限公司	
4	20191116	旅馆业人证核验技术要求	一类	制定	推荐性	北京市公安局	北京市公安局治安总队	
5	20191117	公共场所双语标识英文译法 第5部分:医疗卫生	一类	修订	推荐性	北京市人民政府外事办公室	市政府外办	DB11/T 334.5—2006
6	20191118	城镇天然气能量计量技术要求	一类	制定	推荐性	北京市市场监督管理局	北京市燃气集团有限责任公司	
7	20191119	生产建设项目水土保持遥感信息应用技术规范	一类	制定	推荐性	北京市水务局	北京市水土保持工作总站	
8	20191120	中小学生体育课运动负荷数据元规范	一类	制定	推荐性	北京市体育局	北京市体育局青少年体育处	
9	20191121	草花组合景观营建及管护技术规程	一类	制定	推荐性	北京市园林绿化局	北京市园林科学研究院、北京市群芳谱园艺有限公司	
10	20191122	地理标志产品昌平草莓	一类	修订	推荐性	北京市知识产权局	北京市昌平区农业环境监测站	DB11/T 992—2013
11	20191123	施工工地扬尘视频监控和数据传输技术规范	一类	制定	推荐性	北京市住房和城乡建设委员会	北京航天爱威电子技术有限公司	
12	20192016	车用柴油环保技术要求	二类	修订	推荐性	北京市生态环境局	中国汽车技术研究中心有限公司	DB11/ 239—2016
13	20192017	车用汽油环保技术要求	二类	修订	推荐性	北京市生态环境局	中国汽车技术研究中心有限公司	DB11/ 238—2016

2019年北京市地方标准公告

北京市地方标准公告第1号

2019年标字第1号(总第239号)

按照《北京市地方标准管理办法》和《京津冀区域共同制定地方标准有关事项的会议纪要》要求,经北京市市场监督管理局批准,以下4项北京市地方标准作为京津冀区域协同地方标准发布,现予以公布(见附件)。

附件:批准发布的北京市地方标准目录

北京市市场监督管理局
2019年1月2日

附件

批准发布的北京市地方标准目录

序号	标准号	标准名称	被修订标准号	批准日期	实施日期
1	DB11/T 1322.26—2019	安全生产等级评定技术规范 第26部分:酒类制造企业		2018-12-17	2019-7-1
2	DB11/T 1322.31—2019	安全生产等级评定技术规范 第31部分:瓶装工业气体经营企业		2018-12-17	2019-7-1
3	DB11/T 1322.32—2019	安全生产等级评定技术规范 第32部分:烟花爆竹经营(批发)企业		2018-12-17	2019-7-1
4	DB11/T 1322.57—2019	安全生产等级评定技术规范 第57部分:电子通信制造企业		2018-12-17	2019-7-1

注:以上地方标准文本可登录北京市市场监督管理局网站(scjgj.beijing.gov.cn)或首都标准网(www.capital-std.com)查阅。

北京市地方标准公告第2号

2019年标字第2号(总第240号)

以下1项北京市地方标准经北京市人民政府批准,由北京市市场监督管理局、北京市生态环境局共同发布,现予以公布(见附件)。

附件:批准发布的北京市地方标准目录

北京市市场监督管理局　北京市生态环境局
2019年1月7日

附件

批准发布的北京市地方标准目录

序号	标准号	标准名称	被修订标准号	批准日期	实施日期
1	DB11/ 1612—2019	农村生活污水处理设施水污染物排放标准		2018-12-27	2019-1-10

注:以上地方标准文本可登录北京市市场监督管理局网站(scjgj. beijing. gov. cn)或首都标准网(www. capital-std. com)查阅。

北京市地方标准公告第3号

2019年标字第3号(总第241号)

北京市市场监督管理局批准以下33项北京市地方标准,现予以公布(见附件)。

附件:批准发布的北京市地方标准目录(2019年标字第3号、总第241号)

北京市市场监督管理局
2019年3月27日

附件

批准发布的北京市地方标准目录(2019年标字第3号、总第241号)

序号	标准号	标准名称	被修订标准号	批准日期	实施日期
1	DB11/T 418—2019	电梯日常维护保养规则	DB11/ 418—2007	2019-3-26	2019-7-1
2	DB11/T 420—2019	电梯安装、改造、重大修理和维护保养自检规则	DB11/ 420—2007	2019-3-26	2019-7-1
3	DB11/T 705—2019	重型自动扶梯和重型自动人行道技术要求	DB11/T 705—2010	2019-3-26	2019-7-1
4	DB11/T 712—2019	园林绿化工程资料管理规程	DB11/T 712—2010	2019-3-26	2019-7-1
5	DB11/T 726—2019	露地花卉布置技术规程	DB11/T 726—2010	2019-3-26	2019-7-1
6	DB11/T 745—2019	采暖住宅室内空气温度测量方法	DB11/T 745—2010	2019-3-26	2019-7-1
7	DB11/T 838—2019	地铁噪声与振动控制规范	DB11/T 838—2011	2019-3-26	2019-7-1
8	DB11/T 842—2019	近自然森林经营技术规程	DB11/T 842—2011	2019-3-26	2019-7-1
9	DB11/T 1218—2019	体育场所安全运营管理规范 游泳场所	DB11/T 1218—2015	2019-3-26	2019-7-1
10	DB11/T 1165.5—2019	收费公路联网收费系统 第5部分:清分结算规则		2019-3-26	2019-10-1

续表

序号	标准号	标准名称	被修订标准号	批准日期	实施日期
11	DB11/T 1165.6—2019	收费公路联网收费系统　第6部分:数据通信接口		2019-3-26	2019-10-1
12	DB11/T 1165.7—2019	收费公路联网收费系统　第7部分:数据库设计		2019-3-26	2019-10-1
13	DB11/T 1165.8—2019	收费公路联网收费系统　第8部分:信息安全		2019-3-26	2019-10-1
14	DB11/T 1165.9—2019	收费公路联网收费系统　第9部分:应用软件技术要求		2019-3-26	2019-10-1
15	DB11/T 1322.34—2019	安全生产等级评定技术规范　第34部分:小规模单位		2019-3-26	2019-10-1
16	DB11/T 1322.64—2019	安全生产等级评定技术规范　第64部分:城镇供水厂		2019-3-26	2019-7-1
17	DB11/T 1322.65—2019	安全生产等级评定技术规范　第65部分:城镇污水处理厂(再生水厂)		2019-3-26	2019-7-1
18	DB11/T 1322.66—2019	安全生产等级评定技术规范　第66部分:水利施工企业		2019-3-26	2019-7-1
19	DB11/T 1322.80—2019	安全生产等级评定技术规范　第80部分:粮食仓库		2019-3-26	2019-7-1
20	DB11/T 1598.2—2019	居家养老服务规范　第2部分:助餐服务		2019-3-26	2019-7-1
21	DB11/T 1598.3—2019	居家养老服务规范　第3部分:助医服务		2019-3-26	2019-7-1
22	DB11/T 1598.7—2019	居家养老服务规范　第7部分:康复服务		2019-3-26	2019-7-1
23	DB11/T 1613—2019	非居民用燃气计量系统设计施工验收规范		2019-3-26	2019-7-1

续表

序号	标准号	标准名称	被修订标准号	批准日期	实施日期
24	DB11/T 1614—2019	农村公路技术状况评定规范		2019-3-26	2019-10-1
25	DB11/T 1615—2019	园林绿化科普标识设置规范		2019-3-26	2019-7-1
26	DB11/T 1616—2019	农产品温室气体排放核算通则		2019-3-26	2019-7-1
27	DB11/T 1617—2019	大型公共建筑制冷能耗限额		2019-3-26	2019-7-1
28	DB11/T 1618—2019	能效领跑者评价导则		2019-3-26	2019-7-1
29	DB11/T 1619—2019	空气压缩机节能监测		2019-3-26	2019-7-1
30	DB11/T 1620—2019	建筑消防设施维修保养规程		2019-3-26	2019-7-1
31	DB11/T 1621—2019	企业物流装备标准化评价规范		2019-3-26	2019-7-1
32	DB11/T 1622—2019	食品冷链宅配服务规范		2019-3-26	2019-7-1
33	DB11/T 1623—2019	玉簪栽培技术规程		2019-3-26	2019-7-1

注：以上地方标准文本可登录北京市市场监督管理局网站（scjgj. beijing. gov. cn）或首都标准网（www. capital-std. com）查阅。

北京市地方标准公告第4号

2019年标字第4号(总第242号)

以下4项北京市地方标准经北京市市场监督管理局批准,由北京市市场监督管理局、北京市规划和自然资源委员会共同发布,现予以公布(见附件)。

附件:批准发布的北京市地方标准目录(2019年标字第4号、总第242号)

北京市市场监督管理局　北京市规划和自然资源委员会
2019年4月8日

附件

批准发布的北京市地方标准目录

(2019年标字第4号、总第242号)

序号	标准号	标准名称	被修订标准号	批准日期	实施日期
1	DB11/ 1624—2019	电动自行车停放场所防火设计标准		2019-3-26	2019-10-1
2	DB11/T 1625—2019	场地形成工程勘察设计技术规程		2019-3-26	2019-10-1
3	DB11/T 1626—2019	建设工程第三方监测技术规程		2019-3-26	2019-10-1
4	DB11/T 1627—2019	建筑日照计算参数标准		2019-3-26	2019-10-1

注:以上地方标准文本可登录北京市市场监督管理局网站(scjgj. beijing. gov. cn)或首都标准网(www. capital-std. com)查阅。

北京市地方标准公告第5号

2019年标字第5号(总第243号)

以下4项北京市地方标准经北京市市场监督管理局批准,由北京市市场监督管理局、北京市住房和城乡建设委员会共同发布,现予以公布(见附件)。

附件:批准发布的北京市地方标准目录(2019年标字第5号、总第243号)

北京市市场监督管理局　北京市住房和城乡建设委员会
2019年3月27日

附件

批准发布的北京市地方标准目录
2019年标字第5号(总第243号)

序号	标准号	标准名称	被修订标准号	批准日期	实施日期
1	DB11/T 385—2019	预拌混凝土质量管理规程	DB11/ 385—2011	2019-3-26	2019-7-1
2	DB11/T 461—2019	民用建筑太阳能热水系统应用技术规程	DB11/T 461—2010	2019-3-26	2019-7-1
3	DB11/T 1628—2019	钢管混凝土顶升法施工技术规程		2019-3-26	2019-7-1
4	DB11/T 1629—2019	投标施工组织设计编制规程		2019-3-26	2019-7-1

注:以上地方标准文本可登录北京市市场监督管理局网站(scjgj. beijing. gov. cn)或首都标准网(www. capital-std. com)查阅。

北京市地方标准公告 6 号

2019 年标字第 6 号(总第 244 号)

按照《北京市地方标准管理办法》和《京津冀区域共同制定地方标准有关事项的会议纪要》要求,经北京市市场监督管理局批准,以下 3 项北京市地方标准作为京津冀区域协同地方标准发布,现予以公布(见附件)。

附件:批准发布的北京市地方标准目录(2019 年标字第 6 号总第 244 号)

北京市市场监督管理局
2019 年 4 月 1 日

附件

批准发布的北京市地方标准目录

(2019 年标字第 6 号、总第 244 号)

序号	标准号	标准名称	被修订标准号	批准日期	实施日期
1	DB11/T 3021—2019	京津冀旅游直通车服务规范		2018-12-17	2019-7-1
2	DB11/T 3022—2019	停车场电子不停车收费系统应用技术要求		2019-3-26	2019-7-1
3	DB11/T 3023—2019	公路养护作业安全设施设置规范		2019-3-26	2019-7-1

注:以上地方标准文本可登录北京市市场监督管理局网站(scjgj. beijing. gov. cn)或首都标准网(www. capital-std. com)查阅。

北京市地方标准公告第7号

2019年标字第7号(总第245号)

按照《北京市地方标准管理办法》和《京津冀区域共同制定地方标准有关事项的会议纪要》要求,经北京市市场监督管理局批准,以下1项北京市地方标准作为京津冀区域协同地方标准,由北京市市场监督管理局、北京市住房和城乡建设委员会共同发布,现予以公布(见附件)。

附件:批准发布的北京市地方标准目录(2019年标字第7号、总第245号)

北京市市场监督管理局　北京市住房和城乡建设委员会

2019年4月1日

附件

批准发布的北京市地方标准目录

(2019年标字第7号、总第245号)

序号	标准号	标准名称	被修订标准号	批准日期	实施日期
1	DB11/T 1630—2019	城市综合管廊工程施工及质量验收规范		2019-3-26	2019-7-1

注:以上地方标准文本可登录北京市市场监督管理局网站(scjgj. beijing. gov. cn)或首都标准网(www. capital-std. com)查阅。

北京市地方标准公告第 8 号

2019 年标字第 8 号(总第 246 号)

根据《中华人民共和国标准化法》和《北京市地方标准管理办法》(京质监发〔2018〕87 号)的规定,北京市市场监督管理局组织市有关行政主管部门开展了地方标准复审,根据复审情况,以下 4 项地方标准经北京市人民政府批准,由北京市市场监督管理局、北京市生态环境局共同废止,现予以公布(见附件)。

附件:废止北京市地方标准目录(2019 年标字第 8 号)

北京市市场监督管理局　北京市生态环境局

2019 年 4 月 30 日

附件

废止北京市地方标准目录

(2019 年标字第 8 号)

序号	标准号	标准名称
1	DB11/ 044—2014	汽油车双怠速污染物排放限值及测量方法
2	DB11/ 045—2014	柴油车自由加速烟度排放限值及测量方法
3	DB11/ 121—2018	柴油车加载减速污染物排放限值及测量方法
4	DB11/ 122—2018	汽油车稳态加载污染物排放限值及测量方法

注:以上地方标准文本可登录北京市市场监督管理局网站(scjgj. beijing. gov. cn)或首都标准网(www. capital-std. com)查阅。

北京市地方标准公告第9号

2019年标字第9号(总第247号)

以下2项北京市地方标准经北京市人民政府批准,由北京市市场监督管理局、北京市生态环境局共同发布,现予以公布(见附件)。

附件:批准发布的北京市地方标准目录

北京市市场监督管理局　北京市生态环境局

2019年6月13日

附件

批准发布的北京市地方标准目录

(2019年标字第9号、总第247号)

序号	标准号	标准名称	被修订标准号	批准日期	实施日期
1	DB11/ 208—2019	加油站油气排放控制和限值	DB11/ 208—2010	2019-6-7	2019-9-1
2	DB11/ 1631—2019	电子工业大气污染物排放标准		2019-6-4	2019-9-1

注:以上地方标准文本可登录北京市市场监督管理局网站(scjgj. beijing. gov. cn)或首都标准网(www. capital-std. com)查阅。

北京市地方标准公告第10号

2019年标字第10号(总第248号)

北京市市场监督管理局批准以下31项北京市地方标准,现予以公布(见附件)。

附件:批准发布的北京市地方标准目录

北京市市场监督管理局
2019年6月18日

附件

批准发布的北京市地方标准目录
(2019年标字第10号、总第248号)

序号	标准号	标准名称	被修订标准号	批准日期	实施日期
1	DB11/T 085—2019	春玉米生产技术规程	DB11/T 085—1997	2019-6-17	2019-10-1
2	DB11/T 097—2019	低硫煤及制品环保技术要求	DB11/ 097—2014	2019-6-17	2019-10-1
3	DB11/T 150.1—2019	奶牛饲养管理技术规范 第1部分:育种	DB11/T 150.1—2002	2019-6-17	2019-10-1
4	DB11/T 150.2—2019	奶牛饲养管理技术规范 第2部分:繁殖	DB11/T 150.2—2002	2019-6-17	2019-10-1
5	DB11/T 150.3—2019	奶牛饲养管理技术规范 第3部分:饲养与饲料	DB11/T 150.3—2002	2019-6-17	2019-10-1
6	DB11/T 150.4—2019	奶牛饲养管理技术规范 第4部分:卫生防疫	DB11/T 150.4—2002、DB11/T 150.5—2007	2019-6-17	2019-10-1
7	DB11/T 716—2019	穿越既有道路设施工程技术要求	DB11/T 716—2010	2019-6-17	2019-10-1
8	DB11/T 846—2019	茶菊生产技术规程	DB11/T 846—2011	2019-6-17	2019-10-1
9	DB11/T 1010—2019	信息化项目软件开发费用测算规范	DB11/T 1010—2013	2019-6-17	2019-10-1

续表

序号	标准号	标准名称	被修订标准号	批准日期	实施日期
10	DB11/T 1012—2019	软件产品备案测试基本技术规范	DB11/T 1012—2013	2019-6-17	2019-10-1
11	DB11/T 1219.2—2019	文物艺术品数据元规范　第2部分:书画		2019-6-17	2019-10-1
12	DB11/T 1322.79—2019	安全生产等级评定技术规范　第79部分:殡葬服务机构		2019-6-17	2019-10-1
13	DB11/T 1322.81—2019	安全生产等级评定技术规范　第81部分:歌舞娱乐场所		2019-6-17	2019-10-1
14	DB11/T 1322.82—2019	安全生产等级评定技术规范　第82部分:营业性演出场所		2019-6-17	2019-10-1
15	DB11/T 1632—2019	农村家庭用户天然气管道工程技术规范		2019-6-17	2019-10-1
16	DB11/T 1633—2019	纯电动出租小客车运行技术要求		2019-6-17	2020-1-1
17	DB11/T 1634—2019	沥青路面厂拌冷再生技术规范		2019-6-17	2020-1-1
18	DB11/T 1635—2019	车用液化天然气热值技术要求		2019-6-17	2020-1-1
19	DB11/T 1636—2019	雷电防护装置日常维护规程		2019-6-17	2019-10-1
20	DB11/T 1637—2019	城市森林营建技术导则		2019-6-17	2019-10-1
21	DB11/T 1638—2019	数据中心能效监测与评价技术导则		2019-6-17	2019-10-1
22	DB11/T 1639—2019	地源热泵系统节能监测		2019-6-17	2019-10-1
23	DB11/T 1640—2019	冷库系统节能监测		2019-6-17	2019-10-1
24	DB11/T 1641—2019	非工业领域节能量审核指南		2019-6-17	2019-10-1
25	DB11/T 1642—2019	工业领域节能量审核指南		2019-6-17	2019-10-1

续表

序号	标准号	标准名称	被修订标准号	批准日期	实施日期
26	DB11/T 1643—2019	民用建筑供暖通风与空气调节用气象参数		2019-6-17	2019-10-1
27	DB11/T 1644—2019	测土配方施肥节能减碳效果评价规范		2019-6-17	2019-10-1
28	DB11/T 1645—2019	医疗行为关键控制点编码规范		2019-6-17	2019-10-1
29	DB11/T 1646—2019	核医学从业人员放射防护规范		2019-6-17	2019-10-1
30	DB11/T 1647—2019	新生儿转运技术规范		2019-6-17	2019-10-1
31	DB11/T 1648—2019	樱桃砧木组培快繁技术规程		2019-6-17	2019-10-1

注：以上地方标准文本可登录北京市市场监督管理局网站（scjgj. beijing. gov. cn）或首都标准网（www. capital-std. com）查阅。

北京市地方标准公告第11号

2019年标字第11号(总第249号)

以下1项北京市地方标准经北京市市场监督管理局批准,由北京市市场监督管理局、北京市规划和自然资源委员会共同发布,现予以公布(见附件)。

附件:批准发布的北京市地方标准目录

北京市市场监督管理局　北京市规划和自然资源委员会
2019年7月5日

附件

批准发布的北京市地方标准目录
(2019年标字第11号、总第249号)

序号	标准号	标准名称	被修订标准号	批准日期	实施日期
1	DB11/T 1649—2019	建设工程规划核验测量成果检查验收技术规程		2019-6-17	2020-1-1

注:以上地方标准文本可登录北京市市场监督管理局网站(scjgj. beijing. gov. cn)或首都标准网(www. capital-std. com)查阅。

北京市地方标准公告第12号

2019年标字第12号(总第250号)

北京市市场监督管理局批准以下33项北京市地方标准,现予以公布(见附件)。

附件:批准发布的北京市地方标准目录

北京市市场监督管理局
2019年9月26日

附件

批准发布的北京市地方标准目录
2019年标字第12号、总第250号

序号	标准号	标准名称	被修订标准号	批准日期	实施日期
1	DB11/T 656—2019	建设用地土壤污染状况调查与风险评估技术导则	DB11/T 656—2009	2019-9-23	2019-10-1
2	DB11/T 827—2019	废旧爆炸物品销毁处置安全管理规程	DB11/T 827—2011	2019-9-23	2020-1-1
3	DB11/T 852—2019	有限空间作业安全技术规范	DB11/ 852.1—2012,DB11/ 852.2—2013,DB11/ 852.3—2014	2019-9-23	2020-4-1
4	DB11/T 974—2019	固定资产投资项目节能报告编制技术规范	DB11/T 974—2013	2019-9-23	2020-1-1
5	DB11/T 1150—2019	供暖系统运行能源消耗限额	DB11/T 1150—2015	2019-9-23	2020-1-1
6	DB11/T 1322.67—2019	安全生产等级评定技术规范　第67部分:农机专业合作社		2019-9-23	2020-1-1
7	DB11/T 1322.68—2019	安全生产等级评定技术规范　第68部分:设施蔬菜生产企业及专业合作社		2019-9-23	2020-1-1
8	DB11/T 1322.69—2019	安全生产等级评定技术规范　第69部分:畜禽养殖场		2019-9-23	2020-1-1

序号	标准号	标准名称	被修订标准号	批准日期	实施日期
9	DB11/T 1322.70—2019	安全生产等级评定技术规范　第70部分:水产养殖企业		2019-9-23	2020-1-1
10	DB11/T 1322.72—2019	安全生产等级评定技术规范　第72部分:饲料生产企业		2019-9-23	2020-1-1
11	DB11/T 1322.73—2019	安全生产等级评定技术规范　第73部分:畜禽定点屠宰企业		2019-9-23	2020-1-1
12	DB11/T 1322.83—2019	安全生产等级评定技术规范　第83部分:电影放映场所		2019-9-23	2020-1-1
13	DB11/T 1322.84—2019	安全生产等级评定技术规范　第84部分:出版物批发零售企业		2019-9-23	2020-1-1
14	DB11/T 1322.85—2019	安全生产等级评定技术规范　第85部分:地热矿泉水企业		2019-9-23	2020-4-1
15	DB11/T 1322.86—2019	安全生产等级评定技术规范　第86部分:金属非金属矿产资源地质勘探单位		2019-9-23	2020-4-1
16	DB11/T 1322.87—2019	安全生产等级评定技术规范　第87部分:金属非金属矿山采掘施工企业		2019-9-23	2020-4-1
17	DB11/T 1322.88—2019	安全生产等级评定技术规范　第88部分:石油钻井工程技术服务企业		2019-9-23	2020-4-1
18	DB11/T 1322.89—2019	安全生产等级评定技术规范　第89部分:人民防空工程和普通地下室		2019-9-23	2020-2-1
19	DB11/T 1650—2019	工业开发区循环化技术规范		2019-9-23	2020-1-1
20	DB11/T 1651—2019	污水源热泵供热系统节能监测		2019-9-23	2020-1-1
21	DB11/T 1652—2019	空气源热泵节能监测		2019-9-23	2020-1-1

序号	标准号	标准名称	被修订标准号	批准日期	实施日期
22	DB11/T 1653—2019	供暖系统能耗指标体系		2019-9-23	2020-1-1
23	DB11/T 1654—2019	信息安全技术　网络安全事件应急处置规范		2019-9-23	2020-1-1
24	DB11/T 1655—2019	危险化学品企业装置设施拆除安全管理规范		2019-9-23	2020-4-1
25	DB11/T 1656—2019	电梯应急呼叫及应急照明系统技术要求		2019-9-23	2020-4-1
26	DB11/T 1657—2019	生产安全事故隐患排查治理信息系统　数据元规范		2019-9-23	2020-4-1
27	DB11/T 1658—2019	生态再生水厂评价指标体系		2019-9-23	2020-1-1
28	DB11/T 1659—2019	果园微灌工程技术规范		2019-9-23	2020-1-1
29	DB11/T 1660—2019	森林体验教育基地评定导则		2019-9-23	2020-1-1
30	DB11/T 1661—2019	畜牧业生态农业园区评价规范		2019-9-23	2020-1-1
31	DB11/T 1662—2019	露地蔬菜微（喷）灌施肥技术规程		2019-9-23	2020-1-1
32	DB11/T 1663—2019	工厂化循环水养殖系统技术规范		2019-9-23	2020-1-1
33	DB11/T 1664—2019	主要果树害虫监测调查技术规程		2019-9-23	2020-1-1

注：以上地方标准文本可登录北京市市场监督管理局网站（scjgj. beijing. gov. cn）或首都标准网（www. capital-std. com）查阅。

北京市地方标准公告第 13 号

2019 年标字第 13 号(总第 251 号)

以下 3 项北京市地方标准经北京市市场监督管理局批准,由北京市市场监督管理局、北京市规划和自然资源委员会共同发布,现予以公布(见附件)。

附件:批准发布的北京市地方标准目录

北京市市场监督管理局　北京市规划和自然资源委员会
2019 年 10 月 12 日

附件

批准发布的北京市地方标准目录
(2019 年标字第 13 号、总第 251 号)

序号	标准号	标准名称	被修订标准号	批准日期	实施日期
1	DB11/T 692—2019	历史文化街区工程管线综合规划规范	DB11/T 692—2009	2019-9-23	2020-4-1
2	DB11/T 1665—2019	超低能耗居住建筑设计标准		2019-9-23	2020-4-1
3	DB11/ 1666—2019	城市综合客运交通枢纽设计规范		2019-9-23	2020-4-1

注: 以上地方标准文本可登录北京市市场监督管理局网站(scjgj. beijing. gov. cn)或首都标准网(www. capital-std. com)查阅。

北京市地方标准公告第14号

2019年标字第14号(总第252号)

以下3项北京市地方标准经北京市市场监督管理局批准,由北京市市场监督管理局、北京市住房和城乡建设委员会共同发布,现予以公布(见附件)。

附件:批准发布的北京市地方标准目录

北京市市场监督管理局　北京市住房和城乡建设委员会
2019年9月27日

附件

批准发布的北京市地方标准目录
(2019年标字第14号、总第252号)

序号	标准号	标准名称	被修订标准号	批准日期	实施日期
1	DB11/T 537—2019	墙体内保温施工技术规程　胶粉聚苯颗粒保温浆料做法和增强粉刷石膏聚苯板做法	DB11/T 537—2008	2019-9-23	2020-1-1
2	DB11/T 1667—2019	建设工程造价数据存储标准		2019-9-23	2020-1-1
3	DB11/T 1668—2019	轻钢现浇轻质内隔墙技术规程		2019-9-23	2020-1-1

注:以上地方标准文本可登录北京市市场监督管理局网站(scjgj. beijing. gov. cn)或首都标准网(www. capital-std. com)查阅。

北京市地方标准公告第15号

2019年标字第15号(总第253号)

北京市市场监督管理局批准以下48项北京市地方标准,现予以公布(见附件)。

附件:批准发布的北京市地方标准目录

北京市市场监督管理局
2019年12月25日

附件

批准发布的北京市地方标准目录
(2019年标字第15号、总第253号)

序号	标准号	标准名称	被修订标准号	批准日期	实施日期
1	DB11/T 132—2019	设施西瓜生产技术规程	DB11/T 132—2004	2019-12-23	2020-4-1
2	DB11/T 334.5—2019	公共场所中文标识英文译写规范　第5部分:医疗卫生	DB11/T 34.5—2006	2019-12-23	2020-7-1
3	DB11/T 488—2019	出租汽车营运服务规范	DB11/T 488—2007	2019-12-23	2020-4-1
4	DB11/T 538—2019	人造草坪运动场地使用和维护保养技术规范	DB11/T 538—2008	2019-12-23	2020-4-1
5	DB11/T 545—2019	基础地理信息系统技术规程	DB11/T 545—2008	2019-12-23	2020-7-1
6	DB11/T 833—2019	危险化学品地上储罐区安全要求	DB11/ 833—2011	2019-12-23	2020-7-1
7	DB11/T 899—2019	盆栽蝴蝶兰栽培技术规程	DB11/T 899—2012	2019-12-23	2020-4-1
8	DB11/T 1139—2019	数据中心能源效率限额	DB11/T 1139—2014	2019-12-23	2020-4-1
9	DB11/T 1322.62—2019	安全生产等级评定技术规范　第62部分:供电企业		2019-12-23	2020-4-1
10	DB11/T 1322.63—2019	安全生产等级评定技术规范　第63部分:燃气和水力发电企业		2019-12-23	2020-4-1

续表

序号	标准号	标准名称	被修订标准号	批准日期	实施日期
11	DB11/T 1598.9—2019	居家养老服务规范 第9部分:精神慰藉服务		2019-12-23	2020-4-1
12	DB11/T 1669—2019	城市综合管廊智慧运营管理系统技术规范		2019-12-23	2020-4-1
13	DB11/T 1670—2019	城市综合管廊设施设备编码规范		2019-12-23	2020-4-1
14	DB11/T 1671—2019	户用并网光伏发电系统电气安全设计技术要求		2019-12-23	2020-4-1
15	DB11/T 1672—2019	户用并网光伏发电系统建设工程评价技术规范		2019-12-23	2020-4-1
16	DB11/T 1673—2019	海绵城市建设效果监测与评估规范		2019-12-23	2020-4-1
17	DB11/T 1674—2019	地理国情普查与监测成果质量检查验收技术规程		2019-12-23	2020-7-1
18	DB11/T 1675—2019	地理国情信息基本统计技术规程		2019-12-23	2020-7-1
19	DB11/T 1676—2019	地理国情信息外业调绘底图制作技术规程		2019-12-23	2020-7-1
20	DB11/T 1677—2019	地质灾害监测技术规范		2019-12-23	2020-7-1
21	DB11/T 1678—2019	城市轨道交通广告设施设置规范		2019-12-23	2020-4-1
22	DB11/T 1679—2019	收费公路路产巡查处置技术规范		2019-12-23	2020-4-1
23	DB11/T 1680—2019	混凝土桥面防水粘结层快速施工技术规范		2019-12-23	2020-7-1
24	DB11/T 1681—2019	城市轨道交通视频监视系统技术规范		2019-12-23	2020-4-1
25	DB11/T 1682—2019	城市轨道交通视频监视系统测试规范		2019-12-23	2020-4-1
26	DB11/T 1683—2019	城市轨道交通乘客信息系统技术规范		2019-12-23	2020-4-1

续表

序号	标准号	标准名称	被修订标准号	批准日期	实施日期
27	DB11/T 1684—2019	城市轨道交通乘客信息系统测试规范		2019-12-23	2020-4-1
28	DB11/T 1685—2019	天然草坪足球场场地设计与建造技术规范		2019-12-23	2020-4-1
29	DB11/T 1686—2019	天然-人造混合草坪足球场场地设计与建造技术规范		2019-12-23	2020-4-1
30	DB11/T 1687—2019	人造草坪足球场场地设计与建造技术规范		2019-12-23	2020-4-1
31	DB11/T 1688—2019	天然草坪足球场场地养护与管理技术规范		2019-12-23	2020-4-1
32	DB11/T 1689—2019	文物建筑抗震鉴定技术规范		2019-12-23	2020-4-1
33	DB11/T 1690—2019	矿山植被生态修复技术规范		2019-12-23	2020-4-1
34	DB11/T 1691—2019	腾退空间园林绿化建设规范		2019-12-23	2020-4-1
35	DB11/T 1692—2019	城市树木健康诊断技术规程		2019-12-23	2020-4-1
36	DB11/T 1693—2019	餐厨垃圾收集运输节能规范		2019-12-23	2020-4-1
37	DB11/T 1694—2019	生活垃圾收集运输节能规范		2019-12-23	2020-4-1
38	DB11/T 1695—2019	工业取水定额　啤酒		2019-12-23	2020-4-1
39	DB11/T 1696—2019	工业取水定额　饮料		2019-12-23	2020-4-1
40	DB11/T 1697—2019	动力锂离子蓄电池制造业绿色工厂评价要求		2019-12-23	2020-4-1
41	DB11/T 1698—2019	“警保联动”巡查车辆标识要求		2019-12-23	2020-4-1
42	DB11/T 1699—2019	在用氨制冷压力管道X射线数字成像检测技术要求		2019-12-23	2020-4-1

续表

序号	标准号	标准名称	被修订标准号	批准日期	实施日期
43	DB11/T 1700—2019	洗染企业等级划分与评定		2019-12-23	2020-4-1
44	DB11/T 1701—2019	静脉用药集中调配规范		2019-12-23	2020-4-1
45	DB11/T 1702—2019	生活饮用水样品采集技术规范		2019-12-23	2020-4-1
46	DB11/T 1703—2019	口腔综合治疗台水路消毒技术规范		2019-12-23	2020-4-1
47	DB11/T 1704—2019	中小学生体育与健康课运动负荷监测与评价		2019-12-23	2020-4-1
48	DB11/T 1705—2019	农业机械作业规范 青饲料收获机		2019-12-23	2020-4-1

注：以上地方标准文本可登录北京市市场监督管理局网站(scjgj. beijing. gov. cn)或首都标准网(www. capital-std. com)查阅。

北京市地方标准公告第 16 号

2019 年标字第 16 号(总第 254 号)

以下 2 项北京市地方标准经北京市市场监督管理局批准，由北京市市场监督管理局、北京市规划和自然资源委员会共同发布，现予以公布(见附件)。

附件:批准发布的北京市地方标准目录

北京市市场监督管理局　北京市规划和自然资源委员会
2019 年 12 月 29 日

附件

批准发布的北京市地方标准目录
(2019 年标字第 16 号、总第 254 号)

序号	标准号	标准名称	被修订标准号	批准日期	实施日期
1	DB11/ 1706—2019	文物建筑防火设计规范		2019-12-23	2020-4-1
2	DB11/T 1707—2019	有轨电车工程设计规范		2019-12-23	2020-7-1

注：以上地方标准文本可登录北京市市场监督管理局网站(scjgj. beijing. gov. cn)或首都标准网(www. capital-std. com)查阅。

北京市地方标准公告第17号

2019年标字第17号(总第255号)

以下7项北京市地方标准经北京市市场监督管理局批准,由北京市市场监督管理局、北京市住房和城乡建设委员会共同发布,现予以公布(见附件)。

附件:批准发布的北京市地方标准目录

北京市市场监督管理局　北京市住房和城乡建设委员会
2019年12月25日

附件

批准发布的北京市地方标准目录
(2019年标字第17号、总第255号)

序号	标准号	标准名称	被修订标准号	批准日期	实施日期
1	DB11/T 311.1—2019	城市轨道交通工程质量验收标准　第1部分:土建工程	DB11/T 311.1—2005	2019-12-23	2020-4-1
2	DB11/T 697—2019	保温装饰板外墙外保温施工技术规程	DB11/T 697—2009	2019-12-23	2020-4-1
3	DB11/T 742—2019	轻集料混凝土填充砌块技术规程	DB11/T 742—2010	2019-12-23	2020-4-1
4	DB11/T 1708—2019	施工工地扬尘视频监控和数据传输技术规范		2019-12-23	2020-4-1
5	DB11/T 1709—2019	装配式建筑设备与电气工程施工质量及验收规程		2019-12-23	2020-4-1
6	DB11/T 1710—2019	智慧工地技术规程		2019-12-23	2020-4-1
7	DB11/T 1711—2019	建设工程造价技术经济指标采集标准		2019-12-23	2020-4-1

注:以上地方标准文本可登录北京市市场监督管理局网站(scjgj.beijing.gov.cn)或首都标准网(www.capital-std.com)查阅。

北京市地方标准公告第18号

2019年标字第18号(总第256号)

根据《中华人民共和国标准化法》和《北京市地方标准管理办法》的规定,北京市市场监督管理局组织开展了年度地方标准复审工作。根据复审情况,现废止83项北京市地方标准(见附件)。

附件:废止北京市地方标准目录

北京市市场监督管理局

2019年12月25日

附件

废止北京市地方标准目录
(2019年标字第18号、总第256号)

序号	标准号	标准名称
1	DB11/T 452—2007	非金属材料检查井盖技术要求
2	DB11/T 1042—2013	机动车违法自动记录系统通用技术条件
3	DB11/T 1043—2013	安全技术防范报警运营服务通用要求
4	DB11/T 152—2003	城市道路混凝土路面砖
5	DB11/T 240—2004	市民基础信息数据元素目录规范
6	DB11/T 241.1—2004	市民基础信息数据交换规范　第1部分:信息结构
7	DB11/T 241.2—2004	市民基础信息数据交换规范　第2部分:交换协议
8	DB11/Z 360—2006	政务信息图层建设技术规范
9	DB11/Z 361—2006	应急系统信息化技术要求
10	DB11/T 449.2—2007	法人基础信息数据交换规范　第2部分:交换协议
11	DB11/Z 610—2008	电子政务总体技术框架
12	DB11/T 894.1—2012	地下管线信息分类、交换、共享技术规范　第1部分:数据分类与定义
13	DB11/T 1152—2015	橡胶轮胎单位产品能源消耗限额
14	DB11/T 405—2007	社区管理与服务信息分类代码
15	DB11/T 406—2007	社区管理与服务信息系统通用数据结构
16	DB11/T 859—2012	医疗机构太平间殡仪服务规范
17	DB11/T 1391.1—2017	网格化社会服务管理信息系统技术规范　第1部分:总则

续表

序号	标准号	标准名称
18	DB11/T 1391.2—2017	网格化社会服务管理信息系统技术规范　第2部分:数据
19	DB11/T 1391.3—2017	网格化社会服务管理信息系统技术规范　第3部分:通用数据接口
20	DB11/T 164—2002	无公害蔬菜　韭菜生产技术规程
21	DB11/T 166—2002	无公害蔬菜　白萝卜生产技术规程
22	DB11/T 167—2002	无公害蔬菜　胡萝卜生产技术规程
23	DB11/T 168—2002	无公害蔬菜保护地　番茄生产技术规程
24	DB11/T 197—2003	渔用配合饲料标准化生产操作规程
25	DB11/T 225—2004	无公害蔬菜　豇豆生产技术规程
26	DB11/T 226—2004	无公害蔬菜　架豆生产技术规程
27	DB11/T 228—2004	无公害蔬菜　绿菜花生产技术规程
28	DB11/T 229—2004	无公害蔬菜　保护地茄子生产技术规程
29	DB11/T 231—2004	无公害蔬菜　保护地甜椒生产技术规程
30	DB11/T 232—2004	无公害蔬菜　保护地西葫芦生产技术规程
31	DB11/T 234—2004	粳型杂交水稻“三系”原种及杂交种生产技术操作规程
32	DB11/T 251—2004	无公害食用菌　白灵菇和杏鲍菇生产技术规程
33	DB11/T 256—2005	紫花苜蓿生产技术规程
34	DB11/T 262—2005	无公害蔬菜　露地冬瓜生产技术规程
35	DB11/T 263—2005	无公害蔬菜　春莴笋生产技术规程
36	DB11/T 264—2005	无公害蔬菜　洋葱生产技术规程
37	DB11/T 266—2005	无公害蔬菜　茼蒿生产技术规程
38	DB11/T 372—2006	鳄龟养殖技术规范
39	DB11/T 404—2006	北京油鸡
40	DB11/T 421—2007	梅花鹿饲养技术规范
41	DB11/T 423—2007	无公害食品　畜禽产地环境质量评价准则
42	DB11/T 479—2007	植入式宠物电子标识技术规范
43	DB11/T 551.1—2008	无公害食品　畜禽场环境质量　第1部分:猪场环境质量
44	DB11/T 551.2—2008	无公害食品　畜禽场环境质量　第2部分:鸡场环境质量
45	DB11/T 551.3—2008	无公害食品　畜禽场环境质量　第3部分:羊场环境质量
46	DB11/T 551.4—2008	无公害食品　畜禽场环境质量　第4部分:牛(肉牛)场环境质量

续表

序号	标准号	标准名称
47	DB11/T 562—2017	有机蔬菜　生产
48	DB11/T 563—2008	无公害蔬菜　抱子甘蓝日光温室生产技术规程
49	DB11/T 564—2008	无公害蔬菜　根芹日光温室生产技术规程
50	DB11/T 565—2008	无公害蔬菜　球茎茴香日光温室生产技术规程
51	DB11/T 566—2008	无公害蔬菜　苦苣生产技术规程
52	DB11/T 567—2008	无公害蔬菜　百里香露地生产技术规程
53	DB11/T 568—2008	无公害蔬菜　结球红菊苣露地生产技术规程
54	DB11/T 569—2008	无公害蔬菜　罗勒露地生产技术规程
55	DB11/T 570—2008	无公害蔬菜　迷迭香露地生产技术规程
56	DB11/T 571—2008	无公害蔬菜　芝麻菜生产技术规程
57	DB11/T 572—2008	无公害蔬菜　香芹生产技术规程
58	DB11/T 631—2009	有机生鲜乳生产技术规范
59	DB11/T 908—2012	无公害农产品　菜心生产技术规程
60	DB11/T 909—2012	无公害农产品　荷兰豆生产技术规程
61	DB11/T 910—2012	无公害农产品　芥蓝生产技术规程
62	DB11/T 911—2012	无公害农产品　南瓜设施生产技术规程
63	DB11/T 956—2013	绿色食品　红小豆生产技术规程
64	DB11/T 957—2013	绿色食品　菜豆生产技术规程
65	DB11/T 958—2013	绿色食品　黄瓜生产技术规程
66	DB11/T 959—2013	绿色食品　西瓜生产技术规程
67	DB11/T 306.1—2005	水利工程数据库表结构　第1部分:总则
68	DB11/T 306.2—2005	水利工程数据库表结构　第2部分:河流
69	DB11/T 306.3—2005	水利工程数据库表结构　第3部分:水库
70	DB11/T 306.4—2005	水利工程数据库表结构　第4部分:堤防
71	DB11/T 306.5—2005	水利工程数据库表结构　第5部分:湖泊
72	DB11/T 306.6—2005	水利工程数据库表结构　第6部分:水闸
73	DB11/T 306.7—2005	水利工程数据库表结构　第7部分:跨河工程
74	DB11/T 763—2015	文化创意及相关产业分类
75	DB11/T 492—2007	新型农村合作医疗信息　指标代码与数据结构
76	DB11/T 1086—2014	无公害农产品　灰树花(栗蘑)生产技术规程
77	DB11/T 1114—2014	无公害农产品　种植业产地环境监测与评价技术规范

续表

序号	标准号	标准名称
78	DB11/T 1569—2018	绿色食品　玉米生产技术规程
79	DB11/T 333—2005	杨树速生丰产用材林集约经营技术规程
80	DB11/T 561—2008	有机果品　生产
81	DB11/T 954—2013	有机农产品　樱桃生产技术规程
82	DB11/T 096—1998	住宅电梯改造技术要求
83	DB11/T 345—2006	建筑外墙外保温用插丝聚苯乙烯泡沫板

北京市地方标准公告第 19 号

2019 年标字第 19 号(总第 257 号)

根据《中华人民共和国标准化法》和《北京市地方标准管理办法》的规定,北京市市场监督管理局组织开展了地方标准年度复审工作。根据复审情况,北京市市场监督管理局、北京市住房和城乡建设委员会现共同废止 1 项北京市地方标准(见附件)。

附件:废止北京市地方标准目录

北京市市场监督管理局　北京市住房和城乡建设委员会
2019 年 12 月 25 日

附件

废止北京市地方标准目录

(2019 年标字第 19 号、总第 257 号)

序号	标准号	标准名称
1	DB11/T 635—2009	村镇住宅太阳能采暖应用技术规程

北京市地方标准公告第20号

2019年标字第20号(总第258号)

根据《中华人民共和国标准化法》《地方标准管理办法》和《北京市地方标准管理办法》的规定,结合2019年北京市地方标准复审结果,现对现行有效的北京市地方标准目录予以公布。

附件:现行有效北京市地方标准目录

北京市市场监督管理局

2019年12月31日

附件

现行有效北京市地方标准目录

序号	标准号	标准名称	行业主管部门	复审情况	备注
1	DB11/T 012.1—2016	北京鸭　第1部分:商品鸭养殖技术规范	北京市农业农村局		
2	DB11/T 012.2—2016	北京鸭　第2部分:种鸭养殖技术规范	北京市农业农村局		
3	DB11/T 051—2015	电机系统节能监测	北京市发展和改革委员会	2019年复审	
4	DB11/T 053—2015	雨水井箅结构、安全技术规范	北京市城市管理委员会		
5	DB11/ 061—2011	危险货物道路运输车辆技术要求	北京市交通委员会	2017年复审	
6	DB11/T 062—2009	城市地理编码　道路、道路交叉口和空间单元代码	北京市规划和自然资源委员会	2016年复审	
7	DB11/T 064—2017	北京市行政区划代码	北京市民政局	2019年复审	
8	DB11/ 065—2010	电气防火检测技术规范	北京市公安局	2016年强标整合精简修订	
9	DB11/T 076—2009	钟表维修服务质量要求	北京市商务局	2018年复审	
10	DB11/T 082—2015	管氏肿腿蜂人工繁育	北京市园林绿化局		

续表

序号	标准号	标准名称	行业主管部门	复审情况	备注
11	DB11/T 083—2009	冬小麦生产技术规程	北京市农业农村局	2015 年复审	
12	DB11/T 084—2009	夏玉米生产技术规程	北京市农业农村局	2015 年复审	
13	DB11/T 085—2019	春玉米生产技术规程	北京市农业农村局		
14	DB11/T 097—2019	低硫煤及制品环保技术要求	北京市城市管理委员会		
15	DB11/T 099—2009	美发服务操作规程	北京市商务局	2018 年复审	
16	DB11/T 100—2009	美发服务质量要求	北京市商务局	2018 年复审	
17	DB11/T 118—2016	住宅二次供水设施设备运行维护技术规程	北京市住房和城乡建设委员会		
18	DB11/ 120—2014	摩托车和轻便摩托车双怠速污染物排放限值及测量方法	北京市生态环境局	2018 年复审	
19	DB11/T 124—2007	社会保障信息系统指标体系代码与数据结构	北京市人力资源和社会保障局	2019 年复审需修订	
20	DB11/T 126—2012	封山育林技术规程	北京市园林绿化局	2018 年复审	
21	DB11/T 132—2019	设施西瓜生产技术规程	北京市农业农村局		
22	DB11/T 134—2008	汽车大修竣工出厂技术条件	北京市交通委员会	2014 年复审	
23	DB11/T 135—2008	汽车发动机大修竣工出厂技术条件	北京市交通委员会	2014 年复审	
24	DB11/T 136—2008	汽车维护竣工出厂技术条件	北京市交通委员会	2014 年复审	
25	DB11/T 137—2008	汽车小修竣工出厂技术条件	北京市交通委员会	2014 年复审	
26	DB11/ 139—2015	锅炉大气污染物排放标准	北京市生态环境局	2018 年复审	
27	DB11/T 140—2015	三相配电变压器节能监测	北京市发展和改革委员会	2019 年复审	
28	DB11/T 147—2015	检查井盖结构、安全技术规范	北京市城市管理委员会		
29	DB11/T 148—2017	养老机构服务质量规范	北京市民政局	2019 年复审	
30	DB11/T 149—2016	养老机构院内感染控制规范	北京市民政局	2019 年复审	

续表

序号	标准号	标准名称	行业主管部门	复审情况	备注
31	DB11/T 150.1—2019	奶牛饲养管理技术规范　第1部分:育种	北京市农业农村局		
32	DB11/T 150.2—2019	奶牛饲养管理技术规范　第2部分:繁殖	北京市农业农村局		
33	DB11/T 150.3—2019	奶牛饲养管理技术规范　第3部分:饲养与饲料	北京市农业农村局		
34	DB11/T 150.4—2019	奶牛饲养管理技术规范　第4部分:卫生防疫	北京市农业农村局		
35	DB11/T 156—2016	验光配镜技术规范	北京市市场监督管理局	2018年复审	
36	DB11/T 157.1—2008	虹鳟养殖技术规范　第1部分:亲鱼	北京市农业农村局	2014年复审	
37	DB11/T 157.2—2008	虹鳟养殖技术规范　第2部分:亲鱼培育技术	北京市农业农村局	2014年复审	
38	DB11/T 157.3—2008	虹鳟养殖技术规范　第3部分:人工繁殖技术	北京市农业农村局	2014年复审	
39	DB11/T 157.4—2008	虹鳟养殖技术规范　第4部分:鱼苗培育技术	北京市农业农村局	2014年复审	
40	DB11/T 157.5—2008	虹鳟养殖技术规范　第5部分:成鱼池塘养殖技术	北京市农业农村局	2014年复审	
41	DB11/T 157.6—2008	虹鳟养殖技术规范　第6部分:成鱼网箱养殖技术	北京市农业农村局	2014年复审	
42	DB11/T 157.7—2008	虹鳟养殖技术规范　第7部分:防疫	北京市农业农村局	2014年复审	
43	DB11/T 157.8—2008	虹鳟养殖技术规范　第8部分:常见病诊治与安全用药	北京市农业农村局	2014年复审	
44	DB11/T 157.9—2008	虹鳟养殖技术规范　第9部分:全价配合颗粒饲料	北京市农业农村局	2014年复审	
45	DB11/T 159.1—2015	市政交通一卡通技术规范　第1部分:总则	北京市交通委员会		

续表

序号	标准号	标准名称	行业主管部门	复审情况	备注
46	DB11/T 159.2—2015	市政交通一卡通技术规范　第 2 部分：卡片	北京市交通委员会		
47	DB11/T 159.3—2015	市政交通一卡通技术规范　第 3 部分：终端	北京市交通委员会		
48	DB11/T 159.4—2015	市政交通一卡通技术规范　第 4 部分：安全	北京市交通委员会		
49	DB11/T 159.5—2015	市政交通一卡通技术规范　第 5 部分：检测	北京市交通委员会		
50	DB11/T 161—2012	融雪剂	北京市城市管理委员会	2018 年复审	
51	DB11/T 162—2002	无公害蔬菜　保护地黄瓜生产技术规程	北京市农业农村局	2019 年复审需修订	拟修订为“设施茄果类蔬菜生产技术规程”
52	DB11/T 163—2002	无公害蔬菜　大白菜生产技术规程	北京市农业农村局	2019 年复审需修订	拟修订为“叶菜类蔬菜生产技术规程”
53	DB11/T 165—2018	油菜（不结球白菜）生产技术规程	北京市农业农村局		
54	DB11/T 169—2002	强筋、中筋、弱筋小麦	北京市农业农村局	2019 年复审需修订	
55	DB11/T 170—2015	生活有机垃圾好氧发酵设备技术规范	北京市城市管理委员会		
56	DB11/T 180—2010	工业锅炉系统能效监测与评定	北京市市场监督管理局	2019 年复审	将规范性引用文件及正文中的“GB/T 10180—2003”更新为“GB/T 10180”
57	DB11/T 181—2003	电子市场质量管理通用规范	北京市市场监督管理局	2018 年复审	
58	DB11/ 182—2003	摩托车、轻便摩托车稳态加载排气污染物排放限值及测量方法	北京市生态环境局	2018 年复审	

续表

序号	标准号	标准名称	行业主管部门	复审情况	备注
59	DB11/ 183—2010	在用三轮汽车和低速货车加载减速烟度排放限值及测量方法	北京市生态环境局	2018 年复审	
60	DB11/ 184—2013	在用非道路柴油机械烟度排放限值及测量方法	北京市生态环境局	2018 年复审	
61	DB11/ 185—2013	非道路机械用柴油机排气污染物限值及测量方法	北京市生态环境局	2018 年复审	
62	DB11/T 186—2003	优质小豆生产技术综合标准	北京市农业农村局	2019 年复审需修订	
63	DB11/T 187—2010	旅游星级饭店服务质量要求	北京市文化和旅游局	2019 年复审需修订	
64	DB11/T 190—2016	公共厕所建设规范	北京市城市管理委员会		
65	DB11/T 191—2003	水产良种场生产管理规范	北京市农业农村局	2019 年复审需修订	
66	DB11/T 192—2003	水产养殖场生产管理规范	北京市农业农村局	2019 年复审需修订	
67	DB11/T 193—2003	鲟鱼养殖技术规范	北京市农业农村局	2019 年复审	
68	DB11/T 194—2018	罗非鱼养殖技术规范	北京市农业农村局		
69	DB11/T 195—2003	大西洋鲑、银鲑（陆封型）养殖技术规范	北京市农业农村局	2019 年复审	
70	DB11/T 196—2013	常见鱼病防治技术操作规程	北京市农业农村局	2019 年复审	
71	DB11/T 198.1—2003	蔬菜种子生产技术操作规程　第 1 部分：大白菜	北京市农业农村局	2019 年复审	
72	DB11/T 198.2—2003	蔬菜种子生产技术操作规程　第 2 部分：甘蓝	北京市农业农村局	2019 年复审	
73	DB11/T 198.3—2003	蔬菜种子生产技术操作规程　第 3 部分：花椰菜	北京市农业农村局	2019 年复审	
74	DB11/T 198.4—2003	蔬菜种子生产技术操作规程　第 4 部分：萝卜	北京市农业农村局	2019 年复审	

续表

序号	标准号	标准名称	行业主管部门	复审情况	备注
75	DB11/T 198.5—2003	蔬菜种子生产技术操作规程　第5部分:番茄	北京市农业农村局	2019年复审	
76	DB11/T 198.6—2003	蔬菜种子生产技术操作规程　第6部分:辣(甜)椒	北京市农业农村局	2019年复审	
77	DB11/T 198.7—2003	蔬菜种子生产技术操作规程　第7部分:黄瓜	北京市农业农村局	2019年复审	
78	DB11/T 198.8—2003	蔬菜种子生产技术操作规程　第8部分:西瓜	北京市农业农村局	2019年复审	
79	DB11/T 198.9—2003	蔬菜种子生产技术操作规程　第9部分:豆类	北京市农业农村局	2019年复审	
80	DB11/T 199.1—2003	蔬菜品种真实性和纯度田间检验规程　第1部分:总则	北京市农业农村局	2019年复审需修订	
81	DB11/T 199.2—2003	蔬菜品种真实性和纯度田间检验规程　第2部分:大白菜	北京市农业农村局	2019年复审需修订	
82	DB11/T 199.3—2003	蔬菜品种真实性和纯度田间检验规程　第3部分:甘蓝	北京市农业农村局	2019年复审需修订	
83	DB11/T 199.4—2003	蔬菜品种真实性和纯度田间检验规程　第4部分:花椰菜	北京市农业农村局	2019年复审需修订	
84	DB11/T 199.5—2003	蔬菜品种真实性和纯度田间检验规程　第5部分:萝卜	北京市农业农村局	2019年复审需修订	
85	DB11/T 199.6—2003	蔬菜品种真实性和纯度田间检验规程　第6部分:番茄	北京市农业农村局	2019年复审需修订	
86	DB11/T 199.7—2003	蔬菜品种真实性和纯度田间检验规程　第7部分:辣(甜)椒	北京市农业农村局	2019年复审需修订	
87	DB11/T 199.8—2003	蔬菜品种真实性和纯度田间检验规程　第8部分:黄瓜	北京市农业农村局	2019年复审需修订	

续表

序号	标准号	标准名称	行业主管部门	复审情况	备注
88	DB11/T 199.9—2003	蔬菜品种真实性和纯度田间检验规程　第9部分：西瓜	北京市农业农村局	2019年复审需修订	
89	DB11/T 199.10—2003	蔬菜品种真实性和纯度田间检验规程　第10部分：豆类	北京市农业农村局	2019年复审需修订	
90	DB11/T 201—2013	农业企业标准体系　通则	北京市农业农村局	2019年复审	将规范性引用文件及正文中的“DB11/T 1001—2009”更新为“DB11/T 1001”
91	DB11/T 202—2013	农业企业标准体系　种植业	北京市农业农村局	2019年复审	
92	DB11/T 203—2013	农业企业标准体系　养殖业	北京市农业农村局	2019年复审	
93	DB11/ 206—2010	储油库油气排放控制和限值	北京市生态环境局	2018年复审	
94	DB11/ 207—2010	油罐车油气排放控制和限值	北京市生态环境局	2018年复审	
95	DB11/ 208—2019	加油站油气排放控制和限值	北京市生态环境局		
96	DB11/T 211—2017	城市园林绿化用植物材料木本苗	北京市园林绿化局		
97	DB11/T 212—2017	园林绿化工程施工及验收规范	北京市园林绿化局		
98	DB11/T 213—2014	城镇绿地养护管理规范	北京市园林绿化局	正在修订	
99	DB11/T 214—2016	居住区绿地设计规范	北京市园林绿化局		
100	DB11/T 219—2014	养老机构服务质量星级划分与评定	北京市民政局	正在修订	
101	DB11/T 220—2014	养老机构医务室服务规范	北京市民政局	2019年复审	
102	DB11/T 221—2008	政府网站建设与管理规范	北京市经济和信息化局	2014年复审	

续表

序号	标准号	标准名称	行业主管部门	复审情况	备注
103	DB11/T 222—2004	主要造林树种苗木质量分级	北京市园林绿化局	2019 年复审	
104	DB11/T 223—2015	出租小客车运行技术要求	北京市交通委员会	正在修订	
105	DB11/T 224—2004	地震应急避难场所标志	北京市地震局	2018 年复审	
106	DB11/T 227—2004	无公害蔬菜　结球甘蓝生产技术规程	北京市农业农村局	2019 年复审需修订	拟修订为“根茎类类蔬菜生产技术规程”
107	DB11/T 230—2018	结球生菜生产技术规程	北京市农业农村局		
108	DB11/T 233—2004	农作物品种纯度田间检验规程	北京市农业农村局	2019 年复审	
109	DB11/T 235—2004	花生原种、良种生产技术操作规程	北京市农业农村局	2019 年复审	
110	DB11/ 238—2016	车用汽油	北京市生态环境局	2018 年复审	
111	DB11/ 239—2016	车用柴油	北京市生态环境局	2018 年复审	
112	DB11/T 243—2014	户外广告设施技术规范	北京市城市管理委员会		
113	DB11/T 244—2004	农田栽培西洋参操作技术规程	北京市农业农村局	2019 年复审需修订	
114	DB11/T 245—2012	园林绿化工程监理规程	北京市园林绿化局	2018 年复审	
115	DB11/T 247—2004	地下水数据库表结构	北京市水务局	2019 年复审需修订	
116	DB11/T 248—2004	水质数据库表结构	北京市水务局	2019 年复审需修订	
117	DB11/T 252—2004	无公害食用菌　平菇生产技术规程	北京市农业农村局	2019 年复审需修订	拟修订为“香菇生产技术规程”
118	DB11/T 253—2004	无公害食用菌　香菇生产技术规程	北京市农业农村局	2019 年复审需修订	拟修订为“平菇生产技术规程”
119	DB11/T 254. 1—2018	政务数字证书规范　第 1 部分:格式	北京市经济和信息化局		

续表

序号	标准号	标准名称	行业主管部门	复审情况	备注
120	DB11/T 254.2—2018	政务数字证书规范　第2部分:应用接口	北京市经济和信息化局		
121	DB11/T 257—2005	饲料用籽粒玉米生产技术规程	北京市农业农村局	2019年复审需修订	
122	DB11/T 258—2005	夏播青贮玉米生产技术规程	北京市农业农村局	2019年复审需修订	
123	DB11/T 259—2005	黄芩生产技术规程	北京市农业农村局	2019年复审需修订	
124	DB11/T 260—2005	花生生产技术规程	北京市农业农村局	2019年复审需修订	
125	DB11/T 261—2005	大豆生产技术规程	北京市农业农村局	2019年复审需修订	
126	DB11/T 265—2018	设施菠菜生产技术规程	北京市农业农村局		
127	DB11/T 267—2018	设施芹菜生产技术规程	北京市农业农村局		
128	DB11/T 268—2005	黄瓜嫁接苗生产技术规程	北京市农业农村局	2019年复审	(1)将规范性引用文件中的“GB/T 16715.1—1996《瓜菜作物种子　瓜类》”更新为“ GB 16715.1《瓜菜作物种子　第1部分：瓜类》”；(2)将正文中的“GB/T 16715.1—1996”更新为“GB 16715.1”
129	DB11/T 269—2014	粪便处理设施运行管理规范	北京市城市管理委员会		

续表

序号	标准号	标准名称	行业主管部门	复审情况	备注
130	DB11/T 270—2014	生活垃圾卫生填埋场运行管理规范	北京市城市管理委员会		
131	DB11/T 271—2014	生活垃圾转运站运行管理规范	北京市城市管理委员会		
132	DB11/T 272—2014	生活垃圾堆肥厂运行管理规范	北京市城市管理委员会		
133	DB11/T 273—2014	生活垃圾粪便处理设施环境监测规范	北京市城市管理委员会		
134	DB11/T 281—2015	屋顶绿化规范	北京市园林绿化局		
135	DB11/T 282—2005	小麦散黑穗病测报调查规范	北京市农业农村局	2019 年复审	
136	DB11/T 283—2005	小麦叶锈病测报调查规范	北京市农业农村局	2019 年复审	
137	DB11/T 284—2017	小麦红吸浆虫测报调查规范	北京市农业农村局		
138	DB11/T 285—2005	保护地番茄灰霉病测报调查规范	北京市农业农村局	2019 年复审	
139	DB11/T 286—2005	保护地黄瓜霜霉病测报调查规范	北京市农业农村局	2019 年复审	
140	DB11/T 287—2005	大白菜霜霉病测报调查规范	北京市农业农村局	2019 年复审	
141	DB11/T 288—2005	牛羊屠宰检疫技术规范	北京市农业农村局	2013 年复审需修订	
142	DB11/T 289—2005	农村机井用水表安装维护规程	北京市水务局	2019 年复审	
143	DB11/T 290—2005	山区生态公益林抚育技术规程	北京市园林绿化局	2019 年复审	
144	DB11/T 291—2005	日光温室建造规范	北京市农业农村局	2019 年复审需修订	
145	DB11/T 292—2005	日光温室钢骨架技术条件	北京市农业农村局	2019 年复审需修订	
146	DB11/T 293—2005	玉米免耕覆盖播种机械作业质量	北京市农业农村局	2019 年复审	

续表

序号	标准号	标准名称	行业主管部门	复审情况	备注
147	DB11/T 294—2005	青贮收获机械作业质量	北京市农业农村局	2019年复审需修订	
148	DB11/T 295—2005	牧草播种机作业质量	北京市农业农村局	2019年复审需修订	
149	DB11/T 296—2005	牧草割草机作业质量	北京市农业农村局	2019年复审	
150	DB11/T 297—2005	牧草搂草翻晒机作业质量	北京市农业农村局	2019年复审需修订	
151	DB11/T 298—2005	捡拾打捆机作业质量	北京市农业农村局	2019年复审需修订	
152	DB11/T 299—2005	深松机械作业质量	北京市农业农村局	2019年复审需修订	
153	DB11/T 301—2017	燃气室内工程设计施工验收技术规范	北京市城市管理委员会		
154	DB11/T 302—2014	燃气输配工程设计施工验收技术规范	北京市城市管理委员会		
155	DB11/T 303—2014	养老机构服务标准体系建设指南	北京市民政局	正在修订	
156	DB11/T 305—2014	养老机构老年人健康评估规范	北京市民政局	正在修订	
157	DB11/ 307—2013	水污染物综合排放标准	北京市生态环境局	2018年复审	
158	DB11/T 308—2005	室外田径场地面层合成材料技术要求和检验方法	北京市体育局	2016年强标整合精简转化	
159	DB11/T 309—2005	社区菜市场（农贸市场）设置与管理规范	北京市商务局、北京市市场监督管理局	2018年复审需修订	
160	DB11/T 310—2012	数字化城市管理信息系统技术要求	北京市城市管理委员会	正在修订	
161	DB11/T 311.1—2019	城市轨道交通工程质量验收标准　第1部分：土建工程	北京市住房和城乡建设委员会		
162	DB11/T 311.2—2008	城市轨道交通工程质量验收标准　第2部分：设备安装工程	北京市交通委员会	2014年复审	

续表

序号	标准号	标准名称	行业主管部门	复审情况	备注
163	DB11/T 313—2012	扫路机试验方法	北京市城市管理委员会	2018 年复审	
164	DB11/T 316—2015	地下管线探测技术规程	北京市规划和自然资源委员会		
165	DB11/ 318—2005	装用点燃式发动机汽车排放污染物限值及测量方法（遥测法）	北京市生态环境局	2019 年复审需修订	
166	DB11/T 320—2017	公共卫生信息系统指标代码体系与数据结构	北京市卫生健康委员会		
167	DB11/T 321—2005	优质鲜食甜、糯玉米生产技术规程	北京市农业农村局	2019 年复审需修订	
168	DB11/T 322—2005	饲草小黑麦生产技术规程	北京市农业农村局	2019 年复审需修订	
169	DB11/T 323.1—2005	药用植物种子质量标准 第 1 部分：西洋参	北京市农业农村局	2019 年复审	
170	DB11/T 323.2—2005	药用植物种子质量标准 第 2 部分：菘蓝、黄芩、甘草、北柴胡	北京市农业农村局	2019 年复审	
171	DB11/T 324.1—2005	农作物品种试验操作规程 第 1 部分：总则	北京市农业农村局	2019 年复审需修订	
172	DB11/T 324.2—2005	农作物品种试验操作规程 第 2 部分：小麦	北京市农业农村局	2019 年复审需修订	
173	DB11/T 324.3—2005	农作物品种试验操作规程 第 3 部分：大豆	北京市农业农村局	2019 年复审需修订	
174	DB11/T 324.4—2005	农作物品种试验操作规程 第 4 部分：西瓜	北京市农业农村局	2019 年复审需修订	
175	DB11/T 324.5—2007	农作物品种试验操作规程 第 5 部分：玉米	北京市农业农村局	2019 年复审需修订	
176	DB11/T 324.6—2007	农作物品种试验操作规程 第 6 部分：大白菜	北京市农业农村局	2019 年复审需修订	
177	DB11/T 325—2010	蔬菜生产基地环境质量监测与评价技术规范	北京市农业农村局	2016 年复审	

续表

序号	标准号	标准名称	行业主管部门	复审情况	备注
178	DB11/T 326—2005	叶用紫苏设施生产技术规程	北京市农业农村局	2019年复审需修订	
179	DB11/T 327—2005	生猪生产技术规范	北京市农业农村局	2019年复审需修订	
180	DB11/T 328—2005	肉鸡生产技术规范	北京市农业农村局	2019年复审需修订	
181	DB11/T 334—2006	公共场所双语标识英文译法通则	北京市人民政府外事办公室	2019年复审需修订	
182	DB11/T 334.1—2006	公共场所双语标识英文译法　第1部分:道路交通	北京市人民政府外事办公室	2019年复审需修订	
183	DB11/T 334.2—2006	公共场所双语标识英文译法　第2部分:旅游景区	北京市人民政府外事办公室	2019年复审需修订	
184	DB11/T 334.3—2006	公共场所双语标识英文译法　第3部分:商业服务业	北京市人民政府外事办公室	2019年复审需修订	
185	DB11/T 334.4—2006	公共场所双语标识英文译法　第4部分:体育场馆	北京市人民政府外事办公室	2019年复审需修订	
186	DB11/T 334.5—2019	公共场所中文标识英文译写规范　第5部分:医疗卫生	北京市人民政府外事办公室	2019年复审需修订	
187	DB11/T 335—2006	园林设计文件内容及深度	北京市园林绿化局	2019年复审需修订	
188	DB11/T 337—2006	政务信息资源目录体系	北京市经济和信息化局	2019年复审需修订	
189	DB11/T 338—2006	政府信息系统软件通用质量要求	北京市经济和信息化局	2019年复审需修订	
190	DB11/T 339—2016	工程测量技术规程	北京市规划和自然资源委员会		
191	DB11/T 340—2006	自备井水表安装使用规程	北京市水务局	2019年复审需修订	
192	DB11/T 341—2006	村镇供水工程自动控制系统设计规范	北京市水务局	2019年复审需修订	

续表

序号	标准号	标准名称	行业主管部门	复审情况	备注
193	DB11/T 342—2015	观光果园建设规范	北京市园林绿化局		
194	DB11/T 343—2018	节水器具应用技术标准	北京市住房和城乡建设委员会		
195	DB11/T 344—2017	陶瓷墙地砖胶粘剂施工技术规程	北京市住房和城乡建设委员会		
196	DB11/T 346—2006	混凝土界面处理剂应用技术规程	北京市住房和城乡建设委员会	2019 年复审需修订	
197	DB11/T 348—2006	建筑中水运行管理规范	北京市水务局	2017 年复审	
198	DB11/T 349—2006	草坪节水灌溉技术规定	北京市水务局	2017 年复审	
199	DB11/T 350—2014	乡村民俗旅游村等级划分与评定	北京市文化和旅游局		
200	DB11/T 351—2014	乡村民俗旅游户等级划分与评定	北京市文化和旅游局		
201	DB11/T 353—2014	城市道路清扫保洁质量与作业要求	北京市城市管理委员会	正在修订	
202	DB11/T 354—2006	生活垃圾收集运输管理规范	北京市城市管理委员会	2014 年复审	
203	DB11/T 355—2006	粪便收集运输管理规范	北京市城市管理委员会	2014 年复审	
204	DB11/T 356—2017	公共厕所运行管理规范	北京市城市管理委员会		
205	DB11/T 357—2017	住宿企业服务质量要求与评价	北京市文化和旅游局		
206	DB11/ 358—2016	烟花爆竹安全 级别、类别和标识标注	北京市人民政府烟花爆竹安全管理工作领导小组办公室		
207	DB11/Z 359—2006	面向公共服务的政务信息分类规范	北京市经济和信息化局	正在修订	
208	DB11/T 363—2016	建筑工程施工组织设计管理规程	北京市住房和城乡建设委员会		
209	DB11/T 364—2006	建筑排水柔性接口铸铁管技术规程	北京市住房和城乡建设委员会	2019 年复审需修订	

续表

序号	标准号	标准名称	行业主管部门	复审情况	备注
210	DB11/T 365—2016	钢筋保护层厚度和钢筋直径检测技术规程	北京市住房和城乡建设委员会		
211	DB11/ 367—2006	地下室防水施工技术规程	北京市住房和城乡建设委员会	2016 年强标整合精简修订	
212	DB11/T 368—2006	网上审批信息交换技术规范	北京市经济和信息化局	2019 年复审需修订	
213	DB11/T 369—2006	网上审批业务编码规则	北京市经济和信息化局	2019 年复审需修订	
214	DB11/T 371—2006	鳄龟	北京市农业农村局	2019 年复审需修订	
215	DB11/T 373—2006	苏氏圆腹鱼芒	北京市农业农村局	2019 年复审需修订	
216	DB11/T 374—2006	水生动物检疫检验实验室管理规范	北京市农业农村局	2019 年复审需修订	
217	DB11/T 375—2017	水生动物检疫名录及病原检测方法	北京市农业农村局		
218	DB11/T 376—2006	养殖鱼类病害防疫检疫技术规范	北京市农业农村局	2019 年复审需修订	
219	DB11/T 380—2016	桥面防水工程技术规程	北京市住房和城乡建设委员会		
220	DB11/ 381—2016	既有居住建筑节能改造技术规程	北京市住房和城乡建设委员会		
221	DB11/T 382—2017	建设工程监理规程	北京市住房和城乡建设委员会	正在修订	
222	DB11/ 383—2017	建设工程施工现场安全资料管理规程	北京市住房和城乡建设委员会		
223	DB11/T 384.1—2018	图像信息管理系统技术规范 第 1 部分:总体平台结构	北京市公安局		
224	DB11/T 384.2—2018	图像信息管理系统技术规范 第 2 部分:视音频格式与编码	北京市公安局		

续表

序号	标准号	标准名称	行业主管部门	复审情况	备注
225	DB11/T 384.3—2018	图像信息管理系统技术规范　第3部分:通信控制协议	北京市公安局		
226	DB11/T 384.4—2018	图像信息管理系统技术规范　第4部分:传输网络	北京市公安局		
227	DB11/T 384.5—2018	图像信息管理系统技术规范　第5部分:图像质量要求与评价方法	北京市公安局		
228	DB11/T 384.6—2018	图像信息管理系统技术规范　第6部分:图像存储与回放要求	北京市公安局		
229	DB11/T 384.7—2018	图像信息管理系统技术规范　第7部分:工程要求与验收	北京市公安局		
230	DB11/T 384.8—2018	图像信息管理系统技术规范　第8部分:危险场所的设计、施工与验收	北京市公安局		
231	DB11/T 384.9—2018	图像信息管理系统技术规范　第9部分:图像资源及系统设备编码与管理	北京市公安局		
232	DB11/T 384.10—2018	图像信息管理系统技术规范　第10部分:图像采集点设置要求	北京市公安局		
233	DB11/T 384.11—2018	图像信息管理系统技术规范　第11部分:控制权限分类与管理	北京市公安局		
234	DB11/T 384.12—2018	图像信息管理系统技术规范　第12部分:图像采集区域标志的设计与设置	北京市公安局		
235	DB11/T 384.13—2018	图像信息管理系统技术规范　第13部分:图像信息存储系统	北京市公安局		

续表

序号	标准号	标准名称	行业主管部门	复审情况	备注
236	DB11/T 384.14—2018	图像信息管理系统技术规范　第14部分:移动终端联接技术要求	北京市公安局		
237	DB11/T 384.15—2018	图像信息管理系统技术规范　第15部分:软件质量评价方法	北京市公安局		
238	DB11/T 384.16—2018	图像信息管理系统技术规范　第16部分:视频图像字符叠加要求	北京市公安局		
239	DB11/T 384.17—2018	图像信息管理系统技术规范　第17部分:运行维护要求	北京市公安局		
240	DB11/T 384.18—2018	图像信息管理系统技术规范　第18部分:系统平台技术要求	北京市公安局		
241	DB11/T 385—2019	预拌混凝土质量管理规程	北京市住房和城乡建设委员会		
242	DB11/T 386—2017	建设工程检测试验管理规程	北京市住房和城乡建设委员会	正在修订	
243	DB11/T 387.1—2016	水利工程施工质量评定　第1部分:河道整治	北京市水务局		
244	DB11/T 387.2—2017	水利工程施工质量评定　第2部分:水闸	北京市水务局		
245	DB11/T 387.3—2013	水利工程施工质量评定　第3部分:引水管线	北京市水务局	正在修订	
246	DB11/T 388.1—2015	城市景观照明技术规范　第1部分:总则	北京市城市管理委员会		
247	DB11/T 388.2—2015	城市景观照明技术规范　第2部分:设计要求	北京市城市管理委员会		
248	DB11/T 388.3—2015	城市景观照明技术规范　第3部分:干扰光限制	北京市城市管理委员会		
249	DB11/T 388.4—2015	城市景观照明技术规范　第4部分:节能要求	北京市城市管理委员会		

续表

序号	标准号	标准名称	行业主管部门	复审情况	备注
250	DB11/T 388.5—2015	城市景观照明技术规范 第5部分:安全要求	北京市城市管理委员会		
251	DB11/T 388.6—2015	城市景观照明技术规范 第6部分:供配电与控制	北京市城市管理委员会		
252	DB11/T 388.7—2015	城市景观照明技术规范 第7部分:施工与验收	北京市城市管理委员会		
253	DB11/T 388.8—2015	城市景观照明技术规范 第8部分:管理与维护	北京市城市管理委员会		
254	DB11/T 393—2012	旅行社等级划分与评定	北京市文化和旅游局	2015年复审	
255	DB11/T 396—2016	地理标志产品 平谷大桃	北京市知识产权局	2018年复审	
256	DB11/T 397—2006	农田害鼠调查规范	北京市农业农村局	2019年复审	
257	DB11/T 398—2006	绒山羊生产技术规范	北京市农业农村局	2019年复审需修订	
258	DB11/T 399—2006	肉羊生产技术规范	北京市农业农村局	2019年复审需修订	
259	DB11/T 400—2006	肉牛生产技术规范	北京市农业农村局	2019年复审需修订	
260	DB11/T 401—2006	肉兔生产技术规范	北京市农业农村局	2019年复审需修订	
261	DB11/T 402—2006	蛋鸡生产技术规范	北京市农业农村局	2019年复审需修订	
262	DB11/T 403—2006	乌鸡生产技术规范	北京市农业农村局	2019年复审需修订	
263	DB11/T 407—2017	基础测绘技术规程	北京市规划和自然资源委员会		
264	DB11/T 408—2016	医院洁净手术部污染控制规范	北京市卫生健康委员会		
265	DB11/T 409—2016	医院感染性疾病科室内空气卫生质量要求	北京市卫生健康委员会		
266	DB11/T 410—2007	体育场所安全管理规范	北京市体育局	2016年强标整合精简转化	

续表

序号	标准号	标准名称	行业主管部门	复审情况	备注
267	DB11/T 411.1—2007	体育场馆等级划分及评定 第1部分:排球馆	北京市体育局	2019年复审	
268	DB11/T 411.2—2007	体育场馆等级划分及评定 第2部分:拳击馆	北京市体育局	2019年复审	
269	DB11/T 411.3—2007	体育场馆等级划分及评定 第3部分:羽毛球馆	北京市体育局	2019年复审	
270	DB11/T 411.4—2007	体育场馆等级划分及评定 第4部分:乒乓球馆	北京市体育局	2019年复审	
271	DB11/T 411.5—2007	体育场馆等级划分及评定 第5部分:手球馆	北京市体育局	2019年复审	
272	DB11/T 411.6—2007	体育场馆等级划分及评定 第6部分:网球馆	北京市体育局	2019年复审	
273	DB11/T 411.7—2007	体育场馆等级划分及评定 第7部分:跆拳道馆	北京市体育局	2019年复审	
274	DB11/T 411.8—2007	体育场馆等级划分及评定 第8部分:篮球馆	北京市体育局	2019年复审	
275	DB11/T 411.9—2008	体育场馆等级划分及评定 第9部分:武术馆	北京市体育局	2019年复审	
276	DB11/T 411.10—2008	体育场馆等级划分及评定 第10部分:体操馆	北京市体育局	2019年复审	
277	DB11/T 411.11—2008	体育场馆等级划分及评定 第11部分:散打馆	北京市体育局	2019年复审	
278	DB11/T 411.12—2008	体育场馆等级划分及评定 第12部分:柔道馆	北京市体育局	2019年复审	
279	DB11/T 411.13—2008	体育场馆等级划分及评定 第13部分:摔跤馆	北京市体育局	2019年复审	
280	DB11/T 413—2007	放射性物品公路运输风险等级和安全防范要求	北京市公安局	2016年强标整合精简转化	
281	DB11/ 415—2016	危险货物道路运输安全技术要求	北京市交通委员会		

续表

序号	标准号	标准名称	行业主管部门	复审情况	备注
282	DB11/T 416.1—2007	交通信息广播频道数据格式 第1部分：事件和信息编码	北京市交通委员会	2019年复审需修订	
283	DB11/T 416.2—2007	交通信息广播频道数据格式 第2部分：基于A-LERT-C的定位参考	北京市交通委员会	2019年复审	
284	DB11/T 417—2007	家政服务通用要求	北京市商务局	2018年复审	
285	DB11/T 418—2019	电梯日常维护保养规则	北京市市场监督管理局		
286	DB11/T 419—2007	电梯安装维修作业安全规范	北京市市场监督管理局	2018年复审 2019年复审调整为推荐性标准	
287	DB11/T 420—2019	电梯安装、改造、重大修理和维护保养自检规则	北京市市场监督管理局		
288	DB11/T 424—2007	畜禽场环境影响评价准则	北京市农业农村局	2019年复审需修订	
289	DB11/T 425—2018	牛场舍区、场区、缓冲区环境质量要求	北京市农业农村局		
290	DB11/T 428—2018	种羊场舍区、场区、缓冲区环境质量要求	北京市农业农村局		
291	DB11/T 429—2018	种猪场舍区、场区、缓冲区环境质量要求	北京市农业农村局		
292	DB11/T 430—2018	种鸡场舍区、场区、缓冲区环境质量要求	北京市农业农村局		
293	DB11/T 434—2007	核桃无公害生产综合技术	北京市园林绿化局	2019年复审需修订	拟修订为“核桃轻简化栽培技术规程”
294	DB11/T 435—2007	鲜食杏无公害生产综合技术	北京市园林绿化局	2019年复审需修订	拟修订为“杏优质生产综合技术规程”

续表

序号	标准号	标准名称	行业主管部门	复审情况	备注
295	DB11/T 436—2007	李无公害生产综合技术	北京市园林绿化局	2019 年复审需修订	拟修订为"李优质生产综合技术规程"
296	DB11/T 446—2015	建筑施工测量技术规程	北京市住房和城乡建设委员会		
297	DB11/ 447—2015	炼油与石油化学工业大气污染物排放标准	北京市生态环境局	2018 年复审	
298	DB11/T 448—2007	法人基础信息数据元目录规范	北京市经济和信息化局	2019 年复审需修订	
299	DB11/T 449.1—2007	法人基础信息数据交换规范　第 1 部分:信息结构	北京市经济和信息化局	2019 年复审需修订	
300	DB11/ 450—2016	餐饮服务单位使用瓶装液化石油气安全条件	北京市城市管理委员会		
301	DB11/T 451—2017	液化石油气、压缩天然气和液化天然气供应站安全运行技术规范	北京市城市管理委员会		
302	DB11/T 455—2007	重大动物疫病流行病学调查技术规范	北京市农业农村局	2019 年复审需修订	
303	DB11/T 456—2007	动物防疫员防护技术规范	北京市农业农村局	2019 年复审需修订	
304	DB11/T 457—2007	裹包机　作业质量	北京市农业农村局	2019 年复审	
305	DB11/T 458—2007	起草皮机　作业质量	北京市农业农村局	2019 年复审	
306	DB11/T 459—2007	蔬菜穴播播种机技术条件	北京市农业农村局	2019 年复审需修订	
307	DB11/T 461—2019	民用建筑太阳能热水系统应用技术规程	北京市住房和城乡建设委员会		
308	DB11/T 463—2012	胶粉聚苯颗粒复合型外墙外保温工程技术规程	北京市住房和城乡建设委员会	2018 年复审需修订	
309	DB11/T 464—2015	建筑工程清水混凝土施工技术规程	北京市住房和城乡建设委员会		
310	DB11/T 465—2015	燃气供应单位安全评价	北京市城市管理委员会		

续表

序号	标准号	标准名称	行业主管部门	复审情况	备注
311	DB11/T 466—2017	供热采暖系统维修管理规范	北京市城市管理委员会		
312	DB11/T 467.1—2007	信用信息目录　第1部分:个人	北京市经济和信息化局	2019年复审需修订	
313	DB11/T 467.2—2007	信用信息目录　第2部分:企业	北京市经济和信息化局、北京市市场监督管理局	2019年复审需修订	
314	DB11/T 468—2007	村镇集中式供水工程运行管理规程	北京市水务局	2019年复审需修订	
315	DB11/T 469—2007	村镇集中式供水工程施工质量验收规范	北京市水务局	2019年复审需修订	
316	DB11/T 472—2007	商品交易市场设置与管理规范	北京市商务局、北京市市场监督管理局	2018年复审需修订	
317	DB11/T 473—2007	旅游景区服务质量	北京市文化和旅游局	2019年复审需修订	
318	DB11/T 474—2015	省际道路客运站经营服务规范	北京市交通委员会		
319	DB11/T 475—2014	汽车租赁经营服务规范	北京市交通委员会		
320	DB11/T 476—2007	林木育苗技术规程	北京市园林绿化局	2019年复审需修订	
321	DB11/T 477—2016	森林生态系统监测指标体系	北京市园林绿化局		
322	DB11/T 478—2007	古树名木评价标准	北京市园林绿化局	2019年复审需修订	
323	DB11/T 480—2007	蜜蜂饲养综合技术规范	北京市园林绿化局	2019年复审	
324	DB11/T 481—2007	蜂蜜生产技术规范	北京市园林绿化局	2019年复审	
325	DB11/T 482—2007	蜂王浆生产技术规范	北京市园林绿化局	2019年复审	
326	DB11/T 483—2007	蜂花粉生产技术规范	北京市园林绿化局	2019年复审	
327	DB11/T 484—2007	蜂胶生产技术规范	北京市园林绿化局	2019年复审	
328	DB11/ 485—2011	集中空调通风系统卫生管理规范	北京市卫生健康委员会	2016年强标整合精简继续有效	

续表

序号	标准号	标准名称	行业主管部门	复审情况	备注
329	DB11/T 486—2007	血液管理信息指标代码与数据结构	北京市卫生健康委员会	2019 年复审需修订	
330	DB11/T 487—2007	物业保安服务质量要求	北京市公安局	2019 年复审需修订	
331	DB11/T 488—2019	出租汽车营运服务规范	北京市交通委员会		
332	DB11/ 489—2016	建筑基坑支护技术规程	北京市住房和城乡建设委员会		
333	DB11/ 490—2007	地铁工程监控量测技术规程	北京市住房和城乡建设委员会	2016 年强标整合精简继续有效	
334	DB11/T 491—2016	建筑轻质板隔墙施工技术规程	北京市住房和城乡建设委员会		
335	DB11/T 493.1—2007	道路交通管理设施设置规范　第 1 部分:道路交通标志	北京市公安局	2016 年复审	
336	DB11/T 493.2—2007	道路交通管理设施设置规范　第 2 部分:道路交通标线	北京市公安局	2016 年复审	
337	DB11/T 493.3—2007	道路交通管理设施设置规范　第 3 部分:道路交通信号灯	北京市公安局	2019 年复审需修订	
338	DB11/T 497—2007	金鱼养殖技术规范	北京市农业农村局	2019 年复审	
339	DB11/T 498—2007	南美白对虾淡水养殖技术规范	北京市农业农村局	2019 年复审需修订	
340	DB11/T 499.1—2018	北京黑猪饲养管理技术规范　第 1 部分:品种	北京市农业农村局		
341	DB11/T 499.2—2018	北京黑猪饲养管理技术规范　第 2 部分:选育	北京市农业农村局		
342	DB11/T 499.3—2018	北京黑猪饲养管理技术规范　第 3 部分:饲养管理	北京市农业农村局		
343	DB11/T 499.4—2018	北京黑猪饲养管理技术规范　第 4 部分:营养与饲料	北京市农业农村局		

续表

序号	标准号	标准名称	行业主管部门	复审情况	备注
344	DB11/T 499.5—2018	北京黑猪饲养管理技术规范　第5部分:卫生防疫	北京市农业农村局		
345	DB11/T 500—2016	城市道路公共服务设施设置与管理规范	北京市城市管理委员会		
346	DB11/ 501—2017	大气污染物综合排放标准	北京市生态环境局	2018年复审	
347	DB11/ 503—2007	危险废物焚烧大气污染物排放标准	北京市生态环境局	2018年复审	
348	DB11/ 504—2007	客运架空索道维护保养规则	北京市市场监督管理局	2018年复审	
349	DB11/T 506—2007	蔬菜初加工生产技术规程	北京市农业农村局	2014年复审	
350	DB11/T 507—2007	玉米品种纯度及真实性SSR分子检测方法	北京市农业农村局	2014年复审	
351	DB11/T 508—2017	林木及观赏植物品种审定技术规范	北京市园林绿化局		
352	DB11/ 509—2017	房屋建筑修缮工程定案和施工质量验收规程	北京市住房和城乡建设委员会		
353	DB11/ 510—2017	公共建筑节能施工质量验收规程	北京市住房和城乡建设委员会		
354	DB11/T 511—2017	自流平地面施工技术规程	北京市住房和城乡建设委员会		
355	DB11/ 512—2017	建筑装饰工程石材应用技术规程	北京市住房和城乡建设委员会		
356	DB11/T 513—2018	绿色施工管理规程	北京市住房和城乡建设委员会		
357	DB11/T 514—2008	市政基础设施长城杯工程质量评审标准	北京市住房和城乡建设委员会	2014年复审	
358	DB11/T 527—2015	变配电室安全管理规范	北京市应急管理局	2019年复审调整为推荐性标准	
359	DB11/T 530—2008	民用爆炸物品流向信息采集管理规程	北京市公安局	2014年复审	

续表

序号	标准号	标准名称	行业主管部门	复审情况	备注
360	DB11/T 532—2008	公共汽车通用技术条件	北京市交通委员会	2014 年复审需修订	
361	DB11/T 535—2016	社会福利机构安全管理规范	北京市民政局	2019 年复审需修订	
362	DB11/T 536—2008	农村民居建筑抗震设计施工规程	北京市住房和城乡建设委员会	2014 年复审	
363	DB11/T 537—2019	墙体内保温施工技术规程 胶粉聚苯颗粒保温浆料做法和增强粉刷石膏聚苯板做法	北京市住房和城乡建设委员会		
364	DB11/T 538—2019	人造草坪运动场地使用和维护保养技术规范	北京市体育局		
365	DB11/T 539—2008	运动木地板面层保养技术规范	北京市体育局	2014 年复审	
366	DB11/T 543—2016	财政业务基础数据规范	北京市财政局		
367	DB11/T 545—2019	基础地理信息系统技术规程	北京市规划和自然资源委员会		
368	DB11/T 546—2008	机井代码编制规则	北京市水务局	2014 年复审	
369	DB11/T 547—2008	村镇供水工程技术导则	北京市水务局	2014 年复审	
370	DB11/T 548—2008	生态清洁小流域技术规范	北京市水务局	2014 年复审	
371	DB11/T 550—2018	日光温室用电动卷帘机技术条件	北京市农业农村局		
372	DB11/T 553.1—2008	政务信息资源共享交换平台技术规范　第 1 部分：总体框架	北京市经济和信息化局	2014 年复审	
373	DB11/T 553.2—2008	政务信息资源共享交换平台技术规范　第 2 部分：政务信息资源目录管理	北京市经济和信息化局	2014 年复审	
374	DB11/T 553.3—2008	政务信息资源共享交换平台技术规范　第 3 部分：政务信息资源交换管理	北京市经济和信息化局	2014 年复审	
375	DB11/T 553.5—2008	政务信息资源共享交换平台技术规范　第 5 部分：接口规范	北京市经济和信息化局	2014 年复审	

续表

序号	标准号	标准名称	行业主管部门	复审情况	备注
376	DB11/T 554.1—2010	公共生活取水定额　第1部分:编制通则	北京市水务局	2015年复审	
377	DB11/T 554.2—2018	公共生活取水定额　第2部分:学校	北京市水务局		
378	DB11/T 554.3—2018	公共生活取水定额　第3部分:饭店	北京市水务局		
379	DB11/ 554.4—2008	公共生活取水定额　第4部分:医院	北京市水务局	2016年强标整合精简继续有效	
380	DB11/ 554.5—2010	公共生活取水定额　第5部分:机关	北京市水务局	2016年强标整合精简继续有效	
381	DB11/ 554.6—2010	公共生活取水定额　第6部分:写字楼	北京市水务局	2016年强标整合精简继续有效	
382	DB11/ 554.7—2012	公共生活取水定额　第7部分:洗车	北京市水务局	2016年强标整合精简继续有效	
383	DB11/ 554.8—2015	公共生活取水定额　第8部分:商场	北京市水务局	2016年强标整合精简继续有效	
384	DB11/ 554.9—2015	公共生活取水定额　第9部分:餐饮	北京市水务局	2016年强标整合精简继续有效	
385	DB11/ 554.10—2013	公共生活取水定额　第10部分:沐浴业	北京市水务局	2017年复审	
386	DB11/ 554.11—2013	公共生活取水定额　第11部分:星级以下旅馆	北京市水务局	2017年复审	
387	DB11/T 555—2015	民用建筑节能现场检验标准	北京市住房和城乡建设委员会	2019年复审	
388	DB11/T 556—2008	低压管道输水灌溉工程运行管理规程	北京市水务局	2014年复审	

续表

序号	标准号	标准名称	行业主管部门	复审情况	备注
389	DB11/T 557—2008	设施农业节水灌溉工程技术规程	北京市水务局	2014 年复审	
390	DB11/T 558—2008	节水灌溉工程施工质量验收规范	北京市水务局	2014 年复审	
391	DB11/T 559—2008	木本观赏植物栽植与管理	北京市园林绿化局	2014 年复审	
392	DB11/T 560—2008	果树苗木生产技术	北京市园林绿化局	2014 年复审	
393	DB11/T 573—2008	肉用种鸡场建设规范	北京市农业农村局	2014 年复审	
394	DB11/T 574—2008	种猪场建设规范	北京市农业农村局	2014 年复审	
395	DB11/T 575—2008	种羊场建设规范	北京市农业农村局	2014 年复审	
396	DB11/T 576—2008	肉用种鸡生产技术规范	北京市农业农村局	2014 年复审	
397	DB11/T 577—2008	蛋用种鸡生产技术规范	北京市农业农村局	2014 年复审	
398	DB11/T 578—2008	种猪生产技术规范	北京市农业农村局	2014 年复审	
399	DB11/T 579—2008	种山羊生产技术规范	北京市农业农村局	2014 年复审	
400	DB11/T 580—2008	肉用种绵羊生产技术规范	北京市农业农村局	2014 年复审	
401	DB11/ 581—2008	轨道交通地下工程防水技术规程	北京市住房和城乡建设委员会	2016 年强标整合精简修订	
402	DB11/T 582—2008	长螺旋钻孔压灌混凝土后插钢筋笼灌注桩施工技术规程	北京市住房和城乡建设委员会	2014 年复审	
403	DB11/T 583—2015	钢管脚手架、模板支架安全选用技术规程	北京市住房和城乡建设委员会		
404	DB11/T 584—2013	保温板薄抹灰外墙外保温施工技术规程	北京市住房和城乡建设委员会	2019 年复审	
405	DB11/T 585—2008	组织机构、职务职称英文译法通则	北京市人民政府外事办公室	2014 年复审	
406	DB11/T 586—2008	扫路机专业性能等级划分及评价	北京市城市管理委员会	2018 年复审	
407	DB11/T 587—2009	民用燃煤取暖炉安全要求	北京市市场监督管理局	2018 年复审 2019 年复审 调整为推荐性标准	

续表

序号	标准号	标准名称	行业主管部门	复审情况	备注
408	DB11/ 588—2008	埋地油罐防渗漏技术规范	北京市生态环境局	2018 年复审	
409	DB11/T 589—2010	保健按摩操作规范	北京市残疾人联合会	2016 年复审	
410	DB11/T 590—2010	盲人保健按摩服务规范	北京市残疾人联合会	2016 年复审	
411	DB11/T 591—2008	一串红生产技术规程	北京市园林绿化局	2014 年复审	
412	DB11/T 592—2008	矮牵牛生产技术规程	北京市园林绿化局	2014 年复审	
413	DB11/T 593—2016	高速公路清扫保洁质量与作业要求	北京市城市管理委员会		
414	DB11/T 594. 1—2017	地下管线非开挖铺设工程施工及验收技术规程　第1部分:水平定向钻施工	北京市城市管理委员会、北京市住房和城乡建设委员会		
415	DB11/T 594. 2—2014	地下管线非开挖铺设工程施工及验收技术规程　第2部分:顶管施工	北京市城市管理委员会		
416	DB11/T 594. 3—2013	地下管线非开挖铺设工程施工及验收技术规程　第3部分:夯管施工	北京市城市管理委员会	2019 年复审	
417	DB11/T 595—2008	公共停车场工程建设规范	北京市交通委员会	2014 年复审	
418	DB11/T 596—2008	公共停车场运营服务规范	北京市交通委员会	2014 年复审	
419	DB11/T 597—2018	农村公厕、户厕建设基本要求	北京市城市管理委员会		
420	DB11/T 598—2018	供热企业服务规范	北京市城市管理委员会		
421	DB11/T 599—2016	北京主要鲜果等级	北京市园林绿化局		
422	DB11/T 606—2008	梨育果纸袋	北京市园林绿化局	2014 年复审	
423	DB11/T 607—2008	葡萄育果纸袋	北京市园林绿化局	2014 年复审	
424	DB11/T 608—2008	桃日光温室促早栽培技术	北京市园林绿化局	2014 年复审	
425	DB11/T 609—2008	葡萄日光温室促早栽培技术	北京市园林绿化局	2014 年复审	
426	DB11/ 611—2008	施工现场塔式起重机检验规则	北京市住房和城乡建设委员会	2019 年复审需修订	

续表

序号	标准号	标准名称	行业主管部门	复审情况	备注
427	DB11/T 626—2009	环卫作业人员着装警示标志	北京市城市管理委员会	2015 年复审	
428	DB11/T 627—2009	好氧降解法治理生活垃圾非卫生填埋场监测技术规范	北京市城市管理委员会	2015 年复审	
429	DB11/T 629—2009	美容服务操作规程	北京市商务局	2018 年复审	
430	DB11/T 630—2009	美容服务质量要求	北京市商务局	2018 年复审	
431	DB11/T 632—2009	古树名木保护复壮技术规程	北京市园林绿化局	2015 年复审	
432	DB11/T 633—2009	水土保持林建设技术规程	北京市园林绿化局	2015 年复审	
433	DB11/T 634—2018	建筑物电子系统防雷装置检测技术规范	北京市气象局		
434	DB11/T 636—2009	施工现场齿轮齿条式施工升降机检验规程	北京市住房和城乡建设委员会	2019 年复审需修订	
435	DB11/ 637—2015	房屋结构综合安全性鉴定标准	北京市住房和城乡建设委员会	2016 年强标整合精简继续有效	
436	DB11/T 638—2016	房屋修缮工程工程量计算规范	北京市住房和城乡建设委员会		
437	DB11/ 639—2009	核技术利用放射性废物、废放射源收贮准则	北京市生态环境局	2018 年复审	
438	DB11/T 640—2009	旅游咨询服务中心设置与服务规范	北京市文化和旅游局	2019 年复审需修订	
439	DB11/T 641—2018	住宅工程质量保修规程	北京市住房和城乡建设委员会		
440	DB11/T 642—2018	预拌混凝土绿色生产管理规程	北京市住房和城乡建设委员会		
441	DB11/T 643—2009	屋面保温隔热工程施工技术规程	北京市住房和城乡建设委员会	2015 年复审需修订	
442	DB11/T 644—2009	外墙外保温技术规程（现浇混凝土模板内置保温板做法）	北京市住房和城乡建设委员会	2015 年复审	

续表

序号	标准号	标准名称	行业主管部门	复审情况	备注
443	DB11/T 646.1—2016	城市轨道交通安全防范系统技术要求　第 1 部分：通则	北京市公安局	2016 年强标整合精简转化	
444	DB11/T 646.2—2016	城市轨道交通安全防范系统技术要求　第 2 部分：视频安防监控子系统	北京市公安局	2016 年强标整合精简转化	
445	DB11/T 646.3—2016	城市轨道交通安全防范系统技术要求　第 3 部分：实体防护与入侵报警子系统	北京市公安局	2016 年强标整合精简转化	
446	DB11/T 646.4—2016	城市轨道交通安全防范系统技术要求　第 4 部分：化学监测子系统	北京市公安局	2016 年强标整合精简转化	
447	DB11/T 646.5—2016	城市轨道交通安全防范系统技术要求　第 5 部分：放射性材料监测与处置	北京市公安局	2016 年强标整合精简转化	
448	DB11/T 646.6—2016	城市轨道交通安全防范系统技术要求　第 6 部分：武器与爆炸危险品检测及处置	北京市公安局	2016 年强标整合精简转化	
449	DB11/T 647—2009	城市轨道交通运营服务管理规范	北京市交通委员会	2015 年复审	
450	DB11/T 648—2009	公共汽电车客运服务规范	北京市交通委员会	2015 年复审	
451	DB11/T 649—2009	公共汽电车运营安全管理规范	北京市交通委员会	2015 年复审	
452	DB11/T 650—2016	公共汽电车站台规范	北京市交通委员会		
453	DB11/T 651.1—2009	快速公共汽车交通系统　第 1 部分：工程建设技术规范	北京市交通委员会	2015 年复审	
454	DB11/T 651.2—2009	快速公共汽车交通系统　第 2 部分：运营管理规范	北京市交通委员会	2015 年复审	

续表

序号	标准号	标准名称	行业主管部门	复审情况	备注
455	DB11/T 652.1—2018	乡村旅游特色业态基本要求及评定　第1部分：通则	北京市文化和旅游局		
456	DB11/T 652.2—2018	乡村旅游特色业态基本要求及评定　第2部分：国际驿站	北京市文化和旅游局		
457	DB11/T 652.3—2018	乡村旅游特色业态基本要求及评定　第3部分：采摘篱园	北京市文化和旅游局		
458	DB11/T 652.4—2018	乡村旅游特色业态基本要求及评定　第4部分：乡村酒店	北京市文化和旅游局		
459	DB11/T 652.5—2018	乡村旅游特色业态基本要求及评定　第5部分：养生山居	北京市文化和旅游局		
460	DB11/T 652.6—2018	乡村旅游特色业态基本要求及评定　第6部分：休闲农庄	北京市文化和旅游局		
461	DB11/T 652.7—2018	乡村旅游特色业态基本要求及评定　第7部分：生态渔家	北京市文化和旅游局		
462	DB11/T 652.8—2018	乡村旅游特色业态基本要求及评定　第8部分：山水人家	北京市文化和旅游局		
463	DB11/T 652.9—2018	乡村旅游特色业态基本要求及评定　第9部分：民族风苑	北京市文化和旅游局		
464	DB11/T 652.10—2017	乡村旅游特色业态标准及评定　第10部分：葡萄酒庄	北京市文化和旅游局		
465	DB11/T 653—2009	板栗脱蓬机　作业质量	北京市农业农村局	2015年复审	
466	DB11/T 654—2009	起垄机　作业质量	北京市农业农村局	2015年复审	

续表

序号	标准号	标准名称	行业主管部门	复审情况	备注
467	DB11/T 656—2019	建设用地土壤污染状况调查与风险评估技术导则	北京市生态环境局		
468	DB11/T 657.1—2009	公共交通客运标志　第1部分:总则	北京市交通委员会	2015年复审	
469	DB11/T 657.2—2015	公共交通客运标志　第2部分:轨道交通	北京市交通委员会	正在修订	
470	DB11/T 657.3—2016	公共交通客运标志　第3部分:公共汽电车	北京市交通委员会		
471	DB11/T 657.4—2009	公共交通客运标志　第4部分:道路旅客运输站	北京市交通委员会	2015年复审	
472	DB11/T 657.5—2014	公共交通客运标志　第5部分:客运枢纽	北京市交通委员会		
473	DB11/T 659—2018	森林资源资产价值评估技术规范	北京市园林绿化局		
474	DB11/T 661—2009	房屋面积测算技术规程	北京市住房和城乡建设委员会	2015年复审	
475	DB11/T 662—2009	医院布草洗涤卫生规范	北京市卫生健康委员会	2019年复审调整为推荐性标准	
476	DB11/ 663—2009	负压隔离病房建设配置基本要求	北京市卫生健康委员会	2016年强标整合精简继续有效	
477	DB11/T 664—2009	骨灰撒海服务规范	北京市民政局	2019年复审	
478	DB11/T 665—2009	工业旅游区(点)服务质量要求及分类	北京市文化和旅游局	2013年复审	
479	DB11/T 666—2009	游船码头安全设置规范	北京市交通委员会	2016年强标整合精简转化	
480	DB11/T 667—2009	停车诱导系统技术要求	北京市交通委员会	2015年复审	
481	DB11/T 668—2009	道路货运代理及货运辅助业经营规范	北京市交通委员会	2015年复审	
482	DB11/T 670—2009	精品公园评定标准	北京市园林绿化局	2015年复审	

续表

序号	标准号	标准名称	行业主管部门	复审情况	备注
483	DB11/T 671—2009	报废机井处理技术标准	北京市水务局	2015 年复审	
484	DB11/T 672—2009	再生水灌溉绿地技术规范	北京市园林绿化局	2015 年复审	
485	DB11/T 673—2009	清洁生产标准　金属切削加工	北京市生态环境局	2018 年复审	
486	DB11/T 674—2009	清洁生产标准　果蔬汁及果蔬汁饮料制造	北京市生态环境局	2018 年复审	
487	DB11/T 675—2014	清洁生产评价指标体系　医药制造业	北京市经济和信息化局		
488	DB11/T 676—2009	水产养殖动物疫区划定与处理技术规范	北京市农业农村局	2015 年复审	
489	DB11/T 677—2009	动物防疫抽样规范	北京市农业农村局	2015 年复审	
490	DB11/T 678—2009	畜禽养殖场鼠害控制与效果评价	北京市农业农村局	2015 年复审	
491	DB11/T 679—2009	森林资源损失鉴定标准	北京市园林绿化局	2015 年复审	
492	DB11/T 680—2009	彩色马蹄莲种球繁育技术规程	北京市园林绿化局	2015 年复审	
493	DB11/T 681—2009	切花芍药种苗贮藏技术规程	北京市园林绿化局	2015 年复审	
494	DB11/T 682—2009	切花百合设施生产技术规程	北京市园林绿化局	2015 年复审	
495	DB11/T 683—2009	大油芒容器育苗技术规程	北京市园林绿化局	2015 年复审	
496	DB11/T 684—2009	有机食品　桃生产技术规程	北京市园林绿化局	2019 年复审需修订	拟修订为“鲜食桃生产良好操作技术规范”
497	DB11/ 685—2013	雨水控制与利用工程设计规范	北京市规划和自然资源委员会	2017 年复审	
498	DB11/T 686—2009	透水砖路面施工与验收规程	北京市水务局	2015 年复审	
499	DB11/ 687—2015	公共建筑节能设计标准	北京市规划和自然资源委员会	2016 年强标整合精简继续有效	

续表

序号	标准号	标准名称	行业主管部门	复审情况	备注
500	DB11/T 688—2009	城市雕塑工程建设质量技术规范	北京市规划和自然资源委员会	2016年复审	
501	DB11/ 689—2016	建筑抗震加固技术规程	北京市规划和自然资源委员会		
502	DB11/ 690—2016	城市轨道交通无障碍设施设计规程	北京市规划和自然资源委员会		
503	DB11/T 691—2009	市政工程通用混凝土模块砌体构筑物结构设计规程	北京市规划和自然资源委员会	2016年复审	
504	DB11/T 692—2019	历史文化街区工程管线综合规划规范	北京市规划和自然资源委员会		
505	DB11/ 693—2017	建设工程临建房屋技术标准	北京市住房和城乡建设委员会		
506	DB11/ 694—2009	模板早拆施工技术规程	北京市住房和城乡建设委员会	2016年强标整合精简修订	
507	DB11/T 695—2017	建筑工程资料管理规程	北京市住房和城乡建设委员会		
508	DB11/T 696—2016	预拌砂浆应用技术规程	北京市住房和城乡建设委员会		
509	DB11/T 697—2019	保温装饰板外墙外保温施工技术规程	北京市住房和城乡建设委员会		
510	DB11/T 698—2009	清水混凝土预制构件生产与质量验收标准	北京市住房和城乡建设委员会	2015年复审	
511	DB11/T 699.1—2010	农村基础信息数据元 第1部分:总体框架	北京市农业农村局、北京市经济和信息化局	2019年复审	
512	DB11/T 699.2—2010	农村基础信息数据元 第2部分:个人基础信息	北京市农业农村局、北京市经济和信息化局	2019年复审需修订	
513	DB11/T 699.3—2010	农村基础信息数据元 第3部分:组织基础信息	北京市农业农村局、北京市经济和信息化局	2019年复审	

续表

序号	标准号	标准名称	行业主管部门	复审情况	备注
514	DB11/T 699.4—2010	农村基础信息数据元 第4部分:社会基础信息	北京市农业农村局、北京市经济和信息化局	2019年复审	
515	DB11/T 699.5—2010	农村基础信息数据元 第5部分:经济基础信息	北京市农业农村局、北京市经济和信息化局	2019年复审	
516	DB11/T 699.6—2010	农村基础信息数据元 第6部分:自然资源基础信息	北京市农业农村局、北京市经济和信息化局	2019年复审需修订	
517	DB11/T 700—2010	有机食品 番茄设施生产技术规程	北京市农业农村局	2016年复审需修订	
518	DB11/T 701—2010	有机食品 黄瓜设施生产技术规程	北京市农业农村局	2016年复审需修订	
519	DB11/T 702—2010	春尺蠖监测与防治技术规程	北京市园林绿化局	2016年复审	
520	DB11/T 703—2010	美国白蛾综合防控技术规程	北京市园林绿化局	2016年复审	
521	DB11/T 704—2010	双条杉天牛监测与防治技术规程	北京市园林绿化局	2016年复审	
522	DB11/T 705—2019	重型自动扶梯和重型自动人行道技术要求	北京市市场监督管理局		
523	DB11/T 707—2010	动物诊疗机构消毒操作技术规范	北京市农业农村局	2016年复审	
524	DB11/T 708—2010	生鲜乳收购站建设与管理技术规范	北京市农业农村局	2016年复审	
525	DB11/T 709—2010	犬免疫操作技术规范	北京市农业农村局	2016年复审	
526	DB11/T 712—2019	园林绿化工程资料管理规程	北京市园林绿化局		
527	DB11/ 713—2010	大型游乐设施维护保养规则	北京市市场监督管理局	2016年强标整合精简继续有效	

续表

序号	标准号	标准名称	行业主管部门	复审情况	备注
528	DB11/T 714.1—2010	电子政务运维服务支撑系统规范　第 1 部分：基本要求	北京市经济和信息化局	2016 年复审	
529	DB11/T 714.2—2010	电子政务运维服务支撑系统规范　第 2 部分：符合性测试	北京市经济和信息化局	2016 年复审	
530	DB11/T 715—2018	公共汽电车场站功能设计要求	北京市交通委员会		
531	DB11/T 716—2019	穿越既有道路设施工程技术要求	北京市交通委员会		
532	DB11/T 717—2010	城市轨道交通设施设备分类与代码	北京市交通委员会	2016 年复审	
533	DB11/T 718—2016	城市轨道交通设施养护维修技术规范	北京市交通委员会		
534	DB11/T 719—2010	家禽屠宰检疫技术规范	北京市农业农村局	2016 年复审	
535	DB11/T 720—2010	大豆品种抗旱性鉴定方法及评价	北京市农业农村局	2016 年复审需修订	
536	DB11/T 721—2010	节水灌溉技术导则	北京市水务局	2015 年复审	
537	DB11/T 722—2010	节水灌溉工程自动控制系统设计规范	北京市水务局	2016 年复审	
538	DB11/T 723—2010	防风固沙林建设技术规程	北京市园林绿化局	2016 年复审	
539	DB11/T 724—2010	沙化土地监测指标体系	北京市园林绿化局	2016 年复审	
540	DB11/T 725—2010	森林健康经营与生态系统健康评价规程	北京市园林绿化局	2016 年复审	
541	DB11/T 726—2019	露地花卉布置技术规程	北京市园林绿化局		
542	DB11/T 727—2018	主要花坛花卉产品等级	北京市园林绿化局		
543	DB11/ 729—2010	外墙外保温工程施工防火安全技术规程	北京市住房和城乡建设委员会	2016 年强标整合精简修订	
544	DB11/T 730—2010	中小学幼儿园校园保安服务规范	北京市公安局	2016 年复审	

续表

序号	标准号	标准名称	行业主管部门	复审情况	备注
545	DB11/T 731—2010	室外照明干扰光限制规范	北京市城市管理委员会	2016 年复审	
546	DB11/T 732—2015	“北京人家”服务标准与评定	北京市文化和旅游局		
547	DB11/T 733—2010	旅店业用纺织品标准	北京市文化和旅游局	2017 年复审	
548	DB11/T 734—2010	狂犬病隔离检疫技术规范	北京市农业农村局	2016 年强标整合精简转化	
549	DB11/T 735—2010	苏氏圆腹鱼芒养殖技术规范	北京市农业农村局	2016 年复审	
550	DB11/T 736—2010	锦鲤养殖技术规程	北京市农业农村局	2016 年复审	
551	DB11/T 737—2010	北极红点鲑养殖技术规范	北京市农业农村局	2016 年复审	
552	DB11/T 739—2010	瓜类种子包衣处理技术规程	北京市农业农村局	2016 年复审需修订	
553	DB11/T 740—2010	再生水农业灌溉技术导则	北京市水务局	2016 年复审	
554	DB11/T 741—2010	文物建筑雷电防护技术规范	北京市文物局	2019 年复审调整为推荐性标准	
555	DB11/T 742—2019	轻集料混凝土填充砌块技术规程	北京市住房和城乡建设委员会		
556	DB11/T 743—2010	膜结构施工质量验收规范	北京市住房和城乡建设委员会	2016 年复审	
557	DB11/T 744—2010	“一日游”服务质量要求	北京市文化和旅游局	2019 年复审需修订	
558	DB11/T 745—2019	采暖住宅室内空气温度测量方法	北京市城市管理委员会		
559	DB11/T 746—2010	公园无障碍设施设置规范	北京市园林绿化局	2016 年复审	
560	DB11/T 747.1—2010	公墓建设规范　第 1 部分:骨灰安葬设施	北京市民政局	2019 年复审	
561	DB11/T 748—2010	大规格苗木移植技术规程	北京市园林绿化局	2016 年复审	

续表

序号	标准号	标准名称	行业主管部门	复审情况	备注
562	DB11/T 749—2010	农田氮磷环境风险评价	北京市农业农村局	2016 年复审	
563	DB11/T 750—2010	蔬菜供应链安全风险管理指南	北京市农业农村局	2016 年复审	
564	DB11/T 751—2010	住宅物业服务标准	北京市住房和城乡建设委员会	2016 年复审	
565	DB11/T 754—2017	石油储罐机械化清洗施工安全规范	北京市应急管理局		
566	DB11/T 755—2010	危险化学品仓库建设及储存安全规范	北京市应急管理局	2019 年复审调整为推荐性标准	
567	DB11/T 756—2010	储罐阻隔防爆技术改造工程及阻隔防爆橇装式加油(气)装置安装工程验收规范	北京市应急管理局	2016 年复审	
568	DB11/T 758—2010	中小河道综合治理　规划导则	北京市水务局	2016 年复审	
569	DB11/T 759—2010	供热燃气蒸汽锅炉运行技术规程	北京市城市管理委员会	2016 年复审	
570	DB11/T 760—2010	供热燃气热水锅炉运行技术规程	北京市城市管理委员会	2016 年复审	
571	DB11/T 761—2010	城市中心区货运汽车营运技术要求	北京市交通委员会	2016 年复审	
572	DB11/T 762—2010	电子政务业务描述规范	北京市经济和信息化局	2016 年复审	
573	DB11/T 765.1—2010	档案数字化规范　第 1 部分:总则	中共北京市委办公厅(北京市档案局)	2019 年复审	
574	DB11/T 765.2—2010	档案数字化规范　第 2 部分:纸质档案数字化加工	中共北京市委办公厅(北京市档案局)	2019 年复审	
575	DB11/T 765.3—2010	档案数字化规范　第 3 部分:微缩胶片档案数字化加工	中共北京市委办公厅(北京市档案局)	2019 年复审	

续表

序号	标准号	标准名称	行业主管部门	复审情况	备注
576	DB11/T 765.4—2010	档案数字化规范　第4部分:照片档案数字化加工	中共北京市委办公厅(北京市档案局)	2019年复审	
577	DB11/T 765.5—2012	档案数字化规范　第5部分:录音档案数字化加工	中共北京市委办公厅(北京市档案局)	2019年复审	
578	DB11/T 765.6—2012	档案数字化规范　第6部分:录像档案数字化加工	中共北京市委办公厅(北京市档案局)	2019年复审	
579	DB11/T 765.7—2013	档案数字化规范　第7部分:成果存储与利用	中共北京市委办公厅(北京市档案局)	2019年复审	将规范性引用文件中的:(1)"GB/T 22081《信息技术　安全技术　信息安全管理实用规则》"更新为"GB/T 22081《信息技术　安全技术　信息安全控制实践指南》";(2)"GB 50174《电子信息系统机房设计规范》"更新为"GB 50174《数据中心设计规范》"
580	DB11/T 767—2010	古树名木日常养护管理规范	北京市园林绿化局	2016年复审	
581	DB11/T 768—2010	北京市级湿地公园建设规范	北京市园林绿化局	2016年复审	
582	DB11/T 769—2010	北京市级湿地公园评估标准	北京市园林绿化局	2016年复审	
583	DB11/T 771—2010	涝峪苔草栽培技术规程	北京市园林绿化局	2016年复审	

续表

序号	标准号	标准名称	行业主管部门	复审情况	备注
584	DB11/T 772—2010	梨贮藏保鲜技术规程	北京市园林绿化局	2016 年复审	
585	DB11/T 774—2010	新建物业项目交接查验标准	北京市住房和城乡建设委员会	2016 年复审	
586	DB11/T 775—2010	透水混凝土路面技术规程	北京市住房和城乡建设委员会	正在修订	
587	DB11/ 776.1—2011	道路智能化交通管理设施设置要求　第 1 部分:通用技术条件	北京市公安局	2017 年复审需修订	
588	DB11/ 776.2—2011	道路智能化交通管理设施设置要求　第 2 部分:城市道路	北京市公安局	2017 年复审	
589	DB11/ 776.3—2011	道路智能化交通管理设施设置要求　第 3 部分:公路	北京市公安局、北京市交通委员会	2017 年复审	
590	DB11/T 777—2011	安全防范工程监理规范	北京市公安局	2017 年复审	
591	DB11/ 778—2011	大中型商场、超市治安防范规范	北京市公安局	2017 年复审	
592	DB11/T 779—2011	安全防范系统运行检验规范	北京市公安局	2017 年复审	
593	DB11/ 780—2011	大型群众性活动安全检查规范	北京市公安局	2017 年复审	
594	DB11/T 781—2011	小量非气体剧毒化学品携带箱安全要求	北京市公安局	2015 年复审	
595	DB11/T 782.1—2011	出租车安全防范技术要求　第 1 部分:出租车安全防范系统	北京市公安局	2017 年复审需修订	
596	DB11/T 782.2—2011	出租车安全防范技术要求　第 2 部分:车载定位终端	北京市公安局	2017 年复审需修订	
597	DB11/T 782.3—2011	出租车安全防范技术要求　第 3 部分:车载防劫防盗报警终端	北京市公安局	2017 年复审需修订	

续表

序号	标准号	标准名称	行业主管部门	复审情况	备注
598	DB11/T 783—2011	污染场地修复验收技术规范	北京市生态环境局	2018 年复审	
599	DB11/T 784—2011	移动通信基站建设项目电磁环境影响评价技术导则	北京市生态环境局	2018 年复审	
600	DB11/T 785—2011	城市道路交通运行评价指标体系	北京市交通委员会	2017 年复审	
601	DB11/T 786—2011	城市轨道交通线路客流预测规范	北京市交通委员会	2017 年复审	
602	DB11/T 787—2011	建设项目交通影响评价报告编制规范	北京市交通委员会	2017 年复审	
603	DB11/T 788—2011	儿童福利机构儿童成长档案记录与管理	北京市民政局	2019 年复审	
604	DB11/T 789—2011	儿童引导式教育康复技术规范	北京市民政局	2019 年复审	
605	DB11/T 790—2011	兽用药品贮存管理规范	北京市农业农村局	2017 年复审	
606	DB11/ 791—2011	文物建筑消防设施设置规范	北京市文物局	2017 年复审	
607	DB11/T 792—2011	植物源营养液制作及在果树上的应用技术	北京市园林绿化局	2018 年复审	
608	DB11/T 793—2011	低效生态公益林改造技术规程	北京市园林绿化局	2017 年复审	
609	DB11/T 794—2011	公园绿地应急避难功能设计规范	北京市园林绿化局	2017 年复审	
610	DB11/T 795.1—2011	园林绿化网格化管理 第1部分:系统建设规范	北京市园林绿化局	2017 年复审	
611	DB11/T 795.2—2011	园林绿化网格化管理 第2部分:网格划分与编码规则	北京市园林绿化局	2017 年复审	
612	DB11/T 795.3—2012	园林绿化网格化管理 第3部分:对象、事件、业务分类与编码	北京市园林绿化局	2018 年复审	

续表

序号	标准号	标准名称	行业主管部门	复审情况	备注
613	DB11/T 796—2011	公用压力管道日常维护与定期检查规范	北京市市场监督管理局	2017 年复审	
614	DB11/T 803—2011	再生混凝土结构设计规程	北京市规划和自然资源委员会	2017 年复审	
615	DB11/ 804—2015	民用建筑通信及有线广播电视基础设施设计规范	北京市规划和自然资源委员会	2016 年强标整合精简继续有效	
616	DB11/T 805—2011	人行天桥与人行地下通道无障碍设施设计规程	北京市规划和自然资源委员会	2017 年复审	
617	DB11/T 806—2011	地面辐射供暖技术规范	北京市住房和城乡建设委员会	2017 年复审需修订	
618	DB11/ 807—2011	施工现场钢丝绳式施工升降机检验规程	北京市住房和城乡建设委员会	2019 年复审需修订	
619	DB11/T 808—2011	市政基础设施工程资料管理规程	北京市住房和城乡建设委员会	2017 年复审需修订	
620	DB11/T 809—2011	典当经营场所安全防范技术要求	北京市公安局	2017 年复审	
621	DB11/T 810—2011	重金属污染土壤填埋场建设与运行技术规范	北京市生态环境局	2018 年复审	
622	DB11/T 811—2011	场地土壤环境风险评价筛选值	北京市生态环境局	2018 年复审	
623	DB11/T 813—2011	基于移动采集系统的交通信息质量评价规范	北京市交通委员会	2017 年复审	
624	DB11/T 814—2011	城市轨道交通路网运营指标体系	北京市交通委员会	2017 年复审	
625	DB11/T 815—2011	搬家运输经营服务规范	北京市交通委员会	2017 年复审	
626	DB11/T 816—2011	技术转移服务规范	北京市科学技术委员会	2018 年复审	
627	DB11/T 817—2011	犬免疫标牌技术规范	北京市农业农村局	2017 年复审	
628	DB11/T 818—2011	农区毒饵站灭鼠技术规程	北京市农业农村局	2017 年复审	
629	DB11/T 819—2011	锦鲤疱疹病毒病诊断技术规范	北京市农业农村局	2017 年复审	

续表

序号	标准号	标准名称	行业主管部门	复审情况	备注
630	DB11/T 820—2011	农用保温被技术要求	北京市农业农村局	2017 年复审	
631	DB11/T 821—2011	草莓日光温室生产技术规程	北京市农业农村局	2017 年复审需修订	
632	DB11/T 822—2015	盆栽红掌栽培技术规程	北京市园林绿化局		
633	DB11/T 825—2015	绿色建筑评价标准	北京市住房和城乡建设委员会	正在修订	
634	DB11/T 826—2011	城轨电动列车司机安全操作规范	北京市应急管理局	2017 年复审	
635	DB11/T 827—2019	废旧爆炸物品销毁处置安全管理规程	北京市公安局		
636	DB11/T 828.1—2011	实验用小型猪 第 1 部分:微生物学等级及监测	北京市科学技术委员会	2018 年复审	
637	DB11/T 828.2—2011	实验用小型猪 第 2 部分:寄生虫学等级及监测	北京市科学技术委员会	2018 年复审	
638	DB11/T 828.3—2011	实验用小型猪 第 3 部分:遗传质量控制	北京市科学技术委员会	2018 年复审	
639	DB11/T 828.4—2011	实验用小型猪 第 4 部分:病理学诊断规范	北京市科学技术委员会	2018 年复审	
640	DB11/T 828.5—2011	实验用小型猪 第 5 部分:配合饲料	北京市科学技术委员会	2018 年复审	
641	DB11/T 828.6—2011	实验用小型猪 第 6 部分:环境及设施	北京市科学技术委员会	2018 年复审	
642	DB11/T 829—2011	白菜品种纯度及真实性分子检测方法	北京市农业农村局	2017 年复审需修订	
643	DB11/T 830—2011	草履蚧监测与防治技术规程	北京市园林绿化局	2017 年复审	
644	DB11/T 831—2011	油松毛虫监测与防治技术规程	北京市园林绿化局	2017 年复审	
645	DB11/ 832—2011	在用柴油汽车排气烟度限值及测量方法(遥测法)	北京市生态环境局	2018 年复审	
646	DB11/T 833—2019	危险化学品地上储罐区安全要求	北京市应急管理局		

续表

序号	标准号	标准名称	行业主管部门	复审情况	备注
647	DB11/T 834—2015	烟花爆竹零售网点设置安全规范	北京市应急管理局	2019年复审调整为推荐性标准	
648	DB11/T 835—2011	生活垃圾填埋场恶臭污染控制技术规范	北京市生态环境局	2018年复审	
649	DB11/T 836—2011	农业信息资源数据集核心元数据	北京市农业农村局	2017年复审	
650	DB11/T 837—2011	机械式停车场(库)工程建设规范	北京市交通委员会	2017年复审	
651	DB11/T 838—2019	地铁噪声与振动控制规范	北京市生态环境局		
652	DB11/T 839—2017	行道树栽植与养护管理技术规范	北京市园林绿化局		
653	DB11/T 842—2019	近自然森林经营技术规程	北京市园林绿化局		
654	DB11/T 843—2011	山区林地食用菌仿野生栽培技术规范	北京市园林绿化局	2017年复审	
655	DB11/T 844—2011	独本菊栽培技术规程	北京市园林绿化局	2017年复审	
656	DB11/T 845—2011	切花菊设施生产技术规程	北京市园林绿化局	2017年复审	
657	DB11/T 846—2019	茶菊生产技术规程	北京市园林绿化局		
658	DB11/ 847—2011	固定式燃气轮机大气污染物排放标准	北京市生态环境局	2018年复审	
659	DB11/T 848—2011	压型金属板屋面工程施工质量验收标准	北京市住房和城乡建设委员会	2017年复审需修订	
660	DB11/T 849—2011	房屋鉴定与结构检测操作规程	北京市住房和城乡建设委员会	2017年复审需修订	
661	DB11/T 850—2011	建筑墙体用腻子应用技术规程	北京市住房和城乡建设委员会	2017年复审	
662	DB11/T 851—2011	聚脲弹性体防水涂料施工技术规程	北京市住房和城乡建设委员会	2017年复审需修订	
663	DB11/T 852—2019	有限空间作业安全技术规范	北京市应急管理局		
664	DB11/ 853—2012	封闭式停车场安全技术防范通用要求	北京市公安局	2016年强标整合精简继续有效	

续表

序号	标准号	标准名称	行业主管部门	复审情况	备注
665	DB11/ 854—2012	占道作业交通安全设施设置技术要求	北京市公安局	2016 年强标整合精简继续有效	
666	DB11/T 855—2012	安全技术防范系统维护通用要求	北京市公安局	2018 年复审	
667	DB11/T 856—2012	门牌、楼牌 设置规范	北京市公安局	2018 年复审	
668	DB11/T 857—2012	车用压缩天然气纤维缠绕气瓶使用与定期检查要求	北京市市场监督管理局	2018 年复审	
669	DB11/T 858—2012	用能单位能源计量评价技术规范	北京市市场监督管理局	2016 年复审需修订	
670	DB11/T 860—2012	生活垃圾填埋场运行评价	北京市城市管理委员会	正在修订	
671	DB11/T 861—2012	生活垃圾转运站运行评价	北京市城市管理委员会	正在修订	
672	DB11/T 863—2012	节水耐旱型树种选择技术规程	北京市园林绿化局	2018 年复审	
673	DB11/T 864—2012	园林绿化种植土壤	北京市园林绿化局	2018 年复审需修订	
674	DB11/T 865—2012	藤本月季养护规程	北京市园林绿化局	2018 年复审需修订	
675	DB11/T 866—2012	盆栽凤梨生产技术规程	北京市园林绿化局	2018 年复审	
676	DB11/T 867.1—2012	蔬菜采后处理技术规程 第 1 部分:根菜类	北京市农业农村局	2018 年复审	
677	DB11/T 867.2—2012	蔬菜采后处理技术规程 第 2 部分:叶菜类	北京市农业农村局	2018 年复审	
678	DB11/T 867.3—2012	蔬菜采后处理技术规程 第 3 部分:花菜类	北京市农业农村局	2018 年复审	
679	DB11/T 867.4—2012	蔬菜采后处理技术规程 第 4 部分:茄果类	北京市农业农村局	2018 年复审	
680	DB11/T 867.5—2012	蔬菜采后处理技术规程 第 5 部分:瓜类	北京市农业农村局	2018 年复审	
681	DB11/T 867.6—2012	蔬菜采后处理技术规程 第 6 部分:豆类	北京市农业农村局	2018 年复审	

续表

序号	标准号	标准名称	行业主管部门	复审情况	备注
682	DB11/T 867.7—2012	蔬菜采后处理技术规程 第7部分:其他类	北京市农业农村局	2018年复审	
683	DB11/T 868—2012	生鲜乳贮运技术规范	北京市农业农村局	2018年复审	
684	DB11/T 869—2012	兽医病理解剖生物安全控制技术规范	北京市农业农村局	2018年复审	
685	DB11/T 871—2012	鱼类增殖放流技术规范	北京市农业农村局	2018年复审	
686	DB11/T 872—2012	匙吻鲟鱼卵孵化及苗种培育技术规范	北京市农业农村局	2018年复审	
687	DB11/T 873—2012	玫瑰花无公害生产技术规程	北京市农业农村局	2019年复审需修订	拟修订为“玫瑰花生产技术规程”
688	DB11/T 874—2012	电杀虫灯技术条件	北京市农业农村局	2018年复审需修订	
689	DB11/T 875—2017	体育场所安全运营管理规范 滑雪场所	北京市体育局		
690	DB11/Z 880—2012	电动汽车电能供给与保障技术规范 充电站运营管理	北京市发展和改革委员会	2018年复审需修订	
691	DB11/T 882—2012	房屋建筑安全评估技术规程	北京市住房和城乡建设委员会	2018年复审需修订	
692	DB11/ 883—2012	建筑弱电工程施工技术规范	北京市住房和城乡建设委员会	2016年强标整合精简继续有效	
693	DB11/ 884—2012	公路护栏设置规范	北京市交通委员会	2016年强标整合精简继续有效	
694	DB11/T 885—2012	高速公路命名和编号规则	北京市交通委员会	2018年复审	
695	DB11/T 886—2012	综合客运枢纽智能化系统技术要求	北京市交通委员会	2018年复审	
696	DB11/T 887—2012	设施西瓜蜜蜂授粉技术规范	北京市园林绿化局	2018年复审	

续表

序号	标准号	标准名称	行业主管部门	复审情况	备注
697	DB11/T 888—2012	菜田有机废弃物无害化处理技术规范	北京市农业农村局	2018 年复审	
698	DB11/T 889.1—2012	文物建筑修缮工程操作规程　第 1 部分:瓦石作	北京市文物局	2018 年复审	
699	DB11/T 889.2—2013	文物建筑修缮工程操作规程　第 2 部分:木作	北京市文物局	2019 年复审	
700	DB11/T 889.3—2014	文物建筑修缮工程操作规程　第 3 部分:油作	北京市文物局		
701	DB11/T 889.4—2013	文物建筑修缮工程操作规程　第 4 部分:彩画作	北京市文物局	2019 年复审	
702	DB11/ 890—2012	城镇污水处理厂水污染物排放标准	北京市生态环境局	2018 年复审	
703	DB11/ 891—2012	居住建筑节能设计标准	北京市规划和自然资源委员会	2016 年强标整合精简继续有效	
704	DB11/T 892—2012	电梯主要部件判废技术要求	北京市市场监督管理局	2018 年复审	
705	DB11/T 893—2012	地质灾害危险性评估技术规范	北京市规划和自然资源委员会	2018 年复审需修订	
706	DB11/T 895—2012	盲人保健按摩企业等级划分及评定	北京市残疾人联合会	2016 年复审需修订	
707	DB11/T 896—2012	有机食品　苹果生产技术规程	北京市园林绿化局	2018 年复审需修订	
708	DB11/T 897—2012	有机食品　葡萄生产技术规程	北京市园林绿化局	2018 年复审需修订	
709	DB11/T 898—2012	盆栽小菊栽培技术规程	北京市园林绿化局	2018 年复审需修订	
710	DB11/T 899—2019	盆栽蝴蝶兰栽培技术规程	北京市园林绿化局		
711	DB11/T 900—2012	兽用生物制品冷链技术规范	北京市农业农村局	2018 年复审	
712	DB11/T 901—2012	动物防疫员免疫操作技术规范	北京市农业农村局	2018 年复审	

续表

序号	标准号	标准名称	行业主管部门	复审情况	备注
713	DB11/T 903—2012	金鱼鉴赏规范	北京市农业农村局	2018 年复审	
714	DB11/T 904—2012	土池规模化培育轮虫技术规范	北京市农业农村局	2018 年复审	
715	DB11/T 905—2012	草莓种苗	北京市农业农村局	2018 年复审	
716	DB11/T 906—2012	农作物品种鉴定试验规程通则	北京市农业农村局	2018 年复审	
717	DB11/T 907.1—2012	蔬菜作物品种鉴定试验规程　第 1 部分:茄果类	北京市农业农村局	2018 年复审	
718	DB11/T 907.2—2016	蔬菜作物品种鉴定试验规程　第 2 部分:瓜类	北京市农业农村局		
719	DB11/T 907.3—2016	蔬菜作物品种鉴定试验规程　第 3 部分:菜用豆类	北京市农业农村局		
720	DB11/T 913—2012	外墙夹心保温设计规程	北京市规划和自然资源委员会	2018 年复审	
721	DB11/ 914—2012	铸锻工业大气污染物排放标准	北京市生态环境局	2018 年复审	
722	DB11/T 915—2012	穿越城市轨道交通设施检测评估及监测技术规范	北京市交通委员会	2018 年复审	
723	DB11/T 916—2012	废胎橡胶沥青路用技术要求	北京市交通委员会	2018 年复审	
724	DB11/T 917—2012	安全防范工程企业质量管理通用要求	北京市公安局	2018 年复审	
725	DB11/T 918—2012	印章制作技术规范	北京市公安局	2018 年复审需修订	
726	DB11/T 919—2012	番茄嫁接苗生产技术规程	北京市农业农村局	2018 年复审	
727	DB11/T 920—2012	甜(辣)椒嫁接苗生产技术规程	北京市农业农村局	2018 年复审	
728	DB11/T 921—2012	保护性耕作　小麦玉米轮作技术规范	北京市农业农村局	2018 年复审	
729	DB11/T 922—2012	秀珍菇生产技术规程	北京市农业农村局	2018 年复审	

续表

序号	标准号	标准名称	行业主管部门	复审情况	备注
730	DB11/T 923—2012	冬油菜栽培技术规程	北京市农业农村局	2018 年复审	
731	DB11/T 924—2012	观赏鱼养殖技术规范　血鹦鹉鱼	北京市农业农村局	2018 年复审	
732	DB11/T 925—2012	小麦主要病虫草害防治技术规范	北京市农业农村局	2018 年复审	
733	DB11/T 926.1—2012	粮经作物品种鉴定试验规程　第 1 部分:甘薯	北京市农业农村局	2019 年复审需修订	
734	DB11/T 926.2—2016	粮经作物品种鉴定试验规程　第 2 部分:花生	北京市农业农村局	2019 年复审需修订	
735	DB11/T 926.3—2016	粮经作物品种鉴定试验规程　第 3 部分:豆类	北京市农业农村局	2019 年复审需修订	
736	DB11/T 928—2012	苹果矮砧栽培技术规程	北京市园林绿化局	2018 年复审需修订	
737	DB11/T 929—2012	平原地区森林生态体系建设技术规程　公路、铁路、河流绿化带	北京市园林绿化局	2018 年复审	
738	DB11/T 930—2012	平原地区森林生态体系建设技术规程　景观生态林	北京市园林绿化局	2018 年复审	
739	DB11/T 931.1—2012	户用分类垃圾桶(袋)技术规范　第 1 部分:塑料垃圾桶	北京市城市管理委员会	2018 年复审	
740	DB11/T 931.2—2012	户用分类垃圾桶(袋)技术规范　第 2 部分:铁质垃圾桶	北京市城市管理委员会	2018 年复审	
741	DB11/T 931.3—2012	户用分类垃圾桶(袋)技术规范　第 3 部分:垃圾袋	北京市城市管理委员会	2018 年复审	
742	DB11/T 932—2012	数字化城市管理信息系统部件和事件处置	北京市城市管理委员会	正在修订	
743	DB11/T 933—2012	儿童福利机构儿童日常生活照料技术规范	北京市民政局	2019 年复审	

续表

序号	标准号	标准名称	行业主管部门	复审情况	备注
744	DB11/T 934—2012	儿童福利机构婴幼儿早期发展干预技术规范	北京市民政局	2019 年复审	
745	DB11/T 935—2012	单井循环换热地能采集井工程技术规范	北京市水务局	2018 年复审	
746	DB11/T 936.1—2012	城镇节水评价规范　第 1 部分:通则	北京市水务局	2016 年复审	
747	DB11/T 936.2—2012	城镇节水评价规范　第 2 部分:机关	北京市水务局	2016 年复审	
748	DB11/T 936.3—2012	城镇节水评价规范　第 3 部分:工业企业	北京市水务局	2016 年复审	
749	DB11/T 936.4—2012	城镇节水评价规范　第 4 部分:居民小区	北京市水务局	2016 年复审	
750	DB11/T 936.5—2017	城镇节水评价规范　第 5 部分:写字楼	北京市水务局		
751	DB11/T 936.6—2017	城镇节水评价规范　第 6 部分:学校	北京市水务局		
752	DB11/T 936.7—2017	城镇节水评价规范　第 7 部分:宾馆	北京市水务局		
753	DB11/T 936.8—2017	城镇节水评价规范　第 8 部分:医院	北京市水务局		
754	DB11/T 937—2012	企业知识产权管理规范	北京市知识产权局	2018 年复审需修订	
755	DB11/ 938—2012	绿色建筑设计标准	北京市规划和自然资源委员会	2016 年强标整合精简继续有效	
756	DB11/T 939—2012	温拌沥青路面施工及验收规程	北京市住房和城乡建设委员会	2018 年复审	
757	DB11/ 940—2012	基坑工程内支撑技术规程	北京市住房和城乡建设委员会	2016 年强标整合精简继续有效	
758	DB11/T 941—2012	无机纤维喷涂工程技术规程	北京市住房和城乡建设委员会	正在修订	

续表

序号	标准号	标准名称	行业主管部门	复审情况	备注
759	DB11/T 942—2012	居住建筑供热计量施工质量验收规程	北京市住房和城乡建设委员会	2018 年复审	
760	DB11/T 943—2017	酚醛泡沫板外墙外保温施工技术规程	北京市住房和城乡建设委员会		
761	DB11/T 944—2012	防滑地面工程施工及验收规程	北京市住房和城乡建设委员会	2018 年复审	
762	DB11/ 945—2012	建设工程施工现场安全防护、场容卫生及消防保卫标准	北京市住房和城乡建设委员会	2016 年强标整合精简修订	
763	DB11/ 946—2013	轻型汽车(点燃式)污染物排放限值及测量方法(北京Ⅴ阶段)	北京市生态环境局	2018 年复审	
764	DB11/T 947—2013	机动车维修场所职业卫生技术规范	北京市应急管理局	2016 年强标整合精简转化	
765	DB11/T 948.1—2013	电梯运行安全监测信息管理系统技术规范　第 1 部分:系统总体结构	北京市市场监督管理局	2018 年复审	
766	DB11/T 948.2—2013	电梯运行安全监测信息管理系统技术规范　第 2 部分:电梯基础信息与数据格式	北京市市场监督管理局	2018 年复审	
767	DB11/T 948.3—2013	电梯运行安全监测信息管理系统技术规范　第 3 部分:采集设备编码规则	北京市市场监督管理局	2018 年复审	
768	DB11/T 948.4—2013	电梯运行安全监测信息管理系统技术规范　第 4 部分:采集设备和平台的通信协议与数据格式	北京市市场监督管理局	2018 年复审	
769	DB11/T 948.5—2013	电梯运行安全监测信息管理系统技术规范　第 5 部分:传输网络要求	北京市市场监督管理局	2018 年复审	
770	DB11/T 948.6—2013	电梯运行安全监测信息管理系统技术规范　第 6 部分:监测数据存储要求	北京市市场监督管理局	2018 年复审	

续表

序号	标准号	标准名称	行业主管部门	复审情况	备注
771	DB11/T 948.7—2013	电梯运行安全监测信息管理系统技术规范　第 7 部分:图像子系统技术要求	北京市市场监督管理局	2018 年复审	
772	DB11/T 948.8—2013	电梯运行安全监测信息管理系统技术规范　第 8 部分:采集设备技术要求	北京市市场监督管理局	2018 年复审	
773	DB11/T 948.9—2013	电梯运行安全监测信息管理系统技术规范　第 9 部分:电梯运行数据格式与输出要求	北京市市场监督管理局	2018 年复审	
774	DB11/T 948.10—2013	电梯运行安全监测信息管理系统技术规范　第 10 部分:采集设备安装验收规范	北京市市场监督管理局	2018 年复审	
775	DB11/T 948.11—2013	电梯运行安全监测信息管理系统技术规范　第 11 部分:平台技术要求	北京市市场监督管理局	2018 年复审	
776	DB11/T 948.12—2013	电梯运行安全监测信息管理系统技术规范　第 12 部分:系统信息安全规范	北京市市场监督管理局	2018 年复审	
777	DB11/T 948.13—2013	电梯运行安全监测信息管理系统技术规范　第 13 部分:平台维护要求	北京市市场监督管理局	2018 年复审	
778	DB11/T 949—2013	液化石油气气瓶标签应用技术要求	北京市市场监督管理局	2018 年复审	
779	DB11/T 950—2013	水利工程施工资料管理规程	北京市水务局	2019 年复审	将规范性引用文件中的“GB/T 18894《电子文件归档与管理规范》”更新为“GB/T 18894《电子文件归档与电子档案管理规范》”

续表

序号	标准号	标准名称	行业主管部门	复审情况	备注
780	DB11/T 951—2013	苹果蠹蛾检疫防治技术规程	北京市园林绿化局	2019 年复审	
781	DB11/T 952—2013	黄连木尺蠖监测与防治技术规程	北京市园林绿化局	2019 年复审	
782	DB11/T 953—2013	林业碳汇计量监测技术规程	北京市园林绿化局	2017 年复审	
783	DB11/T 955—2013	花卉产品等级　切花菊	北京市园林绿化局	2019 年复审	
784	DB11/T 960—2013	梅花鹿胚胎移植技术规程	北京市农业农村局	2019 年复审	
785	DB11/T 961—2013	梅花鹿人工授精技术规程	北京市农业农村局	2019 年复审	
786	DB11/T 962—2013	硬头鳟养殖技术规范	北京市农业农村局	2019 年复审需修订	
787	DB11/T 963—2013	电力管道建设技术规范	北京市城市管理委员会	2019 年复审需修订	
788	DB11/ 964—2013	车用压燃式、气体燃料点燃式发动机与汽车排气污染物限值及测量方法(台架工况法)	北京市生态环境局	2018 年复审	
789	DB11/ 965—2017	重型汽车排气污染物排放限值及测量方法(车载法第Ⅳ、Ⅴ阶段)	北京市生态环境局	2018 年复审	
790	DB11/T 966—2013	切花红掌设施栽培技术规程	北京市园林绿化局	2019 年复审	
791	DB11/T 967—2013	塑料排水检查井应用技术规程	北京市住房和城乡建设委员会	2019 年复审	
792	DB11/T 968—2013	预制混凝土构件质量检验标准	北京市住房和城乡建设委员会	正在修订	
793	DB11/T 969—2016	城镇雨水系统规划设计暴雨径流计算标准	北京市规划和自然资源委员会		
794	DB11/T 970—2013	装配式剪力墙住宅建筑设计规程	北京市规划和自然资源委员会	2019 年复审	
795	DB11/ 971—2013	重点建设工程施工现场治安防范系统规范	北京市公安局	2016 年强标整合精简继续有效	

续表

序号	标准号	标准名称	行业主管部门	复审情况	备注
796	DB11/ 972—2013	保险营业场所风险等级与安全防范要求	北京市公安局	2016 年强标整合精简继续有效	
797	DB11/T 974—2019	固定资产投资项目节能报告编制技术规范	北京市发展和改革委员会		
798	DB11/T 975—2013	冷水机组节能监测	北京市发展和改革委员会	2017 年复审需修订	
799	DB11/T 976—2013	用能单位能效对标指南	北京市发展和改革委员会	2017 年复审	
800	DB11/T 978—2013	服务业清洁生产审核报告编制技术规范	北京市发展和改革委员会	2017 年复审	
801	DB11/T 979—2013	乙烯单位产品能源消耗限额	北京市经济和信息化局	2017 年复审	
802	DB11/T 980—2013	高压聚乙烯单位产品能源消耗限额	北京市经济和信息化局	2017 年复审	
803	DB11/T 981—2013	原油加工能源消耗限额	北京市经济和信息化局	2017 年复审	
804	DB11/T 982—2013	液晶显示器单位产品能源消耗限额	北京市经济和信息化局	2017 年复审	
805	DB11/T 983—2013	制造数控机床单位产品能源消耗限额	北京市经济和信息化局	2017 年复审	
806	DB11/T 984—2013	中小型交流电动机单位产品能源消耗限额	北京市经济和信息化局	2017 年复审	
807	DB11/T 985—2013	食用植物油单位产品能源消耗限额	北京市经济和信息化局	2017 年复审	
808	DB11/T 986—2013	居住建筑供热计量技术要求	北京市城市管理委员会	2019 年复审	
809	DB11/T 987—2013	鲟鱼种质鉴定规范	北京市农业农村局	2019 年复审	
810	DB11/T 988—2013	柳枝稷栽培技术规程	北京市园林绿化局	2019 年复审	
811	DB11/T 989—2013	园林绿化工程竣工图编制规范	北京市园林绿化局	2019 年复审需修订	

续表

序号	标准号	标准名称	行业主管部门	复审情况	备注
812	DB11/T 990—2013	榆叶梅繁殖与栽培养护技术规程	北京市园林绿化局	2019 年复审	
813	DB11/T 991—2013	果园生草技术规程	北京市园林绿化局	2019 年复审	
814	DB11/T 992—2013	地理标志产品 昌平草莓	北京市知识产权局	正在修订	
815	DB11/ 994—2013	平战结合人民防空工程设计规范	北京市规划和自然资源委员会	2016 年强标整合精简继续有效	
816	DB11/ 995—2013	城市轨道交通工程设计规范	北京市规划和自然资源委员会	2016 年强标整合精简继续有效	
817	DB11/ 996—2013	城乡规划用地分类标准	北京市规划和自然资源委员会	2016 年强标整合精简继续有效	
818	DB11/T 997—2013	城乡规划计算机辅助制图标准	北京市规划和自然资源委员会	2019 年复审	
819	DB11/T 998—2013	基础测绘成果检查验收技术规程	北京市规划和自然资源委员会	2019 年复审	
820	DB11/T 999—2013	城镇道路建筑垃圾再生路面基层施工与质量验收规范	北京市住房和城乡建设委员会	正在修订	
821	DB11/T 1000.1—2009	企业产品标准编写指南 第 1 部分:标准的结构和通用内容的编写	北京市市场监督管理局	2015 年复审	
822	DB11/T 1000.2—2009	企业产品标准编写指南 第 2 部分:主要技术内容的编写	北京市市场监督管理局	2015 年复审	
823	DB11/T 1001—2016	企业标准制定原则和程序	北京市市场监督管理局		
824	DB11/ 1003—2013	装配式剪力墙结构设计规程	北京市规划和自然资源委员会	2016 年强标整合精简继续有效	

续表

序号	标准号	标准名称	行业主管部门	复审情况	备注
825	DB11/T 1004—2013	房屋建筑使用安全检查技术规程	北京市住房和城乡建设委员会	正在修订	
826	DB11/T 1005—2013	公共建筑空调采暖室内温度节能监测标准	北京市住房和城乡建设委员会	正在修订	
827	DB11/T 1006—2013	民用建筑能效测评标识标准	北京市住房和城乡建设委员会	2019 年复审	
828	DB11/T 1007—2013	公共建筑能源审计技术通则	北京市住房和城乡建设委员会	2019 年复审	
829	DB11/T 1008—2013	建筑太阳能光伏系统安装及验收规程	北京市住房和城乡建设委员会	2019 年复审	
830	DB11/T 1009—2013	供热系统节能改造技术规程	北京市城市管理委员会	2017 年复审	
831	DB11/T 1010—2019	信息化项目软件开发费用测算规范	北京市经济和信息化局		
832	DB11/T 1011—2013	市内邮件寄递服务规范	北京市邮政管理局	2019 年复审需修订	
833	DB11/T 1012—2019	软件产品备案测试基本技术规范	北京市经济和信息化局		
834	DB11/T 1013—2013	绿化种植分项工程施工工艺规程	北京市园林绿化局	2019 年复审需修订	
835	DB11/T 1014—2013	液氨使用与储存安全技术规范	北京市应急管理局	2019 年复审调整为推荐性标准	
836	DB11/T 1015—2013	科教旅游示范单位服务质量与评定	北京市文化和旅游局	2017 年复审	
837	DB11/T 1016—2013	登山旅游步道设置与服务规范	北京市文化和旅游局	2017 年复审	
838	DB11/T 1017—2013	普通轿车及普通运动型乘用车单位产品能源消耗限额	北京市经济和信息化局	2017 年复审	
839	DB11/T 1018—2013	高级轿车及高级运动型乘用车单位产品能源消耗限额	北京市经济和信息化局	2017 年复审	

续表

序号	标准号	标准名称	行业主管部门	复审情况	备注
840	DB11/T 1019—2013	中、重型载货汽车单位产品能源消耗限额	北京市经济和信息化局	2017 年复审	
841	DB11/T 1020.1—2013	土地信息数据元　第 1 部分:总则	北京市规划和自然资源委员会	2019 年复审	
842	DB11/T 1020.2—2013	土地信息数据元　第 2 部分:土地利用数据元	北京市规划和自然资源委员会	2019 年复审	
843	DB11/T 1020.3—2013	土地信息数据元　第 3 部分:土地权属数据元	北京市规划和自然资源委员会	2019 年复审	
844	DB11/T 1021—2013	奶牛电子耳标技术规范	北京市农业农村局	2019 年复审	
845	DB11/ 1022—2013	简易自动喷水灭火系统设计规程	北京市规划和自然资源委员会	2016 年强标整合精简继续有效	
846	DB11/ 1023—2013	疏散用门安全控制与报警逃生门锁系统设计、施工及验收规程	北京市规划和自然资源委员会	2016 年强标整合精简继续有效	
847	DB11/ 1024—2013	消防安全疏散标志设置标准	北京市规划和自然资源委员会	2016 年强标整合精简继续有效	
848	DB11/ 1025—2013	自然排烟系统设计、施工及验收规范	北京市规划和自然资源委员会	2016 年强标整合精简继续有效	
849	DB11/ 1026—2013	吸气式感烟火灾探测报警系统设计、施工及验收规范	北京市规划和自然资源委员会	2016 年强标整合精简继续有效	
850	DB11/ 1027—2013	防火玻璃框架系统设计、施工及验收规范	北京市规划和自然资源委员会	2016 年强标整合精简继续有效	
851	DB11/ 1028—2013	居住建筑门窗工程技术规范	北京市住房和城乡建设委员会	2016 年强标整合精简继续有效	

续表

序号	标准号	标准名称	行业主管部门	复审情况	备注
852	DB11/T 1029—2013	混凝土矿物掺合料应用技术规程	北京市住房和城乡建设委员会	2019年复审	
853	DB11/T 1030—2013	装配式混凝土结构工程施工与质量验收规程	北京市住房和城乡建设委员会	正在修订	
854	DB11/T 1031—2013	低层蒸压加气混凝土承重建筑技术规程	北京市住房和城乡建设委员会	2019年复审	
855	DB11/T 1032—2013	医疗废物一次性包装箱	北京市生态环境局	2018年复审	
856	DB11/T 1033—2013	工业射线探伤辐射安全和防护分级管理要求	北京市生态环境局	2018年复审	
857	DB11/T 1034.1—2013	交通噪声污染缓解工程技术规范　第1部分:隔声窗措施	北京市生态环境局	2018年复审	
858	DB11/T 1034.2—2013	交通噪声污染缓解工程技术规范　第2部分:声屏障措施	北京市生态环境局	2018年复审	
859	DB11/T 1035—2013	城市轨道交通能源消耗评价方法	北京市交通委员会	2017年复审	
860	DB11/T 1036—2013	公共汽电车能源消耗评价方法	北京市交通委员会	2017年复审	
861	DB11/T 1037—2013	营运货车合理用能指南	北京市交通委员会	2017年复审	
862	DB11/T 1038—2013	在用汽车喷烤漆房安全使用综合评价规则	北京市交通委员会	2019年复审	
863	DB11/T 1039—2013	电子不停车收费系统电子标签应用技术规范	北京市交通委员会	2019年复审	
864	DB11/T 1040—2013	工业企业清洁生产审核报告编制技术规范	北京市经济和信息化局	2017年复审	
865	DB11/T 1041—2013	政务办公终端安全管理规范	北京市经济和信息化局	2019年复审	
866	DB11/T 1044—2013	地震应急避难场所运行管理规范	北京市地震局	2018年复审	

续表

序号	标准号	标准名称	行业主管部门	复审情况	备注
867	DB11/T 1045—2013	白皮松育苗技术规程	北京市园林绿化局	2019 年复审需修订	
868	DB11/T 1046—2013	百合种球繁育技术规程	北京市园林绿化局	2019 年复审	
869	DB11/T 1047—2013	北京果品等级 鲜食枣	北京市园林绿化局	2019 年复审需修订	
870	DB11/T 1048—2013	花卉产品等级　盆栽凤梨	北京市园林绿化局	2019 年复审	
871	DB11/T 1049—2013	花卉产品等级　切花百合	北京市园林绿化局	2019 年复审需修订	
872	DB11/T 1050—2013	梨小食心虫监测与防治技术规程	北京市园林绿化局	2019 年复审需修订	
873	DB11/T 1051—2013	沙地桑树栽培技术规程	北京市园林绿化局	2019 年复审	
874	DB11/T 1052—2013	主要花坛花卉种苗产品等级	北京市园林绿化局	2019 年复审需修订	
875	DB11/T 1053.1—2013	实验用鱼　第 1 部分:微生物学等级及监测	北京市科学技术委员会	2018 年复审	
876	DB11/T 1053.2—2013	实验用鱼　第 2 部分:寄生虫学等级及监测	北京市科学技术委员会	2018 年复审	
877	DB11/T 1053.3—2013	实验用鱼　第 3 部分:遗传质量控制	北京市科学技术委员会	2018 年复审	
878	DB11/T 1053.4—2013	实验用鱼　第 4 部分:病理学诊断规范	北京市科学技术委员会	2018 年复审	
879	DB11/T 1053.5—2013	实验用鱼　第 5 部分:配合饲料技术要求	北京市科学技术委员会	2018 年复审	
880	DB11/T 1053.6—2013	实验用鱼　第 6 部分:环境条件	北京市科学技术委员会	2018 年复审	
881	DB11/ 1054—2013	水泥工业大气污染物排放标准	北京市生态环境局	2018 年复审	
882	DB11/ 1055—2013	防水卷材行业大气污染物排放标准	北京市生态环境局	2018 年复审	
883	DB11/ 1056—2013	固定式内燃机大气污染物排放标准	北京市生态环境局	2018 年复审	

续表

序号	标准号	标准名称	行业主管部门	复审情况	备注
884	DB11/T 1057—2014	自行车骑游设施与服务规范	北京市文化和旅游局		
885	DB11/T 1058—2014	主题酒店划分与评定	北京市文化和旅游局		
886	DB11/T 1059—2014	设施草莓蜜蜂授粉技术规范	北京市园林绿化局		
887	DB11/T 1060—2014	生物发酵床养猪猪舍设计要求	北京市农业农村局		
888	DB11/T 1061—2014	电波水流量测验规程	北京市水务局		
889	DB11/T 1062—2014	人员疏散掩蔽标志设计与设置	北京市人民防空办公室		
890	DB11/T 1063—2014	供热系统节能运行管理技术规程	北京市城市管理委员会	2018 年复审	
891	DB11/T 1064—2014	数字化城市管理信息系统地理空间数据获取与更新	北京市城市管理委员会		
892	DB11/T 1065—2014	城市基础地理信息　矢量数据要素分类与代码	北京市规划和自然资源委员会		
893	DB11/ 1066—2014	供热计量设计技术规程	北京市规划和自然资源委员会	2016 年强标整合精简继续有效	
894	DB11/ 1067—2014	城市轨道交通土建工程设计安全风险评估规范	北京市规划和自然资源委员会	2016 年强标整合精简继续有效	
895	DB11/T 1068—2014	下凹桥区雨水调蓄排放设计规范	北京市规划和自然资源委员会		
896	DB11/T 1069—2014	民用建筑信息模型设计标准	北京市规划和自然资源委员会		
897	DB11/ 1070—2014	市政基础设施工程质量检验与验收标准	北京市住房和城乡建设委员会	2016 年强标整合精简继续有效	
898	DB11/ 1071—2014	排水管（渠）工程施工质量检验标准	北京市住房和城乡建设委员会	2016 年强标整合精简继续有效	

续表

序号	标准号	标准名称	行业主管部门	复审情况	备注
899	DB11/ 1072—2014	城市桥梁工程施工质量检验标准	北京市住房和城乡建设委员会	2016 年强标整合精简继续有效	
900	DB11/T 1073—2014	城市道路工程施工质量检验标准	北京市住房和城乡建设委员会		
901	DB11/T 1074—2014	建筑结构长城杯工程质量评审标准	北京市住房和城乡建设委员会		
902	DB11/T 1075—2014	建筑长城杯工程质量评审标准	北京市住房和城乡建设委员会		
903	DB11/T 1076—2014	居住建筑装修装饰工程质量验收规范	北京市住房和城乡建设委员会		
904	DB11/T 1077—2014	建筑垃圾运输车辆标识、监控和密闭技术要求	北京市城市管理委员会	正在修订	
905	DB11/T 1078. 1—2014	人民防空工程防护设备安装技术规程　第 1 部分：人防门	北京市人民防空办公室	2019 年复审调整为推荐性标准	
906	DB11/T 1079—2014	泡沫水泥保温板外墙外保温工程施工技术规程	北京市住房和城乡建设委员会	2019 年复审	
907	DB11/T 1080—2014	硬泡聚氨酯复合板现抹轻质砂浆外墙外保温工程施工技术规程	北京市住房和城乡建设委员会	2019 年复审	
908	DB11/T 1081—2014	岩棉外墙外保温工程施工技术规程	北京市住房和城乡建设委员会	2019 年复审	
909	DB11/T 1082—2014	工业 γ 射线移动探伤安全防范要求	北京市公安局		
910	DB11/T 1083—2014	耕地地力评价技术规程	北京市农业农村局		
911	DB11/T 1084—2014	观赏鱼养殖技术规范　花罗汉鱼	北京市农业农村局		
912	DB11/T 1085—2014	有机食品　梨生产技术规程	北京市园林绿化局	2019 年复审需修订	拟修订为“梨标准化生产技术规范”

续表

序号	标准号	标准名称	行业主管部门	复审情况	备注
913	DB11/T 1087—2014	公共建筑装饰工程质量验收标准	北京市住房和城乡建设委员会		
914	DB11/T 1088—2014	生态清洁小流域施工质量评定规范	北京市水务局		
915	DB11/T 1089—2014	林业碳汇项目审定与核证技术规范	北京市园林绿化局	2018 年复审	
916	DB11/T 1090—2014	观赏灌木修剪规范	北京市园林绿化局		
917	DB11/T 1091—2014	设施茄果类蔬菜熊蜂授粉技术规程	北京市园林绿化局		
918	DB11/T 1092—2014	紫薇繁殖与栽培养护技术规程	北京市园林绿化局		
919	DB11/T 1093—2014	液化天然气汽车箱式橇装加注装置安全技术要求	北京市市场监督管理局	2018 年复审 2019 年复审调整为推荐性标准	
920	DB11/T 1094—2014	农贸市场公平秤设置与管理规范	北京市市场监督管理局		
921	DB11/T 1095—2014	旅行社服务网点服务要求	北京市文化和旅游局	2015 年复审	
922	DB11/T 1096—2014	白酒单位产品能源消耗限额	北京市经济和信息化局	2016 年强标整合精简转化	
923	DB11/T 1097—2014	矮丛苔草栽培技术规程	北京市园林绿化局		
924	DB11/T 1098—2014	种植业生态农业园区评价规范	北京市农业农村局		
925	DB11/T 1099—2014	林业生态工程生态效益评价技术规程	北京市园林绿化局		
926	DB11/T 1100—2014	城市附属绿地设计规范	北京市园林绿化局		
927	DB11/T 1101—2014	商品肉鸡养殖场(小区)疫病防治技术规范	北京市农业农村局		
928	DB11/T 1102—2014	城市轨道交通工程规划核验测量规程	北京市规划和自然资源委员会		

续表

序号	标准号	标准名称	行业主管部门	复审情况	备注
929	DB11/T 1103—2014	泡沫玻璃板建筑保温工程施工技术规程	北京市住房和城乡建设委员会	2019 年复审	
930	DB11/T 1104—2014	地面辐射供暖工程防水施工和验收规程	北京市住房和城乡建设委员会		
931	DB11/T 1105—2014	建筑外遮阳工程施工及验收规程	北京市住房和城乡建设委员会	2019 年复审	
932	DB11/T 1106—2014	建筑墙体砌块结构自保温施工和验收规程	北京市住房和城乡建设委员会	2019 年复审	
933	DB11/T 1107—2014	生活垃圾焚烧厂运行管理规范	北京市城市管理委员会		
934	DB11/T 1108—2014	地类认定规范	北京市规划和自然资源委员会		
935	DB11/T 1109—2014	公共自行车智能化服务系统技术要求	北京市交通委员会		
936	DB11/T 1110—2014	轻型货运车辆能源消耗限额	北京市交通委员会	2018 年复审	
937	DB11/T 1112—2014	高速公路边坡绿化设计、施工及养护技术规范	北京市园林绿化局		
938	DB11/T 1113—2014	古树名木健康快速诊断技术规程	北京市园林绿化局		
939	DB11/ 1115—2014	城市建设工程地下水控制技术规范	北京市规划和自然资源委员会	2016 年强标整合精简继续有效	
940	DB11/ 1116—2014	城市道路空间规划设计规范	北京市规划和自然资源委员会	2016 年强标整合精简继续有效	
941	DB11/T 1117—2014	玻璃棉板外墙外保温施工技术规程	北京市住房和城乡建设委员会	2019 年复审	
942	DB11/T 1118—2014	城镇污水处理能源消耗限额	北京市水务局	2018 年复审	
943	DB11/T 1119—2014	餐厨垃圾生化处理能源消耗限额	北京市城市管理委员会	2018 年复审需修订	

续表

序号	标准号	标准名称	行业主管部门	复审情况	备注
944	DB11/T 1120—2014	生活垃圾生化处理能源消耗限额	北京市城市管理委员会	2018 年复审	
945	DB11/T 1121—2014	养老机构社会工作服务规范	北京市民政局	2019 年复审	
946	DB11/T 1122—2014	养老机构老年人健康档案技术规范	北京市民政局	正在修订	
947	DB11/T 1123—2014	公共职业介绍服务规范	北京市人力资源和社会保障局		
948	DB11/T 1124—2014	公共职业指导服务规范	北京市人力资源和社会保障局		
949	DB11/T 1125—2014	实验动物　笼器具	北京市科学技术委员会	2018 年复审	
950	DB11/T 1126—2014	实验动物　垫料	北京市科学技术委员会	2018 年复审	
951	DB11/T 1127—2014	万寿菊生产技术规程	北京市园林绿化局		
952	DB11/T 1128—2014	竹子栽培养护技术规程	北京市园林绿化局		
953	DB11/T 1129—2014	生物防治产品应用技术规程　杨扇舟蛾颗粒体病毒	北京市园林绿化局		
954	DB11/T 1130—2014	公共建筑空调制冷系统节能运行管理技术规程	北京市住房和城乡建设委员会	2019 年复审	
955	DB11/T 1131—2014	公共建筑设备运行节能监控技术规程	北京市住房和城乡建设委员会	2019 年复审	
956	DB11/T 1132—2014	建设工程施工现场生活区设置和管理规范	北京市住房和城乡建设委员会		
957	DB11/T 1133—2014	人工砂应用技术规程	北京市住房和城乡建设委员会		
958	DB11/ 1134—2014	高压电力用户安全用电规范	北京市城市管理委员会	2016 年强标整合精简继续有效	
959	DB11/ 1135—2014	供热管线有限空间高温高湿作业安全技术规程	北京市城市管理委员会	2016 年强标整合精简继续有效	

续表

序号	标准号	标准名称	行业主管部门	复审情况	备注
960	DB11/T 1136—2014	城镇燃气管道翻转内衬法施工及验收规程	北京市城市管理委员会		
961	DB11/T 1137—2014	清洁生产评价指标体系　印刷业	北京市经济和信息化局		
962	DB11/T 1138—2014	清洁生产评价指标体系　家具制造业	北京市经济和信息化局		
963	DB11/T 1139—2019	数据中心能源效率限额	北京市经济和信息化局		
964	DB11/T 1140—2014	儿童福利机构常见病患儿养护技术规范	北京市民政局	2019 年复审	
965	DB11/T 1141—2014	儿童福利机构儿童意外伤害防范技术规范	北京市民政局	2019 年复审	
966	DB11/T 1142—2014	文物建筑雷电防护技术规范　开放段长城	北京市气象局	2019 年复审	
967	DB11/T 1143—2014	园林铺地分项工程施工工艺规程	北京市园林绿化局		
968	DB11/T 1144—2014	盆栽春石斛兰栽培技术规程	北京市园林绿化局		
969	DB11/T 1145—2014	花卉产品等级　红掌	北京市园林绿化局		
970	DB11/T 1146—2014	花卉产品等级　盆栽菊花	北京市园林绿化局		
971	DB11/T 1148—2015	预拌混凝土单位产品能源消耗限额	北京市经济和信息化局	2016 年强标整合精简转化	
972	DB11/T 1149—2015	沥青混凝土单位产品能源消耗限额	北京市经济和信息化局	2016 年强标整合精简转化	
973	DB11/T 1150—2019	供暖系统运行能源消耗限额	北京市城市管理委员会、北京市经济和信息化局		
974	DB11/T 1151—2015	合成洗涤剂单位产品能源消耗限额	北京市经济和信息化局	2019 年复审	

续表

序号	标准号	标准名称	行业主管部门	复审情况	备注
975	DB11/T 1153—2015	原煤单位产品能源消耗限额	北京市经济和信息化局	2019 年复审	
976	DB11/T 1154—2015	葡萄酒单位产品能源消耗限额	北京市经济和信息化局	2019 年复审需修订	
977	DB11/T 1155—2015	移动通信基站能效分级	北京市经济和信息化局	2019 年复审	
978	DB11/T 1156—2015	工业清洁生产审核技术通则	北京市经济和信息化局		
979	DB11/T 1157—2015	清洁生产评价指标体系 石油炼制业	北京市经济和信息化局		
980	DB11/T 1158—2015	软件和信息服务企业节能评价规范	北京市经济和信息化局	2019 年复审	
981	DB11/T 1159—2015	商场、超市能源消耗限额	北京市商务局	2018 年复审	
982	DB11/T 1160—2015	商场、超市合理用能指南	北京市商务局	2018 年复审	
983	DB11/T 1161—2015	电梯节能监测	北京市市场监督管理局	2019 年复审	
984	DB11/T 1162.1—2015	公共交通安全防范技术要求 第 1 部分:公共汽电车安全防范系统	北京市公安局		
985	DB11/T 1162.2—2015	公共交通安全防范技术要求 第 2 部分:公交场站安全防范系统	北京市公安局		
986	DB11/T 1163—2015	公交专用车道设置规范	北京市交通委员会		
987	DB11/T 1164.1—2015	轨道交通联网收费系统技术要求 第 1 部分:系统结构及功能	北京市交通委员会	正在修订	
988	DB11/T 1164.2—2015	轨道交通联网收费系统技术要求 第 2 部分:接口数据格式	北京市交通委员会	正在修订	
989	DB11/T 1164.3—2015	轨道交通联网收费系统技术要求 第 3 部分:数据传输	北京市交通委员会	正在修订	

续表

序号	标准号	标准名称	行业主管部门	复审情况	备注
990	DB11/T 1164.4—2015	轨道交通联网收费系统技术要求　第4部分:操作界面	北京市交通委员会		
991	DB11/T 1164.5—2015	轨道交通联网收费系统技术要求　第5部分:车票处理单元	北京市交通委员会		
992	DB11/T 1164.6—2015	轨道交通联网收费系统技术要求　第6部分:票卡	北京市交通委员会		
993	DB11/T 1164.7—2017	轨道交通联网收费系统技术要求　第7部分:终端设备	北京市交通委员会		
994	DB11/T 1164.8—2017	轨道交通联网收费系统技术要求　第8部分:检测	北京市交通委员会		
995	DB11/T 1164.9—2017	轨道交通联网收费系统技术要求　第9部分:技术指标体系	北京市交通委员会		
996	DB11/T 1165.1—2015	收费公路联网收费系统　第1部分:系统构成及硬件技术要求	北京市交通委员会		
997	DB11/T 1165.2—2015	收费公路联网收费系统　第2部分:基础数据元和编码规则	北京市交通委员会		
998	DB11/T 1165.3—2017	收费公路联网收费系统　第3部分:收费系统介质技术要求与数据格式	北京市交通委员会		
999	DB11/T 1165.4—2017	收费公路联网收费系统　第4部分:拆分与结算	北京市交通委员会		
1000	DB11/T 1165.5—2019	收费公路联网收费系统　第5部分:清分结算规则	北京市交通委员会		
1001	DB11/T 1165.6—2019	收费公路联网收费系统　第6部分:数据通信接口	北京市交通委员会		

续表

序号	标准号	标准名称	行业主管部门	复审情况	备注
1002	DB11/T 1165.7—2019	收费公路联网收费系统 第7部分:数据库设计	北京市交通委员会		
1003	DB11/T 1165.8—2019	收费公路联网收费系统 第8部分:信息安全	北京市交通委员会		
1004	DB11/T 1165.9—2019	收费公路联网收费系统 第9部分:应用软件技术要求	北京市交通委员会		
1005	DB11/T 1166—2015	城市轨道交通运营安全管理规范	北京市交通委员会		
1006	DB11/T 1167—2015	城市轨道交通设施结构检测技术规程	北京市交通委员会		
1007	DB11/T 1168—2015	城市轨道交通桥梁支座更换技术规程	北京市交通委员会		
1008	DB11/T 1169—2015	岩沥青改性沥青路面施工技术规范	北京市交通委员会		
1009	DB11/T 1170—2015	公路沿线非公路标志设置规范	北京市交通委员会		
1010	DB11/T 1171—2015	粮食仓库仓储管理规范	北京市粮食和物资储备局		
1011	DB11/T 1172—2015	河流、流域名称代码	北京市水务局		
1012	DB11/T 1173—2015	山区河流水文地貌评价导则	北京市水务局		
1013	DB11/T 1174—2015	山区河流生态监测技术导则	北京市水务局		
1014	DB11/T 1175—2015	园林绿地工程建设规范	北京市园林绿化局		
1015	DB11/T 1176—2015	花卉产品等级 月季	北京市园林绿化局		
1016	DB11/T 1177—2015	盆栽观赏蕨栽培技术规程	北京市园林绿化局		
1017	DB11/T 1178—2015	地铁车辆段、停车场区域建设敏感建筑物项目环境噪声与振动控制规范	北京市生态环境局	2018年复审	
1018	DB11/T 1179—2015	社会服务一卡通(北京通)卡片技术规范	北京市经济和信息化局		

续表

序号	标准号	标准名称	行业主管部门	复审情况	备注
1019	DB11/T 1180—2015	清洁生产评价指标体系 汽车整车制造业	北京市经济和信息化局		
1020	DB11/T 1181—2015	卫生陶瓷单位产品能源消耗限额	北京市经济和信息化局	2019 年复审需修订	
1021	DB11/T 1182—2015	专利代理机构等级评定规范	北京市知识产权局		
1022	DB11/T 1183—2015	牌匾标识设置规范	北京市城市管理委员会		
1023	DB11/T 1184—2015	城市绿地土壤施肥技术规程	北京市园林绿化局		
1024	DB11/T 1185—2015	彩色马蹄莲设施栽培技术规程	北京市园林绿化局		
1025	DB11/T 1186—2015	枣疯病综合防治技术规程	北京市园林绿化局		
1026	DB11/T 1187—2015	自然保护区珍稀濒危树种监测技术规程	北京市园林绿化局		
1027	DB11/T 1188—2015	农业标准化基地等级划分与评定	北京市农业农村局		
1028	DB11/T 1189—2015	地理标志产品　张家湾葡萄(张湾葡萄)	北京市知识产权局	2018 年复审	
1029	DB11/T 1190.1—2015	古建筑结构安全性鉴定技术规范　第 1 部分:木结构	北京市文物局		
1030	DB11/T 1190.2—2018	古建筑结构安全性鉴定技术规范　第 2 部分:石质构件	北京市文物局		
1031	DB11/T 1191.1—2018	实验室危险化学品安全管理规范　第 1 部分:工业企业	北京市应急管理局		
1032	DB11/T 1191.2—2018	实验室危险化学品安全管理规范　第 2 部分:普通高等学校	北京市应急管理局		
1033	DB11/T 1192—2015	工作场所防暑降温技术规范	北京市应急管理局		
1034	DB11/T 1193—2015	用人单位职业病危害现状评价导则	北京市应急管理局		

续表

序号	标准号	标准名称	行业主管部门	复审情况	备注
1035	DB11/T 1194—2015	高处悬吊作业企业安全生产管理规范	北京市应急管理局		
1036	DB11/ 1195—2015	固定污染源监测点位设置技术规范	北京市生态环境局	2018 年复审	
1037	DB11/T 1196—2015	公共租赁住房内装设计模数协调标准	北京市规划和自然资源委员会		
1038	DB11/T 1197—2015	住宅全装修设计标准	北京市规划和自然资源委员会		
1039	DB11/T 1198—2015	公共建筑节能评价标准	北京市住房和城乡建设委员会	2019 年复审	
1040	DB11/T 1199—2015	农村既有单层住宅建筑综合改造技术规程	北京市住房和城乡建设委员会	2019 年复审	
1041	DB11/T 1200—2015	超长大体积混凝土结构跳仓法技术规程	北京市住房和城乡建设委员会		
1042	DB11/ 1201—2015	印刷业挥发性有机物排放标准	北京市生态环境局	2018 年复审	
1043	DB11/ 1202—2015	木质家具制造业大气污染物排放标准	北京市生态环境局	2018 年复审	
1044	DB11/ 1203—2015	火葬场大气污染物排放标准	北京市生态环境局	2018 年复审	
1045	DB11/T 1204—2015	城市道路路面尘土残存量检测方法	北京市城市管理委员会		
1046	DB11/T 1205—2015	工业用能单位能源审计报告编制与审核技术规范	北京市发展和改革委员会	2019 年复审	将规范性引用文件中的“GB/T 13234《企业节能量计算方法》”更新为“GB/T 13234《用能单位节能量计算方法》”

续表

序号	标准号	标准名称	行业主管部门	复审情况	备注
1047	DB11/T 1206—2015	非工业用能单位能源审计报告编制与审核技术规范	北京市发展和改革委员会	2019 年复审	将规范性引用文件中的“GB/T 13234《企业节能量计算方法》”更新为“GB/T 13234《用能单位节能量计算方法》
1048	DB11/T 1207—2015	交通运输业用能单位能源审计报告编制及审核技术规范	北京市发展和改革委员会	2019 年复审	将规范性引用文件中的：(1)“GB/T 13234《企业节能量计算方法》”更新为“GB/T 13234《用能单位节能量计算方法》”；(2)标准规范性引用文件中引用的“GB/T 13317《铁路旅客运输组织术语》”更新为“GB/T 13317《铁路旅客运输词汇》”
1049	DB11/T 1208—2015	固定资产投资项目节能监察技术核查报告编制规范	北京市发展和改革委员会	2019 年复审需修订	
1050	DB11/T 1209—2015	固定资产投资项目节能评估后评价技术规范	北京市发展和改革委员会	2019 年复审	
1051	DB11/T 1210—2015	工业照明设备运行节能监测	北京市发展和改革委员会	2019 年复审	

续表

序号	标准号	标准名称	行业主管部门	复审情况	备注
1052	DB11/T 1211—2015	中央空调系统运行节能监测	北京市发展和改革委员会	2019 年复审	
1053	DB11/T 1212—2015	板式换热器运行节能监测	北京市发展和改革委员会	2019 年复审需修订	
1054	DB11/T 1213—2015	自来水单位产量能源消耗限额	北京市水务局	2019 年复审	
1055	DB11/T 1214—2015	平原地区造林项目碳汇核算技术规程	北京市园林绿化局		
1056	DB11/T 1215—2015	经济型酒店设施与服务规范	北京市文化和旅游局		
1057	DB11/T 1216—2015	旅游饭店温泉设施与服务规范	北京市文化和旅游局		
1058	DB11/T 1217—2015	养老机构老年人生活照料操作规范	北京市民政局	2019 年复审需修订	
1059	DB11/T 1218—2019	体育场所安全运营管理规范　游泳场所	北京市体育局		
1060	DB11/T 1219—2015	文物艺术品元数据规范	北京市文物局		
1061	DB11/T 1219. 2—2019	文物艺术品数据元规范　第 2 部分:书画	北京市文物局		
1062	DB11/T 1220—2015	西伯利亚鲟全人工繁殖技术规范	北京市农业农村局		
1063	DB11/T 1221—2015	哲罗鲑苗种培育与养殖技术规范	北京市农业农村局		
1064	DB11/ 1222—2015	居住区无障碍设计规程	北京市规划和自然资源委员会	2016 年强标整合精简继续有效	
1065	DB11/T 1223—2015	大型公共建筑用电分项监测技术规程	北京市住房和城乡建设委员会	2019 年复审	
1066	DB11/ 1224—2015	高尔夫球场取水定额	北京市水务局	2016 年强标整合精简继续有效	

续表

序号	标准号	标准名称	行业主管部门	复审情况	备注
1067	DB11/ 1225—2015	滑雪场取水定额	北京市水务局	2016 年强标整合精简继续有效	
1068	DB11/ 1226—2015	工业涂装工序大气污染物排放标准	北京市生态环境局	2018 年复审	
1069	DB11/ 1227—2015	汽车整车制造业(涂装工序)大气污染物排放标准	北京市生态环境局	2018 年复审	
1070	DB11/ 1228—2015	汽车维修业大气污染物排放标准	北京市生态环境局	2018 年复审	
1071	DB11/T 1229—2015	加油加气站非油品设施安全设置管理要求	北京市应急管理局		
1072	DB11/T 1230—2015	射击场设置与安全要求	北京市公安局		
1073	DB11/T 1231—2015	燃气工业锅炉节能监测	北京市发展和改革委员会	2019 年复审	
1074	DB11/T 1232—2015	电力需求侧管理项目节约电力负荷计算通则	北京市城市管理委员会	2019 年复审	
1075	DB11/T 1233—2015	供暖节能气象等级	北京市气象局	2018 年复审	
1076	DB11/T 1234—2015	生活垃圾焚烧处理能源消耗限额	北京市城市管理委员会	2019 年复审需修订	
1077	DB11/T 1235—2015	城市交通综合调查技术规程	北京市交通委员会		
1078	DB11/T 1236—2015	轨道交通接驳设施设计技术指南	北京市交通委员会		
1079	DB11/T 1237—2015	污水源热泵系统设计规范	北京市水务局		
1080	DB11/T 1238—2015	健康体检体征数据元规范	北京市卫生健康委员会		
1081	DB11/T 1239—2015	药品信息代码规范	北京市卫生健康委员会		
1082	DB11/T 1240—2015	医学实验室质量与技术要求	北京市卫生健康委员会		
1083	DB11/T 1241—2015	家具标识标注通则	北京市市场监督管理局	2018 年复审	

续表

序号	标准号	标准名称	行业主管部门	复审情况	备注
1084	DB11/T 1242—2015	“北京礼物”旅游商品店设施与服务要求及评定	北京市文化和旅游局		
1085	DB11/T 1243—2015	观赏海棠繁育与栽培技术规范	北京市园林绿化局		
1086	DB11/T 1244—2015	国槐育苗技术规程	北京市园林绿化局		
1087	DB11/ 1245—2015	建筑防火涂料(板)工程设计、施工与验收规程	北京市规划和自然资源委员会	2016年强标整合精简继续有效	
1088	DB11/T 1246—2015	城市地下联系隧道防火设计规范	北京市规划和自然资源委员会		
1089	DB11/T 1247—2015	公共建筑电气设备节能运行管理技术规程	北京市住房和城乡建设委员会	2019年复审	
1090	DB11/T 1248—2015	公共建筑给水排水系统节能运行管理技术规程	北京市住房和城乡建设委员会	2019年复审	
1091	DB11/T 1249—2015	居住建筑节能评价技术规范	北京市住房和城乡建设委员会	2019年复审	
1092	DB11/T 1250—2015	危险化学品经营企业分装作业安全管理规范	北京市应急管理局		
1093	DB11/T 1251—2015	金属非金属矿山建设生产安全规范	北京市应急管理局		
1094	DB11/T 1252—2015	尾矿库建设生产安全规范	北京市应急管理局		
1095	DB11/T 1253—2015	地埋管地源热泵系统工程技术规范	北京市发展和改革委员会		
1096	DB11/T 1254—2015	再生水热泵系统工程技术规范	北京市发展和改革委员会		
1097	DB11/T 1255—2015	工业用能单位能源管控中心建设指南	北京市发展和改革委员会	2019年复审	将规范性引用文件中的“GB/T 13234《企业节能量计算方法》”更新为“GB/T 13234《用能单位节能量计算方法》”

续表

序号	标准号	标准名称	行业主管部门	复审情况	备注
1098	DB11/T 1256—2015	非工业用能单位能源管控中心建设指南	北京市发展和改革委员会	2019 年复审	将规范性引用文件中的“GB/T 13234《企业节能量计算方法》”更新为“GB/T 13234《用能单位节能量计算方法》”
1099	DB11/T 1257—2015	清洁生产评价指标体系 商务楼宇	北京市发展和改革委员会		
1100	DB11/T 1258—2015	清洁生产评价指标体系 洗衣业	北京市发展和改革委员会		
1101	DB11/T 1259—2015	清洁生产评价指标体系 医疗机构	北京市发展和改革委员会		
1102	DB11/T 1260—2015	清洁生产评价指标体系 住宿餐饮业	北京市发展和改革委员会		
1103	DB11/T 1261—2015	清洁生产评价指标体系 沐浴业	北京市发展和改革委员会		
1104	DB11/T 1262—2015	清洁生产评价指标体系 环境及公共设施管理业	北京市发展和改革委员会		
1105	DB11/T 1263—2015	清洁生产评价指标体系 交通运输业	北京市发展和改革委员会		
1106	DB11/T 1264—2015	清洁生产评价指标体系 高等院校	北京市发展和改革委员会		
1107	DB11/T 1265—2015	清洁生产评价指标体系 汽车维修及拆解业	北京市发展和改革委员会		
1108	DB11/T 1266—2015	清洁生产评价指标体系 商业零售业	北京市发展和改革委员会		
1109	DB11/T 1267—2015	高等学校能源消耗限额	北京市教育委员会	正在修订	
1110	DB11/T 1268—2015	文化场馆能源消耗限额	北京市文化和旅游局	2019 年复审需修订	

续表

序号	标准号	标准名称	行业主管部门	复审情况	备注
1111	DB11/T 1269—2015	营运客车能源计量器具功能及数据采集规范	北京市交通委员会		
1112	DB11/T 1270—2015	出租汽车合理用能指南	北京市交通委员会		
1113	DB11/T 1271—2015	城市道路大修工程质量检验规范	北京市交通委员会		
1114	DB11/T 1272—2015	实时公交信息服务系统数据交换及信息质量要求	北京市交通委员会		
1115	DB11/T 1273—2015	LED 交通诱导显示屏技术要求	北京市公安局		
1116	DB11/T 1274—2015	LED 广告屏应用技术规范	北京市城市管理委员会		
1117	DB11/T 1275—2015	燃具连接用软管应用技术规程	北京市城市管理委员会	2018 年复审需修订	
1118	DB11/T 1276—2015	地下工程建设中城镇排水设施保护技术规程	北京市水务局		
1119	DB11/T 1277—2015	排水管道功能等级评定	北京市水务局		
1120	DB11/T 1278—2015	污染场地挥发性有机物调查与风险评估技术导则	北京市生态环境局	2018 年复审	
1121	DB11/T 1279—2015	污染场地修复工程环境监理技术导则	北京市生态环境局	2018 年复审	
1122	DB11/T 1280—2015	污染场地修复技术方案编制导则	北京市生态环境局	2018 年复审	
1123	DB11/T 1281—2015	污染场地修复后土壤再利用环境评估导则	北京市生态环境局	2018 年复审	
1124	DB11/T 1282—2015	数据中心节能设计规范	北京市经济和信息化局	2019 年复审需修订	
1125	DB11/T 1283—2015	高分子防水卷材单位产品能源消耗限额	北京市经济和信息化局	2019 年复审需修订	
1126	DB11/T 1284—2015	葡萄酒生产管理数据元规范	北京市经济和信息化局		
1127	DB11/T 1285—2015	物联网感知设备通用信息安全技术要求	北京市经济和信息化局		

续表

序号	标准号	标准名称	行业主管部门	复审情况	备注
1128	DB11/T 1286—2015	城市安全运行和应急管理物联基础信息及编码规范	北京市经济和信息化局		
1129	DB11/T 1287—2015	城市安全运行和应急管理物联信息接入规范	北京市经济和信息化局		
1130	DB11/T 1288—2015	电子政务信息安全监控数据规范	北京市经济和信息化局		
1131	DB11/T 1289—2015	信息技术 灾难恢复系统成本效益评估规范	北京市经济和信息化局		
1132	DB11/T 1290—2015	居民健康档案基本数据集	北京市卫生健康委员会		
1133	DB11/T 1291—2015	卫生应急一次性防护用品使用规范	北京市卫生健康委员会		
1134	DB11/T 1292—2015	公共卫生应急队伍组建通则	北京市卫生健康委员会		
1135	DB11/T 1293.1—2015	卫生应急最小工作单元装备技术要求 第 1 部分：通则	北京市卫生健康委员会		
1136	DB11/T 1293.2—2015	卫生应急最小工作单元装备技术要求 第 2 部分：传染病暴发处置类	北京市卫生健康委员会		
1137	DB11/T 1293.3—2015	卫生应急最小工作单元装备技术要求 第 3 部分：化学中毒处置类	北京市卫生健康委员会		
1138	DB11/T 1293.4—2015	卫生应急最小工作单元装备技术要求 第 4 部分：核与辐射事故处置类	北京市卫生健康委员会		
1139	DB11/T 1294—2015	汽车旅游营地等级划分与评定	北京市文化和旅游局		
1140	DB11/T 1295—2015	宾馆、饭店合理用能指南	北京市文化和旅游局	2019 年复审需修订	
1141	DB11/T 1296—2015	体育场馆能源消耗限额	北京市体育局	正在修订	

续表

序号	标准号	标准名称	行业主管部门	复审情况	备注
1142	DB11/T 1297—2015	绿地节水技术规范	北京市园林绿化局		
1143	DB11/T 1298—2015	公园数据元规范	北京市园林绿化局		
1144	DB11/T 1299—2015	柳蜷叶蜂监测与防治技术规程	北京市园林绿化局		
1145	DB11/T 1300—2015	湿地恢复与建设技术规程	北京市园林绿化局		
1146	DB11/T 1301—2015	湿地监测技术规程	北京市园林绿化局		
1147	DB11/T 1302—2018	芒属和荻属植物栽培技术规程	北京市园林绿化局		
1148	DB11/T 1303—2015	花卉产品等级　马蹄莲	北京市园林绿化局		
1149	DB11/T 1304—2015	森林文化基地建设导则	北京市园林绿化局		
1150	DB11/T 1305—2015	大白菜机械通风贮藏技术规程	北京市农业农村局		
1151	DB11/T 1306—2015	观赏鱼养殖技术规范　地图鱼	北京市农业农村局		
1152	DB11/T 1307—2015	菌糠育苗基质制作生产技术规程	北京市农业农村局		
1153	DB11/T 1308—2015	农作物气象灾害等级　冬小麦	北京市气象局	2018 年复审	
1154	DB11/ 1309—2015	社区养老服务设施设计标准	北京市规划和自然资源委员会	2016 年强标整合精简继续有效	
1155	DB11/ 1310—2015	装配式框架及框架—剪力墙结构设计规程	北京市规划和自然资源委员会	2016 年强标整合精简继续有效	
1156	DB11/T 1311—2015	污染场地勘察规范	北京市规划和自然资源委员会		
1157	DB11/T 1312—2015	预制混凝土构件质量控制标准	北京市住房和城乡建设委员会		
1158	DB11/T 1313—2015	薄抹灰外墙外保温用聚合物水泥砂浆应用技术规程	北京市住房和城乡建设委员会	2019 年复审	
1159	DB11/T 1314—2015	混凝土外加剂应用技术规程	北京市住房和城乡建设委员会		

续表

序号	标准号	标准名称	行业主管部门	复审情况	备注
1160	DB11/T 1315—2015	绿色建筑工程验收规范	北京市住房和城乡建设委员会	正在修订	
1161	DB11/ 1316—2016	城市轨道交通工程建设安全风险技术管理规范	北京市住房和城乡建设委员会		
1162	DB11/T 1317—2016	地铁人民防空工程维护管理技术规程	北京市人民防空办公室	2019 年复审调整为推荐性标准	
1163	DB11/T 1319—2016	排污单位自行监测实验室建设及运行管理技术规范	北京市生态环境局	2018 年复审	
1164	DB11/T 1320—2016	危险场所电气防爆安全检测技术规范	北京市应急管理局		
1165	DB11/T 1321—2016	境外人员基础信息通用数据规范	北京市公安局		
1166	DB11/T 1322.1—2017	安全生产等级评定技术规范　第 1 部分:总则	北京市应急管理局		
1167	DB11/T 1322.2—2017	安全生产等级评定技术规范　第 2 部分:安全生产通用要求	北京市应急管理局		
1168	DB11/T 1322.3—2017	安全生产等级评定技术规范　第 3 部分:加油站	北京市应急管理局		
1169	DB11/T 1322.4—2017	安全生产等级评定技术规范　第 4 部分:石油库	北京市应急管理局		
1170	DB11/T 1322.5—2017	安全生产等级评定技术规范　第 5 部分:危险化学品经营企业	北京市应急管理局		
1171	DB11/T 1322.6—2017	安全生产等级评定技术规范　第 6 部分:食品制造企业	北京市应急管理局		
1172	DB11/T 1322.7—2017	安全生产等级评定技术规范　第 7 部分:饮料制造企业	北京市应急管理局		

续表

序号	标准号	标准名称	行业主管部门	复审情况	备注
1173	DB11/T 1322.8—2017	安全生产等级评定技术规范　第 8 部分:纺织企业	北京市应急管理局		
1174	DB11/T 1322.9—2017	安全生产等级评定技术规范　第 9 部分:服装制造加工企业	北京市应急管理局		
1175	DB11/T 1322.10—2017	安全生产等级评定技术规范　第 10 部分:木材加工企业	北京市应急管理局		
1176	DB11/T 1322.11—2017	安全生产等级评定技术规范　第 11 部分:家具制造企业	北京市应急管理局		
1177	DB11/T 1322.12—2017	安全生产等级评定技术规范　第 12 部分:纸制品制造企业	北京市应急管理局		
1178	DB11/T 1322.13—2017	安全生产等级评定技术规范　第 13 部分:机械制造企业	北京市应急管理局		
1179	DB11/T 1322.14—2017	安全生产等级评定技术规范　第 14 部分:汽车制造企业	北京市应急管理局		
1180	DB11/T 1322.15—2017	安全生产等级评定技术规范　第 15 部分:仓储企业	北京市应急管理局		
1181	DB11/T 1322.16—2017	安全生产等级评定技术规范　第 16 部分:印刷企业	北京市应急管理局		
1182	DB11/T 1322.17—2018	安全生产等级评定技术规范　第 17 部分:机动车维修企业	北京市交通委员会		
1183	DB11/T 1322.18—2016	安全生产等级评定技术规范　第 18 部分:燃气供应企业	北京市城市管理委员会		
1184	DB11/T 1322.19—2017	安全生产等级评定技术规范　第 19 部分:环卫从业单位	北京市城市管理委员会		

续表

序号	标准号	标准名称	行业主管部门	复审情况	备注
1185	DB11/T 1322.20—2017	安全生产等级评定技术规范　第20部分:科研单位	北京市应急管理局		
1186	DB11/T 1322.21—2017	安全生产等级评定技术规范　第21部分:烟草制品企业	北京市应急管理局		
1187	DB11/T 1322.22—2017	安全生产等级评定技术规范　第22部分:日化产品制造企业	北京市应急管理局		
1188	DB11/T 1322.23—2017	安全生产等级评定技术规范　第23部分:建材企业	北京市应急管理局		
1189	DB11/T 1322.24—2017	安全生产等级评定技术规范　第24部分:冶金企业	北京市应急管理局		
1190	DB11/T 1322.25—2017	安全生产等级评定技术规范　第25部分:有色企业	北京市应急管理局		
1191	DB11/T 1322.26—2019	安全生产等级评定技术规范　第26部分:酒类制造企业	北京市应急管理局		
1192	DB11/T 1322.27—2018	安全生产等级评定技术规范　第27部分:煤矿	北京市应急管理局		
1193	DB11/T 1322.28—2018	安全生产等级评定技术规范　第28部分:金属非金属矿山(露天)	北京市应急管理局		
1194	DB11/T 1322.29—2018	安全生产等级评定技术规范　第29部分:金属非金属矿山(地下)	北京市应急管理局		
1195	DB11/T 1322.30—2018	安全生产等级评定技术规范　第30部分:尾矿库	北京市应急管理局		
1196	DB11/T 1322.31—2019	安全生产等级评定技术规范　第31部分:瓶装工业气体经营企业	北京市应急管理局		
1197	DB11/T 1322.32—2019	安全生产等级评定技术规范　第32部分:烟花爆竹经营(批发)企业	北京市应急管理局		

续表

序号	标准号	标准名称	行业主管部门	复审情况	备注
1198	DB11/T 1322.33—2018	安全生产等级评定技术规范　第 33 部分:危险化学品生产企业	北京市应急管理局		
1199	DB11/T 1322.34—2019	安全生产等级评定技术规范　第 34 部分:小规模单位	北京市应急管理局		
1200	DB11/T 1322.35—2018	安全生产等级评定技术规范　第 35 部分:医药制造企业	北京市应急管理局		
1201	DB11/T 1322.36—2017	安全生产等级评定技术规范　第 36 部分:公共汽电车客运企业	北京市交通委员会		
1202	DB11/T 1322.37—2018	安全生产等级评定技术规范　第 37 部分:旅游客运企业	北京市交通委员会		
1203	DB11/T 1322.38—2017	安全生产等级评定技术规范　第 38 部分:省际客运企业	北京市交通委员会		
1204	DB11/T 1322.39—2018	安全生产等级评定技术规范　第 39 部分:出租汽车客运企业	北京市交通委员会		
1205	DB11/T 1322.40—2018	安全生产等级评定技术规范　第 40 部分:道路货物运输企业	北京市交通委员会		
1206	DB11/T 1322.41—2017	安全生产等级评定技术规范　第 41 部分:汽车客运站	北京市交通委员会		
1207	DB11/T 1322.42—2017	安全生产等级评定技术规范　第 42 部分:水域游船单位	北京市交通委员会		
1208	DB11/T 1322.43—2017	安全生产等级评定技术规范　第 43 部分:汽车租赁企业	北京市交通委员会		

续表

序号	标准号	标准名称	行业主管部门	复审情况	备注
1209	DB11/T 1322.44—2018	安全生产等级评定技术规范　第44部分:供热单位	北京市城市管理委员会		
1210	DB11/T 1322.45—2018	安全生产等级评定技术规范　第45部分:城市照明设施施工维护单位	北京市城市管理委员会		
1211	DB11/T 1322.46—2018	安全生产等级评定技术规范　第46部分:户外广告设施设置和运行维护单位	北京市城市管理委员会		
1212	DB11/T 1322.47—2018	安全生产等级评定技术规范　第47部分:生物质气化站	北京市农业农村局		
1213	DB11/T 1322.48—2018	安全生产等级评定技术规范　第48部分:沼气站	北京市农业农村局		
1214	DB11/T 1322.49—2018	安全生产等级评定技术规范　第49部分:星级饭店	北京市文化和旅游局		
1215	DB11/T 1322.50—2018	安全生产等级评定技术规范　第50部分:A级旅游景区	北京市文化和旅游局		
1216	DB11/T 1322.51—2018	安全生产等级评定技术规范　第51部分:旅行社	北京市文化和旅游局		
1217	DB11/T 1322.52—2018	安全生产等级评定技术规范　第52部分:游泳场所	北京市体育局		
1218	DB11/T 1322.53—2018	安全生产等级评定技术规范　第53部分:滑雪场所	北京市体育局		
1219	DB11/T 1322.54—2018	安全生产等级评定技术规范　第54部分:潜水场所	北京市体育局		
1220	DB11/T 1322.55—2018	安全生产等级评定技术规范　第55部分:攀岩场所	北京市体育局		
1221	DB11/T 1322.56—2018	安全生产等级评定技术规范　第56部分:医疗卫生机构	北京市卫生健康委员会		

续表

序号	标准号	标准名称	行业主管部门	复审情况	备注
1222	DB11/T 1322.57—2019	安全生产等级评定技术规范　第 57 部分:电子通信制造企业	北京市应急管理局		
1223	DB11/T 1322.58—2018	安全生产等级评定技术规范　第 58 部分:社会旅馆	北京市文化和旅游局		
1224	DB11/T 1322.59—2018	安全生产等级评定技术规范　第 59 部分:乡村旅游经营单位	北京市文化和旅游局		
1225	DB11/T 1322.60—2018	安全生产等级评定技术规范　第 60 部分:交通基础设施养护企业	北京市交通委员会		
1226	DB11/T 1322.61—2018	安全生产等级评定技术规范　第 61 部分:公路工程施工企业	北京市交通委员会		
1227	DB11/T 1322.62—2019	安全生产等级评定技术规范　第 62 部分:供电企业	北京市城市管理委员会		
1228	DB11/T 1322.63—2019	安全生产等级评定技术规范　第 63 部分:燃气和水力发电企业	北京市城市管理委员会		
1229	DB11/T 1322.64—2019	安全生产等级评定技术规范　第 64 部分:城镇供水厂	北京市水务局		
1230	DB11/T 1322.65—2019	安全生产等级评定技术规范　第 65 部分:城镇污水处理厂(再生水厂)	北京市水务局		
1231	DB11/T 1322.66—2019	安全生产等级评定技术规范　第 66 部分:水利施工企业	北京市水务局		
1232	DB11/T 1322.67—2019	安全生产等级评定技术规范　第 67 部分:农机专业合作社	北京市农业农村局		

续表

序号	标准号	标准名称	行业主管部门	复审情况	备注
1233	DB11/T 1322.68—2019	安全生产等级评定技术规范　第68部分:设施蔬菜生产企业及专业合作社	北京市农业农村局		
1234	DB11/T 1322.69—2019	安全生产等级评定技术规范　第69部分:畜禽养殖场	北京市农业农村局		
1235	DB11/T 1322.70—2019	安全生产等级评定技术规范　第70部分:水产养殖企业	北京市农业农村局		
1236	DB11/T 1322.71—2018	安全生产等级评定技术规范　第71部分:社会福利机构	北京市民政局	2019年复审	
1237	DB11/T 1322.72—2019	安全生产等级评定技术规范　第72部分:饲料生产企业	北京市农业农村局		
1238	DB11/T 1322.73—2019	安全生产等级评定技术规范　第73部分:畜禽定点屠宰企业	北京市农业农村局		
1239	DB11/T 1322.75—2018	安全生产等级评定技术规范　第75部分:快递及邮政服务企业	北京市邮政管理局		
1240	DB11/T 1322.76—2018	安全生产等级评定技术规范　第76部分:园林绿化施工单位	北京市园林绿化局		
1241	DB11/T 1322.77—2018	安全生产等级评定技术规范　第77部分:公园风景名胜区	北京市园林绿化局		
1242	DB11/T 1322.78—2018	安全生产等级评定技术规范　第78部分:野生动物养殖场所	北京市园林绿化局		
1243	DB11/T 1322.79—2019	安全生产等级评定技术规范　第79部分:殡葬服务机构	北京市民政局		

续表

序号	标准号	标准名称	行业主管部门	复审情况	备注
1244	DB11/T 1322.80—2019	安全生产等级评定技术规范　第80部分:粮食仓库	北京市粮食和物资储备局		
1245	DB11/T 1322.81—2019	安全生产等级评定技术规范　第81部分:歌舞娱乐场所	北京市文化和旅游局		
1246	DB11/T 1322.82—2019	安全生产等级评定技术规范　第82部分:营业性演出场所	北京市文化和旅游局		
1247	DB11/T 1322.83—2019	安全生产等级评定技术规范　第83部分:电影放映场所	北京市应急管理局		
1248	DB11/T 1322.84—2019	安全生产等级评定技术规范　第84部分:出版物批发零售企业	北京市应急管理局		
1249	DB11/T 1322.85—2019	安全生产等级评定技术规范　第85部分:地热矿泉水企业	北京市应急管理局		
1250	DB11/T 1322.86—2019	安全生产等级评定技术规范　第86部分:金属非金属矿产资源地质勘探单位	北京市应急管理局		
1251	DB11/T 1322.87—2019	安全生产等级评定技术规范　第87部分:金属非金属矿山采掘施工企业	北京市应急管理局		
1252	DB11/T 1322.88—2019	安全生产等级评定技术规范　第88部分:石油钻井工程技术服务企业	北京市应急管理局		
1253	DB11/T 1322.89—2019	安全生产等级评定技术规范　第89部分:人民防空工程和普通地下室	北京市人民防空办公室		
1254	DB11/T 1323—2016	出租小客车计价器功能要求	北京市交通委员会		

续表

序号	标准号	标准名称	行业主管部门	复审情况	备注
1255	DB11/T 1324—2016	放射诊疗建设项目职业病危害放射防护评价规范	北京市卫生健康委员会		
1256	DB11/T 1325—2016	健康促进学校评定规范	北京市卫生健康委员会		
1257	DB11/T 1326—2016	中小学校晨午检规范	北京市卫生健康委员会		
1258	DB11/T 1327—2016	文物建筑修缮工程施工控制规范	北京市文物局		
1259	DB11/T 1328—2016	饲料生产企业检验化验室技术规范	北京市农业农村局		
1260	DB11/T 1329—2016	肉鸽养殖技术规范	北京市农业农村局		
1261	DB11/T 1330—2016	生物防治产品应用技术规程　大唼蜡甲	北京市园林绿化局		
1262	DB11/T 1331—2016	梨密植早果高效栽培技术规程	北京市园林绿化局		
1263	DB11/T 1332—2016	奶牛机械挤奶操作规范	北京市农业农村局		
1264	DB11/T 1333—2016	体育生活化社区建设规范	北京市体育局		
1265	DB11/T 1334—2016	高等学校合理用能指南	北京市发展和改革委员会		
1266	DB11/T 1335—2016	体育场馆合理用能指南	北京市发展和改革委员会		
1267	DB11/T 1336—2016	文化场馆合理用能指南	北京市发展和改革委员会		
1268	DB11/T 1337—2016	政府机关合理用能指南	北京市发展和改革委员会		
1269	DB11/T 1338—2016	医院合理用能指南	北京市发展和改革委员会		
1270	DB11/ 1339—2016	住宅区及住宅管线综合设计标准	北京市规划和自然资源委员会		
1271	DB11/ 1340—2016	居住建筑节能工程施工质量验收规程	北京市住房和城乡建设委员会		

续表

序号	标准号	标准名称	行业主管部门	复审情况	备注
1272	DB11/T 1341—2016	城市地下交通联系隧道施工技术规程	北京市住房和城乡建设委员会		
1273	DB11/T 1342—2016	玻璃纤维增强筋支护技术规程	北京市住房和城乡建设委员会		
1274	DB11/T 1343—2016	建筑内外墙涂料施工及验收规程	北京市住房和城乡建设委员会		
1275	DB11/T 1344—2016	信息安全等级保护检查规范	北京市公安局		
1276	DB11/T 1345—2016	城市轨道交通运营设备维修管理规范	北京市交通委员会		
1277	DB11/T 1346—2016	工业企业清洁生产审核物料平衡技术导则	北京市经济和信息化局		
1278	DB11/T 1347—2016	地下管线周边土体病害评估防治规范	北京市城市管理委员会		
1279	DB11/T 1348—2016	天然气环卫作业车辆运行管理技术要求	北京市城市管理委员会		
1280	DB11/T 1349—2016	城市照明节能管理规程	北京市城市管理委员会		
1281	DB11/T 1350—2016	文物建筑修缮工程验收规范	北京市文物局		
1282	DB11/T 1351—2016	林木采种基地建设技术规程	北京市园林绿化局		
1283	DB11/T 1352—2016	主要花坛花卉种苗生产技术规程	北京市园林绿化局		
1284	DB11/T 1353—2016	养老机构图形符号与标志使用及设置规范	北京市民政局	2019年复审	
1285	DB11/ 1354—2016	建筑消防设施检测评定规程	北京市公安局		
1286	DB11/T 1355—2016	低温作业和冷水作业职业卫生技术规范	北京市应急管理局		
1287	DB11/T 1356—2016	金属制品业职业卫生技术规范	北京市应急管理局		

续表

序号	标准号	标准名称	行业主管部门	复审情况	备注
1288	DB11/T 1357—2016	综合档案馆档案数字资源管理规范	中共北京市委办公厅(北京市档案局)	2018 年复审	
1289	DB11/T 1358—2016	黄栌景观林养护技术规程	北京市园林绿化局		
1290	DB11/T 1359—2016	平原生态公益林养护技术导则	北京市园林绿化局		
1291	DB11/T 1360—2016	农业机械作业规范　自走式小麦联合收割机	北京市农业农村局		
1292	DB11/T 1361—2016	农业机械作业规范　自走式玉米收获机	北京市农业农村局		
1293	DB11/T 1362—2016	地名规划编制标准	北京市规划和自然资源委员会		
1294	DB11/T 1363—2016	塑料排(蓄)水板施工技术规程	北京市住房和城乡建设委员会		
1295	DB11/T 1364—2016	预拌砂浆清洁生产技术规程	北京市住房和城乡建设委员会		
1296	DB11/T 1365—2016	公共租赁住房建设与评价标准	北京市住房和城乡建设委员会	正在修订	
1297	DB11/T 1366—2016	可拆除锚杆技术规程	北京市住房和城乡建设委员会		
1298	DB11/T 1367—2016	固定污染源废气　甲烷/总烃/非甲烷总烃的测定　便携式氢火焰离子化检测器法	北京市生态环境局	2018 年复审	
1299	DB11/T 1368—2016	实验室危险废物污染防治技术规范	北京市生态环境局	2018 年复审	
1300	DB11/T 1369—2016	低碳经济开发区评价技术导则	北京市发展和改革委员会		
1301	DB11/T 1370—2016	低碳企业评价技术导则	北京市发展和改革委员会		
1302	DB11/T 1371—2016	低碳社区评价技术导则	北京市发展和改革委员会		

续表

序号	标准号	标准名称	行业主管部门	复审情况	备注
1303	DB11/T 1372—2016	自然灾害和事故灾难类预警信息发布流程	北京市气象局	2018 年复审	
1304	DB11/T 1373—2016	沥青路面抗车辙技术规范	北京市交通委员会		
1305	DB11/T 1374—2016	公路动态车辆称重设备技术要求及检验方法	北京市交通委员会		
1306	DB11/T 1375—2016	街巷环境卫生质量要求	北京市城市管理委员会	正在修订	
1307	DB11/T 1376—2016	农村生活污水人工湿地处理工程技术规范	北京市水务局		
1308	DB11/T 1377.1—2016	残障儿童康复机构服务规范 第1部分:通则	北京市残疾人联合会		
1309	DB11/T 1377.2—2016	残障儿童康复机构服务规范 第2部分:孤独症儿童康复机构	北京市残疾人联合会		
1310	DB11/T 1377.3—2016	残障儿童康复机构服务规范 第3部分:听障儿童康复机构	北京市残疾人联合会		
1311	DB11/T 1378—2016	北京油鸡饲养管理技术规程	北京市农业农村局		
1312	DB11/T 1379—2016	花卉产品等级 观赏蕨种苗及盆栽产品	北京市园林绿化局		
1313	DB11/T 1380—2016	观赏荷花栽培技术规程	北京市园林绿化局		
1314	DB11/T 1381—2016	葡萄设施栽培技术规程	北京市园林绿化局		
1315	DB11/T 1382—2016	户式空气源热泵系统应用技术规程	北京市住房和城乡建设委员会		
1316	DB11/T 1383—2016	外墙外保温防火隔离带技术规程	北京市住房和城乡建设委员会		
1317	DB11/T 1384—2016	室内钢索支吊架施工规程	北京市住房和城乡建设委员会		
1318	DB11/ 1385—2017	有机化学品制造业大气污染物排放标准	北京市生态环境局	2018 年复审	

续表

序号	标准号	标准名称	行业主管部门	复审情况	备注
1319	DB11/T 1386—2017	建筑垃圾再生骨料能源消耗限额	北京市城市管理委员会		
1320	DB11/T 1387—2017	小型液化天然气瓶（组）供气系统技术规范	北京市城市管理委员会		
1321	DB11/T 1388—2017	通断时间面积法供热计量系统技术规范	北京市城市管理委员会		
1322	DB11/T 1389—2017	供热计量系统监控管理数据项及编码规范	北京市城市管理委员会		
1323	DB11/T 1390.1—2017	环卫车辆功能要求　第1部分:生活垃圾运输车辆	北京市城市管理委员会		
1324	DB11/T 1390.2—2017	环卫车辆功能要求　第2部分:粪便运输车辆	北京市城市管理委员会		
1325	DB11/T 1390.3—2017	环卫车辆功能要求　第3部分:餐厨垃圾运输车辆	北京市城市管理委员会		
1326	DB11/T 1390.4—2018	环卫车辆功能要求　第4部分:餐厨废弃油脂运输车辆	北京市城市管理委员会		
1327	DB11/T 1392—2017	系留气球施放安全规范	北京市气象局	2018年复审	
1328	DB11/T 1393—2017	大型活动志愿服务管理规范	共青团北京市委员会		
1329	DB11/T 1394—2017	生猪养殖场粪便处理技术要求	北京市农业农村局		
1330	DB11/T 1395—2017	畜禽场消毒技术规范	北京市农业农村局		
1331	DB11/T 1396—2017	观赏鱼养殖技术规范　亚洲龙鱼	北京市农业农村局		
1332	DB11/T 1397—2017	鱼类口服抗菌药物选用技术规程	北京市农业农村局		
1333	DB11/T 1398—2017	丁香繁殖与栽培技术规程	北京市园林绿化局		
1334	DB11/T 1399—2017	城市道路与管线地下病害探测及评价技术规范	北京市规划和自然资源委员会		
1335	DB11/T 1400—2017	危险化学品常压储罐安全管理规范	北京市应急管理局		

续表

序号	标准号	标准名称	行业主管部门	复审情况	备注
1336	DB11/T 1401—2017	太阳能光伏发电系统数据采集及传输系统技术条件	北京市发展和改革委员会		
1337	DB11/T 1402—2017	太阳能光伏在线监测系统接入规范	北京市发展和改革委员会		
1338	DB11/T 1403—2017	火葬场二噁英类污染防治技术规范	北京市生态环境局	2018 年复审	
1339	DB11/T 1404—2017	高等学校低碳校园评价技术导则	北京市发展和改革委员会		
1340	DB11/T 1405—2017	清洁生产评价指标体系 肉制品加工业	北京市发展和改革委员会		
1341	DB11/T 1406—2017	农业企业清洁生产审核报告编制技术规范	北京市发展和改革委员会		
1342	DB11/T 1407—2017	农业企业清洁生产审核技术通则	北京市发展和改革委员会		
1343	DB11/T 1408—2017	用能单位能源计量器具现场评价导则	北京市发展和改革委员会		
1344	DB11/T 1409—2017	能源计量数据采集系统数据传输协议	北京市发展和改革委员会		
1345	DB11/T 1410—2017	宾馆饭店单位综合能源消耗限额	北京市发展和改革委员会		
1346	DB11/T 1411—2017	节能监测服务平台建设规范	北京市发展和改革委员会		
1347	DB11/T 1412—2017	区域规划节能评估技术规范	北京市发展和改革委员会		
1348	DB11/T 1413—2017	民用建筑能耗指标	北京市发展和改革委员会		
1349	DB11/T 1414—2017	清洁生产方案产生与效益计算技术要求	北京市发展和改革委员会		
1350	DB11/T 1415—2017	清洁生产绩效验收技术要求	北京市发展和改革委员会		
1351	DB11/T 1416—2017	温室气体排放核算指南 生活垃圾焚烧企业	北京市发展和改革委员会		

续表

序号	标准号	标准名称	行业主管部门	复审情况	备注
1352	DB11/T 1417—2017	用能单位能源计量数据采集终端设备技术要求	北京市发展和改革委员会		
1353	DB11/T 1418—2017	低碳产品评价技术通则	北京市发展和改革委员会		
1354	DB11/T 1419—2017	通用用能设备碳排放评价技术规范	北京市发展和改革委员会		
1355	DB11/T 1420—2017	低碳建筑(运行)评价技术导则	北京市发展和改革委员会		
1356	DB11/T 1421—2017	温室气体排放核算指南　设施农业企业	北京市发展和改革委员会		
1357	DB11/T 1422—2017	温室气体排放核算指南　畜牧养殖企业	北京市发展和改革委员会		
1358	DB11/T 1423—2017	低碳小城镇评价技术导则	北京市发展和改革委员会		
1359	DB11/T 1424—2017	信息化项目软件运维费用测算规范	北京市经济和信息化局		
1360	DB11/T 1425—2017	信息技术　软件项目测量元	北京市经济和信息化局		
1361	DB11/T 1426—2017	汽车维修业污染防治技术规范	北京市生态环境局	2018 年复审	
1362	DB11/T 1427—2017	易制爆危险化学品存放场所安全防范要求	北京市公安局		
1363	DB11/T 1428—2017	城镇污水处理厂污泥处理能源消耗限额	北京市水务局		
1364	DB11/T 1429—2017	动物养殖场消毒效果评价规范	北京市农业农村局		
1365	DB11/T 1430—2017	古树名木雷电防护技术规范	北京市园林绿化局		
1366	DB11/T 1431—2017	桃树根癌病综合防治技术规程	北京市园林绿化局		
1367	DB11/T 1432—2017	生物防治产品应用技术规程　舞毒蛾核型多角体病毒	北京市园林绿化局		

续表

序号	标准号	标准名称	行业主管部门	复审情况	备注
1368	DB11/T 1433—2017	栾树育苗技术规程	北京市园林绿化局		
1369	DB11/T 1434—2017	园林地被建植与管理技术规程	北京市园林绿化局		
1370	DB11/T 1435—2017	园林给排水分项工程施工工艺规程	北京市园林绿化局		
1371	DB11/T 1436—2017	集雨型绿地工程设计规范	北京市园林绿化局		
1372	DB11/T 1437—2017	森林固碳增汇经营技术规程	北京市园林绿化局		
1373	DB11/T 1438—2017	地理标志产品　北寨红杏	北京市知识产权局	2018 年复审	
1374	DB11/T 1439—2017	建筑智能化系统工程设计规范	北京市规划和自然资源委员会		
1375	DB11/T 1440—2017	市政基础设施专业规划负荷计算标准	北京市规划和自然资源委员会		
1376	DB11/T 1441—2017	地理国情信息内容与指标	北京市规划和自然资源委员会		
1377	DB11/T 1442—2017	地理国情信息内业采集与编辑技术规程	北京市规划和自然资源委员会		
1378	DB11/T 1443—2017	地理国情信息外业调查与核查技术规程	北京市规划和自然资源委员会		
1379	DB11/ 1444—2017	城市轨道交通隧道工程注浆技术规程	北京市住房和城乡建设委员会		
1380	DB11/T 1445—2017	民用建筑工程室内环境污染控制规程	北京市住房和城乡建设委员会		
1381	DB11/T 1446—2017	回弹法、超声回弹综合法检测泵送混凝土抗压强度技术规程	北京市住房和城乡建设委员会		
1382	DB11/T 1447—2017	建筑预制构件接缝密封防水施工技术规程	北京市住房和城乡建设委员会		
1383	DB11/T 1448—2017	城市轨道交通工程资料管理规程	北京市住房和城乡建设委员会		
1384	DB11/T 1449—2017	铝合金阻隔防爆材料清洗安全技术规范	北京市应急管理局		

续表

序号	标准号	标准名称	行业主管部门	复审情况	备注
1385	DB11/ 1450—2017	管道燃气用户安全巡检技术规程	北京市城市管理委员会		
1386	DB11/T 1451—2017	地下管线现状及竣工数据汇交标准	北京市规划和自然资源委员会		
1387	DB11/T 1452—2017	地下管线数据库建设标准	北京市规划和自然资源委员会		
1388	DB11/T 1453—2017	地下管线信息管理技术规程	北京市规划和自然资源委员会		
1389	DB11/T 1454—2017	村庄规划用地分类标准	北京市规划和自然资源委员会		
1390	DB11/T 1455—2017	电动汽车充电基础设施规划设计标准	北京市规划和自然资源委员会		
1391	DB11/T 1456—2017	热电联产(燃气)单位产品能源消耗限额	北京市经济和信息化局		
1392	DB11/T 1457—2017	实验动物运输规范	北京市科学技术委员会	2018 年复审	
1393	DB11/T 1458—2017	实验动物生产与实验安全管理技术规范	北京市科学技术委员会	2018 年复审	
1394	DB11/T 1459.1—2017	实验动物　微生物学等级及监测　第 1 部分:实验用猪	北京市科学技术委员会	2018 年复审	
1395	DB11/T 1459.2—2017	实验动物　微生物学等级及监测　第 2 部分:实验用牛	北京市科学技术委员会	2018 年复审	
1396	DB11/T 1459.3—2017	实验动物　微生物学等级及监测　第 3 部分:实验用羊	北京市科学技术委员会	2018 年复审	
1397	DB11/T 1459.4—2018	实验动物　微生物检测与评价　第 4 部分:实验用狨猴	北京市科学技术委员会	正在修订	
1398	DB11/T 1459.5—2018	实验动物　微生物检测与评价　第 5 部分:实验用长爪沙鼠	北京市科学技术委员会	正在修订	

续表

序号	标准号	标准名称	行业主管部门	复审情况	备注
1399	DB11/T 1460.1—2017	实验动物　寄生虫学等级及监测　第1部分:实验用猪	北京市科学技术委员会	2018年复审	
1400	DB11/T 1460.2—2017	实验动物　寄生虫学等级及监测　第2部分:实验用牛	北京市科学技术委员会	2018年复审	
1401	DB11/T 1460.3—2017	实验动物　寄生虫学等级及监测　第3部分:实验用羊	北京市科学技术委员会	2018年复审	
1402	DB11/T 1460.4—2018	实验动物　寄生虫检测与评价　第4部分:实验用狨猴	北京市科学技术委员会	正在修订	
1403	DB11/T 1460.5—2018	实验动物　寄生虫检测与评价　第5部分:实验用长爪沙鼠	北京市科学技术委员会	正在修订	
1404	DB11/T 1461.1—2017	实验动物　遗传质量控制　第1部分:实验用猪	北京市科学技术委员会	2018年复审	
1405	DB11/T 1461.2—2017	实验动物　遗传质量控制　第2部分:实验用牛	北京市科学技术委员会	2018年复审	
1406	DB11/T 1461.3—2017	实验动物　遗传质量控制　第3部分:实验用羊	北京市科学技术委员会	2018年复审	
1407	DB11/T 1461.4—2018	实验动物　繁育与遗传监测　第4部分:实验用狨猴	北京市科学技术委员会	正在修订	
1408	DB11/T 1461.5—2018	实验动物　繁育与遗传监测　第5部分:实验用长爪沙鼠	北京市科学技术委员会	正在修订	
1409	DB11/T 1462.1—2017	实验动物　病理学诊断规范　第1部分:实验用猪	北京市科学技术委员会	2018年复审	
1410	DB11/T 1462.2—2017	实验动物　病理学诊断规范　第2部分:实验用牛	北京市科学技术委员会	2018年复审	
1411	DB11/T 1462.3—2017	实验动物　病理学诊断规范　第3部分:实验用羊	北京市科学技术委员会	2018年复审	

续表

序号	标准号	标准名称	行业主管部门	复审情况	备注
1412	DB11/T 1462.4—2018	实验动物　病理学诊断规范　第 4 部分:实验用狨猴	北京市科学技术委员会	正在修订	
1413	DB11/T 1462.5—2018	实验动物　病理学诊断规范　第 5 部分:实验用长爪沙鼠	北京市科学技术委员会	正在修订	
1414	DB11/T 1463.1—2017	实验动物　配合饲料　第 1 部分:实验用猪	北京市科学技术委员会	2018 年复审	
1415	DB11/T 1463.2—2017	实验动物　配合饲料　第 2 部分:实验用牛	北京市科学技术委员会	2018 年复审	
1416	DB11/T 1463.3—2017	实验动物　配合饲料　第 3 部分:实验用羊	北京市科学技术委员会	2018 年复审	
1417	DB11/T 1463.4—2018	实验动物　配合饲料养分与卫生要求　第 4 部分:实验用狨猴	北京市科学技术委员会	正在修订	
1418	DB11/T 1463.5—2018	实验动物　配合饲料养分与卫生要求　第 5 部分:实验用长爪沙鼠	北京市科学技术委员会	正在修订	
1419	DB11/T 1464.1—2017	实验动物　环境条件　第 1 部分:实验用猪	北京市科学技术委员会	2018 年复审	
1420	DB11/T 1464.2—2017	实验动物　环境条件　第 2 部分:实验用牛	北京市科学技术委员会	2018 年复审	
1421	DB11/T 1464.3—2017	实验动物　环境条件　第 3 部分:实验用羊	北京市科学技术委员会	2018 年复审	
1422	DB11/T 1464.4—2018	实验动物　环境条件　第 4 部分:实验用狨猴	北京市科学技术委员会	正在修订	
1423	DB11/T 1464.5—2018	实验动物　环境条件　第 5 部分:实验用长爪沙鼠	北京市科学技术委员会	正在修订	
1424	DB11/T 1465—2017	旅游特色小镇设施与服务规范	北京市文化和旅游局		
1425	DB11/T 1466—2017	社区管理与服务规范	北京市民政局、中共北京市委组织部	2019 年复审	

续表

序号	标准号	标准名称	行业主管部门	复审情况	备注
1426	DB11/T 1467—2017	农产品质量安全快速检测实验室基本要求	北京市农业农村局		
1427	DB11/T 1468.1—2017	农用机井智能计量设施规范　第1部分　安装	北京市水务局		
1428	DB11/T 1468.2—2017	农用机井智能计量设施规范　第2部分　现场校验	北京市水务局		
1429	DB11/T 1468.3—2017	农用机井智能计量设施规范　第3部分　远程监测和评价	北京市水务局		
1430	DB11/T 1469—2017	建设工程施工现场安全防护、场容卫生及消防保卫标准　第2部分：防护设施	北京市住房和城乡建设委员会		
1431	DB11/T 1470—2017	钢筋套筒灌浆连接技术规程	北京市住房和城乡建设委员会		
1432	DB11/T 1471—2017	高等学校碳排放管理规范	北京市教育委员会		
1433	DB11/T 1472—2017	安防监控中心值机服务规范	北京市公安局		
1434	DB11/T 1473—2017	文物建筑安全监测规范	北京市文物局		
1435	DB11/T 1474—2017	水源保护林改造技术规程	北京市园林绿化局		
1436	DB11/ 1475—2017	重型汽车排气污染物排放限值及测量方法（OBD法第Ⅳ、Ⅴ阶段）	北京市生态环境局	2018年复审	
1437	DB11/ 1476—2017	重型车氮氧化物快速检测方法及排放限值	北京市生态环境局	2018年复审	
1438	DB11/T 1477—2017	供热管网改造技术规程	北京市城市管理委员会		
1439	DB11/T 1478—2017	生产经营单位安全生产风险评估规范	北京市应急管理局		
1440	DB11/T 1479—2017	人员密集场所应急疏散演练导则	北京市应急管理局		

续表

序号	标准号	标准名称	行业主管部门	复审情况	备注
1441	DB11/T 1480—2017	生产安全事故应急避难场所分级管理规范	北京市应急管理局		
1442	DB11/T 1481—2017	生产经营单位生产安全事故应急预案评审规范	北京市应急管理局		
1443	DB11/T 1482—2017	城市轨道交通综合救援应用技术规范	北京市公安局		
1444	DB11/T 1483—2017	小型消防站建设规范	北京市公安局		
1445	DB11/T 1484—2017	固定污染源废气挥发性有机物监测技术规范	北京市生态环境局	2018 年复审	
1446	DB11/T 1485—2017	餐饮业　颗粒物的测定　手工称重法	北京市生态环境局	2018 年复审	
1447	DB11/T 1486—2017	轨道交通节能技术规范	北京市交通委员会		
1448	DB11/T 1487—2017	营运货车能源计量器具功能及数据采集规范	北京市交通委员会		
1449	DB11/ 1488—2018	餐饮业大气污染物排放标准	北京市生态环境局	2018 年复审	
1450	DB11/T 1489—2017	中医药文化旅游基地设施与服务要求	北京市文化和旅游局		
1451	DB11/T 1490—2017	人民防空工程防护设备安装工程验收技术规程	北京市人民防空办公室		
1452	DB11/T 1491—2017	街道(乡镇)、社区(村)人力资源和社会保障平台服务规范	北京市人力资源和社会保障局		
1453	DB11/T 1492—2017	城镇排水管道结构等级评定	北京市水务局		
1454	DB11/T 1493—2017	城镇道路雨水口技术规范	北京市水务局		
1455	DB11/T 1494—2017	城镇二次供水技术规程	北京市水务局		
1456	DB11/T 1495—2017	村庄生活污水收集与处理技术规程	北京市水务局		
1457	DB11/T 1496—2017	健康体检服务规范	北京市卫生健康委员会		

续表

序号	标准号	标准名称	行业主管部门	复审情况	备注
1458	DB11/T 1497—2017	学校及托幼机构饮水设备使用维护规范	北京市卫生健康委员会		
1459	DB11/T 1498—2017	卫生应急样本采集技术规范	北京市卫生健康委员会		
1460	DB11/T 1499—2017	节水型苗圃建设规范	北京市园林绿化局		
1461	DB11/T 1500—2017	自然保护区建设和管理规范	北京市园林绿化局		
1462	DB11/T 1501—2017	平原森林节水保育技术规程	北京市园林绿化局		
1463	DB11/T 1502—2017	节水型林地、绿地建设规程	北京市园林绿化局		
1464	DB11/T 1503—2017	湿地生态质量评估规范	北京市园林绿化局		
1465	DB11/T 1504—2017	特种设备作业人员培训机构服务规范	北京市市场监督管理局	2018 年复审	
1466	DB11/ 1505—2017	城市综合管廊工程设计规范	北京市规划和自然资源委员会		
1467	DB11/T 1506—2017	盾构始发与接收切割玻璃纤维筋混凝土围护结构技术规程	北京市住房和城乡建设委员会		
1468	DB11/T 1507—2017	多层建筑单排配筋混凝土剪力墙结构技术规程	北京市住房和城乡建设委员会		
1469	DB11/T 1508—2017	非固化橡胶沥青防水涂料施工技术规程	北京市住房和城乡建设委员会		
1470	DB11/T 1509—2018	公路工程设计导则	北京市交通委员会		
1471	DB11/T 1510—2018	城市轨道交通运营线路安全评价规范	北京市交通委员会		
1472	DB11/T 1511—2018	观赏鱼养殖技术规范　孔雀鱼	北京市农业农村局		
1473	DB11/T 1512—2018	园林绿化废弃物资源化利用规范	北京市园林绿化局		
1474	DB11/T 1513—2018	城市绿地鸟类栖息地营造及恢复技术规范	北京市园林绿化局		

续表

序号	标准号	标准名称	行业主管部门	复审情况	备注
1475	DB11/T 1514—2018	低效果园改造技术规范	北京市园林绿化局		
1476	DB11/T 1515—2018	养老服务驿站设施设备配置规范	北京市民政局	2019 年复审	
1477	DB11/T 1516—2018	古建筑类博物馆合理用能指南	北京市文物局		
1478	DB11/T 1517—2018	博物馆服务规范	北京市文物局		
1479	DB11/T 1518—2018	人民防空工程战时通风系统验收技术规程	北京市人民防空办公室		
1480	DB11/T 1519—2018	清洁生产评价指标体系 啤酒制造业	北京市经济和信息化局		
1481	DB11/T 1520—2018	电梯安全风险评估规范	北京市市场监督管理局		
1482	DB11/T 1521—2018	焊接绝热气瓶定期检验与评定	北京市市场监督管理局		
1483	DB11/T 1522—2018	群体伤院内检伤标识应用规范	北京市卫生健康委员会		
1484	DB11/T 1523—2018	疫苗流通管理基本数据集	北京市卫生健康委员会		
1485	DB11/T 1524—2018	地质灾害治理工程实施技术规范	北京市规划和自然资源委员会		
1486	DB11/T 1525—2018	居住建筑新风系统技术规程	北京市住房和城乡建设委员会		
1487	DB11/T 1526—2018	地下连续墙施工技术规程	北京市住房和城乡建设委员会		
1488	DB11/T 1527—2018	预拌砂浆单位产品综合能源消耗限额	北京市住房和城乡建设委员会		
1489	DB11/T 1528—2018	农业灌溉用水定额	北京市水务局		
1490	DB11/T 1529—2018	油品运输罐泄漏应急处置规范	北京市应急管理局		
1491	DB11/T 1530—2018	危险化学品气瓶追溯技术规范	北京市应急管理局		

续表

序号	标准号	标准名称	行业主管部门	复审情况	备注
1492	DB11/T 1531—2018	园区低碳运行管理通则	北京市发展和改革委员会		
1493	DB11/T 1532—2018	社区低碳运行管理通则	北京市发展和改革委员会		
1494	DB11/T 1533—2018	企业低碳运行管理通则	北京市发展和改革委员会		
1495	DB11/T 1534—2018	建筑低碳运行管理通则	北京市发展和改革委员会		
1496	DB11/T 1535—2018	供热管网节能监测	北京市发展和改革委员会		
1497	DB11/T 1536—2018	水泵节能监测	北京市发展和改革委员会		
1498	DB11/T 1537—2018	风机节能监测	北京市发展和改革委员会		
1499	DB11/T 1538—2018	分体式空气调节器节能监测	北京市发展和改革委员会		
1500	DB11/T 1539—2018	商场、超市碳排放管理规范	北京市商务局		
1501	DB11/T 1540—2018	绿色商场、超市评价要求	北京市商务局		
1502	DB11/T 1541—2018	绿色住宿企业评价规范	北京市文化和旅游局		
1503	DB11/T 1542—2018	营运客车能源计量器具检测规范	北京市市场监督管理局		
1504	DB11/T 1543—2018	环境监测机构监测质量管理技术规范	北京市生态环境局		
1505	DB11/T 1544—2018	清洁生产评价指标体系 集成电路制造业	北京市经济和信息化局		
1506	DB11/T 1545—2018	机构编制基础数据规范	北京市机构编制委员会办公室		
1507	DB11/T 1546—2018	自动气象站数据交换格式规范	北京市气象局		

续表

序号	标准号	标准名称	行业主管部门	复审情况	备注
1508	DB11/T 1547—2018	主要林木害虫监测调查技术规程	北京市园林绿化局		
1509	DB11/T 1548—2018	朱顶红栽培技术规程	北京市园林绿化局		
1510	DB11/T 1549—2018	养老机构康复辅助器具配置基本要求	北京市民政局	2019 年复审	
1511	DB11/T 1550—2018	残疾人社区康复站服务规范	北京市残疾人联合会		
1512	DB11/T 1551—2018	城市综合客运枢纽服务管理规范	北京市交通委员会		
1513	DB11/T 1552—2018	绿色生态示范区规划设计评价标准	北京市规划和自然资源委员会		
1514	DB11/T 1553—2018	居住建筑室内装配式装修工程技术规程	北京市住房和城乡建设委员会		
1515	DB11/T 1554—2018	非医疗机构放射性作业职业病危害防护管理规范	北京市应急管理局		
1516	DB11/T 1555—2018	小城镇低碳运行管理通则	北京市发展和改革委员会		
1517	DB11/T 1556—2018	建筑业能源审计报告编写指南	北京市发展和改革委员会		
1518	DB11/T 1557—2018	能效对标实施规范	北京市发展和改革委员会		
1519	DB11/T 1558—2018	碳排放管理体系建设实施效果评价指南	北京市发展和改革委员会		
1520	DB11/T 1559—2018	碳排放管理体系实施指南	北京市发展和改革委员会		
1521	DB11/T 1560—2018	水泥窑协同处置废物能源消耗增加值限额	北京市经济和信息化局		
1522	DB11/T 1561—2018	农业有机废弃物(畜禽粪便)循环利用项目碳减排量核算指南	北京市农业农村局		
1523	DB11/T 1562—2018	农田土壤固碳核算技术规范	北京市农业农村局		

续表

序号	标准号	标准名称	行业主管部门	复审情况	备注
1524	DB11/T 1563—2018	农业企业（组织）温室气体排放核算和报告通则	北京市农业农村局		
1525	DB11/T 1564—2018	种植农产品温室气体排放核算指南	北京市农业农村局		
1526	DB11/T 1565—2018	畜牧产品温室气体排放核算指南	北京市农业农村局		
1527	DB11/T 1566—2018	环境空气和废气　三甲苯的测定　活性炭吸附/二硫化碳解吸－气相色谱法	北京市生态环境局		
1528	DB11/T 1567—2018	森林疗养基地建设技术导则	北京市园林绿化局		
1529	DB11/T 1568—2018	草莓采收贮运及冻藏技术规范	北京市农业农村局		
1530	DB11/T 1570—2018	甜瓜设施栽培技术规程	北京市农业农村局		
1531	DB11/T 1571—2018	设施蔬菜土壤栽培节水灌溉施肥技术规程	北京市农业农村局		
1532	DB11/T 1572—2018	微耕机安全检验技术规范	北京市农业农村局		
1533	DB11/T 1573—2018	养老机构评价指标计算方法	北京市民政局	2019 年复审	
1534	DB11/T 1574—2018	公共职业介绍和公共职业指导服务评价规范	北京市人力资源和社会保障局		
1535	DB11/T 1575—2018	专用排水设施技术规范	北京市水务局		
1536	DB11/T 1576—2018	城市综合管廊运行维护规范	北京市城市管理委员会		
1537	DB11/T 1577—2018	行政处罚数据规范	北京市司法局		
1538	DB11/T 1578—2018	医疗机构危险化学品安全管理规范	北京市应急管理局		
1539	DB11/T 1579—2018	生产安全事故应急预案实施情况评估规范	北京市应急管理局		
1540	DB11/T 1580—2018	生产经营单位安全生产应急资源调查规范	北京市应急管理局		

续表

序号	标准号	标准名称	行业主管部门	复审情况	备注
1541	DB11/T 1581—2018	生产经营单位应急能力评估规范	北京市应急管理局		
1542	DB11/T 1582—2018	高危行业企业应急装备配备规范	北京市应急管理局		
1543	DB11/T 1583—2018	生产安全事故应急演练实施与评估细则	北京市应急管理局		
1544	DB11/T 1584—2018	有限空间中毒和窒息事故勘查作业规范	北京市应急管理局		
1545	DB11/T 1585—2018	建筑结构强震动观测技术规范	北京市地震局		
1546	DB11/T 1586—2018	雷电防护装置检测安全作业规范	北京市气象局		
1547	DB11/T 1587—2018	公共场所雷电风险等级划分	北京市气象局		
1548	DB11/T 1588—2018	公共场所气象灾害警示标志设置规范	北京市气象局		
1549	DB11/T 1589. 1—2018	气象灾害风险调查技术规范　第 1 部分:城市内涝	北京市气象局		
1550	DB11/T 1590—2018	道路超薄罩面施工技术规范	北京市交通委员会		
1551	DB11/T 1591—2018	城市道路日常养护作业规程	北京市交通委员会		
1552	DB11/T 1592—2018	城市桥梁日常养护作业规程	北京市交通委员会		
1553	DB11/T 1593—2018	城镇排水管道维护技术规程	北京市水务局		
1554	DB11/T 1594—2018	城镇排水管道检查技术规程	北京市水务局		
1555	DB11/T 1595—2018	生态清洁小流域初步设计编制规范	北京市水务局		
1556	DB11/T 1596—2018	公园绿地改造技术规范	北京市园林绿化局		

续表

序号	标准号	标准名称	行业主管部门	复审情况	备注
1557	DB11/T 1597—2018	文物建筑勘察设计文件编制规范	北京市文物局		
1558	DB11/T 1598.1—2018	居家养老服务规范　第1部分:通则	北京市民政局		
1559	DB11/T 1598.2—2019	居家养老服务规范　第2部分:助餐服务	北京市民政局		
1560	DB11/T 1598.3—2019	居家养老服务规范　第3部分:助医服务	北京市民政局		
1561	DB11/T 1598.4—2018	居家养老服务规范　第4部分:助洁服务	北京市民政局		
1562	DB11/T 1598.5—2018	居家养老服务规范　第5部分:助浴服务	北京市民政局		
1563	DB11/T 1598.6—2018	居家养老服务规范　第6部分:助急服务	北京市民政局		
1564	DB11/T 1598.7—2019	居家养老服务规范　第7部分:康复服务	北京市民政局		
1565	DB11/T 1598.9—2019	居家养老服务规范　第9部分:精神慰藉服务	北京市民政局		
1566	DB11/T 1599—2018	政务部门信息安全应急预案编制指南	北京市经济和信息化局		
1567	DB11/T 1600—2018	萱草生产栽培技术规程	北京市园林绿化局		
1568	DB11/T 1601—2018	毛白杨繁育技术规程	北京市园林绿化局		
1569	DB11/T 1602—2018	生物防治产品应用技术规程　白蜡吉丁肿腿蜂	北京市园林绿化局		
1570	DB11/T 1603—2018	睡莲栽培技术规程	北京市园林绿化局		
1571	DB11/T 1604—2018	园林绿化用地土壤质量提升技术规程	北京市园林绿化局		
1572	DB11/T 1605—2018	鸟类多样性及栖息地质量评价技术规程	北京市园林绿化局		
1573	DB11/T 1606—2018	绿色雪上运动场馆评价标准	北京市规划和自然资源委员会		

续表

序号	标准号	标准名称	行业主管部门	复审情况	备注
1574	DB11/T 1607—2018	建筑物通信基站基础设施设计规范	北京市规划和自然资源委员会		
1575	DB11/T 1608—2018	预拌盾构注浆料应用技术规程	北京市住房和城乡建设委员会		
1576	DB11/T 1609—2018	预拌喷射混凝土应用技术规程	北京市住房和城乡建设委员会		
1577	DB11/T 1610—2018	民用建筑信息模型深化设计建模细度标准	北京市住房和城乡建设委员会		
1578	DB11/T 1611—2018	建筑工程组合铝合金模板施工技术规范	北京市住房和城乡建设委员会		
1579	DB11/ 1612—2019	农村生活污水处理设施水污染物排放标准	北京市生态环境局		
1580	DB11/T 1613—2019	非居民用燃气计量系统设计施工验收规范	北京市城市管理委员会		
1581	DB11/T 1614—2019	农村公路技术状况评定规范	北京市交通委员会		
1582	DB11/T 1615—2019	园林绿化科普标识设置规范	北京市园林绿化局		
1583	DB11/T 1616—2019	农产品温室气体排放核算通则	北京市农业农村局		
1584	DB11/T 1617—2019	大型公共建筑制冷能耗限额	北京市发展和改革委员会		
1585	DB11/T 1618—2019	能效领跑者评价导则	北京市发展和改革委员会		
1586	DB11/T 1619—2019	空气压缩机节能监测	北京市发展和改革委员会		
1587	DB11/T 1620—2019	建筑消防设施维修保养规程	北京市公安局		
1588	DB11/T 1621—2019	企业物流装备标准化评价规范	北京市商务局		
1589	DB11/T 1622—2019	食品冷链宅配服务规范	北京市商务局		

续表

序号	标准号	标准名称	行业主管部门	复审情况	备注
1590	DB11/T 1623—2019	玉簪栽培技术规程	北京市园林绿化局		
1591	DB11/ 1624—2019	电动自行车停放场所防火设计标准	北京市规划和自然资源委员会		
1592	DB11/T 1625—2019	场地形成工程勘察设计技术规程	北京市规划和自然资源委员会		
1593	DB11/T 1626—2019	建设工程第三方监测技术规程	北京市规划和自然资源委员会		
1594	DB11/T 1627—2019	建筑日照计算参数标准	北京市规划和自然资源委员会		
1595	DB11/T 1628—2019	钢管混凝土顶升法施工技术规程	北京市住房和城乡建设委员会		
1596	DB11/T 1629—2019	投标施工组织设计编制规程	北京市住房和城乡建设委员会		
1597	DB11/T 1630—2019	城市综合管廊工程施工及质量验收规范	北京市住房和城乡建设委员会		
1598	DB11/ 1631—2019	电子工业大气污染物排放标准	北京市生态环境局		
1599	DB11/T 1632—2019	农村家庭用户天然气管道工程技术规范	北京市城市管理委员会		
1600	DB11/T 1633—2019	纯电动出租小客车运行技术要求	北京市交通委员会		
1601	DB11/T 1634—2019	沥青路面厂拌冷再生技术规范	北京市交通委员会		
1602	DB11/T 1635—2019	车用液化天然气热值技术要求	北京市交通委员会		
1603	DB11/T 1636—2019	雷电防护装置日常维护规程	北京市气象局		
1604	DB11/T 1637—2019	城市森林营建技术导则	北京市园林绿化局		
1605	DB11/T 1638—2019	数据中心能效监测与评价技术导则	北京市发展和改革委员会		
1606	DB11/T 1639—2019	地源热泵系统节能监测	北京市发展和改革委员会		

续表

序号	标准号	标准名称	行业主管部门	复审情况	备注
1607	DB11/T 1640—2019	冷库系统节能监测	北京市发展和改革委员会		
1608	DB11/T 1641—2019	非工业领域节能量审核指南	北京市发展和改革委员会		
1609	DB11/T 1642—2019	工业领域节能量审核指南	北京市发展和改革委员会		
1610	DB11/T 1643—2019	民用建筑供暖通风与空气调节用气象参数	北京市气象局		
1611	DB11/T 1644—2019	测土配方施肥节能减碳效果评价规范	北京市农业农村局		
1612	DB11/T 1645—2019	医疗行为关键控制点编码规范	北京市卫生健康委员会		
1613	DB11/T 1646—2019	核医学从业人员放射防护规范	北京市卫生健康委员会		
1614	DB11/T 1647—2019	新生儿转运技术规范	北京市卫生健康委员会		
1615	DB11/T 1648—2019	樱桃砧木组培快繁技术规程	北京市园林绿化局		
1616	DB11/T 1649—2019	建设工程规划核验测量成果检查验收技术规程	北京市规划和自然资源委员会		
1617	DB11/T 1650—2019	工业开发区循环化技术规范	北京市发展和改革委员会		
1618	DB11/T 1651—2019	污水源热泵供热系统节能监测	北京市发展和改革委员会		
1619	DB11/T 1652—2019	空气源热泵节能监测	北京市发展和改革委员会		
1620	DB11/T 1653—2019	供暖系统能耗指标体系	北京市城市管理委员会		
1621	DB11/T 1654—2019	信息安全技术　网络安全事件应急处置规范	北京市公安局		

续表

序号	标准号	标准名称	行业主管部门	复审情况	备注
1622	DB11/T 1655—2019	危险化学品企业装置设施拆除安全管理规范	北京市应急管理局		
1623	DB11/T 1656—2019	电梯应急呼叫及应急照明系统技术要求	北京市市场监督管理局		
1624	DB11/T 1657—2019	生产安全事故隐患排查治理信息系统　数据元规范	北京市应急管理局		
1625	DB11/T 1658—2019	生态再生水厂评价指标体系	北京市水务局		
1626	DB11/T 1659—2019	果园微灌工程技术规范	北京市水务局		
1627	DB11/T 1660—2019	森林体验教育基地评定导则	北京市园林绿化局		
1628	DB11/T 1661—2019	畜牧业生态农业园区评价规范	北京市农业农村局		
1629	DB11/T 1662—2019	露地蔬菜微（喷）灌施肥技术规程	北京市农业农村局		
1630	DB11/T 1663—2019	工厂化循环水养殖系统技术规范	北京市农业农村局		
1631	DB11/T 1664—2019	主要果树害虫监测调查技术规程	北京市园林绿化局		
1632	DB11/T 1665—2019	超低能耗居住建筑设计标准	北京市规划和自然资源委员会		
1633	DB11/ 1666—2019	城市综合客运交通枢纽设计规范	北京市规划和自然资源委员会		
1634	DB11/T 1667—2019	建设工程造价数据存储标准	北京市住房和城乡建设委员会		
1635	DB11/T 1668—2019	轻钢现浇轻质内隔墙技术规程	北京市住房和城乡建设委员会		
1636	DB11/T 1669—2019	城市综合管廊智慧运营管理系统技术规范	北京市城市管理委员会		
1637	DB11/T 1670—2019	城市综合管廊设施设备编码规范	北京市城市管理委员会		

续表

序号	标准号	标准名称	行业主管部门	复审情况	备注
1638	DB11/T 1671—2019	户用并网光伏发电系统电气安全设计技术要求	北京市发展和改革委员会		
1639	DB11/T 1672—2019	户用并网光伏发电系统建设工程评价技术规范	北京市发展和改革委员会		
1640	DB11/T 1673—2019	海绵城市建设效果监测与评估规范	北京市水务局		
1641	DB11/T 1674—2019	地理国情普查与监测成果质量检查验收技术规程	北京市规划和自然资源委员会		
1642	DB11/T 1675—2019	地理国情信息基本统计技术规程	北京市规划和自然资源委员会		
1643	DB11/T 1676—2019	地理国情信息外业调绘底图制作技术规程	北京市规划和自然资源委员会		
1644	DB11/T 1677—2019	地质灾害监测技术规范	北京市规划和自然资源委员会		
1645	DB11/T 1678—2019	城市轨道交通广告设施设置规范	北京市交通委员会		
1646	DB11/T 1679—2019	收费公路路产巡查处置技术规范	北京市交通委员会		
1647	DB11/T 1680—2019	混凝土桥面防水粘结层快速施工技术规范	北京市交通委员会		
1648	DB11/T 1681—2019	城市轨道交通视频监视系统技术规范	北京市交通委员会		
1649	DB11/T 1682—2019	城市轨道交通视频监视系统测试规范	北京市交通委员会		
1650	DB11/T 1683—2019	城市轨道交通乘客信息系统技术规范	北京市交通委员会		
1651	DB11/T 1684—2019	城市轨道交通乘客信息系统测试规范	北京市交通委员会		
1652	DB11/T 1685—2019	天然草坪足球场场地设计与建造技术规范	北京市体育局		

续表

序号	标准号	标准名称	行业主管部门	复审情况	备注
1653	DB11/T 1686—2019	天然 – 人造混合草坪足球场场地设计与建造技术规范	北京市体育局		
1654	DB11/T 1687—2019	人造草坪足球场场地设计与建造技术规范	北京市体育局		
1655	DB11/T 1688—2019	天然草坪足球场场地养护与管理技术规范	北京市体育局		
1656	DB11/T 1689—2019	文物建筑抗震鉴定技术规范	北京市文物局		
1657	DB11/T 1690—2019	矿山植被生态修复技术规范	北京市园林绿化局		
1658	DB11/T 1691—2019	腾退空间园林绿化建设规范	北京市园林绿化局		
1659	DB11/T 1692—2019	城市树木健康诊断技术规程	北京市园林绿化局		
1660	DB11/T 1693—2019	餐厨垃圾收集运输节能规范	北京市城市管理委员会		
1661	DB11/T 1694—2019	生活垃圾收集运输节能规范	北京市城市管理委员会		
1662	DB11/T 1695—2019	工业取水定额　啤酒	北京市水务局		
1663	DB11/T 1696—2019	工业取水定额　饮料	北京市水务局		
1664	DB11/T 1697—2019	动力锂离子蓄电池制造业绿色工厂评价要求	北京市经济和信息化局		
1665	DB11/T 1698—2019	“警保联动”巡查车辆标识要求	北京市公安局		
1666	DB11/T 1699—2019	在用氨制冷压力管道 X 射线数字成像检测技术要求	北京市市场监督管理局		
1667	DB11/T 1700—2019	洗染企业等级划分与评定	北京市商务局		
1668	DB11/T 1701—2019	静脉用药集中调配规范	北京市卫生健康委员会		

续表

序号	标准号	标准名称	行业主管部门	复审情况	备注
1669	DB11/T 1702—2019	生活饮用水样品采集技术规范	北京市卫生健康委员会		
1670	DB11/T 1703—2019	口腔综合治疗台水路消毒技术规范	北京市卫生健康委员会		
1671	DB11/T 1704—2019	中小学生体育与健康课运动负荷监测与评价	北京市体育局		
1672	DB11/T 1705—2019	农业机械作业规范　青饲料收获机	北京市农业农村局		
1673	DB11/ 1706—2019	文物建筑防火设计规范	北京市规划和自然资源委员会		
1674	DB11/T 1707—2019	有轨电车工程设计规范	北京市规划和自然资源委员会		
1675	DB11/T 1708—2019	施工工地扬尘视频监控和数据传输技术规范	北京市住房和城乡建设委员会		
1676	DB11/T 1709—2019	装配式建筑设备与电气工程施工质量及验收规程	北京市住房和城乡建设委员会		
1677	DB11/T 1710—2019	智慧工地技术规程	北京市住房和城乡建设委员会		
1678	DB11/T 1711—2019	建设工程造价技术经济指标采集标准	北京市住房和城乡建设委员会		
1679	DB11/T 3001—2015	电子不停车收费系统　路侧单元应用技术规范	北京市交通委员会		
1680	DB11/T 3002—2015	老年护理常见风险防控要求	北京市卫生健康委员会		
1681	DB11/T 3003—2016	京津冀跨省市省级高速公路命名和编号规则	北京市交通委员会		
1682	DB11/T 3004—2016	道路货运站（场）经营服务规范	北京市交通委员会		
1683	DB11/ 3005—2017	建筑类涂料与胶粘剂挥发性有机化合物含量限值标准	北京市生态环境局	2018 年复审	

续表

序号	标准号	标准名称	行业主管部门	复审情况	备注
1684	DB11/T 3006—2017	车用气瓶电子标签应用管理规范	北京市市场监督管理局	2018 年复审	
1685	DB11/T 3007—2017	混合气体气瓶充装规定	北京市市场监督管理局	2018 年复审	
1686	DB11/T 3008.1—2018	人力资源服务规范　第 1 部分:通则	北京市人力资源和社会保障局		
1687	DB11/T 3008.2—2018	人力资源服务规范　第 2 部分:求职招聘服务	北京市人力资源和社会保障局		
1688	DB11/T 3008.3—2018	人力资源服务规范　第 3 部分:招聘洽谈会	北京市人力资源和社会保障局		
1689	DB11/T 3008.4—2018	人力资源服务规范　第 4 部分:信息网络服务	北京市人力资源和社会保障局		
1690	DB11/T 3008.5—2018	人力资源服务规范　第 5 部分:高级人才寻访	北京市人力资源和社会保障局		
1691	DB11/T 3008.6—2018	人力资源服务规范　第 6 部分:职业指导服务	北京市人力资源和社会保障局		
1692	DB11/T 3008.7—2018	人力资源服务规范　第 7 部分:素质测评服务	北京市人力资源和社会保障局		
1693	DB11/T 3008.8—2018	人力资源服务规范　第 8 部分:培训服务	北京市人力资源和社会保障局		
1694	DB11/T 3008.9—2018	人力资源服务规范　第 9 部分:人力资源管理咨询服务	北京市人力资源和社会保障局		
1695	DB11/T 3008.10—2018	人力资源服务规范　第 10 部分:流动人员人事档案管理服务	北京市人力资源和社会保障局		
1696	DB11/T 3008.11—2018	人力资源服务规范　第 11 部分:人力资源外包服务	北京市人力资源和社会保障局		
1697	DB11/T 3008.12—2018	人力资源服务规范　第 12 部分:劳务派遣	北京市人力资源和社会保障局		

续表

序号	标准号	标准名称	行业主管部门	复审情况	备注
1698	DB11/T 3009—2018	人力资源服务机构等级划分与评定	北京市人力资源和社会保障局		
1699	DB11/T 3010—2018	冷链物流　冷库技术规范	北京市商务局		
1700	DB11/T 3011—2018	冷链物流　运输车辆设备要求	北京市商务局		
1701	DB11/T 3012—2018	冷链物流　温湿度要求与测量方法	北京市商务局		
1702	DB11/T 3013—2018	畜禽肉冷链物流操作规程	北京市商务局		
1703	DB11/T 3014—2018	果蔬冷链物流操作规程	北京市商务局		
1704	DB11/T 3015—2018	水产品冷链物流操作规程	北京市商务局		
1705	DB11/T 3016—2018	低温食品储运温控技术要求	北京市商务局		
1706	DB11/T 3017—2018	低温食品冷链物流履历追溯管理规范	北京市商务局		
1707	DB11/T 3018—2018	高速公路服务区服务规范	北京市交通委员会		
1708	DB11/T 3019—2018	高速公路收费站服务规范	北京市交通委员会		
1709	DB11/T 3020—2018	京津冀高速公路智能管理与服务系统技术规范	北京市交通委员会		
1710	DB11/T 3021—2019	京津冀旅游直通车服务规范	北京市文化和旅游局		
1711	DB11/T 3022—2019	停车场电子不停车收费系统应用技术要求	北京市交通委员会		
1712	DB11/T 3023—2019	公路养护作业安全设施设置规范	北京市交通委员会		

注：以上地方标准文本可登录北京市市场监督管理局网站（scjgj. beijing. gov. cn）或首都标准网（www. capital-std. com）查阅。

北京市承担ISO、IEC有关TC、SC国际秘书处情况一览表

序号	组织	TC/SC 编号	TC/SC 中文名	国内承担单位	秘书承担时间	联合国家
1	ISO	TC 1	螺纹	中机生产力促进中心	2004	—
2	ISO	TC 5	钢管	冶金工业信息标准研究院	2004	—
3	ISO	TC 8	船舶与海洋技术	中国船舶重工集团公司第七一四研究所	2007	—
4	ISO	TC 10/SC 1	技术产品文件/通用规则	中机生产力促进中心	2018	英国
5	ISO	TC 10/SC 6	机械工程文件	中机生产力促进中心	2005	—
6	ISO	TC 17/SC 15	钢/铁路钢轨及其紧固件	冶金工业信息标准研究院	2003	—
7	ISO	TC 17/SC 17	钢/钢棒和钢丝产品	冶金工业信息标准研究院	1993	—
8	ISO	TC 20/SC 1	航空航天器/航空航天电气要求	中国航空综合技术研究所	1987	—
9	ISO	TC 20/SC 6	航空航天器/标准大气	中国航空综合技术研究所	2015	俄罗斯
10	ISO	TC 26	铜及铜合金	中国有色金属工业标准计量质量研究所	2007	—
11	ISO	TC 34/SC 4	食品/谷物与豆类	国家粮食和物资储备局标准质量中心	2006	—
12	ISO	TC 34/SC 6	食品/肉禽蛋鱼及其制品	中国商业联合会	2016	—
13	ISO	TC 37	术语和其他语言及内容资源	中国标准化研究院	2005	—
14	ISO	TC 37/SC 1	术语和其他语言及内容资源原则与方法	中国标准化研究院	2008	—
15	ISO	TC 38/SC 2	纺织品/洗涤、整理和拒水试验	纺织工业标准化研究所	2010	日本（由中国长期主导）
16	ISO	TC 38/SC 23	纺织品/纤维和纱线	纺织工业标准化研究所（与"江苏省纺织产品质量监督检验研究院"为国内联合）	2010	韩国

续表

序号	组织	TC/SC 编号	TC/SC 中文名	国内承担单位	秘书承担时间	联合国家
17	ISO	TC 41	带轮和带（包括 V 形带）	中机生产力促进中心	2009	—
18	ISO	TC 48/SC 3	实验室设备/温度计	全国玻璃仪器标准化中心（北京市药品包装材料检验所）	2019	—
19	ISO	TC 48/SC 4	实验室设备/密度计	全国玻璃仪器标准化中心（北京市药品包装材料检验所）	2019	—
20	ISO	TC 52	薄壁金属容器	中国食品发酵工业研究院有限公司	2010	—
21	ISO	TC 69/SC 7	六西格玛实施中统计及相关技术应用	中国标准化研究院	2008	英国
22	ISO	TC 79/SC 5	镁及铸造或锻造镁合金	中国有色金属工业标准计量质量研究所	2008	—
23	ISO	TC 79/SC 12	铝土矿	中国有色金属工业标准计量质量研究所	2015	—
24	ISO	TC 85/SC 6	核能、核技术与辐射防护/反应堆技术	核工业标准化研究所	2018	德国
25	ISO	TC 96	起重机	中联重科股份有限公司	2012	—
26	ISO	TC 122/SC 4	包装/包装与环境	中国出口商品包装研究所	2009	瑞典
27	ISO	TC 130	印刷技术	中国印刷技术协会	2012	—
28	ISO	TC 132	铁合金	冶金工业信息标准研究院	2004	—
29	ISO	TC 135/SC 9	无损检测/声发射检测	中国特种设备检测研究院	2017	—
30	ISO	TC 137	鞋号标识和标记体系	中国皮革制鞋研究院有限公司	2010	南非
31	ISO	TC 154	行政、商业和行业中的过程、数据元和文档	中国标准化研究院	2014	—
32	ISO	TC 156	金属和合金的腐蚀	冶金工业信息标准研究院	2008	—
33	ISO	TC 156/SC 1	金属和合金的腐蚀/腐蚀控制工程全生命周期	中国工业防腐蚀技术协会	2016	—
34	ISO	TC 176/SC 2	质量管理与质量保证/质量管理体系	中国标准化研究院	2007	英国

续表

序号	组织	TC/SC 编号	TC/SC 中文名	国内承担单位	秘书承担时间	联合国家
35	ISO	TC 180/SC 4	太阳能/系统热性能、可靠性和耐久性	中国标准化研究院	2018	—
36	ISO	TC 186	餐刀具、餐桌和装饰用金属中空器皿	中国标准化研究院	2007	—
37	ISO	TC 195	建筑施工机械与设备	北京建筑机械化研究院有限公司	2011	德国
38	ISO	TC 202	微束分析	中国科学院化学研究所	1991	—
39	ISO	TC 207/SC 7	环境管理/温室气体管理	中国标准化研究院	2010	加拿大
40	ISO	TC 255	沼气	农业农村部农业生态与资源保护总站	2010	—
41	ISO	TC 263	煤层气	中石油煤层气有限责任公司	2011	—
42	ISO	TC 265	二氧化碳捕集、运输与地质封存	中国标准化研究院	2011	加拿大
43	ISO	TC 269/SC 1	铁路应用/基础设施	中国铁道科学研究院集团有限公司铁道建筑研究所	2015	法国
44	ISO	TC 289	品牌评价	中国品牌建设促进会	2014	—
45	ISO	TC 295	审计数据采集	审计署计算机技术中心	2019	—
46	ISO	TC 296	竹藤	国家林业和草原局国际竹藤中心	2015	—
47	ISO	TC 298	稀土	中国有色金属工业标准计量质量研究所	2015	—
48	ISO	TC 301	能源管理与能源节约	中国标准化研究院	2016	美国
49	IEC	TC 5	蒸汽轮机	中国电器工业协会	2017	—
50	IEC	TC 115	100kV 及以上高压直流输电	国家电网公司	2008	—
51	IEC	TC 8/SC 8A	可再生能源接入电网	国家电网公司 中国电力科学研究院	2013	—
52	IEC	TC 8/SC 8B	分布式电力能源系统	国家电网公司 中国电力科学研究院	2018 年	—

北京市承担 ISO、IEC 有关 TC、SC 主席情况一览表

序号	组织	TC/SC 编号	TC/SC 中文名	任期时间	主席/副主席	姓名	工作单位
1	ISO	TC 1	螺纹	2019—2021	主席	杜兵	机械科学研究总院
2	ISO	TC 5	钢管	2016—2021	主席	冯超	冶金工业信息标准研究院
3	ISO	TC 8	船舶与海洋技术	2016—2021	主席	李彦庆	中国船舶重工集团有限公司
4	ISO	TC 10/SC 1	技术产品文件/通用规则分委员会	2017—2019	副主席	张莘	中机生产力促进中心
5	ISO	TC 10/SC 6	机械工程文件	2018—2020	主席	王德成	机械科学研究总院集团有限公司
6	ISO	TC 17/SC 17	钢/钢棒和钢丝产品	2013—2021	主席	冯超	冶金工业信息标准研究院
7	ISO	TC 20/SC 6	航空航天器技术委员会标准大气分委会	2015—2020	副主席	辜希	中国航空综合技术研究所
8	ISO	TC 20/SC 13	航空航天器技术委员会数据与信息传输系统分技术委员会	2018—2023	主席	周玉霞	中国航天标准化研究所
9	ISO	TC 34/SC 4	食品/谷物与豆类	2018—2020	主席	孙辉	国家粮食和物资储备局科学研究院
10	ISO	TC 41	带轮和带(包括 V 形带)	2019—2021	主席	隰永才	北京机电研究所有限公司
11	ISO	TC 52	薄壁金属容器	2017—2022	主席	郑铁钢	中国食品发酵工业研究院有限公司
12	ISO	TC 61/SC 2	塑料/力学性能	2018—2021	副主席	者东梅	中国石油化工股份有限公司北京化工研究院
13	ISO	TC 69/SC 7	六西格玛实施中统计及相关技术应用	2017—2022	主席	丁文兴	中国标准化研究院
14	ISO	TC 85/SC 6	核能、核技术与辐射防护/反应堆技术	2018—2020	副主席	霍小东	中国核电工程有限公司

续表

序号	组织	TC/SC 编号	TC/SC 中文名	任期时间	主席/副主席	姓名	工作单位
15	ISO	TC 96	起重机	2013—2021	主席	张喜军	北京起重运输机械设计研究院有限公司
16	ISO	TC 110/SC 5	工业车辆可持续性	2018—2020	主席	赵春晖	北京起重运输机械设计研究院有限公司
17	ISO	TC 130	印刷技术	2015—2020	主席	蒲嘉陵	中国印刷技术协会
18	ISO	TC 132	铁合金	2016—2021	主席	冯超	冶金工业信息标准研究院
19	ISO	TC 135/SC 9	无损检测/声发射检测	2017—2022	主席	沈功田	中国特种设备检测研究院
20	ISO	TC 176	质量管理与质量保证/质量管理体系	2015—2020	副主席	王立志	中国标准化研究院
21	ISO	TC 195	建筑施工机械与设备	2017—2019	主席	李静	北京建筑机械化研究院有限公司
22	ISO	TC 202	微束分析	2019—2021	主席	赵江	中国科学院化学研究所
23	ISO	TC 255	沼气	2019—2021	主席	刘昕	北京中环瑞德环境工程技术有限公司
24	ISO	TC 263	煤层气	2018—2020	主席	郭炳政	中石油煤层气有限责任公司
25	ISO	TC 268/SC 1	城市可持续发展	2012—2019	副主席	万碧玉	中国城市科学研究会智慧城市联合实验室
26	ISO	TC 269/SC 2	铁路应用/基础设施	2015—2021	副主席	霍保世	中国国家铁路集团有限公司
27	ISO	TC 282/SC 2	水回用	2014—2022	主席	胡洪营	清华大学环境学院
28	ISO	TC 293	饲料机械	2015—2020	主席	韩鲁佳	中国农业大学
29	ISO	PC 295	审计数据采集	2015—2020	主席	周维培	审计署计算机技术中心
30	ISO	TC 296	竹藤	2015—2020	主席	费本华	国家林业和草原局国际竹藤中心

续表

序号	组织	TC/SC 编号	TC/SC 中文名	任期时间	主席/副主席	姓名	工作单位
31	ISO	TC 298	稀土	2015—2021	主席	马存真	中国有色金属工业标准计量质量研究所
32	ISO	TC 301	能源管理与能源节约	2016—2021	副主席	王赓	中国标准化研究院
33	ISO	TC 306	铸造机械	2017—2019	主席	熊守美	清华大学
34	IEC	TC 61	家用和类似用途电器安全	2013—2019	副主席	马德军	中国家用电器研究院
35	IEC	TC 122	特高压交流输电系统	2014—2020	主席	姚良忠	中国电力科学研究院
36	IEC	SC 46F	射频和微波无源元件	2015—2021	主席	吴正平	中国电子技术标准化研究院
37	IEC	SyC AAL	环境辅助生活系统委员会	2014	副主席	马德军	中国家用电器研究院
38	IEC	SyC Smart Cities	智慧城市系统委员会	2017	副主席	孙维	国家市场监督管理总局

在京全国专业标准化技术委员会名录

序号	TC编号	TC 名称	SC编号	SC 名称	负责专业范围	秘书处所在单位	秘书处通讯地址	邮政编码
1	1	电压电流等级和频率			电压电流等级和频率	中机生产力促进中心	北京市海淀区首体南路2号	100044
2	3	液压气动			液压、气动	北京机械工业自动化研究所有限公司	北京市西城区德胜门外教场口一号9号楼206室	100120
3	3		1	液压传动和控制	液压	北京机械工业自动化研究所有限公司	北京市西城区德胜门外教场口一号9号楼206室	100120
4	3		2	气压传动和控制	气压传动和控制	北京机械工业自动化研究所有限公司	北京市西城区德胜门外教场口一号	100120
5	4	信息与文献			信息和文献	中国科学技术信息研究所	北京市海淀区复兴路15号	100038
6	4		2	书面语言转写		教育部语言文字信息管理司	北京市西城区西单大木仓胡同37号	100816
7	4		4	自动化	计算机在信息情报文献中的应用	中国科学技术信息研究所	北京市西城区复兴路15号	100038
8	4		9	识别与描述	用于信息组织和内容产业的信息标识、描述和相应的元数据及模型的标准化	国家图书馆	北京市海淀区中关村南大街33号国家图书馆	100081
9	6	集装箱			集装箱	交通运输部水运科学研究院	北京市海淀区西土城路8号	100088

续表

序号	TC编号	TC名称	SC编号	SC名称	负责专业范围	秘书处所在单位	秘书处通讯地址	邮政编码
10	7	人类工效学			人类工效学	中国标准化研究院	北京市海淀区知春路4号	100191
11	10		3	放射治疗、核医学和放射剂量学设备	放射治疗设备、核医学设备和放射剂量仪器	北京市医疗器械检验所	北京市通州区光机电一体化产业基地兴光二街7号	101111
12	12		3	船舶基础	船舶基础	中国船舶工业综合技术经济研究院	北京市海淀区学院南路70号	100081
13	12		8	计算机应用	船舶设计、建造及系统和设备计算机应用等	中国船舶工业综合技术经济研究院/武昌造船厂	北京市海淀区学院南路70号船舶标准化技术研究与制定中心	100081
14	15		1	石化塑料树脂产品	石化塑料及树脂	中国石油化工股份有限公司北京燕山分公司树脂应用研究所	北京市房山区燕东路8号	102500
15	16	量和单位			量和单位	中国计量科学研究院国际合作办公室	北京市朝阳区北三环东路18号	100013
16	16		1	特征数、时间、空间、力学、热学、周期及有关现象量和单位	无量纲、时间、空间、力学、热学、周期及有关现象的量和单位的名称与符号	原国家质检总局计量司单位制办公室		
17	16		2	电学、磁学量和单位	规定电学和磁学量和单位的名称与符号	原国家质检总局计量司单位制办公室		

续表

序号	TC编号	TC 名称	SC编号	SC 名称	负责专业范围	秘书处所在单位	秘书处通讯地址	邮政编码
18	16		3	光及有关电磁辐射的量和单位	光及有关电磁、辐射的量和单位的名称与符号	原国家质检总局计量司单位制办公室		
19	16		4	声学的量和单位	声学量和单位的名称与符号	原国家质检总局计量司单位制办公室		
20	16		5	物理化学和分子物理学量和单位	物理化学和分子物理学量和单位的名称与符号	原国家质检总局计量司单位制办公室		
21	16		6	原子物理、核物理学、核反应、电离辐射量和单位	原子物理学、核物理学、核反应、电离辐射的量和单位的名称与符号	原国家质检总局计量司单位制办公室		
22	16		7	物理科学与技术中使用的数学符号	物理科学与技术中使用的数学符号的含义、读法和应用	原国家质检总局计量司单位制办公室		
23	16		8	固体物理学量和单位	固体物理学的量和单位的名称与符号	原国家质检总局计量司单位制办公室		
24	17	声学			声学	中国科学院声学研究所	北京市海淀区北四环西路 21 号	100190
25	17		1	声学基础	声学基础	中国科学院声学研究所	北京市海淀区北四环西路 21 号	100190
26	17		3	建筑声学	建筑声学	中国建筑科学研究院建筑物理研究	北京市朝阳区北三环东路 30 号	100013

续表

序号	TC编号	TC名称	SC编号	SC名称	负责专业范围	秘书处所在单位	秘书处通讯地址	邮政编码
27	17		4	超、水声	超、水声	中国科学院声学研究所	北京市海淀区北四环西路21号	100190
28	19	轮胎轮辋			轮胎轮辋、气门嘴	北京橡胶工业研究设计院	北京市海淀区阜石路甲19号	100143
29	19		1	汽车工农业机械轮胎轮辋	汽车、工农业机械轮胎轮辋	北京橡胶工业研究设计院	北京市海淀区阜石路甲19号	100143
30	20	能源基础与管理			节能以及能源方面的通用性、综合性的基础和管理等专业领域	中国标准化研究院	北京市海淀区知春路4号	100191
31	20		3	能源管理	综合性、通用性能源管理标准，如能耗定额编制、综合能耗计算方法、节能量计算方法、能源利用率、能源监测方法、能量平衡测试方法、技术要求、耗能设备经济运行技术要求、合理用热等等专业领域	中国标准化研究院	北京市海淀区知春路4号1014室	100088
32	20		4	合理用电	电力方面的合理利用、耗电设备经济运行技术要求、节电评价、管理监测方法、耗电定额编制等等专业领域	中国标准化研究院	北京市海淀区知春路4号	100191
33	20		5	省能材料应用技术	有关省能的隔热、保温、润滑、载能、导能、传输等材料性能管理和应用技术要求以及资源综合利用等专业领域	建筑材料工业技术监督研究中心	北京市朝阳区管庄东里北楼405室	100024
34	20		6	新能源和可再生能源	新能源和可再生能源等专业领域标准化工作	中国标准化研究院	北京市海淀区知春路4号	100191

续表

序号	TC编号	TC 名称	SC编号	SC 名称	负责专业范围	秘书处所在单位	秘书处通讯地址	邮政编码
35	20		8	节能技术与信息	节能技术及设备认定与测评、节能技术潜力测算方法、节能信息、节能标记、节能信息识别、公众信息传递模式和平台等	中国标准化研究院	北京市海淀区知春路4号	100191
36	20		10	建材行业能源管理	建材领域能源的基础、管理、试验方法	中国建筑材料联合会	北京市海淀区三里河路11号南新楼	100836
37	20		11	节能分析评估	节能分析评估	中国标准化研究院	北京市海淀区知春路4号	100191
38	20		12	特种设备节能	锅炉、压力容器、压力管道、电梯、起重机械、客运索道、大型游乐设施、场(厂)内机动车等八大类特种设备和设施的能效测试、能效评价节能管理及节能新技术、新工艺、新方法等	中国特种设备安全与节能促进会	北京市朝阳区北三环东路26号2层	100013
39	21	统计方法应用			统计方法应用等专业领域	中国标准化研究院	北京市海淀区知春路4号	100088
40	21		1	统计学术语及符号		中国科学院数学与系统研究院	北京市海淀区中关村东路55号	100080
41	21		2	数据的处理和解释	数据的统计处理方法等专业领域	北京大学概率统计系	北京市海淀区中关村北京大学概率统计系	100871
42	21		3	统计方法在标准化中的应用		中国人民大学	北京市海淀区西三旗育新园28-1-405	100096

续表

序号	TC编号	TC 名称	SC编号	SC 名称	负责专业范围	秘书处所在单位	秘书处通讯地址	邮政编码
43	21		4	统计过程控制		清华大学经济管理学院	北京市海淀区清华大学	100084
44	21		6	测量方法与结果		中国科学院数学与系统研究院	北京市海淀区中关村东路55号	100190
45	21		7	可靠性统计方法	非电子产品可靠性等专业领域	中国标准化研究院	北京市海淀区知春路4号	100088
46	22	金属切削机床			金属切削机床、附件、功能部件等专业领域	北京机床研究所	北京市朝阳区望京路4号	100102
47	22		2	铣床	铣床等专业领域	北京北一机床股份有限公司	北京市顺义区双河大街16号	101300
48	22		10	功能部件	负责全国机床用功能部件等专业领域标准化工作	北京机床研究所	北京市朝阳区望京路4号	100102
49	22		13	机床安全	机床安全	国家机床质量监督检验中心	北京市朝阳区望京路4号	100102
50	23	电声学			负责全国电声学领域中助听器、声级计、测量传声器、听力计、测量用人耳和人头模拟器和其他电声测量仪器等专业领域标准化工作	中国电子科技集团公司第三研究所	北京市朝阳区酒仙桥北路乙7号	100015
51	25	电气安全			负责电气安全标准化领域的工作	中国电器工业协会	北京市丰台区南四环西路188号12区30号楼	100070

续表

序号	TC编号	TC名称	SC编号	SC名称	负责专业范围	秘书处所在单位	秘书处通讯地址	邮政编码
52	27	电气信息结构、文件编制和图形符号			负责全国电气信息结构、文件编制和图形符号等专业领域标准化工作	中机生产力促进中心	北京市海淀区首体南路2号	100044
53	27		3	电气设备用图形符号	负责全国电气设备用图形符号等专业领域标准化工作	机械工业北京电工技术经济研究所、江苏省电力试验研究院有限公司	北京市丰台区南四环西路188号12区30号楼	100070
54	27		4	电气元件数据库用数据集	负责全国电气元件数据库用数据集等专业领域标准化工作	中国电子技术标准化研究院华东分院	北京市东城区安定门东大街1号	100007
55	28	信息技术			负责全国信息采集、表示、处理、传输、交换、表述、管理、组织、存储和检索的系统和工具的规范、设计和研制等专业领域标准化工作	中国电子技术标准化研究院	北京市东城区安定门东大街1号	100007
56	28		2	字符集与编码	负责全国信息技术领域信息交换用字符集和其编码表示及控制功能标准化工作	中国电子技术标准化研究院	北京市东城区安定门东大街1号	100007
57	28		6	数据通讯	负责全国信息技术领域远程通信、局域网和OSI的1~3层的标准化工作	中国电子技术标准化研究院	北京市东城区安定门东大街1号	100007
58	28		7	软件与系统工程	负责全国信息技术领域软件产品和系统工程方面的过程、支持工具以及支持技术的标准化工作	中国电子技术标准化研究院	北京市东城区安定门东大街1号	100007
59	28		17	卡及身份识别安全设备	卡及身份识别	工业和信息化部电子工业标准化研究院	北京市东城区安定门东大街1号	100007

续表

序号	TC编号	TC名称	SC编号	SC名称	负责专业范围	秘书处所在单位	秘书处通讯地址	邮政编码
60	28		22	程序设计语言	程序设计语言和系统软件接口的标准	中国电子技术标准化研究院	北京市东城区安定门东大街1号	100007
61	28		23	光盘	负责全国信息技术领域信息处理系统间媒体和信息交换用的盒式光盘的标准化工作	清华大学	北京市海淀区清华大学	100084
62	28		24	计算机图形图像处理及环境数据表示	计算机图形、图像处理及环境数据表示	工业和信息化部电子工业标准化研究院	北京市东城区安定门东大街1号	100007
63	28		25	信息技术设备互连	信息技术设备互连	工业和信息化部电子工业标准化研究院	北京市东城区安定门东大街1号	100007
64	28		28	办公机器、外围设备和耗材	负责全国信息技术领域各种与信息技术产品有关的办公机器、各种计算机外围设备、电源、机房及机房设备、信息设备用消耗材料和字形的标准化工作	中国电子技术标准化研究院	北京市东城区安定门东大街1号	100007
65	28		29	多媒体	负责全国信息技术领域制定静态图象、动态图象、超媒体数据的压缩编码的标准化工作	中国电子技术标准化研究院	北京市亦庄经济技术开发区同济南路8号	100176
66	28		31	自动识别与数据采集技术	负责全国信息技术领域条码、射频等自动识别与数据采集技术、应用等专业领域标准化工作	中国物品编码中心	北京市东城区安定门外大街138号皇城国际B座3-6层	100011
67	28		35	用户界面	信息系统用户界面，包括键盘与输入接口、图形用户交互界面、移动设备用户接口与界面、特殊需求用户界面、用户界面对象作用和属性、远程交互用户界面	中国电子技术标准化研究院	北京市东城区安定门东大街1号	100007

续表

序号	TC编号	TC名称	SC编号	SC名称	负责专业范围	秘书处所在单位	秘书处通讯地址	邮政编码
68	28		36	教育技术	负责远程教育领域的标准化工作	清华大学	北京市海淀区清华大学	100084
69	28		37	生物特征识别	生物特征识别,包括生物特征识别的公共文档框架、应用程序接口、数据交换格式、轮廓、评估准则的应用、性能测试等	中国电子技术标准化研究院	北京市东城区安定门东大街1号	100007
70	28		38	面向服务的体系结构	负责面向服务的体系结构(SOA)、WEB服务和中间件等领域的国家标准制修订工作	中国电子技术标准化研究院	北京市东城区安定门东大街1号	100007
71	28		39	信息技术与可持续发展	信息技术相关的资源利用效率和支持可持续发展等领域的国家标准制修订工作	工业和信息化部电子工业标准化研究院	北京市东城区安定门东大街1号	100007
72	28		40	信息技术服务	信息技术服务等领域的国家标准制修订工作	工业和信息化部电子工业标准化研究院	北京市东城区安定门东大街1号	100007
73	28		41	物联网	物联网体系架构、术语、数据处理、互操作、传感器网络、测试与评估等物联网基础和共性技术	中国电子技术标准化研究院	北京市东城区安定门东大街1号	100007
74	30	核仪器仪表			负责全国核仪器仪表等专业领域标准化工作	核工业标准化研究所	北京市982信箱	100091
75	30		1	通用核仪器和辐射探测器	负责全国通用核仪器、核探测器、勘探采矿用核仪器、放射性同位素应用仪器等专业领域标准化工作	核工业标准化研究所	北京市982信箱	100091
76	30		2	反应堆仪表	负责全国核反应堆及核电厂的核测量系统、控制系统、安全系统、安全及电力系统、事故监测系统和破损元件控测定位系统等专业领域标准化工作	核工业标准化研究所	北京市982信箱	100091

续表

序号	TC编号	TC名称	SC编号	SC名称	负责专业范围	秘书处所在单位	秘书处通讯地址	邮政编码
77	30		3	辐射防护仪器	负责全国环境辐射监测、核设施厂区内外监测、人员监测和核设施排出物监测等所用设备和系统等专业领域标准化工作	核工业标准化研究所	北京市982信箱	100091
78	31	气瓶			负责全国无缝气瓶、焊接气瓶、液化石油气瓶、溶解乙炔气瓶、气瓶附件等产品标准、气瓶设计、术语及气瓶检验等专业领域标准化工作	北京天海工业有限公司	北京市朝阳区北四环中路6号华亭嘉园C座27F	100029
79	31		3	液化石油气瓶	负责全国液化石油气瓶等专业领域标准化工作	中国城市燃气协会液化石油气钢瓶专业委员会	北京市海淀区蓝靛厂东路2号院2号楼金源时代商务中心C座11C	100097
80	34	电工电子设备结构综合			负责全国电工、电子及仪表方面结构包括总体设计导则、结构尺寸系列、色彩造型、人体工程导则、模拟符号以及各种开关柜、控制柜、屏、台等产品及通用件、零部件等专业领域标准化工作	机械工业北京电工技术经济研究所	北京市丰台区南四环西路188号12区30号楼	100070
81	35		2	通用试验方法	负责全国橡胶物理和化学试验方法等专业领域标准化工作	北京橡胶工业研究设计院	北京市海淀区阜石路甲19号	100143
82	35		7	橡胶杂品	负责全国橡胶杂品等专业领域标准化工作	北京市化工产品质量监督检验站	北京市朝阳区化工路6号院2号楼206室	100124
83	37	农作物种子			负责全国农作物种子专业领域标准化工作	全国农业技术推广服务中心	北京市朝阳区麦子店街20号	100026

续表

序号	TC 编号	TC 名称	SC 编号	SC 名称	负责专业范围	秘书处所在单位	秘书处通讯地址	邮政编码
84	37		1	原种生产技术规程	负责全国农作物种子生产技术规程专业领域标准化工作	全国农业技术推广服务中心	北京市朝阳区麦子店街 20 号	100026
85	37		2	种子分级	负责全国农作物种子质量专业领域标准化工作	全国农业技术推广服务中心	北京市朝阳区麦子店街 20 号	100026
86	37		3	种子包装贮藏运输	负责全国种子加工、包装、贮藏和运输等专业领域标准化工作	全国农业技术推广服务中心	北京市朝阳区麦子店街 20 号	100026
87	37		4	种子检验技术规程	负责全国种子检验技术规程专业领域标准化工作	全国农业技术推广服务中心	北京市朝阳区麦子店街 20 号	100026
88	38	微束分析			负责全国电子探针、扫描电镜、电子显微镜、离子探针等一类微束原位的分析领域本身的标准化工作，也包括所涉及的重要的相关学科，如高新材料、微电子材料与加工及生命生物科学中以微束分析为主要研究工具的有关的标准化工作，如纳米材料、亚微米材料、薄膜材料等分析测定及相关的材料标准等专业领域标准化工作	中国科学院化学研究所	北京市海淀区中关村北一街 2 号	100190
89	38		2	表面化学分析	负责全国表面分析的微束分析的标准化工作，包括仪器规格、操作、样品处理、数据处理、定量和定性分析和实验结果报告的协调，确立统一的术语、推荐操作规程、参考材料和参考数据等	中国科学院物理研究所	北京市海淀区中关村北一街 2 号	100190

续表

序号	TC编号	TC名称	SC编号	SC名称	负责专业范围	秘书处所在单位	秘书处通讯地址	邮政编码
90	39	纤维增强塑料			负责全国纤维增强塑料(复合材料)包括结构复合材料、功能复合材料、先进高性能复合材料等专业领域标准化工作	北京玻璃钢研究设计院有限公司	北京市延庆县康庄镇南261信箱	102101
91	41	木材			负责全国木材等专业领域(包括木材基础、原木、锯材、结构用木材等)标准化工作	中国林业科学研究院木材工业研究所	北京市海淀区香山路中国林科院木材所	100091
92	41		1	基础标准	负责全国木材性质、木材干燥、木材保护基础等专业领域标准化工作	中国林业科学研究院木材工业研究所	北京市海淀区香山路中国林科院木材所	100091
93	41		4	结构用木材	关于结构应用的木材、其它木基产品和相关的木质纤维材料等	中国林业科学研究院木材工业研究所	北京市海淀区香山路东小府2号中国林科院木材所	100091
94	42	煤炭			负责全国煤炭分类、分级、术语、测试方法、检验规则,工业用煤炭产品技术条件等专业领域标准化工作	煤炭科学技术研究院有限公司	北京市朝阳区和平里青年沟路5号	100013
95	42		1	煤炭检测	负责全国煤炭、型炭及水煤浆分析实验方法、煤炭测试专用仪器设备等专业领域的标准化工作	煤炭科学技术研究院有限公司	北京市朝阳区和平里青年沟路5号1号楼200号房间	100013
96	42		2	煤质与资源评价	负责全国煤炭分类和分级、煤炭产品质量、各种工业用煤质量、煤加工产品试验方法、煤田地质勘探等专业领域标准化工作	煤炭科学技术研究院有限公司	北京市朝阳区和平里青年沟路5号	100013

续表

序号	TC编号	TC 名称	SC编号	SC 名称	负责专业范围	秘书处所在单位	秘书处通讯地址	邮政编码
97	46	家用电器			负责全国家用和类似用途电器安全、性能、安装和维修等专业领域标准化工作	中国家用电器研究院	北京市西城区月坛北小街6号	100053
98	46		1	制冷空调器具	负责全国家用制冷空调器具等专业领域标准化工作	中国家用电器研究院	北京市西城区下斜街29号	100053
99	46		2	清洁器具	负责全国各种类型洗衣机、干洗机、甩干机、地板擦洗机（干、湿）、地板擦光机、地板上光机、打蜡机、吸尘器等家用清洁器专业领域标准化工作	中国家用电器研究院	北京市西城区月坛北小街6号	100037
100	46		3	厨房器具	负责全国家用厨房器具如电饭锅、烤箱、洗碟机、面包片烤箱、微波灶、电磁灶、电灶（电炉）、吸油烟机、电动食品制备机等专业领域标准化工作	中国家用电器研究院	北京市西城区下斜街29号	100053
101	46		7	商用电气饮食加工服务设备	负责全国商用电气饮食加工服务设备安全和性能等专业领域标准化工作	北京市服务机械研究所	北京市昌平区沙河镇路庄村（于善街西口）	102613
102	46		10	家用电器噪声	各种家用电器（电冰箱、空调器、洗衣机等）的噪声值及测试方法	中国家用电器研究院	北京市西城区下斜街29号	100053
103	46		12	家用电器布线及安装	家用电器布线技术要求及各种家用电器（电冰箱、空调器、洗衣机等）的安装规范	轻工业标准化研究所	北京市西城区月坛北小街6号	100053
104	46		13	保健和类似器具	具有保健及类似功能的家用电器	中国家用电器研究院	北京市西城区月坛北小街6号	100037

续表

序号	TC编号	TC名称	SC编号	SC名称	负责专业范围	秘书处所在单位	秘书处通讯地址	邮政编码
105	47	印制电路			负责全国印制电路,表面安装,互联技术等专业领域标准化工作	中国电子技术标准化研究院	北京市安定门东大街1号北京1101信箱	100007
106	48	塑料制品			负责全国塑料制品等专业领域标准化工作	轻工业塑料加工应用研究所	北京市海淀区阜成路11号北京工商大学(东校区)耕耘楼9907室	100048
107	48		2	泡沫塑料	负责全国塑料制品等专业领域标准化工作	轻工业塑料加工应用研究所	北京市海淀区阜成路11号	100048
108	48		3	塑料管材、管件及阀门	负责全国塑料制品等专业领域标准化工作	轻工业塑料加工应用研究所	北京市海淀区阜成路11号	100048
109	49	包装			负责全国包装专业的基础标准、方法标准、包装容器和包装材料的综合标准等专业领域标准化工作	中国包装联合会	北京市朝阳区建国路99号中服大厦10层	100020
110	49		2	袋	负责全国包装袋等专业领域标准化工作	建筑材料工业技术监督研究中心	北京市朝阳区管庄东里北楼	100024
111	49		9	玻璃容器	负责全国玻璃容器等专业领域标准化工作	北京市药品包装材料检验所	北京市朝阳区南豆各庄黄厂路(农机仓库北)	100121
112	49		10	包装与环境	包装的环境基础标准(术语、标志、方法等)、包装的环境评价、与环境有关的包装中有害物质控制和验证等	中国出口商品包装研究所	北京市朝阳区白家庄东里42号院2号楼3层	100026

续表

序号	TC编号	TC名称	SC编号	SC名称	负责专业范围	秘书处所在单位	秘书处通讯地址	邮政编码
113	53		3	振动测量仪器的使用和校准	负责全国振动冲击测量仪器设备等专业领域标准化工作	中国计量科学研究院	北京市朝阳区北三环东路18号	100029
114	58	核能			负责全国核能包括核能名词术语、辐射防护、反应堆技术、放射性同位素和核燃料技术等专业领域标准化工作	核工业标准化研究所	北京市982信箱	100091
115	58		2	辐射防护	负责全国辐射安全与相关核安全等专业领域标准化工作	核工业标准化研究所	北京市982信箱	100091
116	58		3	反应堆技术	负责全国反应堆安全法规、安全导则、管理导则、通用基础标准、核反应堆系统设计与建造标准、核反应堆系统调试、运行、维修、设备在役检查和退役规范等专业领域标准化工作	核工业标准化研究所	北京市982信箱	100091
117	58		4	放射性同位素	负责全国放射性同位素的一般通用基础标准、质量管理标准、安全标准、包装、运输、储存标准及放射性安全检验、分析测量标准等专业领域标准化工作	核工业标准化研究所	北京市982信箱	100091
118	58		5	核燃料技术	负责全国核燃料技术包括核燃料循环设施的核安全法规,导则;核燃料产品及配套标准、热核材料及配套标准、放射性废物处理的有关工艺规定及标准、与核燃料有关的其它材料的标准、核燃料系统的民品产品及其配套标准、核燃料产品的主要设备标准等专业领域标准化工作	核工业标准化研究所	北京市982信箱	100091

续表

序号	TC编号	TC名称	SC编号	SC名称	负责专业范围	秘书处所在单位	秘书处通讯地址	邮政编码
119	59	图形符号			负责全国公用性图形符号和图形符号的基础性综合标准化工作	中国标准化研究院	北京市海淀区知春路4号	100191
120	59		1	城市导向	城市公共信息导向系统中导向要素、图形元素及系统设置	中国标准化研究院	北京市海淀区知春路4号	100088
121	62	语言与术语			负责全国术语标准化工作	中国标准化研究院	北京市海淀区知春路4号	100088
122	62		1	术语学理论与应用	负责全国术语学理论标准化工作	中国大百科全书出版社	北京市西城区阜成门北大街17号	100037
123	62		3	计算机辅助术语工作	负责全国计算机辅助术语的建库和术语的自动发现等专业领域标准化工作	北京大学计算语言学研究所	北京市海淀区中关村北京大学计算机语言学研究所	100871
124	62		4	少数民族语	负责全国少数民族语术语标准化工作	教育部语言文字信息管理司	北京市西城区西单大木仓胡同35号	100816
125	63	化学			负责全国化学品等专业领域标准化工作	中国石油和化学工业联合会	北京市朝阳区安慧里四区16号楼	100723
126	63		2	有机化工	负责全国有机化工产品等专业领域标准化工作	中国石油化工股份有限公司北京化工研究院	北京市朝阳区北三环东路14号	100013
127	63		3	化学试剂	负责全国化学试剂等专业领域标准化工作	北京化学试剂研究所	北京市大兴区安定镇工业开发区街1号华腾化工园区	102607

续表

序号	TC编号	TC名称	SC编号	SC名称	负责专业范围	秘书处所在单位	秘书处通讯地址	邮政编码
128	63		9	制冷剂	制冷剂的技术特性和检测方法	中国石油化工股份有限公司北京化工研究院	北京市朝阳区北三环东路14号	100013
129	64	食品工业			负责全国食品工业等专业领域标准化工作	中轻食品工业管理中心	北京市西城区阜外大街乙22号	100833
130	64		2	罐头	负责全国罐头制品等专业领域标准化工作	中国食品发酵工业研究院	北京市朝阳区酒仙桥中路24号院6号楼	100015
131	64		5	工业发酵	负责全国工业发酵等专业领域标准化工作	中国食品发酵工业研究院	北京市朝阳区酒仙桥中路24号院6号楼621室	100015
132	66	人造板机械			负责全国刨花板、中纤板、胶合板生产线和机械设备;人造板表面装饰生产设备;制材生产线机械设备;板式家具生产线设备;细木工板生产设备;人造板生产用刀具设备;竹胶合板生产线及竹材加工设备;层压材生产设备;地板(含实木、强化、复合地板)生产线设备;新型人造板设备等专业领域标准化工作	国家林业局北京林业机械研究所	北京市朝阳区安苑路20号世纪兴源大厦	100029
133	71	橡胶塑料机械			负责全国橡胶炼胶、硫化、压延、挤出、成型等设备和塑料炼塑、压延、挤出、注射、喷塑、压力、真空、中空泡沫成型、编织设备机械等专业领域标准化工作	北京橡胶工业研究设计院	北京市海淀区阜石路甲19号	100143

续表

序号	TC编号	TC 名称	SC编号	SC 名称	负责专业范围	秘书处所在单位	秘书处通讯地址	邮政编码
134	71		1	橡胶机械	负责全国橡胶炼胶、硫化、压延、挤出、成型等设备和塑料炼塑、压延、挤出、注射、喷塑、压力、真空、中空泡沫成型、编织设备机械等专业领域标准化工作	北京橡胶工业研究设计院	北京市海淀区阜石路甲19号	100143
135	74	锻压			负责全国热锻、冷锻、冲压等成形工艺技术及工艺装备(模具除外)、工艺机械化配套技术及锻压安全、环保卫生等专业领域标准化工作	北京机电研究所有限公司	北京海淀区学清路18号北京机电研究所7层行业中心全国锻压标委会	100083
136	75	热处理			负责全国热处理基础通用,试验方法,质量控制,工艺材料,化学热处理及其热处理工艺技术等专业领域标准化工作	北京机电研究所有限公司	北京市海淀区学清路18号	100083
137	76	饲料工业			负责全国饲料标准化工作	中国饲料工业协会	北京市朝阳区麦子店街20号楼527室	100026
138	76		1	水产饲料	水产饲料产品,水产饲料对环境影响的评价及监测,水产饲料安全卫生与检测方法等	全国畜牧总站/中国饲料工业协会	北京市朝阳区麦子店街20号楼527室	100125
139	78		2	半导体集成电路	负责全国半导体集成电路、混合集成电路等专业领域标准化工作	中国电子技术标准化研究院	北京市1101信箱	100007
140	79		1	无线电干扰测量方法和统计方法	负责全国无线电干扰测量仪器、辅助设备及通用测量方法的标准化及研究干扰测量结果的统计分析中所用抽样方法以及干扰测量与信号接收效果间的相互关系等专业领域标准化工作	中国电子技术标准化研究院	北京市亦庄经济开发区同济南路8号	100176

续表

序号	TC编号	TC名称	SC编号	SC名称	负责专业范围	秘书处所在单位	秘书处通讯地址	邮政编码
141	79		7	信息技术设备、多媒体设备和接收机的电磁兼容	负责全国信息技术设备、多媒体设备和接收机的干扰和抗扰度限值和测量方法等专业领域标准化工作	工业和信息化部电子工业标准化研究所	北京市亦庄经济技术开发区同济南路8号	100176
142	79		8	无线电业务保护	负责全国无线电业务保护等专业领域标准化工作	国家无线电监测中心	北京市西城区北礼士路80号	100037
143	83	电子业务			负责全国EDI,开放式EDI,基于纸质的文件格式,行政、商业、运输业、工业领域业务工作电子化涉及的数据元与代码、数据结构化技术、电子文档格式(交换结构)、业务过程、数据维护与管理、消息服务、关键支撑技术等专业领域标准化工作	中国标准化研究院	北京市海淀区知春路4号	100191
144	85	紧固件			负责全国紧固件的尺寸、公差、机械性能、工作特性、试验方法和验收程序,螺栓,螺柱等十二类产品(不包括航空器,航天器及滚动轴承等专用紧固件)等专业领域的标准化工作	中机生产力促进中心	北京市海淀区首体南路2号	100044
145	86	文献影像技术			负责全国文件的输入、输出质量、记录、存储和使用文件影像的实现、检验和质量控制方法、文件影像工作流程应用、制作和使用信息所需设备涉及的应用要求和质量标准、相关的术语等专业领域标准化工作	国家图书馆	北京市海淀区中关村南大街33号	100081

续表

序号	TC编号	TC 名称	SC编号	SC 名称	负责专业范围	秘书处所在单位	秘书处通讯地址	邮政编码
146	86		1	质量	负责文献缩微制品及电子影像的质量检测与加工、产品、设备的控制程序，交换方式与保存问题等领域的标准化工作	北京电影机械研究所	北京市朝阳区团结湖北路2号	100026
147	86		4	缩微摄影技术应用		国家图书馆	北京市海淀区中关村南大街33号	100081
148	86		5	电子影像技术应用		国家图书馆	北京市海淀区中关村南大街33号	100081
149	86		6	技术绘图应用		国家档案局档案科学技术研究所	北京市西城区永安路106号	100050
150	86		7	一般问题	负责词汇与文献成像技术的合法许可问题等领域的标准化工作	中国人民大学信息资源管理学院	北京市海淀区中关村大街59号	100872
151	93	国土资源			负责全国地质矿产和土地资源工作领域的标准化工作	中国国土资源经济研究院	北京市259信箱	101149
152	93		1	区域地质、矿产地质	负责区域地质调查、海洋区域地质调查技术要求，包括主要目标、对象内容、技术工作程序、技术工艺、方法及装备、成果质量管理要求等，矿产资源的调查、勘查、评价、规划技术要求，地质勘查资质管理相关技术标准等领域的国家及行业标准制修订工作	中国地质调查局发展研究中心	北京市西城区西四阜内大街64号	100812

续表

序号	TC编号	TC名称	SC编号	SC名称	负责专业范围	秘书处所在单位	秘书处通讯地址	邮政编码
153	93		2	水文地质、工程地质、环境地质	负责水文地质、工程地质、环境地质技术要求，地质灾害调查、地质灾害防治工程勘查、设计、施工及监理等技术要求，地质环境的调查、评价、规划、监测、保护与合理利用技术要求等领域的国家及行业标准制修订工作	中国地质环境监测院	北京市海淀区大慧寺路20号	100081
154	93		4	地质矿产实验测试	负责地质矿产实验测试基础、技术和质量管理标准。地质矿产化学成分分析、物理特性测量、物理化学特性测量、同位素地质实验标准及相关标准物质等领域的国家及行业标准制修订工作	国家地质实验测试中心	北京市西城区百万庄大街26号	100037
155	93		5	国土资源信息化	负责土地、地质矿产信息术语、分类、代码、符号、图式、图例及制图方法，土地、地质矿产相关数据采集建库、质量控制、汇交、管理、共享与服务技术要求，土地、地质矿产系统开发、安全技术要求等领域	国土资源部信息中心	北京市西城区阜成门内大街64号	100812
156	93		6	土地资源规划、调查、评价	负责土地资源调查、评价、规划技术要求，土地分类标准，土地评价指标体系与技术要求等领域的国家及行业标准制修订工作	中国土地勘测规划院	北京市西城区冠英院西区37号	100035
157	93		7	土地整治、保护	负责土地资源整治分类、规划、评价、项目管理技术要求，土地资源保护相关技术要求等领域的国家及行业标准制修订工作	国土资源部土地整理中心	北京市西城区冠英园西区37号	100035

续表

序号	TC编号	TC名称	SC编号	SC名称	负责专业范围	秘书处所在单位	秘书处通讯地址	邮政编码
158	93		8	矿产资源储量	矿产资源储量管理及矿山储量动态监督管理技术要求，矿产资源储量勘探规范，地质资料管理技术要求	国土资源部矿产资源储量评审中心	北京市西城区冠英园西区37号	100035
159	93		10	土地利用、节约、监测	土地资源监测与节约集约利用技术要求，土地利用潜力、程度、状况调查评价技术要求，土地权属管理和土地市场管理相关技术要求	中国土地勘测规划院	北京市西城区冠英园西区37号	100035
160	96	石油钻采设备和工具			负责陆地和海洋石油天然气（包含非常规油气）勘探开发（物探、钻井、采油采气和油气储运等工程）用设备、工具及其材料等专业领域的标准化工作	中国石油天然气股份有限公司勘探开发研究院石油工业标准化研究所	北京市海淀区学院路20号院910信箱	100083
161	99	口腔材料和器械设备			负责全国口腔材料和器械设备等专业领域标准化工作	北京大学口腔医学院	北京市海淀区中关村南大街22号	100081
162	100	安全防范报警系统			负责全国安全防范报警系统、产品等专业领域标准化工作	公安部第一研究所	北京市海淀区首体南路1号	100048
163	100		2	人体生物特征识别应用	负责安全防范报警系统中以人体生物特征识别应用为主要内容的产品、应用系统以及测试检验等领域标准化工作	公安部第一研究所	北京市海淀区首都体育馆南路1号	100048
164	101		1	皮革机械	负责全国皮革机械等专业领域标准化工作	中国皮革制鞋研究院有限公司	北京市朝阳区将台西路18号	100015

续表

序号	TC编号	TC名称	SC编号	SC名称	负责专业范围	秘书处所在单位	秘书处通讯地址	邮政编码
165	103		5	光学材料和元件	光学材料和元件（包括光学玻璃、红外材料及以光学玻璃和红外材料做基材而衍生的涂覆材料等光学材料和元件，不包括其他光学功能薄膜材料）	中国兵器工业标准化研究所	北京市 8914 信箱	100089
166	103		6	电子光学系统	电子光学系统	中国兵器工业标准化研究所	北京市 8914 信箱	100089
167	108	螺纹			负责全国普通螺纹、管螺纹、梯形螺纹及量规、管件螺纹等专业领域标准化工作	中机生产力促进中心	北京市海淀区首体南路 2 号	100044
168	109	机器轴与附件			负责全国轴伸、键与键槽、花键、联轴器、离合器、制动器、涨套及其他无键联结件等专业领域标准化工作	中机生产力促进中心	北京市海淀区首体南路 2 号 713	100044
169	110		3	组织工程医疗器械产品	组织工程医疗器械产品	中国食品药品检定研究院	北京市大兴区生物医药产业基地华佗路 31 号	102629
170	111	商业机械			负责全国饮食服务、食品加工、果品加工、小型饮料加工、粮油加工、商业零售、屠宰和肉类加工、茶叶畜产品加工、农副土特产品加工、杂品加工、废旧物资回收加工、酿造调味品加工等机械及其他商业专用机械产品等专业领域标准化工作	北京市服务机械研究所	北京市昌平区沙河镇路庄村（于善街西口）	102206

续表

序号	TC编号	TC名称	SC编号	SC名称	负责专业范围	秘书处所在单位	秘书处通讯地址	邮政编码
171	112	个体防护装备			负责全国开展生产过程中劳动者使用的个体防护装备,人群集体防护装备以及装备附带装置等专业领域标准化工作	应急管理部国际交流合作中心	北京市东城区和平里北街21号	100013
172	112		1	眼面部防护	眼面部防护(不包括医用防护产品)	中国标准化研究院、丹阳市检验检测中心	北京市海淀区知春路4号	100088
173	112		2	头部防护装备	安全生产和应急管理领域头部和听力防护装备	军事科学院系统工程研究院军需工程技术研究所和北京市劳动保护科学研究所联合承担	北京市西直门北大街28号应急工程中心607	100082
174	112		3	呼吸防护装备	安全生产和应急管理领域呼吸防护装备	中国安全生产科学研究院和军事科学院防化研究院联合承担	北京市朝阳区惠新西街17号714室,北京市海淀区花园北路35号西楼	100191
175	112		4	防护服装	安全生产和应急管理领域防护服装	北京市劳动保护科学研究所和军事科学院系统工程研究院军需工程技术研究所联合承担	北京市西城区陶然亭路55号	100054
176	112		7	坠落防护装备	安全生产和应急管理领域坠落防护装备	北京市劳动保护科学研究所和中国安全生产科学研究院联合承担	北京市西城区陶然亭路55号	100054

续表

序号	TC编号	TC名称	SC编号	SC名称	负责专业范围	秘书处所在单位	秘书处通讯地址	邮政编码
177	113	消防			负责全国消防等专业领域标准化工作	公安部消防局	北京市西城区广安门南街70号	100054
178	113		9	消防管理	负责全国消防管理等专业领域标准化工作	公安部消防局	北京市西城区广安门南街70号	100054
179	114		9	安全玻璃	负责全国汽车用安全玻璃类别,技术要求及性能试验方法,特别侧重于汽车安全性能等专业领域标准化工作	中国建筑材料科学研究总院	北京市朝阳区管庄东里1号中国建材院内玻璃检验中心	100024
180	114		13	挂车	负责全国挂车及汽车列车的连接尺寸及连接件的技术要求和试验方法等专业领域标准化工作	交通运输部公路科学研究院	北京市海淀区西土城路8号	100088
181	114		22	客车	负责全国客车及专用装置的基础标准等专业领域标准化工作	中国公路车辆机械有限公司	北京丰台区北京西站南广场中盐大厦A座606室	100023
182	118	标准样品			负责全国国家标准样品的研复制工作	中国标准化协会	北京市海淀区增光路33号中国标协写字楼	100048
183	118		1	环境标准样品	负责全国水质常规监测分析、大气监测、土壤监测、废渣、生物监测分析、放射性环境、有机污染物等有关的标准样品的标准化工作	环境保护部标准样品研究所	北京市朝阳区育慧南路1号	100029
184	118		2	冶金标准样品	负责全国冶金标准样品的标准化工作	冶金工业信息标准研究院	北京市东城区灯市口大街74号	100730

续表

序号	TC编号	TC名称	SC编号	SC名称	负责专业范围	秘书处所在单位	秘书处通讯地址	邮政编码
185	118		3	有色标准样品	负责全国有色金属产品分析用标准样品的标准化工作	中国有色金属工业标准计量质量研究所	北京市海淀区苏州街31号八层有色标准所	100080
186	118		8	建筑材料	水泥及其制品、玻璃及玻璃纤维、砖瓦及建筑砌块、陶瓷、石材、防水材料、复合材料、装饰装修材料、石灰和石膏制品等建筑材料	中国建材检验认证集团股份有限公司	北京市朝阳区管庄东里1号国检集团大楼	100024
187	118		9	皮革和制鞋	负责皮革和鞋类相关专业领域国家标准样品研复制工作	中国皮革制鞋研究院有限公司	北京市朝阳区将台西路18号皮革大厦507室	100015
188	119	制冷			负责全国制冷通用基础标准、商用冷冻设备等专业领域标准化工作	中国制冷学会	北京市海淀区阜成路67号银都大厦10层	100142
189	119		2	术语和定义	术语和定义	国内贸易工程设计研究院	北京市丰台区右安门外大街99号华商科技大厦后楼二层检测中心	100069
190	119		7	冷藏柜	商用冷冻设备(原为商用冷冻、冷藏陈列柜)	国内贸易工程设计研究院	北京市丰台区右安门外大街99号华商科技大厦后楼二层	100069
191	124	工业过程测量控制和自动化			负责全国工业过程测量和控制(即工业自动化仪表)等专业领域标准化工作	机械工业仪器仪表综合技术经济研究所	北京市西城区广安门外大街甲397号	100055

续表

序号	TC编号	TC名称	SC编号	SC名称	负责专业范围	秘书处所在单位	秘书处通讯地址	邮政编码
192	124		4	工业通信（现场总线）及系统	负责全国工业通信及系统等专业领域标准化工作	机械工业仪器仪表综合技术经济研究所	北京市西城区广安门外大街甲397号	100055
193	124		5	可编程序控制器及系统	负责全国可编程序控制器及系统等专业领域标准化工作	北京机械工业自动化研究所有限公司	北京市西城区德胜门外教场口1号	100120
194	124		6	分析仪器	负责物质成分、化学结构和物理特性的分析测量仪器及仪器的测量技术领域国家标准制修订工作	中国仪器仪表行业协会	北京市西城区月坛南街26号	100095
195	124		10	系统及功能安全	工业过程测量和控制系统中的电气/电子/可编程电子安全相关系统的功能安全、仪表安全等，包括：工作条件（包括EMC）、系统评估方法、功能安全等	机械工业仪器仪表综合技术经济研究所	北京市西城区广安门外大街甲397号	100055
196	125	教育装备			负责全国教学中使用的实物和模象直观教学器具等专业领域标准化工作	教育部教育装备研究与发展中心	北京市海淀区中关村大街35号	100080
197	129		1	救生设备	负责全国海洋船舶救生设备，包括救生艇、救生筏救生衣、救生圈、吊艇架救生属具，各种火焰信号等专业领域标准化工作	中国船舶工业综合技术经济研究院	北京市海淀区学院南路70号	100081
198	131	劳动定额定员			负责全国各行业及地方劳动定额定员专业领域标准化工作	中国劳动和社会保障科学研究院	北京市朝阳区惠新西街17号	100029
199	131		6	航空工业劳动定额定员	负责全国航空行业劳动定额定员专业领域标准化工作	中国航空工业第二集团公司人力资源部	北京市东城区交道口南大街67号	100712

续表

序号	TC编号	TC名称	SC编号	SC名称	负责专业范围	秘书处所在单位	秘书处通讯地址	邮政编码
200	131		8	铁路工程劳动定额定员	负责全国铁路工程以及与铁路工程有关的劳动定额定员专业领域标准化工作	中国铁路工程总公司	北京市丰台区西客站南广场中铁工程大厦	100055
201	136	医用临床检验实验室和体外诊断系统			负责全国临床实验室质量管理、参考系统、体外诊断产品等专业领域标准化工作	北京市医疗器械检验所	北京市通州区光机电一体化产业基地兴光二街7号	101111
202	137	船用机械			船用柴油机、汽轮机、燃气轮机、热气机及其附件和轴系;船用管系及附件、船舶辅机(船用风机、泵、压缩机、制冷设备、空调机、分离机等)、甲板机械(锚机、舵机、绞车、起重设备等)、锅炉及压力容器(船用主、辅锅炉、热交换器等)、船用液压气动元件(包括液压、气动系统、泵、马达、各类控制阀、缸、蓄能器、管接头及其附件)、船舶防污染设备、船舶消防设备、各类隔振元件及装置的标准化研究及咨询、服务	中国船舶工业综合技术经济研究院	北京市海淀区学院南路70号	100081
203	137		3	管系附件	船舶管路附件综合、船用阀门、船用闸阀与旋塞、船用通风附件、船用管件、船内通信及遥控与操纵附件的标准化研究、咨询及服务工作	中国船舶工业综合技术经济研究院	北京市8125信箱船舶总体与基础标准化研究室	100081
204	137		8	船舶消防	船用消防设备及其重要零部件、船用消防系统、船用灭火介质、船舶消防安全管理	中国船舶工业综合技术经济研究院	北京市海淀区学院南路70号	100081

续表

序号	TC编号	TC名称	SC编号	SC名称	负责专业范围	秘书处所在单位	秘书处通讯地址	邮政编码
205	141	造纸工业			负责全国造纸工业等专业领域标准化工作	中国制浆造纸研究院有限公司	北京市朝阳区望京启阳路4号中轻大厦	100102
206	141		5	生活用纸和纸板	负责全国生活用纸、纸板和纸制品等专业领域标准化工作	中国制浆造纸研究院有限公司	北京市朝阳区望京启阳路4号中轻大厦	100102
207	143	暖通空调及净化设备			负责全国建筑物内使用的供暖、通风、空调、净化设备（不包括：带制冷机的空调机、通用的风机、环保用的消烟除尘设备以及交通运输和其他特殊场合使用的暖通空调设备）及相关检测技术、处理技术、节能调试和运行评价等专业领域的国家标准制修订工作	中国建筑科学研究院有限公司	北京市朝阳区北三环东路30号空调所	100013
208	143		4	空调和制冷	风机、盘管、过滤设备、组合式空调器等中央空调的末端设备（不含冷源）	国家空调设备质量监督检验中心	北京市朝阳区北三环东路30号	100013
209	143		6	空气净化	建筑物内使用的空气净化设备和系统，及相关检测技术、处理技术等（不涉及家用和类似用途空气净化器）相关产品	中国建筑科学研究院空气调节研究所	北京市朝阳区北三环东路30号	100013
210	144		2	农业	负责全国烟叶标准化工作	中国烟叶公司	北京市西城区广安门外大街9号	100055
211	144		5	工程建设	负责全国烟草行业工程建设标准化工作	国家烟草专卖局发展计划司	北京市西城区月坛南街55号	100045
212	144		6	劳动定员定额	负责全国烟草行业劳动定员定额标准化工作	国家烟草专卖局人事司	北京市西城区月坛南街55号	100045

续表

序号	TC编号	TC名称	SC编号	SC名称	负责专业范围	秘书处所在单位	秘书处通讯地址	邮政编码
213	146	技术产品文件			负责全国与制造业有关的技术产品文件,包括设计文件、工艺文件、管理方面的文件以及手工文件和计算机的产品文件等专业领域标准化工作	机械科学研究院	北京市海淀区首体南路2号	100044
214	146		1	CAD制图	负责全国与制造业有关的CAD制图等专业领域标准化工作	机械科学研究院	北京市海淀区首体南路2号	100044
215	146		2	工艺文件与技术信息	装备制造业领域所有类型的工艺文件及相关技术信息,包括在产品寿命周期的整个过程中手工或计算机产生的工艺文件和工艺信息集合	机械科学研究院中机生产力促进中心	北京市海淀区首体南路2号中机生产力促进中心标准化研究所	100044
216	146		3	通用规则	机械产品全生命周期技术文件管理、机械产品文件表示和数据管理的基本原则	北京科新纪元信息技术有限公司	北京市西城区西直门南大街16号西楼510	100035
217	148	残疾人康复和专用设备			负责全国残疾人康复和专用设备等专业领域标准化工作	中国康复辅助器具协会	北京市朝阳区东土城路8号林达大厦B座9D	100013
218	148		1	轮椅车	手动轮椅车、机动轮椅车及电动轮椅等	中国康复器具协会/佛山市质量和标准化研究院	北京市亦庄荣华中路1号	100176
219	151	质量管理和质量保证			负责全国质量管理和质量保证等专业领域标准化工作	中国标准化研究院	北京市海淀区知春路4号	100191

续表

序号	TC编号	TC名称	SC编号	SC名称	负责专业范围	秘书处所在单位	秘书处通讯地址	邮政编码
220	153	电子测量仪器			负责全国电子测量仪器、系统(硬件和软件)及附件,电子医疗仪器,电子应用仪器和教学仪器等专业领域标准化工作	中国电子技术标准化研究院	北京市东城区安定门东大街1号(北京市经济技术开发区同济南路8号)	100007
221	155	自行车			负责全国自行车、电动自行车、汽油机助力自行车等专业领域标准化工作	中国自行车协会	北京市丰台区顺三条21号嘉业大厦二期1号楼16层	100079
222	156	水产			负责全国水产标准化工作	中国水产科学研究院	北京市丰台区永定路南里青塔村150号	100141
223	157	渔船			渔船	农业部渔业船舶检验局	北京市朝阳区东三环南路96号	100122
224	159	自动化系统与集成			面向产品设计、采购、制造和运输、支持、维护、销售过程及相关服务的自动化系统与集成领域的标准化工作。包括信息系统、工业及特定非工业环境中的固定和移动机器人技术、自动化技术、控制软件技术及系统集成技术	北京机械工业自动化研究所有限公司	北京市西城区教场口1号	100120
225	159		1	物理设备控制	负责全国物理设备控制等专业领域标准化工作	北京机床研究所	北京市朝阳区望京路4号	100102
226	159		2	机器人与机器人装备	应用于工业和特定非工业环境的、可自动控制的、可编程的、可操作的机器人,及在多轴、固定或移动情况下可编程的机器人装备领域的标准化工作	北京机械工业自动化研究所有限公司	北京市西城区教场口1号	100120

续表

序号	TC编号	TC名称	SC编号	SC名称	负责专业范围	秘书处所在单位	秘书处通讯地址	邮政编码
227	159		4	工业数据	负责全国工业数据交换和产品信息数据库等专业领域标准化工作	中国标准化研究院	北京市海淀区知春路4号中国标准化研究院高新技术与信息标准化所	100191
228	159		5	体系结构、通信和集成框架	负责全国体系结构和通信过程等专业领域标准化工作	北京机械工业自动化研究所有限公司	北京市西城区教场口1号	100120
229	165	电子设备用阻容元件			负责全国电阻器、电位器、固定电容器、可变电容器、真空电容器、电阻网络、电容网络、无源敏感元件等专业领域标准化工作	中国电子技术标准化研究院	北京市1101信箱	100007
230	166	电子设备用机电元件			负责全国电子设备低频连接器及开关等专业领域标准化工作	中国电子技术标准化研究院	北京市1101信箱	100007
231	167	电真空器件			负责全国真空电子器件等专业领域标准化工作	中国电子技术标准化研究院	北京市1101信箱	100007
232	168	颗粒表征与分检及筛网			用于固体或液体状态下颗粒分检的设备和方法(含筛网筛分)的标准化工作。具体包括:颗粒(含粉体)相关的表征、加工及分检的方法,以及相关的样品制备、样品(工艺用)及设备的标准化工作;筛分方法及设备标准化工作;筛网及其制品的尺寸、公差、机械性能、试验方法、验收程序和设备等的标准化工作。(原为“负责全国筛网、筛分和其他颗粒分检方法等专业领域标准化工作”)	中机生产力促进中心	北京市海淀区首体南路2号	100044

续表

序号	TC 编号	TC 名称	SC 编号	SC 名称	负责专业范围	秘书处所在单位	秘书处通讯地址	邮政编码
233	168		1	颗粒	颗粒学名词术语、颗粒分级与测定，颗粒基本形态、特性及对环境影响风险评估，颗粒在各行业应用	中国科学院过程工程研究所	北京市海淀区中关村北二街 1 号中科院过程所李兆军课题组	100190
234	170	印刷			负责全国印刷技术等专业领域标准化工作	中国印刷技术协会	北京市西城区太平街 6 号富力摩根中心 E817	100050
235	170		2	网版印刷	网版印刷领域，包括网印术语、网印过程控制、网印原辅材料适性、网印产品质量要求、网印领域检测方法、网印领域安全与环境要求等	中国网印及制像协会	北京市朝阳区东大桥路 8 号尚都国际中心 705 室	100010
236	174	五金制品			负责全国五金制品等专业领域标准化工作	中国五金制品协会	北京市朝阳区天辰东路 7 号国家会议中心 805 室	100105
237	174		3	建筑五金	负责全国建设五金等专业领域标准化工作	中国五金制品协会	北京市朝阳区天辰东路 7 号国家会议中心 805 室	100105
238	178	玻璃仪器			负责全国玻璃仪器等专业领域标准化工作	北京市药品包装材料检验所（原国家轻工业玻璃产品质量监督检测中心）	北京市西城区新街口水车胡同 13 号	100035

续表

序号	TC编号	TC 名称	SC编号	SC 名称	负责专业范围	秘书处所在单位	秘书处通讯地址	邮政编码
239	179	刑事技术			负责全国毒物分析、法医检验、文件检验、痕迹检验、物证照相、录相、物理检验、指纹检验、刑事信息、警犬等专业领域标准化工作	公安部物证鉴定中心	北京市西城区木樨地南里17号公安部物证鉴定中心	100038
240	179		1	毒物分析	负责全国毒物分析等专业领域标准化工作	公安部物证鉴定中心	北京市西城区木樨地南里17号	100038
241	179		2	刑事信息	负责全国刑事犯罪信息、术语、代码、数据库等专业领域标准化工作	公安部五局	北京市东城区东长安街14号	100741
242	179		3	指纹检验	负责全国指纹检验等专业领域标准化工作	公安部物证鉴定中心	北京市3817信箱	100038
243	179		4	理化检验	负责全国理化检验等专业领域标准化工作	公安部物证鉴定中心	北京市3817信箱	100038
244	179		5	刑事照相、录像	负责全国刑事照相、录像等专业领域标准化工作	公安部物证鉴定中心	北京市3817信箱	100038
245	179		6	法医检验	负责全国法医检验等专业领域标准化工作	公安部物证鉴定中心	北京市3817信箱	100038
246	179		7	电子物证检验	电子物证检验	公安部物证鉴定中心	北京市3817信箱	100038
247	179		8	刑事技术产品	刑事技术产品	公安部物证鉴定中心	北京市3817信箱	100038
248	179		9	痕迹检验	刑事技术痕迹检验（足迹、工痕、枪弹痕迹、爆炸痕迹和其他痕迹）	公安部物证鉴定中心	北京市西城区木樨地南里17号	100038
249	179		10	文件检验	文件检验	公安部物证鉴定中心	北京市3817信箱十九处	100038

续表

序号	TC编号	TC 名称	SC编号	SC 名称	负责专业范围	秘书处所在单位	秘书处通讯地址	邮政编码
250	180	金融			负责全国银行、证券、保险等专业领域标准化工作	中国人民银行科技司	北京市西城区成方街32号	100800
251	180		1	保险		中国保险监督管理委员会	北京市西城区金融大街15号鑫茂大厦	100033
252	180		2	印制	负责全国印钞、造币、银行机具、贵金属金银类等专业领域标准化工作	中国印钞造币总公司	北京市西城区西直门外大街甲143号凯旋大厦	100044
253	180		4	证券	负责全国证券行业标准化工作	中证信息技术服务有限责任公司	北京市西城区金融大街4号金益大厦3层	100033
254	182	频率控制和选择用压电器件			负责全国频率控制和选择用压电谐振器、滤波器、振荡器、鉴频器；石英晶体材料，声表面波材料及器件，介电材料及器件等专业领域标准化工作	中国电子元件行业协会	北京市石景山区石景山路23号中础大厦B座710室	100049
255	183	钢			负责全国钢产品及其配套的试验方法等专业领域标准化工作	冶金工业信息标准研究院	北京市东城区灯市口大街74号	100730
256	183		1	钢管	负责全国钢管标准等专业领域标准化工作	冶金工业信息标准研究院	北京市东城区灯市口大街74号	100730
257	183		2	基础	负责全国钢基础标准等专业领域标准化工作	冶金工业信息标准研究院	北京市东城区灯市口大街74号	100730
258	183		3	盘条及钢丝	负责全国盘条和钢丝等专业领域标准化工作	冶金工业信息标准研究院	北京市东城区灯市口大街74号	100730

续表

序号	TC编号	TC名称	SC编号	SC名称	负责专业范围	秘书处所在单位	秘书处通讯地址	邮政编码
259	183		4	力学及工艺性能试验方法	负责全国金属力学及工艺试验方法等专业领域标准化工作	冶金工业信息标准研究院	北京市东城区灯市口大街74号	100730
260	183		5	钢铁及合金化学成份测定	负责全国钢铁及合金化学成分测定方法等专业领域标准化工作	钢铁研究总院	北京市海淀区学院南路76号	100081
261	183		6	钢板钢带	工程结构用钢板及钢带，包括普通碳素结构钢、低合金高强钢、耐候钢、热轧冷轧板带、涂镀板带、复合钢板、电工钢片、电磁铁、各种专用板	冶金工业信息标准研究院	北京市东城区灯市口大街74号	100730
262	183		7	钢筋混凝土用钢	普通混凝土用热轧钢筋、冷轧钢筋、钢筋网，预应混凝土用钢丝、钢绞线、淬火回火用钢丝、钢筋	冶金工业信息标准研究院	北京市东城区灯市口大街74号	100730
263	183		8	型钢	型钢	冶金工业信息标准研究院	北京市东城区灯市口大街74号	100730
264	183		9	铸铁管	铸铁管，包括灰口铸铁和球墨铸铁管	冶金工业信息标准研究院	北京市东城区灯市口大街74号	100730
265	183		10	特殊合金	高温合金、耐蚀合金、精密合金等各类特殊合金	冶金工业信息标准研究院	北京市东城区灯市口大街75号	100730
266	183		11	金属和合金的腐蚀试验方法	金属及其合金的腐蚀和化学性能方法	冶金工业信息标准研究院	北京市东城区灯市口大街74号	100730
267	183		14	金相检验方法	金相检验	首钢总公司首钢技术研究院	北京石景山区杨庄大街69号北京首钢技术研究院检测中心	100043

续表

序号	TC编号	TC名称	SC编号	SC名称	负责专业范围	秘书处所在单位	秘书处通讯地址	邮政编码
268	183		15	炭素材料	碳素材料(不包括机械电机用的电炭制品)等	冶金工业信息标准研究院	北京市东城区灯市口大街74号	100730
269	183		16	特殊钢	特殊钢领域,包括:不锈钢、耐热钢、合金工具钢、高速工具钢、碳素工具钢、模具钢、非调质钢、易切削钢、冷墩钢、齿轮钢、合金结构钢、弹簧钢、优质碳素结构钢等	冶金工业信息标准研究院	北京市东城区灯市口大街76号	100730
270	183		17	冶金非金属矿产品	冶金用非金属矿产品	冶金工业信息标准研究院	北京市东城区灯市口大街76号	100730
271	183		18	冶金固废资源	负责冶金固废资源领域国家标准制修订工作	冶金工业信息标准研究院	北京市东城区灯市口大街74号	100730
272	184	水泥			负责全国通用水泥、专用水泥和特种水泥等产品标准、水泥可偿还测试方法和仪器、水泥生产工艺热工标定控制标准、工业废渣在水泥厂中应用等专业领域标准化工作	中国建筑材料科学研究总院	北京市朝阳区管庄东里1号中国建材研究院东楼215	100024
273	190		1	射频连接器	负责全国射频连接器专业领域标准化工作	信息产业部电子工业标准化研究所	北京市1101信箱	100007
274	192	印刷机械			负责全国印前、印中、印后辅助加工以及与此相关的机械设备等专业领域标准化工作	北京高科印刷机械研究所有限公司	北京市丰台区造甲街南里5号	100070
275	192		1	丝网印刷设备	丝网机械和网印器材	北京高科印刷机械研究所有限公司	北京市丰台区造甲街南里5号	100070

续表

序号	TC编号	TC名称	SC编号	SC名称	负责专业范围	秘书处所在单位	秘书处通讯地址	邮政编码
276	193		1	基础	负责全国耐火材料基础等专业领域标准化工作	冶金工业信息标准研究院	北京市东城区灯市口大街74号	100730
277	197		1	生态混凝土制品	非建筑用生态混凝土制品	中国建筑砌块协会	北京市海淀区三里河路11号	100831
278	198	人造板			负责全国人造板标准化工作	中国林业科学研究院木材工业研究所	北京市海淀区东小府2号院	100091
279	199	水文			负责全国水文标准化工作	水利部水文局科教处	北京西城区白广路二条二号	100053
280	199		2	水文检测	负责全国水文检测标准化工作	水利部水文局	北京市西城区白广路2条2号	100053
281	199		3	水文计算与水资源评价	负责全国水文计算与水资源评价标准化工作	水利部水利水电规划总院	北京市西城区六铺炕	100011
282	201	农业机械			负责全国农业机械(包括耕作机械、种植机械、植保机械、收获机械、场上作业机械、农副产品加工机械、排灌机械、畜牧机械、饲料加工机械、养殖机械和割草机械,不包括草坪机械)等专业领域标准化工作	中国农业机械化科学研究院	北京市朝阳区德胜门外北沙滩1号	100083
283	201		1	植保与清洗机械	负责全国植保与清洗机械等专业领域标准化工作	中国农业机械化科学研究院	北京市朝阳区德胜门外北沙滩1号	100083
284	201		2	农业机械化	负责全国农业机械化等专业领域标准化工作	农业部农业机械试验鉴定总站	北京市朝阳区东三环南路96号	100122

续表

序号	TC编号	TC名称	SC编号	SC名称	负责专业范围	秘书处所在单位	秘书处通讯地址	邮政编码
285	201		4	排灌设备和系统	农业排灌和节水灌溉设备及系统	中国农业机械化科学研究院	北京市德胜门外北沙滩1号37信箱	100083
286	201		5	耕种和施肥机械	农田建设、耕整、种植、施肥和中耕机械	现代农装科技股份有限公司	北京市朝阳区德胜门外北沙滩1号32信箱	100083
287	201		6	农业电子	精准农业装备、自动化、智能化领域	中国农业机械化科学研究院	北京市朝阳区北沙滩1号中国农机院25信箱	100083
288	202	架空线路			负责全国电力线路、施工、运行等专业领域标准化工作	中国电力科学研究院	北京市海淀区清河小营东路15号	100055
289	203	半导体设备和材料			半导体设备和材料	中国电子技术标准化研究院	北京市东城区安定门东大街1号	100010
290	203		2	材料	半导体材料	中国有色金属工业标准计量质量研究所	北京市海淀区苏州街31号8层	100080
291	203		3	封装	封装	中国电子技术标准化研究所	北京市1101信箱	100007
292	205	建筑物电气装置			负责全国建筑物电气装置等专业领域标准化工作	中机中电设计研究院有限公司	北京市海淀区首都体育馆南路9号中国电工大厦8楼809室	100048
293	207	环境管理			负责全国环境管理等专业领域标准化工作	中国标准化研究院	北京市海淀区知春路4号	100191

续表

序号	TC编号	TC名称	SC编号	SC名称	负责专业范围	秘书处所在单位	秘书处通讯地址	邮政编码
294	207		1	环境管理体系	环境管理体系及环境绩效评价领域	中国标准化研究院	北京市海淀区知春路4号	100191
295	207		5	生命周期评价	生命周期评价	中国标准化研究院	北京市海淀区知春路4号	100191
296	207		6	环境意识设计	环境意识设计,产品设计阶段生态设计、环保材料使用(不包括电工电子产品与系统领域)	中国标准化研究院	北京市海淀区知春路4号1007室	100191
297	208	机械安全			负责全国机械安全基础标准(A类)、通用标准(B类)和专用机械安全标准(C类)等专业领域标准化工作	中机生产力促进中心	北京市海淀区首体南路2号	100044
298	209	纺织品			负责全国纺织品等专业领域标准化工作	纺织工业标准化研究所	北京市朝阳区延静里中街3号	100025
299	209		1	基础标准	负责全国纺织品基础等专业领域标准化工作	纺织工业标准化研究所	北京市朝阳区延静里中街3号－东科研楼300号	100025
300	209		7	产业用纺织品	负责全国产业用纺织品等专业领域标准化工作	纺织工业标准化研究所	北京市朝阳区延静里中街3号东科研楼300号	100025
301	210	旅游			负责全国旅游标准化工作	文化和旅游部旅游质量监督管理所	北京市东城区建国门内大街甲9号	100740
302	214	饮食服务业			负责全国饭店(不包括旅游饭店)、餐饮、美容美发、洗衣、沐浴、照相、修理、印章刻字等专业领域标准化工作	中国饭店协会	北京市西城区车公庄大街九号五栋大楼A2-601	100834

续表

序号	TC编号	TC名称	SC编号	SC名称	负责专业范围	秘书处所在单位	秘书处通讯地址	邮政编码
303	215	纺织机械与附件			负责全国纺织机械与附件等专业领域标准化工作	中国纺织机械协会	北京市朝阳区曙光西里甲1号东域大厦（第三置业）A座601室	100028
304	217	有或无电气继电器			负责全国有或无电气继电器——电磁继电器、固体继电器、混合继电器、时间继电器、真空继电器、恒温继电器、斩波器、干簧继电器、水银湿簧继电器等专业领域标准化工作	中国电子技术标准化研究院	北京市1101信箱	100007
305	218	防伪			负责全国防伪等专业领域标准化工作	中国防伪行业协会	北京市朝阳区北三环东路18号	100029
306	221	医疗器械质量管理和通用要求			负责全国医疗器械质量管理和通用要求等专业领域标准化工作	中国食品药品检定研究院、北京国医械华光认证有限公司	北京市大兴区生物医药产业基地华佗路31号院（西区）医疗器械标准管理研究所/北京市东城区安定门外大街甲88号中联大厦第五层	100011
307	223	交通工程设施（公路）			负责全国公路交通工程设施等专业领域标准化工作	交通运输部公路科学研究院	北京市海淀区西土城路8号	100088
308	224	照明电器			负责全国照明电器等专业领域	北京电光源研究所	北京市朝阳区大北窑厂坡村甲3号	100022

续表

序号	TC编号	TC 名称	SC编号	SC 名称	负责专业范围	秘书处所在单位	秘书处通讯地址	邮政编码
309	224		1	电光源及其附件	全国电光源及其附件等专业领域	北京电光源研究所	北京市朝阳区大北窑厂坡村甲 3 号	100022
310	224		4	照明基础	照明基础	北京电光源研究所	北京市朝阳区大北窑厂坡村甲 3 号	100022
311	225	地震			负责全国地震专用仪器仪表、地震监测技术和方法、地震信息处理和代码、地震技术术语、符号、代号和制图方法、地震安全性评价、地震应急技术要求等专业领域	中国地震局地球物理研究所	北京市海淀区民族学院南路 5 号	100081
312	227	起重机械			负责全国各类起重机、轻小型起重设备、起重吊钩、圆环链及附件等专业领域	北京起重运输机械设计研究院有限公司	北京市东城区雍和宫大街 52 号	100007
313	227		1	塔式起重机	塔式起重机	北京建筑机械化研究院有限公司	北京市东城区安定门内方家胡同 21 号	100007
314	227		3	桥式和门式起重机	桥式和门式起重机	北京起重运输机械设计研究院有限公司	北京市东城区雍和宫大街 52 号	100007
315	227		4	臂架起重机	臂架起重机	交通运输部水运科学研究院	北京市海淀区西土城路 8 号	100088
316	227		5	停车设备	停车设备领域	北京起重运输机械设计研究院有限公司	北京市东城区雍和宫大街 52 号	100007

续表

序号	TC编号	TC名称	SC编号	SC名称	负责专业范围	秘书处所在单位	秘书处通讯地址	邮政编码
317	229	稀土			负责全国稀土矿、稀土冶炼产品、加工产品和应用产品等专业领域标准化工作	中国有色金属工业标准计量质量研究所	北京海淀区苏州街31号8层	100080
318	230	地理信息			负责全国直接或间接与地球上位置有关的目标或现象信息，即地理信息专业领域标准化工作	国家基础地理信息中心	北京市海淀区莲花池西路28号中国测绘创新基地1219室	100830
319	231	工业机械电气系统			负责全国工业机械电气系统等专业领域标准化工作	北京机床研究所有限公司	北京市朝阳区望京路4号	100102
320	231		1	纺织机械电气系统	纺织机械电气系统	中国纺织机械（集团）有限公司	北京经济技术开发区永昌中路8号	100176
321	231		2	机床电气系统	机床电气系统	北京机床研究所有限公司	北京市朝阳区望京路4号	100102
322	231		4	缝制机械电气系统	缝制机械电气系统	中国缝制机械协会	北京市朝阳区百子湾路16号百子园5C-706	100022
323	232	电工术语			负责全国电工术语等专业领域标准化工作	中机生产力促进中心	北京市海淀区首体南路2号	100044
324	233	地名			负责全国地名等专业领域标准化工作	民政部地名研究所	北京市西城区广安门南街48号中彩大厦408室	100054
325	234	低速汽车			负责全国农用运输车、农用运输车零部件及其配套产品等专业领域标准化工作	中国农业机械化科学研究院	北京市朝阳区德外北沙滩一号37信箱	100083

续表

序号	TC编号	TC名称	SC编号	SC名称	负责专业范围	秘书处所在单位	秘书处通讯地址	邮政编码
326	235	弹簧			负责全国弹簧领域标准化工作	中机生产力促进中心	北京市海淀区首体南路2号	100044
327	236	滑动轴承			负责全国滑动轴承名词术语及符号、设计及计算方法、材料及润滑剂、表面处理、检测、试验失效分析及可靠性、质量分析及保证等专业领域标准化工作	中机生产力促进中心	北京市海淀区首体南路2号	100044
328	237	管路附件			负责全国管法兰、垫片及其连接件;管螺纹及螺纹测量;管件及管接头;管道支吊架;管道过滤器、混合器、蓄能器等;管道补偿器、波形膨胀节、金属软管及其连接;其他管道附件等专业领域标准化工作	中机生产力促进中心	北京市海淀区首体南路2号	100044
329	239	广播电影电视			负责全国广播电视专业技术、节目制作与播出工艺、节目覆盖网、技术系统特性与测量、专用计算机应用、维护管理、专用产品、国际电信联盟无线电通信中声音广播业务和电视广播业务等专业领域标准化工作	国家广播电影电视总局广播电视规划院	北京市西城区复兴门外大街2号	100866
330	239		1	广播电视中心	负责全国声音广播(广播电台)和电视广播(电视台)专业领域标准化工作	国家广播电影电视总局广播电视规划院	北京市西城区复兴门外大街3号	100867
331	239		2	无线传输与覆盖	无线传输与覆盖	国家广播电影电视总局广播电视规划院	北京市西城区复兴门外大街4号	100868

续表

序号	TC编号	TC名称	SC编号	SC名称	负责专业范围	秘书处所在单位	秘书处通讯地址	邮政编码
332	239		3	有线广播电视	有线广播电视	国家广播电影电视总局广播电视规划院	北京市西城区复兴门外大街2号	100866
333	239		4	电影	电影	中国电影科学技术研究所	北京市海淀区双榆树科学院南路44号	100086
334	240	产品几何技术规范			负责全国产品几何技术规范(GPS)等专业领域标准化工作,即宏观和表面结构等检验原则、测量器具和校准要求,尺寸几何测量的不确定度	中机生产力促进中心	北京市海淀区首体南路2号713室	100044
335	242	音频、视频及多媒体系统与设备			负责全国音视频及多媒体技术专业领域标准化工作	中国电子技术标准化研究院	北京市东城区安定门东大街1号	100007
336	243	有色金属			负责全国有色金属矿、冶炼产品、加工产品及其辅助材料等专业领域标准化工作	中国有色金属工业标准计量质量研究所	北京市海淀区苏州街31号8层	100080
337	243		1	轻金属	负责全国有色轻金属(铝、镁等)的矿产品、冶炼产品及其副产品、加工产品等专业领域标准化工作	中国有色金属工业标准计量质量研究所	北京市海淀区苏州街31号8层	100080
338	243		2	重金属	负责全国有色重金属(铜、铅、锌、锡、镍、钴、锑、镉、铋等)的矿产品、冶炼产品及其副产品、加工产品等专业领域标准化工作	中国有色金属工业标准计量质量研究所	北京市海淀区苏州街31号8层	100080
339	243		3	稀有金属	负责全国稀有轻金属和稀有高熔点金属的矿产品、冶炼产品及其副产品、加工产品等专业领域标准化工作	中国有色金属工业标准计量质量研究所	北京市海淀区苏州街31号8层	100080

续表

序号	TC编号	TC名称	SC编号	SC名称	负责专业范围	秘书处所在单位	秘书处通讯地址	邮政编码
340	243		4	粉末冶金	负责全国粉末冶金及硬质合金产品等专业领域标准化工作	中国有色金属工业标准计量质量研究所	北京市海淀区苏州街31号8层	100080
341	243		5	贵金属	负责全国贵金属及其合金冶炼、加工产品及其分析、检测方法等专业领域标准化工作	中国有色金属工业标准计量质量研究所	北京市海淀区苏州街31号8层	100080
342	247	汽车维修			汽车维修等	交通运输部公路科学研究院	北京市海淀区西土城路8号院	100088
343	248		1	纳米医疗器械生物学评价	纳米医疗器械生物学评价领域	中国食品药品检定研究院	北京市大兴区华佗路31号	102629
344	250	索道与游乐设施			索道、游艺机及游乐设施的设计、制造、安装、检验与运营管理等	中国特种设备检测研究院	北京市朝阳区和平街西苑2号楼A717	100029
345	251	危险化学品管理			危险化学品的包装、贮存、运输和经销等	中国石油和化学工业联合会	北京市朝阳区亚运村安慧里4区16号化工大厦907	100723
346	251		1	化学品毒性检测	欧盟REACH(关于化学品注册、评估、授权与限制的法规)相关标准化工作	中国检验检疫科学研究院/上海市检测中心/广东省微生物研究所	北京市朝阳区高碑店北路甲1号	100123
347	252	皮革工业			皮、毛及其制品等	中国皮革制鞋研究院有限公司	北京市朝阳区将台西路18号	100015

续表

序号	TC编号	TC名称	SC编号	SC名称	负责专业范围	秘书处所在单位	秘书处通讯地址	邮政编码
348	252		1	箱包	箱包、腰带、票夹及其专用配件(不包括特种行业专用的箱包、腰带产品)	中国皮革协会	北京市西城区西直门外大街18号金贸大厦C2座702室	100044
349	253	玩具			玩具等	北京中轻联认证中心	北京市西城区阜外大街乙22号	100833
350	254	商业自动化			不同业态商业企业管理、商业自动化系统应用规范类、网络营销管理、电子商务ASP服务规范类、商业自动化工程管理及商用电子设备应用功能类等	中商流通生产力促进中心有限公司	北京市朝阳区科学园南里中街西奥中心B座20层	100010
351	256	首饰			首饰等	北京国首珠宝首饰检测有限公司	北京市朝阳区大屯路甲2号	100101
352	258	雷电防护			雷电防护等	中国标准化协会	北京市海淀区增光路33号中国标协写字楼	100048
353	259		1	航空派生型燃气轮机	航空派生型燃气轮机	中国航空综合技术研究所	北京市朝阳区京顺路7号	100028
354	260	信息安全			国内信息安全	中国电子技术标准化研究院	北京市东城区安定门东大街1号	100007
355	261	认证认可			认证认可	中国认证认可协会	北京市朝阳区朝外大街甲10号	100020
356	261		1	实验室认可	实验室认证认可相关的基础标准、管理标准和能力保证标准(不含实验室仪器及设备)	中国合格评定国家认可中心	北京市东城区南花市大街8号	100062

续表

序号	TC编号	TC 名称	SC编号	SC 名称	负责专业范围	秘书处所在单位	秘书处通讯地址	邮政编码
357	262	锅炉压力容器			压力容器及受压元件、板壳、换热设备、50 m^3 以上球形储罐和玻璃钢压力容器的设计制造，检验与验收标准、规范规程、型谱等专业领域标准化工作，以及电站锅炉、工业锅炉、余热锅炉、水处理设备及其辅助设备等	中国特种设备检测研究院	北京市朝阳区北三环东路26号三层	100029
358	262		6	在役承压设备	在役承压设备	中国特种设备检测研究院	北京市朝阳区和平街西苑2号B505	100029
359	262		7	锅炉传热介质	锅炉水处理、在用有机热载体、金属熔盐（不含金属熔盐质量标准、锅炉水质及污垢和腐蚀产物检测方法标准和药剂产品标准）	中国锅炉水处理协会	北京市朝阳区和平街西苑 2 号 D 座 5 楼	100029
360	263	竹藤			与竹、藤有关的专业领域标准化工作	国际竹藤中心	北京市朝阳区望京阜通东大街 8 号	100102
361	264	服务			服务方面的基础国家标准的制修订工作（包括服务术语、服务标准化指南、服务分类等）；新兴服务领域中的专业服务国家标准的制修订工作（包括律师服务、广告服务、咨询服务、市场研究与调查服务、保安服务、会议服务等）；社会公共服务国家标准的制修订工作（健康护理服务、社区服务、物业管理服务、教育培训服务等）以及与保护消费者有关的国家标准制修订工作	中国标准化研究院	北京市海淀区知春路 4 号	100088

续表

序号	TC编号	TC名称	SC编号	SC名称	负责专业范围	秘书处所在单位	秘书处通讯地址	邮政编码
362	264		1	心理咨询服务	心理咨询业技术、服务、管理等	中国标准化研究院	北京市海淀区知春路4号	100088
363	264		2	清洁服务	清洁服务业技术、服务、管理等	中国标准化研究院	北京市海淀区知春路4号	100088
364	265	超导			超导技术	中科院物理所	北京市海淀区中关村南三街8号	100190
365	267	物流信息管理			物流信息基础、物流信息系统、物流信息安全、物流信息应用等	中国物品编码中心	北京市东城区安定门外大街138号皇城国际B座501室	100011
366	268	智能运输系统			智能运输系统	交通运输部公路科学研究院	北京市海淀区西土城路8号	100088
367	269	物流			物流基础、物流技术、物流管理和物流服务等领域的标准化工作	中国物流与采购联合会	北京市丰台区莱户营南路139号院1号楼亿达丽泽中心三层311室	100036
368	269		1	物流作业	物流领域中物流作业通用及专用规范等	中国仓储与配送协会	北京市西城区广安门外大街168号1栋朗琴国际B座1605A	100055
369	269		2	托盘	物流系统中货物搬运用托盘	中国物流与采购联合会托盘专业委员会	北京市丰台区双营路9号亿达丽泽中心3层322室	100045

续表

序号	TC编号	TC名称	SC编号	SC名称	负责专业范围	秘书处所在单位	秘书处通讯地址	邮政编码
370	269		4	物流管理	物流系统中通用性、基础性的物流管理等	中国科学院研究生院管理学院	北京市海淀区中关村东路80号青年公寓7号楼	100080
371	269		5	冷链物流	物流领域中冷链物流技术、服务、管理等	中国物流技术协会	北京市西城区月坛北街25号2号楼2236房间	100834
372	270	粮油			粮油	国家粮食和物资储备局标准质量中心	北京市西城区百万庄大街11号	100037
373	270		1	原粮及制品	原粮及制品等	国家粮食局科学研究院	北京市西城区百万庄大街	100037
374	271	植物检疫			植物检疫	中国检验检疫科学研究院植物检疫研究所	北京市大兴区亦庄经济技术开发区荣华南路11号	100176
375	271		1	农业植物检疫	农业植物检疫	农业技术推广服务中心	北京市麦子店街20号楼730室	100125
376	271		3	进出境植物检疫	进出境植物检疫	中国检验检疫科学研究院动植物检疫研究所	北京市朝阳区惠新里241号	100029
377	273	环境监测方法			水、土壤和空气环境等领域的监测方法，但不包括气象学、噪声和电磁辐射等领域的监测方法	中国环境监测总站	北京市朝阳区安外大羊坊8号院乙	100012

续表

序号	TC编号	TC名称	SC编号	SC名称	负责专业范围	秘书处所在单位	秘书处通讯地址	邮政编码
378	273		1	水环境监测方法	水环境监测方法	中国环境监测总站	北京市朝阳区北四环东路育慧南路1号	100029
379	273		3	空气环境监测方法	空气环境(气象学领域除外)的检测方法	北京市环境保护监测中心	北京市西城区车公庄西路14号北京市环境保护监测中心	100044
380	274	畜牧业			一、畜、禽、蜂及特种经济动物品种与种质资源、饲养与管理、养殖环境;二、动物产品质量、分级、加工、安全(包括物理性、化学性、生物性安全因素);三、畜牧养殖设施(不包括畜牧机械)、兽医器械;四、草种、草产品、草原建设和生态保护	全国畜牧总站	北京市朝阳区麦子店街20号527室	100125
381	275	环保产业			一、环保设备,主要包括水污染防治设备、大气污染防治设备、噪声污染防治设备、固体废弃物处理设备、污染监测设备等;二、资源循环利用(不包括电子电器产品资源循环利用),主要包括废渣、废水(液)、废气、余热余压的循环利用等;三、环保服务,主要包括环境污染治理的运营、管理和评价等	中国标准化研究院	北京市海淀区知春路4号	100191
382	275		1	环境保护机械	烟气脱硫及成套设备、城市生活垃圾处理成套设备、工业固体废弃物处理处置设备等	中机生产力促进中心	北京市海淀区首体南路2号	100044

续表

序号	TC编号	TC名称	SC编号	SC名称	负责专业范围	秘书处所在单位	秘书处通讯地址	邮政编码
383	277	植物新品种测试			大田作物、林业植物、果树和花卉、蔬菜等植物新品种测试及新技术在植物新品种测试中的应用等	农业部科技发展中心	北京市朝阳区东三环南路96号农丰大厦709室	100122
384	279	纳米技术			纳米技术领域的基础性国家标准(包括纳米尺度测量、纳米尺度加工、纳米尺度材料、纳米尺度器件、纳米尺度生物医药等方面的术语、方法和安全性要求等),不包括产品标准	国家纳米科学中心	北京市海淀区中关村北一条11号	100080
385	279		1	纳米材料	全国纳米材料标准的规划和协调,纳米材料基础标准(名词术语、基本方法等)的制修订,除已有归口技术委员会之外的纳米材料	冶金工业信息标准研究院	北京市东城区灯市口大街74号	100730
386	280	石油产品和润滑剂			石油产品和润滑剂(包括:燃料油、润滑剂、石油蜡类、石油沥青、合成油脂)及石油产品静态计量和轻烃计量、润滑油换油指标等	中国石油化工股份有限公司石油化工科学研究院	北京市海淀区学院路18号21分箱	100083
387	280		1	石油燃料和润滑剂	石油燃料和润滑剂、添加剂	中国石油化工股份有限公司石油化工科学研究院	北京市海淀区学院路18号石油化工科学研究院北京914信箱	100083
388	280		2	石油静态和轻烃计量	石油及石油产品静态计量和轻烃计量	中国石油化工股份有限公司石油化工科学研究院	北京市海淀区学院路18号石油化工科学研究院北京914信箱19分箱	100083

续表

序号	TC编号	TC名称	SC编号	SC名称	负责专业范围	秘书处所在单位	秘书处通讯地址	邮政编码
389	281	实验动物			实验动物	中国医学科学院医学实验动物研究所	北京市朝阳区潘家园南里五号	100021
390	282	花卉			花卉	中国花卉协会	北京市东城区和平里东街18号	100714
391	284	光辐射安全和激光设备			激光基础技术、激光器件和材料、激光设备、激光应用及相关领域	中国电子科技集团公司第十一研究所	北京市朝阳区酒仙桥路4号798艺术区(11所西门)	100015
392	286	标准化原理与方法			标准化原理和方法等	中国标准化研究院	北京市海淀区知春路4号	100191
393	286		1	标准化评价	标准制修订评价、标准实施效益评价、标准化组织评价	中国标准化研究院	北京市海淀区知春路4号	100191
394	287	物品编码			商品、产品、服务、资产、物资等物品的分类编码、标识编码和属性编码,物品品种编码,单件物品编码的国家标准制修订工作;全国物品编码的管理与服务及物品编码相关载体技术等方面的国家标准制修订工作	中国物品编码中心	北京市东城区安定门外大街138号皇城国际B座501室	100011
395	287		1	农产品食品编码	农产品食品编码	中国物品编码中心/广东省标准化研究院/河南省标准研究院	北京市东城区安定门外大街138号皇城国际B座5层508房间	100011

续表

序号	TC编号	TC 名称	SC编号	SC 名称	负责专业范围	秘书处所在单位	秘书处通讯地址	邮政编码
396	288	安全生产			矿山安全、粉尘防爆、涂装作业安全、化学品安全、烟花爆竹安全、工矿商贸安全(不包括已有安全生产主管部门的行业)以及有关综合性的安全生产等领域国家标准制修订工作,不包括相关领域产品的国家标准制修订工作	中国安全生产科学研究院	北京市朝阳区北苑路32号	100012
397	288		1	煤矿安全	煤矿安全领域	中国煤炭工业协会	北京市朝阳区和平里北街21号	100013
398	288		2	非煤矿山安全	非煤矿山安全领域标准制修订工作	中国安全生产科学研究院矿山安全技术研究所	北京市朝阳区北苑路32号甲1号安全大厦	100012
399	288		3	化学品安全	化学品安全	中国化学品安全协会	北京市东城区和平里九区甲4号	100013
400	288		4	烟花爆竹安全	烟花爆竹安全	中国烟花爆竹协会	北京市朝阳区和平里北街21号	100013
401	288		7	防尘防毒	防尘防毒	中国职业安全健康协会	北京市东城区和平里9区甲4号A507	100013
402	288		9	工贸安全	建材、机械、轻工、纺织、烟草、商贸安全生产	中国安全生产科学研究院	北京市朝阳区北苑路32号院甲1号楼安全大厦中国安科院工业所	100012

续表

序号	TC编号	TC名称	SC编号	SC名称	负责专业范围	秘书处所在单位	秘书处通讯地址	邮政编码
403	289	文物保护			不可移动文物、可移动文物、文物调查与考古发掘、文物保护、博物馆及其信息化和信息建设领域国家标准制修订工作	中国文化遗产研究院	北京市朝阳区北四环东路高原街2号	100029
404	289		1	文物保护专用设施	文物调查与考古发掘、文物保护、文物修复、文物风险管理、文物展陈、文物传承利用等专用工具、装具、装备及系统等	机械工业仪器仪表综合技术经济研究所	北京市西城区广安门外大街甲397号	100055
405	290	城市轨道交通			城市轨道交通领域国家标准制修订工作，具体领域包括地铁、轻轨、有轨电车及其它新型城市有轨客运交通系统的车辆、供电系统、通信系统、信号系统、通风和空调系统、给排水和消防系统、防灾监控报警系统（FAS）、设备自动监控系统（BAS）、自动售检票系统（AFC）、屏蔽门（安全门）系统，以及维修、检测、救援设备等	中国城市规划设计研究院	北京市海淀区三里河路9号建设部北配楼409房间（中规院）	100037
406	291	体育用品			体育用品的基础、管理、通用国家标准制修订工作，以及目前除轻工、石油化工、纺织等行业所归口管理以外的体育用品领域的产品标准制修订工作，同时，负责体育用品标准化的组织、协调	中国体育用品业联合会	北京市东城区法华南里17号楼A座四层	100763
407	292	人力资源服务			人才及人力资源服务	中国人才交流协会	北京市海淀区西三环北路87号国际财经中心商业1四层全国人才	100089

续表

序号	TC编号	TC名称	SC编号	SC名称	负责专业范围	秘书处所在单位	秘书处通讯地址	邮政编码
408	295	盐业			制盐,不包括食用盐卫生标准	中国盐业总公司	北京市丰台区莲花池南里25号中盐大厦	100055
409	296	电力监管			电力监管相关领域,包括电力市场、接入服务、供电服务、电力安全、普遍服务、电力工程项目建设节约土地资源和节能等	中国电力企业联合会	北京市西城区白广路二条一号	100761
410	297	电工电子产品与系统的环境			电工电子产品与系统的环境保护及可回收利用	中国质量认证中心	北京市丰台区南四环西路188号9区中国质量认证中心产品六部	100070
411	297		1	材料声明	电工电子产品环境领域材料声明	中国质量认证中心	北京市丰台区南四环西路188号9区中国质量认证中心技术处	100070
412	297		2	环境设计	电工电子产品环境领域环境设计	中国电器工业协会	北京市丰台区南四环西路188号12区30号楼	100070
413	297		3	有害物质测量方法	电工电子产品环境领域有害物质检测	中国电子技术标准化研究院	北京市东城区安定门东大街1号	100007
414	297		4	回收利用	电工电子产品环境领域回收利用	中国质量认证中心	北京市丰台区南四环西路188号9区中国质量认证中心产品六部	100070

续表

序号	TC编号	TC名称	SC编号	SC名称	负责专业范围	秘书处所在单位	秘书处通讯地址	邮政编码
415	297		5	环境评价	电工电子产品与系统的环境评价	中国标准化研究院	北京市海淀区知春路4号1007	100088
416	298	珠宝玉石			珠宝玉石,包括首饰中用的珠宝玉石的鉴定	国土资源部珠宝玉石首饰管理中心	北京市东城区北三环东路36号环球贸易中心C座21-22层	100013
417	301	电气绝缘材料与绝缘系统评定			电气绝缘材料与电气绝缘系统的评定以及相关测试方法	机械工业北京电工技术经济研究所	北京市丰台区南四环西路188号12区30号楼	100070
418	305	制鞋			鞋类,不包括胶鞋	中国皮革制鞋研究院有限公司	北京市朝阳区将台西路18号皮革大厦517	100015
419	307	减灾救灾			减灾救灾、灾害救助等领域,不涉及各专业部门已开展的工作领域	民政部国家减灾中心	北京市朝阳区广百东路6号院	100124
420	309	氢能			氢能	中国标准化研究院	北京市海淀区知春路4号	100191
421	310	风险管理			风险管理的术语、方法、指南等相关基础,风险识别、风险分析、风险评估等风险管理技术,以及公司治理、业务持续管理、合同、人力资源管理、外购管理、公共政策制定等典型活动的风险管理	中国标准化研究院	北京市海淀区知春路4号中标院质量分院	100191
422	311	家用卫生杀虫用品			盘式蚊香、电热蚊香片、杀虫气雾剂、卫生香	北京市轻工产品质量监督检验一站	北京市丰台区角门东里79号	100068

续表

序号	TC编号	TC名称	SC编号	SC名称	负责专业范围	秘书处所在单位	秘书处通讯地址	邮政编码
423	312	空间科学及其应用			空间科学术语、符号和代号,工程管理、接口、空间科学及其应用、实验工程技术与管理	中国科学院空间应用工程与技术中心	北京市海淀区邓庄南路9号	100094
424	313	食品质量控制与管理			食品质量控制领域的基础性、综合性、通用性标准化工作	中国标准化研究院	北京市海淀区知春路4号	100191
425	314	城市临时性社会救助			社会求助机构管理、规范、技术服务	民政部社会事务司	北京市东城区北河沿大街147号	100721
426	315	社会福利服务			社会福利机构服务质量、环境	民政部社会福利中心	北京市西城区白广路七号院民政部社会福利中心3410室	100053
427	316	民用装饰镜			民用镜、装饰镜	北京市轻工产品质量监督检验一站	北京市丰台区角门东里79号	100068
428	317	铁矿石与直接还原铁			铁矿石与直接还原铁	冶金工业信息标准研究院	北京市东城区灯市口大街74号	100730
429	318	生铁及铁合金			生铁、铁合金	冶金工业信息标准研究院	北京市东城区灯市口大街74号	100730
430	318		1	化学分析	铁合金化学分析方法	冶金工业信息标准研究院	北京市东城区灯市口大街74号	100730
431	318		2	锰矿石与铬矿石	锰矿石与铬矿石产品、取制样、物理检验、化学分析等	冶金工业信息标准研究院	北京市东城区灯市口大街74号	100730
432	319	洁净室及相关受控环境			洁净室及相关受控环境	中国标准化协会	北京市海淀区增光路33号	100048

续表

序号	TC 编号	TC 名称	SC 编号	SC 名称	负责专业范围	秘书处所在单位	秘书处通讯地址	邮政编码
433	320	市场、民意和社会调查			市场、民意与社会调查的相关组织及其职业行为	中国标准化研究院	北京市海淀区知春路4号	100191
434	321	电力设备状态维修与在线监测			变压器、开关等电力设备安全运行维修试验及在线监测技术	中国电力科学研究院	北京海淀区清河小营东路15号中国电力科学研究院有限公司	100192
435	324	高压直流输电工程			高压直流输电系统的调试、运行、绝缘配合、检修、安全评价，直流设备的运行、安装、验收	中国电力科学研究院	北京市海淀区清河小营东路15号中国电力科学院高压所	100192
436	327	遥感技术			遥感技术术语,对地观测数据数传与接收,对地观测存档数据,对地观测数据与产品,波谱段评价、规范,标准定标、真实性检验规范,波谱测试规范,遥感试验规范	中国科学院光电研究院	北京市海淀区邓庄南路九号中科院光电研究院	100094
437	328	建筑施工机械与设备			包括基础施工设备、混凝土机械、道路施工与养护设备、骨料加工机械和设备、钢筋加工设备和模板、装修和维护用高处作业吊篮和擦窗机等设备、其他常用机械与设备	北京建筑机械化研究院有限公司	北京市东城区安定门内大街方家胡同21号	100007
438	328		2	基础施工设备	包括打桩设备、连续墙设备、成桩设备、地基夯实设备和锚固设备	北京建筑机械化研究院有限公司	北京市东城区安定门内方家胡同21号	100007

续表

序号	TC编号	TC名称	SC编号	SC名称	负责专业范围	秘书处所在单位	秘书处通讯地址	邮政编码
439	331	连续搬运机械			输送机械、给料机械、装卸机械及液力偶合器等液力传动机械	北京起重运输机械设计研究院有限公司	北京市东城区雍和宫大街52号北京起重运输机械设计研究院东楼一层标准化室	100007
440	332	工业车辆			机动工业车辆、非机动工业车辆、工业车辆用车轮和脚轮	北京起重运输机械设计研究院有限公司	北京市东城区雍和宫大街52号	100007
441	334		1	安全和机器性能的试验方法	土方机械安全和机器性能的试验方法	国家工程机械质量监督检验中心/天津工程机械研究院/徐州工程机械集团有限公司	北京市延庆区东外大街55号	102100
442	335	升降工作平台			包括移动式升降工作平台和一般升降工作平台	北京建筑机械化研究院有限公司	北京市东城区安定门内方家胡同21号	100007
443	336	微机电技术			关键尺寸在微米量级内的机电一体化装置的制造加工、设计、集成、可靠性评价以及检测等共性技术	中机生产力促进中心	北京市海淀区首体南路2号	100044
444	337	绿色制造技术			装备制造业领域绿色设计方法、绿色制造工艺规划、绿色机加工工艺、自修复与再制造等共性技术	中机生产力促进中心	北京市海淀区首体南路2号机械科学研究总院707室	100044
445	337		1	再制造	装备再制造	京津冀再制造产业技术研究院	北京市丰台区杜家坎21号院士办	100072

续表

序号	TC编号	TC名称	SC编号	SC名称	负责专业范围	秘书处所在单位	秘书处通讯地址	邮政编码
446	338	测量、控制和实验室电器设备安全			测量、控制和实验室电器设备及仪器的安全	机械工业仪器仪表综合技术经济研究所	北京市西城区广外大街甲397号	100055
447	338		1	医用设备	测量、控制和实验室电器设备中的医用设备	北京市医疗器械检验所	北京市通州区光机电一体化产业基地兴光二街7号	101111
448	341	审计信息化			会计核算软件及企业资源计划(ERP)软件的会议核算部分,包括术语、数据格式、数据交换、业务流程、信息安全、管理和决策	审计署计算机技术中心	北京市丰台区金中都南街17号	100073
449	342	燃料电池及液流电池			燃料电池及液流电池的术语、性能、通用要求及试验方法等	机械工业北京电工技术经济研究所	北京市丰台区南四环西路188号12区30号楼	100070
450	343	项目管理			项目管理的术语、构建框架、构建要素、编写方法、计划、认识体系	中国标准化协会	北京市海淀区增光路33号中国标协写字楼	100048
451	345	气象防灾减灾			气象灾害监测、预警和防御	国家气象中心	北京市海淀区中关村南大街46号国家气象中心	100081
452	345		1	气象影视	气象影视服务业务系统建设、气象影视节目制作、服务产品、服务从业管理和服务质量评估等	中国气象局公共气象服务中心	北京市海淀区中关村南大街46号中国气象局华风大楼	100081

续表

序号	TC编号	TC名称	SC编号	SC名称	负责专业范围	秘书处所在单位	秘书处通讯地址	邮政编码
453	346	气象基本信息			气象数据管理、档案管理、气象计算机网络	国家气象信息中心	北京市海淀区中关村南大街46号	100081
454	347	卫星气象与空间天气			气象卫星业务运行及卫星数据监测、传输、交换等，以及空间天气监测、预测、预警	国家卫星气象中心	北京市海淀区中关村南大街46号	100081
455	347		1	气象卫星数据	气象卫星数据接收、卫星频率及空间电磁环境、卫星测控、卫星数据、卫星数据存储归档、资料处理	国家卫星气象中心	北京市海淀区中关村南大街46号	100081
456	347		2	气象遥感应用	气象卫星遥感监测及应用技术	国家卫星气象中心	北京市海淀区中关村南大街46号国家卫星气象中心	100081
457	347		3	空间天气监测预警	空间天气监测、预警和地基监测、天基监测、空间天气监测仪器数据格式	国家卫星气象中心	北京市海淀区中关村南大街46号	100081
458	351	公共安全基础			公共安全基础性、通用性和综合性要求（不涉及公安等行业领域）	中国标准化研究院	北京市海淀区知春路4号	100088
459	351		1	安全管理体系	安全管理体系中与体系基础、体系制度、体系风险、专项技术以及安全促进相关的基础性、通用性国家标准	中国特种设备检测研究院	北京市朝阳区和平街西苑2号赛福特大厦A座610	100029
460	352	中文新闻信息			中文新闻信息采集、编辑、生成、发布、交换、表示、安全、组织、存储、检索和评估反馈过程	新华通讯社通信技术局	北京市西城区宣武门西大街57号	100803

续表

序号	TC编号	TC名称	SC编号	SC名称	负责专业范围	秘书处所在单位	秘书处通讯地址	邮政编码
461	353	信息分类与编码			信息分类与编码领域国家标准制修订工作，具体包括区域、场所、地点、人力资源、自然资源与环境、时间和计量单位、语言、文字、符号、经济结构与经济指标、社会福利、社会保障、公共卫生和劳动安全、行政管理、文献、专利、标准、档案等方面的信息分类编码国家标准制修订工作，不包括产品、服务、机构方面的信息分类编码以及条码形式的有关区域、场所和地点标识方面	中国标准化研究院	北京市海淀区知春路4号	100191
462	354	殡葬			殡葬设备、服务	中国殡葬协会	北京市西城区白广路7号东楼	100053
463	355	石油天然气			石油地质、石油物探、石油钻井、测井、油气田开发、采油采气、油气储运、油气计量及分析方法、石油管材、海洋石油工程、安全生产、环境保护	中国石油天然气股份有限公司勘探开发研究院	北京市海淀区学院路21号	100083
464	355		1	液化天然气	液化天然气	中海石油气电集团有限责任公司	北京市朝阳区太阳宫南大街6号院中海油大厦C座803	100028
465	355		3	石油地质勘探	石油及天然气地质勘探技术规范、评价方法及油气储量评价与计算，探井试油测试、地质录井、地质实验方法	中国石油勘探开发研究院科技文献中心	北京市海淀区学院路20号910信箱中国石油勘探开发研究院科技文献中心	100083

续表

序号	TC编号	TC名称	SC编号	SC名称	负责专业范围	秘书处所在单位	秘书处通讯地址	邮政编码
466	355		4	钻井工程	石油天然气钻井工程的钻井设计、钻前工程、钻井工艺、钻井设备配套技术、钻井工程技术管理、钻井井下故障处理、特殊工艺井工艺、固井工程与工艺的技术领域	中国石油集团钻井工程技术研究院	北京市海淀区学院路20号910信箱钻井院	100083
467	355		6	油气田开发	石油天然气开发的油气层物理分析、提高采收率、油气田（藏）描述及评价、油气田开发方案设计、油气田开发管理、油气田开发经济分析评价、海上油气田开发方案设计领域	中国石油化工股份有限公司石油勘探开发研究院	北京市海淀区学院路31号	100083
468	356	制药装备			制药装备及配套机械	中国制药装备行业协会	北京市丰台区草桥欣园一区4号	100068
469	358	白酒			白酒	中国食品发酵工业研究院	北京市朝阳区酒仙桥中路24号院6号楼	100015
470	359	航空货运及地面设备			航空货运及地面设备	中国民航科学技术研究院	北京市朝阳区西坝河北里甲24号	100028
471	360	森林可持续经营与森林认证			森林可持续经营和森林认证	国家林业局科技发展中心	北京市东城区和平里东街18号	100714
472	361	米面食品			谷物初加工制品如挂面、生切面、馒头、粽子等	北京市海淀区产品质量监督检验所	北京市海淀区永丰产业基地丰德东路17号	100094
473	365	防沙治沙			防沙治沙的术语、基础、技术、方法以及管理	中国林业科学研究院	北京市海淀区颐和园后中国林科院荒漠化研究所	100091

续表

序号	TC 编号	TC 名称	SC 编号	SC 名称	负责专业范围	秘书处所在单位	秘书处通讯地址	邮政编码
474	366	拍卖			拍卖基础、拍卖程序、拍卖企业资质评定	中国拍卖协会	北京市朝阳区北辰东路 8 号院北辰汇园大厦 H 座 A2511 室	100101
475	368	刷类			油漆刷、工业刷、日用生活刷、美容美发刷（不包括牙刷）	北京市轻工产品质量监督检验一站	北京市丰台区角门东里 79 号	100068
476	370	森林资源			林地林权；国家森林资源清查和全国森林资源调查、动态监测及评价；全国植树造林、封山育林的检查验收，国家重点林业生态工程和全国重点地区天然林保护工程的核查；全国森林采伐限额管理和森林资源的监管	国家林业和草原局调查规划设计院	北京市东城区和平里东街 18 号	100714
477	371	乐器			乐器产品领域（不含乐器维修、保养等服务领域）	北京乐器研究所	北京市朝阳区南新园西路甲 6 号	100122
478	374	质量监管重点产品检验方法			在国家质量监管重点产品中缺失及急需的检验方法	中检华纳质量技术中心	北京市经济技术开发区荣华南路 15 号院 2 号楼 5 层 506	100176
479	375	糖果和巧克力			糖果和巧克力等	中国商业联合会	北京市东城区东四西大街 46 号	100711
480	380	生物基材料及降解制品			降解制品及生物基材料等	轻工业塑料加工应用研究所	北京市海淀区阜成路 11 号耕耘楼 10 层	100048

续表

序号	TC编号	TC名称	SC编号	SC名称	负责专业范围	秘书处所在单位	秘书处通讯地址	邮政编码
481	381	防腐蚀			阴极保护、阳极保护、设备和管道用缓蚀剂应用等防腐蚀技术;防腐蚀衬里、防腐蚀地坪、玻璃鳞片应用等防腐蚀施工技术等(不包括建筑施工和船舶行业)	中国工业防腐蚀技术协会	北京市朝阳区亚运村小营路9号豪庭C座509	100101
482	383	饮食加工设备			直接与食品接触饮食加工设备,包括超市、餐馆、食品店、面包房、肉食店等商业企业、医院、工矿企业单位的食堂用面类饮食加工机械、蔬菜加工机械、肉类饮食加工机械、清洗消毒设备等饮食加工设备	北京市服务机械研究所	北京市昌平区沙河镇路庄村(于善街西口)	102206
483	385	营造林			林地评价、育苗、造林、森林抚育、低质林改造、森林管护及森林更新、森林培育等全过程等	国家林业和草原局调查规划设计院	北京市东城区和平里东街18号	100714
484	386	林业信息数据			林业政务信息、数字林业、专题数据库、信息系统建设等	国家林业和草原局调查规划设计院	北京市东城区和平里东街18号	100714
485	388	剧场			舞台音响、灯光及专业设备的应用;剧场基础及服务等	中国艺术科技研究所	北京市东城区雍和宫大街戏楼胡同1号柏林寺院内	100007
486	388		1	舞台机械	舞台机械	中国艺术科技研究所/中国特种设备检测研究院	北京市东城区广渠门南小街领行国际1号楼2单元20层	100061
487	389	图书馆			图书馆管理、服务,图书馆古籍善本的收藏、定级、维修、保护,图书馆环境等	国家图书馆	北京市海淀区中关村南大街33号	100081

续表

序号	TC编号	TC名称	SC编号	SC名称	负责专业范围	秘书处所在单位	秘书处通讯地址	邮政编码
488	390	文化馆			文化馆技术、服务、管理等	中国文化馆协会	北京市西城区文津街7号临琼楼	100034
489	391	网络文化			网络文化产品、服务及互联网上网服务营业场所的管理等	中国互联网上网服务行业协会	北京市东城区青龙胡同1号歌华大厦A1102	100007
490	392	文化娱乐场所			歌厅、迪厅、游戏厅等文化娱乐场所技术、服务、管理等	中国文化娱乐行业协会	北京市朝阳区朝外大街26号朝阳MEN大厦B座1603室	100010
491	393	社会艺术水平考级服务			社会艺术水平考级工作技术、服务、管理等	中央音乐学院	北京市西城区鲍家街43号中央音乐学院	100031
492	394	文化艺术资源			文化艺术资源收集、整理、保护、开发、数字化等	文化部民族民间文艺发展中心	北京市东城区雍和宫大街戏楼胡同一号柏林寺	100012
493	397	食品直接接触材料及制品			以纸、金属、陶瓷、搪瓷、塑料、橡胶、玻璃等为原料生产的,直接与食品接触的材料及制品,包括食品包装和餐饮用容器及工具(除金属餐饮用器具)等(IEC涉及的产品除外)	中国轻工业联合会综合业务部	北京市西城区阜外大街乙22号	100833
494	397		3	纸制品	以纸为原料生产的食品包装和餐饮用器具	中国制浆造纸研究院	北京市朝阳区望京启阳路4号中轻大厦	100102
495	397		6	塑料制品	以塑料为主要原料生产的食品包装和餐饮用器具	轻工业塑料加工应用研究所	北京市海淀区阜成路11号耕耘楼10层06房间	100048

续表

序号	TC编号	TC名称	SC编号	SC名称	负责专业范围	秘书处所在单位	秘书处通讯地址	邮政编码
496	398	调味品			调味品（味精、食糖和食盐除外）	中国调味品协会	北京市海淀区复兴路47号天行建商务大厦605	100036
497	399	肉禽蛋制品			禽畜肉制品门类（腌腊制品类、酱卤制品类、熏烧制品类、干制品类、油炸制品类）和蛋制品门类（再制蛋类、蛋粉类、冰全蛋类、蛋黄类）等	中国商业联合会	北京市东城区东四西大街46号	100711
498	399		1	畜肉制品	畜肉制品领域	中国肉类食品综合研究中心/南京雨润食品有限公司/河南省漯河市双汇实业集团有限责任公司	北京市丰台区洋桥70号	100068
499	402	太阳能			太阳能热水系统、太阳房、太阳灶、太阳能产品、太阳能集热器、元件等太阳能热利用等	中国标准化研究院/湖北省产品质量监督研究院/江苏省产品质量监督检验研究院/佛山市顺德区质量技术监督标准与编码所/中国科学院广州能源研究所/北京鉴衡认证中心有限公司	北京市海淀区知春路4号	100191

续表

序号	TC编号	TC名称	SC编号	SC名称	负责专业范围	秘书处所在单位	秘书处通讯地址	邮政编码
500	407	棉花加工			棉花加工成套设备安装、棉花加工自动化信息传输、棉副产品精深加工技术、棉花加工机械安全使用等	中国棉花协会棉花加工分会	北京市西城区宣武门外大街甲1号环球财讯中心B座6层	100052
501	412	电工专用设备			生产制造电工设备的专用设备等	机械工业北京电工技术经济研究所	北京市丰台区南四环西路188号12区30号楼	100070
502	415	产品回收利用基础与管理			产品回收利用基础与管理(不涉及具体的电工电子产品回收利用标准),包括术语、分类、图形符号、识别标志、统计指标及统计信息系统、计算方法、回收利用技术、环境要求、管理规范和评价指标体系等	中国标准化研究院	北京市海淀区知春路4号	100191
503	416	林业生物质材料			以林业植物原料为主制造加工的材料以及生物质原料经化学、生物加工制成的材料等	中国林业科学研究院木材工业研究所	北京市海淀区东小府2号院	100091
504	421	生物芯片			生物芯片的基础、产相关产品及检测方法	生物芯片北京国家工程研究中心	北京市昌平区生命科学园路18号	102206
505	423	设备监理工程咨询			设备监理工程咨询	中国设备监理协会	北京市朝阳区北三环东路18号院6号楼3层	100045
506	424	短路电流计算			短路电流的计算方法及其热效应和机械效应	中国电力科学研究院	北京市海淀区清河小营东路15号中国电力科学研究院系统所	100192

续表

序号	TC编号	TC 名称	SC编号	SC 名称	负责专业范围	秘书处所在单位	秘书处通讯地址	邮政编码
507	425	宇航技术及其应用			宇航产品设计工程和生产、接口、综合与实验、卫星应用与地面支持设备、空间环境、空间项目管理、空间材料与工艺、空间碎片、空间数据传输、通讯等	中国航天标准化研究所	北京市丰台区小屯路89号	100071
508	425		1	空间环境	空间环境	中国科学院国家空间科学中心	北京市海淀区中关村南二条1号	101049
509	425		2	宇航电子	宇航电子产品及其设计、制造、测试试验、研制管理等	中国航天电子技术研究院	北京市海淀区丰滢东路1号	100094
510	425		3	空间数据与信息传输	空间数据与信息传输（包括空间数据与信息传输基础标准、空间链路标准、空间网络标准、航天器接口标准、任务操作与信息管理标准、交互支持标准等）	中国航天标准化研究所	北京市丰台区小屯路89号	100071
511	426	智能建筑及居住区数字化			智能建筑物数字化系统	住建部信息中心/机械工业仪器仪表综合技术经济研究所	北京海淀区三里河路7号新疆大厦B座12层	100036
512	426		1	智慧居住区	居住小区内基础设施的数字化技术应用、智能家居系统、智能化系统管理与服务平台技术要求	中关村乐家智慧居住区产业技术联盟	北京朝阳区常意路4号常楹大厦1号楼824室	100024
513	427	航空电子过程管理			航空电子过程管理	中国航空综合技术研究所	北京市朝阳区京顺路7号	100028
514	428	带轮与带			带轮和带（包括V带传动、同步带传动、平带传动和输送带等）的设计、配合尺寸和试验方法，以及相应的互换性、质量要求和试验方法	中机生产力促进中心	北京市海淀区首体南路2号	100044

续表

序号	TC 编号	TC 名称	SC 编号	SC 名称	负责专业范围	秘书处所在单位	秘书处通讯地址	邮政编码
515	428		2	同步带传动	同步带的设计、配合尺寸和试验方法，以及相应的互换性、质量要求和试验方法等	中机生产力促进中心	北京市海淀区首体南路 2 号	100044
516	434	城镇给水排水			城镇给水排水的取水设备、给水排水输送设施与设备、给水排水调节设备，给水排水用户的产品、设备、器材，城镇给水排水分户计量仪器、器具、计算核算，城镇给水排水设备、设施维护、保养，城镇给水排水运行、管理、服务，城镇污水处理厂污水再生利用水质，以及污泥处置（不含塑料管材、管件和阀门）等	中国建筑金属结构协会给水排水设备分会	北京市海淀区车公庄西路 8 号	100037
517	435	航空器			民用飞机、民用直升机和其他民用飞行器综合、总体、气动、结构、动力装置、燃油系统、液压系统、气动系统、飞行控制、电气系统、航电系统、生命保障系统、环境控制系统、客舱设备、货运系统标准以及产品支援、基础、零部件、工装工艺和材料标准等	中国航空综合技术研究所	北京市朝阳区京顺路 7 号	100028
518	435		1	无人驾驶航空器系统	民用无人驾驶航空器系统（不含飞行机器人）设计、制造、交付、运行、维护、管理	中国航空综合技术研究所、国家空管法规标准研究中心	北京市朝阳区京顺路 7 号	100028
519	439	连锁经营			连锁企业基本设施、营运管理	中国连锁经营协会	北京市西城区阜外大街 22 号外经贸大厦 811 室	100037

续表

序号	TC编号	TC名称	SC编号	SC名称	负责专业范围	秘书处所在单位	秘书处通讯地址	邮政编码
520	440	二手货			二手货即旧货的基础术语、技术要求及流通、服务规范	中国旧货业协会	北京市西城区月坛北小街4号	100834
521	442	节水			工业、农业、城镇生活、非常规水资源利用等全社会用水领域节水的基础、方法、管理、技术、产品	中国标准化研究院	北京市海淀区知春路4号	100191
522	443	教育服务			义务教育和国家正规高等教育之外的涉及市场化经营的辅助教育服务	中国标准化研究院	北京市海淀区知春路4号	100088
523	446	电网运行与控制			电网运行与控制	国家电力调度通信中心	北京市西城区西长安街86号国家电网公司国家电力调度通信中心	100031
524	447	工业玻璃和特种玻璃			工业玻璃和特种玻璃(不包括建筑玻璃和汽车用安全玻璃)等	中国建筑材料科学研究总院	北京市朝阳区管庄东里1号	100024
525	448	建筑幕墙门窗			建筑幕墙、门、窗	中国建筑科学研究院/中国建筑标准设计研究院有限公司	北京市朝阳区北三环东路30号中国建筑科学研究院环能院门窗中心	100013
526	449	城镇风景园林			城镇风景园林设施的分类、评定、保护、监测和管理(不含旅游服务)	中国城市建设研究院有限公司	北京市西城区德胜门外大街36号凯旋大厦A座	100120
527	452	建筑节能			建筑节能产品、材料、建筑节能管理、评价及方法等	中国建筑科学研究院	北京市朝阳区北三环东路30号中国建筑科学研究院环能院	100013

续表

序号	TC编号	TC名称	SC编号	SC名称	负责专业范围	秘书处所在单位	秘书处通讯地址	邮政编码
528	454	建筑构配件			建筑构配件(不包括墙体屋面材料、装饰装修材料、水泥制品、建筑玻璃等)	中国建筑标准设计研究院有限公司	北京市海淀区首体南路9号主语国际5号楼7层	100048
529	455	城镇供热			城镇供热系统(不含锅炉、暖通空调)	中国城市建设研究院有限公司	北京市西城区德胜门外大街36号德胜凯旋大厦	100120
530	456	体育			体育基础、竞技活动、设施设备(不含运动器材制造)、场所等	国家体育总局体育器材装备中心	北京市东城区体育馆路3号	100763
531	456		1	设施设备	体育设施设备的技术、产品、性能要求、检测方法等(不含运动器材制造)	华体集团有限公司	北京市丰台区南三环中路15号院8号楼2层	100075
532	458	混凝土			混凝土	中国建筑科学研究院建筑材料研究所	北京市朝阳区北三环东路30号	100013
533	459	能量系统			能量系统的统计、分析方法、评价、用能单位能量系统综合利用方法、评价指标、能量系统的优化	中国标准化研究院	北京市海淀区知春路4号	100191
534	460	石材			石材基础、方法等	北京中材人工晶体有限公司/中材人工晶体研究院	北京市朝阳区东坝红松园1号	100018
535	461	人工晶体			人工晶体(医用除外)	中材人工晶体有限公司/东海县产品质量监督检验所/中材人工晶体研究院	北京733信箱	100018

续表

序号	TC编号	TC名称	SC编号	SC名称	负责专业范围	秘书处所在单位	秘书处通讯地址	邮政编码
536	462	邮政业			邮政领域基础、安全、管理、服务及相关技术等领域	国家邮政局发展研究中心	北京市西城区北礼士路甲8号	100868
537	463	产品缺陷与安全管理			产品缺陷与安全管理等	中国标准化研究院	北京市海淀区知春路4号	100191
538	464	航空运输			航空运输管理	中国航空运输协会	北京市朝阳区芳草地西街15号经质商务酒店2层	100028
539	465	建材装备			水泥、水泥制品、轻质装饰装修、玻璃工业及深加工、墙材工业、建筑陶瓷、玻璃纤维等领域技术装备，不包括矿山机械	中材装备集团有限公司	北京市朝阳区望京北路16号中材国际大厦5层中国建材机械工业协会	100102
540	465		1	陶瓷机械	陶瓷机械	中国建材机械工业协会/佛山市顺德区标准化协会	北京市朝阳区望京北路16号中材国际大厦406室	100102
541	466	特殊膳食			满足某些特殊人群的生理需要，或某些疾病患者的营养需要，按特殊配方而专门加工的食品	中国食品发酵工业研究院有限公司	北京市朝阳区酒仙桥中路24号院6号楼621	100015
542	467	蔬菜			蔬菜	中国农业科学研究院蔬菜研究所	北京市海淀区中关村南大街12号	100081
543	468	湿地保护			湿地保护	国家林业和草原局调查规划设计院	北京市东城区和平里东街18号	100714

续表

序号	TC编号	TC名称	SC编号	SC名称	负责专业范围	秘书处所在单位	秘书处通讯地址	邮政编码
544	468		1	水生生物湿地保护管理	水生生物湿地保护	中国水产科学研究院	北京市丰台区永定路南青塔村150号	100141
545	469	煤化工			煤化工转化技术用原料及工艺、煤炭为原料化学品、炼焦及煤焦化产品、煤化工产品检测方法等领域（不含醇醚燃料领域）	煤炭科学技术研究院有限公司、国家煤及煤化工产品质量监督检验中心、西南化工研究设计院有限公司、冶金工业信息标准研究院	北京市朝阳区和平里青年沟路5号煤科院1号楼307	100013
546	469		1	煤转化	煤化工转化技术用原料及工艺	煤炭科学技术研究院有限公司	北京市朝阳区和平里青年沟路5号	100013
547	469		3	炼焦化学	炼焦及煤焦化产品	冶金工业信息标准研究院	北京市东城区灯市口大街74号	100730
548	470	社会信用			社会信用	中国标准化研究院	北京市海淀区知春路4号	100191
549	470		1	质量信用	质量信用评价方法、质量信用等级规范、质量信用从业人员职业资格及认定、质量信用管理体系规范及实施指南、质量信用满意度测评规范、质量信用评价机构准则等	国家质量监督检验检疫总局质量司	北京市海淀区知春路4号	100088
550	470		2	商业信用	商业信用术语、商业企业信用等级评定规范、商业信用评定人员执业资格、商业信用评定机构职业规范	中国商业联合会	北京市西城区月坛北街25号	100834

续表

序号	TC编号	TC名称	SC编号	SC名称	负责专业范围	秘书处所在单位	秘书处通讯地址	邮政编码
551	471	酿酒			饮料酒(不包括白酒)	中国食品发酵工业研究院	北京市朝阳区酒仙桥中路24号院6号楼	100015
552	472	饮料			饮料	中国食品发酵工业研究院	北京市朝阳区酒仙桥中路24号院6号楼	100015
553	474	社会保险			养老保险、失业保险、医疗保险、工伤保险、生育保险等社会保险服务、评价、管理等	社会保险事业管理中心	北京市东城区安定门外大街138号皇城国际社保中心	100011
554	475	针灸			针灸术语、操作、临床研究、常见疾病诊疗及针灸器具	中国中医科学院针灸研究所	北京市东城区东直门内南小街16号	100700
555	476	中西医结合			中西医结合技术与管理	中国中西医结合学会	北京市东城区东直门内南小街16号中国中医科学院内	100700
556	477	中药			中药材、中药饮片的研制、开发、生产、质量和安全控制、检测技术、评价技术	中国中药协会	北京市东城区夕照寺街东玖大厦B座三层	100061
557	478	中医			中医临床各科(内科、风湿病、骨伤科、周围血管病、耳鼻喉科、肛肠、眼科、皮肤科、男科、外科、老年病、儿科、推拿、妇科、急诊、感染病、肿瘤、糖尿病、针刀医学、艾滋病、亚健康、络病、护理等)以及中医药基础、应用等技术	中华中医药学会	北京市朝阳区樱花园东街甲4号	100029

续表

序号	TC编号	TC名称	SC编号	SC名称	负责专业范围	秘书处所在单位	秘书处通讯地址	邮政编码
558	479	中药材种子(种苗)			中药材种子(种苗)	中国中医科学院中药研究所(中药资源中心)	北京市东城区东直门内南小街16号	100700
559	481	仪器分析测试			与仪器分析测试相关的分离与前处理设备、特种试剂、通用检验与分析方法及实验室信息管理和数据系统等	中国计量科学研究院	北京市朝阳区北三环东路18号	100013
560	483	保健服务			保健服务等	北京国康健康服务研究院	北京市石景山区老山南路甲11号院	100049
561	485	通信			通信网络、系统和设备的性能要求、通信基本协议和相关测试方法等	中国通信标准化协会	北京市海淀区花园北路52号	100191
562	486	科技平台			国家科技基础条件平台建设、管理和服务等	国家科技基础条件平台中心	北京市海淀区复兴路乙15号	100862
563	487	光电测量			光电测量系统名词术语、通用技术、应用技术、光电器件、光电材料特性、光电系统性能参数的校准与测量方法,还包括光电器件与光电测量系统的光学要求、环境要求、机械要求与安全性要求,光电测量系统功能接口等	中国科学院光电研究院	北京市海淀区邓庄南路9号	100094
564	438	批发与零售市场			零售与批发市场术语和分类、组建批发市场的条件和评定规则、零售和批发市场从业人员资质及其培训和评定、零售和批发市场商品流通规范、零售和批发市场准入条件、批发市场等级评定	中国商业联合会	北京市东城区东四西大街46号	100834

续表

序号	TC 编号	TC 名称	SC 编号	SC 名称	负责专业范围	秘书处所在单位	秘书处通讯地址	邮政编码
565	488		1	糕点	糕点	中国商业联合会	北京市东城区东四西大街 46 号	100010
566	489	国际货运代理			国际货运代理行业术语、作业规范、岗位资质及国际货运代理企业资质与等级评定	中国国际货运代理协会	北京市朝阳区安慧里四区 15 号楼中国五矿大厦 8 层 820	100101
567	492		2	牙刷	牙刷	北京市轻工产品质量监督检验一站/倍加洁集团股份有限公司	北京市丰台区角门东里 79 号	100068
568	498	休闲			传统特色休闲方式开发与保护，现代休闲创意与服务，主题休闲俱乐部服务，休闲节庆活动，休闲咨询服务等	北京同和时代旅游规划设计院	北京市海淀区西三环北路 50 号院 6 号楼 8 层 907A	100086
569	499	物流仓储设备			物流仓储设备	北京起重运输机械设计研究院有限公司/南京市产品质量监督检验院/南京音飞储存设备（集团）股份有限公司/江苏六维智能物流装备股份有限公司	北京市东城区雍和宫大街 52 号	100007

续表

序号	TC编号	TC名称	SC编号	SC名称	负责专业范围	秘书处所在单位	秘书处通讯地址	邮政编码
570	500	语言文字			汉语语音与拼音、汉语语汇、汉语语法与语篇、汉字、汉语作为第二语言教学、少数民族语言、境内外语应用及中文信息处理	教育部语言文字信息管理司	北京市西城区西单大木仓胡同37号	100816
571	501	果品				全国农业技术推广服务中心	北京市朝阳区麦子店街20号楼	100125
572	502	职业经理人考试测评			职业经理人考试测评	职业经理研究中心	北京市西城区百万庄北街6号经易大厦	100834
573	505	出版物发行			出版物流通领域,包括出版物发行术语、发行物流技术、作业流程和作业规范、书业服务、书业管理等	中国书刊发行业协会	北京市东城区先晓胡同10号	100010
574	507	气象仪器与观测方法			气象仪器、技术装备和观测方法等	中国气象局气象探测中心	北京市海淀区中关村南大街46号	100081
575	508	消费品安全			消费品安全通用基础领域	中国标准化研究院	北京市海淀区知春路4号	100191
576	510	生殖健康用品			生殖健康用品	中国生殖健康产业协会	北京市海淀区上地东路盈创动力E座106室	100085
577	513	纤维			棉花、毛、绒、茧丝、麻类纤维	中国纤维检验局	北京市东城区安定门东大街5号	100007
578	515	沼气			沼气	农业部农业生态与资源保护总站	北京市朝阳区麦子店街24号楼5层	100125

续表

序号	TC编号	TC名称	SC编号	SC名称	负责专业范围	秘书处所在单位	秘书处通讯地址	邮政编码
579	516	屠宰加工			负责兽医食品卫生质量及检验、畜禽屠宰厂(场)建设、屠宰厂(场)分级,屠宰车间和流水线设计、畜禽屠宰及加工技术、屠宰加工流程及工艺、屠宰及肉制品加工设施设备、无害化处理设备及工艺技术、非食用动物产品加工处理等领域的国家标准制修订工作	中国动物疫病预防控制中心(农业部屠宰技术中心)	北京市朝阳区麦子店街20号楼421室	100125
580	517	农产品购销			农产品交易技术规程、购销、包装及储运	全国城市农贸中心联合会	北京市西城区白纸坊东街6号楼701室	100054
581	520	洗染			洗染行业的基础性标准,包括行业术语、定义、分类以及基础设施、设备、洗染用品等的技术要求,安全及实验方法等相关标准的制定	中国商业联合会	北京市西城区复兴门内大街45号	100801
582	521	道路运输			客货运输管理的运输企业、运输从业人员、运输生产组织及运输场建设等管理方面的技术要求;道路运输装备和产品的使用要求、运输作业及监管装备要求等	交通运输部公路科学研究院	北京市海淀区西土城路8号院	100088
583	524	会计信息化			企事业单位会计信息化、企事业单位内部控制信息化、会计监督信息化、会计师事务所审计及监管信息化和会计信息安全等	财政部会计准则委员会	北京市西城区三里河南三巷3号	100820

续表

序号	TC编号	TC名称	SC编号	SC名称	负责专业范围	秘书处所在单位	秘书处通讯地址	邮政编码
584	525	计量器具管理			计量器具使用和管理(不包括全国量具量仪标准化技术委员会和全国产品几何技术规范标准化技术委员会工作范围)	中国计量协会	北京市朝阳区农展馆北路农业部北办公区22号楼5层	100125
585	526	实验室仪器及设备			动力测试仪器、试验箱及气候环境试验设备、实验室离心机、应变测量仪器、噪声测量仪器、实验室高压釜等实验室仪器与装置	机械工业仪器仪表综合技术经济研究所	北京市西城区广外大街甲397号	100055
586	527	新闻出版			书、报、刊、音像电子出版物、数字出版物和网络出版物(不含科技档案、科技报告、学位论文、会议论文文献、非正式出版物及相关文献数据库产品和网络服务系统、ISO/TC46有关国际标准)	中国新闻出版研究院	北京市丰台区三路居路97号	100073
587	529	城市客运			公共汽车、电车和轨道交通运营,出租汽车、轮渡及水上旅游客运,城市客运枢纽场站和其他客运附属服务设施	交通运输部科学研究院	北京市朝阳区惠新里240号	100029
588	530	港口			港口安全、管理、作业、服务等	交通运输部水运科学研究院	北京市海淀区西土城路8号院	100088
589	530		1	疏浚装备	疏浚专用装备及一起设备	中国交通建设股份有限公司	北京市西城区德胜门外大街85号	100088
590	532	品牌评价			品牌价值、品牌价值测算、品牌培育领域的基础类、通用技术类及实施应用类标准	中国品牌建设促进会	北京市朝阳区北三环东路18号6号楼	100013

续表

序号	TC编号	TC 名称	SC编号	SC 名称	负责专业范围	秘书处所在单位	秘书处通讯地址	邮政编码
591	534	社会工作			社会工作等	北京社会管理职业学院	北京东燕郊经济开发区燕灵路2号北京社会管理职业学院	101601
592	535	劳动管理与保护			劳动力使用及劳动保护等	人力资源和社会保障部社会保障能力建设中心	北京市朝阳区双桥中路1号	100121
593	536	动漫游戏产业			动漫游戏产业	北京邮电大学	北京市海淀区西土城路10号	100876
594	537	城市公共设施服务			城市公共设施服务	北京市标准化研究院	北京市东城区和平里东街20号院标准大厦409	100013
595	538	人工影响天气			作业安全、作业条件监测、作业实施、作业装备及催化剂、地面作业点基础设施建设、业务系统建设等	中国气象科学研究院	北京市海淀区中关村南大街46号	100081
596	539	农业气象			农业气象术语、监测、预报、评估和灾害,农业气候资源,生态气象监测评估等	国家气象中心	北京市海淀区中关村南大街46号	100081
597	540	气候与气候变化			气候与气候变化资料采集处理、诊断预测、影响评估以及气候监测指标、气候可行性论证、气候资源评价及开发利用等	中国气象局国家气候中心	北京市海淀区中关村南大街46号气候科技大楼701房间	100081
598	540		1	大气成分观测预报预警服务	大气成分观测、预报、预警与服务等	中国气象局气象探测中心	北京市海淀区中关村南大街46号	100081

续表

序号	TC编号	TC名称	SC编号	SC名称	负责专业范围	秘书处所在单位	秘书处通讯地址	邮政编码
599	540		2	风能太阳能气候资源	风能太阳能气候资源	中国气象局公共气象服务中心	北京市海淀区中关村南大街46号	100081
600	541	伴侣动物(宠物)			伴侣动物疾病防控、诊疗,伴侣动物寄养、训导,伴侣动物饲养管理等	北京市动物疫病预防控制中心	北京市大兴区生物医药基地祥瑞大街19号406室	100107
601	542	创新方法			创新方法组织评价、项目评价、人员能力评估及其认定、评价方法等	创新方法研究会/中国标准化研究院	北京市海淀区玉渊潭南路8号/北京市海淀区知春路4号1018室	100038
602	543	通信服务			信息通信服务领域	中国通信标准化协会	北京市海淀区花园北路52号	100191
603	544	北斗卫星导航			与北斗卫星导航系统相关的基础(技术体制、术语、时空基准、技术管理等)、系统建设(工程总体、卫星系统、地面运控系统、运载火箭系统、发射场系统、测控系统等,不包括宇航通用技术)、运行维护(运行管理、评估、维修、退役等)、应用(产品、服务、应用基础设施、信息交换、质量与测试检验等)领域的国家标准和国家军用标准制修订工作	中国卫星导航工程中心/中国航天标准化研究所	北京市5131信箱11号/北京市丰台区小屯路89号	100094
604	547	平板显示器件			液晶显示器件、等离子体显示器件、有机发光二极管显示器件等平板显示器件领域	中国电子技术标准化研究院	北京市东城区安定门东大街1号	100007

续表

序号	TC编号	TC名称	SC编号	SC名称	负责专业范围	秘书处所在单位	秘书处通讯地址	邮政编码
605	548	碳排放管理			碳排放管理术语、统计、监测,区域碳排放清单编制方法,企业、项目层面的碳排放核算与报告,低碳产品、碳捕获与碳储存等低碳技术与设备,碳中和与碳汇等领域	中国标准化研究院/中国质量认证中心	北京市海淀区知春路4号	100191
606	549	智能电网用户接口			智能电网用户接口领域	中国电力科学研究院有限公司	北京市海淀区清河小营东路15号	100192
607	550	电力储能			电力储能技术领域	中国电力科学研究院有限公司	北京市海淀区清河小营东路15号	100192
608	553	新闻出版信息			出版专业领域信息化	新闻出版总署信息中心	北京市西城区西长安街5号	100806
609	554	知识管理			知识产权管理(创造、运用、保护、管理)、传统知识保护和管理、组织知识管理等	中国标准化研究院、国家知识产权局专利管理司	北京市海淀区知春路4号、北京市西土城路6号	100088
610	556	制伞			伞类产品	北京市轻工产品质量监督检验一站	北京市丰台区角门东里79号	100068
611	561	警用装备			警用装备	公安部第一研究所	北京市海淀区首体南路1号	100048
612	562	增材制造			增材制造术语和定义、工艺方法、测试方法、质量评价、软件系统及相关技术服务等	中机生产力促进中心	北京市海淀区首体南路2号	100044
613	564	微电网与分布式电源并网			微电网及分布式电源并网的规则设计、运行维护、调度控制和试验检测等	中国电力科学研究院	北京市海淀区清河小营东路15号	100192

续表

序号	TC编号	TC名称	SC编号	SC名称	负责专业范围	秘书处所在单位	秘书处通讯地址	邮政编码
614	565	太阳能光热发电			太阳能光热发电技术和设备	中国大唐集团新能源科学技术研究院有限公司	北京市石景山区银河大街 6 号院 1 号楼 B 座	100040
615	566	感官分析			感官分析基础、方法、环境室与人员管理、辅助器具和应用等领域基础通用	中国标准化研究院	北京市海淀区知春路 4 号	100191
616	567	城市可持续发展			城市可持续发展管理体系、要求、指南和相关领域国家标准(不含城市建设标准)制修订工作	中国标准化研究院	北京市海淀区知春路 4 号	100191
617	568	科普服务			科普基础设施设备、科普展教品、科普服务质量与评价、数字科技馆、科学素质测评	中国科学技术馆	北京市朝阳区北辰东路 5 号	100012
618	569	特高压交流输电			电压 800KV 以上的交流系统(包括规划、设计、技术要求、可靠性、建设、调试、运行检修等)	中国电力科学研究院	北京市海淀区清河小营东路 15 号中国电科院	100192
619	570	载人航天			载人航天领域技术基础、工程研制建设(总体技术、航天员、应用有效载荷、航天器、运载火箭、测控通信、发射与回收)、应用与服务(运营管理、任务实施、在轨服务、成果推广)等	中国航天科技集团有限公司第五研究院第五一二研究所	北京市海淀区友谊路 104 号(北京市 9622 信箱)	100094
620	571	综合交通运输			两种及以上运输方式协调衔接和共同使用(包括综合客运枢纽、综合货运枢纽、复合通道及交叉设施、旅客联程运输、货物多式联运衔接、运载单元、专用载运工具、快速转运设备、换乘换装设备以及统计、评价、安全应急与信息化等)	交通运输部科学研究院	北京市朝阳区惠新里 240 号	100029

续表

序号	TC编号	TC名称	SC编号	SC名称	负责专业范围	秘书处所在单位	秘书处通讯地址	邮政编码
621	573	信息化和工业化融合管理			信息化和工业化融合管理等	国家工业信息安全发展研究中心（工业和信息化部电子第一研究所）	北京市石景山区鲁谷路35号	100040
622	577	爆炸物品公共安全管理			负责爆破作业安全管理与安全技术，爆破安全监测与测试技术，爆炸物品的购买、运输、使用和储存、销毁（不含生产、经营环节）安全管理，爆炸物品示踪与安检领域国家标准制修订工作	公安部治安管理局	北京市东城区东长安街14号	100741
623	580	科技评估			科技政策评估、科技计划评估、科技项目评估、科技成果评估、区域科技创新评估、科技机构与基地评估、科技人才评估、科技经费评估、科技绩效与影响评估	科技部科技评估中心	北京市海淀区皂君庙乙7号	100081
624	581	设施管理			设施管理术语定义、管理体系要求、设施管理方法、设施管理产业化服务等领域国家标准制修订工作（不含公共基础设施、物业管理和农业设施）	中机生产力促进中心	北京市海淀区首体南路2号706室	100044
625	583	资产管理			资产管理术语、管理体系要求、资产管理信息与数据、资产管理业务与方法、资产管理技术服务	中国标准化研究院	北京市海淀区知春路4号	100191

续表

序号	TC编号	TC名称	SC编号	SC名称	负责专业范围	秘书处所在单位	秘书处通讯地址	邮政编码
626	584	微细气泡技术			微细气泡技术(涵盖术语与通则、包括但不限于液体介质中微细气泡的表征与应用,特别关注尺度小于100微米的人工制造微细气泡)	中国科学院过程工程研究所	北京市海淀区中关村北二街1号中科院过程所	100190
627	SWG4	原产地域产品			原产地域产品等	中国标准化协会	北京市海淀区增光路33号中国标协写字楼	100037
628	SWG5	白度标准样品			白度标准样品	建筑材料工业技术监督研究中心	北京市861信箱	100024
629	SWG14	行政审批			行政审批通用基础、条件建设、信息化建设、服务规范、监督评价等	中国标准化研究院	北京市海淀区知春路4号	100191
630	SWG15	政务大厅服务			政务大厅服务基础术语、标准化工作指南、服务分类,政务大厅信息服务、公共资源交易服务、权益保障服务,政务大厅组织管理与运行、服务平台建设、绩效考核等	中国行政体制改革研究会、新泰市公共行政服务中心	北京市海淀区长春桥路6号	100089
631	SWG16	惯性技术与产品			惯性技术及其产品的设计、生产、检测、管理等	北京航天控制仪器研究所	北京市海淀区永定路52号	100854
632	SWG17	机关事务管理			机关国有资产管理、公务用车管理、办公用房管理、人防工程管理、职工住宅建设与管理、公共机构节能、公务接待、后勤服务、政府集中采购、机关事务管理信息化	中国标准化研究院、国家机关事务管理局政策法规司	北京市海淀区知春路4号	100191

注:信息来自全国标准信息公共服务平台(http://std,samr,gov.cn),供学习参考。

北京市专业标准化技术委员会名录

序号	名称	秘书处承担单位	成立时间	地址	邮编
1	北京市建筑材料标准化技术委员会	北京金隅集团有限责任公司	1989 年 12 月 4 日	北京市西城宣武门西大街甲 129 号配楼 A 座金隅大厦 A416 室	100031
2	北京市化工标准化技术委员会	北京化学工业协会	1990 年 3 月 29 日	北京市丰台区宋庄路 73 号院甲 2 号楼 B104	100079
3	北京市能源标准化技术委员会	北京节能环保中心	1990 年 4 月 19 日	北京市通州区运河东大街 55 号院 4 号楼 4716	101101
4	北京市仪器仪表标准化技术委员会	北京京仪集团有限责任公司	1991 年 5 月 14 日	北京市朝阳区建国路 93 号万达广场 9 号楼 1813	100022
5	北京市农业标准化技术委员会	北京市优质农产品产销服务站	2002 年 12 月 23 日	北京市朝阳区北苑路 88 号	100010
6	北京市汽车标准化技术委员会	北京汽车集团有限公司	2005 年 1 月 5 日	北京市朝阳区东三环南路 25 号	100021
7	北京市人力资源服务标准化技术委员会	北京人力资源服务行业协会	2006 年 12 月 14 日	北京市东城区安定门外大街 185 号京宝大厦	100011
8	北京市特种设备专业标准化技术委员会	北京市特种设备检测中心	2006 年 12 月 14 日	北京市朝阳区惠新东街 3 号	100029
9	北京市信息化标准化技术委员会	太极计算机股份有限公司	2009 年 5 月 25 日	北京市海淀区北四环中路 211 号软件楼 3 层	100083
10	北京市体育标准化技术委员会	北京市体育设施管理中心	2009 年 11 月 3 日	北京市丰台区光彩北路 10 号 108 房间	100075
11	北京市城市管理标准化技术委员会	北京市城市管理研究院	2009 年 11 月 3 日	北京市朝阳区尚家楼甲 48 号	100028
12	北京市文化创意产业标准化技术委员会	北京市标准化研究院	2010 年 11 月 19 日	北京市东城区和平里东街 20 号	100013

续表

序号	名称	秘书处承担单位	成立时间	地址	邮编
13	北京市交通标准化技术委员会	北京交通工程学会	2011年5月26日	北京市丰台区岳各庄阅园一区7号楼902	100071
14	北京市新能源和可再生能源标准化技术委员会	北京节能环保中心	2012年8月7日	北京市通州区运河东大街55号院4号楼4628	101101
15	北京市园林绿化标准化技术委员会	北京林学会	2013年11月13日	北京市西城区裕民中路8号院北楼202	100029
16	北京市气象标准化技术委员会	北京市气象灾害防御中心	2013年12月24日	北京市海淀区紫竹院路44号	100089
17	北京市安全生产标准化技术委员会	北京市安全生产技术服务协会	2014年11月5日	北京市朝阳区惠新东街1-1号	100029
18	北京市实验动物标准化技术委员会	北京市实验动物管理办公室	2014年11月14日	北京市海淀区四季青路7号院2号楼106室	100195
19	北京市公共卫生标准化技术委员会	北京市疾病预防控制中心	2019年1月17日	北京市东城区和平里中街16号	100013
20	北京市养老服务标准化技术委员会	北京养老行业协会	2019年2月22日	北京市东城区东四西大街36号	100010
21	北京市社会信用标准化技术委员会	中关村企业信用促进会	2019年7月23日	北京市海淀区北三环西路43号青云当代大厦1004室	100098

2019年北京市和中央在京单位牵头组织制定的国际标准目录

截至2019年底，北京市和中央在京单位牵头组织制定ISO、IEC、ITU国际标准61项，以及3GPP、IEEE国际先进标准35项，共计96项。

序号	标准名称	标准编号	所属国际组织TC/SC编号	牵头单位
1	合格评定　管理体系审核和认证机构的要求　第八部分：可持续城市管理体系审核认证能力要求	ISO 17021-8：2019	ISO/CASC O/JWG50	御道工程咨询（北京）有限公司/默勒伙伴城市发展（青岛）有限公司
2	航天系统　磁试验	ISO 21494：2019	ISO/TC 20/SC 14	中国航天科技集团有限公司
3	航天系统　技术状态管理	ISO 21886：2019	ISO/TC 20/SC 14	中国航天科技集团有限公司
4	感官分析在产品质量控制中的应用导则	ISO 20613：2019	ISO/TC 34/SC 12	中国标准化研究院
5	塑料　乙稀/乙酸乙稀酯（E/VAC）模塑和挤出材料　第1部分：命名系统和分类基础	ISO 21301-1：2019	ISO/TC 61/SC 9	北京燕山石化高科技术有限责任公司
6	塑料　乙稀/乙酸乙稀酯（E/VAC）模塑和挤出材料　第2部分：试样制备和性能测定	ISO 21301-2：2019	ISO/TC 61/SC 9	中国石油化工股份有限公司北京北化院燕山分院
7	起重机　限制器和指示器　第3部分：塔式起重	ISO 10245-3：2019	ISO/TC 96/SC 7	中联重科股份有限公司
8	家具　家用童床和折叠小床　第1部分：安全要求	ISO 7175-1：2019	ISO/TC 136	北京市产品质量监督检验院
9	家具　家用童床和折叠小床　第2部分：测试方法	ISO 7175-2：2019	ISO/TC 136	北京市产品质量监督检验院
10	中医药　中药材商品规格等级通则	ISO 21300：2019	ISO/TC 249	中国中医科学院中药资源中心
11	城市可持发展　改变我们的城市ISO 37101城市实施指南	ISO 37104：2019	ISO/TC 268	御道工程（北京）有限公司
12	品牌评价　基础和原则	ISO 20671：2019	ISO/TC 289	中国品牌建设促进会
13	节能量评估者选择通用指南	ISO 50021：2019	ISO/TC 301	中国标准化研究院

续表

序号	标准名称	标准编号	所属国际组织 TC/SC 编号	牵头单位
14	火电厂节能量评估技术指南	ISO 50045:2019	ISO/TC 301	大唐科技产业股份有限公司
15	涂覆涂料前钢材表面处理喷射清理用金属磨料的技术要求　第5部分:钢丝切丸	ISO 11124-5:2019	ISO/TC 35/SC 12	中国船舶工业综合技术经济研究院、江苏大奇金属表面处理有限公司、中国船舶工业集团公司第十一研究所、山东开泰集团有限公司
16	塑料　超高分子量聚乙烯(PE-UH-MW)模塑和挤出材料　第1部分:命名系统和分类基础	ISO 21304-1:2019	ISO/TC 61/SC 9	北京华塑晨光科技有限责任公司
17	塑料　乙烯　乙酸乙烯酯(EVAC)模塑和挤出材　第1部分:命名系统和分类基础	ISO 21301-1:2019	ISO/TC 61/SC 9	北京燕山石化高科技术有限责任公司
18	塑料　乙烯　乙酸乙烯酯(EVAC)模塑和挤出材　第2部分:试样制备和性能测定	ISO 21301-2:2019	ISO/TC 61/SC 9	中国石油化工股份有限公司北京北化院燕山分院
19	六西格玛应用中的统计方法　分布识别示例研究	ISO/TR 20693	ISO/TC 69/SC 7	北京工业大学
20	镁及镁合金　镁及镁合金	ISO 3116:2019	ISO/TC 79/SC 5	有色金属技术经济研究院
21	公共信息导向系统　第3部分:信息索引标志的设计和应用指南	ISO 28564-3:2019	ISO/TC 145/SC 1	中国标准化研究院
22	铜、铅、锌精矿　镉含量测定　第1部分　火焰原子吸收光谱法	ISO 19976.1:2019	ISO/TC 183	有色金属技术经济研究院
23	地理信息　本体　第4部分　服务本体	ISO 19150-4:2019	ISO/TC 211	北京中科数遥信息技术有限公司
24	显微镜　成像部件的连接尺寸	ISO 9345:2019	ISO/TC 172/SC 5	宁波永新光学股份有限公司

续表

序号	标准名称	标准编号	所属国际组织 TC/SC 编号	牵头单位
25	轮胎用射频识别(RFID)电子标签编码	ISO 20910:2019	ISO/TC 31	软控股份有限公司
26	轮胎用射频识别(RFID)电子标签	ISO 20909:2019	ISO/TC 31	软控股份有限公司
27	铜、铅、硫化锌精矿中镉含量的测定　第2部分　酸溶电感耦合等离子体原子发射光谱法	ISO 19976-2:2019	ISO/TC 183	有色金属技术经济研究院　大冶有色设计研究院有限公司
28	中医药数据集分类		ISO/TC 215	中国中医科学院中医药信息研究所
29	铜、铅、硫化锌精矿中镉含量的测定　第1部分:火焰原子吸收光谱法	ISO 19976-1:2019	ISO/TC 183	有色金属技术经济研究院,大冶有色设计研究院有限公司
30	建筑和土木工程　模数协调　模数	ISO 21723:2019	ISO/TC 59	中国建筑标准设计研究院有限公司
31	石油天然气工业　管道输送系统　陆上管道地质灾害风险管理	ISO 20074:2019	ISO/TC 67/SC 2	中国石油管道公司
32	管道完整性管理规范　第2部分:海上管道全寿命周期管理	ISO 19345-2:2019	ISO/TC 67/SC 2	中国石油管道公司
33	管道完整性管理规范　第1部分:陆上管道全寿命周期管理	ISO 19345-1:2019	ISO/TC 67/SC 2	中国石油管道公司
34	Information technology—Home electronic system (HES) architecture—Part 5-12: Intelligent Grouping and Resource Sharing—Remote Access Test and Verification	ISO/IEC 14543-5-12:2019	ISO/IEC JTC1	北京市闪联信息产业协会(闪联产业技术创新战略联盟)
35	Information technology—Home electronic systems (HES) architecture—Part 5-101: Intelligent grouping and resource sharing remote AV access profile	ISO/IEC 14543-5-101:2019	ISO/IEC JTC1	北京市闪联信息产业协会(闪联产业技术创新战略联盟)
36	Information technology—Home electronic systems (HES) architecture—Part5-101: Intelligent grouping and resource sharing remote AV access profile	ISO/IEC14543-5-101	ISO/IEC JTC1	闪联信息技术工程中心有限公司

续表

序号	标准名称	标准编号	所属国际组织TC/SC编号	牵头单位
37	Information technology—Home electronic system (HES) architecture—Part 5-11: Intelligent grouping and resource sharing—remote user interface	ISO/IEC14543-5-11	ISO/IEC JTC1	闪联信息技术工程中心有限公司
38	IT Security techniques—Entity authentication—Part 3: Mechanisms using digital signature techniques	ISO/IEC 9798-3:2019	ISO/IEC JTC1	中关村无线网络安全产业联盟（WAPI产业联盟）
39	半导体器件　MEMS器件　第32部分：MEMS谐振敏感元件非线性振动测试方法	IEC 62047-32:2019	IEC SC 47F	北京遥测技术研究所、中国航天电子技术研究院
40	特高压交流输电系统　第101部分：特高压交流输电系统的电压调节与绝缘设计	IEC TS 63042-101:2019	IEC TC122	中国电力科学研究院有限公司
41	标准试验射频连接器　第1部分：总规范　一般要求和试验方法	IEC 63137-1:2019	IEC/SC 46F	中国电子科技集团公司第40所研究所和中国电子技术标准化研究院
42	国际电工词汇　数字技术　基本概念	IEC 60050-171:2019	IEC/TC1	机械科学研究总院集团有限公司
43	射频连接器　第1-2部分：电气试验方法 插入损耗	IEC 61169-1-2:2019	IEC/SC 46F	中国电子技术标准化研究院中国电子科技集团公司第40研究所
44	铁氧体磁心 尺寸和表面缺陷极限导则　第4部分：RM型磁心	IEC 63093-4:2019	IEC/TC 51	中国电子技术标准化研究院 横店集团东磁股份有限公司
45	铁氧体磁心　尺寸和表面缺陷极限导则　第13部分：PQ型磁心	IEC 63093-13:2019	IEC/TC 51	中国电子技术标准化研究院 天通控股股份有限公司

续表

序号	标准名称	标准编号	所属国际组织 TC/SC 编号	牵头单位
46	铁氧体磁心 尺寸和表面缺陷极限导则 第 14 部分:EFD 型磁心	IEC 63093-14:2019	IEC/TC 51	中国电子技术标准化研究院 天通控股股份有限公司
47	电动汽车漫游充电信息交换 第 1 部分 总则	IEC 63119-1:2019	IEC/TC 69	南瑞集团有限公司
48	高压直流换流站系统设计导则	IEC TR 63127:2019	IEC/TC 115	国网经济技术研究院有限公司
49	高压直流换流站可听噪声	IEC TS 61973:2012/AMD1:2019	IEC/TC 115	中国电力科学研究院有限公司
50	半导体器件 MEMS 器件 第 34 部分:MEMS 压阻式压力敏感器件圆片级试验方法	IEC 62047-34:2019	IEC SC 47F	北京大学、北京必创科技股份有限公司
51	半导体器件 MEMS 器件 第 33 部分:MEMS 压阻式压力敏感器件	IEC 62047-33:2019	IEC SC 47F	北京大学、北京必创科技股份有限公司
52	特高压交流系统 301 部分:电压调节和绝缘设计	IEC 63042-301	IEC	中国电力科学研究院有限公司
53	Communication networks and systems for power utility automation—Part 7-6: Guideline for definition of Basic Application Profiles (BAPs) using IEC 61850	IEC 61850-7-6:2019	IEC	北京四方继保自动化股份有限公司
54	Particular requirements for the basic safety and essential performance of robotically assisted surgical equipment	IEC 80601-2-77	IEC	北京天智航医疗科技股份有限公司
55	measuring methods of transmissive transparent LCD display panels	IEC 61747-30-5:2019	IEC	京东方科技集团股份有限公司
56	Measuring methods of touch displays—Multi-touch performance	IEC 62908-12-20	IEC	京东方科技集团股份有限公司
57	地面数字音频广播系统在 VHF 段的规划参数	ITU-R BS.2214-3	ITU	北京数字电视国家工程实验室有限公司

续表

序号	标准名称	标准编号	所属国际组织 TC/SC 编号	牵头单位
58	地面数字电视网络的超高清场地测试集	ITU-R BT2343-4	ITU	北京数字电视国家工程实验室有限公司
59	可见光宽带通信	ITU-R SM2422-1	ITU	北京数字电视国家工程实验室有限公司
60	174～230M MHz 频段数字地面广播系统的特性	ITU-R BT 2469-0	ITU	北京数字电视国家工程实验室有限公司
61	电信智能维护基本原则	ITU M. 3040	ITU	北京市天元网络技术股份有限公司
62	5G 终端协议一致性测试 TTCN 测试集规范	3GPP 38. 523-3 v15.5.0	3GPP	北京电信技术发展产业协会（TD 产业联盟）
63	NG-RAN;F1 layer 1	3GPP TS 38. 471-f00	3GPP	电信科学技术研究院有限公司
64	5GS; UE conformance specification; Part 1: Protocol conformance specification	3GPP TS 38. 523-1-010	3GPP	电信科学技术研究院有限公司
65	Evolved Universal Terrestrial Radio Access (E-UTRA); Physical channels and modulation	3GPP TS 36211-f50	3GPP	电信科学技术研究院有限公司
66	Evolved Universal Terrestrial Radio Access (E-UTRA); Multiplexing and channel coding	3GPP TS 36212-f50	3GPP	电信科学技术研究院有限公司
67	Evolved Universal Terrestrial Radio Access (E-UTRA); Physical layer procedures	3GPP TS 36213-f50	3GPP	电信科学技术研究院有限公司
68	Evolved Universal Terrestrial Radio Access (E-UTRA) and Evolved Universal Terrestrial Radio Access Network (E-UTRAN); Overall deSC ription; Stage 2	3GPP TS 36300-f50	3GPP	电信科学技术研究院有限公司

续表

序号	标准名称	标准编号	所属国际组织 TC/SC 编号	牵头单位
69	Evolved Universal Terrestrial Radio Access (E-UTRA); Services provided by the physical layer	3GPP TS 36302-f20	3GPP	电信科学技术研究院有限公司
70	Evolved Universal Terrestrial Radio Access (E-UTRA); User Equipment (UE) procedures in idle mode	3GPP TS 36304-f30	3GPP	电信科学技术研究院有限公司
71	Evolved Universal Terrestrial Radio Access (E-UTRA); User Equipment (UE) radio access capabilities	3GPP TS 36306-f40	3GPP	电信科学技术研究院有限公司
72	Evolved Universal Terrestrial Radio Access (E-UTRA); Medium Access Control (MAC) protocol specification	3GPP TS 36321-f50	3GPP	电信科学技术研究院有限公司
73	Evolved Universal Terrestrial Radio Access (E-UTRA); Packet Data Convergence Protocol (PDCP) specification	3GPP TS 36323-f30	3GPP	电信科学技术研究院有限公司
74	Evolved Universal Terrestrial Radio Access (E-UTRA); Radio Resource Control (RRC); Protocol specification	3GPP TS 36331-f50	3GPP	电信科学技术研究院有限公司
75	Evolved Universal Terrestrial Radio Access (E-UTRA); LTE Positioning Protocol (LPP)	3GPP TS 36355-f30	3GPP	电信科学技术研究院有限公司
76	Evolved Universal Terrestrial Radio Access Network (E-UTRAN); Architecture deSC ription	3GPP TS 36401-f10	3GPP	电信科学技术研究院有限公司
77	Evolved Universal Terrestrial Radio Access Network (E-UTRAN); S1 Application Protocol (S1AP)	3GPP TS 36413-f50	3GPP	电信科学技术研究院有限公司
78	Evolved Universal Terrestrial Radio Access Network (E-UTRAN); X2 Application Protocol (X2AP)	3GPP TS 36423-f50	3GPP	电信科学技术研究院有限公司

续表

序号	标准名称	标准编号	所属国际组织 TC/SC 编号	牵头单位
79	Evolved Universal Terrestrial Radio Access（E-UTRA）; LTE Positioning Protocol A（LPPa）	3GPP TS 36455-f21	3GPP	电信科学技术研究院有限公司
80	Evolved Universal Terrestrial Radio Access（E-UTRA）and Evolved Packet Core（EPC）; Common test environments for User Equipment（UE）conformance testing	3GPP TS 36508-f50	3GPP	电信科学技术研究院有限公司
81	Evolved Universal Terrestrial Radio Access（E-UTRA）; User Equipment（UE）conformance specification; Radio transmission and reception; Part 1:Conformance testing	3GPP TS 36521-1-f50	3GPP	电信科学技术研究院有限公司
82	Evolved Universal Terrestrial Radio Access（E-UTRA）; User Equipment（UE）conformance specification; Radio transmission and reception; Part 2:Implementation Conformance Statement（ICS）	3GPP TS 36521-2-f50	3GPP	电信科学技术研究院有限公司
83	Evolved Universal Terrestrial Radio Access（E-UTRA）; User Equipment（UE）conformance specification; Radio transmission and reception; Part 3:Radio Resource Management（RRM）conformance testing	3GPP TS 36521-3-f50	3GPP	电信科学技术研究院有限公司
84	Evolved Universal Terrestrial Radio Access（E-UTRA）and Evolved Packet Core（EPC）; User Equipment（UE）conformance specification; Part 1:Protocol conformance specification	3GPP TS 36523-1-f50	3GPP	电信科学技术研究院有限公司
85	Evolved Universal Terrestrial Radio Access（E-UTRA）and Evolved Packet Core（EPC）; User Equipment（UE）conformance specification; Part 2:Implementation Conformance Statement（ICS）proforma specification	3GPP TS 36523-2-f50	3GPP	电信科学技术研究院有限公司

续表

序号	标准名称	标准编号	所属国际组织TC/SC编号	牵头单位
86	Evolved Universal Terrestrial Radio Access (E-UTRA) and Evolved Packet Core (EPC); User Equipment (UE) conformance specification; Part 3: Test suites	3GPP TS 36523-3-f30	3GPP	电信科学技术研究院有限公司
87	Study on channel model for frequencies from 0.5 to 100 GHz	3GPP TS 38901-f00	3GPP	电信科学技术研究院有限公司
88	NR; User Equipment (UE) radio transmission and reception; Part 1: Range 1 Standalone	3GPP TS 38101-1-f50	3GPP	电信科学技术研究院有限公司
89	NR; User Equipment (UE) radio transmission and reception; Part 2: Range 2 Standalone	3GPP TS 38101-2-f50	3GPP	电信科学技术研究院有限公司
90	NR; User Equipment (UE) radio transmission and reception; Part 3: Range 1 and Range 2 Interworking operation with other radios	3GPP TS 38101-3-f50	3GPP	电信科学技术研究院有限公司
91	NR; User Equipment (UE) radio transmission and reception; Part 4: Performance requirements	3GPP TS 38101-4-f10	3GPP	电信科学技术研究院有限公司
92	NR; Base Station (BS) and repeater ElectroMagnetic Compatibility (EMC)	3GPP TS 38113-f50	3GPP	电信科学技术研究院有限公司
93	NR; Electromagnetic compatibility (EMC) requirements for mobile terminals and ancillary equipment	3GPP TS 38124-f20	3GPP	电信科学技术研究院有限公司
94	NR; Requirements for support of radio resource management	3GPP TS 38133-f50	3GPP	电信科学技术研究院有限公司
95	微电网规划设计推荐性实践	IEEE Std 2030.9™-2019	IEEE	北京四方继保自动化股份有限公司
96	微电网规划设计推荐性实践	IEEE 2030.9	IEEE	中国电力科学研究院有限公司

2019年北京市技术标准制修订补助项目名单

序号	标准名称	标准号	申报单位
1	航天系统—纤维光学器件—设计与验证要求	ISO 20780:2018	中国航天电子技术研究院
2	视频监控系统互联体系架构	ITU-T H.626.3	北京邮电大学
3	地面电视广播模数转换	ITU-R BT.2140-11	北京数字电视国家工程实验室有限公司
4	音视频、信息技术和通信技术设备　第1部分:安全要求	IEC 62368-1:2018	中国电子技术标准化研究院
5	半导体集成电路　第三代双倍数据速率同步动态随机存储器(DDR3 SDRAM)测试方法	GB/T 36474—2018	中国电子技术标准化研究院
6	稀土锆酸盐粉末	YS/T 1265—2018	北京矿冶科技集团有限公司
7	信息技术　信息设备资源共享协同服务　第404部分:远程访问管理应用框架	GB/T 29265.404—2018	北京市闪联信息产业协会
8	信息技术　数据交易服务平台　交易数据描述	GB/T 36343—2018	北京软件和信息服务交易所有限公司
9	氧化钇稳定氧化锆粉末	YS/T 1270—2018	北京矿冶科技集团有限公司
10	停车场电子收费　第1部分:CPU卡数据格式和技术要求、停车场电子收费　第2部分:终端设备技术要求、停车场电子收费　第3部分:交易流程、停车场电子收费　第4部分:关键设备检测技术要求	GB/T 35070.1—2018、GB/T 35070.2—2018、GB/T 35070.3—2018、GB/T 35070.4—2018	交通运输部公路科学研究院
11	厌氧胶粘剂	HG/T 3737—2018	北京天山新材料技术有限公司
12	氮化镓衬底片载流子浓度的测试—拉曼光谱法	GB/T 36705—2018	中关村天合宽禁带半导体技术创新联盟
13	集成电路倒装焊试验方法	GB/T 35005—2018	中国航天电子技术研究院

续表

序号	标准名称	标准号	申报单位
14	串行 NOR 型快闪存储器接口规范	GB/T 35008—2018	北京兆易创新科技股份有限公司
15	串行 NAND 型快闪存储器接口规范	GB/T 35009—2018	北京兆易创新科技股份有限公司
16	铬钼合金(CrMo)靶材	YS/T 1234—2018	有研亿金新材料有限公司
17	卫星导航地基增强系统播发接口规范 第3部分:调频频段数字音频广播	GB/T 37019.3—2018	北京华信泰科技股份有限公司
18	真空电子器件生产线设备安装技术标准	GB 51343—2018	中国真空电子行业协会
19	钴铬钨(CoCrW)系合金粉末	YS/T 1253—2018	北京矿冶科技集团有限公司
20	钼钛合金(MoTi)靶材	YS/T 1235—2018	有研亿金新材料有限公司
21	智慧城市　SOA 标准应用指南	GB/T 36445—2018	北京东方通科技股份有限公司
22	脱硫烟囱用防腐蚀材料技术要求	GB/T 37187—2018	北京航纳科技有限公司
23	光敏材料 4-二甲氨基苯甲酸乙酯	HG/T 5305—2018	北京英力精化技术发展有限公司
24	光敏材料 4-(二甲氨基)-苯甲酸-(2-乙基)己酯	HG/T 5304—2018	北京英力精化技术发展有限公司
25	信息技术　用于物品管理的射频识别 第4部分:2.45 GHz 频段下的通信参数	ISO/IEC 18000-4:2018	中国电子技术标准化研究院
26	信息安全技术　智能卡安全技术要求($EAL4^+$)	GB/T 36950—2018	中外建设信息有限责任公司
27	智慧城市　公共信息与服务支撑平台 第2部分:目录管理与服务要求	GB/T 36622.2—2018	中城智慧(北京)城市规划设计研究院有限公司
28	物联网家电一致性测试规范	GB/T 36427—2018	中国家用电器研究院
29	基于行为声明的应用软件可信性验证	GB/T 36099—2018	北京软件产品质量检测检验中心

续表

序号	标准名称	标准号	申报单位
30	系统与软件工程　系统与软件产品质量要求和评价(SQuaRE)第41部分 开发方、需方和独立评价方的评价指南	GB/T 25000.41—2018	北京软件产品质量检测检验中心
31	信息安全技术　鉴别与授权　访问控制中间件框架与接口	GB/T 36960—2018	中国科学院软件研究所
32	双端LED灯(替换直管形荧光灯用)性能要求	GB/T 36949—2018	国家电光源质量监督检验中心(北京)
33	MEMS电场传感器通用技术条件	GB/T 35086—2018	中国科学院电子学研究所
34	聚偏氟乙烯(PVDF)板材	QB/T 5259—2018	北京市塑料研究所
35	信息安全技术　公民网络电子身份标识安全技术要求　第3部分:验证服务消息及其处理规则	GB/T 36629.3—2018	中国科学院软件研究所
36	信息安全技术　物联网安全参考模型及通用要求	GB/T 37044—2018	中国电子技术标准化研究院
37	有机硅平面密封胶	HG/T 5378—2018	北京天山新材料技术有限公司
38	信息技术　安全技术　带消息恢复的数字签名方案　第3部分:基于离散对数的机制	GB/T 15851.3—2018	中关村无线网络安全产业联盟
39	苦参碱可溶液剂	HG/T 5446—2018	北京三浦百草绿色植物制剂有限公司
40	信息安全技术　网络型流量控制产品安全技术要求	GA/T 1454—2018	北京浩瀚深度信息技术股份有限公司
41	信息技术　软件资产管理　授权管理	GB/T 36329—2018	北京市计算中心
42	钢筋混凝土用钢　第2部分:热轧带肋钢筋	GB/T 1499.2—2018	中冶建筑研究总院有限公司
43	微电网　第2部分:运行导则	IEC/TS 62898-2	华北电力大学
44	金属卤化物灯　性能要求	IEC 61167:2018	国家电光源质量监督检验中心(北京)
45	超长袋脉冲袋式除尘器	JB/T 13557—2018	中机生产力促进中心

续表

序号	标准名称	标准号	申报单位
46	智能运输系统　长距离单相供配电系统技术要求	JT/T 1229—2018	交通运输部公路科学研究院
47	农用污泥污染物控制标准	GB 4284—2018	中国科学院地理科学与资源研究所
48	机械通风冷却塔　第1部分:中小型开式冷却塔,机械通风冷却塔　第2部分:大型开式冷却塔	GB/T 7190.1—2018、GB/T 7190.2—2018	北京玻璃钢研究设计院有限公司
49	清洁节能热处理装备技术要求及评价体系	GB/T 36561—2018	北京机电研究所有限公司
50	节水型企业评价导则	GB/T 7119—2018	中国标准化研究院
51	袋式除尘器　穿壁连接器	JB/T 13409—2018	中机生产力促进中心
52	民用建筑太阳能热水系统应用技术标准	GB 50364—2018	中国建筑标准设计研究院有限公司
53	节水器具应用技术标准	DB11/T 343—2018	北京建筑材料检验研究院有限公司
54	鸟类多样性及栖息地质量评价技术规程	DB11/T 1605—2018	北京鑫华园林绿化有限公司
55	机械产品再制造工程设计　导则	GB/T 35980—2018	北京睿曼科技有限公司
56	永磁风力发电机变流器技术规范	NB/T 31015—2018	机械工业北京电工技术经济研究所
57	园林绿化用地土壤质量提升技术规程	DB11/T 1604—2018	北京京彩弘景园林工程有限公司
58	不透性石墨浸渍耐蚀作业技术规范	GB/T 35922—2018	中蚀国际腐蚀控制工程技术研究院(北京)有限公司
59	不透性石墨粘结作业技术规范	GB/T 35926—2018	中蚀国际腐蚀控制工程技术研究院(北京)有限公司
60	水电站地下埋藏式月牙肋钢岔管设计规范	NB 35110—2018	中国电建集团北京勘测设计研究院有限公司
61	公路路域植被恢复材料　第3部分:植物纤维毯	JT/T 1108.3—2018	北京市蓝德环能科技开发有限责任公司

续表

序号	标准名称	标准号	申报单位
62	绿色工厂评价通则	GB/T 36132—2018	中国电子技术标准化研究院
63	烟气集成净化碳基材料选用导则	DL/T 1830—2018	北京清新环境技术股份有限公司
64	建筑用光伏遮阳板	GB/T 37268—2018	北京中建建筑科学研究院有限公司
65	风力发电机组主控制系统技术规范	NB/T 31017—2018	机械工业北京电工技术经济研究所
66	预拌混凝土单位产品能源消耗限额	GB 36888—2018	中国混凝土与水泥制品协会
67	再制造　机械产品检验技术导则	GB/T 35978—2018	北京睿曼科技有限公司
68	管道腐蚀控制工程全生命周期　通用要求	GB/T 37190—2018	北京碧海舟腐蚀防护工业股份有限公司
69	智能运输系统　供配电系统节能技术要求	JT/T 1228—2018	交通运输部公路科学研究院
70	建筑装饰用烤瓷铝板	JC/T 2439—2018	中国建材检验认证集团股份有限公司
71	建筑装饰用单涂层氟碳铝板(带)	JC/T 2438—2018	中国建材检验认证集团股份有限公司
72	实验室仪器及设备环境意识设计	GB/T 36937—2018	机械工业仪器仪表综合技术经济研究所
73	光伏组件功率优化器技术规范	NB/T 42143—2018	北京鉴衡认证中心有限公司
74	民用建筑节约材料评价标准	GB/T 34909—2018	中国建材检验认证集团股份有限公司
75	核电厂腐蚀控制工程全生命周期　通用要求	GB/T 37184—2018	中蚀国际腐蚀控制工程技术研究院(北京)有限公司
76	预拌砂浆单位产品综合能源消耗限额	DB11/T 1527—2018	北京建筑材料科学研究总院有限公司

续表

序号	标准名称	标准号	申报单位
77	经济林嫁接方法	LY/T 3009—2018	北京市林业果树科学研究院(北京林业研究中心)
78	经济林品种区域试验技术规程	LY/T 3008—2018	北京市林业果树科学研究院(北京林业研究中心)
79	平移式喷灌机变量控制系统	GB/T 35838—2018	中国农业机械化科学研究院
80	饲料加工成套设备电气安装通用技术规范	JB/T 13452——2018	正大(中国)投资有限公司
81	朱顶红栽培技术规程	DB11/T 1548—2018	北京市北亚园林公司
82	农业社会化服务　农机跨区作业服务规范	GB/T 36209—2018	中国标准化研究院
83	全分布式工业控制智能测控装置　第2部分:通信互操作方法	GB/T 36211.2—2018	机械工业仪器仪表综合技术经济研究所
84	高速精密热镦锻件　通用技术条件	GB/T 35078—2018	北京机电研究所有限公司
85	数控机床可靠性评定	GB/T 23567.2～23567.3—2018	国家机床质量监督检验中心
86	生产现场可视化管理系统技术规范	GB/T 36531—2018	机械工业仪器仪表综合技术经济研究所
87	可编程序控制器性能评定方法	GB/T 36009—2018	机械工业仪器仪表综合技术经济研究所
88	变电站用质子交换膜燃料电池供电系统	GB/T 36544—2018	机械工业北京电工技术经济研究所
89	列车接近预警地面设备	TB/T 3504—2018	北京世纪东方通讯设备有限公司
90	单张纸双面平版印刷机	JB/T 10828—2018	北京高科印刷机械研究所有限公司
91	多向精密模锻件　工艺编制原则	GB/T 35079—2018	北京机电研究所有限公司
92	自动化系统　嵌入式智能控制器　第1部分:通用要求	GB/T 36413.1—2018	北京金立石仪表科技有限公司
93	全钒液流电池　安装技术规范	NB/T 42145—2018	机械工业北京电工技术经济研究所

续表

序号	标准名称	标准号	申报单位
94	电感耦合等离子体原子发射光谱仪	GB/T 36244—2018	钢研纳克检测技术股份有限公司
95	土方机械　轮式或高速橡胶履带式机器制动系统的性能要求和试验方法	GB/T 21152—2018	三一重工股份有限公司
96	全分布式工业控制网络　第1部分:总则	GB/T 36417.1—2018	机械工业仪器仪表综合技术经济研究所
97	印刷机械　柔性版数字直接制版机	GB/T 36487—2018	北京高科印刷机械研究所有限公司
98	无损检测　闪光灯激励红外热像法蜂窝夹层结构检测	JB/T 13464—2018	北京维泰凯信新技术有限公司
99	道路施工与养护机械设备　除雪机械安全要求	GB/T 36156—2018	北京建筑机械化研究院有限公司
100	高空作业车	GB/T 9465—2018	北京建筑机械化研究院有限公司
101	铁路数字移动通信系统(GSM-R)车载通信模块　第1部分:技术要求;铁路数字移动通信系统(GSM-R)车载通信模块　第2部分:试验方法	TB/T 3370.1—2018、TB/T 3370.2—2018	北京交通大学
102	工业制动器　制动衬垫	JB/T 13479—2018	北京起重运输机械设计研究院有限公司
103	起重机用主令控制器	JB/T 13480—2018	北京起重运输机械设计研究院有限公司
104	锌溴液流电池　电极、隔膜、电解液测试方法	NB/T 42146—2018	中国电器工业协会
105	博物馆服务规范	DB11/T 1517—2018	北京汽车博物馆(丰台区规划展览馆)
106	非银行支付机构支付业务设施技术要求	JR/T 0122—2018	北京中金国盛认证有限公司
107	导盲犬	GB/T 36186—2018	北京市动物疫病预防控制中心
108	团体标准化　第2部分:良好行为评价指南	GB/T 20004.2—2018	中国标准化研究院

续表

序号	标准名称	标准号	申报单位
109	养老服务驿站设施设备配置规范	DB11/T 1515—2018	北京爱依养老服务股份有限公司
110	服务质量评价通则	GB/T 36733—2018	中国标准化研究院
111	面向老年人的家用电器设计导则	GB/T 36934—2018	中国家用电器研究院
112	疫苗流通管理基本数据集	DB11/T 1523—2018	北京市疾病预防控制中心（北京市化学物质毒性鉴定检测中心、北京市健康教育所、北京市性病防治所）
113	气体分析　等离子发射气相色谱法	GB/T 37182—2018	北京市华宇博泰科技发展有限公司
114	不锈钢　锰、镍、铬、钼、铜和钛含量的测定　手持式能量色散X-射线荧光光谱法（半定量法）	GB/T 36226—2018	钢研纳克检测技术股份有限公司
115	激光产品的安全　第13部分：激光产品的分类测量	GB/T 7247.13—2018	北京泰瑞特检测技术服务有限责任公司
116	社会艺术水平考级　考试服务流程要求	GB/T 36724—2018	中央音乐学院
117	家用和类似用途饮用水处理装置性能测试方法	GB/T 35937—2018	中国家用电器研究院
118	电子商务平台数据开放　总体要求	GB/T 36318—2018	北京软件产品质量检测检验中心
119	电子商务平台数据开放　第三方软件提供商评价准则	GB/T 36316—2018	北京软件产品质量检测检验中心
120	检验检测电子商务平台管理指南	RB/T 149—2018	中国建材检验认证集团股份有限公司
121	业务需求规范　跨行业发票开具过程	GB/T 36368—2018	国富通信息技术发展有限公司
122	需求规范映射　跨行业发票开具过程	GB/T 36371—2018	国富通信息技术发展有限公司
123	农业生产资料供应服务　农资仓储服务规范	GB/T 37070—2018	中国标准化研究院

续表

序号	标准名称	标准号	申报单位
124	交通一卡通二维码支付技术规范	JT/T 1179—2018	北京中交金卡科技有限公司
125	民用建筑信息模型深化设计建模细度标准	DB11/T 1610—2018	北京城建科技促进会
126	建设工程造价指标指数分类与测算标准	GB/T 51290—2018	北京建科研软件技术有限公司
127	预拌混凝土绿色生产管理规程	DB11/T 642—2018	北京市混凝土协会
128	道路超薄罩面施工技术规范	DB11/T 1590—2018	北京市政路桥正达道路科技有限公司
129	城市桥梁日常养护作业规程	DB11/T 1592—2018	北京公联洁达公路养护工程有限公司
130	营运货车安全技术条件　第1部分:载货汽车	JT/T 1178.1—2018	交通运输部公路科学研究院
131	图像信息管理系统技术规范	DB11/T 384—2018	富盛科技股份有限公司
132	S波段双线偏振多普勒天气雷达	QX/T 464—2018	北京敏视达雷达有限公司
133	C波段双线偏振多普勒天气雷达	QX/T 462—2018	北京敏视达雷达有限公司
134	智慧城市评价模型及基础评价指标体系　第4部分:建设管理	GB/T 34680.4—2018	中外建设信息有限责任公司
135	中置轴挂车通用技术条件	GB/T 37245—2018	交通运输部公路科学研究院
136	汽车售后零配件市场服务规范	GB/T 36684—2018	中国标准化研究院
137	S波段多普勒天气雷达	QX/T 463—2018	北京敏视达雷达有限公司
138	智慧城市　顶层设计指南	GB/T 36333—2018	中国电子技术标准化研究院
139	C波段多普勒天气雷达	QX/T 461—2018	北京敏视达雷达有限公司
140	公共信息导向系统　导向要素的设计原则与要求　第4部分:街区导向图	GB/T 20501.4—2018	中国标准化研究院
141	公路工程设计导则	DB11/T 1509—2018	北京国道通公路设计研究院股份有限公司
142	视频图像分析仪　第4部分:人脸分析技术要求	GA/T 1154.4—2018	公安部第一研究所

续表

序号	标准名称	标准号	申报单位
143	公共安全重点区域视频图像信息采集规范	GB 37300—2018	公安部第一研究所
144	楼寓对讲系统　第2部分:全数字系统技术要求	GB/T 31070.2—2018	公安部第一研究所
145	工业车辆　使用、操作与维护安全规范	GB/T 36507—2018	北京起重运输机械设计研究院有限公司
146	有限空间中毒和窒息事故勘查作业规范	DB11/T 1584—2018	北京市理化分析测试中心
147	安防视频监控车载数字录像设备技术要求	GA/T 1354—2018	公安部第一研究所
148	公共安全视频监控硬盘分类技术要求及试验方法	GA/T 1357—2018	公安部第一研究所
149	铁路站内道口信号设备技术条件	GB 10493—2018	北京全路通信信号研究设计院集团有限公司
150	铁路区间道口信号设备技术条件	GB 10494—2018	北京全路通信信号研究设计院集团有限公司
151	工业电子雷管信息管理通则	GA 1531—2018	北京丹灵云科技股份公司
152	连续搬运机械　装卸机械　安全规范	GB/T 35016—2018	北京起重运输机械设计研究院有限公司
153	纺织品　表面活性剂的测定　烷基酚和烷基酚聚氧乙烯醚	GB/T 23322—2018	中纺标检验认证股份有限公司
154	家用和类似用途电器安装及布线通用要求	GB/T 36932—2018	中国家用电器研究院
155	儿童饰品判定指南	GB/T 36927—2018	北京国首珠宝首饰检测有限公司
156	纺织品　苯并三唑类物质的测定	GB/T 36940—2018	中纺标检验认证股份有限公司
157	纺织品　山羊绒和绵羊毛的混合物DNA定量分析　荧光PCR法	GB/T 36433—2018	中纺标检验认证股份有限公司
158	智能家用电器通用技术要求	GB/T 28219—2018	中国家用电器研究院

2019年北京市在建国家高新技术产业标准化试点项目名单

序号	申报单位	项目名称	试点类型
1	北京市海淀区人民政府	海淀区国家高新技术产业标准化试点	区域试点

2019年北京市通过验收及在建的
国家高端装备制造业标准化试点项目名单

序号	项目名称	承担单位	参加单位	项目批次	备注
1	中关村科技园区丰台园国家高端装备制造业标准化试点	中关村科技园区丰台园管理委员会	北京市丰台区市场监督管理局、北京市丰台区科学技术和信息化局、中铁工程设计咨询集团有限公司、北京全路通信信号研究设计院集团有限公司、通号通信信息集团有限公司、中车北京二七机车有限公司、北京地铁车辆装备有限公司、交控科技股份有限公司、北京鼎汉技术集团股份有限公司	第一批（2016年2月—2019年2月）	通过验收
2	北京顺义科技创新产业功能区国家高端装备制造业标准化试点	北京顺义科技创新产业功能区管理委员会	北京市顺义区市场监督管理局、北京市顺义区经济和信息化局、北京汽车股份有限公司、北京北汽大世汽车系统有限公司、延锋海纳川汽车饰件系统有限公司、北京安道拓汽车部件有限公司	第一批（2016年2月—2019年2月）	通过验收
3	遨博（北京）智能科技有限公司高端装备制造业（协作式机器人）标准化试点	遨博（北京）智能科技有限公司	遨博（北京）智能科技有限公司	第二批（2018年7月—2021年7月）	在建
4	中国航天电子技术研究院高端装备制造业（高端装备）标准化试点	中国航天电子技术研究院	中国航天电子技术研究院国际合作部、北京微电子技术研究所、西安微电子技术研究所、桂林航天电子有限公司、杭州航天电子技术有限公司	第二批（2018年7月—2021年7月）	在建

续表

序号	项目名称	承担单位	参加单位	项目批次	备注
5	中国船舶工业综合技术经济研究院高端装备制造业(高技术船舶)标准化试点	中国船舶工业综合技术经济研究院	上海外高桥造船有限公司、沪东中华造船(集团)有限公司、中船黄埔文冲船舶有限公司、中国船舶工业集团有限公司第七〇八研究所、上海船舶研究设计院、中国船级社、北京中船信息科技有限公司、江苏科技大学	第二批(2018年7月—2021年7月)	在建

2019年北京市通过验收及在建的国家服务业标准化试点项目名单

序号	项目名称	承担单位	参加单位	保证单位	项目批次	备注
1	北京基金小镇基金机构服务标准化试点	北京基金小镇管理委员会	北京基金小镇控股有限公司、北京市房山区金融工作办公室、北京市房山区市场监督管理局	北京市房山区人民政府	2017年度(2017年12月—2019年12月)	通过验收
2	北京菜市口百货商贸服务标准化试点	北京菜市口百货股份有限公司	北京市西城区市场监督管理局、北京市西城区商务局	北京市商务局	2017年度(2017年12月—2019年12月)	通过验收
3	中旅会奖旅游服务标准化试点	中旅国际会议展览有限公司		北京市文化和旅游局	2017年度(2017年12月—2019年12月)	通过验收
4	北京市万安公墓殡葬服务标准化试点	北京市万安公墓		北京市民政局	2017年度(2017年12月—2019年12月)	通过验收
5	北京金隅凤山温泉度假服务标准化试点	北京金隅凤山温泉度假村有限公司	北京市昌平区市场监督管理局、北京市昌平区文化和旅游局	北京市昌平区人民政府	2017年度(2017年12月—2019年12月)	通过验收
6	北京市体检中心征兵体检服务标准化试点	北京市体检中心		北京市卫生健康委员会	2018年度(2018年12月—2020年12月)	在建

续表

序号	项目名称	承担单位	参加单位	保证单位	项目批次	备注
7	北京市儿童福利院孤残儿童养育服务标准化试点	北京市儿童福利院		北京市民政局	2018年度（2018年12月—2020年12月）	在建
8	众信旅游集团股份有限公司出境旅游服务标准化试点	众信旅游集团股份有限公司	北京市朝阳区文化和旅游局、北京市朝阳区市场监督管理局	北京市文化和旅游局	2018年度（2018年12月—2020年12月）	在建
9	北京牛街民族敬老院养老服务标准化试点	北京牛街民族敬老院	北京市西城区民政局、北京市西城区市场监督管理局	北京市民政局	2018年度（2018年12月—2020年12月）	在建
10	北京双井恭和苑养老服务标准化试点	乐成老年事业投资有限公司	北京市朝阳区市场监督管理局	北京市民政局	2018年度（2018年12月—2020年12月）	在建

2019年北京市国家服务业标准化示范项目名单

序号	项目名称	承担单位	推荐单位	项目批次
1	北京西城区行政服务标准化示范	北京市西城区人民政府	北京市政务中心筹备办公室	2015—2016年度示范
2	北京第一社会福利院养老服务标准化示范	北京市第一社会福利院	北京市民政局	2015—2016年度示范
3	北京汽车博物馆科教文化旅游服务标准化示范	北京汽车博物馆	北京市文化和旅游局	2016—2017年度示范
4	北京亦庄生物医药园工业物业服务标准化示范	北京亦庄置业有限公司	北京经济技术开发区管理委员会、北京市大兴区市场监督管理局	2016—2017年度示范
5	北京北辰实业国家会议中心会展服务标准化示范	北京北辰实业股份有限公司国家会议中心	北京奥林匹克公园管理委员会、北京市朝阳区市场监督管理局	2018—2019年度示范

2019年北京市通过验收及在建的国家社会管理和公共服务综合标准化试点项目名单

序号	项目名称	承担单位	参加单位	保证单位	业务指导单位	项目批次	备注
1	北京丰台方庄社区互联网+健康服务标准化试点	北京市丰台区方庄社区卫生服务中心	卫宁健康科技集团股份有限公司、中国社区卫生协会、首都医科大学附属北京天坛医院	北京市卫生健康委员会、北京市丰台区卫生健康委员会	北京市卫生健康委员会、北京市社区卫生服务管理中心、北京市公共卫生信息中心	第四批（2017年6月—2019年6月）	通过验收
2	北京市东城区网格化数据信息公共服务标准化试点	北京市东城区网格化服务管理中心	北京市东城区市场监督管理局	北京市东城区人民政府	北京市东城区人民政府	第五批（2018年4月—2020年4月）	在建
3	北京市地坛体育馆体育场馆公共服务标准化试点	北京市地坛体育馆	北京市东城区体育局、北京市东城区市场监督管理局	北京市东城区人民政府	北京市体育局	第五批（2018年4月—2020年4月）	在建
4	北京市昌平区科技产业投资基金支持小微企业创业创新科技金融服务标准化试点	中关村科技园区昌平园管理委员会、北京昌平科技园发展有限公司	北京市昌平区市场监督管理局	北京市昌平区人民政府	中关村科技园区管理委员会	第五批（2018年4月—2020年4月）	在建
5	北京市航空医疗救护公共服务标准化试点	北京市红十字会急诊抢救中心	北京市红十字会紧急救援中心	北京市红十字会	北京市卫生健康委员会	第五批（2018年4月—2020年4月）	在建

2019年北京市通过验收的第九批国家农业标准化示范区项目名单

序号	项目名称	承担单位	参加单位	项目批次
1	国家休闲观光农业综合标准化示范区	北京莲顺农业开发有限公司	北京市顺义区农业农村局、北京市顺义区市场监督管理局、北京市顺义区园林绿化局	第九批（2017—2019年）

续表

序号	项目名称	承担单位	参加单位	项目批次
2	国家果品矮化砧密植标准化示范区	金果天地（北京）生态科技有限公司	北京市园林绿化局、北京市通州区市场监督管理局	第九批（2017—2019年）
3	国家鲟鱼高效节水养殖标准化示范区	北京中科天利水产科技有限公司	北京市房山区农业局、北京市房山区市场监督管理局	第九批（2017—2019年）
4	国家蛋种鸡养殖标准化示范区	北京市华都峪口禽业有限责任公司	北京市平谷区市场监督管理局	第九批（2017—2019年）
5	国家番茄智能化栽培标准化示范区	北京宏福国际农业科技有限公司	北京市大兴区市场监督管理局	第九批（2017—2019年）（增补）

2019年北京市通过验收及在建的全国农村综合改革标准化试点项目名单

序号	项目领域	承担单位	项目批次	备注
1	美丽乡村	北京市房山区张坊镇人民政府	第二批（2017—2019年）	通过验收
2	美丽乡村	北京市密云区十里堡镇委员会	第三批（2018—2020年）	在建
3	美丽乡村	北京市延庆区千家店镇人民政府	第三批（2018—2020年）	在建

2019年北京市在建国家林业标准化示范企业名单

序号	企业名称	产品类别	建设期限
1	北京京彩燕园园林科技有限公司	林木种苗	2019年1月—2021年12月

2019 年北京市和中央在京单位在建全国第二批团体标准试点名单

（试点期限:2018 年 4 月 1 日—2020 年 3 月 31 日）

序号	单位名称	序号	单位名称
1	中关村材料试验技术联盟	33	中国无线电协会
2	中国特钢企业协会	34	中关村智联软件服务业质量创新联盟
3	中国交通企业管理协会	35	中关村天合宽禁带半导体技术创新联盟
4	中国模板脚手架协会	36	中国电力规划设计协会
5	中关村标准化协会	37	中国教育国际交流协会
6	中国城市轨道交通协会	38	中国指挥与控制学会
7	中国建筑学会	39	中关村储能产业技术联盟
8	中国钢铁工业协会	40	中国光学光电子行业协会
9	中国工业节能与清洁生产协会	41	北京信用协会
10	中国稀土行业协会	42	中国文化娱乐行业协会
11	中国复合材料学会	43	中国再生资源回收利用协会
12	中国设备管理协会	44	中国针灸学会
13	中国环境保护产业协会	45	中国生物医学工程学会
14	中国工程建设焊接协会	46	中国卫生信息学会
15	中国公路建设行业协会	47	中国林业产业联合会
16	中国造船工程学会	48	中国林产工业协会
17	中国钢结构协会	49	水利水电勘测设计协会
18	中国矿业联合会	50	中国林学会
19	中国能源研究会	51	中国社区卫生协会
20	中国珠宝玉石首饰行业协会	52	中国水利工程协会
21	中国煤炭学会	53	中国安全防范产品行业协会
22	中国海洋工程咨询协会	54	中国气象服务协会
23	中国电子工业标准化技术协会	55	中国建筑材料流通协会
24	中国医药包装协会	56	中国汽车流通协会
25	中国光伏行业协会	57	中国商业联合会
26	中国纺织工业联合会	58	中国社会福利与养老服务协会
27	中国核学会	59	中国连锁经营协会
28	中关村车载信息服务产业应用联盟	60	中国旅行社协会
29	中国教育装备行业协会	61	中国企业财务管理协会
30	中国纺织工程学会	62	全国城市农贸中心联合会
31	中国电工技术学会	63	中国地质灾害防治工程行业协会
32	中国制冷学会	64	中国非公立医疗机构协会

续表

序号	单位名称	序号	单位名称
65	中国旧货业协会	71	中国卫生监督协会
66	中国旅游景区协会	72	中国颗粒学会
67	中国康复辅助器具协会	73	中国水利企业协会
68	中国社区发展协会	74	中华预防医学会
69	中国慈善联合会	75	中国粮油学会
70	中国林业与环境促进会	76	中国林业生态发展促进会

注：国家标准委批准的第二批团体标准试点全国共计144家，其中中央在京和北京市共计76家（北京市7家，中央在京的协会、联合会69家），占52.78%。从原北京市质监局渠道申报的共计9家，100%入选，占所有参与试点的社会团体的6.25%。

2019年北京市百城千业万企对标达标提升专项行动各区情况

区	企业名称	对标数量	产品类别
东城区	北京大明眼镜股份有限公司	1	眼镜
	中国神华煤制油化工有限公司	1	航空燃料
	北京茵之阳珠宝有限公司	1	金
	中国石化销售股份有限公司北京石油分公司	2	柴油燃料
		2	汽油
西城区	北京利仁科技股份有限公司	1	电饭锅
		12	家用类似用途电器
朝阳区	爱慕股份有限公司	15	内衣
	北京洛娃日化有限公司	6	洗涤产品
	北京市朝阳昆仑电线厂	2	连接导线
		4	铜芯导线
海淀区	北京机电研究所有限公司	1	淬火设备
	北京绿伞化学股份有限公司	2	洗涤产品
	北京桑普生物化学技术有限公司	2	无机化学品混合物
	北京四方继保自动化股份有限公司	3	电力网保护装置
	北京望尔生物技术有限公司	2	蛋白显色检测试剂、配套组件或基质
	北京紫光测控有限公司	15	电力网保护装置
	飞天诚信科技股份有限公司	1	智能卡
	力德力诺生物技术（北京）有限公司	1	蛋白显色检测试剂、配套组件或基质
	闪联信息技术工程中心有限公司	1	局域网软件
		1	广域网软件和固件
	同方威视技术股份有限公司	3	X-射线检查系统

续表

区	企业名称	对标数量	产品类别
丰台区	北京奥博泰科技有限公司	4	光电测量设备
		21	精密仪器制造产品
石景山区	首钢集团有限公司	4	钢铁
		3	金冶炼、精炼与成型工艺
	北京巴布科克·威尔科克斯有限公司	1	水管锅炉
房山区	北京市重型电缆厂	2	交联电缆
		2	铜芯电缆
		1	连接导线
		1	安装导线
	京源中科科技股份有限公司	2	水表
顺义区	北京东方雨虹防水技术股份有限公司	4	防水卷材
		2	聚合物水泥防水涂料
	北京汽车股份有限公司	1	动力转向系统
	北京盛鑫和谐润滑油脂有限公司	4	机油
	北京市亨达光明眼镜有限公司	1	眼镜
	北京雅士科莱恩石油化工有限公司	3	机油
	赛多利斯科学仪器(北京)有限公司	6	实验室天平
	威乐(中国)水泵系统有限公司	1	离心泵
大兴区	北京新能源汽车股份有限公司	12	电动汽车
	统一石油化工有限公司	9	机油
	中国黄金集团黄金珠宝股份有限公司	1	金
昌平区	北京福田康明斯发动机有限公司	8	多缸柴油发动机
	北京利尔高温材料股份有限公司	1	镁砖
		1	镁碳砖
	北京陆平电气有限公司	2	低压开关设备
		1	中压开关设备
		1	配电盘
	北京勤邦生物技术有限公司	2	蛋白显色检测试剂、配套组件或基质
		1	酶联免疫吸附分析配套组件
	北京石油机械有限公司	1	螺杆泵采油设备
		1	油气钻井设备
	北京亚都环保科技有限公司	21	家用类似用途电器

续表

区	企业名称	对标数量	产品类别
昌平区	北京永联伟业电器设备有限公司	1	低压开关设备
	探路者控股集团股份有限公司	3	服装
		1	男式外套
		1	梭织物
		1	童装
		2	休闲裤
		3	针织物
怀柔区	北京飞凯利达电气有限公司	2	低压开关设备
	北京刮拉瓶盖有限公司	1	包装容器类
	北京广东健力宝饮料有限公司	1	包装容器类
	北京科锐博华电气设备有限公司	1	配电变压器
	北京瑞奇恩互感器设备有限公司	1	电压互感器
		1	电流互感器
	北京森根比亚生物工程技术有限公司	6	洗涤产品
	北京尚视眼艺商贸有限公司	1	眼镜
	北京市亨达利验光配镜中心（普通合伙）	1	眼镜
	北京依诺维绅家具有限公司	1	家具
	北京裕丰力多金肥业有限公司	1	氮磷钾混合肥料
	北京中富胶罐有限公司	2	包装容器类
	北京中富热灌装容器有限公司	3	包装容器类
	京瑞恒诚电气（北京）股份有限公司	2	低压开关设备
		1	中压开关设备
		1	变电站在和控制开关设备
密云区	盛隆电气（北京）有限公司	2	低压开关设备
	北京阿尔卡管业有限公司	1	聚丙烯管材
		1	聚丁烯管材和管件
	北京合纵实科电力科技有限公司	1	中压开关设备

备注：数据统计截至2019年12月31日

索　　引

说　　明

一、本索引为主题索引。

二、索引原则上按汉语拼音顺序排列，具体排列规律如下：以数字开头的款目，排在最前面；以英文字母打头的款目，列于其次；汉字款目则按首字的音序、音调依次排列；首字相同时，则以第二个字排序，并依次类推。

三、索引款目后的数字表示内容所在的页码，数字后的拉丁字母（a、b）表示栏别（即版面为左、右栏）。

B

C

D

E

F

G

K

L

M

N

P

Q

W

X

Y

Z

后　记

一、《北京标准化年鉴》是一部反映北京市标准化工作的综合性资料工具书和史料文献，由北京市市场监督管理局、首都标准化委员会办公室组织编纂。

二、《北京标准化年鉴》从2011年开始，逐年编纂。本年鉴收录了2019年北京市标准化工作发生的重大事件和最新情况，为更好地开展北京市标准化工作提供可参考的依据和有价值的资料，为了解和研究北京市的标准化发展提供最新的信息，为开展交流合作和对外宣传提供基础资料。

三、本年鉴设有图片、特载、大事记、综述、标准统计、规划建设、城市管理、科技创新、节能环保、公共安全、社会治理、农业农村、区标准化、标准化研究、标准化工作经验交流、标准化政策文件、附录、索引等18个一级栏目。

四、本年鉴采用综述和条目两种体裁，选入本年鉴的文章及条目均由各相关单位确定的专人负责撰写或提供，并经所在单位主要负责人审核。

五、本年鉴中国务院组成部门、北京市政府部门的简称均按有关文件规定使用规范简称。

六、本年鉴反映2019年1月1日至2019年12月31日期间北京市标准化工作情况（部分内容依据实际情况时限略有前后延伸），凡文内“年内”“是年”“全年”一律指2019年，涉及其他年份的事件均表明年份。

七、限于编者水平有限，本年鉴肯定存在疏漏、错误之处，诚请广大读者给予批评、指正。

《北京标准化年鉴》编辑部
2020年4月